UG NX 10.0 工程应用精解丛书

# UG NX 10.0 快速入门教程

北京兆迪科技有限公司 编著

机 械 工 业 出 版 社

本书是学习使用 UG NX 10.0 软件的快速入门教程，内容包括 UG NX 10.0 功能模块和特性概述、软件安装、系统配置与环境设置方法、二维草图设计、零件设计、曲面设计、装配设计、工程图的设计、钣金设计以及运动仿真等。

在内容安排上，为了使读者更快地掌握该软件的核心功能，书中结合大量范例对 UG NX 10.0 软件中的一些抽象的概念、命令和功能进行讲解，讲述了一些生产一线产品的设计过程，这样安排能使读者较快地进入设计实战状态。书中所选用的范例、实例或应用案例覆盖了不同行业，具有很强的实用性和广泛的适用性。本书在主要章节中还安排了习题，便于读者巩固所学的知识。在写作方式上，本书紧贴软件的实际操作界面进行讲解，使初学者能够直观地操作软件，提高学习效率。本书附赠学习资源，包含了本书所有的素材源文件，还制作了与本书全程同步的视频文件（含语音讲解），包括大量 UG 设计应用技巧和具有针对性实例的教学视频，时间长达 11 小时（660 分钟）。另外，为方便 UG 低版本读者的学习，学习资源中特提供了 UG NX 8.0、UG NX 8.5 和 UG NX 9.0 版本主要章节的素材源文件。

本书可作为工程技术人员的 UG 快速自学教程和参考书，也可作为大中专院校学生和各类培训学校学员的 UG 课程上课或上机练习教材。本书适用于零基础读者，或者作为中高级读者查阅 UG NX 10.0 新功能、新操作之用，抑或作为工具书放在手边以备个别功能不熟或遗忘而查询之用。

本书是“UG NX 10.0 工程应用精解丛书”中的一本，读者在阅读本书后，可根据自己工作和专业的需要，抑或为了进一步提高 UG 技能、增加职场竞争力，再购买丛书中的其他书籍。

**图书在版编目（CIP）数据**

UG NX 10.0 快速入门教程 / 北京兆迪科技有限公司编著．—7 版．—北京：机械工业出版社，2015.3（2024.1 重印）
（UG NX 10.0 工程应用精解丛书）
ISBN 978-7-111-49381-5

Ⅰ．①U…  Ⅱ．①北…  Ⅲ．①机械设计—计算机辅助设计—应用软件—教材  Ⅳ．①TH122

中国版本图书馆 CIP 数据核字（2015）第 033558 号

机械工业出版社（北京市百万庄大街 22 号　邮政编码：100037）
策划编辑：丁　锋　责任编辑：丁　锋
责任校对：龙　宇　责任印制：常天培
固安县铭成印刷有限公司印刷
2024 年 1 月第 7 版第 13 次印刷
184mm×260 mm · 27.25 印张 · 510 千字
标准书号：ISBN 978-7-111-49381-5
定价：69.00 元

| 电话服务 | 网络服务 |
| --- | --- |
| 客服电话：010-88361066 | 机　工　官　网：www.cmpbook.com |
| 010-88379833 | 机　工　官　博：weibo.com/cmp1952 |
| 010-68326294 | 金　书　网：www.golden-book.com |
| **封底无防伪标均为盗版** | 机工教育服务网：www.cmpedu.com |

# 丛书介绍与选读

《UG NX 工程应用精解丛书》自出版以来，已经拥有众多读者并赢得了他们的认可和信赖，很多读者每年在软件升级后仍继续选购。UG 是一款功能十分强大的 CAD/CAM/CAE 高端软件，目前在我国工程机械、汽车零配件等行业占有很高的市场份额。近年来，随着 UG 软件功能进一步完善，其市场占有率越来越高。本套 UG 丛书质量在不断完善，丛书涵盖的模块也不断增加。为了方便广大读者选购这套丛书，下面特对其进行介绍。首先介绍本 UG 丛书的主要特点。

- ☑ 本 UG 丛书是目前市场涵盖 UG 模块功能较多、体系完整、丛书数量（共 20 本）最多的一套丛书。
- ☑ 本 UG 丛书在编写时充分考虑了读者的阅读习惯，语言简洁，讲解详细，条理清晰，图文并茂。
- ☑ 本 UG 丛书的每一本书都附赠学习资源，对书中内容进行全程讲解，并且制作了大量 UG 应用技巧和具有针对性的范例教学视频，进行详细的语音讲解，随着生活节奏不断加快，读者可将学习资源中语音讲解视频文件复制到个人手机、iPad 等电子工具中随时观看、学习。另外，学习资源内还包含了书中所有的素材模型、练习模型、范例模型的原始文件以及配置文件，方便读者学习。
- ☑ 本 UG 丛书的每一本书在写作方式上，紧贴 UG 软件的实际操作界面，采用软件中真实的对话框、操控板和按钮等进行讲解，使初学者能够直观、准确地操作软件进行学习，从而尽快上手，提高学习效率。

本套 UG 丛书的所有 20 本图书全部是由北京兆迪科技有限公司统一组织策划、研发和编写的。当然，在策划和编写这套丛书的过程中，兆迪公司也吸纳了来自其他行业著名公司的顶尖工程师共同参与，他们将不同行业独特的工程案例及设计技巧、经验融入本套丛书；同时，本套丛书也获得了 UG 厂商的支持，丛书的质量得到了他们的认可。

本套 UG 丛书的优点是，丛书中的每一本书在内容上都是相互独立的，但是在工程案例的应用上又是相互关联、互为一体的；在编写风格上完全一致，因此读者可根据自己目前的需要单独购买丛书中的一本或多本。不过读者如果以后为了进一步提高 UG 技能还需要购书学习时，建议仍购买本丛书中的其他相关书籍，这样可以保证学习的连续性和良好的学习效果。

《UG NX 10.0 快速入门教程》是学习 UG NX 10.0 中文版的快速入门与提高教程，也是学习 UG 高级或专业模块的基础教程，这些高级或专业模块包括曲面、钣金、工程图、注塑模具、冲压模具、数控加工、运动仿真与分析、管道、电气布线、结构分析和热分析等。如果读者以后根据自己工作和专业的需要，或者是为了增加职场竞争力，需要学习这些专业模块，建议先熟练掌握本套丛书《UG NX 10.0 快速入门教程》中的基础内容，然后再学习高级或专业模块，以提高这些模块的学习效率。

“UG NX 系列快速入门教程”内容丰富、讲解详细、价格实惠，相比其他同类型、总页数相近的书籍，价格要便宜 20%~30%，因此《UG NX 4.0 快速入门教程》《UG NX 5.0 快速入门教程》《UG NX 6.0 快速入门教程》《UG NX 6.0 快速入门教程（修订版）》《UG NX 7.0 快速入门教程》《UG NX 8.0 快速入门教程》《UG NX 8.0 快速入门教程（修订版）》《UG NX 8.5 快速入门教程》和《UG NX 9.0 快速入门教程》已经累计被我国 100 多所大学本科院校和高等职业院校选为在校学生 CAD/CAM/CAE 等课程的授课教材。《UG NX 10.0 快速入门教程》与以前的版本相比，图书的质量和性价比有了大幅的提高，我们相信会有更多的院校选择此书作为教材。下面对本套 UG 丛书中每一本图书进行简要介绍。

**（1）《UG NX 10.0 快速入门教程》**

- 内容概要：本书是学习 UG 的快速入门教程，内容包括 UG 功能概述、UG 软件安装方法和过程、软件的环境设置与工作界面的用户定制和各常用模块应用基础。
- 适用读者：零基础读者，或者作为中高级读者查阅 UG NX 10.0 新功能、新操作之用，抑或作为工具书放在手边以备个别功能不熟或遗忘而查询之用。

**（2）《UG NX 10.0 产品设计实例精解》**

- 内容概要：本书是学习 UG 产品设计实例类的中高级图书。
- 适用读者：适合中高级读者提高产品设计能力、掌握更多产品设计技巧之用。UG 基础不扎实的读者在阅读本书前，建议先选购和阅读本丛书中的《UG NX 10.0 快速入门教程》。

**（3）《UG NX 10.0 工程图教程》**

- 内容概要：本书是全面、系统学习 UG 工程图设计的中高级图书。
- 适用读者：适合中高级读者全面精通 UG 工程图设计方法和技巧之用。

**（4）《UG NX 10.0 曲面设计教程》**

- 内容概要：本书是学习 UG 曲面设计的中高级图书。
- 适用读者：适合中高级读者全面精通 UG 曲面设计之用。UG 基础不扎实的读者在阅读本书前，建议先选购和阅读本丛书中的《UG NX 10.0 快速入门教程》。

**（5）《UG NX 10.0 曲面设计实例精解》**

- 内容概要：本书是学习 UG 曲面造型设计实例类的中高级图书。
- 适用读者：适合中高级读者提高曲面设计能力、掌握更多曲面设计技巧之用。UG 基础不扎实的读者在阅读本书前，建议先选购和阅读本丛书中的《UG NX 10.0 快速入门教程》《UG NX 10.0 曲面设计教程》。

**（6）《UG NX 10.0 高级应用教程》**

- 内容概要：本书是进一步学习 UG 高级功能的图书。
- 适用读者：适合读者进一步提高 UG 应用技能之用。UG 基础不扎实的读者在阅读本书前，建议先选购和阅读本丛书中的《UG NX 10.0 快速入门教程》。

**（7）《UG NX 10.0 钣金设计教程》**

- 内容概要：本书是学习 UG 钣金设计的中高级图书。
- 适用读者：适合读者全面精通 UG 钣金设计之用。UG 基础不扎实的读者在阅读本书前，建议先选购和阅读本丛书中的《UG NX 10.0 快速入门教程》。

**（8）《UG NX 10.0 钣金设计实例精解》**

- 内容概要：本书是学习 UG 钣金设计实例类的中高级图书。
- 适用读者：适合读者提高钣金设计能力、掌握更多钣金设计技巧之用。UG 基础不扎实的读者在阅读本书前，建议先选购和阅读本丛书中的《UG NX 10.0 快速入门教程》和《UG NX 10.0 钣金设计教程》。

**（9）《钣金展开实用技术手册（UG NX 10.0 版）》**

- 内容概要：本书是学习 UG 钣金展开的中高级图书。
- 适用读者：适合读者全面精通 UG 钣金展开技术之用。UG 基础不扎实的读者在阅读本书前，建议先选购和阅读本丛书中的《UG NX 10.0 快速入门教程》和《UG NX 10.0 钣金设计教程》。

**（10）《UG NX 10.0 模具设计教程》**

- 内容概要：本书是学习 UG 模具设计的中高级书籍。
- 适用读者：适合读者全面精通 UG 模具设计之用。UG 基础不扎实的读者在阅读本书前，建议先选购和阅读本丛书中的《UG NX 10.0 快速入门教程》。

**（11）《UG NX 10.0 模具设计实例精解》**

- 内容概要：本书是学习 UG 模具设计实例类的中高级图书。
- 适用读者：适合读者提高模具设计能力、掌握更多模具设计技巧之用。UG 基础不扎实的读者在阅读本书前，建议先选购和阅读本丛书中的《UG NX 10.0 快速入门教程》和《UG NX 10.0 模具设计教程》。

**（12）《UG NX 10.0 冲压模具设计教程》**

- 内容概要：本书是学习 UG 冲压模具设计的中高级图书。
- 适用读者：适合读者全面精通 UG 冲压模具设计之用。UG 基础不扎实的读者在阅读本书前，建议先选购和阅读本丛书中的《UG NX 10.0 快速入门教程》。

**（13）《UG NX 10.0 冲压模具设计实例精解》**

- 内容概要：本书是学习 UG 冲压模具设计实例类的中高级图书。
- 适用读者：适合读者提高冲压模具设计能力、掌握更多冲压模具设计技巧之用。UG 基础不扎实的读者在阅读本书前，建议先选购和阅读本丛书中的《UG NX

10.0 快速入门教程》和《UG NX 10.0 冲压模具设计教程》。

**(14)《UG NX 10.0 数控加工教程》**

- 内容概要：本书是学习 UG 数控加工与编程的中高级图书。
- 适用读者：适合读者全面精通 UG 数控加工与编程之用。UG 基础不扎实的读者在阅读本书前，建议先选购和阅读本丛书中的《UG NX 10.0 快速入门教程》。

**(15)《UG NX 10.0 数控加工实例精解》**

- 内容概要：本书是学习 UG 数控加工与编程实例类的中高级图书。
- 适用读者：适合读者提高数控加工与编程能力、掌握更多数控加工与编程技巧之用。UG 基础不扎实的读者在阅读本书前，建议先选购和阅读本丛书中的《UG NX 10.0 快速入门教程》和《UG NX 10.0 数控加工教程》。

**(16)《UG NX 10.0 运动仿真与分析教程》**

- 内容概要：本书是学习 UG 运动仿真与分析的中高级图书。
- 适用读者：适合中高级读者全面精通 UG 运动仿真与分析之用。UG 基础不扎实的读者在阅读本书前，建议先选购和阅读本丛书中的《UG NX 10.0 快速入门教程》。

**(17)《UG NX 10.0 管道设计教程》**

- 内容概要：本书是学习 UG 管道设计的中高级图书。
- 适用读者：适合高级产品设计师阅读。UG 基础不扎实的读者在阅读本书前，建议先选购和阅读本丛书中的《UG NX 10.0 快速入门教程》。

**(18)《UG NX 10.0 电气布线设计教程》**

- 内容概要：本书是学习 UG 电气布线设计的中高级图书。
- 适用读者：适合高级产品设计师阅读。UG 基础不扎实的读者在阅读本书前，建议先选购和阅读本丛书中的《UG NX 10.0 快速入门教程》。

**(19)《UG NX 10.0 结构分析教程》**

- 内容概要：本书是学习 UG 结构分析的中高级图书。
- 适用读者：适合高级产品设计师和分析工程师阅读。UG 基础不扎实的读者在阅读本书前，建议先选购和阅读本丛书中的《UG NX 10.0 快速入门教程》。

**(20)《UG NX 10.0 热分析教程》**

- 内容概要：本书是学习 UG 热分析的中高级图书。
- 适用读者：适合高级产品设计师和分析工程师阅读。UG 基础不扎实的读者在阅读本书前，建议先选购和阅读本丛书中的《UG NX 10.0 快速入门教程》。

# 前　言

UG 是一款功能强大的三维 CAD/CAM/CAE 软件系统，其内容涵盖了产品从概念设计、工业造型设计、三维模型设计、分析计算、动态模拟与仿真、工程图输出到生产加工成产品的全过程，应用范围涉及航空航天、汽车、机械、造船、通用机械、数控加工、医疗和电子等诸多领域。由于具有强大的功能，UG 在国外大学院校里已成为学习工程类专业必修的课程，也成为工程技术人员的必备技术。UG NX 10.0 是目前最新的版本，该版本在易用性、数字化模拟、知识捕捉、可用性和系统工程、模具设计和数控编程等方面进行了创新，对以前版本进行了数百项以客户为中心的改进。本书是学习 UG NX 10.0 的快速入门教程，其特色如下。

- 内容全面，涵盖了产品设计的零件创建（含曲面和钣金设计）、产品装配、工程图设计和运动仿真的全过程。
- 范例丰富，对软件中的主要命令和功能，先结合简单的范例进行讲解，然后安排一些较复杂的综合范例，帮助读者深入理解和灵活应用。
- 讲解详细，条理清晰，保证自学的读者能独立学习和运用 UG NX 10.0 软件。
- 写法独特，采用 UG NX 10.0 中文版中真实的对话框、操控板和按钮等进行讲解，使初学者能够直观、准确地操作软件，从而大大提高学习效率。
- 附加值高，附赠学习资源，制作了与本书全程同步的视频文件（含语音讲解），可以帮助读者轻松、高效地学习。另外，为方便 UG 低版本用户和读者的学习，学习资源中特提供了 UG NX 8.0、UG NX 8.5 和 UG NX 9.0 版本主要章节的素材源文件。
- 另外，由于书的纸质容量有限（增加纸张页数势必增加书的定价），随书学习资源中存放了大量的范例、实例或应用案例视频（含语音讲解），这样安排可以进一步迅速提高读者的软件使用能力和技巧，同时提高了本书的性价比。

本书主编和主要参编人员来自北京兆迪科技有限公司，该公司专门从事 CAD/CAM/CAE 技术的研究、开发、咨询及产品设计与制造服务，并提供 UG 软件的专业培训及技术服务。

本书由北京兆迪科技有限公司编著，参加编写的人员有王焕田、刘静、雷保珍、刘海起、魏俊岭、任慧华、詹路、冯元超、刘江波、周涛、段进敏、赵枫、邵为龙、侯俊飞、龙宇、施志杰、詹棋、高政、孙润、李倩倩、黄红霞、尹泉、李行、詹超、尹佩文、赵磊、王晓萍、陈淑童、周攀、吴伟、王海波、高策、冯华超、周思思、黄光辉、党辉、冯峰、詹聪、平迪、管璇、王平、李友荣。本书已经过多次审核，但仍难免有疏漏之处，恳请广大读者予以指正。

电子邮箱：zhanygjames@163.com

编　者

# 本书导读

为了能更高效地学习本书，请您务必仔细阅读下面的内容。

**写作环境**

本书使用的操作系统为 64 位的 Windows 7，系统主题采用 Windows 经典主题。本书采用的写作蓝本是 UG NX 10.0 中文版。

**学习资源使用**

为方便读者练习，特将本书所有素材文件、已完成的实例文件、配置文件和视频语音讲解文件等放入随书附赠学习资源中，读者在学习过程中可以打开相应素材文件进行操作和练习。

本书附赠学习资源，建议读者在学习本书前，先将学习资源中的所有文件复制到计算机硬盘的 D 盘中。D 盘上 ug10.1 目录下共有 4 个子目录。

（1）ugnx10_system_file 子目录：包含一些系统文件。

（2）work 子目录：包含本书全部已完成的实例文件。

（3）video 子目录：包含本书讲解中的视频文件。读者学习时，可在该子目录中按顺序查找所需的视频文件。

（4）before 子目录：为方便 UG 低版本用户和读者的学习，学习资源中特提供了 UG NX 8.0、UG NX 8.5 和 UG NX 9.0 版本的配套素材源文件。

学习资源中带有“ok”扩展名的文件或文件夹表示已完成的实例。

**本书约定**

- 本书中有关鼠标操作的说明如下。
  - ☑ 单击：将鼠标指针移至某位置处，然后按一下鼠标的左键。
  - ☑ 双击：将鼠标指针移至某位置处，然后连续快速地按两次鼠标的左键。
  - ☑ 右击：将鼠标指针移至某位置处，然后按一下鼠标的右键。
  - ☑ 单击中键：将鼠标指针移至某位置处，然后按一下鼠标的中键。
  - ☑ 滚动中键：只是滚动鼠标的中键，而不能按中键。
  - ☑ 选择（选取）某对象：将鼠标指针移至某对象上，单击以选取该对象。
  - ☑ 拖移某对象：将鼠标指针移至某对象上，然后按下鼠标的左键不放，同时移动鼠标，将该对象移动到指定的位置后再松开鼠标的左键。
- 本书中的操作步骤分为 Task、Stage 和 Step 三个级别，说明如下。
  - ☑ 对于一般的软件操作，每个操作步骤以 Step 字符开始。

- ☑ 每个 Step 操作视其复杂程度，其下面可含有多级子操作，例如 Step1 下可能包含（1）、（2）、（3）等子操作，（1）子操作下可能包含①、②、③等子操作，①子操作下可能包含 a）、b）、c）等子操作。
- ☑ 如果操作较复杂，需要几个大的操作步骤才能完成，则每个大的操作冠以 Stage1、Stage2、Stage3 等，Stage 级别的操作下再分 Step1、Step2、Step3 等操作。
- ☑ 对于多个任务的操作，则每个任务冠以 Task1、Task2、Task3 等，每个 Task 操作下则可包含 Stage 和 Step 级别的操作。

- 因为已建议读者将随书学习资源中的所有文件复制到计算机硬盘的 D 盘中，所以书中在要求设置工作目录或打开学习资源文件时，所述的路径均以“D:\”开始。

技术支持

本书主要编写人员来自北京兆迪科技有限公司。该公司专门从事 UG 技术的研究、开发、咨询及产品设计与制造服务，并提供 UG 软件的专业培训及技术咨询。读者在学习本书的过程中如果遇到问题，可通过访问该公司的网站 http://www.zalldy.com 来获得技术支持。

咨询电话：010-82176248，010-82176249。

# 目　录

# 第 1 章 UG NX 10.0 概述和安装

**本章提要** 随着计算机辅助设计——CAD（Computer Aided Design）技术的飞速发展和普及，越来越多的工程设计人员开始利用计算机进行产品设计和开发。UG NX 10.0 作为一种当前世界先进的计算机辅助设计软件，集 CAD/CAM/CAE 于一体，覆盖了从概念设计到产品生产的全过程，被广泛应用于汽车、航空、造船、医疗机械、模具加工和电子等工业领域，越来越受到我国工程技术人员的青睐。本章内容主要包括：

- 用 CAD 工具进行产品设计的一般过程
- UG NX 10.0 软件主要功能模块简介
- UG NX 10.0 软件的特点
- UG NX 10.0 的安装

## 1.1 UG 产品设计的一般过程

应用计算机辅助设计——CAD（Computer Aided Design）技术进行产品设计的一般流程如图 1.1.1 所示。

**图 1.1.1 所示的 CAD 产品设计的流程说明如下：**

- CAD 产品设计的过程一般是从概念设计、零部件三维建模到二维工程图。有的产品，特别是民用产品，对外观要求比较高（汽车和家用电器），在概念设计以后，往往还需要进行工业外观造型设计。
- 在进行零部件三维建模时或三维建模完成以后，根据产品的特点和要求，要进行大量分析和其他工作，以满足产品结构、强度、运动、生产制造与装配等方面的需求。这些分析工作包括运动仿真、结构强度分析、疲劳分析、塑料流动、热分析、公差分析与优化、NC 仿真及优化以及动态仿真等。
- 产品的设计方法一般可分为两种：自底向上（Down-Top）和自顶向下（Top-Down），这两种方法也可同时进行。
- 自底向上：这是一种从零件到子装配、总装配、整体外观的设计过程。
- 自顶向下：与自底向上相反，它是从整体外观（或总装配）到子装配、零件的设计方式。
- 随着信息技术的发展，同时面对日益激烈的竞争，企业采用并行、协同设计势在必行，只有这样，企业才能适应迅速变化的市场需求，提高产品竞争力，解决所谓的 TQCS 难题，即以最快的上市速度（T——Time to Market）、最好的质量（Q——Quality）、最低的成本（C——Cost）以及最优的服务（S——Service）来满足市场的需求。

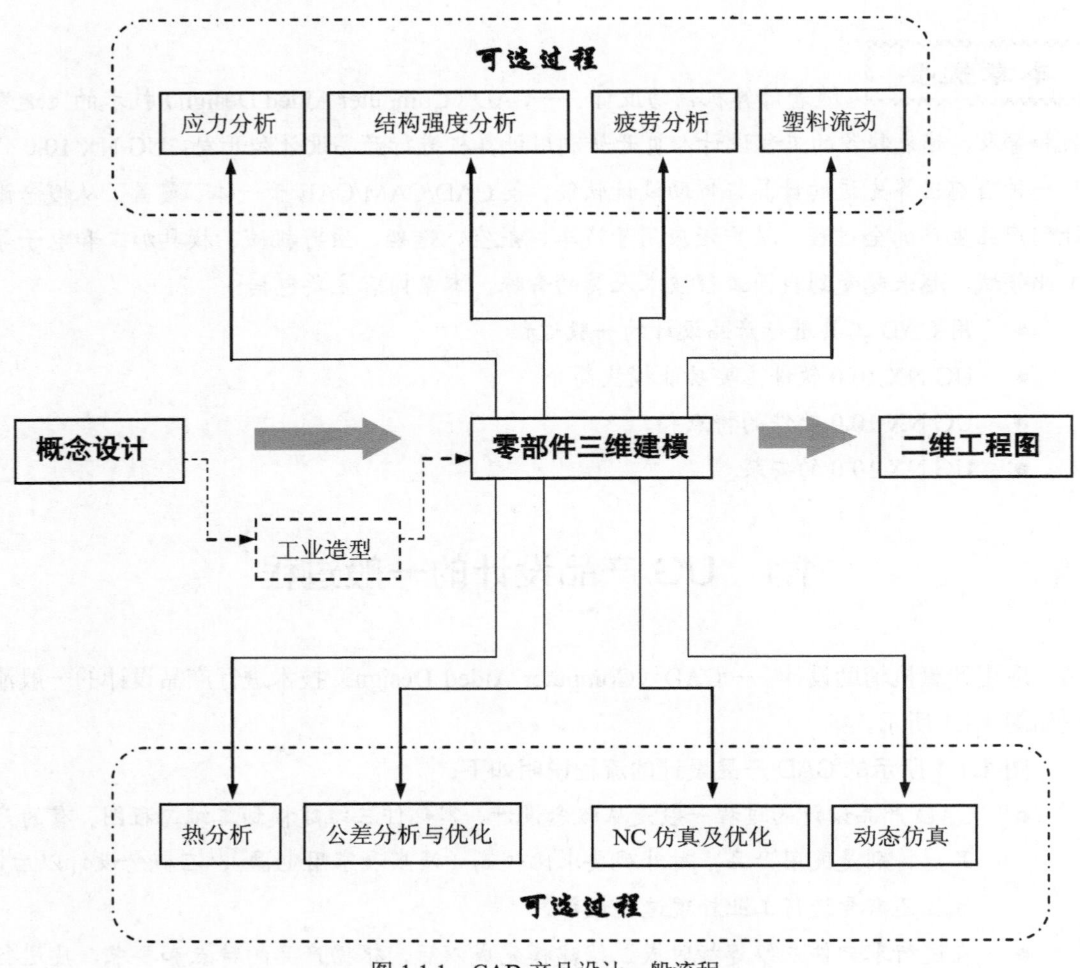


图 1.1.1 CAD 产品设计一般流程

## 1.2 UG NX 10.0 各模块简介

UG NX 10.0 中提供了多种功能模块，它们既相互独立又相互联系。下面将简要介绍 UG NX 10.0 中的一些常用模块及其功能。

**1. 基本环境**

基本环境提供一个交互环境，它允许打开已有的部件文件、创建新的部件文件、保存部件文件、创建工程图、屏幕布局、选择模块、导入和导出不同类型的文件，以及其他一般功能。该环境还提供强化的视图显示操作、屏幕布局和层功能、工作坐标系操控、对象信息和分析，以及访问联机帮助。

基本环境是执行其他交互应用模块的先决条件，是用户打开 UG NX 10.0 进入的第一个应用模块。在 UG NX 10.0 中，通过选择 启动 下拉菜单中的 基本环境(C)... 命令，便可以在任何时候从其他应用模块回到基本环境。

2. 零件建模

- 实体建模：支持二维和三维的非参数化模型或参数化模型的创建、布尔操作以及基本的相关编辑，它是最基本的建模模块，也是“特征建模”和“自由形状建模”的基础。
- 特征建模：这是基于特征的建模应用模块，支持如孔、槽等标准特征的创建和相关的编辑，允许抽空实体模型并创建薄壁对象，允许一个特征相对于任何其他特征定位，且对象可以被实例引用建立相关的特征集。
- 自由形状建模：主要用于创建复杂形状的三维模型。该模块中包含一些实用的技术，如沿曲线的一般扫描；使用 1 轨、2 轨和 3 轨方式按比例展开形状；使用标准二次曲线方式的放样形状等。
- 钣金特征建模：该模块是基于特征的建模应用模块，它支持专门的钣金特征，如弯头、肋和裁剪的创建。这些特征可以在 Sheet Metal Design 应用模块中被进一步操作，如钣金件成形和展开等。该模块允许用户在设计阶段将加工信息整合到所设计的部件中。实体建模和 Sheet Metal Design 模块是运行此应用模块的先决条件。
- 用户自定义特征（UDF）：允许利用已有的实体模型，通过建立参数间的关系、定义特征变量、设置默认值等工具和方法构建用户自己常用的特征。用户自定义特征可以通过特征建模应用模块被任何用户访问。

3. 工程图

工程图模块可以从已创建的三维模型自动生成工程图图样，用户也可以使用内置的曲线/草图工具手动绘制工程图。“制图”功能支持自动生成图纸布局，包括正交视图投影、剖视图、辅助视图、局部放大图以及轴测视图等，也支持视图的相关编辑和自动隐藏线编辑。

4. 装配

装配应用模块支持“自顶向下”和“自底向上”的设计方法，提供了装配结构的快速移动，并允许直接访问任何组件或子装配的设计模型。该模块支持“在上下文中设计”的方法，即当工作在装配的上下过程中时，可以对任何组件的设计模型进行改变。

5．用户界面样式编辑器

用户界面样式编辑器是一种可视化的开发工具，允许用户和第三方开发人员生成 UG NX 对话框，并生成封装了的有关创建对话框的代码文件，这样用户不需要掌握复杂的图形化用户界面（GUI）的知识，就可以轻松改变 UG NX 的界面。

6．加工

加工模块用于数控加工模拟及自动编程，可以进行一般的 2 轴、2.5 轴铣削，也可以进行 3 轴到 5 轴的加工；可以模拟数控加工的全过程；支持线切割等加工操作；还可以根据加工机床控制器的不同来定制后处理程序，因而生成的指令文件可直接应用于用户的特定数控机床，而不需要修改指令，便可进行加工。

7．分析

- 模流分析（Moldflow）：该模块用于在注射模中分析熔化塑料的流动，在部件上构造有限元网格，并描述模具的条件与塑料的特性，利用分析包反复运行以决定最佳条件，减少试模的次数，并可以产生表格和图形文件两种结果。此模块能节省模具设计和制造的成本。
- Motion 应用模块：该模块提供了精密、灵活的综合运动分析。它有以下几个特点：提供了机构链接设计的所有方面，从概念到仿真原型；它的设计和编辑能力允许用户开发任一多连杆机构，完成运动学分析，且提供了多种格式的分析结果，同时可将该结果提供给第三方运动学分析软件进行进一步分析。
- 智能建模（ICAD）：该模块可在 ICAD 和 NX 之间启用线框和实体几何体的双向转换。ICAD 是一种基于知识的工程系统，它允许描述产品模型的信息（物理属性诸如几何体、材料类型及函数约束），并进行相关处理。

8．编程语言

- 图形交互编程（GRIP）：是一种在很多方面与 Fortran 类似的编程语言，使用类似于英语的词汇，GRIP 可以在 NX 及其相关应用模块中完成大多数的操作。在某些情况下，GRIP 可用于执行高级的定制操作，这比在交互的 NX 中执行更高效。
- NX Open C 和 C++ API 编程：是使程序开发能够与 NX 组件、文件和对象数据交互操作的编程界面。

9．质量控制

- VALISYS：利用该应用模块可以将内部的 Open C 和 C++ API 集成到 NX 中，该模块也提供单个的加工部件的 QA（审查、检查和跟踪等）。
- DMIS：该应用模块允许用户使用坐标测量机（CMM）对 NX 几何体编制检查路

径，并从测量数据生成新的 NX 几何体。

10．机械布管

利用该模块可对 UG NX 装配体进行管路布线。例如，在飞机发动机内部、管道和软管中，从燃料箱连接到发动机周围不同的喷射点上。

11．钣金（Sheet Metal）

该模块提供了基于参数、特征方式的钣金零件建模功能，并提供对模型的编辑功能和零件的制造过程，还提供了对钣金模型展开和重叠的模拟操作。

12．电子表格

电子表格程序提供了在 Xess 或 Excel 电子表格与 UG NX 之间的智能界面。可以使用电子表格来执行以下操作：

- 从标准表格布局中构建部件主题或族。
- 使用分析场景来扩大模型设计。
- 使用电子表格计算优化几何体。
- 将商业议题整合到部件设计中。
- 编辑 UG NX 10.0 复合建模的表达式——提供 UG NX 10.0 和 Xess 电子表格之间概念模型数据的无缝转换。

13．电气线路

电气线路使电气系统设计者能够在用于描述产品机械装配的相同 3D 空间内创建电气配线。电气线路将所有相关电气元件定位于机械装配内，并生成建议的电气线路中心线，然后将全部相关的电气元件从一端发送到另一端，而且允许在相同的环境中生成并维护封装设计和电气线路安装图。

**注意：**以上有关 UG NX 10.0 的功能模块的介绍仅供参考，如有变动应以 SIEMENS 公司的最新相关正式资料为准，特此说明。

## 1.3 UG NX 10.0 软件的特点

UG NX 10.0 系统在数字化产品的开发设计领域具有以下几大特点：

（1）创新性用户界面把高端功能与易用性和易学性相结合。

NX 10.0 建立在 NX 5.0 里面引入的基于角色的用户界面基础之上，并把此方法的覆盖范围扩展到整个应用程序，以确保在核心产品领域中的一致性。

为了提供一个能够随着用户技能水平增长而成长并保持用户效率的系统，NX 10.0 以可定制的、可移动弹出工具栏为特征。移动弹出工具栏减少了鼠标移动，并且使用户能够把他们的常用功能集成到由简单操作过程所控制的动作之中。

（2）完整统一的全流程解决方案。

UG 产品开发解决方案完全受益于 Teamcenter 的工程数据和过程管理功能。通过 NX 10.0，进一步扩展了 UG 和 Teamcenter 之间的集成。利用 NX 10.0，能够在 UG 里面查看来自 Teamcenter Product Structure Editor（产品结构编辑器）的更多数据，为用户提供了关于结构以及相关数据更加全面的表示。

UG NX 10.0 系统无缝集成的应用程序能快速传递产品和工艺信息的变更，从概念设计到产品的制造加工，可使用一套统一的方案把产品开发流程中涉及的学科融合到一起。在 CAD 和 CAM 方面，大量吸收了逆向软件 Imageware 的操作方式以及曲面方面的命令；在钣金设计等方面，吸收了 SolidEdge 的先进操作方式；在 CAE 方面，增加了 I-deas 的前后处理程序及 NX Nastran 求解器；同时 UG NX 10.0 可以在 UGS 先进的 PLM（产品周期管理）Teamcenter 的环境管理下，在开发过程中随时与系统进行数据交流。

（3）可管理的开发环境。

UG NX 10.0 系统可以通过 NX Manager 和 Teamcenter 工具把所有的模型数据进行紧密集成，并实施同步管理，进而实现在一个结构化的协同环境中转换产品的开发流程。UG NX 10.0 采用的可管理开发环境，增强了产品开发应用程序的性能。

Teamcenter 项目支持。利用 NX 10.0，用户能够在创建或保存文件的时候分配项目数据（既可是单一项目，也可是多个项目）。扩展的 Teamcenter 导航器使用户能够立即把 Project（项目）分配到多个条目（Item）。可以过滤 Teamcenter 导航器，以便只显示基于 Project 的对象，使用户能够清楚了解整个设计的内容。

（4）知识驱动的自动化。

使用 UG NX 10.0 系统，用户可以在产品开发过程中获取产品及其设计制造过程的信息，并将其重新用到开发过程中，以实现产品开发流程的自动化，最大限度地重复利用知识。

（5）数字化仿真、验证和优化。

利用 UG NX 10.0 系统中的数字化仿真、验证和优化工具，可以减少产品的开发费用，实现产品开发的一次成功。用户在产品开发流程的每一个阶段，通过使用数字化仿真技术，核对概念设计与功能要求的差异，以确保产品的质量、性能和可制造性符合设计标准。

（6）系统的建模能力。

UG NX 10.0 基于系统的建模，允许在产品概念设计阶段快速创建多个设计方案，并进行评估，特别是对于复杂的产品，利用这些方案能有效地管理产品零部件之间的关系。在开发过程中还可以创建高级别的系统模板，在系统和部件之间建立关联的设计参数。

# 1.4　UG NX 10.0 的安装

## 1.4.1　安装要求

### 1. 硬件要求

UG NX 10.0 软件系统可在工作站（Workstation）或个人计算机（PC）上运行，如果安装在个人计算机上，为了保证软件安全和正常使用，对计算机硬件的要求如下：

- CPU 芯片：一般要求 Pentium 3 以上，推荐使用 Intel 公司生产的“酷睿”系列双核心以上的芯片。
- 内存：一般要求为 2GB 以上。如果要装配大型部件或产品，进行结构、运动仿真分析或产生数控加工程序，则建议使用 8GB 以上的内存。
- 显卡：一般要求支持 Open_GL 的 3D 显卡，分辨率为 1024×768 像素以上，推荐使用至少 64 位独立显卡，显存 512MB 以上。如果显卡性能太低，打开软件后会自动退出。
- 网卡：以太网卡。
- 硬盘：安装 UG NX 10.0 软件系统的基本模块，需要 14GB 左右的硬盘空间，考虑到软件启动后虚拟内存及获取联机帮助的需要，建议在硬盘上准备 16GB 以上的空间。
- 鼠标：强烈建议使用三键（带滚轮）鼠标，如果使用二键鼠标或不带滚轮的三键鼠标，会极大地影响工作效率。
- 显示器：一般要求使用 15 寸以上显示器。
- 键盘：标准键盘。

### 2. 操作系统要求

- 操作系统：UG NX 10.0 将不能在 32 位系统上安装，推荐使用 Windows 7 64 位系统；Internet Explorer 要求 IE8 或 IE9；Excel 和 Word 版本要求 2007 版或 2010 版。
- 硬盘格式：建议 NTFS 格式，FAT 也可。
- 网络协议：TCP/IP 协议。
- 显卡驱动程序：分辨率为 1024×768 以上，真彩色。

## 1.4.2 安装前的准备

### 1. 安装前的计算机设置

为了更好地使用 UG NX 10.0，在软件安装前需要对计算机系统进行设置，主要是操作系统的虚拟内存设置。设置虚拟内存的目的，是为软件系统进行几何运算预留临时存储数据的空间。各类操作系统的设置方法基本相同，下面以 Windows 7 操作系统为例说明设置过程。

Step1. 选择 Windows 的开始 → 控制面板命令。

Step2. 在控制面板中单击系统图标，然后在“系统”对话框左侧单击高级系统设置按钮。

Step3. 在“系统属性”对话框中单击高级选项卡，在性能区域中单击设置(S)按钮。

Step4. 在“性能选项”对话框中单击高级选项卡，在虚拟内存区域中单击更改(C)按钮。

Step5. 在该对话框中取消选中自动管理所有驱动器的分页文件大小(A)复选框，然后选中自定义大小(C):单选项；可在初始大小(MB)(I):文本框中输入虚拟内存的最小值，在最大值(MB)(X):文本框中输入虚拟内存的最大值。虚拟内存的大小可根据计算机硬盘空间的大小进行设置，但初始大小至少要达到物理内存的 2 倍，最大值可达到物理内存的 4 倍以上。例如，用户计算机的物理内存为 256MB，初始值一般设置为 512MB，最大值可设置为 1024MB；如果装配大型部件或产品，建议将初始值设置为 1024MB，最大值设置为 2048MB。单击设置(S)和确定按钮后，计算机会提示用户重新启动计算机后设置才生效，然后一直单击确定按钮。重新启动计算机后，完成设置。

### 2. 查找计算机的名称

下面介绍查找计算机名称的操作。

Step1. 选择 Windows 的开始 → 设置(S) → 控制面板(C)命令。

Step2. 在控制面板中单击系统图标，然后在“系统”对话框左侧单击高级系统设置按钮。

Step3. 在图 1.4.1 所示的“系统属性”对话框中单击计算机名选项卡，即可看到在计算机全名:位置显示出当前计算机的名称。

## 1.4.3 安装的一般过程

### Stage1. 在服务器上准备好许可证文件

Step1. 首先将合法获得的 UG NX 10.0 许可证文件 NX10.0.lic 复制到计算机中的某个位置，例如 C:\ug10.0\NX10.0.lic。

Step2. 修改许可证文件并保存，如图 1.4.2 所示。

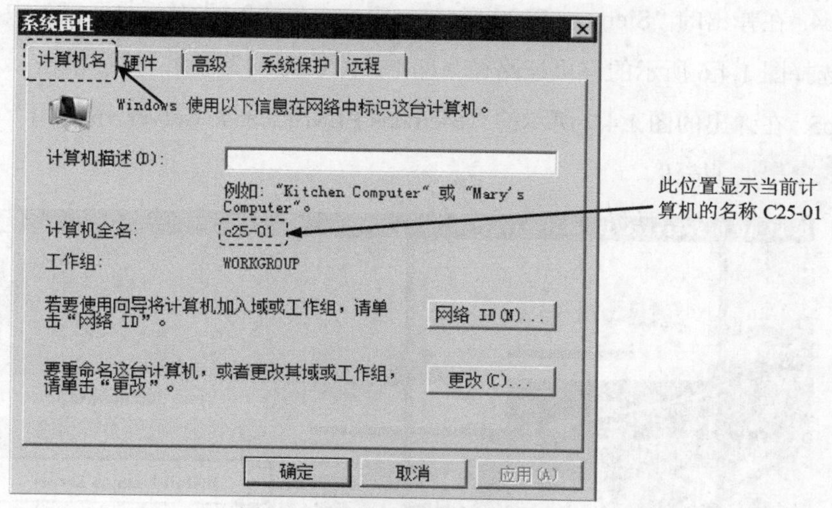


图 1.4.1 "系统属性"对话框

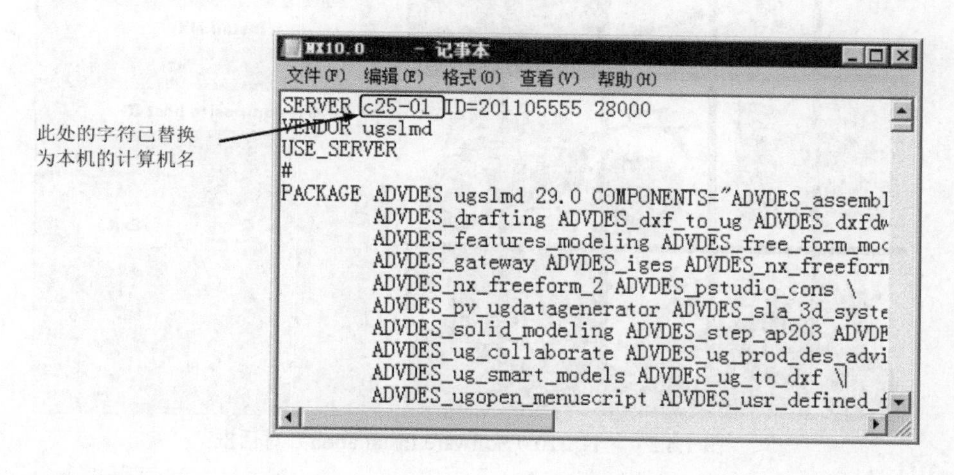


图 1.4.2 修改许可证文件

### Stage2. 安装许可证管理模块

Step1. 将 UG NX 10.0 软件（NX 10.0.0.24 版本）安装光盘放入光驱内（如果已经将系统安装文件复制到硬盘上，可双击系统安装目录下的 Launch.exe 文件），等待片刻后，会弹出图 1.4.3 所示的"NX 10.0 Software Installation"对话框，在此对话框中单击 Install License Server 按钮；然后在弹出的对话框中接受系统默认的语言 简体中文，单击 确定 按钮。

Step2. 在系统弹出的图 1.4.4 所示的"Siemens PLM License Server v6.4.2.1"对话框（一）中单击 下一步(N) 按钮。

Step3. 等待片刻后，在图 1.4.5 所示的"Siemens PLM License Server v6.4.2.1"对话框（二）中接受默认的安装路径，然后单击 下一步(N) 按钮。

Step4. 在弹出的“Siemens PLM License Server v6.4.2.1”对话框（三）中单击 选择(O)... 按钮，选择图 1.4.6 所示的许可证路径（即 NX10.0.lic 的路径），然后单击 下一步(N) 按钮。

Step5. 在弹出的图 1.4.7 所示的“Siemens PLM License Server v6.4.2.1”对话框（四）中单击 安装(I) 按钮。

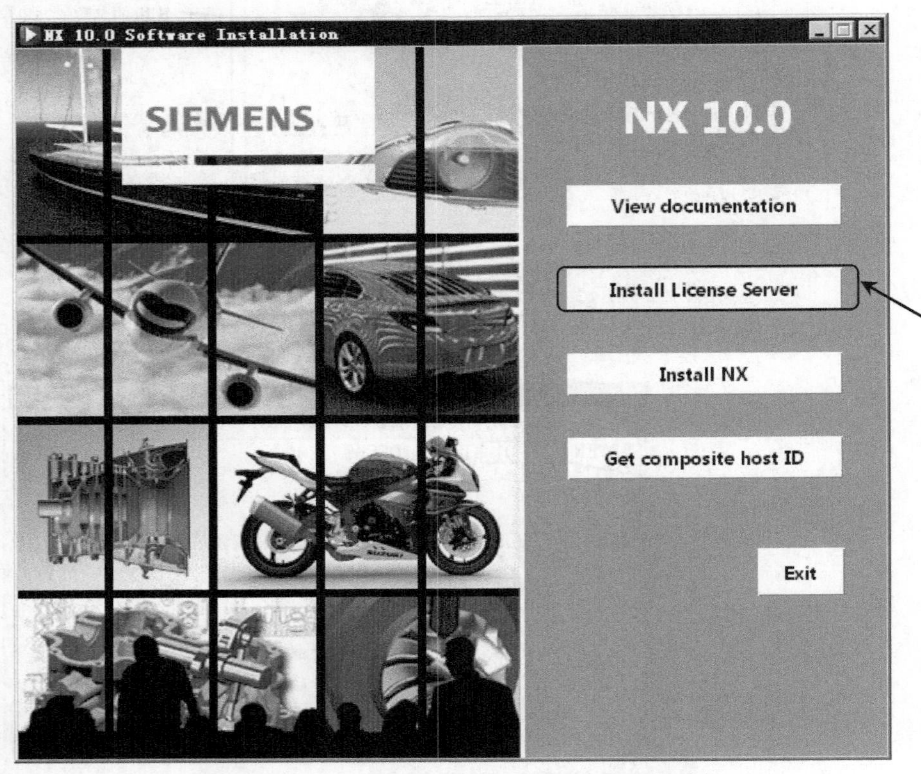


图 1.4.3　“NX 10.0 Software Installation”对话框

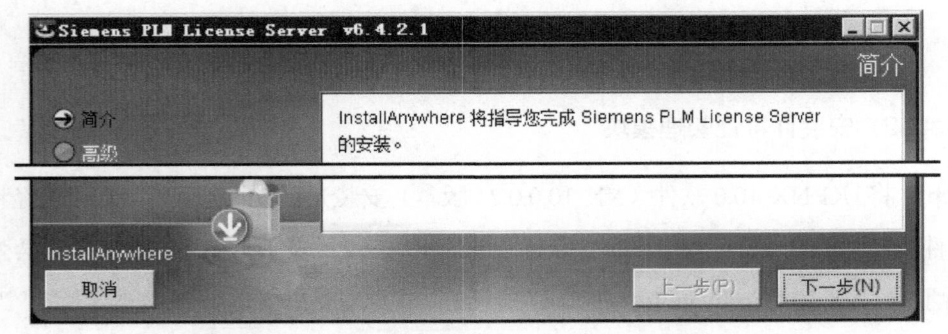


图 1.4.4　“Siemens PLM License Server v6.4.2.1”对话框（一）

Step6. 完成许可证管理模块的安装。

（1）系统弹出图 1.4.8 所示的“Siemens PLM License Server v6.4.2.1”对话框（五），并显示安装进度，然后在弹出的图 1.4.9 所示的“Siemens PLM License Server”对话框中单击 确定 按钮。

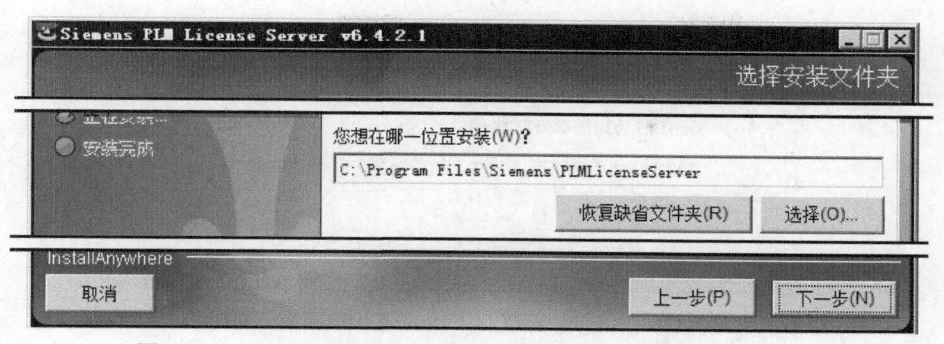


图 1.4.5 “Siemens PLM License Server v6.4.2.1”对话框（二）

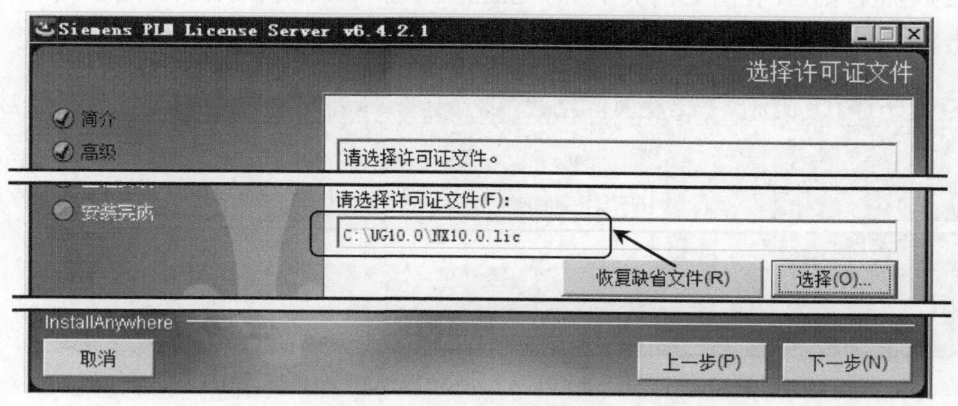


图 1.4.6 “Siemens PLM License Server v6.4.2.1”对话框（三）

图 1.4.7 “Siemens PLM License Server v6.4.2.1”对话框（四）

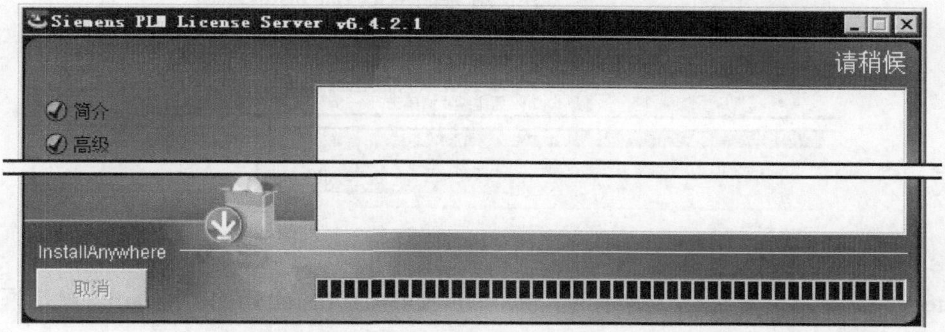

图 1.4.8 “Siemens PLM License Server v6.4.2.1”对话框（五）

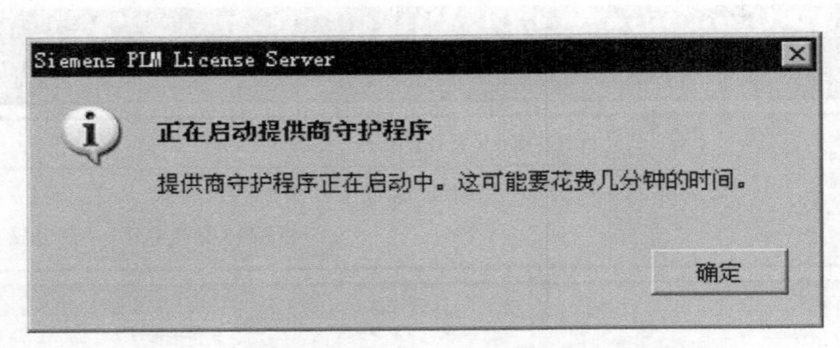


图 1.4.9 “Siemens PLM License Server”对话框

（2）等待片刻后，在图 1.4.10 所示的“Siemens PLM License Server v6.4.2.1”对话框（六）中单击 完成(D) 按钮，完成许可证的安装。

图 1.4.10 “Siemens PLM License Server”对话框（六）

Stage3．安装 UG NX 10.0 软件主体

Step1．在“NX 10.0 Software Installation”对话框中单击 Install NX 按钮。

Step2．在弹出的“Siemens NX 10.0 InstallShield Wizard”对话框中接受系统默认的语言 中文（简体），单击 确定(O) 按钮。

Step3．数秒后，系统弹出图 1.4.11 所示的“Siemens NX 10.0 InstallShield Wizard”对话框（一），单击 下一步(N) > 按钮。

图 1.4.11 “Siemens NX 10.0 InstallShield Wizard”对话框（一）

Step4．系统弹出图 1.4.12 所示的“Siemens NX 10.0 InstallShield Wizard”对话框（二），选中 完整安装(O) 单选项，采用系统默认的安装类型，单击 下一步(N) > 按钮。

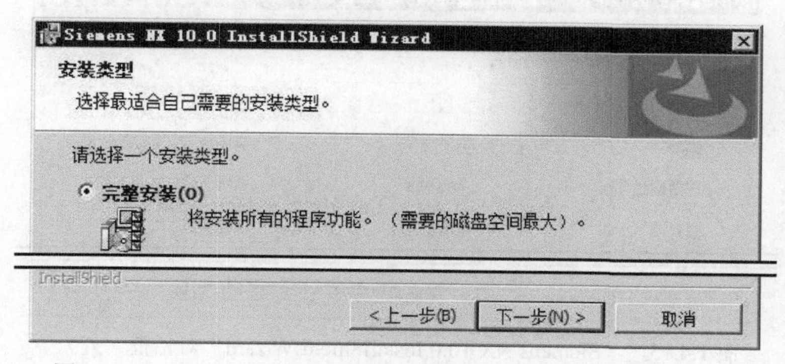


图 1.4.12 “Siemens NX 10.0 InstallShield Wizard”对话框（二）

Step5. 系统弹出图 1.4.13 所示“Siemens NX 10.0 InstallShield Wizard”对话框（三），接受系统默认的路径，单击下一步(N) >按钮。

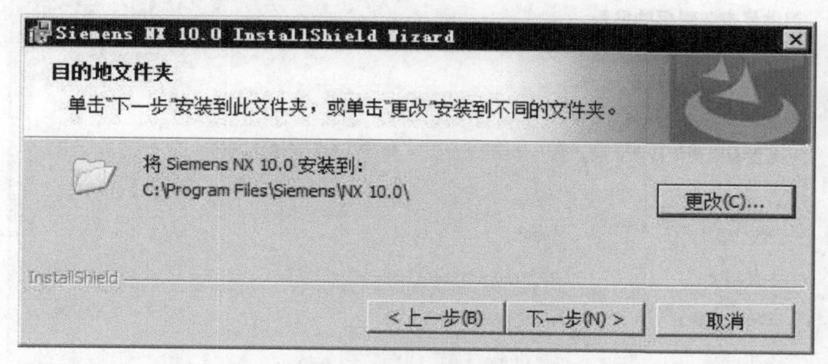


图 1.4.13 “Siemens NX 10.0 InstallShield Wizard”对话框（三）

Step6. 系统弹出图 1.4.14 所示的“Siemens NX 10.0 InstallShield Wizard”对话框（四），确认输入服务器名或许可证文件。文本框中的“28000@”后面已是本机的计算机名称，单击下一步(N) >按钮。

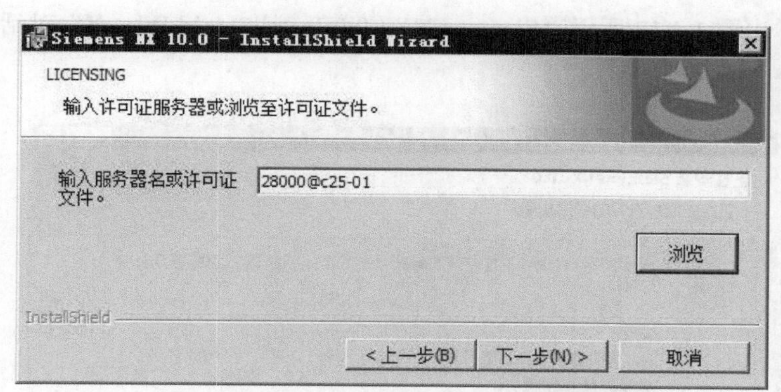


图 1.4.14 “Siemens NX 10.0 InstallShield Wizard”对话框（四）

Step7. 系统弹出图 1.4.15 所示的“Siemens NX 10.0 InstallShield Wizard”对话框（五），选中简体中文单选项，单击下一步(N) >按钮。

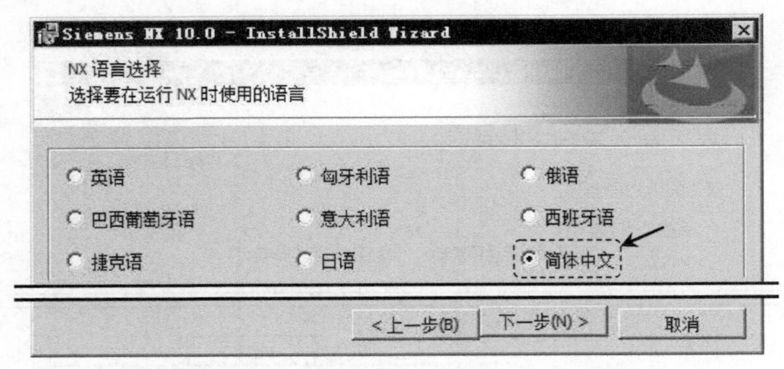


图 1.4.15 "Siemens NX 10.0 InstallShield Wizard"对话框（五）

Step8. 系统弹出图 1.4.16 所示的"Siemens NX 10.0 InstallShield Wizard"对话框（六），单击 安装(I) 按钮。

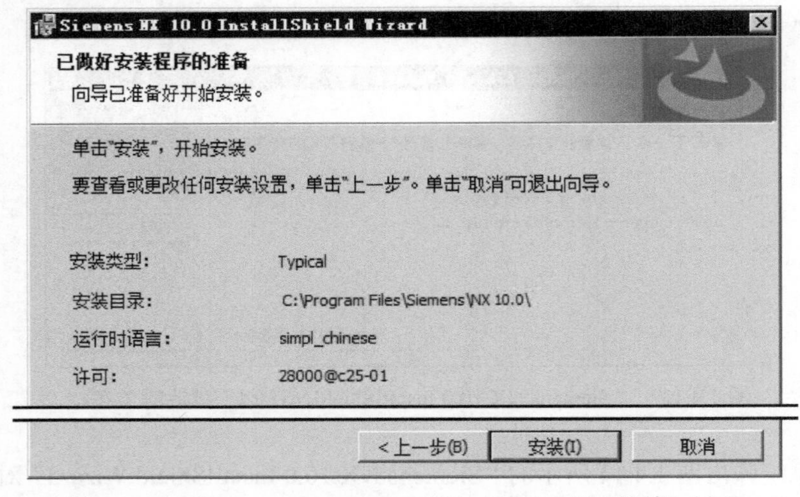


图 1.4.16 "Siemens NX 10.0 InstallShield Wizard"对话框（六）

Step9. 完成主体安装。

（1）系统弹出图 1.4.17 所示"Siemens NX 10.0 InstallShield Wizard"对话框（七），并显示安装进度。

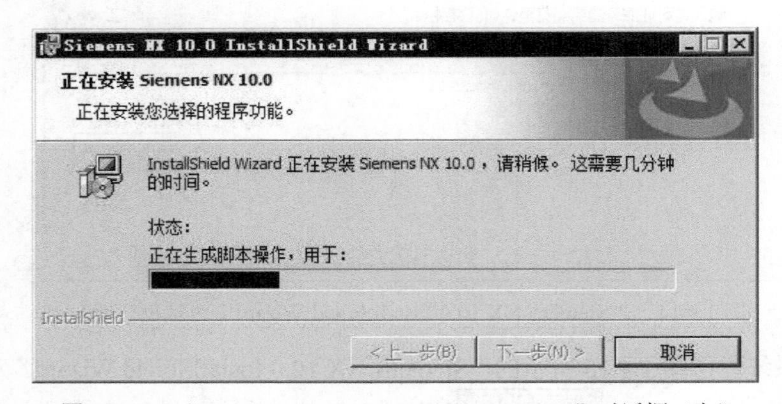


图 1.4.17 "Siemens NX 10.0 InstallShield Wizard"对话框（七）

（2）等待片刻后，在图 1.4.18 所示“Siemens NX 10.0 InstallShield Wizard”对话框（八）中单击 完成(F) 按钮，完成安装。

图 1.4.18 “Siemens NX10.0 InstallShield Wizard”对话框（八）

（3）在“NX 10.0 Software Installation”对话框中单击 Exit 按钮，退出 UG NX 10.0 的安装程序。

# 第2章　UG NX10.0工作界面与基本设置

**本章提要**　为了正常使用 UG NX 10.0 软件，同时也为了方便读者学习，在学习和使用 UG NX 10.0 软件前，需要进行一些必要的设置，这些设置对于提高学习软件的效率非常重要。本章内容主要包括：

- 创建 UG NX 10.0 用户工作文件目录
- UG NX 10.0 软件的启动与工作界面简介
- UG NX 10.0 用户界面介绍与用户界面的定制

## 2.1　启动 UG NX 10.0 软件

一般来说，有两种方法可启动并进入 UG NX 10.0 软件环境。

**方法一：**双击 Windows 桌面上的 NX 10.0 软件快捷图标，如图 2.1.1 所示。

图 2.1.1　NX 10.0 快捷图标

**说明：**如果软件安装完毕后，桌面上没有 NX 10.0 软件快捷图标，请参考采用下面介绍的方法二启动软件。

**方法二：**从 Windows 系统“开始”菜单进入 UG NX 10.0，操作方法如下：

Step1. 单击 Windows 桌面左下角的开始按钮。

Step2. 选择所有程序 → Siemens NX 10.0 → NX 10.0命令，系统进入 UG NX 10.0 软件环境，如图 2.1.2 所示。

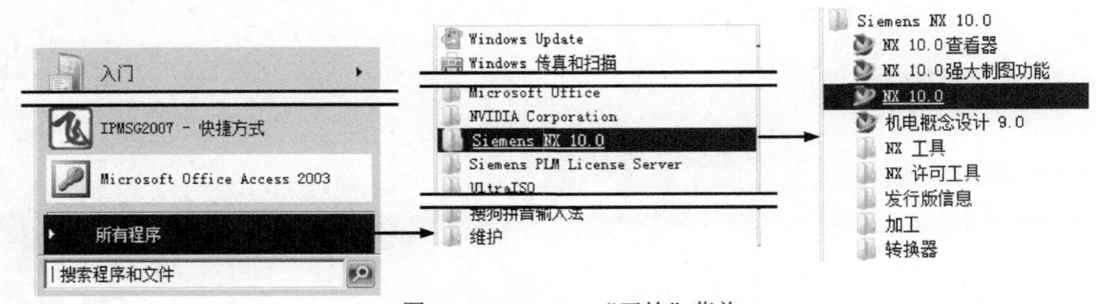


图 2.1.2　Windows“开始”菜单

# 2.2　UG NX 10.0 工作界面及定制

## 2.2.1　设置界面主题

启动软件后，一般情况下系统默认显示的是图 2.2.1 所示的“轻量级”界面主题，由于大部分 UG NX 用户仍然习惯在早期版本中的“经典”界面主题下使用软件，因此本书的写作界面将采用“经典”界面主题，读者可以按照以下方法进行界面主题设置。

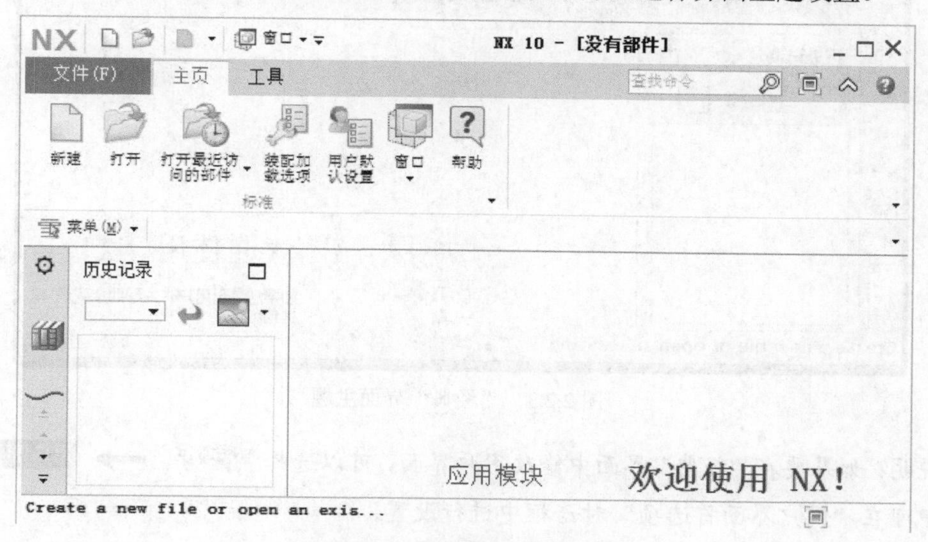


图 2.2.1　“轻量级”界面主题

Step1. 单击软件界面左上角的 文件(F) 按钮。

Step2. 选择 首选项(P) ➡ 用户界面(I)... 命令，系统图 2.2.2 所示的“用户界面首选项”对话框。

Step3. 在“用户界面首选项”对话框中单击 布局 选项组，选中右侧 用户界面环境 区域中的 ⊙ 经典工具条 单选项，再选中 提示行/状态行位置 区域中的 ⊙ 顶面 单选项。

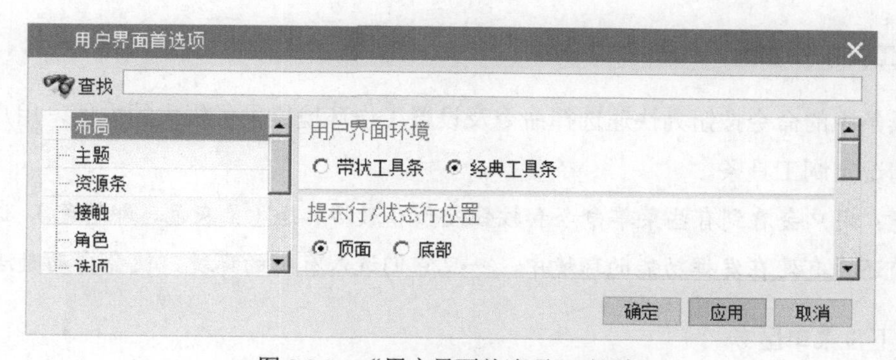


图 2.2.2　“用户界面首选项”对话框

Step4. 在“用户界面首选项”对话框中单击主题选项，然后在NX 主题下拉列表中选择域中的经典选项。

Step5. 在“用户界面首选项”对话框中单击确定按钮，完成界面设置，如图 2.2.3 所示。

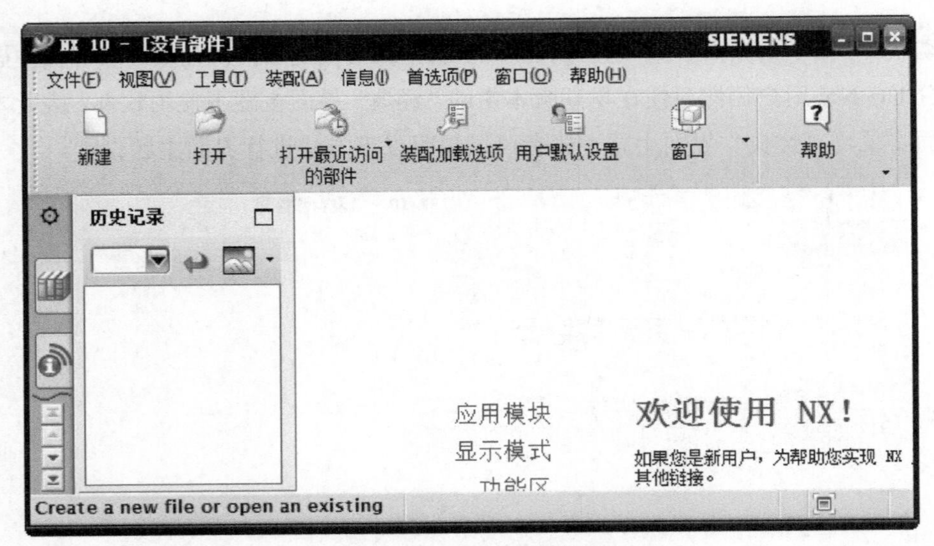


图 2.2.3 “经典”界面主题

说明：如果要在“经典”界面中修改用户界面，可以选择首选项(P) ➡ 用户界面(I)...命令，即可在“用户界面首选项”对话框中进行设置。

## 2.2.2 “经典”用户界面简介

在学习本节时，请先打开文件 D:\ug10.1\work\ch02\down_base.prt。

说明：打开文件的具体操作可以查看本书第 4 章第 4.2.4 小节中的有关内容。

UG NX 10.0 的“经典”用户界面包括标题栏、下拉菜单区、顶部工具条按钮区、消息区、图形区、部件导航器区、资源工具条及底部工具条按钮区，如图 2.2.4 所示。

### 1. 工具条按钮区

工具条中的命令按钮为快速选择命令及设置工作环境提供了极大的方便，用户可以根据具体情况定制工具条。

注意：用户会看到有些菜单命令和按钮处于非激活状态（呈灰色，即暗色），这是因为它们目前还没有处在发挥功能的环境中，一旦它们进入有关的环境，便会自动激活。

### 2. 下拉菜单区

下拉菜单中包含创建、保存、修改模型和设置 UG NX 10.0 环境的所有命令。

### 3. 资源工具条区

资源工具条区包括“装配导航器”、“约束导航器”、“部件导航器”、“Internet Explorer”、“历史记录”和“系统材料”等导航工具。用户通过该工具条可以方便地进行一些操作。对于每一种导航器，都可以直接在其相应的项目上右击，快速地进行各种操作。

图 2.2.4 UG NX 10.0 中文版界面

**资源工具条区主要选项的功能说明如下：**

- “装配导航器”显示装配的层次关系。
- “约束导航器”显示装配的约束关系。
- “部件导航器”显示建模的先后顺序和父子关系。父对象（活动零件或组件）显示在模型树的顶部，其子对象（零件或特征）位于父对象之下。在“部件导航器”中右击，从弹出的快捷菜单中选择 时间戳记顺序 命令，则按“模型历史”显示。“模型历史树”中列出了活动文件中的所有零件及特征，并按建模的先后顺序显示模型结构。若打开多个 UG NX 10.0 模型，则“部件导航器”只反映活动模型的内容。
- “历史记录”中可以显示曾经打开过的部件。

● “系统材料”中可以设定模型的材料。

### 4. 消息区

执行有关操作时，与该操作有关的系统提示信息会显示在消息区。消息区中间有一个可见的边线，左侧是提示栏，用来提示用户如何操作；右侧是状态栏，用来显示系统或图形当前的状态，例如显示选取结果信息等。执行每个操作时，系统都会在提示栏中显示用户必须执行的操作，或者提示下一步操作。对于大多数的命令，用户都可以利用提示栏的提示来完成操作。

### 5. 图形区

图形区是UG NX 10.0用户主要的工作区域，建模的主要过程、绘制前后的零件图形、分析结果和模拟仿真过程等都在这个区域内显示。用户在进行操作时，可以直接在图形区中选取相关对象进行操作。

同时还可以选择多种视图操作方式：

**方法一：**右击图形区，弹出快捷菜单，如图2.2.5所示。

**方法二：**按住右键，弹出挤出式菜单，如图2.2.6所示。

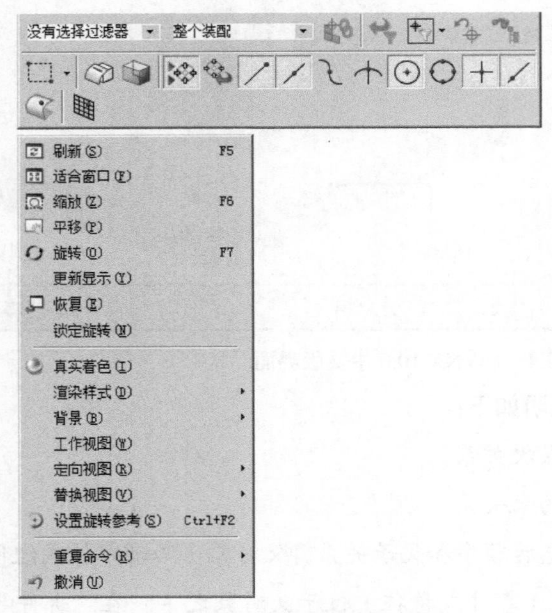


图2.2.5　快捷菜单

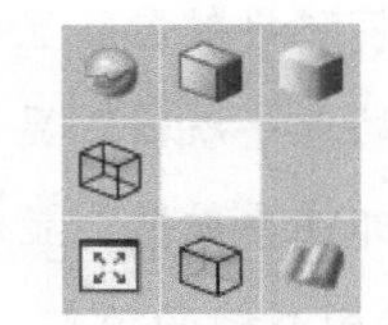

图2.2.6　挤出式菜单

### 6. “全屏”按钮

在UG NX 10.0中单击“全屏”按钮，允许用户将可用图形窗口最大化。在最大化窗口模式下再次单击“全屏”按钮，即可切换到普通模式。

## 2.2.3 工具条及菜单的定制

进入 UG NX 10.0 系统后，在建模环境下选择下拉菜单 工具(T) → 定制(Z)... 命令，系统弹出“定制”对话框，可对用户界面进行定制。

### 1. 在下拉菜单中定制（添加）命令

在图 2.2.8 所示的“定制”对话框中单击 命令 选项卡，即可打开定制命令的选项卡。通过此选项卡可改变下拉菜单的布局，可以将各类命令添加到下拉菜单中。下面以下拉菜单 插入(S) → 基准/点(D) → 平面(L)... 命令为例说明定制过程。

Step1. 在图 2.2.7 中的 类别: 列表框中选择按钮的种类 插入(S)，在 命令: 下拉列表中出现该种类的所有按钮。

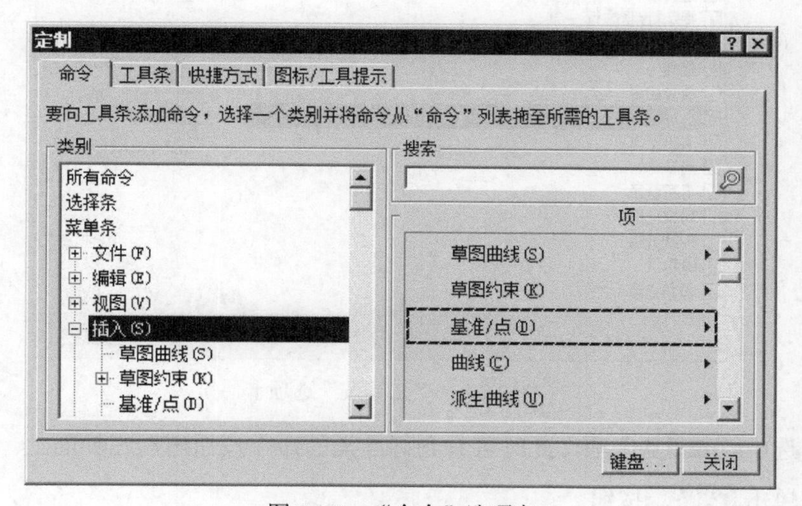


图 2.2.7 “命令”选项卡

Step2. 右击 基准/点(D) 选项，在系统弹出的快捷菜单中选择 添加或移除按钮 → 平面(L)... 命令，如图 2.2.8 所示。

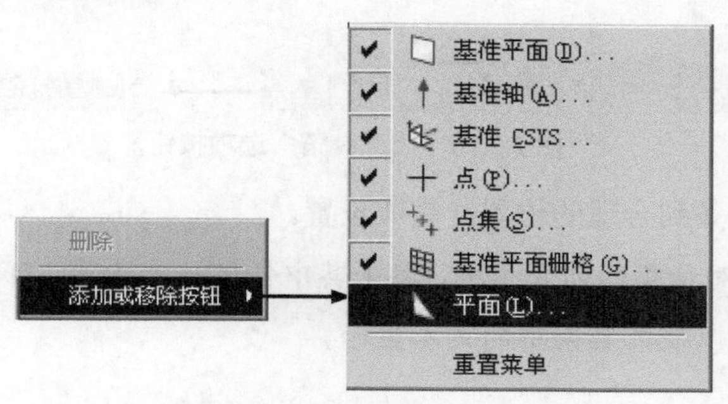


图 2.2.8 快捷菜单

Step3. 单击 关闭 按钮，完成设置。

Step4. 选择下拉菜单 插入(S) ➡ 基准/点(D) ▸ 命令，可以看到 平面(L)... 命令已被添加。

说明：“定制”对话框弹出后，可将下拉菜单中的命令添加到工具条中成为按钮，方法是单击下拉菜单中的某个命令，并按住鼠标左键不放，将鼠标指针拖到屏幕的工具条中。

## 2. 工具条设置

在图 2.2.9 所示的“定制”对话框中单击 工具条 选项卡，即可打开工具条定制选项卡。通过此选项卡可改变工具条的布局，可以将各类工具条按钮放在屏幕的顶部、左侧或下侧。下面以图 2.2.9 所示的☑视图复选项（控制模型视图及显示的工具条）为例说明定制过程。

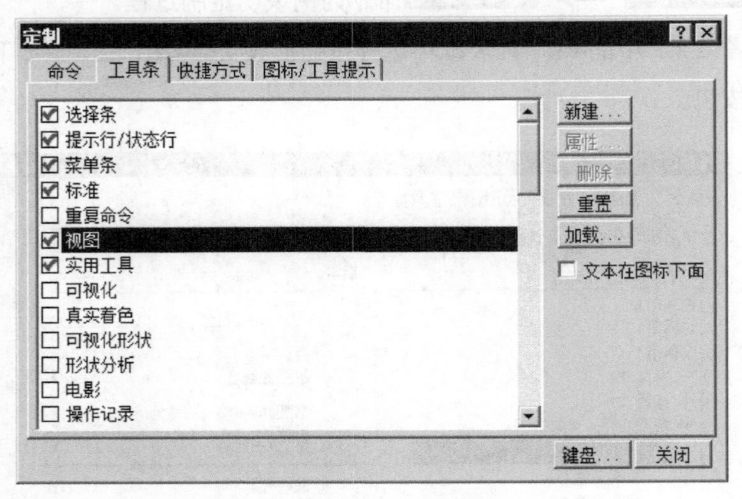


图 2.2.9 “工具条”选项卡

Step1. 选中☑视图复选项，此时可看到标准类的命令按钮出现在界面上。

Step2. 单击 关闭 按钮。

Step3. 添加工具按钮。单击工具条中的 按钮（图 2.2.10），选择 添加或移除按钮 ➡ 视图 命令，系统会显示出 视图 工具条中的所有按钮，单击任意按钮可以将其从工具条中添加或移除。

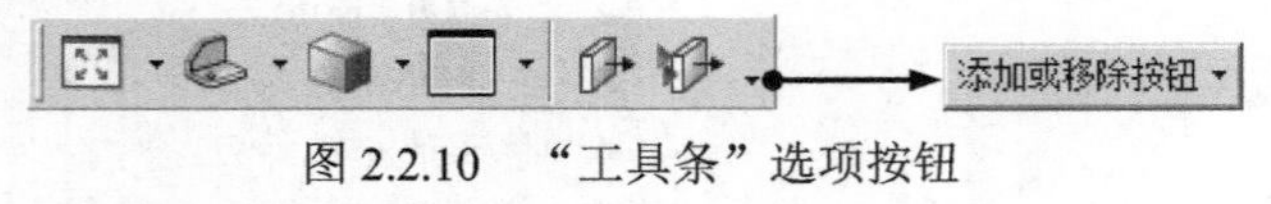


图 2.2.10 “工具条”选项按钮

Step4. 拖动工具条到合适的位置，完成设置。

说明：在“定制”对话框的列表框中，单击其中任何一个选项，可激活☑ 文本在图标下面 复选框，选中该复选框可以使工具条中的文本显示。

## 3. 快捷方式设置

在“定制”对话框中单击 快捷方式 选项卡，可以对快捷菜单和挤出式菜单中的命令及布局进行设置，如图 2.2.11 所示。

4．图标和工具提示设置

在“定制”对话框中单击选项选项卡，可以对菜单的显示、工具条图标大小，以及菜单图标大小进行设置，如图 2.2.12 所示。

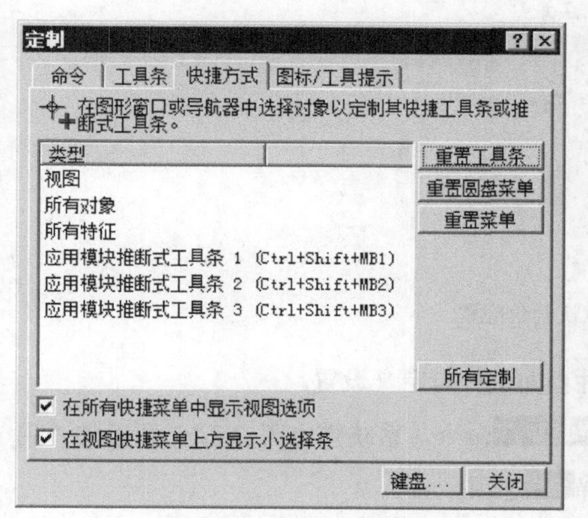


图 2.2.11　“快捷方式”选项卡

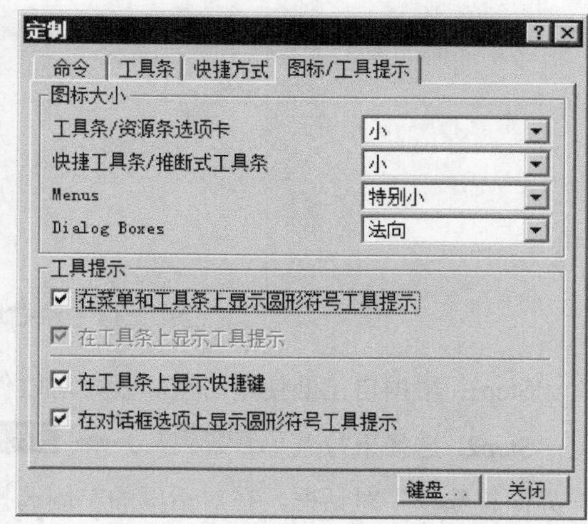


图 2.2.12　“图标/工具提示”选项卡

工具提示是一个消息文本框，用户对鼠标指示的命令和选项进行提示。将鼠标放置在工具中的按钮，或者对话框中的某些选项上，就会出现工具提示，如图 2.2.13 所示。

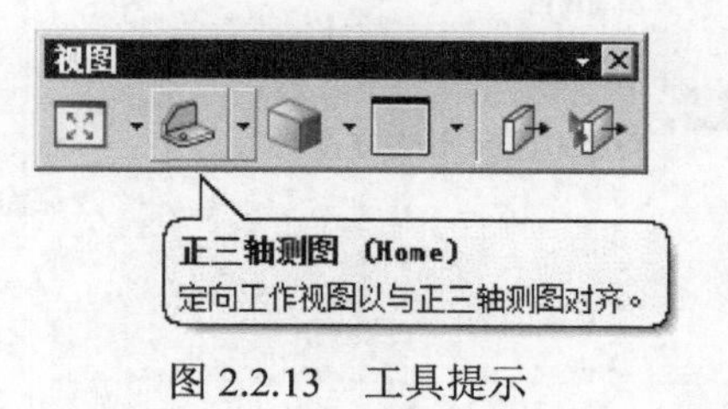


图 2.2.13　工具提示

## 2.2.4　角色设置

角色指的是一个专用的 UG NX 工作界面配置，不同角色中的界面主题、图标大小和菜单位置等设置可能都相同。根据不同使用者的需求，系统提供了几种常用的角色配置，如图 2.2.14 所示。本书中的所有案例都是在“CAM 高级功能”角色中制作的，建议读者在学习时使用该角色配置，设置方法如下。

在软件的资源条区单击按钮，然后在系统默认区域中单击（角色 AM 高级功能）按钮即可。

读者也可以根据自己的使用习惯和爱好，自己进行界面配置后，将所有设置保存为一个角色文件，这样可以很方便地在本机或其他电脑上调用。自定义角色的操作步骤如下。

图 2.2.14　系统默认角色配置

Step1. 根据自己的使用习惯和爱好对软件界面进行自定义设置。

Step2. 选择下拉菜单 首选项(P) → 用户界面(I)... 命令，系统弹出图 2.2.15 所示的“用户界面首选项”对话框，在对话框的左侧选择 角色 选项。

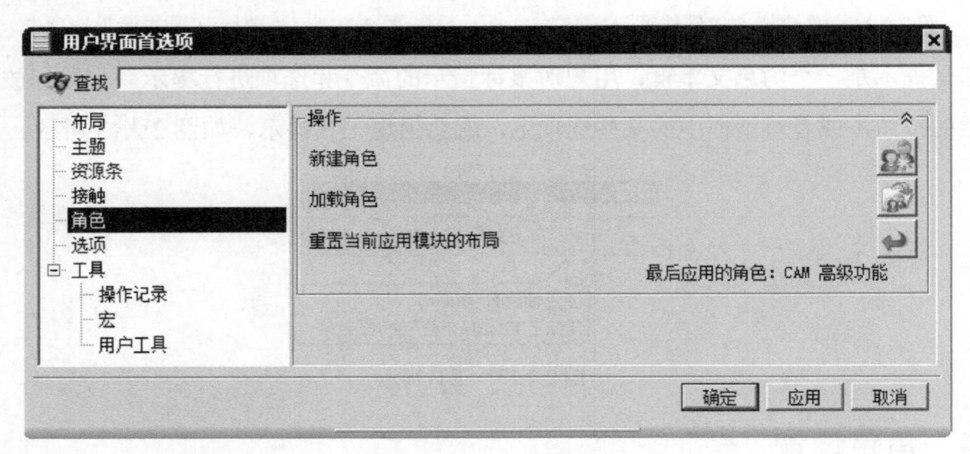


图 2.2.15　“用户界面首选项”对话框

Step3. 保存角色文件。在“用户界面首选项”对话框中单击“新建角色”按钮，系统弹出“新建角色文件”对话框，在 文件名(N): 区域中输入 “myrole”，单击 OK 按钮完成角色文件的保存。

说明：如果要加载现有的角色文件，在“用户界面首选项”对话框中单击“加载角色”按钮，然后在“打开角色文件”对话框选择要加载的角色文件，再单击 OK 按钮即可。

# 2.3 基本操作及快捷键

## 2.3.1 基本鼠标操作

用鼠标除了可以选择某个命令、选取模型中的几何要素外，还可以控制图形区中的模型进行缩放和移动，这些操作只是改变模型的显示状态，而不能改变模型的真实大小和位置。

- 按住鼠标中键并移动鼠标，可旋转模型。
- 先按住键盘上的 Shift 键，然后按住鼠标中键，移动鼠标可移动模型。
- 滚动鼠标中键滚轮，可以缩放模型：向前滚，模型变大；向后滚，模型变小。

UG NX 10.0 中鼠标中键滚轮对模型的缩放操作可能与早期的版本相反，在早期的版本中可能是“向前滚，模型变小；向后滚，模型变大”，有读者可能已经习惯这种操作方式，如果要更改缩放模型的操作方式，可以采用以下方法。

Step1. 选择下拉菜单 文件(F) → 实用工具(U) → 用户默认设置(D)... 命令，系统弹出图 2.3.1 所示的“用户默认设置”对话框。

Step2. 在对话框左侧单击 基本环境 选项，然后单击 视图操作 选项，在对话框右侧 视图操作 选项卡 鼠标滚轮滚动 区域中的 方向 下拉列表中选择 后退以放大 选项。

Step3. 单击 确定 按钮，重新启动软件，即可完成操作。

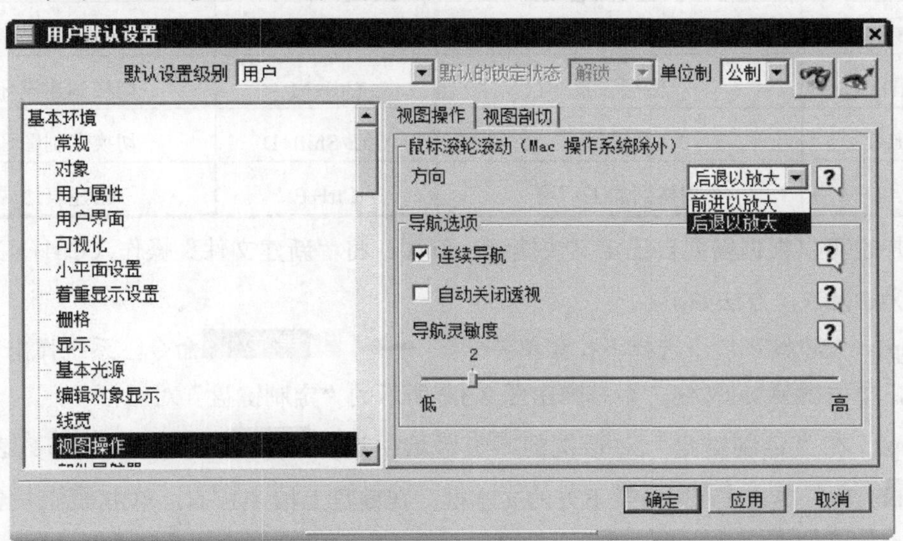


图 2.3.1 “用户默认设置”对话框

## 2.3.2 快捷键操作

在 UG NX 中，除了鼠标操作外，还可以使用键盘快捷键来执行一些操作。在设计过程中使用快捷键，不仅能够提高工作效率，同时也增强了使用者对软件的掌控感。UG NX 中的快捷键在下拉菜单命令的右侧均有显示，部分常用的快捷键及功能见表 2.3.1。

表 2.3.1　常用的快捷键列表

| 快捷键 | 功能说明 | 快捷键 | 功能说明 |
|---|---|---|---|
| Ctrl+N | 创建一个新文件 | Ctrl+O | 打开现有的文件 |
| Ctrl+S | 保存文件 | Ctrl+Shift+A | 用其他名称保存文件 |
| Ctrl+P | 绘图打印 | Ctrl+Z | 撤销上步操作 |
| Ctrl+Y | 重做上步操作 | Ctrl+J | 编辑对象显示 |
| Ctrl+X | 剪切 | Ctrl+C | 复制 |
| Ctrl+V | 粘贴 | Ctrl+A | 全选 |
| Ctrl+B | 隐藏 | Ctrl+T | 移动对象 |
| Ctrl+Shift+B | 互换显示与隐藏 | Ctrl+W | 显示和隐藏管理 |
| Ctrl+Shift+U | 全部显示 | F4 | 重复上一命令 |
| F5 | 刷新 | F6 | 视图缩放 |
| F7 | 视图旋转 | F8 | 自动法向视图 |
| Ctrl+F | 调整视图充满显示区域 | Ctrl+Shift+N | 新建布局 |
| Ctrl+Shift+H | 高质量图片 | Ctrl+Shift+O | 打开布局 |
| Ctrl+L | 图层设置 | Ctrl+M | 切换到建模环境 |
| Ctrl+I | 类选择 | Ctrl+Shift+D | 切换到制图环境 |
| Ctrl+Alt+M | 切换到加工环境 | Ctrl+E | 创建表达式 |

用户也可以根据需要自己定义快捷键。例如，将“新建文件”操作（Ctrl+N）的快捷键调整为 Alt+N，方法如下。

Step1. 在建模环境下选择下拉菜单 工具(T) ➡ 定制(Z)... 命令，系统弹出“定制”对话框，单击 键盘... 按钮，系统弹出图 2.3.2 所示的“定制键盘”对话框。

Step2. 在“定制键盘”对话框的 类别: 区域中选择 文件(F) 选项，在 命令: 列表中选择 新建(N)... 选项，单击 按新的快捷键: 下方的文本框，在键盘上按 Alt+N，单击 指派 按钮，然后关闭所有对话框。

Step3. 验证快捷键是否指派成功。

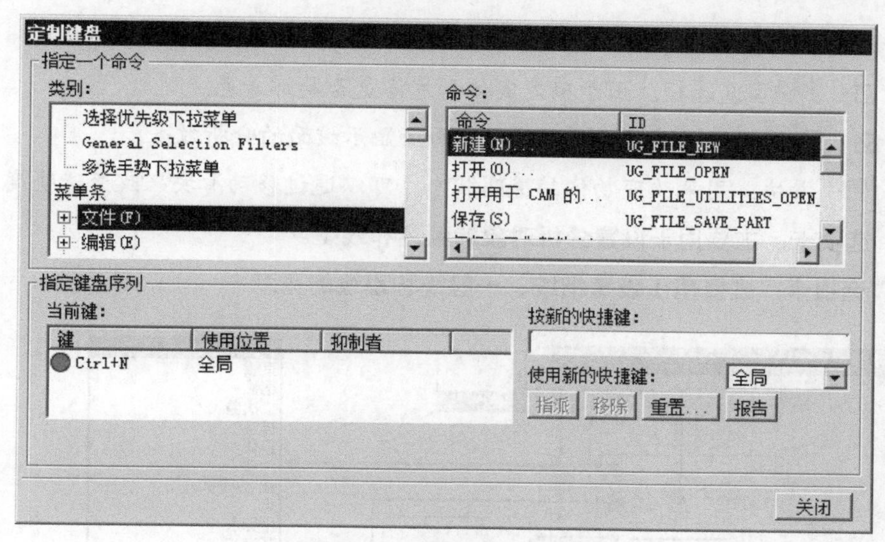


图 2.3.2 “定制键盘”对话框

# 2.4 UG NX 10.0 软件的参数设置

在学习本节时，请先打开文件 D:\ug10.1\work\ch02\down_base.prt。

参数设置主要用于设置系统的一些控制参数，通过 首选项(P) 下拉菜单可以进行参数设置。下面介绍一些常用的设置。

注意：进入到不同的模块时，在预设置菜单上显示的命令有所不同，且每一个模块还有其相应的特殊设置。

## 2.4.1 “对象”首选项

选择下拉菜单 首选项(P) → 对象(O)... 命令，系统弹出“对象首选项”对话框，如图 2.4.1 所示。该对话框主要用于设置对象的属性，如颜色、线型和线宽等（新的设置只对以后创建的对象有效，对以前创建的对象无效）。

图 2.4.1 所示的“对象首选项”对话框中包括 常规 和 分析 选项卡，以下分别说明：

➢ 常规 选项卡：

- 工作图层 文本框：用于设置新对象的工作图层。当输入图层号后，以后创建的对象将存储在该图层中。
- 类型 下拉列表：用于选择需要设置的对象类型。
- 颜色 下拉列表：设置对象的颜色。
- 线型 下拉列表：设置对象的线型。
- 宽度 下拉列表：设置对象显示的线宽。

- 实体和片体选项区域：
  - ☑ 局部着色复选框：用于确定实体和片体是否局部着色。
  - ☑ 面分析复选框：用于确定是否在面上显示该面的分析效果。
- 透明度滑块：用来改变物体的透明状态。可以通过移动滑块来改变透明度。

➢ 分析选项卡：主要用于设置分析对象的颜色和线型。

➢ 线宽选项卡：主要用于设置细线、一般线和粗线的宽度。

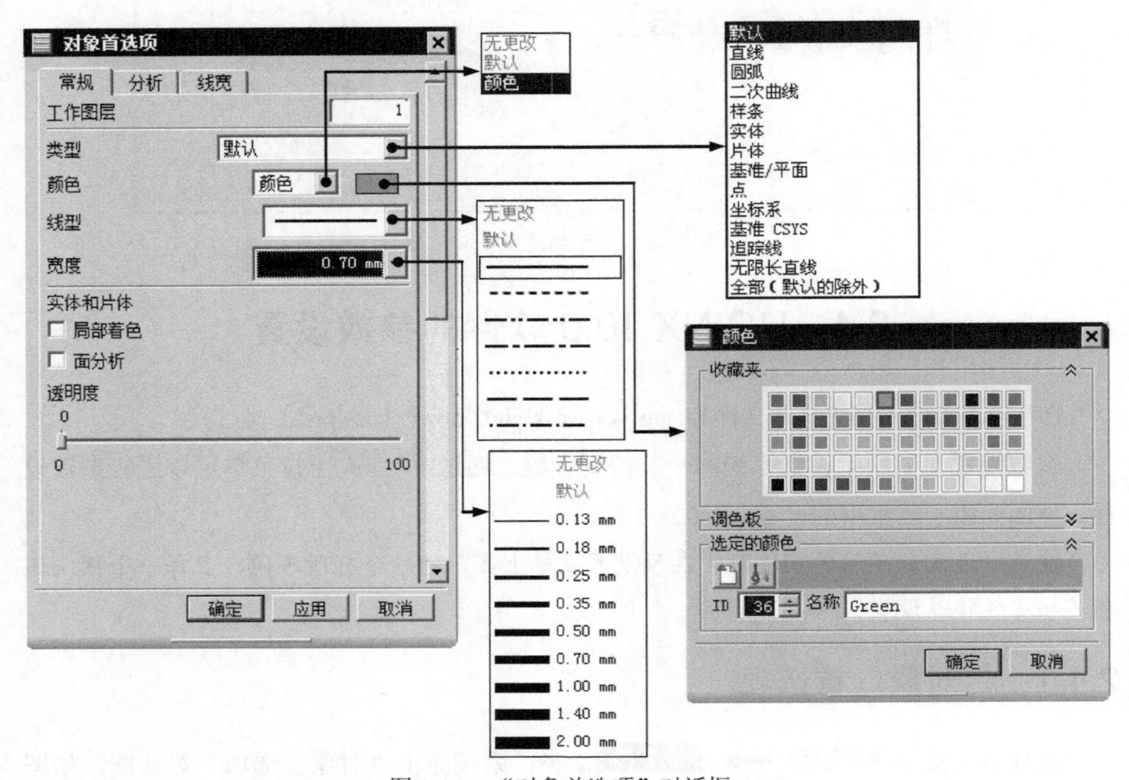


图 2.4.1 “对象首选项”对话框

## 2.4.2 “建模”首选项

选择下拉菜单首选项(P) ➞ 建模(G)...命令，系统弹出图 2.4.2 所示的“建模首选项”对话框。该对话框中的选项卡主要用来设建模、分析和仿真等模块的相关参数。

## 2.4.3 “选择”首选项

选择下拉菜单首选项(P) ➞ 选择(E)...命令，系统弹出“选择首选项”对话框（图 2.4.3），主要用来设置光标预选对象后，选择球大小、高亮显示的对象、尺寸链公差和矩形选取方式等选项。

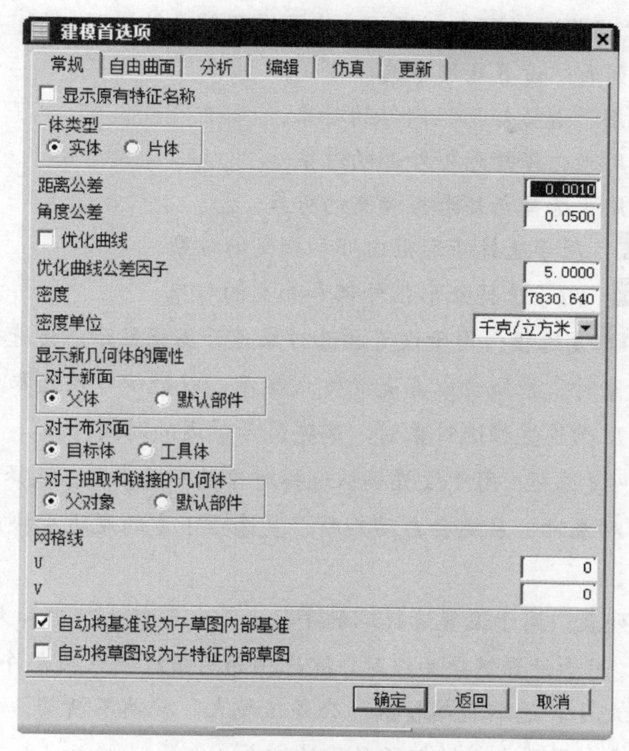


图 2.4.2　“建模首选项”对话框

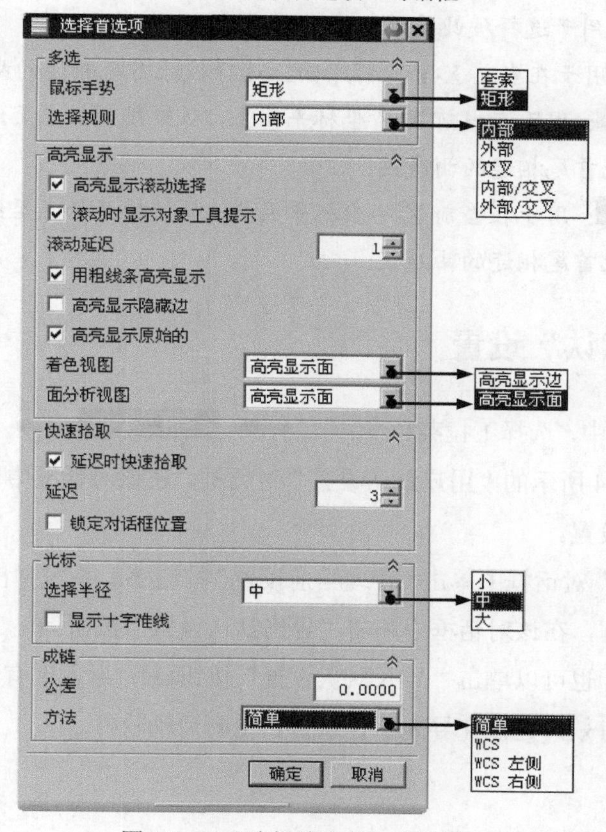


图 2.4.3　“选择首选项”对话框

图 2.4.3 所示的“选择首选项”对话框中主要选项的功能说明如下：

- 选择规则下拉列表：设置矩形框选择方式。
  - ☑ 内部：用于选择矩形框内部的对象。
  - ☑ 外部：用于选择矩形框外部的对象。
  - ☑ 交叉：用于选择与矩形框相交的对象。
  - ☑ 内部/交叉：用于选择矩形框内部和相交的对象。
  - ☑ 外部/交叉：用于选择矩形框外部和相交的对象。
- ☑ 高亮显示滚动选择复选框：用于设置预选对象是否高亮显示。当选择该复选框，选择球接触到对象时，系统会以高亮的方式显示，以提示可供选取。复选框下方的滚动延迟滑块用于设置预选对象时，高亮显示延迟的时间。
- ☑ 延迟时快速拾取复选框：用于设置确认选择对象的有关参数。选择该复选框，在选择多个可能的对象时，系统会自动判断。复选框下方的延迟滑块用来设置出现确认光标的时间。
- 选择半径下拉列表：用于设置选择球的半径大小，包括小、中和大三种半径方式。
- 公差文本框：用于设置链接曲线时，彼此相邻的曲线端点间允许的最大间隙。尺寸链公差的值越小，选取就越精确；公差值越大，就越不精确。
- 方法下拉列表：设置自动链接所采用的方式。
  - ☑ 简单：用于选择彼此首尾相连的曲线串。
  - ☑ WCS：用于在当前 X-Y 坐标平面上选择彼此首尾相连的曲线串。
  - ☑ WCS 左侧：用于在当前 X-Y 坐标平面上，从链接开始点至结束点沿左侧路线选择彼此首尾相连的曲线链。
  - ☑ WCS 右侧：用于在当前 X-Y 坐标平面上，从链接开始点至结束点沿右侧路线选择彼此首尾相连的曲线链。

## 2.4.4 “用户默认”设置

在 UG NX 软件中，选择下拉菜单文件(F) → 实用工具(U) → 用户默认设置(D)...命令，系统弹出图 2.4.4 所示的“用户默认设置”对话框，在该对话框中可以对软件中所有模块的默认参数进行设置。

“用户默认设置”对话框中单击“管理当前设置”按钮，系统弹出图 2.4.5 所示的“管理当前设置”对话框，在该对话框中单击“导出默认设置”按钮，可以将修改的默认设置保存为 dpv 文件；也可以单击“导入默认设置”按钮，导入现有的设置文件。为了保证所有默认设置均有效，建议在导入默认设置后重新启动软件。

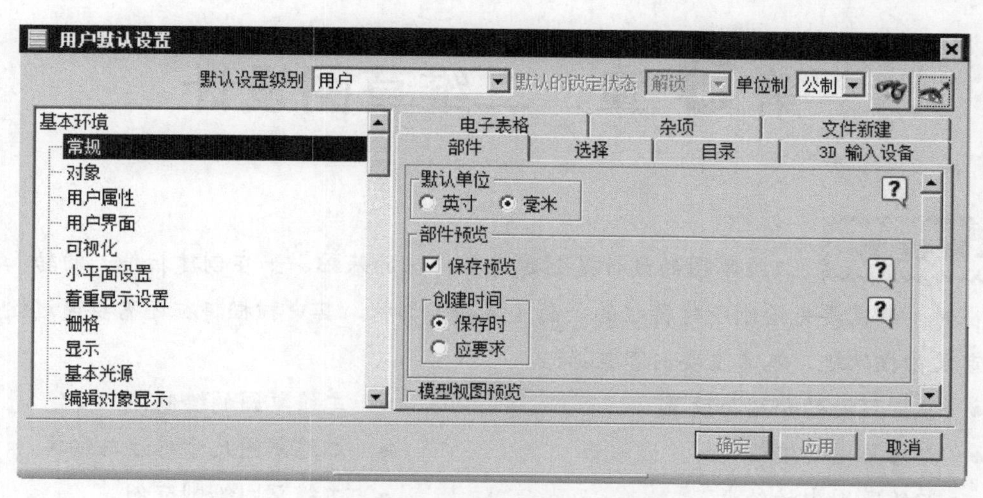


图 2.4.4 “用户默认设置”对话框

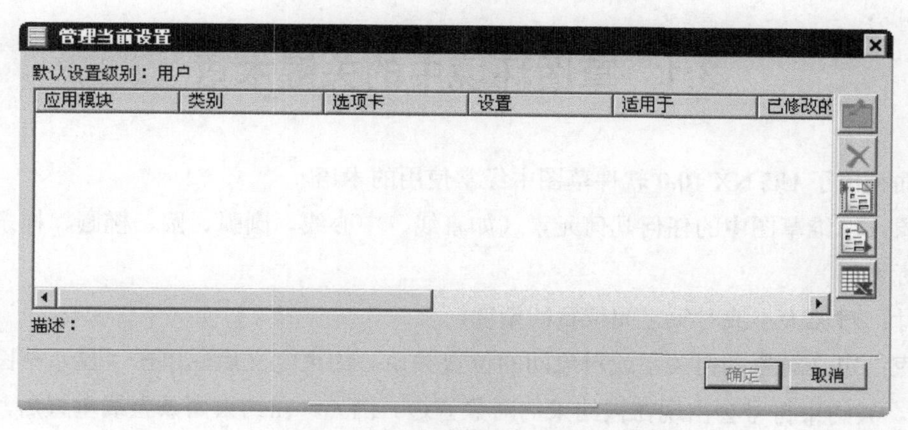


图 2.4.5 “管理当前设置”对话框

# 第3章　二维草图设计

**本章提要**　二维草图的设计是创建许多特征的基础，如在创建拉伸、回转和扫描等特征时，都需要先绘制所建特征的剖面（截面）形状，其中扫描特征还需要通过绘制草图以定义扫描轨迹。本章主要内容包括：

- 草图环境的介绍与设置
- 二维草图的绘制
- 二维草图的编辑
- 二维草图尺寸标注与编辑
- 二维草图中的约束
- 二维草图绘制范例

## 3.1　草图环境中的关键术语

下面列出了 UG NX 10.0 软件草图中经常使用的术语。

对象：二维草图中的任何几何元素（如直线、中心线、圆弧、圆、椭圆、样条曲线、点或坐标系等）。

尺寸：对象大小或对象之间位置的量度。

约束：定义对象几何关系或对象间的位置关系。约束定义后，单击“显示草图约束”按钮，其约束符号会出现在被约束的对象旁边。例如，在约束两条直线垂直后，再单击“显示草图约束”按钮，垂直的直线旁边将分别显示一个垂直约束符号。默认状态下，约束符号显示为蓝色。

参照：草图中的辅助元素。

过约束：两个或多个约束可能会产生矛盾或多余约束。出现这种情况时，必须删除一个不需要的约束或尺寸以解决过约束。

## 3.2　进入与退出草图环境

### 1. 进入草图环境的操作方法

Step1. 打开 UG NX 10.0 后，选择下拉菜单 文件(F) → 新建(N)... 命令（或单击“新建”按钮），系统弹出图 3.2.1 所示的“新建”对话框，在 模板 选项卡中选取模板类型为 模型，在 名称 文本框中输入文件名，在 文件夹 文本框中输入模型的保存目录，然后单击 确定 按钮，进入 UG NX 10.0 工作环境。

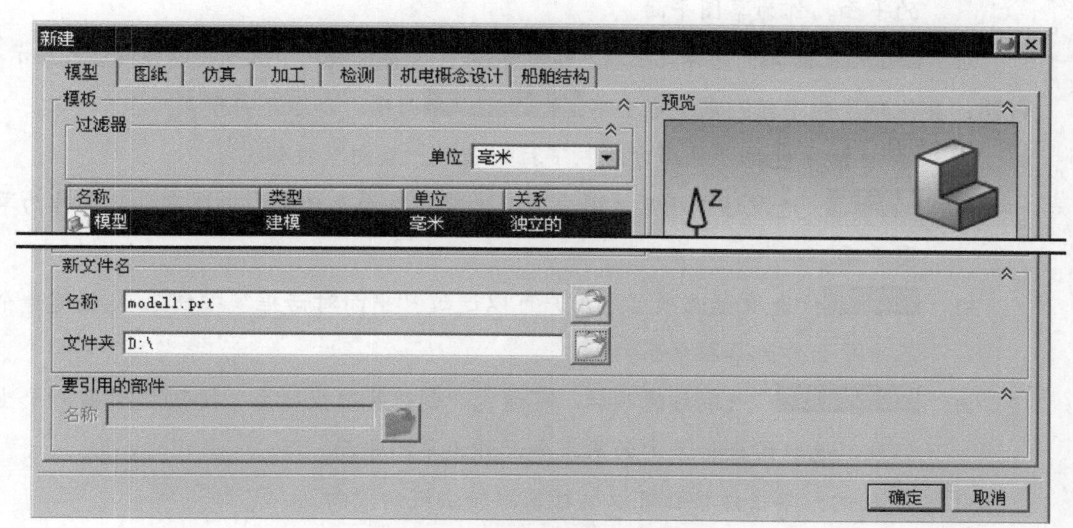


图 3.2.1 “新建”对话框

Step2. 选择下拉菜单 插入(S) → 在任务环境中绘制草图(V)... 命令，系统弹出图 3.2.2 所示的“创建草图”对话框，选择“XY 平面”为草图平面，单击该对话框中的 确定 按钮，系统进入草图环境。

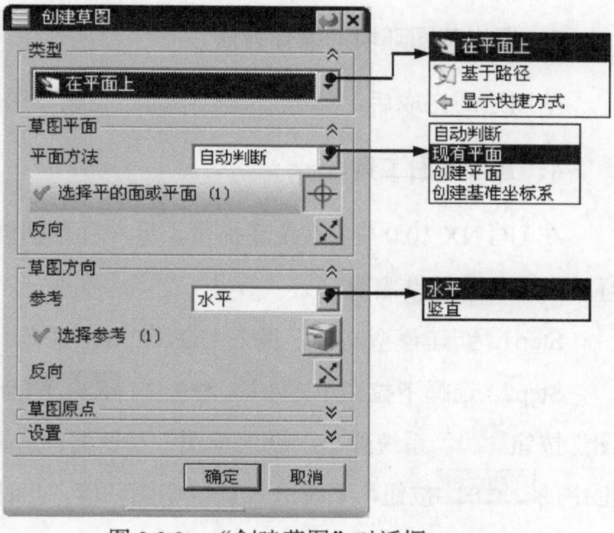

## 2. 选择草图平面

进入草图工作环境以后，在创建新草图之前，一个特别要注意的事项就是要为新草图选择草图平面，也就是要确定新草图在三维空间的放置位置。草图平面是草图所在的某个空间平面，它可以是基准平面，也可以是实体的某个表面。

图 3.2.2 “创建草图”对话框

图 3.2.2 所示的“创建草图”对话框的作用就是用于选择草图平面，利用该对话框中的某个选项或按钮可以选择某个平面作为草图平面，然后单击 确定 按钮，“创建草图”对话框则关闭。

**图 3.2.2 所示的“创建草图”对话框的说明如下：**

- 类型 区域中包括 在平面上 和 基于路径 两种选项。
  - ☑ 在平面上：选取该选项后，用户可以在绘图区选择任意平面为草图平面（此选项为系统默认选项）。
  - ☑ 基于路径：选取该选项后，系统在用户指定的曲线上建立一个与该曲线垂直的平面，作为草图平面。

☑ 显示快捷方式：选择此项后，在平面上和基于路径两个选项将以按钮形式显示。

说明：其他命令的下拉列表中也会有显示快捷方式选项，以后不再赘述。

- 草图平面区域中包括“平面方法”下拉列表及“反向”按钮。
  ☑ 现有平面：选取该选项后，用户可以选择基准面或者图形中现有的平面作为草图平面。
  ☑ 创建平面：选取该选项后，用户可以通过“平面对话框”按钮，创建一个基准平面作为草图平面。
  ☑ 创建基准坐标系：选取该选项后，可通过“创建基准坐标系”按钮创建一个坐标系，选取该坐标系中的基准平面作为草图平面。
  ☑ 反向：单击该按钮可以切换基准轴法线的方向。
- 草图方向区域用于定义参考平面与草图平面的位置关系。
  ☑ 水平：选取该选项后，用户可定义参考平面与草图平面的位置关系为水平。
  ☑ 竖直：选取该选项后，用户可定义参考平面与草图平面的位置关系为竖直。

### 3．退出草图环境的操作方法

草图绘制完成后，单击工具栏中的“完成草图”按钮完成草图，即可退出草图环境。

### 4．直接草图工具

在 UG NX 10.0 中，系统还提供了另一种草图创建的环境——直接草图，进入直接草图环境的具体操作步骤如下。

Step1．新建模型文件，进入 UG NX 10.0 工作环境。

Step2．选择下拉菜单插入(S) → 草图(H)...命令（或单击“直接草图”工具栏中的“草图”按钮），系统弹出“创建草图”对话框，选择“XY 平面”为草图平面，单击该对话框中的确定按钮，系统进入直接草图环境，此时可以使用屏幕下方的“直接草图”工具栏（图 3.2.3）绘制草图。

Step3．单击工具栏中的“完成草图”按钮完成草图，即可退出直接草图环境。

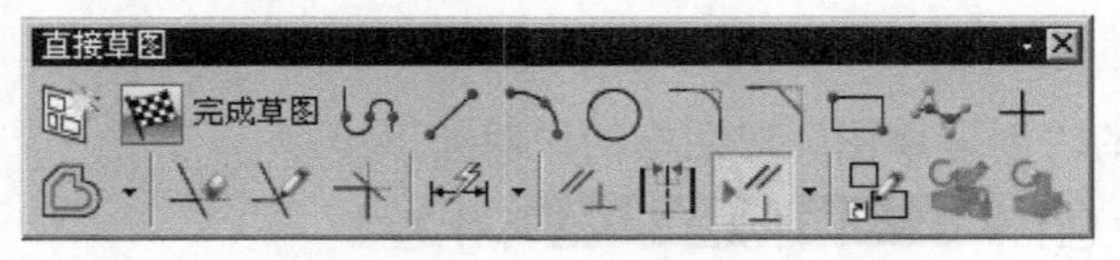


图 3.2.3 “直接草图”工具栏

说明：

- “直接草图”工具创建的草图，在部件导航器中同样会显示为一个独立的特征，也能作为特征的截面草图使用。此方法本质上与“任务环境中的草图”没有区别，只是实现方式较为“直接”。

- 在“直接草图”创建环境中，系统不会自动将草图平面与屏幕对齐，需要将草图平面旋转到大致与屏幕对齐的位置，然后使用快捷键 F8 对齐草图平面。
- 单击“直接草图”工具栏中的“在草图任务环境中打开”按钮，系统即可进入“任务环境中的草图”环境。
- 在三维建模环境下，双击已绘制的草图也能进入直接草图环境。
- 为保证内容的一致性，本书中的草图均以“任务环境中的草图”来创建。

## 3.3　坐标系的介绍

UG NX 10.0 中有三种坐标系：绝对坐标系、工作坐标系和基准坐标系。在使用软件的过程中经常要用到坐标系，下面对这三种坐标系作简单的介绍。

### 1．绝对坐标系（ACS）

绝对坐标系是原点（0,0,0）的坐标系，它是唯一的、固定不变的，也不能修改和调整方位，绝对坐标系的原点不会显示在图形区中，但是在图形区的左下角会显示绝对坐标轴的方位。绝对坐标系可以作为创建点、基准坐标系以及其他操作的绝对位置参照。

### 2．工作坐标系（WCS）

要显示工作坐标系，可以在图 3.3.1 所示的“实用工具”工具条中单击显示 WCS按钮。工作坐标系包括坐标原点和坐标轴，如图 3.3.2 所示。它的轴通常是正交的（即相互间为直角），并且遵守右手定则。

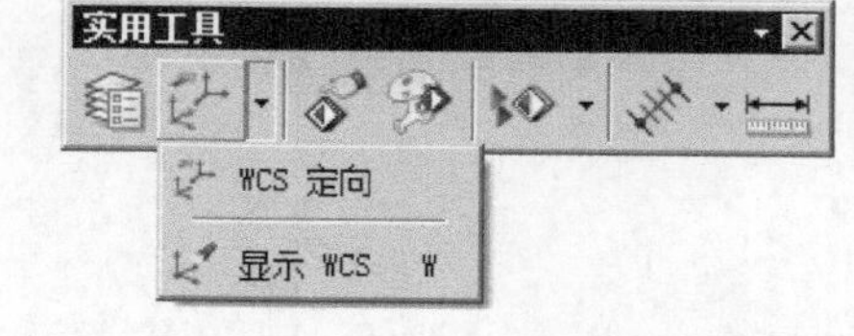


图 3.3.1　“实用工具”工具条

说明：

- 默认情况下，工作坐标系的初始位置与绝对坐标系一致，在 UG NX 的部件中，工作坐标系也是唯一的，但是它可以通过移动、旋转和定位原点等方式来调整方位，用户可以根据需要进行调整。
- 工作坐标系也可以作为创建点、基准坐标系以及其他操作的位置参照。在 UG NX 中的矢量列表中，XC、YC 和 ZC 等矢量就是以工作坐标系为参照来进行设定的。

### 3．基准坐标系（CSYS）

基准坐标系由原点、三个基准轴和三个基准平面组成，如图 3.3.3 所示。新建一个部件文件后，系统会自动创建一个基准坐标系作为建模的参考，该坐标系的位置与绝对坐标系一致，因此，模型中最先创建的草图一般都是选择基准坐标系中的基准平面作为草图平面，其坐标轴也能作为约束和尺寸标注的参考。基准坐标系不是唯一的，可以根据建模的需要创建多个基本坐标系。

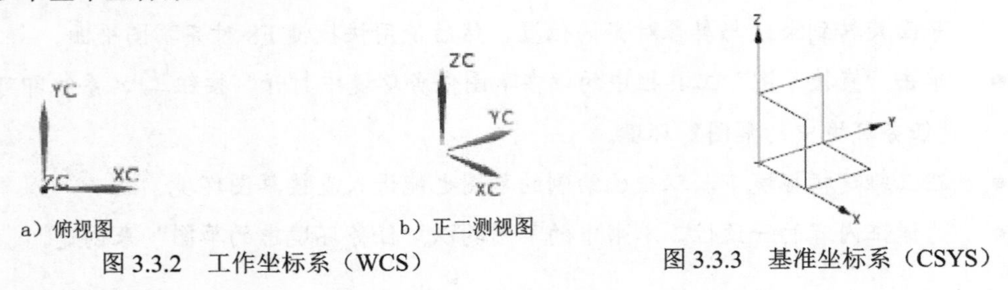


a）俯视图　　b）正二测视图

图 3.3.2　工作坐标系（WCS）　　图 3.3.3　基准坐标系（CSYS）

### 4．右手定则

（1）常规的右手定则。

如果坐标系的原点在右手掌，拇指向上延伸的方向对应于某个坐标轴的方向，则可以利用常规的右手定则确定其他坐标轴的方向。如图 3.3.4 所示，假设拇指指向 ZC 轴的正方向，食指伸直的方向对应于 XC 轴的正方向，中指向外延伸的方向则为 YC 轴的正方向。

（2）旋转的右手定则。

旋转的右手定则用于将矢量和旋转方向关联起来。

当拇指伸直并且与给定的矢量对齐时，则弯曲的其他四指就能确定该矢量关联的旋转方向。反过来，当弯曲手指表示给定的旋转方向时，则伸直的拇指就确定关联的矢量。

如图 3.3.5 所示，如果要确定当前坐标系的旋转逆时针方向，那么拇指就应该与 ZC 轴对齐，并指向其正方向，此时逆时针方向即为四指从 XC 轴正方向向 YC 轴正方向旋转。

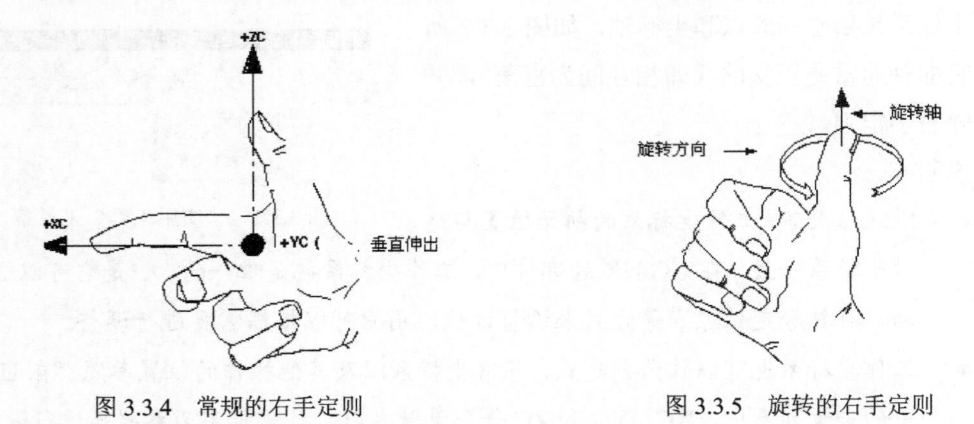


图 3.3.4　常规的右手定则　　图 3.3.5　旋转的右手定则

## 3.4　草图环境的设置

进入草图环境后，选择下拉菜单 首选项(P) ➡ 草图(S)... 命令，弹出“草图首选项”对话框，如图 3.4.1 所示。在该对话框中可以设置草图的显示参数和默认名称前缀等参数。

图 3.4.1 所示的“草图首选项”对话框的草图设置和会话设置选项卡的主要选项及其功能说明如下：

- 尺寸标签下拉列表：控制草图标注文本的显示方式。
- 文本高度文本框：控制草图尺寸数值的文本高度。在标注尺寸时，可以根据图形大小适当控制文本高度，以便于观察。
- 捕捉角文本框：绘制直线时，如果起点与光标位置连线接近水平或垂直，捕捉功能会自动捕捉到水平或垂直位置。捕捉角的意义是自动捕捉的最大角度，如捕捉角为 3，当起点与光标位置连线，与 XC 轴或 YC 轴夹角小于 3° 时，会自动捕捉到水平或垂直位置。

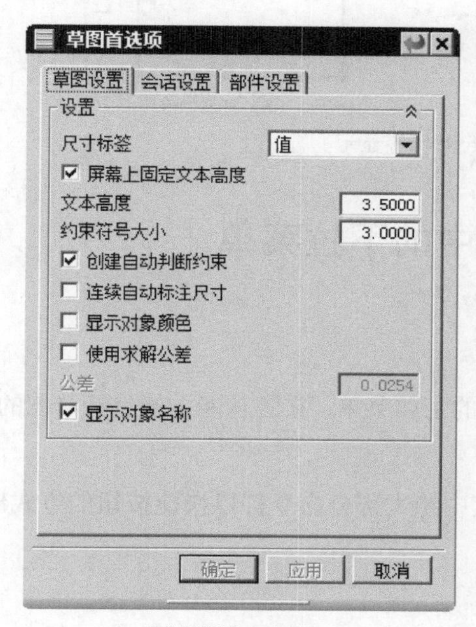


a) “草图设置”选项卡

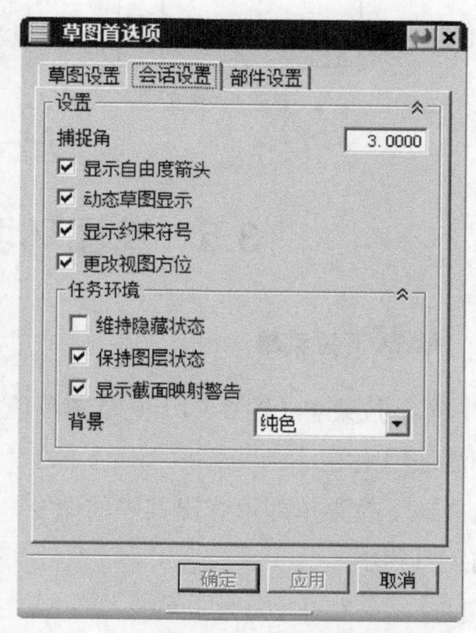


b) “会话设置”选项卡

图 3.4.1 “草图首选项”对话框

- 显示自由度箭头复选框：如果选中该复选项，当进行尺寸标注时，在草图曲线端点处用箭头显示自由度；否则不显示。
- 显示约束符号复选框：如果选中该复选项，若相关几何体很小，则不会显示约束符号。如果要忽略相关几何体的尺寸查看约束，则可以关闭该选项。
- 更改视图方位复选框：如果选中该复选项，当由建模工作环境转换到草图绘制环境，并单击确定按钮时，或者由草图绘制环境转换到建模工作环境时，视图方向会自动切换到垂直于绘图平面方向，否则不会切换。
- 保持图层状态复选框：如果选中该复选项，当进入某一草图对象时，该草图所在图层自动设置为当前工作图层，退出时恢复原图层为当前工作图层，否则退出时保持草图所在图层为当前工作图层。

“草图首选项”对话框中的部件设置选项卡包括了曲线、尺寸和参考曲线等的颜色设置，这些设置与用户默认设置中的草图生成器的颜色相同。一般情况下，我们都采用系统默认的颜色设置。

注意：在本书所有的案例制作过程中，草图的尺寸标签选择的都是值选项。尺寸标签的显示“值”与显示“表达式”的区别如图 3.4.2 所示。

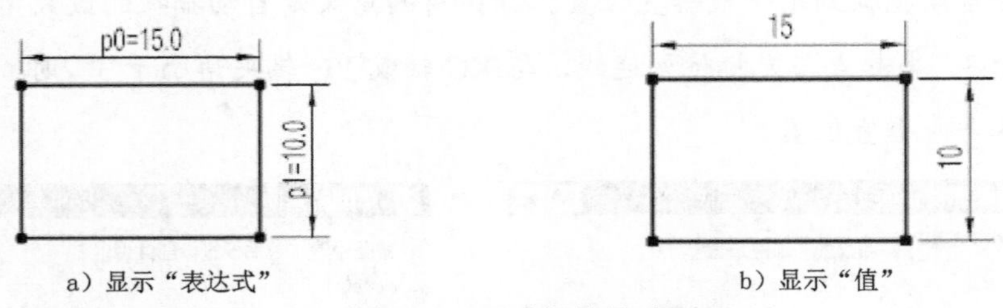


a）显示“表达式”　　b）显示“值”

图 3.4.2　尺寸标签显示

## 3.5　草图环境中的下拉菜单

### 1. 插入(S)下拉菜单

插入(S)下拉菜单（图 3.5.1）是草图环境中的主要菜单，它的功能主要包括草图的绘制、标注和添加约束等。

选择该下拉菜单即可弹出其中的命令，其中绝大部分命令都以快捷按钮的方式出现在屏幕的工具栏中。

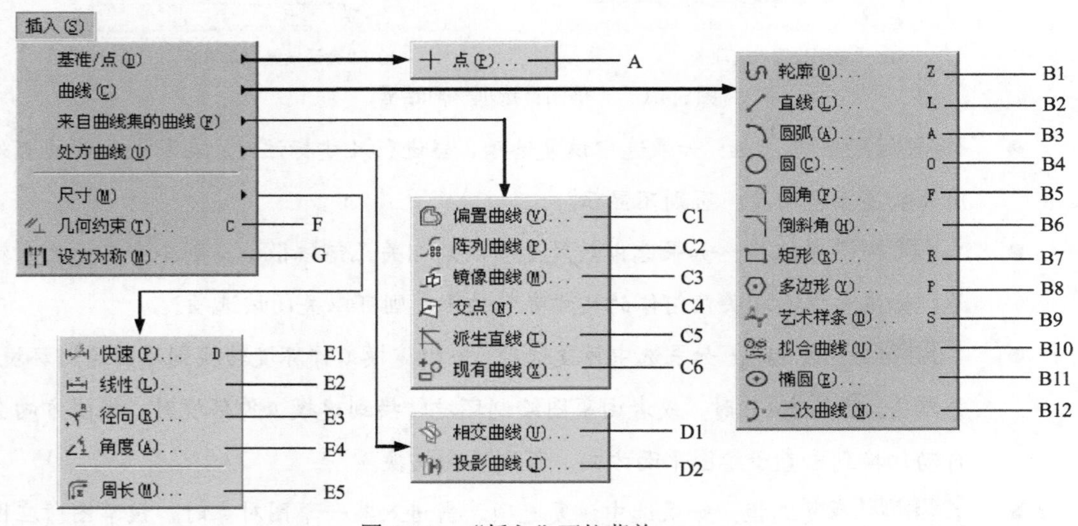


图 3.5.1　“插入”下拉菜单

图 3.5.1 所示的“插入”下拉菜单中各选项的说明如下：

A:  创建点。

B1: 创建轮廓线，包括直线和圆弧选项按钮。

B2: 创建直线。

B3: 创建圆弧。

B4: 创建圆。

B5: 创建圆角。

B6: 创建倒斜角。

B7: 创建矩形。

B8: 创建多边形。

B9: 创建艺术样条曲线。

B10: 创建拟合样条曲线。

B11: 创建椭圆。

B12: 创建二次曲线。

C1: 创建偏置曲线。

C2: 创建阵列曲线。

C3: 创建镜像曲线。

C4: 创建交点。

C5: 创建派生直线。

C6: 将现有的共面曲线和点添加到草图中。

D1: 创建选定对象的相交曲线。

D2: 在草图上创建其他几何体的投影。

E1: 创建选定对象的尺寸。

E2: 创建线性尺寸。

E3: 创建半径尺寸。

E4: 创建角度尺寸。

E5: 创建周长尺寸。

F: 添加草图约束

G: 将两个点或曲线约束为相对于草图中的对称线对称。

2. 编辑(E) 下拉菜单

这是草图环境中对草图进行编辑的菜单，如图 3.5.2 所示。

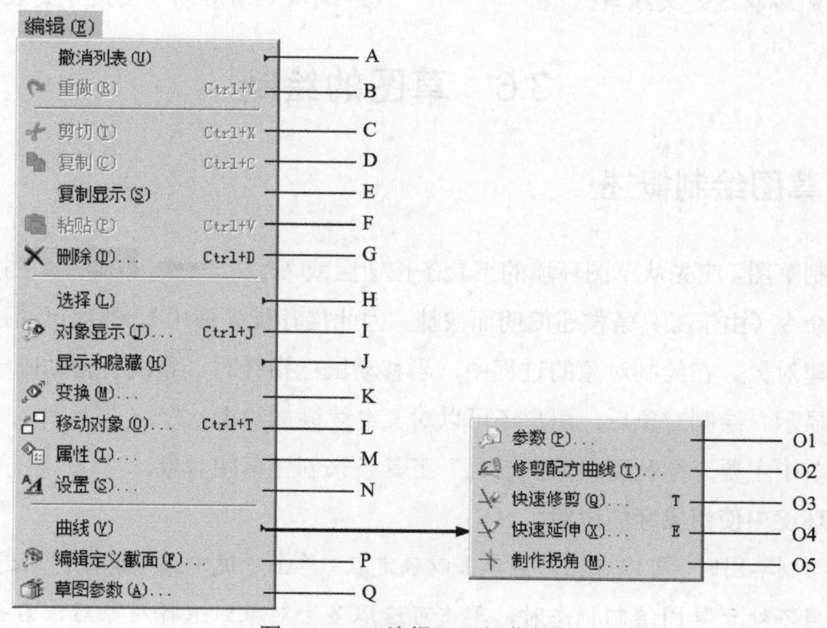

图 3.5.2　“编辑”下拉菜单

选择该下拉菜单即可弹出其中的选项，其中绝大部分选项都以快捷按钮方式出现在屏幕的工具栏中。

**图 3.5.2 所示的“编辑”下拉菜单中各选项的说明如下：**

A: 撤销前面的操作。

B: 重做。

C: 剪切选定对象并将其放到剪贴板上。

D: 将选定的对象复制到剪贴板上。

E: 复制图形窗口的对象到剪贴板。

F: 从剪贴板粘贴对象。

G: 删除选定的项目。

H: 编辑选取优先选项和过滤器。

I: 编辑选定对象的显示方式。

J: 隐藏/取消隐藏选定的对象。

K: 变换操作选定的对象。

L: 移动或旋转选定的对象。

M: 显示选定对象的属性。

N: 编辑尺寸和草图的样式。

O1: 编辑大多数曲线类型的参数。

O2: 相关的修剪配方（相交、投影）曲线到选定的边界。

O3: 将曲线修剪到最近的交点或选定的边界。

O4: 将曲线延伸至另一临近曲线或选定的对象。

O5: 延伸或修剪两曲线以制作拐角。

P: 重新编辑或定义线串。

Q: 编辑驱动活动草图尺寸的表达式。

# 3.6 草图的绘制

## 3.6.1 草图绘制概述

要绘制草图，应先从草图环境的工具条按钮区或插入(S) → 曲线(C) 下拉菜单中选取一个绘图命令（由于工具条按钮简明而快捷，因此推荐优先使用），然后可通过在图形区选取点来创建对象。在绘制对象的过程中，当移动鼠标指针时，系统会自动确定可添加的约束并将其显示。绘制对象后，用户还可以对其继续添加约束。

在本节中主要介绍利用“草图工具”工具条来创建草图对象。

**草图环境中使用鼠标的说明：**

- 绘制草图时，可以在图形区单击以确定点，单击中键中止当前操作或退出当前命令。
- 当不处于草图绘制状态时，单击可选取多个对象；选择对象后，右击将弹出带有最常用草图命令的快捷菜单。

- 滚动鼠标中键，可以缩放模型（该功能对所有模块都适用）：向前滚，模型变大；向后滚，模型变小（可以参考本书第2章的内容进行调整）。
- 按住鼠标中键并移动鼠标，可旋转模型（该功能对所有模块都适用）。
- 先按住键盘上的Shift键，然后按住鼠标中键，移动鼠标可移动模型（该功能对所有模块都适用）。

## 3.6.2 “草图工具”工具条“绘制”部分简介

进入草图环境后，屏幕上会出现绘制草图时所需要的“草图工具”工具条，如图3.6.1所示。

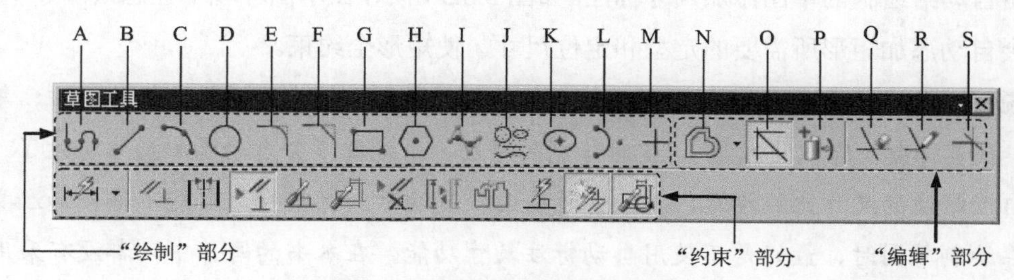


图3.6.1 “草图工具”工具条

说明：“草图工具”工具条中的按钮根据其功能可分为三大部分，“绘制”部分、“约束”部分和“编辑”部分。本节将重点介绍“绘制”部分的按钮功能，其余部分功能在后面章节中陆续介绍。

图3.6.1所示的“草图工具”工具条中“绘制”和“编辑”部分按钮的说明如下：

A（轮廓）：单击该按钮，可以创建一系列相连的直线或线串模式的圆弧，即上一条曲线的终点作为下一条曲线的起点。

B（直线）：绘制直线。

C（圆弧）：绘制圆弧。

D（圆）：绘制圆。

E（圆角）：在两曲线间创建圆角。

F（倒斜角）：在两曲线间创建倒斜角。

G（矩形）：绘制矩形。

H（多边形）：绘制多边形。

I（艺术样条）：通过定义点或者极点来创建样条曲线。

J（拟合样条）：通过已经存在的点创建样条曲线。

K（椭圆）：根据中心点和尺寸创建椭圆。

L（二次曲线）：创建二次曲线。

M（点）：绘制点。

N（偏置曲线）：偏置位于草图平面上的曲线链。

O（派生直线）：单击该按钮，则可以从已存在的直线复制得到新的直线。

P（投影曲线）：单击该按钮，则可以沿着草图平面的法向将曲线、边或点（草图外部）投影到草图上。

Q（快速修剪）：单击该按钮，则可将一条曲线修剪至任一方向上最近的交点。如果曲线没有交点，可以将其删除。

R（快速延伸）：快速延伸曲线到最近的边界。

S（制作拐角）：延伸或修剪两条曲线到一个交点处创建制作拐角。

## 3.6.3 自动标注功能

在 UG NX 10.0 中绘制草图时，在工具条中单击“连续自动标注尺寸”按钮（图 3.6.2），系统可自动给绘制的草图添加尺寸标注。如图 3.6.3 所示，在草图环境中任意绘制一个矩形，系统会自动添加矩形所需要的定型和定位尺寸，使矩形全约束。

**说明：**默认情况下按钮是激活的，即绘制的草图系统会自动添加尺寸标注；单击该按钮，使其弹起（即取消激活），这时绘制的草图，系统就不会自动添加尺寸标注了。由于系统自动标注的尺寸比较凌乱，而且当草图比较复杂时，有些标注可能不符合标注要求，所以在绘制草图时，最好是不使用自动标注尺寸功能。在本书的写作中，都没有采用自动标注。

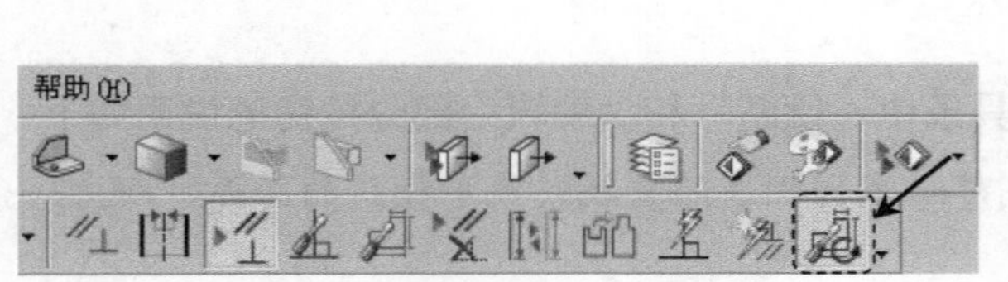


图 3.6.2 连续自动标注尺寸按钮

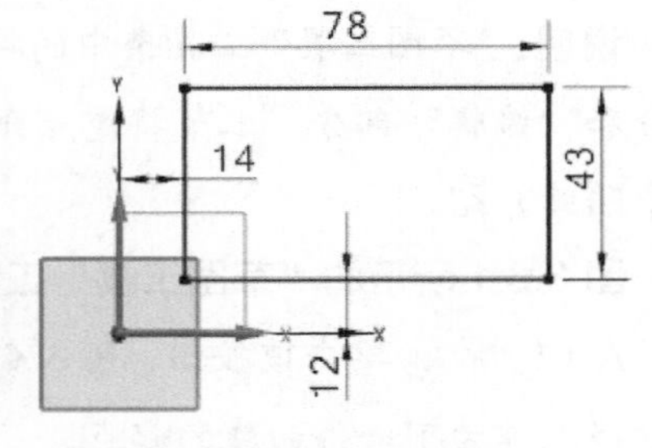


图 3.6.3 自动标注尺寸

## 3.6.4 绘制直线

Step1. 进入草图环境以后，选择 XY 平面为草图平面。

**说明：**进入草图工作环境以后，如果是创建新草图，则首先必须选取草图平面，也就是要确定新草图在空间的哪个平面上绘制。

Step2. 选择命令。选择下拉菜单 插入(S) → 曲线(C) → 直线(L)... 命令（或单击工具栏中的“直线”按钮），系统弹出图 3.6.4 所示的“直线”工具条。

Step3. 定义直线的起始点。在系统 选择直线的第一点 的提示下，在图形区中的任意位置单击左键，以确定直线的起始点，此时可看到一条“橡皮筋”线附着在鼠标指针上。

说明：系统提示 选择直线的第一点 显示在消息区，有关消息区的具体介绍请参见第 2 章的相关内容。

Step4. 定义直线的终止点。在系统 选择直线的第二点 的提示下，在图形区中的另一位置单击左键，以确定直线的终止点，系统便在两点间创建一条直线（在终点处再次单击，在直线的终点处出现另一条“橡皮筋”线）。

Step5. 单击中键，结束直线的创建。

**图 3.6.4 所示的“直线”工具条的说明如下：**

- XY（坐标模式）：单击该按钮（默认），系统弹出图 3.6.5 所示的动态输入框（一），可以通过输入 XC 和 YC 的坐标值来精确绘制直线，坐标值以工作坐标系（WCS）为参照。要在动态输入框的选项之间切换可按 Tab 键。要输入值，可在文本框内输入值，然后按 Enter 键。
- （参数模式）：单击该按钮，系统弹出图 3.6.6 所示的动态输入框（二），可以通过输入长度值和角度值来绘制直线。

图 3.6.4　“直线”工具条

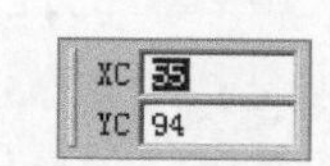


图 3.6.5　动态输入框（一）

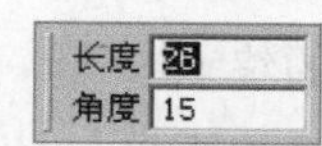


图 3.6.6　动态输入框（二）

**说明：**

- 直线的精确绘制可以利用动态输入框实现，其他曲线的精确绘制也一样。
- “橡皮筋”是指操作过程中的一条临时虚构线段，它始终是当前鼠标光标的中心点与前一个指定点的连线。因为它可以随着光标的移动而拉长或缩短，并可绕前一点转动，所以我们形象地称为“橡皮筋”。
- 在绘制或编辑草图时，单击“标准”工具条上的按钮，可撤销上一个操作；单击按钮（或者选择下拉菜单 编辑(E) → 重做(R) 命令），可以重新执行被撤销的操作。

## 3.6.5　绘制圆弧

选择下拉菜单 插入(S) → 曲线(C) → 圆弧(A)... 命令（或单击工具条中的“圆弧”按钮），系统弹出图 3.6.7 所示的“圆弧”工具条。有以下两种绘制圆弧的方法。

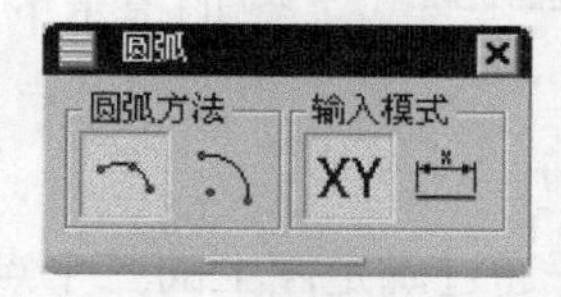


图 3.6.7　“圆弧”工具条

**方法一**：通过三点的圆弧——确定圆弧的两个端点和弧上的一个附加点来创建一个三点圆弧。其一般操作步骤如下：

Step1. 选择方法。单击“三点定圆弧”按钮。

Step2. 定义端点。在系统选择圆弧的起点的提示下，在图形区中的任意位置单击左键，以确定圆弧的起点；在系统选择圆弧的终点的提示下，在另一位置单击，放置圆弧的终点。

Step3. 定义附加点。在系统在圆弧上选择一个点的提示下，移动鼠标，圆弧呈“橡皮筋”样变化，在图形区另一位置单击以确定圆弧。

Step4. 单击中键，结束圆弧的创建。

**方法二**：用中心和端点确定圆弧。其一般操作步骤如下：

Step1. 选择方法。单击“中心和端点定圆弧”按钮。

Step2. 定义圆心。在系统选择圆弧的中心点的提示下，在图形区中的任意位置单击，以确定圆弧中心点。

Step3. 定义圆弧的起点。在系统选择圆弧的起点的提示下，在图形区中的任意位置单击，以确定圆弧的起点。

Step4. 定义圆弧的终点。在系统选择圆弧的终点的提示下，在图形区中的任意位置单击，以确定圆弧的终点。

Step5. 单击中键，结束圆弧的创建。

### 3.6.6 绘制圆

选择下拉菜单插入(S) → 曲线(C) → 圆(C)...命令（或单击工具条中的“圆”按钮），系统弹出图 3.6.8 所示的“圆”工具条。有以下两种绘制圆的方法。

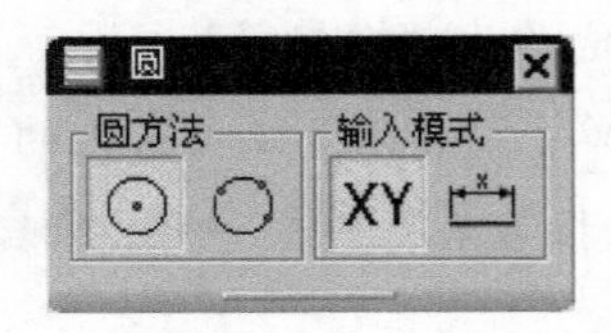


图 3.6.8 “圆”工具条

**方法一**：中心和半径决定的圆——通过选取中心点和圆上一点来创建圆。其一般操作步骤如下：

Step1. 选择方法。单击“圆心和直径定圆”按钮。

Step2. 定义圆心。在系统选择圆的中心点的提示下，在某位置单击，放置圆的中心点。

Step3. 定义圆的半径。在系统在圆上选择一个点的提示下，拖动鼠标至另一位置，单击确定圆的大小。

Step4. 单击中键，结束圆的创建。

**方法二**：通过三点决定的圆——通过确定圆上的三个点来创建圆。

### 3.6.7　绘制圆角

选择下拉菜单 插入(S) → 曲线(C) → 圆角(F)... 命令（或单击“圆角”按钮），可以在指定两条或三条曲线之间创建一个圆角。系统弹出图 3.6.9 所示的“圆角”工具条。该工具条中包括四个按钮：“修剪”按钮、“取消修剪”按钮、“删除第三条曲线”按钮和“创建备选圆角”按钮。

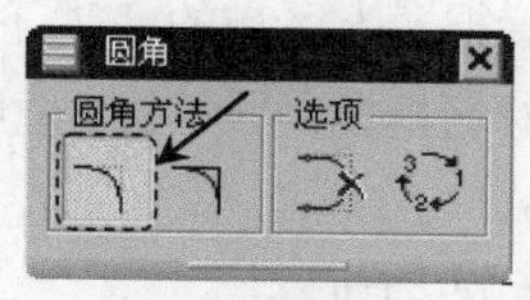


图 3.6.9　“圆角”工具条

创建圆角的一般操作步骤如下：

Step1. 打开文件 D:\ug10.1\work\ch03.06.07\round_corner.prt。

Step2. 双击草图，单击按钮，选择下拉菜单 插入(S) → 曲线(C) → 圆角(F)... 命令。系统弹出“圆角”工具条，在工具条中单击“修剪”按钮。

Step3. 定义圆角曲线。单击选择图 3.6.10 所示的两条直线。

Step4. 定义圆角半径。拖动鼠标至适当位置，单击确定圆角的大小（或者在动态输入框中输入圆角半径值，以确定圆角的大小）。

Step5. 单击中键，结束圆角的创建。

**说明：**

- 如果单击“取消修剪”按钮，则绘制的圆角如图 3.6.11 所示。

图 3.6.10　选取直线　　　图 3.6.11　“取消修剪”的圆角

- 如果单击“创建备选圆角”按钮，则可以生成每一种可能的圆角(或按 Page Down 键选择所需的圆角)，如图 3.6.12 和图 3.6.13 所示。

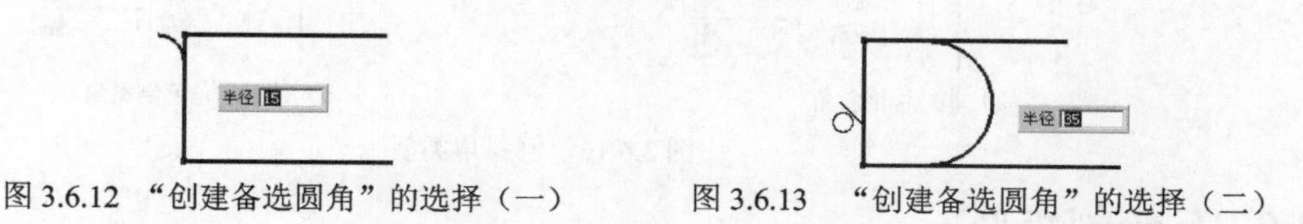


图 3.6.12　“创建备选圆角”的选择（一）　　　图 3.6.13　“创建备选圆角”的选择（二）

### 3.6.8　绘制倒斜角

选择下拉菜单 插入(S) → 曲线(C) → 倒斜角(H)... 命令（或单击“倒斜角”按钮

), 可以在指定两条曲线之间创建一个斜角。

创建倒斜角的一般操作步骤如下:

Step1. 打开文件 D:\ug10.1\work\ch03.06.08\chamfer.prt。

Step2. 双击草图, 单击按钮, 选择下拉菜单 插入(S) → 曲线(C) → 倒斜角(H)... 命令。系统弹出图 3.6.14 所示的"倒斜角"对话框。

Step3. 选取要倒斜角的曲线。单击选取图 3.6.15 所示的两条直线。

Step4. 定义偏置类型。在对话框 偏置 区域的 倒斜角 下拉列表中选择 对称 选项。

Step5. 定义倒斜角尺寸。在对话框的 距离 文本框中输入倒斜角尺寸值为 25 (或者在动态输入框中输入倒斜角尺寸值)。

Step6. 单击中键, 结束倒斜角的创建。

图 3.6.14 "倒斜角"对话框

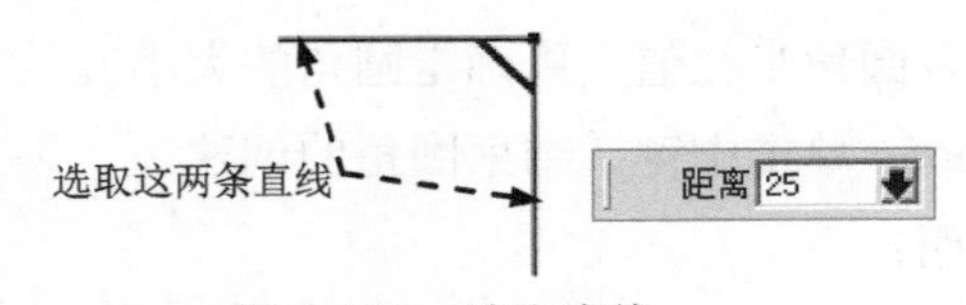


图 3.6.15 选取直线

**说明**: 创建倒斜角包括三种类型。在"倒斜角"对话框 偏置 区域的 倒斜角 下拉列表中选择 非对称 选项, 可以指定两个距离值来定义倒斜角大小 (图 3.6.16a); 在 倒斜角 下拉列表中选择 偏置和角度 选项, 可以指定一个角度值和一个偏距值来定义倒斜角大小 (图 3.6.16b)。

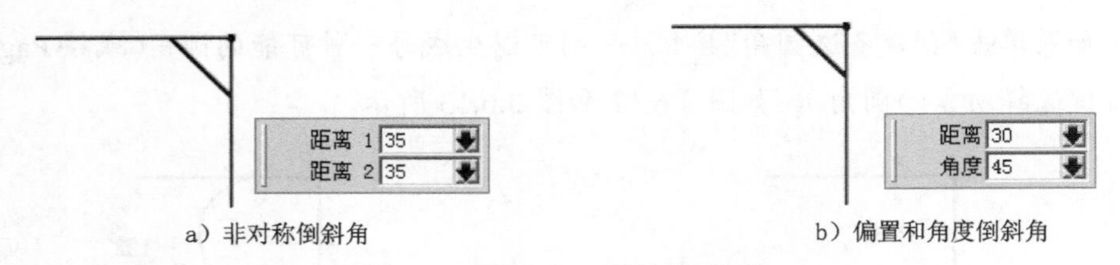


a) 非对称倒斜角    b) 偏置和角度倒斜角

图 3.6.16 倒斜角类型

## 3.6.9 绘制矩形

选择下拉菜单 插入(S) → 曲线(C) → 矩形(R)... 命令 (或单击"矩形"按钮), 系统弹出图 3.6.17 所示的"矩形"工具条, 可以在草图平面上绘制矩形。在绘制草图时, 使用该命令可省去绘制四条线段的麻烦。共有三种绘制矩形的方法, 下面将分别介绍。

**方法一**：按两点——通过选取两对角点来创建矩形，其一般操作步骤如下：

Step1. 选择方法。单击“用 2 点”按钮。

Step2. 定义第一个角点。在图形区某位置单击，放置矩形的第一个角点。

Step3. 定义第二个角点。单击XY按钮，再次在图形区另一位置单击，放置矩形的另一个角点。

Step4. 单击中键，结束矩形的创建，结果如图 3.6.18 所示。

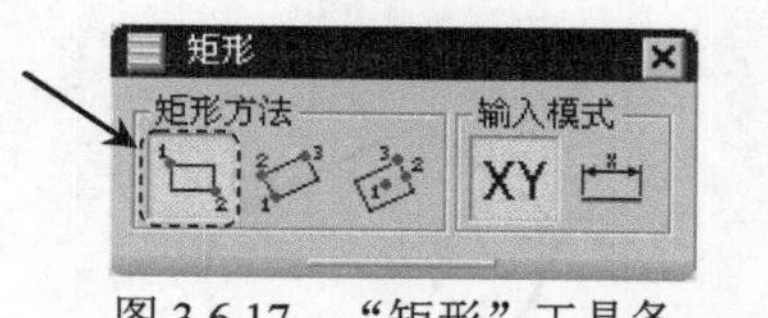


图 3.6.17 “矩形”工具条

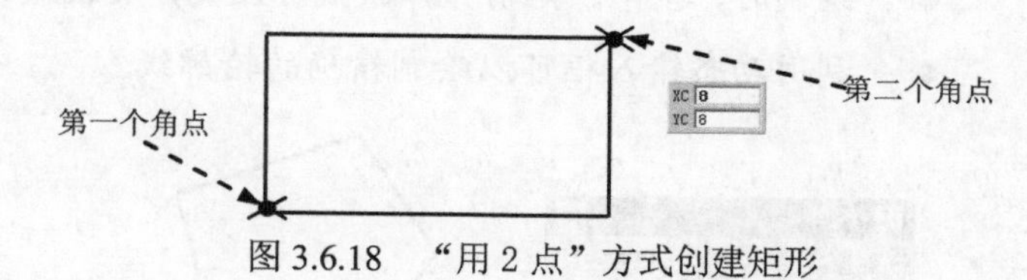


图 3.6.18 “用 2 点”方式创建矩形

**方法二**：按三点——通过选取三个顶点来创建矩形，其一般操作步骤如下：

Step1. 选择方法。单击“用 3 点”按钮。

Step2. 定义第一个顶点。在图形区某位置单击，放置矩形的第一个顶点。

Step3. 定义第二个顶点。单击XY按钮，在图形区另一位置单击，放置矩形的第二个顶点（第一个顶点和第二个顶点之间的距离即矩形的宽度），此时矩形呈“橡皮筋”样变化。

Step4. 定义第三个顶点。单击XY按钮，再次在图形区单击，放置矩形的第三个顶点（第二个顶点和第三个顶点之间的距离即矩形的高度）。

Step5. 单击中键，结束矩形的创建，结果如图 3.6.19 所示。

**方法三**：从中心——通过选取中心点、一条边的中点和顶点来创建矩形，其一般操作步骤如下：

Step1. 选择方法。单击“从中心”按钮。

Step2. 定义中心点。在图形区某位置单击，放置矩形的中心点。

Step3. 定义第二个点。单击XY按钮，在图形区另一位置单击，放置矩形的第二个点（一条边的中点），此时矩形呈“橡皮筋”样变化。

Step4. 定义第三个点。单击XY按钮，再次在图形区单击，放置矩形的第三个点。

Step5. 单击中键，结束矩形的创建，结果如图 3.6.20 所示。

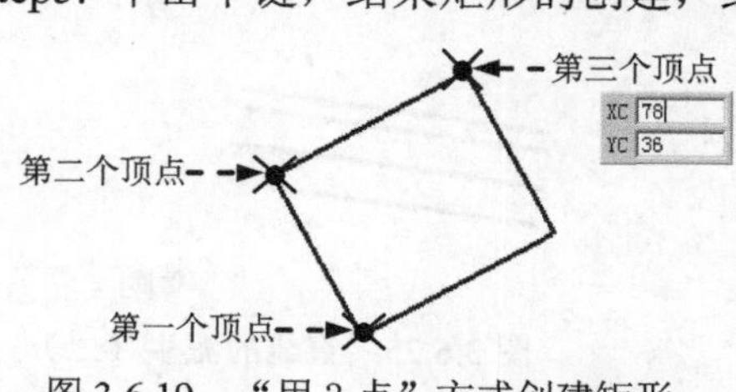


图 3.6.19 “用 3 点”方式创建矩形

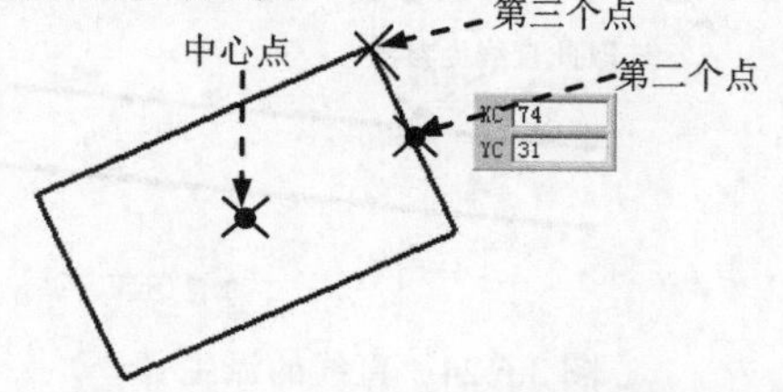


图 3.6.20 “从中心”方式创建矩形

## 3.6.10 绘制轮廓线

轮廓线包括直线和圆弧。

选择下拉菜单 插入(S) → 曲线(C) → 轮廓(O)... 命令（或单击按钮），系统弹出图 3.6.21 所示的“轮廓”工具条。

具体操作过程参照前面直线和圆弧的绘制，不再赘述。

**绘制轮廓线的说明：**

- 轮廓线与直线和圆弧的区别在于，轮廓线可以绘制连续的对象，如图 3.6.22 所示。
- 绘制时，按下、拖动并释放鼠标左键，直线模式变为圆弧模式，如图 3.6.23 所示。
- 利用动态输入框可以绘制精确的轮廓线。

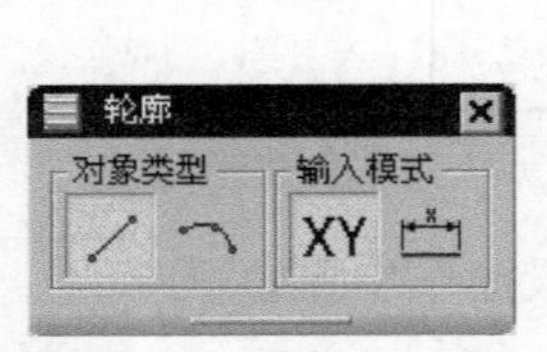


图 3.6.21 “轮廓”工具条

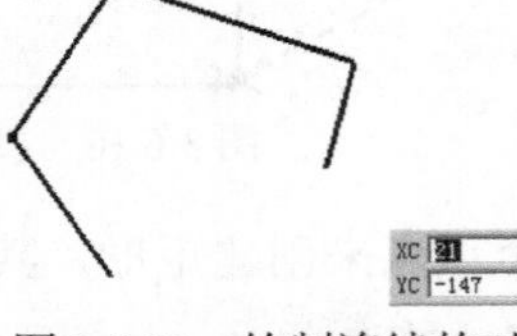


图 3.6.22 绘制连续的对象

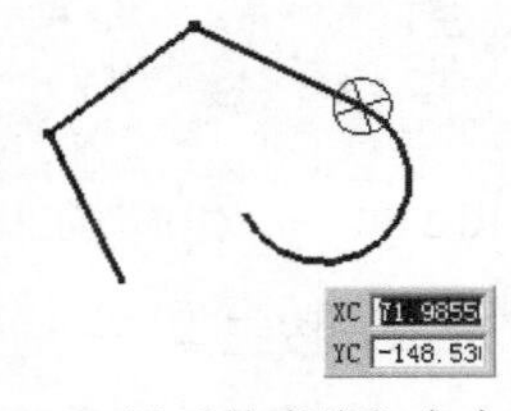


图 3.6.23 用“轮廓线”命令绘制弧

## 3.6.11 绘制派生直线

选择下拉菜单 插入(S) → 来自曲线集的曲线(F) → 派生直线(I)... 命令（或单击按钮），可绘制派生直线，其一般操作步骤如下：

Step1. 打开文件 D:\ug10.1\work\ch03.06.11\derive_line.prt。

Step2. 双击草图，单击按钮，选择下拉菜单 插入(S) → 来自曲线集的曲线(F) → 派生直线(I)... 命令。

Step3. 定义参考直线。单击选取图 3.6.24 所示的直线为参考。

Step4. 定义派生直线的位置。拖动鼠标至另一位置单击，以确定派生直线的位置。

Step5. 单击中键，结束派生直线的创建，结果如图 3.6.24 所示。

**说明：**

- 如需要派生多条直线，可以在上述 Step4 中，在图形区合适的位置继续单击，然后单击中键完成，结果如图 3.6.25 所示。

图 3.6.24 直线的派生（一）　　图 3.6.25 直线的派生（二）

- 如果选择两条平行线，系统会在这两条平行线的中点处创建一条直线。可以通过拖动鼠标以确定直线长度，也可以在动态输入框中输入值，如图 3.6.26 所示。
- 如果选择两条不平行的直线（不需要相交），系统将构造一条角平分线。可以通过拖动鼠标以确定直线长度（或在动态输入框中输入一个值），也可以在成角度两条直线的任意象限放置平分线，如图 3.6.27 所示。

图 3.6.26 派生两条平行线中间的直线　　图 3.6.27 派生角平分线

## 3.6.12 样条曲线

样条曲线是指利用给定的若干个点拟合出的多项式曲线，样条曲线采用的是近似的拟合方法，但可以很好地满足工程需求，因此得到了较为广泛的应用。下面通过创建图 3.6.28a 所示的曲线来说明创建艺术样条的一般过程。

图 3.6.28 艺术样条的创建

Step1．选择命令。选择下拉菜单 插入(S) → 曲线(C) → 艺术样条(D)... 命令（或单击 按钮），弹出图 3.6.29 所示的“艺术样条”对话框。

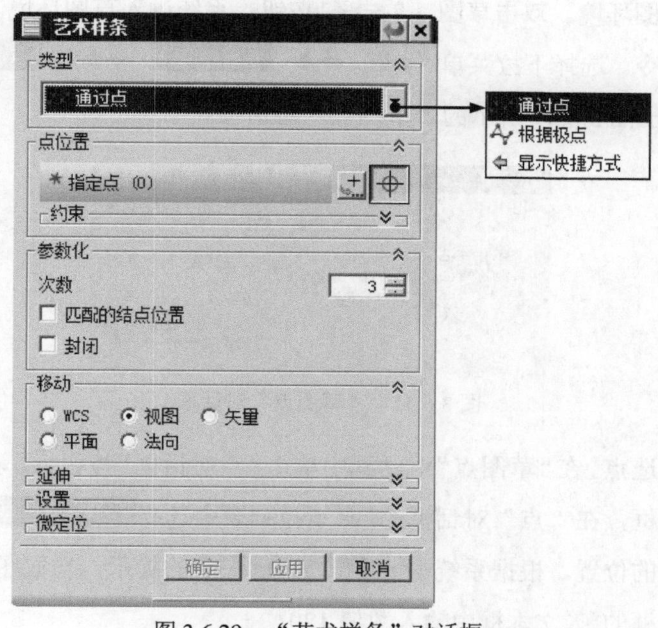


图 3.6.29 “艺术样条”对话框

图 3.6.29 所示的“艺术样条”对话框中各按钮的说明如下：

- 通过点（通过点）：创建的艺术样条曲线通过所选择的点。
- 根据极点（根据极点）：创建的艺术样条曲线由所选择点的极点方式来约束。

Step2. 定义曲线类型。在对话框的类型下拉列表中选择通过点选项，依次在图 3.6.28a 所示的各点位置单击，系统生成图 3.6.28a 所示的“通过点”方式创建的样条曲线。

**说明**：如果选择根据极点选项，依次在图 3.6.28b 所示的各点位置单击，系统则生成图 3.6.28b 所示的“根据极点”方式创建的样条曲线。

Step3. 在“艺术样条”对话框中单击确定按钮（或单击中键），完成样条曲线的创建。

## 3.6.13 点的绘制及“点”对话框

使用 UG NX 10.0 软件绘制草图时，经常需要构造点来定义草图平面上的某一位置。下面通过图 3.6.30 来说明点的构造过程。

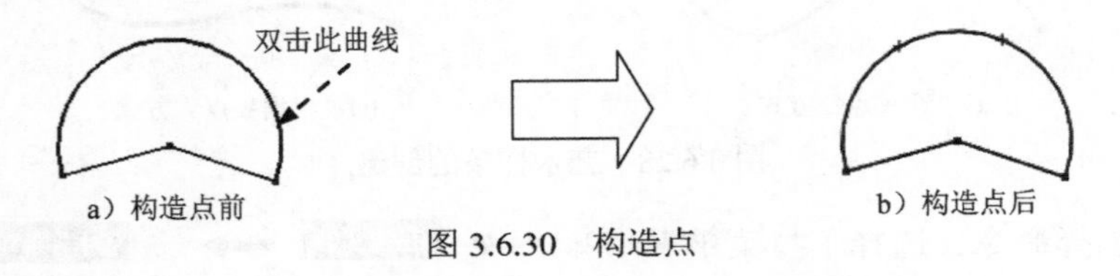


图 3.6.30 构造点

Step1. 打开文件 D:\ug10.1\work\ch03.06.13\point.prt。

Step2. 进入草图环境。双击草图，单击按钮，系统进入草图环境。

Step3. 选择命令。选择下拉菜单插入(S) → 基准/点(D) → 点(P)...命令（或单击按钮），系统弹出图 3.6.31 所示的“草图点”对话框。

图 3.6.31 “草图点”对话框

Step4. 选择构造点。在“草图点”对话框中单击“点对话框”按钮，系统弹出图 3.6.32 所示的“点”对话框，在“点”对话框的类型下拉列表中选择圆弧/椭圆上的角度选项。

Step5. 定义点的位置。根据系统选择圆弧或椭圆用作角度参考的提示，选取图 3.6.30a 所示的圆弧，在“点”对话框的角度文本框中输入数值 120。

Step6. 单击“点”对话框中的确定按钮，完成第一点的构造，结果如图 3.6.33 所示。

Step7. 再次单击“草图点”对话框中的按钮，在“点”对话框的类型下拉列表中选择点在曲线/边上选项，选取图 3.6.30a 所示的圆弧，在“点”对话框的位置下拉列表中选择弧长百分比选项，然后在弧长百分比文本框中输入值 40，单击确定按钮，完成第二点的构造，单击关闭按钮，退出“草图点”对话框，结果如图 3.6.34 所示，

Step8. 选择下拉菜单草图(K) ➡ 完成草图(K)命令（或单击完成草图按钮），完成草图并退出草图环境。

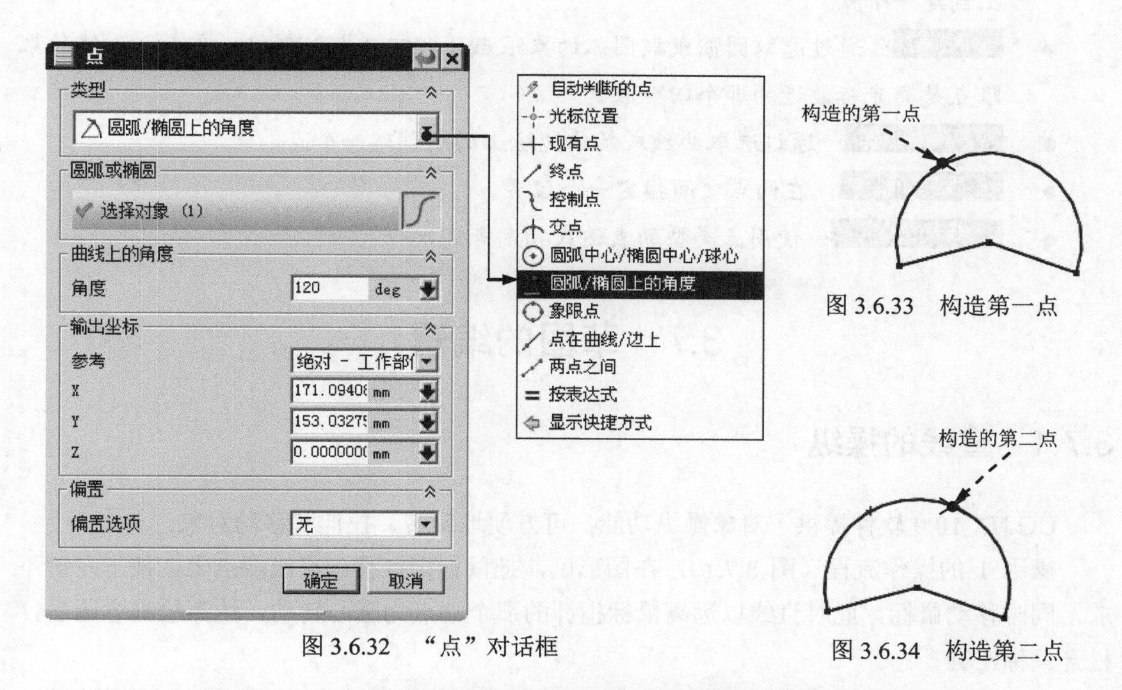


图 3.6.32 “点”对话框

图 3.6.33 构造第一点

图 3.6.34 构造第二点

**图 3.6.32 所示的“点”对话框中的“类型”下拉列表各选项说明如下：**

- 自动判断的点：根据光标的位置自动判断所选的点。它包括下面介绍的所有点的选择方式。
- 光标位置：将鼠标光标移至图形区某位置并单击，系统则在单击的位置处创建一个点。如果创建点是在一个草图中进行，则创建的点位于当前草图平面上。
- 现有点：在图形区选择已经存在的点。
- 终点：通过选取已存在曲线（如线段、圆弧、二次曲线及其他曲线）的端点创建一个点。在选取终点时，光标的位置对终点的选取有很大的影响，一般系统会选取曲线上离光标最近的端点。
- 控制点：通过选取曲线的控制点创建一个点。控制点与曲线类型有关，可以是存在点、线段的中点或端点，开口圆弧的端点、中点或中心点，二次曲线的端点和样条曲线的定义点或控制点。
- 交点：通过选取两条曲线的交点、一曲线和一曲面或一平面的交点创建一个点。

在选取交点时，若两对象的交点多于一个，系统会在靠近第二个对象的交点创建一个点；若两段曲线并未实际相交，则系统会选取两者延长线上的相交点；若选取的两段空间曲线并未实际相交，则系统会在最靠近第一对象处创建一个点或规定新点的位置。

- 圆弧中心/椭圆中心/球心：通过选取圆/圆弧、椭圆或球的中心点创建一个点。
- 圆弧/椭圆上的角度：沿弧或椭圆的一个角度（与坐标轴 XC 正向所成的角度）位置上创建一个点。
- 象限点：通过选取圆弧或椭圆弧的象限点（即四分点）创建一个点。创建的象限点是离光标最近的那个四分点。
- 点在曲线/边上：通过选取曲线或物体边缘上的点创建一个点。
- 两点之间：在两点之间指定一个位置。
- 按表达式：使用点类型的表达式指定点。

# 3.7 草图的编辑

## 3.7.1 直线的操纵

UG NX 10.0 软件提供了对象操纵功能，可方便地旋转、拉伸和移动对象。

操纵 1 的操作流程（图 3.7.1）：在图形区，把鼠标指针移到直线端点上，按下左键不放，同时移动鼠标，此时直线以远离鼠标指针的那个端点为圆心转动，达到绘制意图后，松开鼠标左键。

操纵 2 的操作流程（图 3.7.2）：在图形区，把鼠标指针移到直线上，按下左键不放，同时移动鼠标，此时会看到直线随着鼠标移动，达到绘制意图后，松开鼠标左键。

图 3.7.1 操纵 1：直线的转动和拉伸

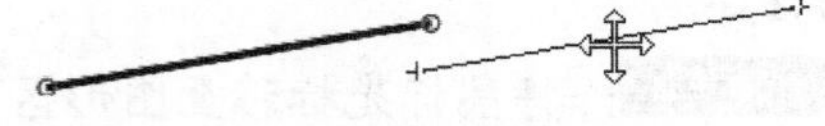

图 3.7.2 操纵 2：直线的移动

## 3.7.2 圆的操纵

操纵 1 的操作流程（图 3.7.3）：把鼠标指针移到圆的边线上，按下左键不放，同时移动鼠标，此时会看到圆在变大或缩小，达到绘制意图后，松开鼠标左键。

操纵 2 的操作流程（图 3.7.4）：把鼠标指针移到圆心上，按下左键不放，同时移动鼠标，此时会看到圆随着指针一起移动，达到绘制意图后，松开鼠标左键。

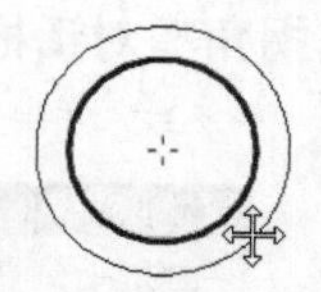
图 3.7.3 操纵 1：圆的缩放

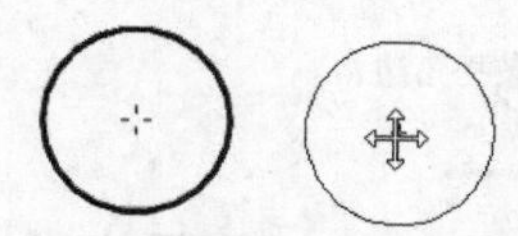
图 3.7.4 操纵 2：圆的移动

## 3.7.3 圆弧的操纵

操纵 1 的操作流程（图 3.7.5）：把鼠标指针移到圆弧上，按下左键不放，同时移动鼠标，此时会看到圆弧半径变大或变小，达到绘制意图后，松开鼠标左键。

操纵 2 的操作流程（图 3.7.6）：把鼠标指针移到圆弧的某个端点上，按下左键不放，同时移动鼠标，此时会看到圆弧以另一端点为固定点旋转，并且圆弧的包角也在变化，达到绘制意图后，松开鼠标左键。

操纵 3 的操作流程（图 3.7.7）：把鼠标指针移到圆心上，按下左键不放，同时移动鼠标，此时圆弧随着指针一起移动，达到绘制意图后，松开鼠标左键。

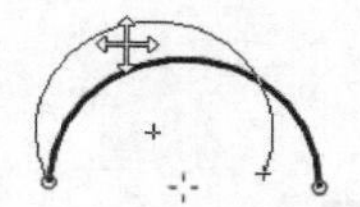
图 3.7.5 操纵 1：改变弧的半径

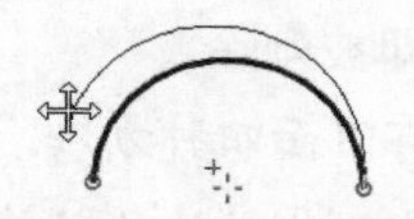
图 3.7.6 操纵 2：改变弧的位置

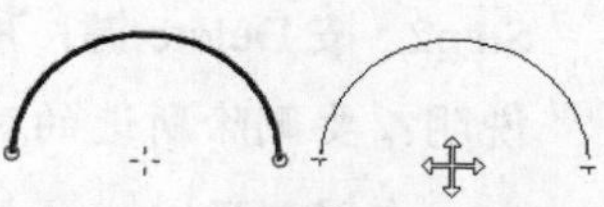
图 3.7.7 操纵 3：弧的移动

## 3.7.4 样条曲线的操纵

操纵 1 的操作流程（图 3.7.8）：把鼠标指针移到样条曲线的某个端点或定位点上，按下左键不放，同时移动鼠标，此时样条曲线拓扑形状（曲率）不断变化，达到绘制意图后，松开鼠标左键。

操纵 2 的操作流程（图 3.7.9）：把鼠标指针移到样条曲线上，按下左键不放，同时移动鼠标，此时样条曲线随着鼠标移动，达到绘制意图后，松开鼠标左键。

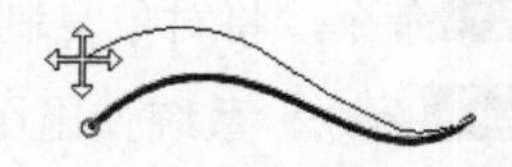
图 3.7.8 操纵 1：改变曲线的形状

图 3.7.9 操纵 2：曲线的移动

## 3.7.5 制作拐角

“制作拐角”命令是通过两条曲线延伸或修剪到公共交点来创建的拐角。此命令应用于直线、圆弧、开放式二次曲线和开放式样条等，其中开放式样条仅限修剪。

下面以图 3.7.10 所示的范例来说明创建“制作拐角”的一般操作步骤：

Step1. 选择命令。选择下拉菜单 编辑(E) → 曲线(V) → 制作拐角(M)... 命令（或单击

“制作拐角”按钮 ），系统弹出图 3.7.11 所示的“制作拐角”对话框。

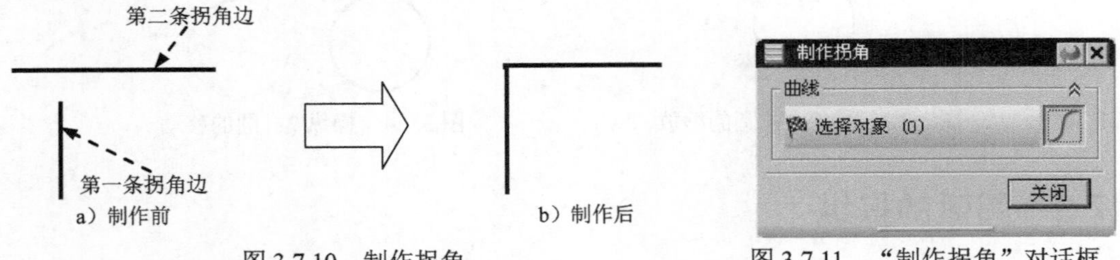


图 3.7.10　制作拐角　　　　图 3.7.11　“制作拐角”对话框

Step2. 定义要制作拐角的两条曲线。单击选择图 3.7.10a 所示的两条直线。

Step3. 单击中键，完成制作拐角的创建。

## 3.7.6　删除对象

Step1. 在图形区单击或框选要删除的对象（框选时要框住整个对象），此时可看到选中的对象变成蓝色。

Step2. 按 Delete 键，所选对象即被删除。

**说明：**要删除所选的对象，还有下面四种方法。

- 在图形区单击鼠标右键，在弹出的快捷菜单中选择 删除(D) 命令。
- 选择 编辑(E) 下拉菜单中的 删除(D)... 命令。
- 单击“标准”工具条中的 按钮。
- 按 Ctrl + D 组合键。

**注意：**如要恢复已删除的对象，可用 Ctrl+Z 组合键来完成。

## 3.7.7　复制/粘贴对象

Step1. 在图形区单击或框选要复制的对象（框选时要框住整个对象）。

Step2. 复制对象。选择下拉菜单 编辑(E) → 复制(C) 命令，将对象复制到剪贴板。

Step3. 粘贴对象。选择下拉菜单 编辑(E) → 粘贴(P) 命令，系统弹出图 3.7.12 所示的“粘贴”对话框。

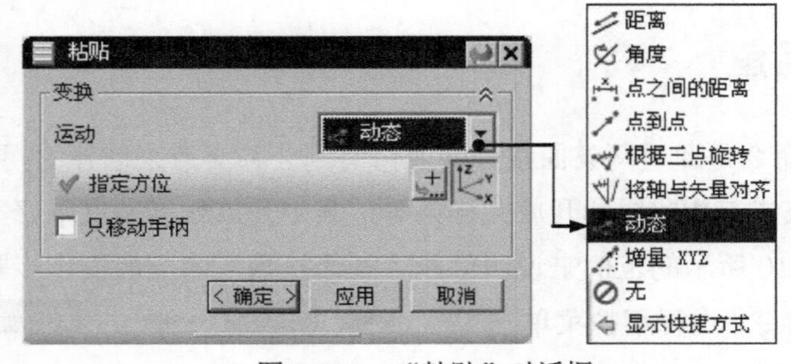


图 3.7.12　“粘贴”对话框

Step4. 定义变换类型。在“粘贴”对话框的运动下拉列表中选择动态选项，将复制对象移动到合适的位置单击。

Step5. 单击< 确定 >按钮，完成粘贴，结果如图 3.7.13a 所示。

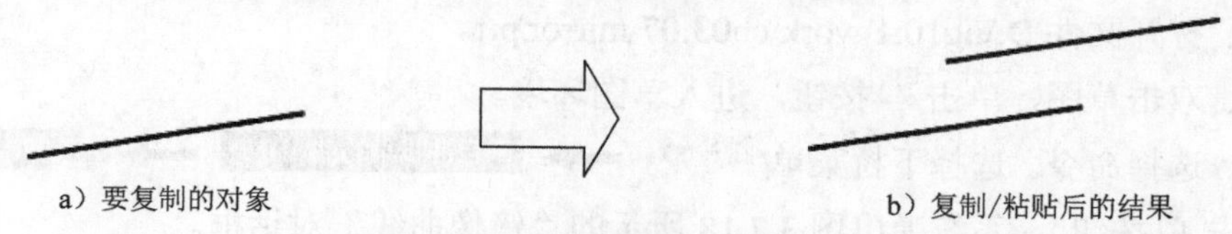


图 3.7.13 对象的复制/粘贴

## 3.7.8 快速修剪

Step1. 选择命令。选择下拉菜单编辑(E) → 曲线(V) → 快速修剪(Q)... 命令（或单击按钮）。系统弹出图 3.7.14 所示的“快速修剪”对话框。

Step2. 定义修剪对象。依次单击图 3.7.15a 所示的需要修剪的部分。

Step3. 单击中键，完成对象的修剪，结果如图 3.7.15b 所示。

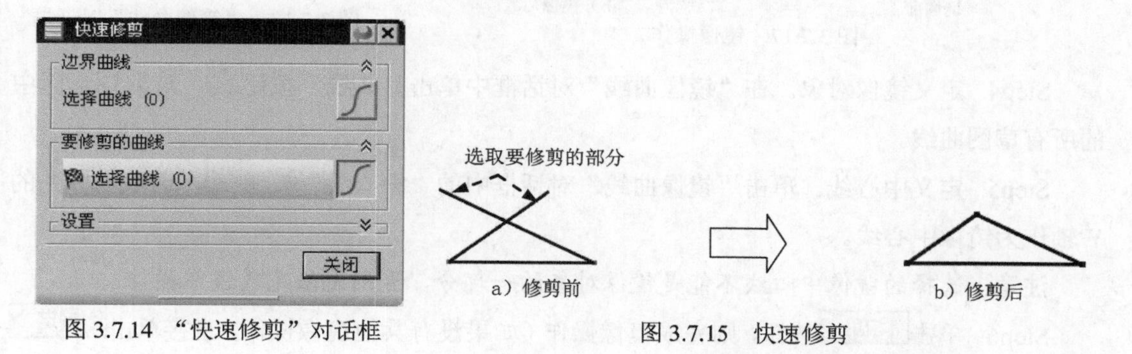


图 3.7.14 “快速修剪”对话框　　图 3.7.15 快速修剪

## 3.7.9 快速延伸

Step1. 选择下拉菜单编辑(E) → 曲线(V) → 快速延伸(X)... 命令（或单击按钮）。

Step2. 选择图 3.7.16a 所示的曲线，完成曲线到下一个边界的延伸，结果如图 3.7.16b 所示。

**说明：在延伸时，系统自动选择最近的曲线作为延伸边界。**

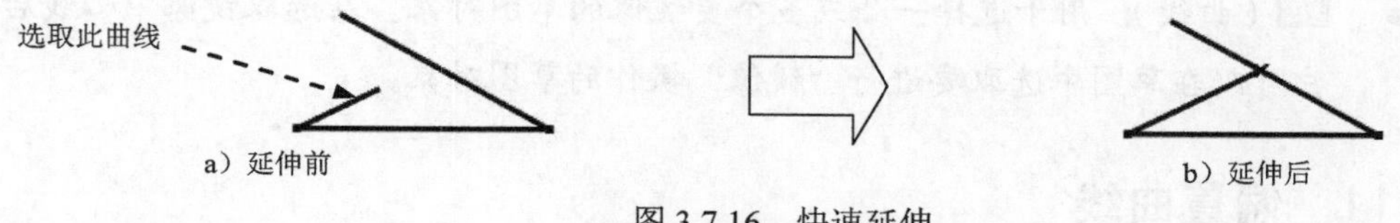


图 3.7.16 快速延伸

## 3.7.10 镜像

镜像操作是将草图对象以一条直线为对称中心，将所选取的对象以这条对称中心为轴进行复制，生成新的草图对象。镜像复制的对象与原对象形成一个整体，并且保持相关性。“镜像”操作在绘制对称图形时是非常有用的。下面以图 3.7.17 所示的范例来说明“镜像”的一般操作步骤。

Step1. 打开文件 D:\ug10.1\work\ch03.07\mirror.prt。

Step2. 双击草图，单击按钮，进入草图环境。

Step3. 选择命令。选择下拉菜单 插入(S) → 来自曲线集的曲线(F) → 镜像曲线(M)... 命令（或单击按钮），系统弹出图 3.7.18 所示的“镜像曲线”对话框。

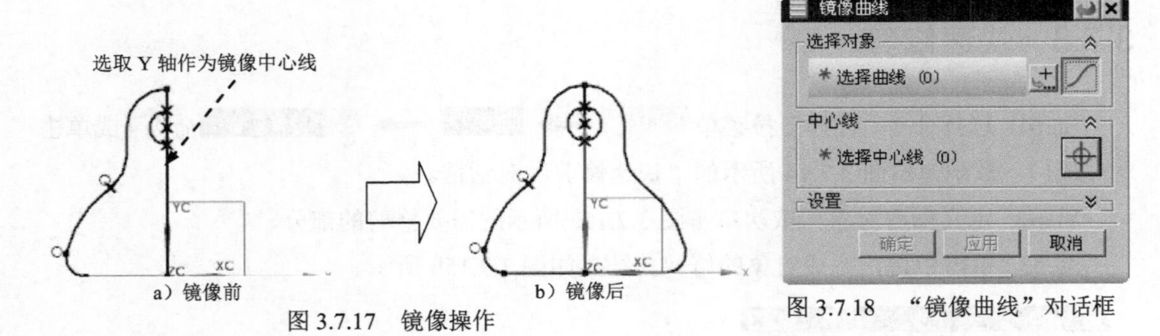


a）镜像前　　b）镜像后

图 3.7.17　镜像操作

图 3.7.18　“镜像曲线”对话框

Step4. 定义镜像对象。在“镜像曲线”对话框中单击“曲线”按钮，选取图形区中的所有草图曲线。

Step5. 定义中心线。单击“镜像曲线”对话框中的“中心线”按钮，选取坐标系的 Y 轴作为镜像中心线。

**注意：** 选择的镜像中心线不能是镜像对象的一部分，否则无法完成镜像操作。

Step6. 单击 应用 按钮，则完成镜像操作（如果没有其他镜像操作，直接单击 < 确定 > 按钮），结果如图 3.7.17b 所示。

**图 3.7.18 所示的“镜像曲线”对话框中各按钮的功能说明如下：**

- （中心线）：用于选择存在的直线或轴作为镜像的中心线。选择草图中的直线作为镜像中心线时，所选的直线会变成参考线，暂时失去作用。如果要将其转化为正常的草图对象，可用“草图工具”工具条中的“转换至/自参考对象”功能，其具体内容将会在 3.9 节中介绍。
- （曲线）：用于选择一个或多个要镜像的草图对象。在选取镜像中心线后，用户可以在草图中选取要进行“镜像”操作的草图对象。

## 3.7.11　偏置曲线

“偏置曲线”就是对当前草图中的曲线进行偏移，从而产生与源曲线相关联、形状相似的新的曲线。可偏移的曲线包括基本绘制的曲线、投影曲线以及边缘曲线等。创建图 3.7.19

所示的偏置曲线的具体步骤如下：

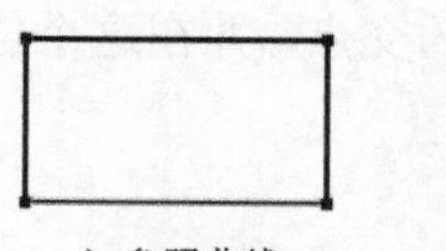
a）参照曲线

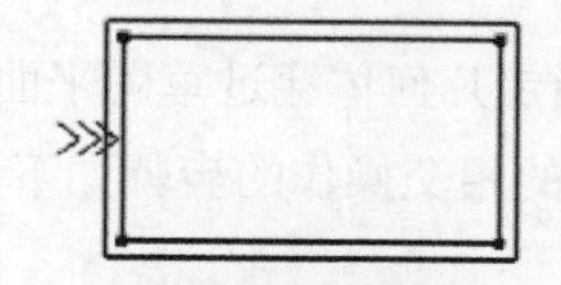
b）“延伸端盖”形式的曲线

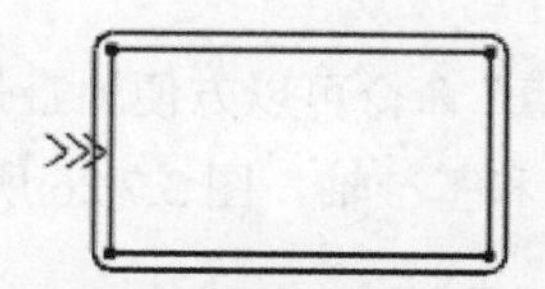
c）“圆弧帽形体”形式的曲线

图 3.7.19 偏置曲线的创建

Step1. 打开文件 D:\ug10.1\work\ch03.07\offset.prt。

Step2. 双击草图，单击按钮，进入草图环境。

Step3. 选择命令。选择下拉菜单 插入(S) → 来自曲线集的曲线(F) → 偏置曲线(V)... 命令，系统弹出图 3.7.20 所示的“偏置曲线”对话框。

Step4. 定义偏置曲线。在图形区选取图 3.7.19a 所示的草图。

Step5. 定义偏置参数。在 距离 文本框中输入偏置距离值 5，取消选中 □ 创建尺寸 复选框。

Step6. 定义端盖选项。在 端盖选项 下拉列表中选择 延伸端盖 选项。

**说明**：如果在 端盖选项 下拉列表中选择 圆弧帽形体 选项，则偏置后的结果如图 3.7.19c 所示。

Step7. 定义近似公差。接受 公差 文本框中默认的偏置曲线精度值。

Step8. 完成偏置。单击 应用 按钮，完成指定曲线偏置操作。还可以对其他对象进行相同的操作，操作完成后，单击 < 确定 > 按钮，完成所有曲线的偏置操作。

**注意**：可以单击“偏置曲线”对话框中的按钮改变偏置的方向。

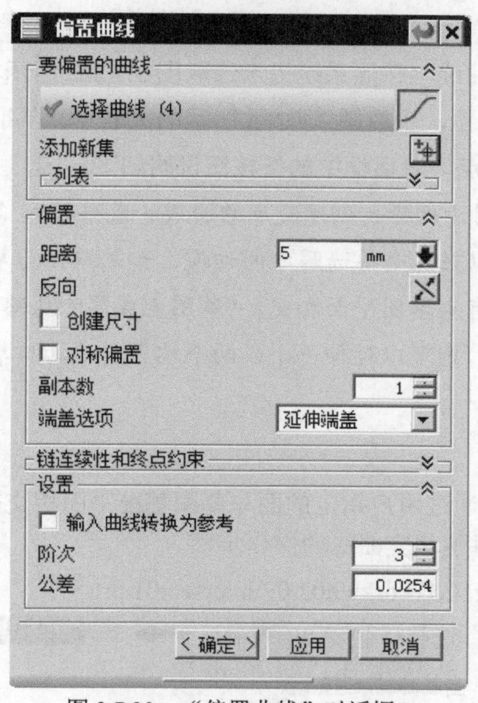


图 3.7.20 “偏置曲线”对话框

## 3.7.12 交点

"交点"命令可以方便地查找指定几何体穿过草图平面处的交点，并在这个位置创建一个关联点和基准轴。图 3.7.26 所示的相交操作的步骤如下：

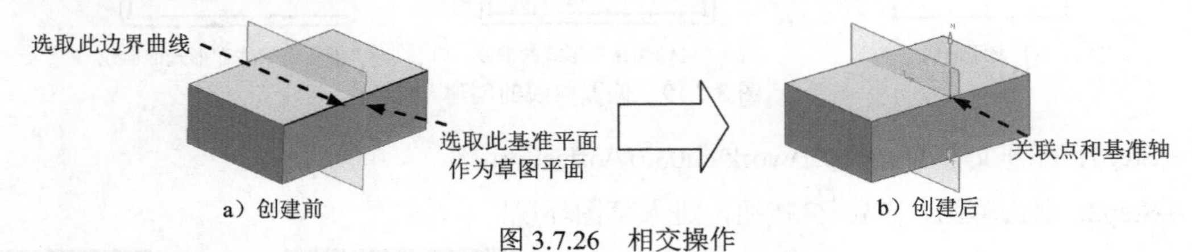


图 3.7.26 相交操作

Step1. 打开文件 D:\ug10.1\work\ch03.07\intersect.prt。

Step2. 定义草绘平面。选择下拉菜单 插入(S) → 在任务环境中绘制草图(V)... 命令，选取图 3.7.26a 所示的基准平面为草图平面，单击 确定 按钮。

Step3. 选择命令。选择下拉菜单 插入(S) → 来自曲线集的曲线(F) → 交点(N)... 命令（或单击"交点"按钮），系统弹出图 3.7.27 所示的"交点"对话框。

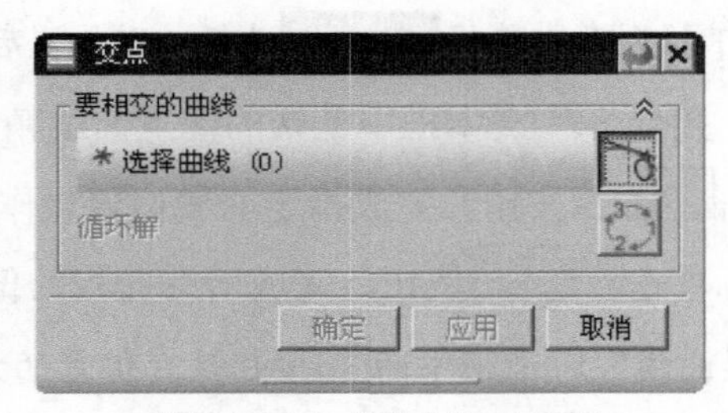


图 3.7.27 "交点"对话框

Step4. 选取要相交的曲线。按照系统提示选取图 3.7.26a 所示的边线为相交曲线。

Step5. 单击 < 确定 > 按钮，生成图 3.7.26b 所示的关联点和基准轴。

**图 3.7.27 所示的"交点"对话框中的各按钮说明如下：**

- 选择曲线：用于选择要创建交点的曲线（或路径），默认情况下为打开。
- 循环解：可以在几个备选解之间切换，如果路径与草图平面在多点相交或者路径是开环，没有与草图平面相交，"草图生成器"从路径开始处标识可能的解。如果路径是开环，则可以延伸一个或两个端点，使其与草图平面相交。

## 3.7.13 相交曲线

"相交曲线"命令可以通过用户指定的面与草图基准平面相交产生一条曲线。下面以图 3.7.28 所示的模型为例，讲解相交曲线的操作步骤。

Step1. 打开文件 D:\ug10.1\work\ch03.07\intersect01.prt。

Step2. 定义草绘平面。选择下拉菜单 插入(S) → 在任务环境中绘制草图(V)... 命令，选取 XY 平面作为草图平面，单击 确定 按钮。

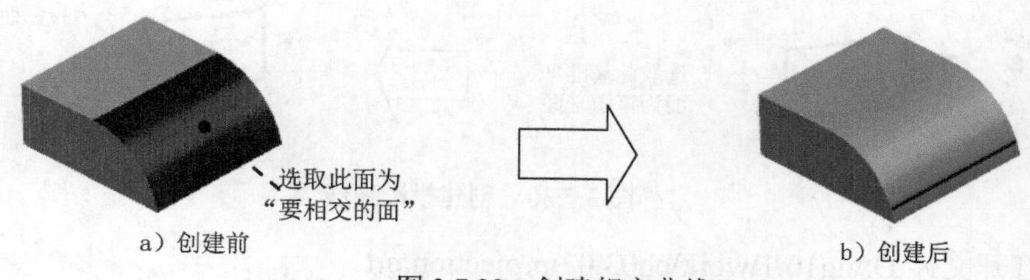


图 3.7.28　创建相交曲线

Step3. 选择命令。选择下拉菜单 插入(S) → 处方曲线(U) → 相交曲线(I)... 命令（或单击"相交曲线"按钮），系统弹出图 3.7.29 所示的"相交曲线"对话框。

Step4. 选取要相交的面。选取图 3.7.28a 所示的模型表面为要相交的面，即产生图 3.7.28b 所示的相交曲线，接受默认的 距离公差 和 角度公差 值。

Step5. 单击"相交曲线"对话框中的 < 确定 > 按钮，完成相交曲线的创建。

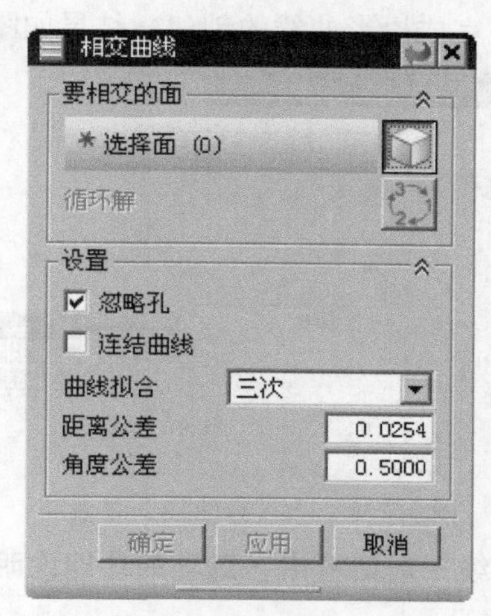


图 3.7.29　"相交曲线"对话框

**图 3.7.29 所示的"相交曲线"对话框中各按钮的功能说明如下：**

- 选择面：选择要在其上创建相交曲线的面。
- 忽略孔 复选框：当选取的"要相交的面"上有孔特征时，勾选此复选框后，系统会在曲线遇到的第一个孔处停止相交曲线。
- 连结曲线 复选框：用于多个"相交曲线"之间的连接。勾选此复选框后，系统会自动将多个相交曲线连接成一个整体。

## 3.7.14　投影曲线

"投影曲线"功能是将选取的对象按垂直于草图工作平面的方向投影到草图中，使之成为草图对象。创建图 3.7.30 所示的投影曲线的步骤如下。

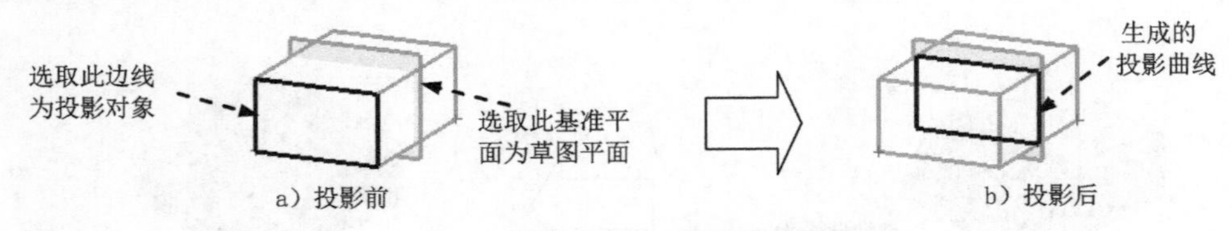


图 3.7.30 创建投影曲线

Step1. 打开文件 D:\ug10.1\work\ch03.07\projection.prt。

Step2. 进入草图环境。选择下拉菜单 插入(S) ➡ 在任务环境中绘制草图(V)... 命令，选取图 3.7.30a 所示的平面作为草图平面，单击 确定 按钮。

Step3. 选择命令。选择下拉菜单 插入(S) ➡ 处方曲线(U) ➡ 投影曲线(J)... 命令（或单击“投影”按钮），系统弹出图 3.7.31 所示的“投影曲线”对话框。

Step4. 选取要投影的对象。选取图 3.7.30a 所示的四条边线为投影对象。

Step5. 单击 确定 按钮，完成投影曲线的创建，结果如图 3.7.30b 所示。

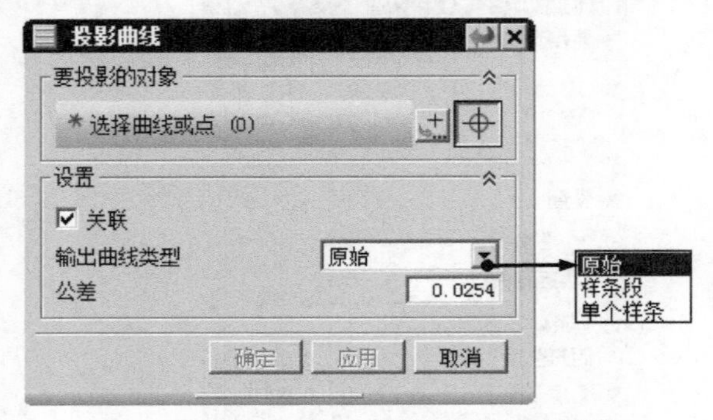


图 3.7.31 “投影曲线”对话框

**图 3.7.31 所示的“投影曲线”对话框中各选项的功能说明如下：**

- （曲线）：用于选择要投影的对象，默认情况下为按下状态。
- （点）：单击该按钮后，系统将弹出“点”对话框。
- 关联 复选框：定义投影曲线与投影对象之间的关联性。选中该复选框后，投影曲线与投影对象将存在关联性，即投影对象发生改变时，投影曲线也随之改变。
- 输出曲线类型 下拉列表：该下拉列表包括 原始、样条段 和 单个样条 三个选项。

## 3.8 草图的约束

### 3.8.1 草图约束概述

草图约束主要包括几何约束和尺寸约束两种类型。几何约束是用来定位草图对象和确定草图对象之间的相互关系，而尺寸约束是用来驱动、限制和约束草图几何对象的大小和形状的。

## 3.8.2 “草图工具”工具条“约束”部分简介

进入草图环境后，屏幕上会出现绘制草图时所需要的“草图工具”工具条，如图 3.8.1 所示。

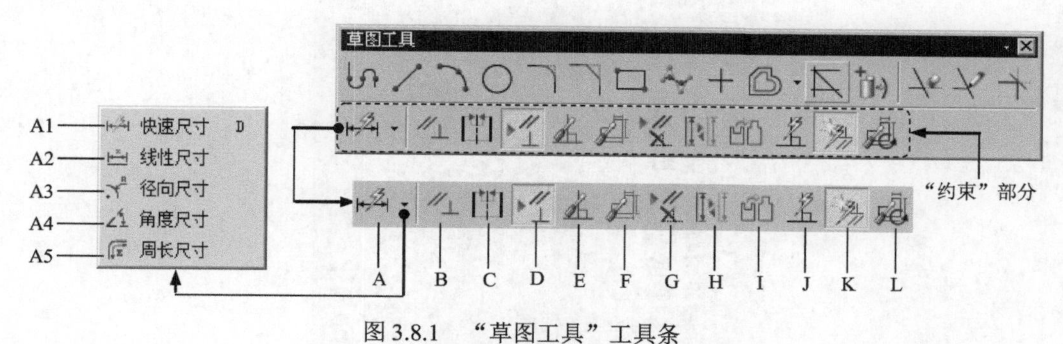


图 3.8.1 “草图工具”工具条

**图 3.8.1 所示的“草图工具”工具条中“约束”部分各按钮的说明如下：**

A1：快速尺寸。通过基于选定的对象和光标的位置自动判断尺寸类型来创建尺寸约束。

A2：线性尺寸。该按钮用于在所选的两个对象或点位置之间创建线性距离约束。

A3：径向尺寸。该按钮用于创建圆形对象的半径或直径约束。

A4：角度尺寸。该按钮用于在所选的两条不平行直线之间创建角度约束。

A5：周长尺寸。该按钮用于对所选的多个对象进行周长尺寸约束。

B：约束。用户自己对存在的草图对象指定约束类型。

C：设为对称。将两个点或曲线约束为相对于草图上的对称线对称。

D：显示草图约束。显示施加到草图上的所有几何约束。

E：自动约束。单击该按钮，系统会弹出图 3.8.2 所示的“自动约束”对话框，用于自动地添加约束。

F：自动标注尺寸。根据设置的规则在曲线上自动创建尺寸。

G：显示/移除约束。显示与选定的草图几何图形关联的几何约束，并移除所有这些约束或列出信息。

H：转换至/自参考对象。将草图曲线或草图尺寸从活动转换为参考，或者反过来。下游命令（如拉伸）不使用参考曲线，并且参考尺寸不控制草图几何体。

I：备选解。备选尺寸或几何约束解算方案。

J：自动判断约束和尺寸。控制哪些约束或尺寸在曲线构造过程中被自动判断。

K：创建自动判断约束。在曲线构造过程中启用自动判断约束。

L：连续自动标注尺寸。在曲线构造过程中启用自动标注尺寸。

在草图绘制过程中，读者可以自己设定自动约束的类型，单击“自动约束”按钮，系统弹出“自动约束”对话框，如图 3.8.2 所示，在对话框中可以设定自动约束类型。

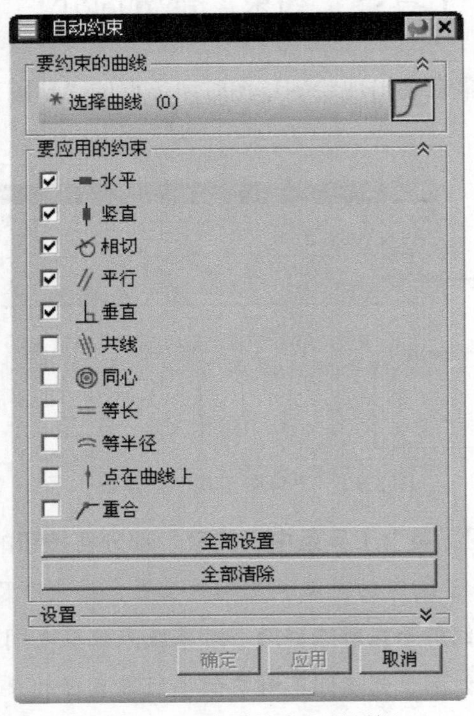


图 3.8.2 “自动约束”对话框

图 3.8.2 所示的“自动约束”对话框中所建立的几何约束的用法如下：

- （水平）：约束直线为水平直线（即平行于 XC 轴）。
- （竖直）：约束直线为竖直直线（即平行于 YC 轴）。
- （相切）：约束所选的两个对象相切。
- （平行）：约束两直线互相平行。
- （垂直）：约束两直线互相垂直。
- （共线）：约束多条直线对象位于或通过同一直线。
- （同心）：约束多个圆弧或椭圆弧的中心点重合。
- （等长）：约束多条直线为同一长度。
- （等半径）：约束多个弧有相同的半径。
- （点在曲线上）：约束所选点在曲线上。
- （重合）：约束多点重合。

在草图中，被添加完约束对象中的约束符号显示方式见表 3.8.1。

表 3.8.1　约束符号列表

| 约束名称 | 约束符号显示 |
| --- | --- |
| 固定/完全固定 | ℸ |
| 固定长度 | ⟷ |
| 水平 | → |
| 竖直 | ↑ |
| 固定角度 | ∠ |
| 等半径 | ≂ |
| 相切 | × |
| 同心的 | ◎ |
| 中点 | +- |
| 点在曲线上 | ✶ |
| 垂直的 | ⊥ |
| 平行的 | ≠ |
| 共线 | /// |
| 等长度 | = |
| 重合 | ⌒ |

在一般绘图过程中，我们习惯于先绘制出对象的大概形状，然后通过添加“几何约束”来定位草图对象和确定草图对象之间的相互关系，再添加“尺寸约束”来驱动、限制和约束草图几何对象的大小和形状。下面先介绍如何添加“几何约束”，再介绍添加“尺寸约束”的具体方法。

## 3.8.3　添加几何约束

在二维草图中，添加几何约束主要有两种方法：手工添加几何约束和自动产生几何约束。一般在添加几何约束时，要先单击“显示草图约束”按钮，则二维草图中存在的所有约束都显示在图中。

**方法一**：手工添加约束。手工添加约束是指由用户自己对所选对象指定某种约束。在“约束”工具条中单击按钮，系统就进入了几何约束操作状态。此时，在图形区中选择一个或多个草图对象，所选对象在图形区中会加亮显示。同时，可添加的几何约束类型按钮将会出现在图形区的左上角。

根据所选对象的几何关系，在几何约束类型中选择一个或多个约束类型，则系统会添加指定类型的几何约束到所选草图对象上。这些草图对象会因所添加的约束而不能随意移动或旋转。

下面通过添加图 3.8.3 所示的相切约束来说明创建约束的一般操作步骤。

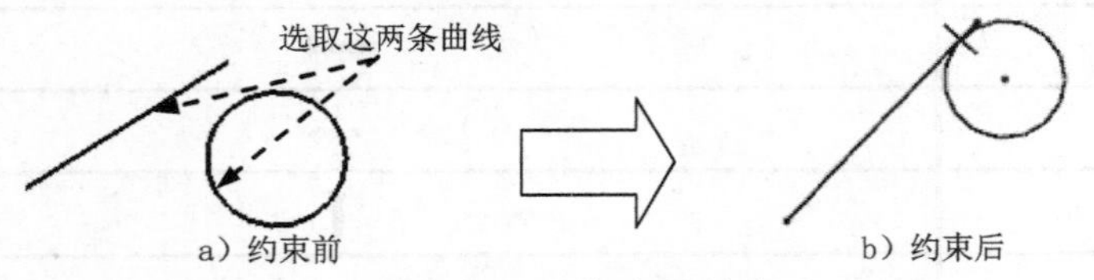


图 3.8.3　添加相切约束

Step1. 打开文件 D:\ug10.1\work\ch03.08\add_1.prt。

Step2. 双击已有草图，单击按钮，进入草图工作环境，单击“显示草图约束”按钮和“约束”按钮，系统弹出图 3.8.4 所示的“几何约束”对话框。

Step3. 定义约束类型。单击按钮，添加“相切”约束。

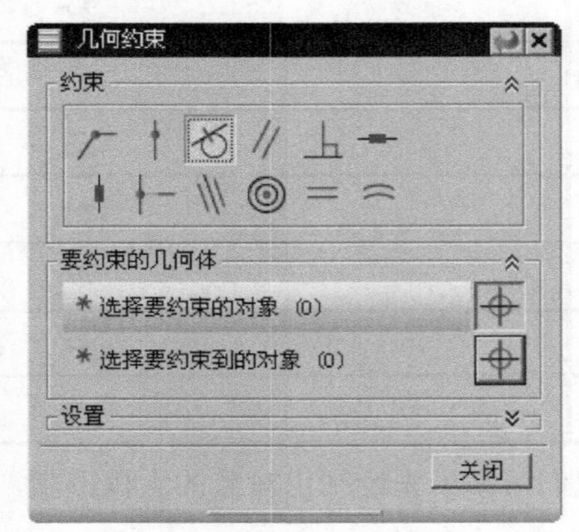


图 3.8.4　“几何约束”对话框

Step4. 定义约束对象。根据系统选择要约束的对象的提示，选取图 3.8.3a 所示的直线并单击鼠标中键，再选取圆。

Step5. 单击 关闭 按钮完成创建，草图中会自动添加约束符号，如图 3.8.3b 所示。

下面通过添加图 3.8.5 所示的约束来说明创建多个约束的一般操作步骤。

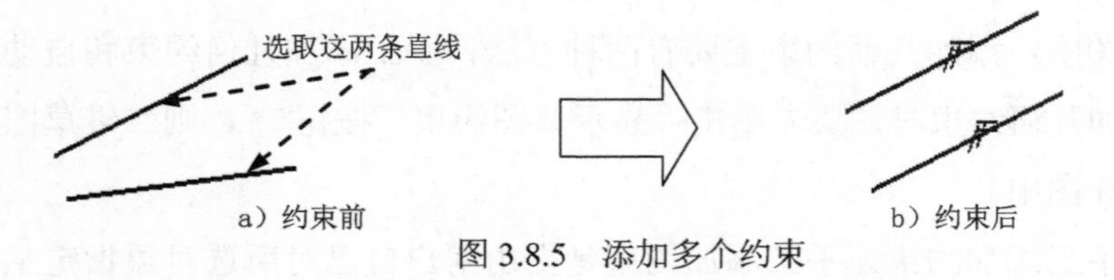


图 3.8.5　添加多个约束

Step1. 打开文件 D:\ug10.1\work\ch03.08\add_2.prt。

Step2. 双击已有草图，单击按钮，进入草图工作环境，单击“显示草图约束”按钮和“约束”按钮，系统弹出“几何约束”对话框。单击“等长”按钮，添加“等长”约束，根据系统选择要创建约束的曲线的提示，分别选取图 3.8.5a 所示的两条直线；单击

“平行”按钮，同样分别选取两条直线，则直线之间会添加“平行”约束。

Step3. 单击 关闭 按钮完成创建，草图中会自动添加约束符号，如图 3.8.5b 所示。

关于其他类型约束的创建，与以上两个范例的创建过程相似，这里不再赘述，读者可以自行研究。

**方法二**：自动产生几何约束。自动产生几何约束是指系统根据选择的几何约束类型以及草图对象间的关系，自动添加相应约束到草图对象上。一般都利用“自动约束”按钮让系统自动添加约束。其操作步骤如下：

Step1. 单击“草图工具”工具条中的“自动约束”按钮，弹出“自动约束”对话框。

Step2. 在“自动约束”对话框中单击要自动创建约束的相应按钮，然后单击 确定 按钮。用户一般都选择“自动创建所有的约束”，这样只需在对话框中单击 全部设置 按钮，则对话框中的约束复选框全部被选中，然后单击 确定 按钮，完成自动创建约束的设置。

这样，在草图中画任意曲线，系统会自动添加相应的约束，而系统没有自动添加的约束就需要用户利用手动添加约束的方法来自己添加。

## 3.8.4 添加尺寸约束

添加尺寸约束也就是在草图上标注尺寸，并设置尺寸标注线的形式与尺寸大小，来驱动、限制和约束草图几何对象。选择下拉菜单 插入(S) → 尺寸(M) 中的命令。添加尺寸约束主要包括以下几种标注方式。

### 1. 标注水平尺寸

标注水平尺寸是标注直线或两点之间的水平投影距离。下面通过标注图 3.8.6b 所示的尺寸，来说明创建水平尺寸标注的一般操作步骤。

Step1. 打开文件 D:\ug10.1\work\ch03.08\add_dimension_1.prt。

Step2. 双击图 3.8.6a 所示的直线，单击按钮，进入草图工作环境，选择下拉菜单 插入(S) → 尺寸(M) ▸ → 线性(L)... 命令，此时系统弹出“线性尺寸”对话框。

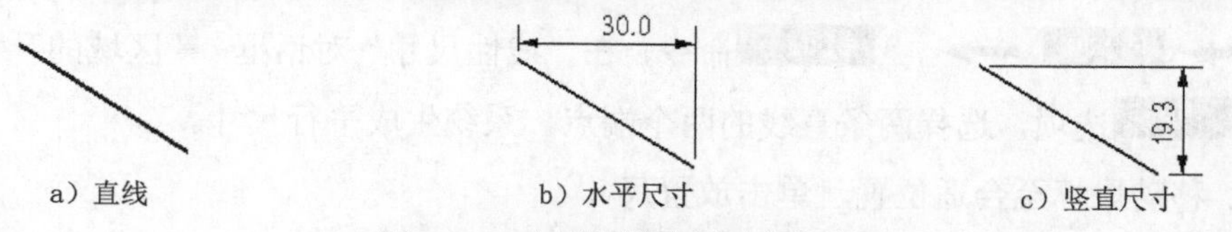


图 3.8.6 水平和竖直尺寸的标注

Step3. 定义标注尺寸的对象。在“线性尺寸”对话框 测量 区域的 方法 下拉列表中选择 水平 选项，选择图 3.8.6a 所示的直线，则系统生成水平尺寸。

Step4. 定义尺寸放置的位置。移动鼠标至合适位置，单击放置尺寸。如果要改变直线尺寸，则可以在弹出的动态输入框中输入所需的数值。

Step5. 单击“线性尺寸”对话框中的 关闭 按钮，完成水平尺寸的标注，如图 3.8.6b 所示。

2. 标注竖直尺寸

标注竖直尺寸是标注直线或两点之间的垂直投影距离。下面通过标注图 3.8.6c 所示的尺寸来说明创建竖直尺寸标注的步骤。

Step1. 选择刚标注的水平距离并右击，在弹出的快捷菜单中选择 ✕ 删除(D) 命令，删除该水平尺寸。

Step2. 选择下拉菜单 插入(S) ⟶ 尺寸(M) ⟶ 线性(L)... 命令，在“线性尺寸”对话框 测量 区域的 方法 下拉列表中选择 竖直 选项，单击选取图 3.8.6a 所示的直线，则系统生成竖直尺寸。

Step3. 移动鼠标至合适位置，单击放置尺寸。如果要改变距离，则可以在弹出的动态输入框中输入所需的数值。

Step4. 单击“线性尺寸”对话框中的 关闭 按钮，完成竖直尺寸的标注，如图 3.8.6c 所示。

3. 标注平行尺寸

标注平行尺寸是标注所选直线两端点之间的最短距离。下面通过标注图 3.8.7b 所示的尺寸来说明创建平行尺寸标注的步骤。

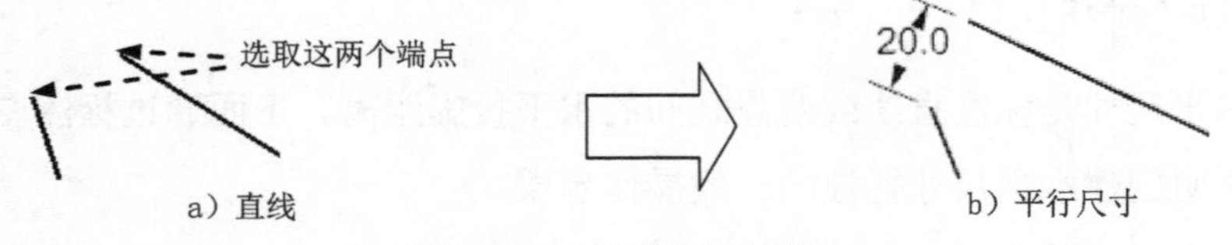


图 3.8.7 平行尺寸的标注

Step1. 打开文件 D:\ug10.1\work\ch03.08\add_dimension_2.prt。

Step2. 双击图 3.8.7a 所示的直线，单击 按钮，进入草图工作环境。选择下拉菜单 插入(S) ⟶ 尺寸(M) ⟶ 线性(L)... 命令，在“线性尺寸”对话框 测量 区域的 方法 下拉列表中选择 点到点 选项，选择两条直线的两个端点，系统生成平行尺寸。

Step3. 移动鼠标至合适位置，单击放置尺寸。

Step4. 单击“线性尺寸”对话框中的 关闭 按钮，完成平行尺寸的标注，如图 3.8.7b 所示。

4. 标注垂直尺寸

标注垂直尺寸是标注所选点与直线之间的垂直距离。下面通过标注图 3.8.8 所示的尺寸来说明创建垂直尺寸标注的步骤。

Step1. 打开文件 D:\ug10.1\work\ch03.08\add_dimension_3.prt。

Step2. 双击图 3.8.8a 所示的直线，单击按钮，进入草图工作环境，选择下拉菜单 插入(S) → 尺寸(M) → 线性(L)... 命令，在“线性尺寸”对话框 测量 区域 方法 的下拉列表中选择 垂直 选项，标注点到直线的距离，先选择直线，然后再选择点，系统生成垂直尺寸。

Step3. 移动鼠标至合适位置，单击左键放置尺寸。

Step4. 单击“线性尺寸”对话框中的 关闭 按钮，完成垂直尺寸的标注，如图 3.8.8b 所示。

**注意：要标注点到直线的距离，必须先选择直线，然后再选择点。**

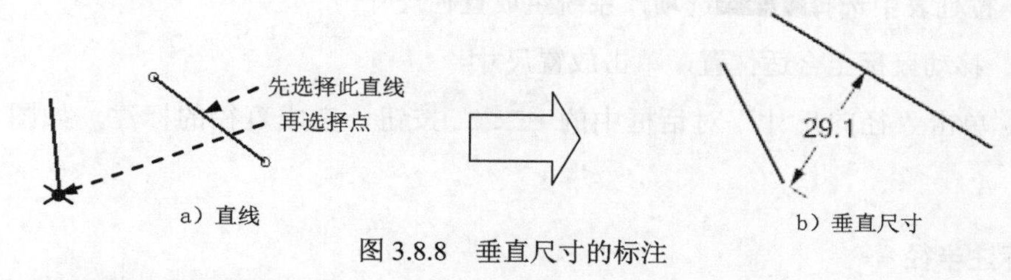


图 3.8.8　垂直尺寸的标注

### 5. 标注两条直线间的角度

标注两条直线间的角度是标注所选直线之间夹角的大小，且角度有锐角和钝角之分。下面通过标注图 3.8.9 所示的角度来说明标注直线间角度的步骤。

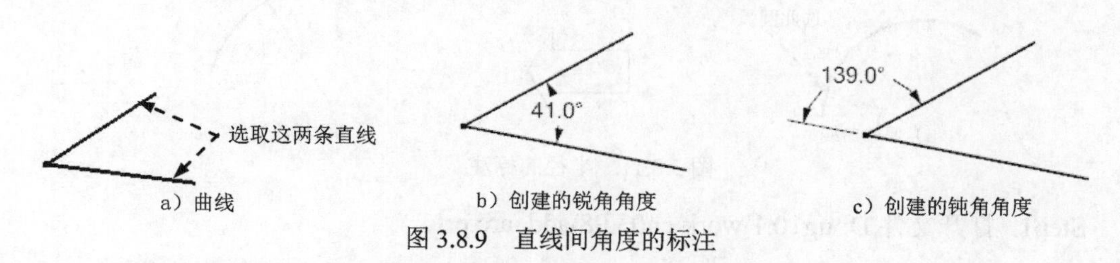


图 3.8.9　直线间角度的标注

Step1. 打开文件 D:\ug10.1\work\ch03.08\add_angle.prt。

Step2. 双击已有草图，单击按钮，进入草图工作环境，选择下拉菜单 插入(S) → 尺寸(M) → 角度(A)... 命令，选择两条直线（图 3.8.9a），系统生成角度。

Step3. 移动鼠标至合适位置（移动的位置不同，生成的角度可能是锐角或钝角，如图 3.8.9 所示），单击放置尺寸。

Step4. 单击“角度尺寸”对话框中的 关闭 按钮，完成角度的标注，如图 3.8.9b 和 c 所示。

### 6. 标注直径

标注直径是标注所选圆直径的大小。下面通过标注图 3.8.10 所示圆的直径来说明标注直径的步骤。

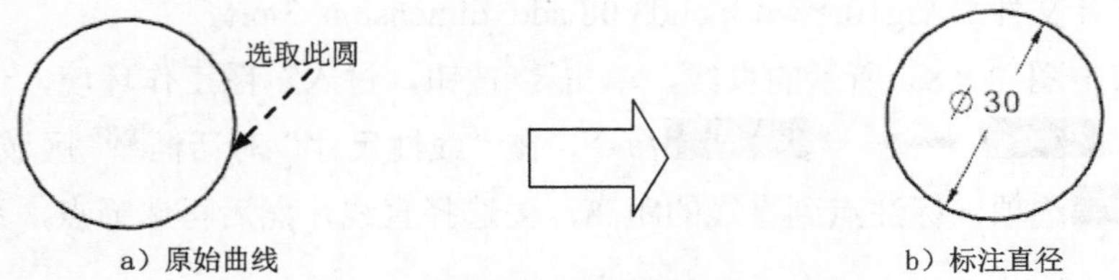


图 3.8.10　直径的标注

Step1．打开文件 D:\ug10.1\work\ch03.08\add_d.prt。

Step2．双击已有草图，单击按钮，进入草图工作环境，选择下拉菜单 插入(S) → 尺寸(M) → 径向(R)... 命令，选择图 3.8.10a 所示的圆，然后在“径向尺寸”对话框 测量 区域的 方法 下拉列表中选择 直径 选项，系统生成直径尺寸。

Step3．移动鼠标至合适位置，单击放置尺寸。

Step4．单击“径向尺寸”对话框中的 关闭 按钮，完成直径的标注，如图 3.8.10b 所示。

7．标注半径

标注半径是标注所选圆或圆弧半径的大小。下面通过标注图 3.8.11 所示圆弧的半径来说明标注半径的步骤。

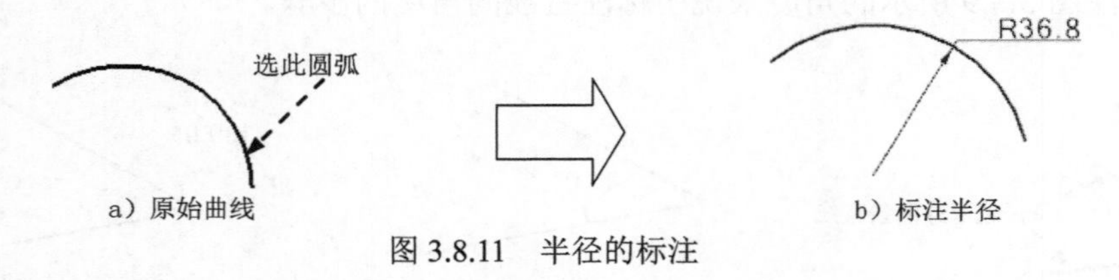


图 3.8.11　半径的标注

Step1．打开文件 D:\ug10.1\work\ch03.08\add_arc.prt。

Step2．双击已有草图，单击按钮，进入草图工作环境，选择下拉菜单 插入(S) → 尺寸(M) → 径向(R)... 命令，选择圆弧（图 3.8.11a），系统生成半径尺寸。

Step3．移动鼠标至合适位置，单击放置尺寸。如果要改变圆的半径尺寸，则在弹出的动态输入框中输入所需的数值。

Step4．单击“径向尺寸”对话框中的 关闭 按钮，完成半径的标注，如图 3.8.11b 所示。

## 3.9　修改草图约束

修改草图约束主要是指利用“草图工具”工具条中的“显示/移除约束”、“动画尺寸”、“转换至/自参考对象”和“备选解”这些按钮来进行草图约束的管理。

### 3.9.1　显示所有约束

单击“草图工具”工具条中的按钮，将显示施加到草图上的所有几何约束。

### 3.9.2　显示/移除约束

“显示/移除约束”主要是用来查看现有的几何约束，设置查看的范围、查看类型和列表方式，以及移除不需要的几何约束。

单击“草图工具”工具条中的按钮，使所有存在的约束都显示在图形区中，然后单击“草图工具”工具条中的按钮，系统弹出图 3.9.1 所示的“显示/移除约束”对话框。

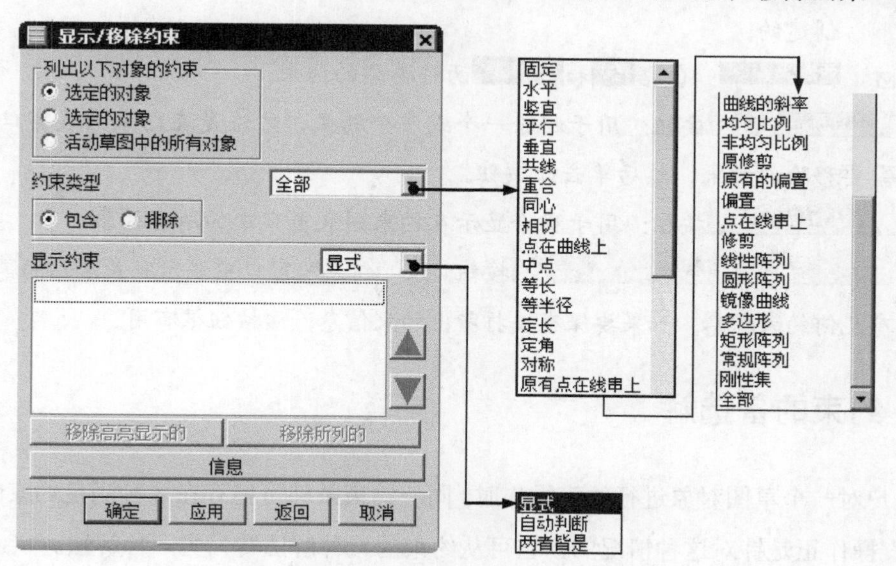


图 3.9.1　“显示/移除约束”对话框

**图 3.9.1 所示的“显示/移除约束”对话框中各选项用法的说明如下：**

- 列出以下对象的约束 区域：控制在显示约束列表窗口中要列出的约束。它包含 3 个单选项
  ☑ 选定的对象 单选项：允许每次仅选择一个对象。选择其他对象将自动取消选择以前选定的对象。该列表窗口显示了与选定对象相关的约束。这是默认设置。

☑ 选定的对象单选项：可选择多个对象，选择其他对象不会取消选择以前选定的对象，它允许用户选取多个草图对象，在约束列表框中显示它们所包含的几何约束。

☑ 活动草图中的所有对象单选项：在约束列表框中列出当前草图对象中的所有约束。

- 约束类型下拉列表：过滤在下拉列表中显示的约束类型。当选择此下拉列表时，系统会列出可选的约束类型（图 3.9.1），用户从中选择要显示的约束类型名称即可。在包含和排除两个单选项中只能选一个，通常都选择包含单选项。
- 显示约束下拉列表：控制显示约束列表窗口中显示指定类型的约束，还是显示指定类型以外的所有其他约束。该下拉列表中用于显示当前选定的草图几何对象的几何约束。当在该列表框中选择某约束时，约束对应的草图对象在图形区中会高亮显示，并显示出草图对象的名称。列表框右边的上下箭头是用来按顺序选择约束的。显示约束下拉列表包含了三种选项。

☑ 显式：显示所有由用户显示或非显示创建的约束，包括所有非自动判断的重合约束，但不包括所有系统在曲线创建期间自动判断的重合约束。

☑ 自动判断：显示所有自动判断的重合约束，它们是在曲线创建期间由系统自动创建的。

☑ 两者皆是：包括显式和自动判断两种类型的约束。

- 移除高亮显示的按钮：用于移除一个或多个约束，方法是在约束列表窗口中选择需要移除的约束，然后单击此按钮。
- 移除所列的按钮：用于移除显示在约束列表窗口中的所有约束。
- 信息按钮：在"信息"窗口中显示有关活动的草图的所有几何约束信息。如果要保存或打印出约束信息，该按钮很有用。

## 3.9.3 约束的备选解

当用户对一个草图对象进行约束操作时，同一约束条件可能存在多种满足约束的情况，"备选解"操作正是针对这种情况的，它可从约束的一种解法转为另一种解法。

"草图工具"工具条中没有"备选解"按钮，读者可以在工具条中添加按钮，也可通过定制的方法在下拉菜单中添加该命令，以下如有添加命令或按钮的情况将不再说明。单击此按钮，则会弹出"备选解"对话框（图 3.9.2），在系统**选择具有相切约束的线性尺寸或几何体**的提示下选择对象，系统会将所选对象直接转换为同一约束的另一种约束表现形式，单击应用按钮之后还可以继续对其他操作对象进行约束方式的"备选解"操作；如果没有，则单击确定按钮完成"备选解"操作。

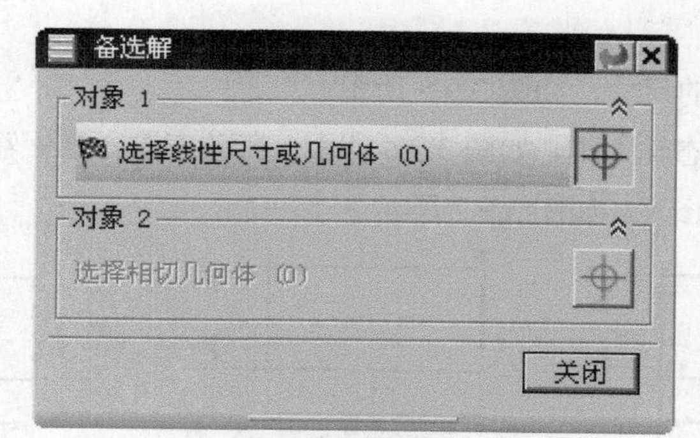


图 3.9.2 “备选解”对话框

下面用一个具体的范例来说明一下“备选解”的操作。图 3.9.3 所示绘制的是两个相切的圆。两圆相切有“外切”和“内切”两种情况。如果不想要图 3.9.3 中所示的“外切”的图形，就可以通过“备选解”操作把它们转换为“内切”的形式（图 3.9.4），具体步骤如下：

Step1. 打开文件 D:\ug10.1\work\ch03.09\alternation.prt。

Step2. 双击曲线，单击按钮，进入草图工作环境。

Step3. 选择下拉菜单 工具(T) → 约束(T) → 备选解算方案(0)... 命令（或单击“草图工具”工具条中的“备选解”按钮），弹出“备选解”对话框，如图 3.9.2 所示。

Step4. 选取图 3.9.3 所示的任意圆，实现“备选解”操作，结果如图 3.9.4 所示。

Step5. 单击 关闭 按钮，关闭“备选解”对话框。

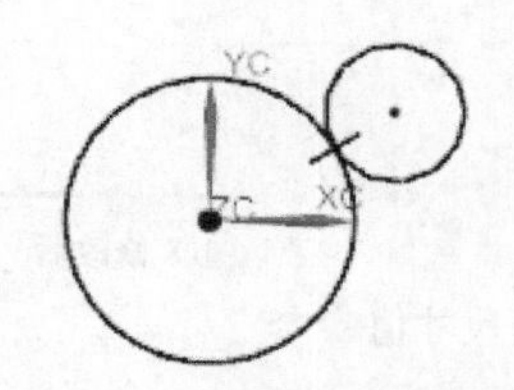


图 3.9.3 “外切”图形

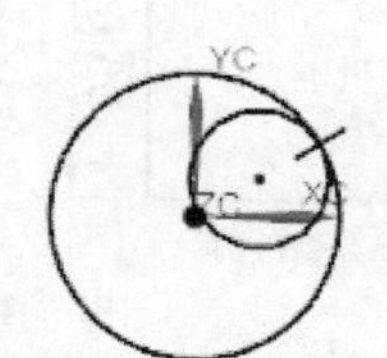


图 3.9.4 “内切”图形

## 3.9.4 移动尺寸

为了使草图的布局更清晰合理，可以移动尺寸文本的位置，操作步骤如下：

Step1. 将鼠标移至要移动的尺寸处，按住鼠标左键。

Step2. 左右或上下移动鼠标，可以移动尺寸箭头和文本框的位置。

Step3. 在合适的位置松开鼠标左键，完成尺寸位置的移动。

## 3.9.5 修改单个尺寸值

修改草图的标注尺寸有如下两种方法：

**方法一：**

Step1. 双击要修改的尺寸，如图 3.9.5 所示。

Step2. 系统弹出动态输入框，如图 3.9.6 所示。在动态输入框中输入新的尺寸值，并按鼠标中键，完成尺寸的修改，如图 3.9.7 所示。

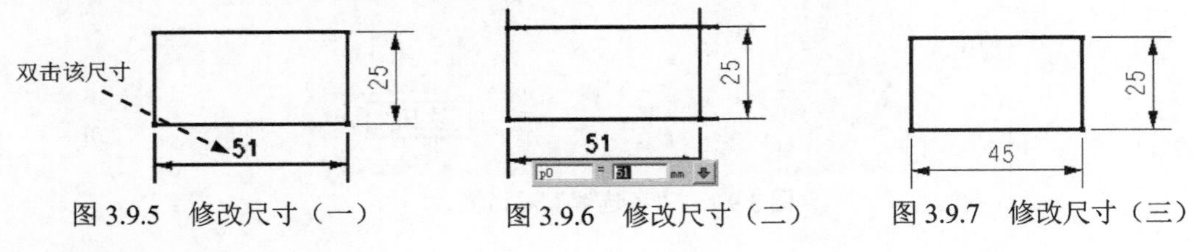


图 3.9.5 修改尺寸（一）　　图 3.9.6 修改尺寸（二）　　图 3.9.7 修改尺寸（三）

**方法二：**

Step1. 将鼠标移至要修改的尺寸处右击。

Step2. 在弹出的快捷菜单中选择 编辑(E)... 命令。

Step3. 在弹出的动态输入框中输入新的尺寸值，单击中键完成尺寸的修改。

## 3.9.6 修改多个尺寸值

使用 NX 10.0 不仅能对单个尺寸进行修改，也可对所有尺寸进行统一的修改。下面以图 3.9.8 所示的范例来说明修改多个尺寸值的一般操作步骤。

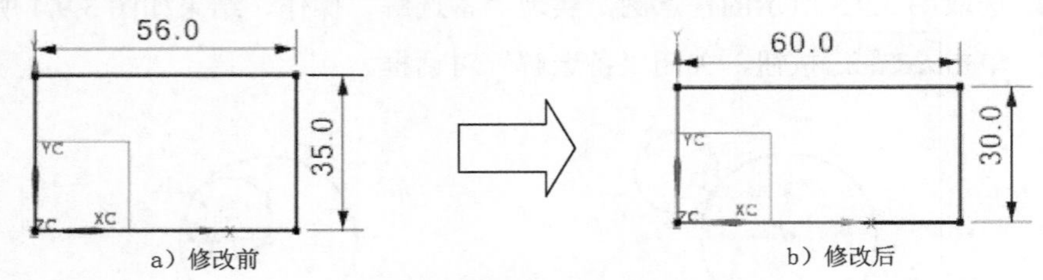


a）修改前　　b）修改后

图 3.9.8 修改多个尺寸值

Step1. 打开文件 D:\ug10.1\work\ch03.09\edit.prt。

Step2. 双击已有草图，单击 按钮，进入草图工作环境。

Step3. 选择下拉菜单 编辑(E) ➡ 草图参数(A)... 命令（或者在导航器区域双击草图特征），系统弹出图 3.9.9 所示的“草图参数”对话框。此时所有的尺寸值和尺寸参数将出现在 尺寸 区域的列表中。

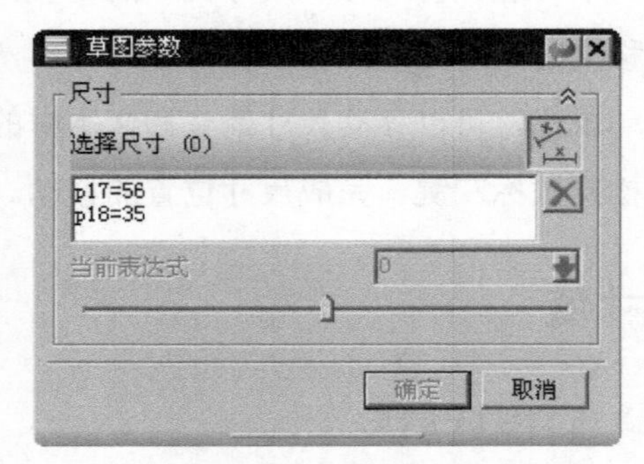


图 3.9.9 “草图参数”对话框

Step4. 修改尺寸。在尺寸区域的列表框中选中要修改的尺寸，然后在当前表达式文本框中输入新的尺寸值（如将 56.0 改为 60.0，将 35.0 改为 30.0）。

**注意：**每输入一个数值后要按 Enter 键，也可以单击并拖移尺寸滑块来修改选中尺寸。要增加尺寸值，则向右拖移；要减小尺寸值，则向左拖移。在拖移该滑块时，系统会自动更新图形。

Step5. 单击确定按钮，完成尺寸的修改。

## 3.9.7 动画尺寸

动画尺寸就是使草图中指定的尺寸在规定的范围内变化，从而观察其他相应的几何约束的变化情形，以此来判断草图设计的合理性，并及时发现错误。但注意在进行动画模拟操作之前，必须在草图对象上进行尺寸标注，并添加必要的几何约束。下面以一个范例来说明动画尺寸的一般操作步骤。

Step1. 打开文件 D:\ug10.1\work\ch03.09\cartoon.prt。

Step2. 双击已有草图，单击按钮，进入草图工作环境，如图 3.9.10 所示。

Step3. 选择下拉菜单工具(T) → 约束(T) → 动画尺寸(M)...命令（或单击“草图工具”工具条中的“动画尺寸”按钮），系统弹出图 3.9.11 所示的“动画尺寸”对话框。

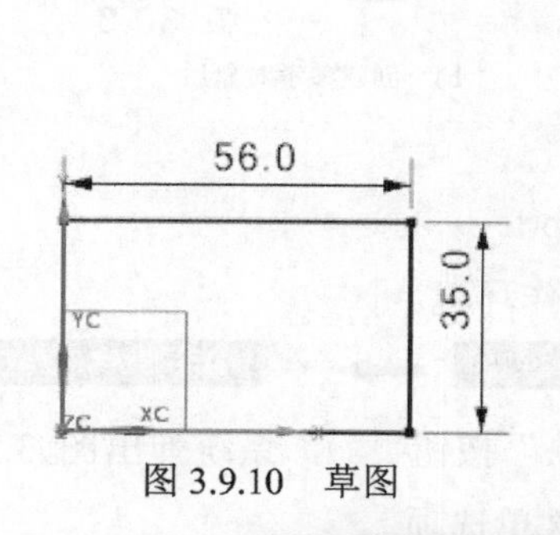

图 3.9.10　草图

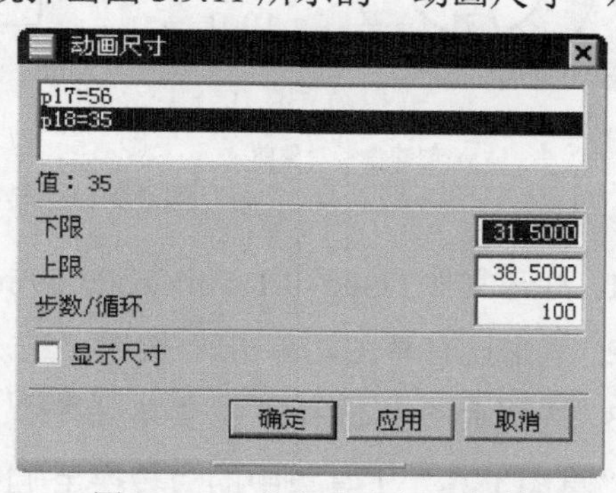

图 3.9.11　“动画尺寸”对话框

Step4. 根据系统选择要动画演示的尺寸的提示，在“动画尺寸”对话框的列表框中选择尺寸“35”，并分别在下限和上限文本框中输入值 31.5 和 38.5，在步数/循环文本框中输入循环的步数为 100，如图 3.9.11 所示。

**说明：**步数/循环文本框中输入的值越大，动画模拟时尺寸的变化越慢，反之亦然。

Step5. 选中☑显示尺寸复选框，单击应用按钮启动动画，同时弹出“动画”提示框（图 3.9.12），此时可以看到所选尺寸的动画模拟效果。

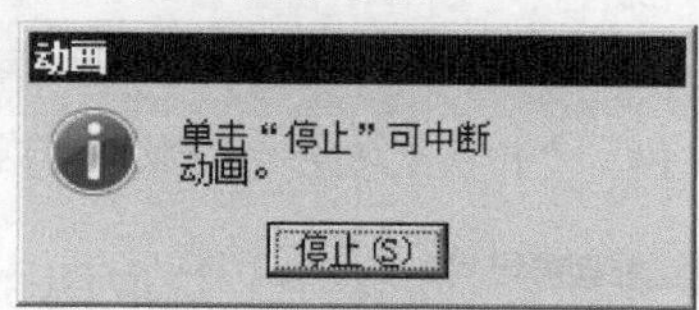

图 3.9.12　“动画”提示框

Step6. 单击“动画”提示框中的 停止(S) 按钮，草图恢复到原来的状态，然后单击 取消 按钮。

注意：草图动画模拟尺寸显示并不改变草图对象的尺寸，当动画模拟显示结束时，草图又回到原来的显示状态。

### 3.9.8 转换至/自参考对象

在为草图对象添加几何约束和尺寸约束的过程中，有些草图对象是作为基准、定位来使用的，或者有些草图对象在创建尺寸时可能引起约束冲突，此时可利用“草图工具”工具条中的“转换至/自参考对象”按钮，将草图对象转换为参考线；当然必要时，也可利用该按钮将其激活，即从参考线转化为草图对象。下面以图 3.9.13 所示的图形为例，说明其操作方法及作用。

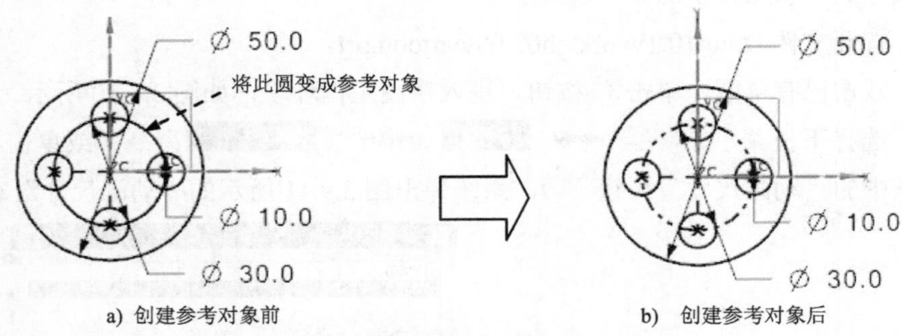


a) 创建参考对象前　　b) 创建参考对象后

图 3.9.13 转换参考对象

Step1. 打开文件 D:\ug10.1\work\ch03.09\reference.prt。

Step2. 双击已有草图，单击按钮，进入草图工作环境。

Step3. 选择命令。选择下拉菜单 工具(T) → 约束(T) → 转换至/自参考对象(V)... 命令（或单击“草图工具”工具条中的“转换至/自参考对象”按钮），系统弹出图 3.9.14 所示的“转换至/自参考对象”对话框，选中 参考曲线或尺寸 单选项。

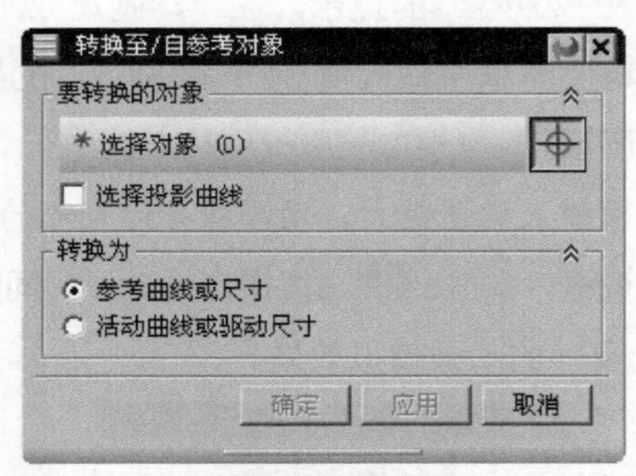


图 3.9.14 “转换至/自参考对象”对话框

Step4. 根据系统 选择要转换的曲线或尺寸 的提示，选取图 3.9.13a 所示的圆，单击 应用按钮，被选取的对象就转换成参考对象，结果如图 3.9.13b 所示。

**说明：**如果选择的对象是曲线，它转换成参考对象后，用浅色双点画线显示，在对草图曲线进行拉伸和旋转操作中它将不起作用；如果选择的对象是一个尺寸，在它转换为参考对象后，它仍然在草图中显示，并可以更新，但其尺寸表达式在表达式列表框中将消失，它不再对原来的几何对象产生约束效应。

Step5. 在“转换至/自参考对象”对话框中选中 活动曲线或驱动尺寸 单选项，然后选取图 3.9.13b 所示创建的参考对象，单击 应用 按钮，参考对象被激活，变回图 3.9.13a 所示的形式，然后单击 取消 按钮。

**说明：**对于尺寸来说，它的尺寸表达式又会出现在尺寸表达式列表框中，可修改其尺寸表达式的值，以改变它所对应的草图对象的约束效果。

# 3.10 草图的管理

在草图绘制完成后，可通过图 3.10.1 所示的“草图”工具条来管理草图。下面简单介绍工具条中各工具按钮的功能。

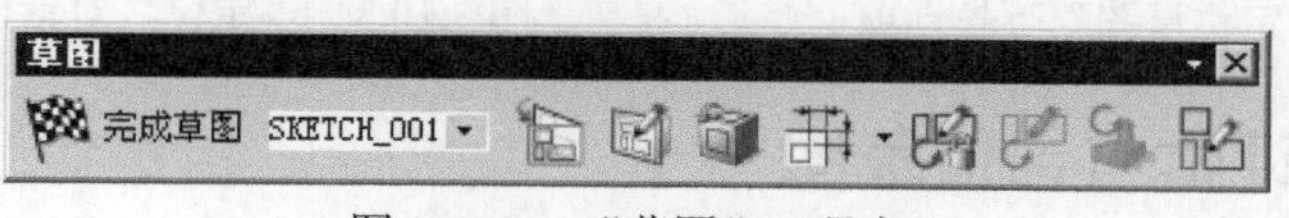


图 3.10.1 “草图”工具条

## 3.10.1 定向视图到草图

“定向视图到草图”按钮为，用于使草图平面与屏幕平行，方便草图的绘制。

## 3.10.2 定向视图到模型

“定向视图到模型”按钮为，用于将视图定向到当前的建模视图，即在进入草图环境之前显示的视图。

## 3.10.3 重新附着

“重新附着”按钮为，该按钮有以下三个功能：

- 移动草图到不同的平面、基准平面或路径。
- 切换原位上的草图到路径上的草图，反之亦然。
- 沿着所附着到的路径，更改路径上的草图的位置。

**注意：**目标平面、面或路径必须有比草图更早的时间戳记（即在草图前创建）。对于原位上的草图，重新附着也会显示任意的定位尺寸，并重新定义它们参考的几何体。

### 3.10.4 创建定位尺寸

利用 中的各下拉选项，可以创建、编辑、删除或重新定义草图定位尺寸，并且相对于已存在几何体（边缘、基准轴和基准平面）定位草图。

单击 后的下三角箭头，系统弹出图 3.10.2 所示的“定位草图”下拉选项，它们分别为“创建定位尺寸”按钮、“编辑定位尺寸”按钮、“删除定位尺寸”按钮和“重新定义定位尺寸”按钮。单击“创建定位尺寸”按钮，系统弹出图 3.10.3 所示的“定位”对话框，可以创建草图的定位尺寸。

**注意：该命令主要用于定位草图在具体模型中的位置，对单独的草图对象不起作用。**

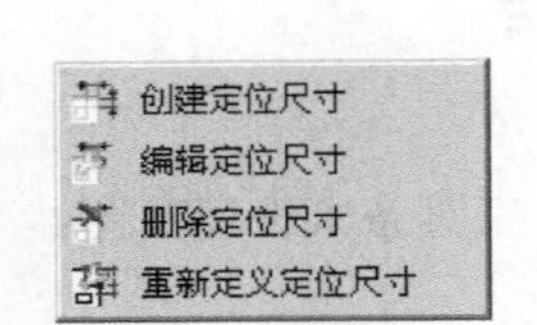


图 3.10.2 “定位草图”下拉选项

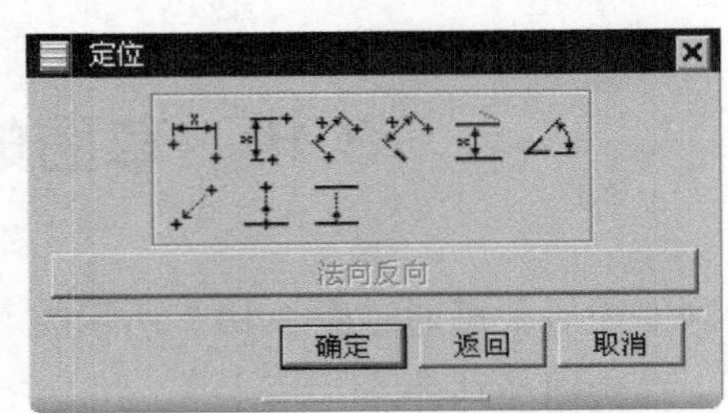


图 3.10.3 “定位”对话框

### 3.10.5 延迟评估与评估草图

“延迟评估”按钮为，单击该按钮后，系统将延迟草图约束的评估（即创建曲线时，系统不显示约束；指定约束时，系统不会更新几何体），直到单击“评估草图”按钮后，可查看草图自动更新的情况。

### 3.10.6 更新模型

“更新模型”按钮为，用于模型的更新，以反映对草图所作的更改。如果存在要进行的更新，并且退出了草图环境，则系统会自动更新模型。

## 3.11 UG 草图设计综合应用范例

与其他二维软件（如 AutoCAD）相比，UG NX 10.0 的二维截面草图的绘制有自己的方法、规律和技巧。用 AutoCAD 绘制二维图形，通过一步步地输入准确的尺寸，可以直接得到最终需要的图形。而用 UG NX 10.0 绘制二维图形，一般开始不需要给出准确的尺寸，而是先绘制草图，勾勒出图形的大概形状，然后再添加（或修改）几何约束和修改草图的尺寸，在修改时输入各尺寸的准确值（正确值）。由于 UG NX 10.0 具有尺寸驱动功能，所以在修改草图尺寸后，图形的大小会随着尺寸而变化。这样绘制图形的方法虽然繁琐，但在实际的产品设计中，它比较符合设计师的思维方式和设计过程。例如，某个设计师现需要对产品中的一个零件进行全新设计，在设计刚开始时，设计师的脑海里只会有这个零件的大概轮廓和形状，所以他会先以草图的形式把它勾勒出来。草图完成后，设计师会考虑图形（零件）的尺寸布局和基准定位等，最后设计师再根据诸多因素（如零件的功能、零件的强度要求、零件与产品中其他零件的装配关系等），确定零件每个尺寸的最终准确值，而最终完成零件的设计。由此看来，UG NX 10.0 的这种“先绘草图、再改尺寸”的绘图方法是非常有道理的。

## 3.11.1　草图范例 1

**范例概述：**

本范例主要介绍对已有草图的编辑过程，重点讲解用“修剪”和“延伸”的方法进行草图的编辑。图形如图 3.11.1 所示，其编辑过程如下。

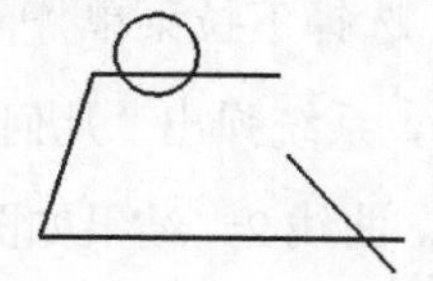
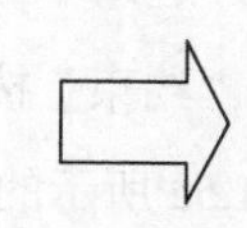
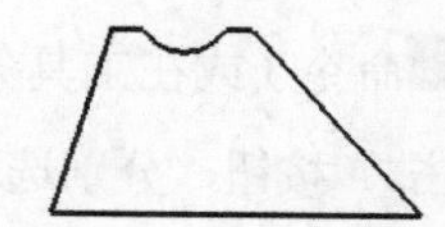

图 3.11.1　范例 1

### Stage1．打开草图文件

打开文件 D:\ug10.1\work\ch03.11\spsk1.prt。

### Stage2．编辑草图

Step1．延伸修剪对象。

（1）双击已有草图，单击按钮，进入草图环境。选择下拉菜单 编辑(E) → 曲线(V) → 快速延伸(X)... 命令（或在工具条中单击“快速延伸”按钮）。

（2）选取图 3.11.2a 中的线段 B，则此线段延伸到线段 A，结果如图 3.11.2b 所示。

Step2．修剪对象。选择下拉菜单 编辑(E) → 曲线(V) → 快速修剪(Q)... 命令（或在工具条中单击“快速修剪”按钮）；按住鼠标左键并移动鼠标，绘制图 3.11.3 所示的路径，则与此路径相交的部分被剪掉，结果如图 3.11.1 所示。

Step3．单击 完成草图 按钮，完成草图并退出草图环境。

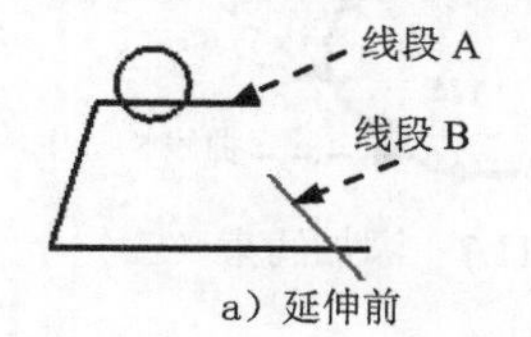

a）延伸前

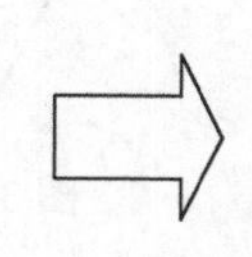
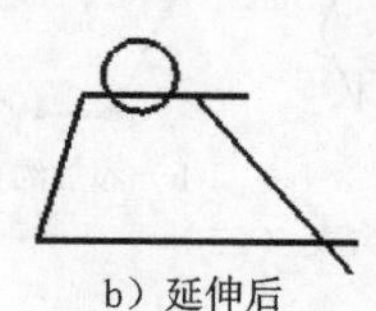
b）延伸后

图 3.11.2　延伸对象

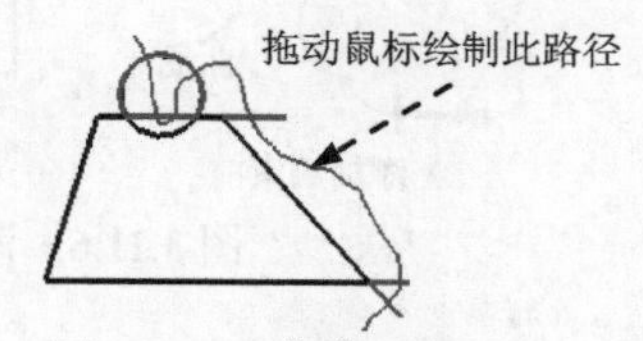


图 3.11.3　修剪对象

## 3.11.2 草图范例 2

**范例概述：**

本范例主要介绍利用“添加约束”的方法进行草图编辑的过程。图形如图 3.11.4 所示，下面介绍其编辑过程。

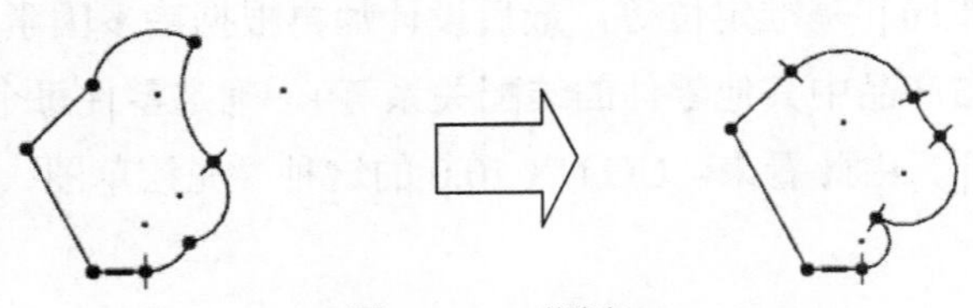

图 3.11.4 范例 2

### Stage1．打开草图文件

打开文件 D:\ug10.1\work\ch03.11\spsk2.prt。

### Stage2．处理草图约束（添加约束）

Step1. 双击已有草图，单击按钮，进入草图环境。选择下拉菜单 插入(S) → 几何约束(T)... 命令（或在工具条中单击“约束”按钮），系统弹出“几何约束”对话框。

Step2. 单击按钮，分别选取图 3.11.5a 所示的曲线 1、曲线 2，结果如图 3.11.5b 所示。

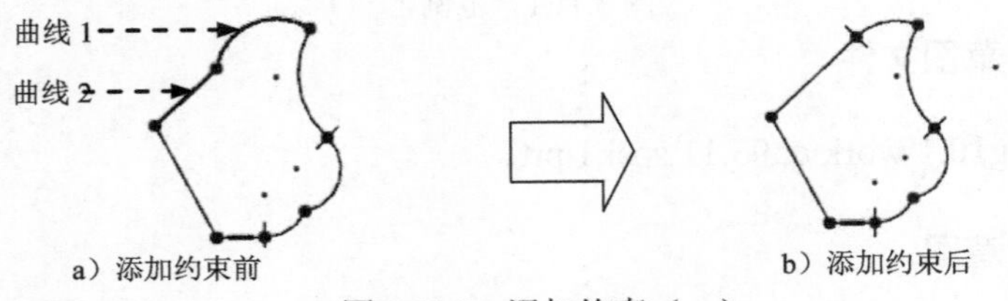


图 3.11.5 添加约束（一）

Step3. 再次分别选取图 3.11.6a 所示的曲线 3、曲线 4，结果如图 3.11.6b 所示。

注意：在选取曲线时，必须选择两者都相互靠近的那一端，否则将不能达到预定的效果，下同。

Step4. 再次分别选取图 3.11.7 所示的曲线 5、曲线 6，结果如图 3.11.4 所示。

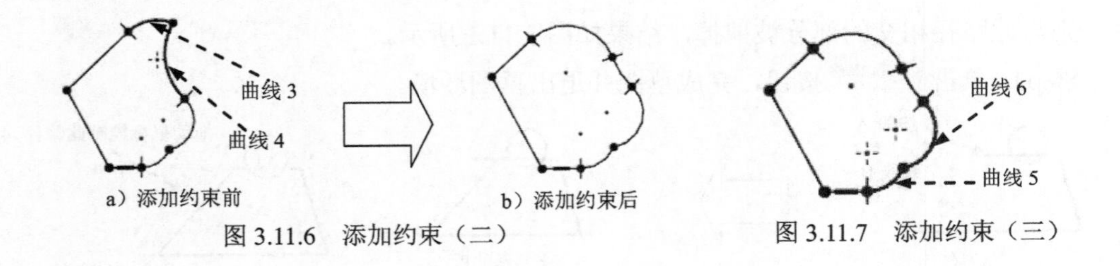


图 3.11.6 添加约束（二）　　图 3.11.7 添加约束（三）

### 3.11.3 草图范例 3

**范例概述：**

本范例主要介绍草图的绘制、编辑和标注的过程，读者要重点掌握约束与尺寸的处理技巧。图形如图 3.11.8 所示，下面介绍其绘制过程。

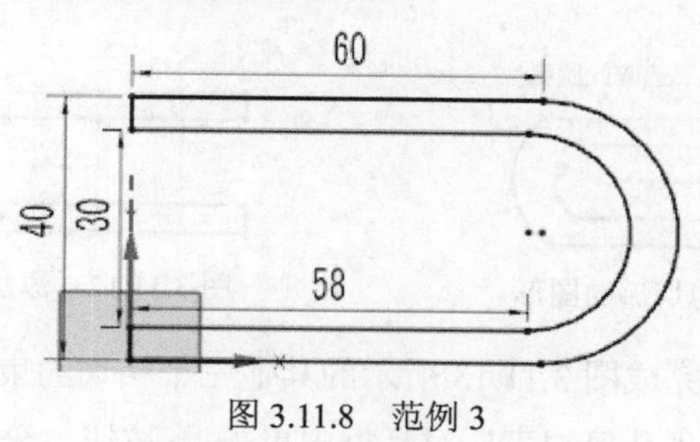


图 3.11.8 范例 3

**Stage1．新建一个草图文件**

Step1. 选择下拉菜单 文件(F) → 新建(N)... 命令（或单击“新建”按钮），系统弹出“新建”对话框。

Step2. 在“新建”对话框的 模板 列表框中，选择模板类型为 模型，在 名称 文本框中输入文件名为 spsk03，然后单击 确定 按钮。

Step3. 选择下拉菜单 插入(S) → 在任务环境中绘制草图(V)... 命令，选择 XY 平面为草图平面，单击 确定 按钮，系统进入草图环境。

**Stage2．绘制草图**

Step1. 选择下拉菜单 插入(S) → 曲线(C) → 圆弧(A)... 命令（或单击“圆弧”按钮），粗略地绘制图 3.11.9 所示的两条圆弧。

Step2. 选择下拉菜单 插入(S) → 曲线(C) → 直线(L)... 命令（或单击“直线”按钮），粗略地绘制图 3.11.10 所示的五条直线。

图 3.11.9 绘制圆弧　　图 3.11.10 绘制直线

Step3. 选择下拉菜单 编辑(E) → 曲线(V) → 快速修剪(Q)... 命令（或在工具条中单击“快速修剪”按钮），选取图 3.11.10 所示的要剪切的部分，修剪后的图形如图 3.11.11 所示。

Stage3．添加几何约束

Step1．单击“显示草图约束”按钮和“约束”按钮。在系统弹出的“几何约束”对话框中单击按钮，根据系统提示，分别选取图 3.11.11 所示的直线和圆弧，则在直线和圆弧之间添加图 3.11.12 所示的“相切”约束。

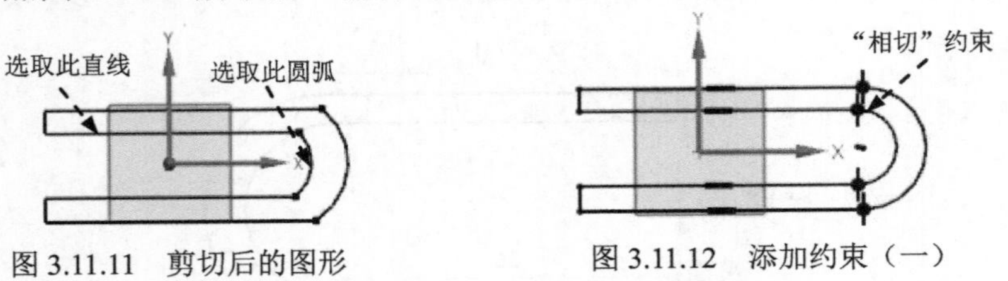


图 3.11.11　剪切后的图形　　　　图 3.11.12　添加约束（一）

Step2．参照上述步骤完成图 3.11.13 所示的其他三个相切约束。

Step3．在系统弹出的“几何约束”对话框中单击按钮，分别选取图 3.11.13 所示的两条直线，则两条直线上会添加 “等长”约束。

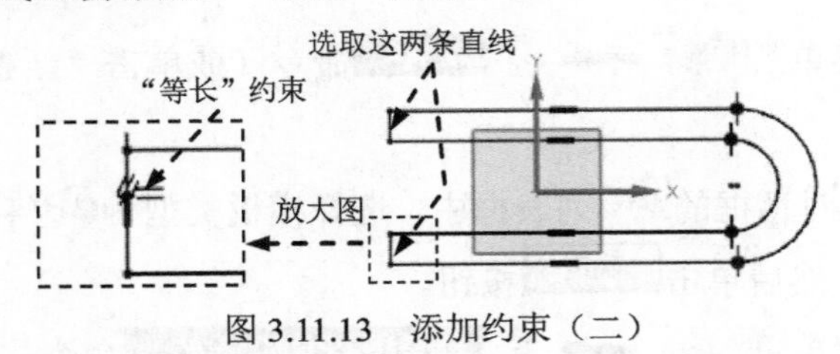


图 3.11.13　添加约束（二）

Step4．在系统弹出的“几何约束”对话框中单击按钮，分别选取图 3.11.14 所示的直线和水平轴线，则添加“共线”约束。

Step5．在系统弹出的“几何约束”对话框中单击按钮，分别选取图 3.11.15 所示的直线和竖直轴线，则添加“共线”约束。

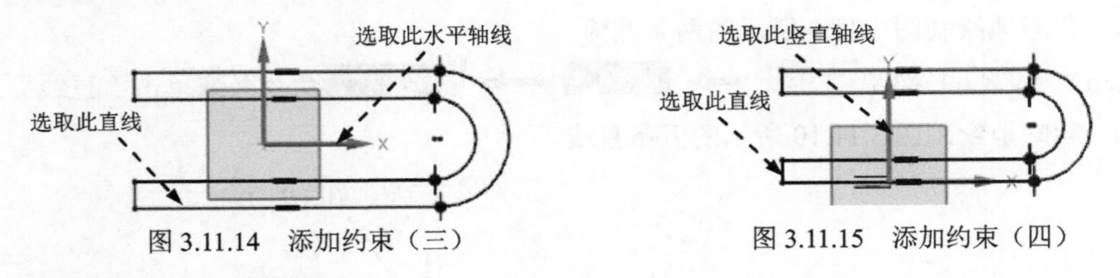


图 3.11.14　添加约束（三）　　　　图 3.11.15　添加约束（四）

Stage4．添加尺寸约束

Step1．标注竖直尺寸。

（1）选择下拉菜单 插入(S) → 尺寸(M) ▸ → 线性(L)... 命令，在“线性尺寸”对话框 测量 区域的 方法 下拉列表中选择 竖直 选项，分别选取直线 1 和直线 2 上的任意两点，在光标处出现尺寸。

（2）单击图 3.11.16 所示的一点，确定标注位置。

（3）在弹出的动态输入框中输入尺寸值 30.0，单击中键。

（4）参照上述步骤标注另外两条直线的竖直距离，尺寸值为 40.0，如图 3.11.17 所示。

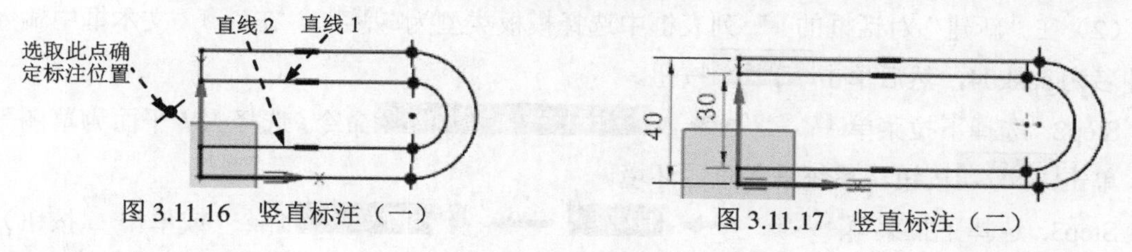


图 3.11.16　竖直标注（一）　　图 3.11.17　竖直标注（二）

Step2. 标注水平尺寸。

（1）选择下拉菜单 插入(S) → 尺寸(M) → 线性(L)... 命令，在“线性尺寸”对话框 测量 区域的 方法 下拉列表中选择 水平 选项，单击直线 3，在光标处出现图 3.11.18 所示的尺寸。

（2）单击图 3.11.18 所示的一点，确定标注位置。

（3）在弹出的动态输入框中输入尺寸值 60.0，单击中键（此时草图的形状可能发生改变，形状的改变与大致绘制的轮廓线的原始尺寸有关）。

（4）参照上述步骤可标注图 3.11.8 所示的尺寸值 60.0。

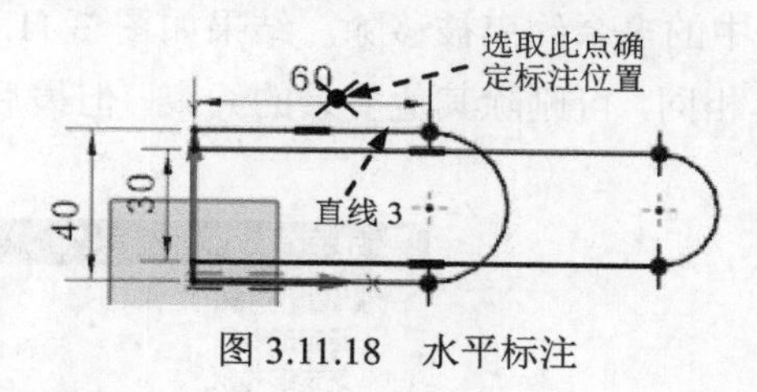


图 3.11.18　水平标注

## 3.11.4　草图范例 4

**范例概述：**

本范例从新建一个草图开始，详细介绍草图的绘制、编辑和标注过程，要重点掌握的是绘图前的设置、约束的处理以及尺寸的处理技巧。本节主要绘制图 3.11.19 所示的图形，下面介绍其具体绘制过程。

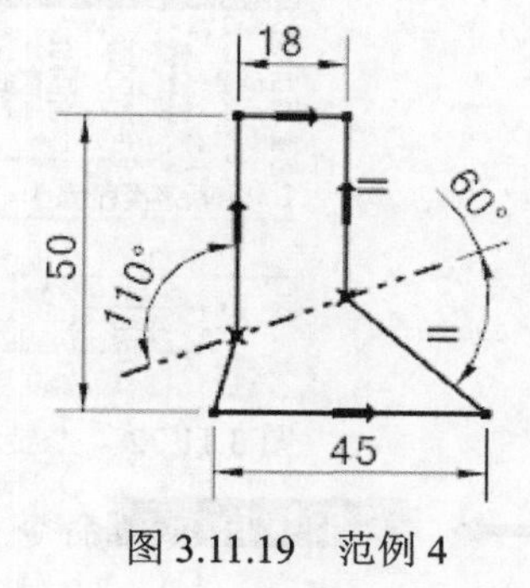


图 3.11.19　范例 4

Step1. 新建一个文件。

（1）进入 UG NX 10.0 环境后，选择下拉菜单 文件(F) → 新建(N)... 命令（或单击“新建”按钮），系统弹出“新建”对话框。

（2）在“新建”对话框的模板列表框中选择模板类型为模型，在名称文本框中输入文件名为 spsk04，然后单击确定按钮。

Step2. 选择下拉菜单插入(S) ➡ 在任务环境中绘制草图(V)...命令，选择 XY 平面为草图平面，单击确定按钮，系统进入草图环境。

Step3. 选择下拉菜单插入(S) ➡ 曲线(C) ➡ 轮廓(O)...命令（或单击按钮），大致绘制图 3.11.20 所示的草图。

Step4. 单击“显示草图约束”按钮，然后选择下拉菜单工具(T) ➡ 约束(T) ➡ 转换至/自参考对象(V)...命令（或单击“转换至/自参考对象”按钮），系统弹出“转换至/自参考对象”对话框。选取图 3.11.20 所示的直线，单击确定按钮，将其转换至参考对象（图 3.11.21）。

Step5. 选择下拉菜单工具(T) ➡ 约束(T) ➡ 显示/移除约束(R)...命令（或单击“约束”工具条中的按钮），系统弹出图 3.11.22 所示的“显示/移除约束”对话框，按住 Ctrl 键，在该对话框的显示约束列表框中选择“等长”和“平行”约束，单击移除高亮显示的按钮，再单击确定按钮，选中的多余约束被移除，结果如图 3.11.21 所示（如果绘制的曲线约束与图 3.11.20 所示不尽相同，可删除其他多余的约束，但最后得到的结果图必须是一样的）。

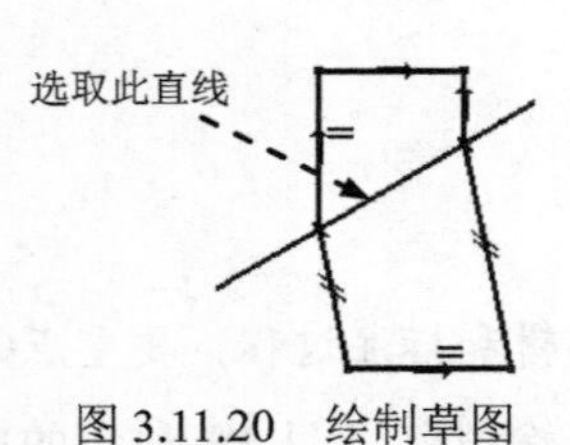

图 3.11.20　绘制草图

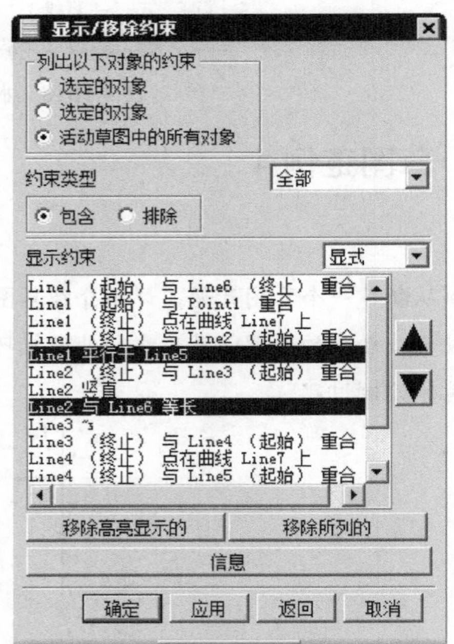


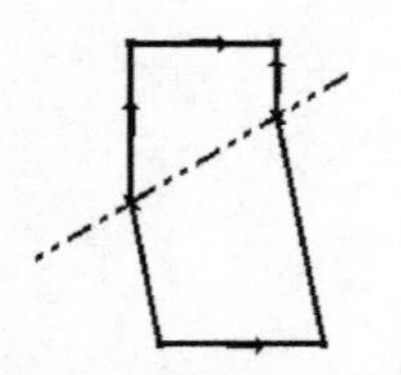
图 3.11.21　转换至参考对象

图 3.11.22　“显示/移除约束”对话框

Step6. 选择下拉菜单插入(S) ➡ 几何约束(T)...命令（或单击“约束”工具条中的按钮），系统弹出“几何约束”对话框，单击“等长”按钮，选取图 3.11.23 中的两条直线，在直线之间添加“等长”约束。用相同方法添加其他必要约束，结果如图 3.11.24 所示。

单击“显示草图约束”按钮，去除所有约束的显示。

Step7. 选择下拉菜单 插入(S) → 尺寸(M) → 快速(P)... 命令（或单击“快速尺寸”按钮），选择图 3.11.23 所示的两条直线，系统自动生成角度尺寸，选择合适的放置位置单击，在弹出的动态输入框中输入值 60.0，结果如图 3.11.25 所示。

Step8. 参照 Step7 标注其他尺寸，尺寸值如图 3.11.19 所示。

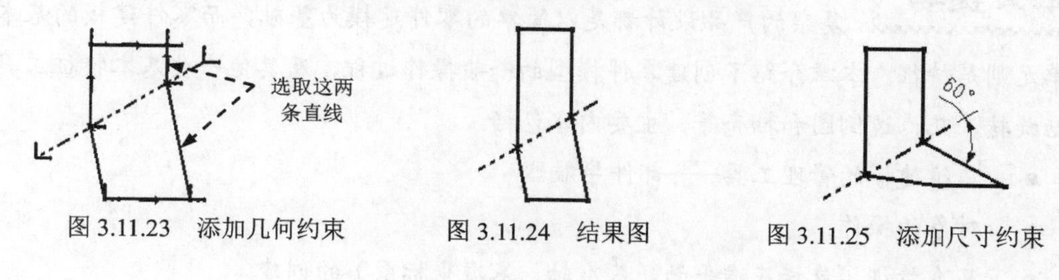


图 3.11.23 添加几何约束　　图 3.11.24 结果图　　图 3.11.25 添加尺寸约束

## 3.12 习　题

1．绘制并标注图 3.12.1 所示的草图。

2．打开文件 D:\ug10.1\work\ch03.12\exsk2.prt，然后对打开的草图进行编辑，如图 3.12.2 所示。

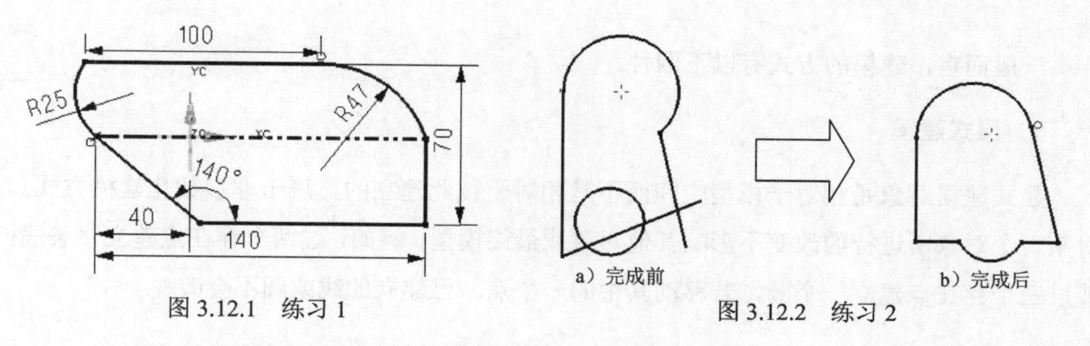


图 3.12.1 练习 1　　图 3.12.2 练习 2

3．绘制并标注图 3.12.3 所示的草图。

4．绘制并标注图 3.12.4 所示的对称图形。

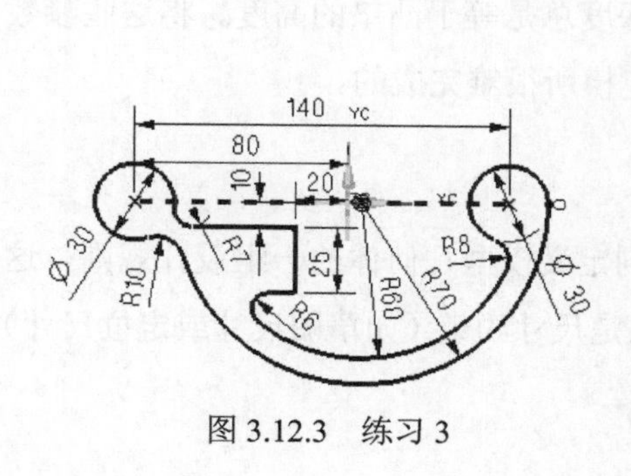


图 3.12.3 练习 3

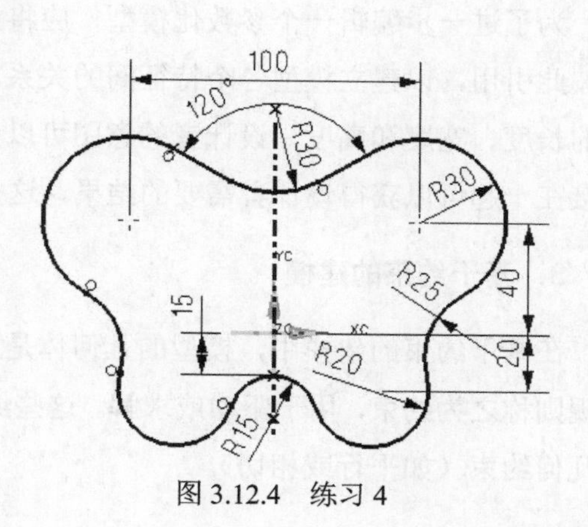


图 3.12.4 练习 4

# 第4章 零件设计

**本章提要** 复杂的产品设计都是以简单的零件建模为基础，而零件建模的基本组成单元则是特征。本章介绍了创建零件模型的一般操作过程，及其他一些基本特征工具，包括旋转、孔、边倒圆和抽壳等，主要内容包括：

- 三维建模的管理工具——部件导航器
- 对象的操作
- 基准特征（包括基准平面、基准轴、基准坐标系）的创建
- 一些基本特征的创建、编辑、删除和变换

## 4.1 三维建模概述

### 4.1.1 建模方式

一般而言，建模的方式有以下四种。

**1．显式建模**

显式建模对象是相对于模型空间而不是相对于彼此建立的，属于非参数化建模方式。对某一个对象所进行的改变不影响其他对象或最终模型，例如，过两个存在点建立一条线，或过三个存在点建立一个圆，若移动其中的一个点，已建立的线或圆不会改变。

**2．参数化建模**

为了进一步编辑一个参数化模型，应将定义模型的参数值随模型一起存储，且参数可以彼此引用，以建立模型各个特征间的关系。例如，一个孔的直径或深度，或一个矩形凸垫的长度、宽度和高度。设计者的意图可以是孔的深度总是等于凸垫的高度。将这些参数链接在一起可以获得设计者需要的结果，这是显式建模所很难完成的。

**3．基于约束的建模**

在基于约束的建模中，模型的几何体是从作用到定义模型几何体的一组设计规则，这组规则称之为约束，用于驱动或求解。这些约束可以是尺寸约束（如草图尺寸或定位尺寸）或几何约束（如平行或相切）。

4．复合建模

复合建模是上述三种建模技术的发展与选择性组合。UG NX 10.0 复合建模支持传统的显式几何建模、基于约束的建模和参数化特征建模，将所有工具无缝地集成在单一的建模环境内，设计者在建模技术上有更多的灵活性。复合建模也包括新的直接建模技术，允许设计者在非参数化的实体模型表面上施加约束。

## 4.1.2　基本的三维模型

一般而言，基本的三维模型包括长方体、圆柱体和球体等简单的三维几何体。图 4.1.1 所示是几种典型的基本三维模型。三维几何图形需要在系统中定义坐标系（例如直角坐标系）来确立其尺寸和位置参数等。

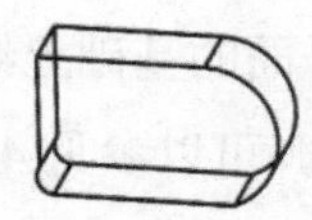
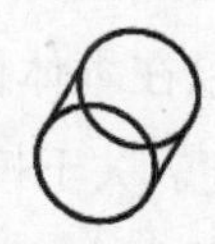
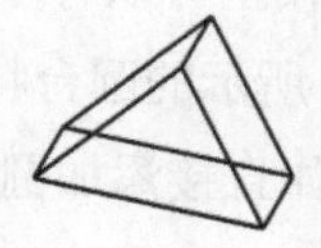

图 4.1.1　简单的三维模型

基本三维模型的一般创建过程如下：

Step1. 选取一个用于定位的坐标系，定义实体的存在空间。

Step2. 选定一个平面作为二维草图的绘制平面。

Step3. 在草图平面上创建形成三维模型所需的截面和轨迹等二维草图。

Step4. 形成三维模型。

**说明：**这里列举的是一般三维模型的创建过程，在 UG NX 10.0 系统中，一些常用的三维模型已经集成，可以直接调用，比如长方体、圆柱体、圆锥体和球体等。创建它们时，直接给出定位和尺寸参数即可，不用建立二维草图。

## 4.1.3　复杂的三维模型

图 4.1.2 所示是一个由基本几何体和一些细节特征所组成的复杂的三维模型，其创建过程可以按照以下步骤进行。

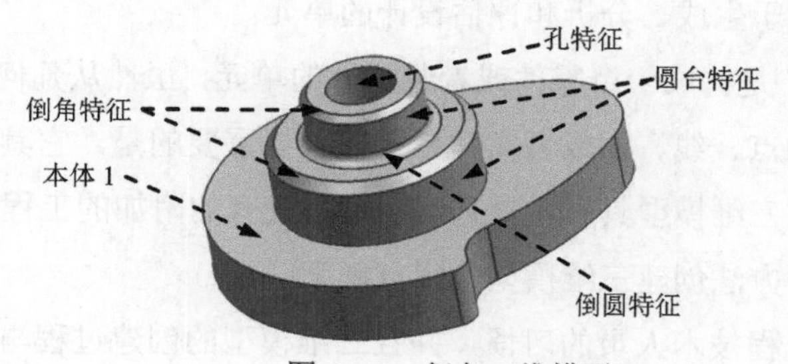


图 4.1.2　复杂三维模型

Step1. 用上一节介绍的方法创建本体。

Step2. 在本体上添加圆台。

Step3. 在圆台上添加孔特征。

Step4. 在圆台上添加倒角、倒圆角等细节特征。

对于此类复杂几何体的建模，使用 UG NX 10.0 软件可以给设计工程师提供直观的建模方法，通过草图绘制、基于特征的建模和提供尺寸驱动的编辑，来完成模型的创建。

对于初学者来说，从事设计应该首先掌握草图的绘制。在画草图时，根据设计的合理化和功能要求，将部件的粗略轮廓展现出来，然后进行几何和尺寸约束。这样就可以确保当设计进入到下一个工程阶段进行编辑时，不会丢失基本的特征。

学会把复杂的三维模型分解为简单的模型组合，这对提高建模效率有很大的帮助。有时，对于同一个模型可以有多种创建方法，但是每种方法各有利弊，要视具体情况分别对待，比如图 4.1.2 所示的圆台特征，也可以在本体作为草图平面的基础上绘制圆形拉伸来建立，但是在此不如直接添加圆台特征方便。关于模型的分解，可以参见 4.1.4 节的"'特征'与三维建模"的详细内容。

对于每一个基本体素特征、草图特征、设计特征和细节特征，在 UG NX 10.0 中都提供了相关的特征参数编辑，可以随时通过更改相关参数来更新模型形状。这种通过尺寸进行驱动的方式为建模及更改带来了很大便利，这将在后续的章节中结合具体的例子加以介绍。

### 4.1.4 "特征"与三维建模

本节将简要介绍"特征添加"建模的方法，这种方法的使用十分普遍，UG NX 10.0 也将它运用到了软件中。

目前，"特征"或者"基于特征"这些术语在 CAD 领域中频频出现，在创建三维模型时，人们普遍认为这是一种更直接、更有用的表达方式。

下面是一些书中或文献中对特征的定义：

- "特征"是表示与制造操作和加工工具相关的形状和技术属性。
- "特征"是需要一起引用的成组几何或者拓扑实体。
- "特征"是用于生成、分析和评估设计的单元。

一般来说，"特征"是构成一个零件或者装配件的单元，虽然从几何形状上看，它也包含作为一般三维模型的点、线、面或者实体单元，但更重要的是，它具有工程制造意义，也就是说，基于特征的三维模型具有常规几何模型所没有的附加的工程制造等信息。

用"特征添加"的方法创建三维模型的优点如下：

- 表达更符合工程技术人员的习惯，并且三维模型的创建过程与零件加工过程十分相近，软件容易上手和深入。

- 添加特征时，可附加三维模型的工程制造等信息。
- 在模型的创建阶段，特征结合于零件模型中，并且采用来自数据库的参数化通用特征来定义几何形状，这样在设计进行阶段就可以很容易地做出一个更为丰富的产品工艺，并且能够有效地支持下游活动的自动化，如模具和刀具等的准备以及加工成本的早期评估等。

下面以图 4.1.3 所示的滑动轴承座三维模型为例，说明用“特征添加”创建复杂三维模型的一般过程。

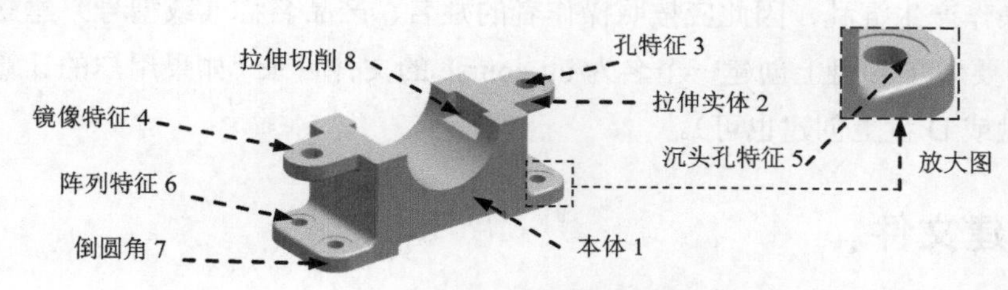


图 4.1.3 复杂三维模型

这是一个由基本几何体组成的复杂三维模型，其创建过程可以按以下步骤进行，如图 4.1.4 所示。

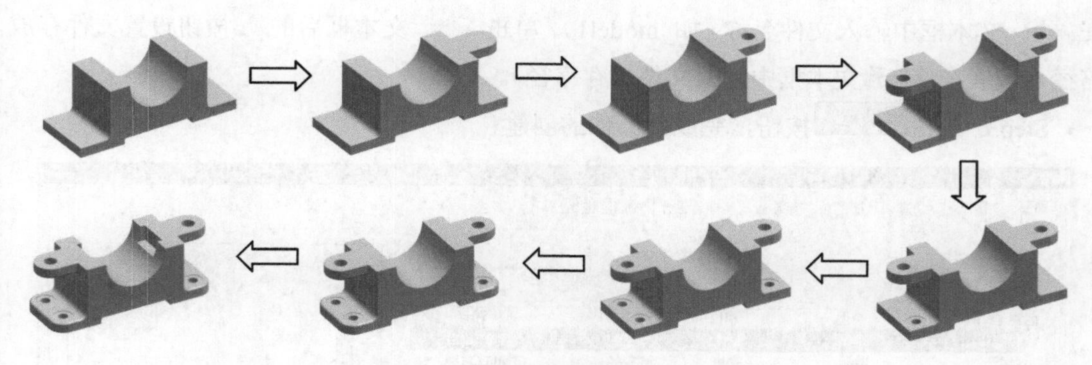

图 4.1.4 复杂三维模型的创建流程

Step1. 创建或选取作为模型空间定位的基准特征，如基准面、基准线或基准坐标系。

Step2. 创建基本特征——本体 1。

Step3. 添加拉伸特征——拉伸实体 2。

Step4. 添加孔特征——孔特征 3。

Step5. 添加镜像体特征——镜像特征 4。

Step6. 添加沉头孔特征——沉头孔特征 5。

Step7. 分别阵列特征——阵列特征 6。

Step8. 添加倒圆角特征——倒圆角 7。

Step9. 添加拉伸切削特征——拉伸切削 8。

## 4.2 UG NX 10.0 的文件操作

### 4.2.1 创建用户工作文件目录

使用 UG NX 10.0 软件时，应该注意文件的目录管理。如果文件管理混乱，会造成系统找不到正确的相关文件，从而严重影响 UG NX 10.0 软件的全相关性，同时也会使文件的保存、删除等操作产生混乱，因此应按照操作者的姓名、产品名称（或型号）建立用户文件目录，如本书要求在 E 盘上创建一个名为 ug-course 的文件目录（如果用户的计算机上没有 E 盘，在 C 盘或 D 盘上创建也可）。

### 4.2.2 新建文件

新建一个 UG 文件可以采用以下方法：

Step1. 选择下拉菜单 文件(F) ➡ 新建(N)... 命令（或单击"新建"按钮）。

Step2. 系统弹出图 4.2.1 所示的"新建"对话框；在 模板 列表框中选择模板类型为 模型，在 名称 文本框中输入文件名称（如_model1），单击 文件夹 文本框后的按钮设置文件存放路径（或者在 文件夹 文本框中输入文件保存路径）。

Step3. 单击 确定 按钮，完成新部件的创建。

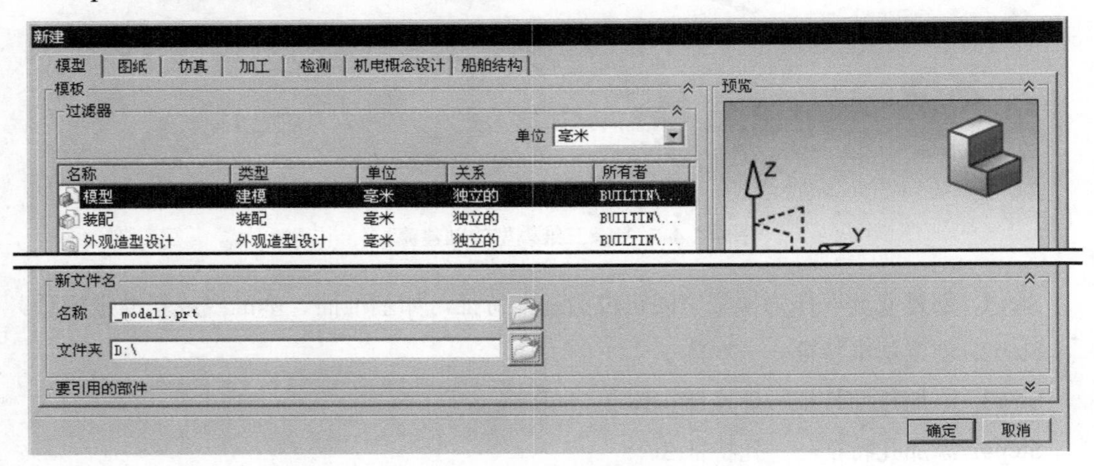


图 4.2.1 "新建"对话框

**图 4.2.1 所示的"新建"对话框中主要选项的说明如下：**

- 单位 下拉列表：规定新部件的测量单位，包括 全部、英寸 和 毫米 选项（如果软件安装的是简体中文版，则默认单位是毫米）。
- 名称 文本框：显示要创建的新部件文件名。写入文件名时，可以省略.prt 扩展名。当

系统建立文件时，添加扩展名。文件名最长为128个字符，路径名最长为256个字符。有效的文件名字符与操作系统相关。不能使用如下无效文件名字符："（双引号）、*（星号）、/（正斜杠）、<（小于号）、>（大于号）、:（冒号）、\（反斜杠）、|（垂直杠）等符号。

- 文件夹文本框：用于设置文件的存放路径。

## 4.2.3　文件保存

### 1．保存

在UG NX 10.0中，如果新建文件时，在"新建"对话框的名称文本框中输入了新的文件名称（不是默认的文件名_model1），选择下拉菜单文件(F) → 保存(S)命令即可保存文件。

如果新建文件时没有修改系统默认的名称，选择保存命令时，系统会弹出图4.2.2所示的"命名部件"对话框，可以在该对话框中根据需要再次输入文件名称和保存路径后，单击确定按钮即可保存文件。

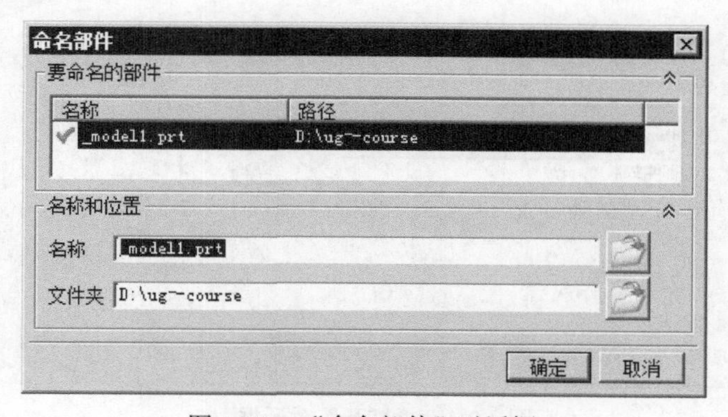


图4.2.2　"命名部件"对话框

### 2．另存为

选择下拉菜单文件(F) → 另存为(A)...命令，系统弹出图4.2.3所示的"另存为"对话框。可以利用不同的文件名存储一个已有的部件文件作为备份。

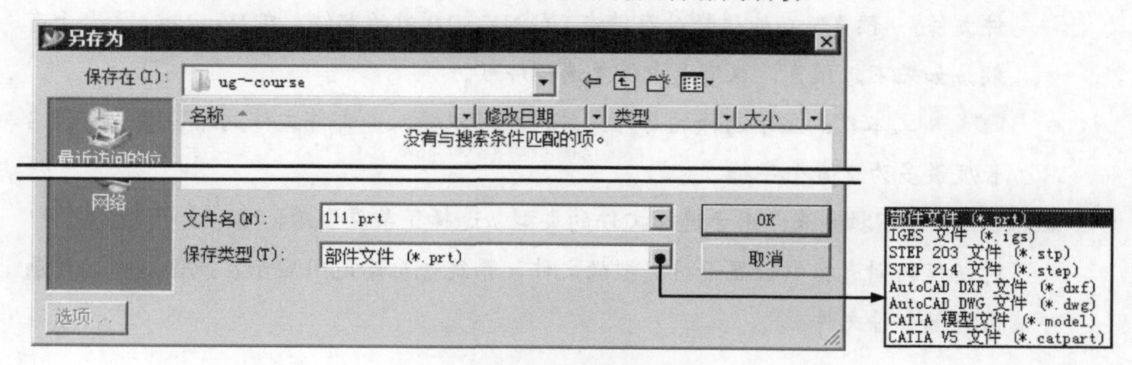


图4.2.3　"另存为"对话框

## 4.2.4 打开文件

### 1. 打开一个文件

打开一个文件，一般采用以下方法。

Step1. 选择下拉菜单 文件(F) → 打开(O)... 命令。

Step2. 系统弹出图 4.2.4 所示的“打开”对话框；在 查找范围(I): 下拉列表中选择需打开文件所在的目录（如 D:\ug10.1\work\ch02），选中要打开的文件后，在 文件名(N): 文本框中显示部件名称（如 down_base.prt），也可以在 文件类型(T): 下拉列表中选择文件类型。

Step3. 单击 OK 按钮，即可打开部件文件。

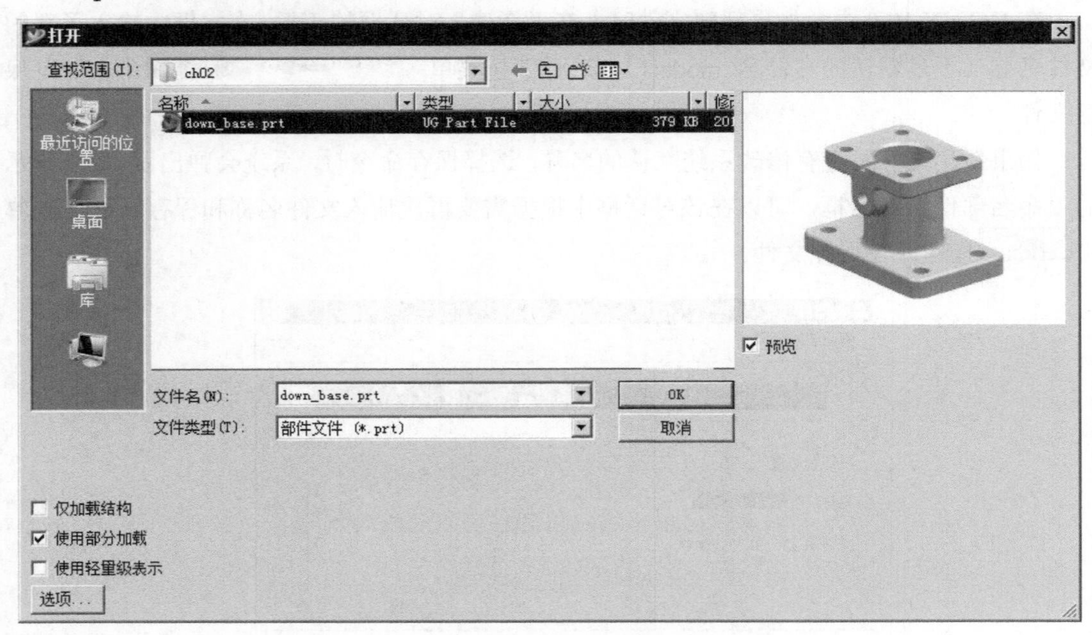


图 4.2.4 “打开”对话框

**图 4.2.4 所示的“打开”对话框中主要选项的说明如下：**

- 预览 复选框：选中该复选框，将显示选择部件文件的预览图像。利用此功能观看部件文件而不必在 UG NX 10.0 软件中一一打开，这样可以很快地找到所需要的部件文件。“预览”功能仅针对存储在 UG NX 10.0 中的部件，在 Windows 平台上有效。如果不想预览，取消选中该复选框即可。
- 文件名(N): 文本框：显示选择的部件文件，也可以输入一部件文件的路径名，路径名长度最多为 256 个字符。
- 文件类型(T): 下拉列表：用于选择文件的类型。选择了某类型后，在“打开部件文件”对话框的列表框中仅显示该类型的文件，系统也自动地用显示在此区域中的扩展名存储部件文件。

- 选项...（选项）：单击此按钮，系统弹出图 4.2.5 所示的“装配加载选项”对话框，利用该对话框可以对加载方式、加载组件和搜索路径等进行设置。

2. 打开多个文件

在同一进程中，UG NX 10.0 允许同时创建和打开多个部件文件，可以在几个文件中不断切换并进行操作，很方便地同时创建彼此有关系的零件。选择下拉菜单 窗口(O) → 2. body_ok.prt 命令（或其他选项），每次选中不同的文件即可互相切换，如果打开的文件超过 10 个，选择下拉菜单 窗口(O) → 更多(M)... 命令，系统弹出“更改窗口”对话框（图 4.2.6），可以在对话框中选择所需的部件。

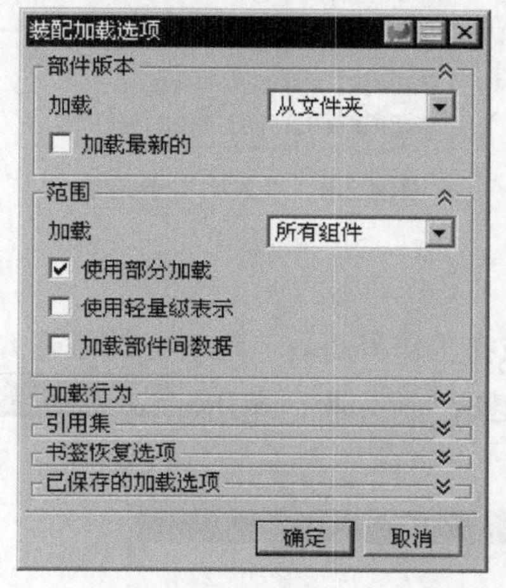


图 4.2.5　“装配加载选项”对话框

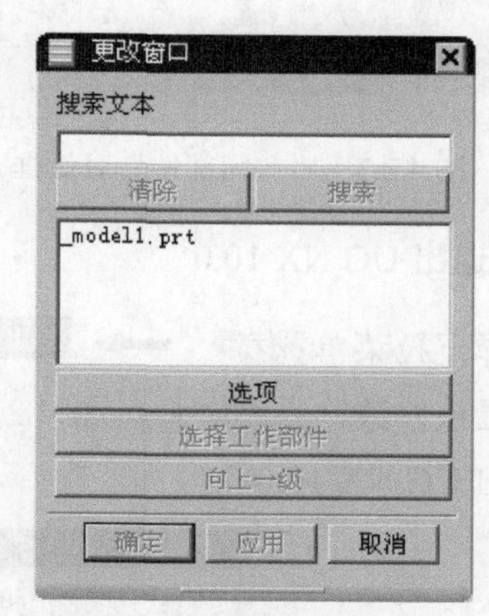


图 4.2.6　“更改窗口”对话框

## 4.2.5　关闭部件和退出 UG NX 10.0

1. 关闭选择的部件

选择下拉菜单 文件(F) → 关闭(C) ▸ → 选定的部件(P)... 命令，系统弹出图 4.2.7 所示的“关闭部件”对话框。通过此对话框可以关闭选择的一个或多个打开的部件文件，也可以通过单击 关闭所有打开的部件 按钮，关闭系统当前打开的所有部件。使用此方式关闭部件文件时不存储部件，它仅从工作站的内存中清除部件文件。

注意：选择下拉菜单 文件(F) → 关闭(C) ▸ 命令后，系统弹出图 4.2.8 所示的“关闭”子菜单。

图 4.2.8 所示的“关闭”子菜单中相关命令的说明如下：

A1：关闭当前所有的部件。

A2：以当前名称和位置保存并关闭当前显示的部件。

A3：以不同的名称和（或）不同的位置保存当前显示的部件。

A4：以当前名称和位置保存并关闭所有打开的部件。

A5：保存所有修改过的已打开部件（不包括部分加载的部件），然后退出 UG NX 10.0。

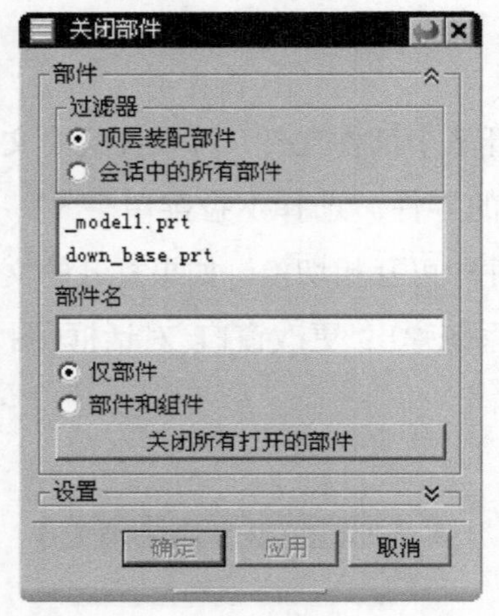


图 4.2.7 “关闭部件”对话框

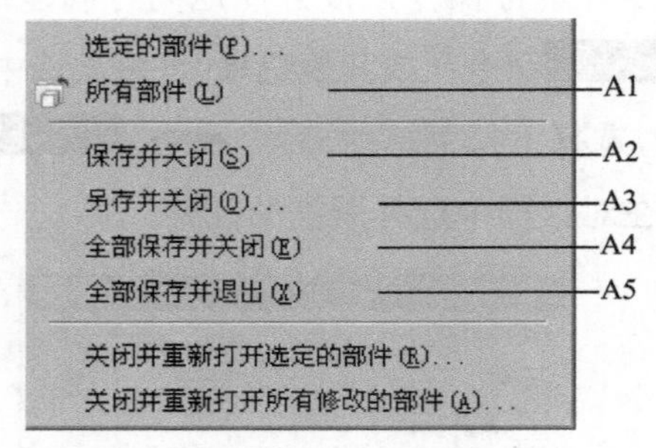


图 4.2.8 “关闭”子菜单

2．退出 UG NX 10.0

选择下拉菜单 文件(F) → 退出(X) 命令（或在工作界面右上角单击 ✕ 按钮），如果部件文件已被修改，系统会弹出图 4.2.9 所示的“退出”提示框。单击 是 - 保存并退出(Y) 按钮，退出 UG NX 10.0。

图 4.2.9 “退出”提示框

图 4.2.9 所示的“退出”对话框中各选项的说明如下：

- 是 - 保存并退出(Y) 按钮：保存部件并关闭当前文件。
- 否 - 退出(N) 按钮：不保存部件关闭当前文件。
- 取消(C) 按钮：取消此次操作，继续停留在当前文件。

## 4.2.6 导入与导出文件

导入文件是将其他三维软件（如 CATIA、Pro/E）创建的文件，或一些中间格式的文件（如 STP 文件、IGS 文件）导入到 UG 中；导出文件是将 UG 文件转换成中间格式文件，以便能使用其他三维软件打开。如果 UG NX 用户需要和使用其他三维软件进行产品设计的客户进行数据交流，常常需要导入与导出文件。

1．导入文件

在较早的 UG NX 版本中，导入文件需要选择 文件(F) → 导入(M) 命令，然后选择要导入的文件类型，再选择导入的文件；在 UG NX 10.0 中，可以使用 文件(F) → 打开(O)... 命令，在 文件类型(T): 下拉列表中选择文件类型后，直接打开要导入的文件。

要注意的是，UG 导入或打开模型其他文件后，模型将是无参数的，也就是没有建模步骤，也没有任何尺寸标注，但模型中的尺寸能在软件中量取。个别文件导入 UG 后，还有可能出现颜色丢失，部分表面不完整的现象。

2．导出文件

与导入文件相似，导出文件既可以使用 文件(F) → 导出(E) 命令进行操作，也可以直接使用 文件(F) → 另存为(A)... 命令导出文件。

## 4.2.7　使用中文文件名和文件路径

在较早的 UG NX 版本中，是不允许使用中文文件名的，打开文件的路径中也不能出现中文字符。但是在 UG NX 10.0 中，已经开始全面支持中文，无需进行任何设置，就可以使用中文文件名文件路径。

# 4.3　体　　素

## 4.3.1　基本体素

特征是组成零件的基本单元。一般而言，长方体、圆柱体、圆锥体和球体四个基本体素特征常常作为零件模型的第一个特征（基础特征）使用，然后在基础特征之上，通过添加新的特征以得到所需的模型，因此体素特征对零件的设计而言是最基本的特征。下面分别介绍以上四种基本体素特征的创建方法。

1．创建长方体

进入建模环境后，选择下拉菜单 插入(S) → 设计特征(E) → 长方体(K)... 命令（或单击工具条中的按钮），系统弹出图 4.3.1 所示的“块”对话框。在 类型 下拉列表中可以选择创建长方体的方法，共有三种。

**注意：**如果下拉菜单 插入(S) → 设计特征(E) → 中没有 长方体(K)... 命令，则需要定制，具体定制过程请参见第 2 章的相关内容。在后面的章节中如果有类似情况，将不再进行具体说明。

**方法一：“原点和边长”方法。**

下面以图 4.3.2 所示的长方体为例，说明使用“原点和边长”方法创建长方体的一般过程。

Step1. 选择命令。选择下拉菜单 插入(S) → 设计特征(E) → 长方体(K)... 命令，系统弹出图 4.3.1 所示的“块”对话框。

Step2. 选择创建长方体的方法。在 类型 下拉列表中选择 原点和边长 选项，如图 4.3.1 所示。

Step3. 定义长方体的原点（即长方体的一个顶点）。选择坐标原点为长方体顶点（系统默认选择坐标原点为长方体顶点）。

Step4. 定义长方体的参数。在 长度(XC) 文本框中输入值 140，在 宽度(YC) 文本框中输入值 90，在 高度(ZC) 文本框中输入值 16。

Step5. 单击 确定 按钮，完成长方体的创建。

**说明：** 长方体创建完成后，如果要对其进行修改，可直接双击该长方体，然后根据系统信息提示编辑其参数。

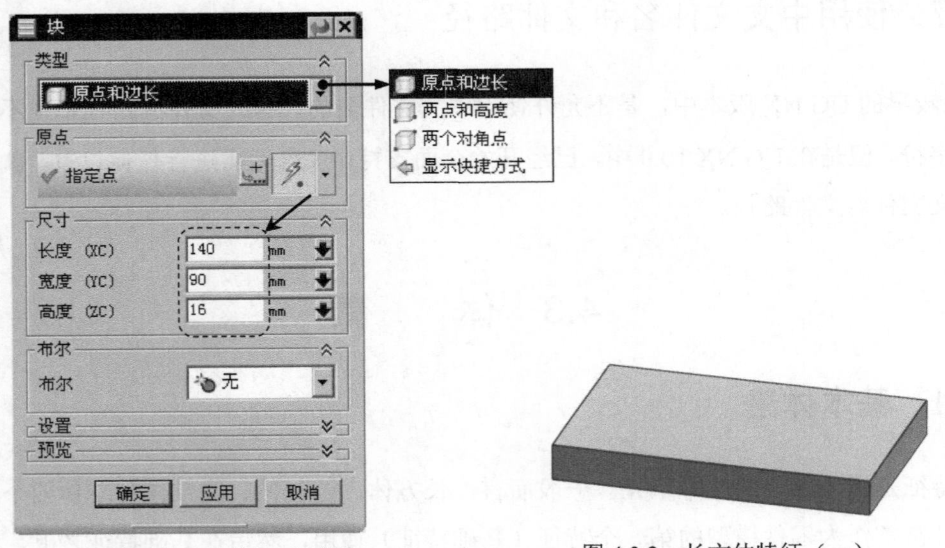


图 4.3.1 “块”对话框　　　　图 4.3.2 长方体特征（一）

**方法二：“两点和高度”方法。**

“两点和高度”方法要求指定长方体在 Z 轴方向上的高度和其底面两个对角点的位置，以此创建长方体。下面以图 4.3.3 所示的长方体为例，说明使用“两点和高度”方法创建长方体的一般过程。

Step1. 打开文件 D:\ug10.1\work\ch04.03\block02.prt。

Step2. 选择命令。选择下拉菜单 插入(S) → 设计特征(E) → 长方体(K)... 命令，系统弹出“块”对话框。

Step3. 选择创建长方体的方法。在 类型 下拉列表选择 两点和高度 选项。

Step4. 定义长方体的底面对角点。在图形区中单击图 4.3.4 所示的两个点作为长方体的底面对角点。

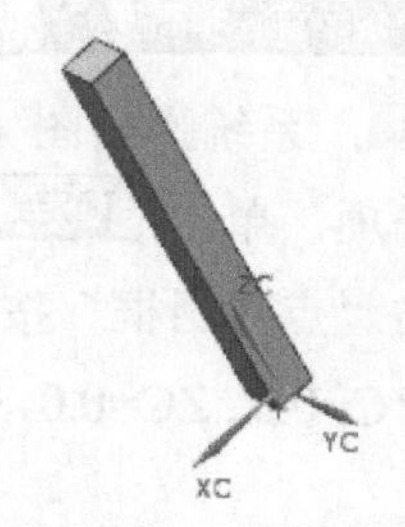


图 4.3.3　长方体特征（二）

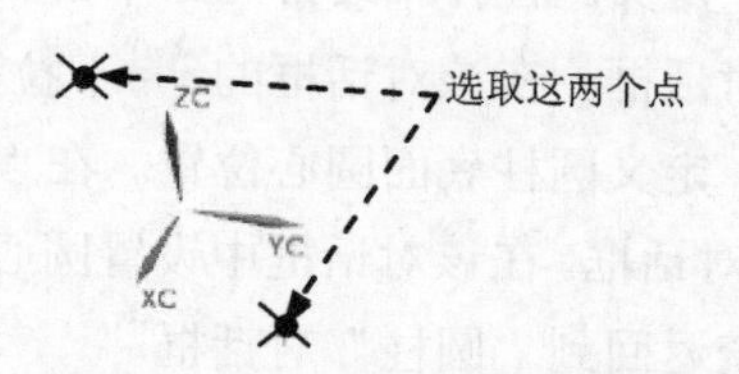


图 4.3.4　选取两个点作为底面对角点

Step5. 定义长方体的高度。在高度(ZC)文本框中输入值 100。

Step6. 单击确定按钮，完成长方体的创建。

**方法三：**“两个对角点”方法。

该方法要求设置长方体两个对角点的位置，而不用设置长方体的高度，系统即可从对角点创建长方体。下面以图 4.3.5 所示的长方体为例，说明使用“两个对角点”方法创建长方体的一般过程。

Step1. 打开文件 D:\ug10.1\work\ch04.03\block03.prt。

Step2. 选择下拉菜单插入(S) ➡ 设计特征(E) ➡ 长方体(K)...命令，系统弹出“块”对话框。

Step3. 选择创建长方体的方法。在类型下拉列表中选择两个对角点选项。

Step4. 定义长方体的对角点。在图形区中单击图4.3.6所示的两个点作为长方体的对角点。

Step5. 单击确定按钮，完成长方体的创建。

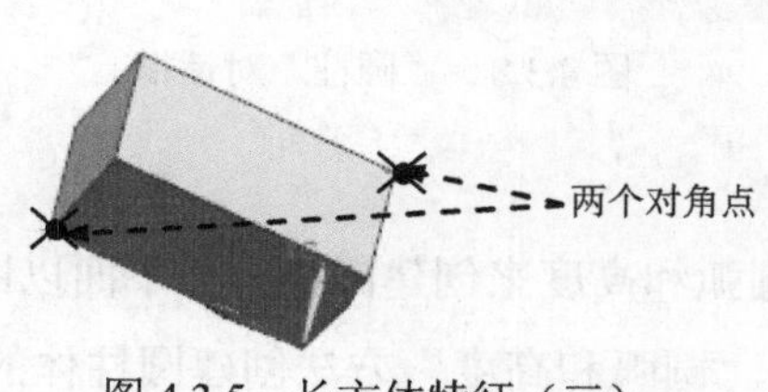


图 4.3.5　长方体特征（三）

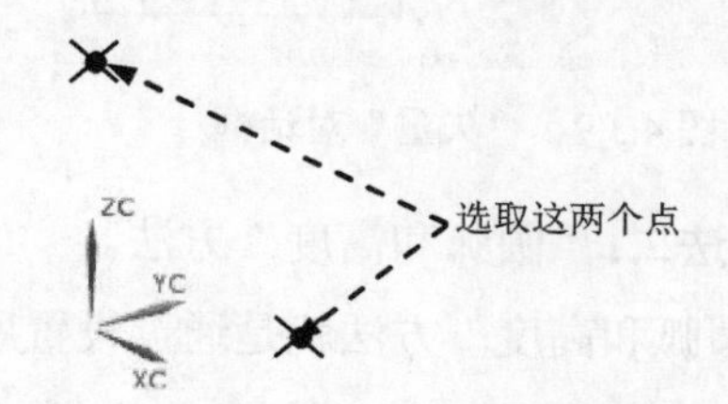


图 4.3.6　选取两个点作为对角点

### 2. 创建圆柱体

创建圆柱体有“轴直径和高度”和“圆弧和高度”两种方法，下面将分别介绍。

**方法一：**“轴直径和高度”方法。

“轴直径和高度”方法要求确定一个矢量方向作为圆柱体的轴线方向，再设置圆柱体的直径和高度参数，以及圆柱体底面中心的位置。下面以图 4.3.7 所示的零件基础特征（圆柱体）为例，说明使用“轴直径和高度”方法创建圆柱体的一般操作过程。

Step1. 选择命令。选择下拉菜单 插入(S) → 设计特征(E)▸ → 圆柱体(C)... 命令（或单击按钮），系统弹出图 4.3.8 所示的“圆柱”对话框。

Step2. 选择创建圆柱体的方法。在类型下拉列表中选择 轴、直径和高度 选项。

Step3. 定义圆柱体轴线方向。单击“矢量对话框”按钮，系统弹出图 4.3.9 所示的“矢量”对话框。在该对话框的类型下拉列表中选择 ZC 轴 选项，单击 确定 按钮。

Step4. 定义圆柱底面圆心位置。在“圆柱”对话框中单击“点对话框”按钮，系统弹出“点”对话框。在该对话框中设置圆心的坐标为 XC=0.0、YC=0.0、ZC=0.0，单击 确定 按钮，系统返回到“圆柱”对话框。

Step5. 定义圆柱体参数。在“圆柱”对话框中的直径文本框中输入值 100，在高度文本框中输入值 100，单击 确定 按钮，完成圆柱体的创建。

图 4.3.7　创建圆柱体（一）

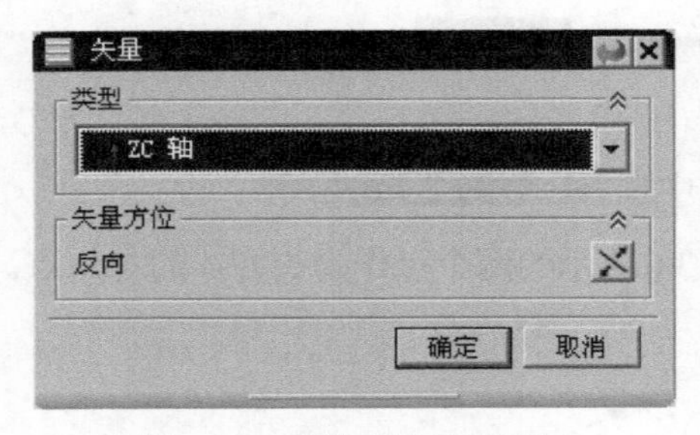


图 4.3.9　“矢量”对话框

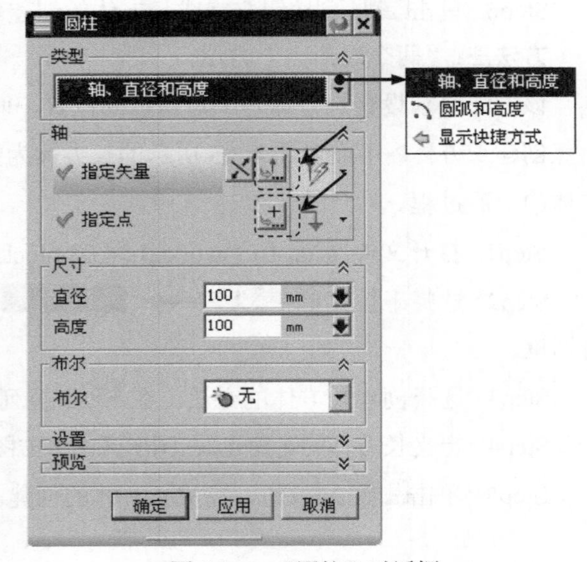


图 4.3.8　“圆柱”对话框

**方法二：“圆弧和高度”方法。**

“圆弧和高度”方法就是通过设置所选取的圆弧和高度来创建圆柱体。下面以图 4.3.10 所示的零件基础特征（圆柱体）为例，说明使用“圆弧和高度”方法创建圆柱体的一般操作过程。

Step1. 打开文件 D:\ug10.1\work\ch04.03\cylinder02.prt。

Step2. 选择命令。选择下拉菜单 插入(S) → 设计特征(E)▸ → 圆柱体(C)... 命令（或单击按钮），系统弹出“圆柱”对话框。

Step3. 选择创建圆柱体的方法。在类型下拉列表中选择 圆弧和高度 选项。

Step4. 定义圆柱体参数。根据系统 为圆柱体直径选择圆弧或圆 的提示，在图形区中选中图 4.3.11 所示的圆弧，在高度文本框输入值 100。

Step5. 单击 确定 按钮，完成圆柱体的创建。

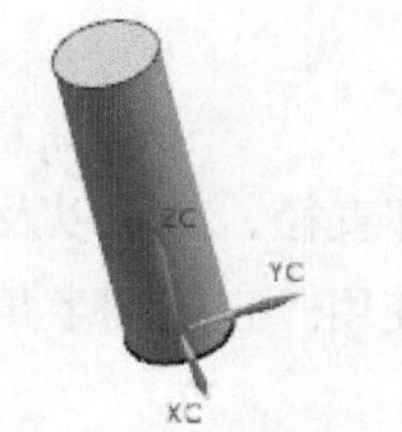


图 4.3.10 创建圆柱体（二）

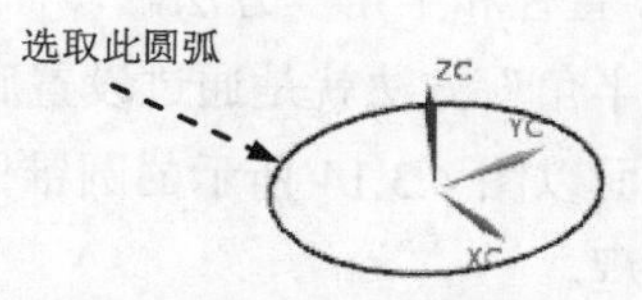


图 4.3.11 选取圆弧

### 3. 创建圆锥体

圆锥体的创建方法有以下五种。

**方法一：“直径和高度”方法。**

“直径和高度”方法就是通过设置圆锥体的底部直径、顶部直径、高度以及圆锥轴线方向来创建圆锥体。下面以图 4.3.12 所示的圆锥体为例，说明使用“直径和高度”方法创建圆锥体的一般操作过程。

Step1. 选择命令。选择下拉菜单 插入(S) → 设计特征(E) → 圆锥(O)... 命令，系统弹出图 4.3.13 所示的“圆锥”对话框。

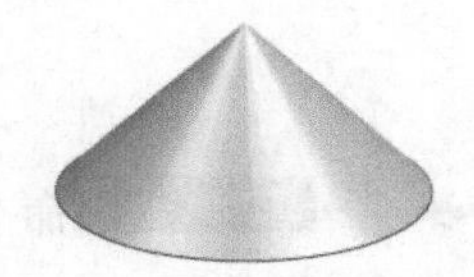

图 4.3.12 “圆锥体”特征（一）

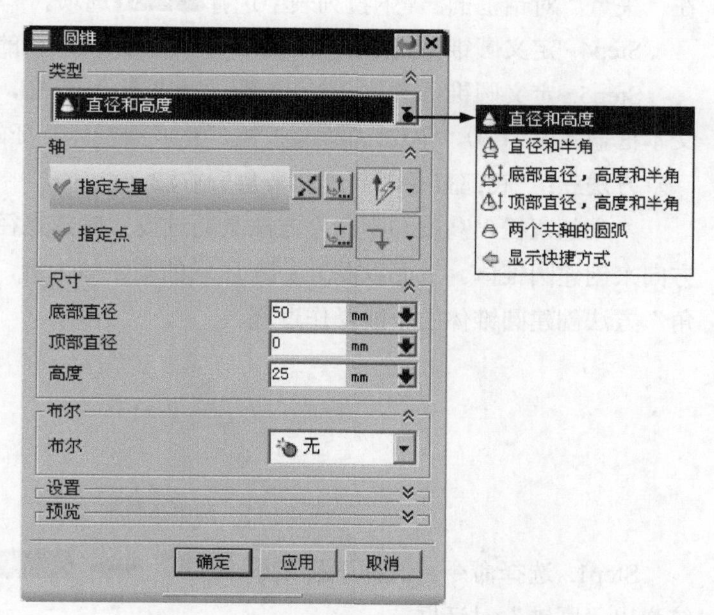


图 4.3.13 “圆锥”对话框

Step2. 选择创建圆锥体的方法。在类型下拉列表中选择 直径和高度 选项。

Step3. 定义圆锥体轴线方向。在该对话框中单击按钮，系统弹出“矢量”对话框，在“矢量”对话框的类型下拉列表中选择 ZC 轴 选项。

Step4. 定义圆锥体底面原点（圆心）。接受系统默认的原点（0,0,0）为底圆原点。

Step5. 定义圆锥体参数。在底部直径文本框中输入值 50，在顶部直径文本框中输入值 0，在高度文本框中输入值 25。

Step6. 单击 确定 按钮，完成圆锥体的创建。

**方法二：**“直径和半角”方法。

“直径和半角”方法就是通过设置底部直径、顶部直径、半角以及圆锥轴线方向来创建圆锥体。下面以图 4.3.14 所示的圆锥体为例，说明使用“直径和半角”方法创建圆锥体的一般操作过程。

图 4.3.14 圆锥体特征（二）

Step1. 选择命令。选择下拉菜单 插入(S) → 设计特征(E) → 圆锥(O)... 命令，系统弹出“圆锥”对话框。

Step2. 选择创建圆锥体的方法。在类型下拉列表中选择 直径和半角 选项。

Step3. 定义圆锥体轴线方向。在该对话框中单击按钮，系统弹出“矢量”对话框，在“矢量”对话框的类型下拉列表中选择 ZC 轴 选项。

Step4. 定义圆锥体底面原点（圆心）。选择系统默认的坐标原点（0,0,0）为底面原点。

Step5. 定义圆锥体参数。在底部直径文本框输入值 50，在顶部直径文本框输入值 0，在半角文本框输入值为 30，单击 确定 按钮，完成圆锥体特征的创建。

**方法三：**“底部直径，高度和半角”方法。

“底部直径，高度和半角”方法是通过设置底部直径、高度和半角参数以及圆锥轴线方向来创建圆锥体。下面以图 4.3.15 所示的圆锥体为例，说明使用“底部直径，高度和半角”方法创建圆锥体的一般操作过程。

图 4.3.15 圆锥体特征（三）

Step1. 选择命令。选择下拉菜单 插入(S) → 设计特征(E) → 圆锥(O)... 命令，系统弹出“圆锥”对话框。

Step2. 选择创建圆锥体的方法。在类型下拉列表中选择 底部直径，高度和半角 选项。

Step3. 定义圆锥体轴线方向。在该对话框中单击按钮，系统弹出“矢量”对话框，在“矢量”对话框的类型下拉列表中选择 ZC 轴 选项。

Step4. 定义圆锥体底面原点（圆心）。选择系统默认的坐标原点（0,0,0）为底面原点。

Step5. 定义圆锥体参数。在底部直径、高度、半角文本框中分别输入值 100、86.6、30。单击 确定 按钮，完成圆锥体特征的创建。

**方法四：**“顶部直径，高度和半角”方法。

“顶部直径，高度和半角”方法是通过设置顶部直径、高度和半角参数以及圆锥轴线方向来创建圆锥体。其操作和“底部直径，高度和半角”方法基本一致，可参照其创建的步骤，在此不再赘述。

**方法五：“两个共轴的圆弧”方法。**

“两个共轴的圆弧”方法是通过选取两个圆弧对象来创建圆锥体。下面以图 4.3.16 所示的圆锥体为例，说明使用“两个共轴的圆弧”方法创建圆锥体的一般操作过程。

Step1. 打开文件 D:\ug10.1\work\ch04.03\cone04.prt。

Step2. 选择命令。选择下拉菜单 插入(S) → 设计特征(E) → 圆锥(O)... 命令（或单击按钮），系统弹出“圆锥”对话框。

Step3. 选择创建圆锥体的方法。在类型下拉列表中选择 两个共轴的圆弧 选项。

Step4. 选择图 4.3.17 所示的两条弧分别为底部圆弧和顶部圆弧，单击 确定 按钮，完成圆锥体特征的创建。

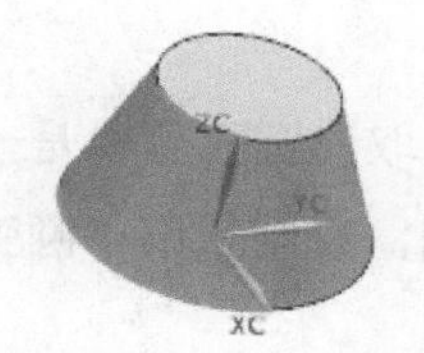

图 4.3.16 圆锥体特征（四）

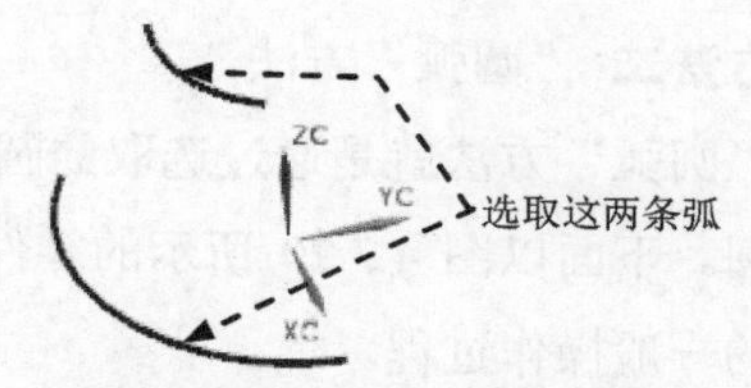

图 4.3.17 选取圆弧

注意：创建圆锥特征中的“两个共轴的圆弧”方法所选的这两条弧（或圆）必须共轴。两条弧（圆）的直径不能相等，否则创建出错。

**4. 创建球体**

球体特征的创建可以通过“中心点和直径”及“圆弧”这两种方法，下面分别介绍。

**方法一：“中心点和直径”方法。**

“中心点和直径”方法就是通过设置球体的直径和球体圆心点位置来创建球特征。下面以图 4.3.18 所示的零件基础特征——球体为例，说明使用“中心点和直径”方法创建球体的一般操作过程。

Step1. 选择命令。选择下拉菜单 插入(S) → 设计特征(E) → 球(S)... 命令，系统弹出“球”对话框。

Step2. 选择创建球体的方法。在类型下拉列表中选择 中心点和直径 选项，此时“球”对话框如图 4.3.19 所示。

Step3. 定义球中心点位置。在该对话框中单击按钮，系统弹出“点”对话框，接受系统默认的坐标原点（0,0,0）为球心。

Step4. 定义球体直径。在 直径 文本框输入值 100。单击 确定 按钮，完成球体特征的创建。

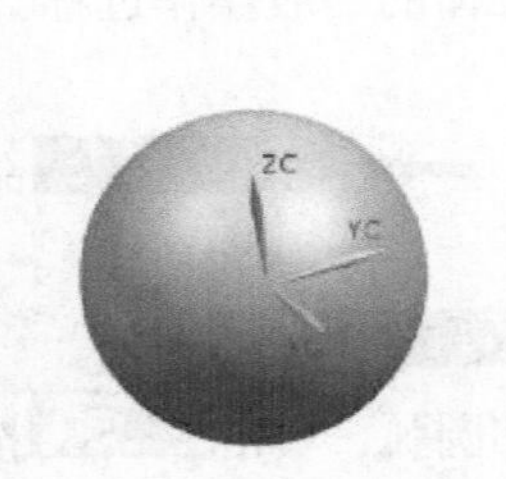

图 4.3.18 球体特征（一）

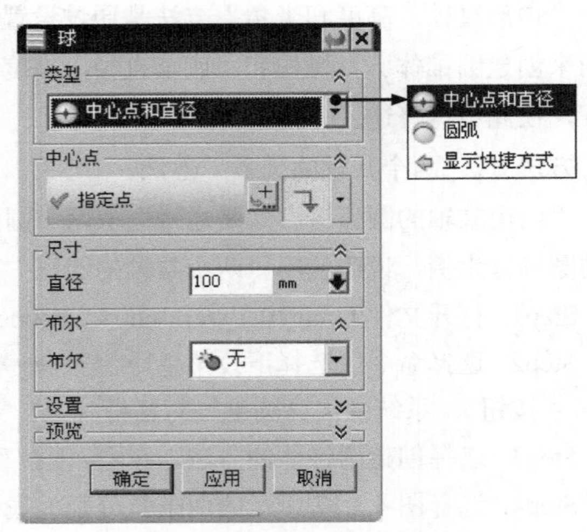

图 4.3.19 “球”对话框

**方法二：**“圆弧”方法。

“圆弧”方法就是通过选取的圆弧来创建球体特征，选取的圆弧可以是一段弧，也可以是圆。下面以图 4.3.20 所示的零件基础特征——球体为例，说明使用“圆弧”方法创建球体的一般操作过程。

Step1. 打开文件 D:\ug10.1\work\ch04.03\sphere02.prt。

Step2. 选择命令。选择下拉菜单 插入(S) → 设计特征(E) → 球(S)... 命令，系统弹出“球”对话框。

Step3. 选择创建球体的方法。在类型下拉列表中选择 圆弧 选项。

Step4. 根据系统选择圆弧的提示，在图形区选取图 4.3.21 所示的圆弧，单击 确定 按钮，完成球特征的创建。

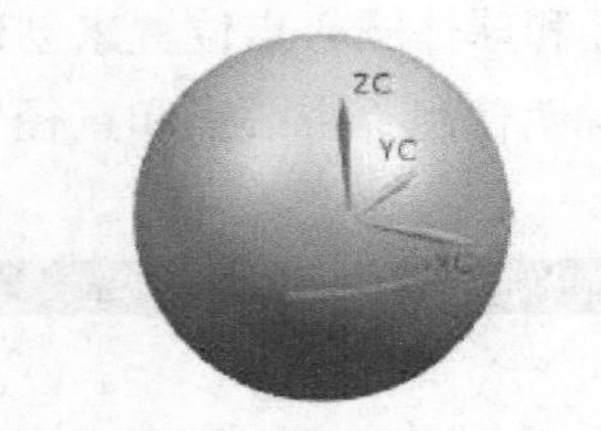

图 4.3.20 球体特征（二）

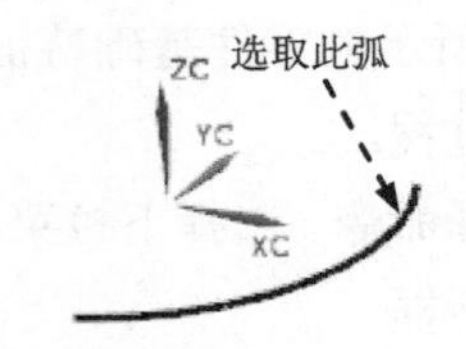

图 4.3.21 选取圆弧

## 4.3.2 在基础体素上添加其他体素

本节以图 4.3.22 所示的实体模型的创建过程为例，说明在基本体素特征上添加其他特征的一般过程。

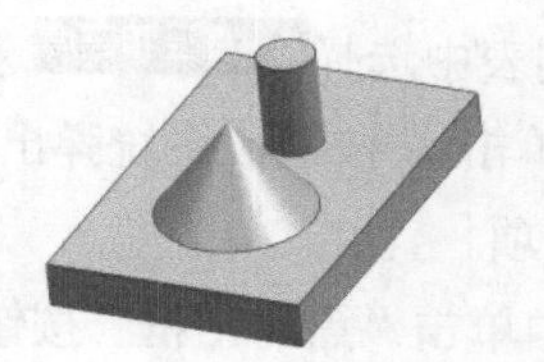


图 4.3.22　模型及模型树

Step1. 新建文件。选择下拉菜单 文件(F) → 新建(N)... 命令，系统弹出“新建”对话框。接受系统默认的模板，在 名称 文本框中输入文件名称 body，单击 确定 按钮。

Step2. 创建图 4.3.23 所示的基本长方体特征。

（1）选择命令。选择下拉菜单 插入(S) → 设计特征(E) → 长方体(K)... 命令，系统弹出“块”对话框。

（2）选择创建长方体的类型。在 类型 下拉列表中选择 原点和边长 选项。

（3）定义长方体的原点。选择坐标原点为长方体原点。

（4）定义长方体参数。在 长度(XC) 文本框中输入值 140，在 宽度(YC) 文本框中输入值 90，在 高度(ZC) 文本框中输入值 16。

（5）单击 确定 按钮，完成长方体的创建。

Step3. 创建图 4.3.24 所示的圆柱体特征。

（1）选择命令。选择下拉菜单 插入(S) → 设计特征(E) → 圆柱体(C)... 命令，系统弹出“圆柱”对话框。

（2）选择创建圆柱体的方法。在 类型 下拉列表中选择 轴、直径和高度 选项。

（3）定义圆柱体轴线方向。单击“矢量对话框”按钮，系统弹出“矢量”对话框。在 类型 下拉列表中选择 ZC 轴 选项，单击 确定 按钮，系统返回到“圆柱”对话框。

（4）定义圆柱底面圆心位置。在“圆柱”对话框中单击“点对话框”按钮，系统弹出“点”对话框。在该对话框中设置圆心的坐标，在 XC 文本框中输入值 45，在 YC 文本框中输入值 45，在 ZC 文本框中输入值 0。单击 确定 按钮，系统返回到“圆柱”对话框。

（5）定义圆柱体参数。在 直径 文本框中输入值 20，在 高度 文本框中输入值 50。

（6）对圆柱体和长方体特征进行布尔运算。在 布尔 下拉列表中选择 求和 选项，采用系统默认的求和对象。单击 确定 按钮，完成圆柱体的创建。

Step4. 创建图 4.3.25 所示的圆锥体特征。

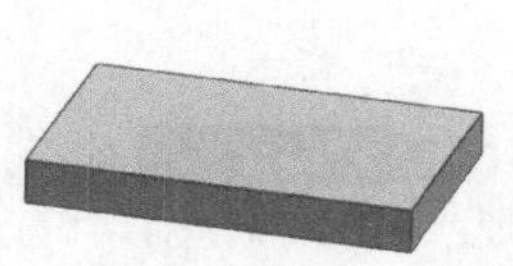

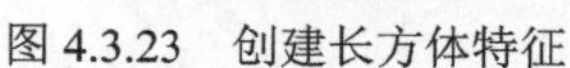
图 4.3.23　创建长方体特征

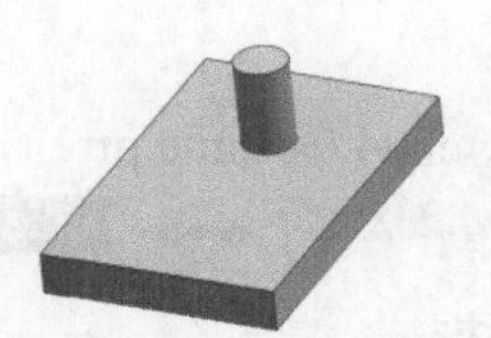

图 4.3.24　创建圆柱体特征

图 4.3.25　添加圆锥体特征

（1）选择命令。选择下拉菜单 插入(S) → 设计特征(E) → 圆锥(O)... 命令，系统弹出“圆锥”对话框。

（2）选择创建圆锥体的类型。在类型下拉列表中选择直径和高度选项。

（3）定义圆锥体轴线方向。在该对话框中单击按钮，系统弹出“矢量”对话框，在“矢量”对话框的类型下拉列表中选择ZC 轴选项。

（4）定义圆锥体底面圆心位置。在对话框中单击“点对话框”按钮，系统弹出“点”对话框。在该对话框中设置圆心的坐标，在XC文本框中输入值 90，在YC文本框中输入值 45，在ZC文本框中输入值 0。单击确定按钮，系统返回到“圆锥”对话框。

（5）定义圆锥体参数。在底部直径文本框中输入值 80，在顶部直径文本框中输入值 0，在高度文本框中输入值 50。

（6）对圆锥体和前面已求和的实体进行布尔运算。在布尔下拉列表中选择求和选项，采用系统默认的求和对象。单击确定按钮，完成圆锥体的创建。

# 4.4 布尔操作

## 4.4.1 布尔操作概述

布尔操作可以将原先存在的多个独立实体进行运算，以产生新的实体。进行布尔运算时，首先选择目标体（即对其执行布尔运算的实体，只能选择一个），然后选择工具体（即在目标体上执行操作的实体，可以选择多个），运算完成后，工具体成为目标体的一部分，而且如果目标体和工具体具有不同的图层、颜色、线型等特性，产生的新实体具有与目标体相同的特性。如果部件文件中已存有实体，当建立新特征时，新特征可以作为工具体，已存在的实体作为目标体。布尔操作主要包括以下三部分内容：

- 布尔求和操作。
- 布尔求差操作。
- 布尔求交操作。

## 4.4.2 布尔求和操作

布尔求和操作用于将工具体和目标体合并成一体。下面以图 4.4.1 所示的模型为例，介绍布尔求和操作的一般过程。

Step1. 打开文件 D:\ug10.1\work\ch04.04\unite.prt。

Step2. 选择命令。选择下拉菜单插入(S) → 组合(B) → 求和(U)...命令，系统弹出图 4.4.2 所示的“求和”对话框。

Step3. 定义目标体和工具体。在图 4.4.1a 中，依次选择目标（长方体）和刀具（球体），单击< 确定 >按钮，完成布尔求和操作，结果如图 4.4.1b 所示。

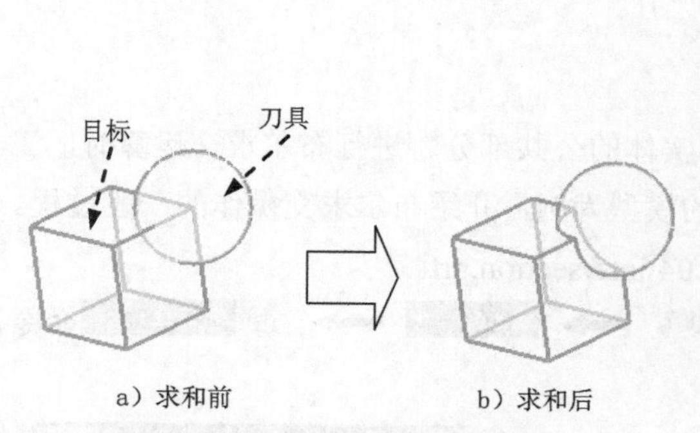

a）求和前　　b）求和后

图 4.4.1　布尔求和操作

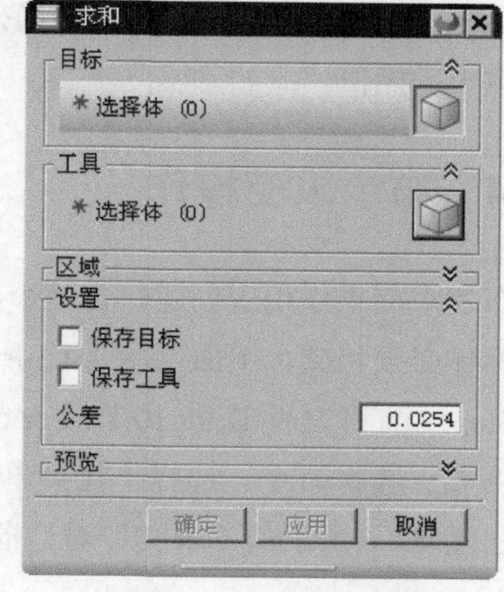

图 4.4.2　“求和”对话框

**注意**：布尔求和操作要求工具体和目标体必须在空间上接触才能进行运算，否则将提示出错。

**图 4.4.2 所示的“求和”对话框中各复选框的功能说明如下：**

- 保存目标复选框：为求和操作保存目标体。如果需要在一个未修改的状态下保存所选目标体的副本时，使用此选项。
- 保存工具复选框：为求和操作保存工具体。如果需要在一个未修改的状态下保存所选工具体的副本时，使用此选项。在编辑“求和”特征时，“保留工具体”选项不可用。

## 4.4.3　布尔求差操作

布尔求差操作用于将工具体从目标体中移除。下面以图 4.4.3 所示的模型为例，介绍布尔求差操作的一般过程。

Step1. 打开文件 D:\ug10.1\work\ch04.04\subtract.prt。

Step2. 选择命令。选择下拉菜单 插入(S) → 组合(B) → 求差(S)... 命令，系统弹出图 4.4.4 所示的“求差”对话框。

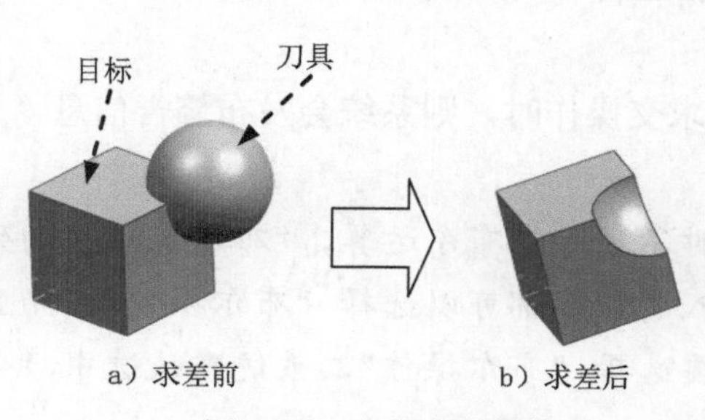

a）求差前　　b）求差后

图 4.4.3　布尔求差操作

图 4.4.4　“求差”对话框

Step3. 定义目标和刀具。依次选择图 4.4.3a 所示的目标和刀具，单击< 确定 >按钮，完成布尔求差操作。

### 4.4.4 布尔求交操作

布尔求交操作用于创建包含两个不同实体的公共部分。进行布尔求交运算时，工具体与目标体必须相交。下面以图 4.4.5 所示的模型为例，介绍布尔求交操作的一般过程。

Step1. 打开文件 D:\ug10.1\work\ch04.04\intersection.prt。

Step2. 选择命令。选择下拉菜单 插入(S) → 组合(B) → 求交(I)... 命令，系统弹出图 4.4.6 所示的"求交"对话框。

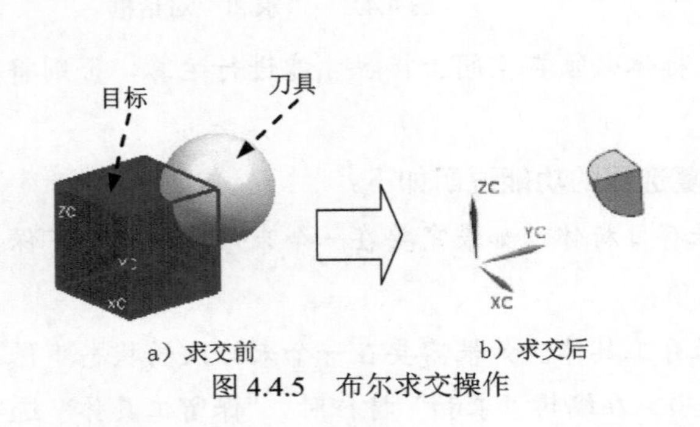


图 4.4.5 布尔求交操作

图 4.4.6 "求交"对话框

Step3. 定义目标体和工具体。依次选取图 4.4.5a 所示的实体作为目标和刀具，单击< 确定 >按钮，完成布尔求交操作。

### 4.4.5 布尔出错消息

如果布尔运算的使用不正确，则可能出现错误，其出错信息如下：

- 在进行实体的求差和求交运算时，所选工具体必须与目标体相交，否则系统会发布警告信息"工具体完全在目标体外"。
- 在进行操作时，如果使用复制目标，且没有创建一个或多个特征，则系统会发布警告信息"不能创建任何特征"。
- 如果在执行一个片体与另一个片体求差操作时，则系统会发布警告信息"非歧义实体"。
- 如果在执行一个片体与另一个片体求交操作时，则系统会发布警告信息"无法执行布尔运算"。

注意：如果创建的是第一个特征，此时不会存在布尔运算，"布尔操作"的列表框为灰色。从创建第二个特征开始，以后加入的特征都可以选择"布尔操作"，而且对于一个独立的部件，每一个添加的特征都需要选择"布尔操作"，系统默认选中"创建"类型。

# 4.5 拉伸特征

## 4.5.1 拉伸特征简述

拉伸特征是将截面沿着草图平面的垂直方向拉伸而成的特征，它是最常用的零件建模方法。下面以一个简单实体三维模型（图 4.5.1）为例，说明拉伸特征的基本概念及其创建方法，同时介绍用 UG 软件创建零件三维模型的一般过程。

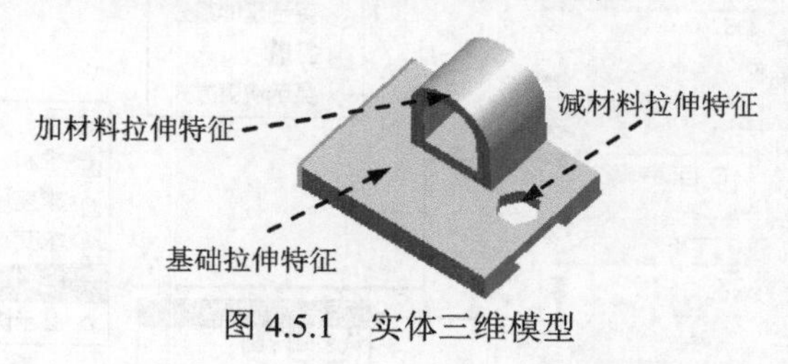


图 4.5.1 实体三维模型

## 4.5.2 创建基础拉伸特征

下面以图 4.5.2 所示的拉伸特征为例，说明创建拉伸特征的一般步骤。创建前，请先新建一个模型文件，命名为 base_block，进入建模环境。

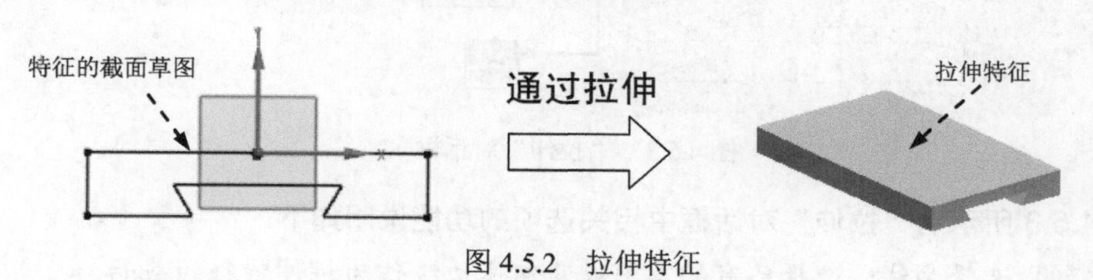


图 4.5.2 拉伸特征

### 1. 选取拉伸特征命令

选取特征命令一般有如下两种方法。

方法一：从下拉菜单中获取特征命令。选择下拉菜单 插入(S) → 设计特征(E) → 拉伸(E)... 命令。

方法二：从工具栏中获取特征命令。本例可以直接单击“特征”工具栏中的按钮。

### 2. 定义拉伸特征的截面草图

定义拉伸特征截面草图的方法有两种：选择已有草图作为截面草图；创建新草图作为截面草图，本例中介绍第二种方法，具体定义过程如下：

Step1. 选取新建草图命令。选择特征命令后，系统弹出图 4.5.3 所示的“拉伸”对话框，在该对话框中单击按钮，创建新草图。

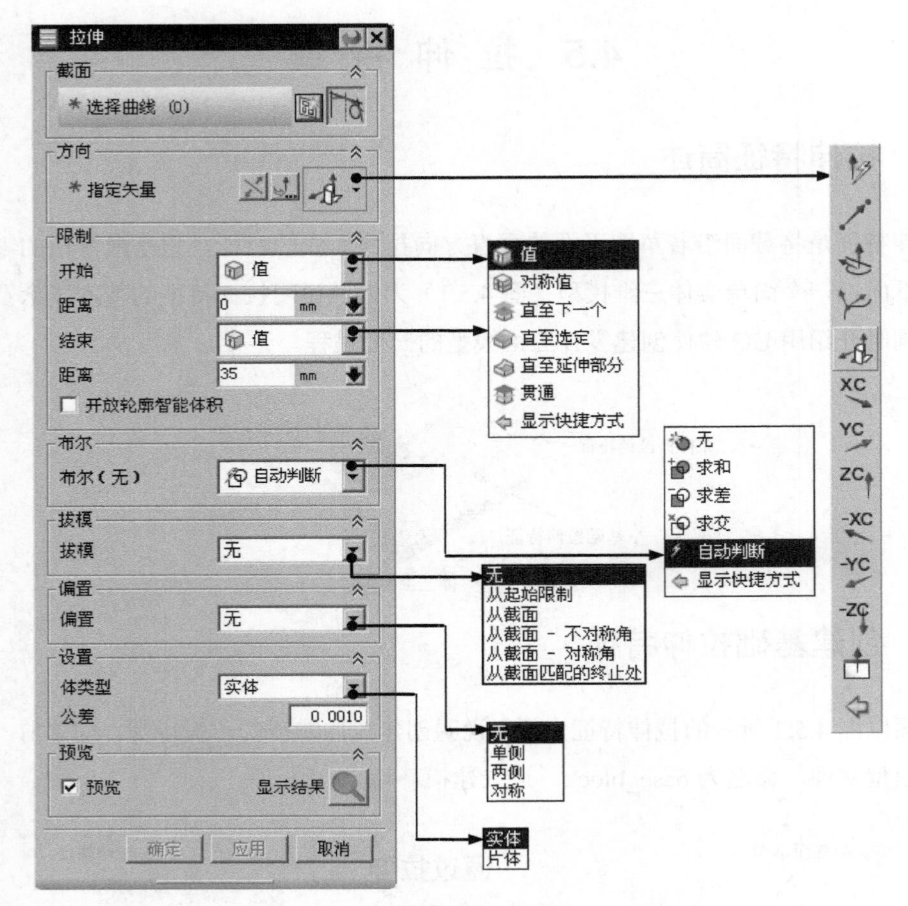


图 4.5.3 “拉伸”对话框

**图 4.5.3 所示的“拉伸”对话框中相关选项的功能说明如下：**

- 选择曲线：选择已有的草图或几何体边缘作为拉伸特征的截面。
- 绘制截面：创建一个新草图作为拉伸特征的截面。完成草图并退出草图环境后，系统自动选择该草图作为拉伸特征的截面。
- ：该选项用于指定拉伸的方向。可单击对话框中的按钮，从弹出的下拉列表中选取相应的方式，指定拉伸的矢量方向。单击按钮，系统就会自动使当前的拉伸方向相反。
- 体类型：用于指定拉伸生成的是片体（即曲面）特征还是实体特征。

**说明：**在拉伸操作中，也可以在图形区拖动相应的手柄按钮，设置拔模角度和偏置值等，这样操作更加方便和灵活。另外，UG NX 10.0 支持最新的动态拉伸操作方法——可以用鼠标选中要拉伸的曲线，然后右击，在弹出的快捷菜单中选择 拉伸(E)... 命令，同样可以完成相应的拉伸操作。

Step2. 定义草图平面。

对草图平面的概念和有关选项介绍如下：

- 草图平面是特征截面或轨迹的绘制平面。
- 选择的草图平面可以是 XY 平面、YZ 平面和 ZX 平面中的一个，也可以是模型的某个表面。

完成上步操作后，选取 ZX 平面作为草图平面，单击 确定 按钮进入草图环境。

Step3. 绘制截面草图。

基础拉伸特征的截面草图如图 4.5.4 所示。绘制特征截面草图图形的一般步骤如下：

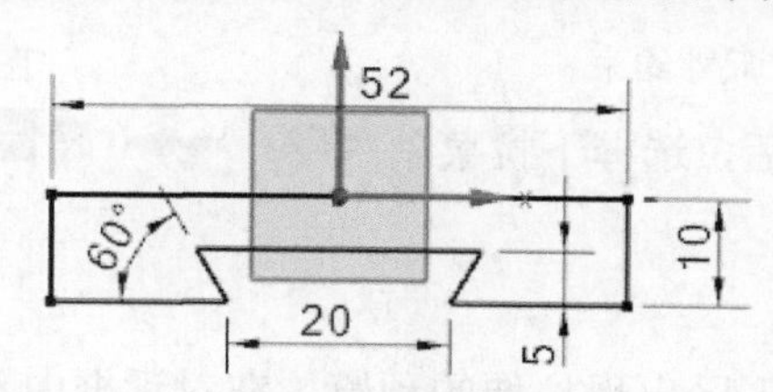


图 4.5.4　基础特征的截面草图

（1）设置草图环境，调整草图区。

① 进入草图环境后，若图形被移动至不方便绘制的方位，应单击“草图生成器”工具栏中的“定向视图到草图”按钮，调整到正视于草图的方位（也就是使草图基准面与屏幕平行）。

② 除可以移动和缩放草图区外，如果用户想在三维空间绘制草图，或希望看到模型截面图在三维空间的方位，可以旋转草图区，方法是按住中键并移动鼠标，此时可看到图形跟着鼠标旋转。

（2）创建截面草图。下面将介绍创建截面草图的一般流程，在以后的章节中创建截面草图时，可参照这里的内容。

① 绘制截面几何图形的大体轮廓。

**注意：绘制草图时，开始没有必要很精确地绘制截面的几何形状、位置和尺寸，只要大概的形状与图 4.5.5 相似就可以。**

② 建立几何约束。建立图 4.5.6 所示的水平、竖直、相等、共线和对称约束。

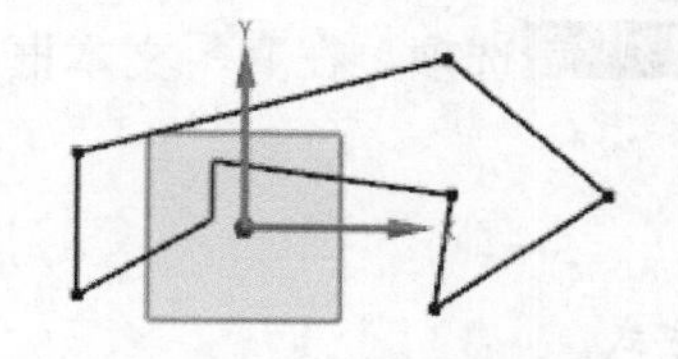

图 4.5.5　截面草绘的初步图形

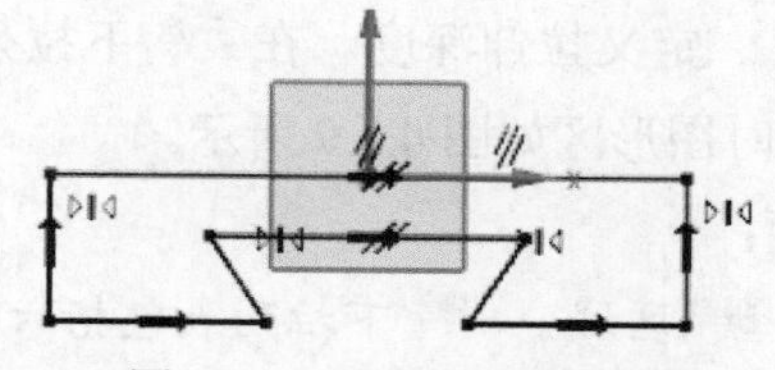

图 4.5.6　建立几何约束

③ 建立尺寸约束。单击“草图约束”工具栏中的“快速尺寸”按钮，标注图 4.5.7 所示的五个尺寸，建立尺寸约束。

④ 修改尺寸。将尺寸修改为设计要求的尺寸，如图 4.5.8 所示。其操作提示与注意事项如下：

- 尺寸的修改应安排在建立完约束以后进行。
- 注意修改尺寸的顺序，先修改对截面外观影响不大的尺寸。

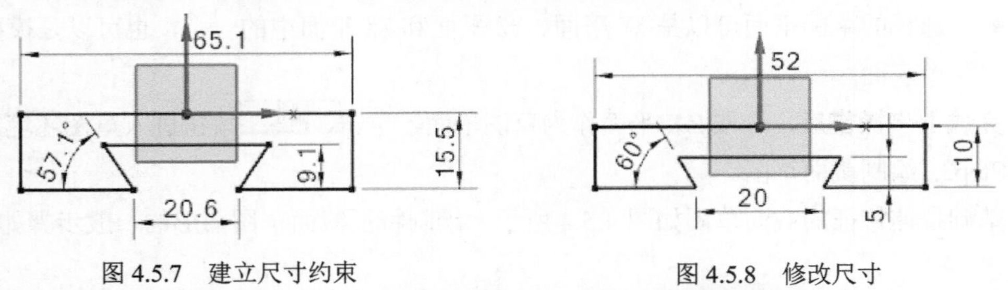


图 4.5.7　建立尺寸约束　　　　图 4.5.8　修改尺寸

Step4. 完成草图绘制后，选择下拉菜单 任务(K) → 完成草图(K) 命令，退出草图环境。

### 3. 定义拉伸类型

退出草图环境后，图形区出现拉伸的预览，在对话框中不进行选项操作，创建系统默认的实体类型。

### 4. 定义拉伸深度属性

Step1. 定义拉伸方向。拉伸方向采用系统默认的矢量方向，如图 4.5.9 所示。

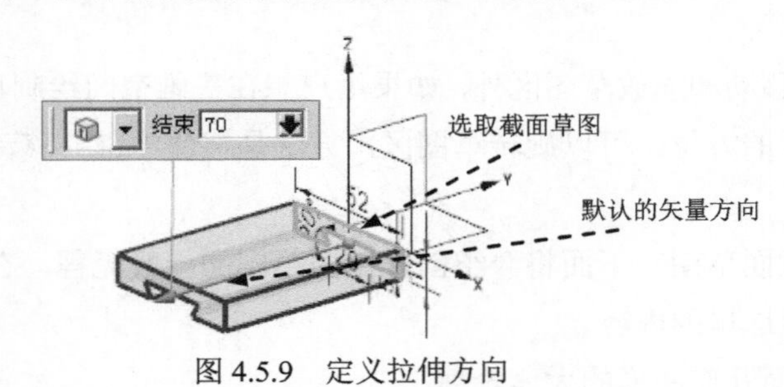


图 4.5.9　定义拉伸方向

说明：“拉伸”对话框中的 选项用于指定拉伸的方向，单击对话框中的 按钮，从系统弹出的下拉列表中选取相应的方式，即可指定拉伸的矢量方向，单击 按钮，系统就会自动使当前的拉伸方向相反。

Step2. 定义拉伸深度。在 开始 下拉列表中选择 对称值 选项，在 距离 文本框中输入值 35.0，此时图形区如图 4.5.9 所示。

说明：

- 限制 区域： 开始 下拉列表包括六种拉伸控制方式。
  - ☑ 值：分别在 开始 和 结束 下面的 距离 文本框输入具体的数值（可以为负值）来确定拉伸的高度，起始值与结束值之差的绝对值为拉伸的高度，如图 4.5.10 所示。
  - ☑ 对称值：特征将在截面所在平面的两侧进行拉伸，且两侧的拉伸深度值相等，如图 4.5.10 所示。

☑ 直至下一个：特征拉伸至下一个障碍物的表面处终止，如图 4.5.10 所示。

☑ 直至选定：特征拉伸到选定的实体、平面、辅助面或曲面为止，如图 4.5.10 所示。

☑ 直至延伸部分：把特征拉伸到选定的曲面，但是选定面的大小不能与拉伸体完全相交，系统就会自动按照面的边界延伸面的大小，然后再切除生成拉伸体，圆柱的拉伸被选择的面（框体的内表面）延伸后切除。

☑ 贯通：特征在拉伸方向上延伸，直至与所有曲面相交，如图 4.5.10 所示。

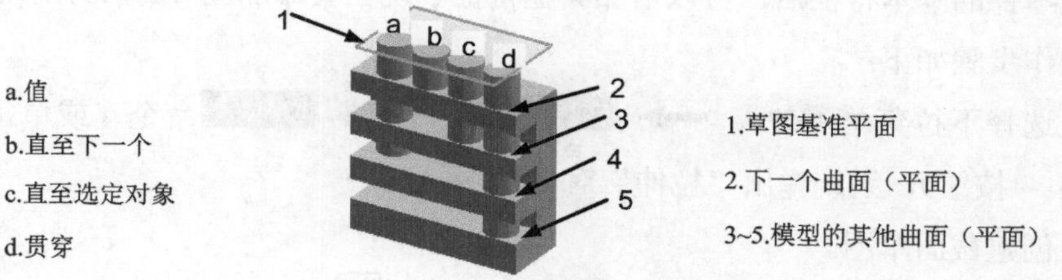

a.值
b.直至下一个
c.直至选定对象
d.贯穿

1.草图基准平面
2.下一个曲面（平面）
3~5.模型的其他曲面（平面）

图 4.5.10 拉伸深度选项示意图

- 布尔 区域：如果图形区在拉伸之前已经创建了其他实体，则可以在进行拉伸的同时与这些实体进行布尔操作，包括创建、求和、求差和求交。
- 拔模 区域：对拉伸体沿拉伸方向进行拔模。角度大于 0 时，沿拉伸方向向内拔模；角度小于 0 时，沿拉伸方向向外拔模。

☑ 从起始限值：将直接从设置的起始位置开始拔模。

☑ 从截面：用于设置拉伸特征拔模的起始位置为拉伸截面处。

☑ 从截面 - 不对称角：在拉伸截面两侧进行不对称的拔模。

☑ 从截面 - 对称角：在拉伸截面两侧进行对称的拔模，如图 4.5.11 所示。

☑ 从截面匹配的终止处：在拉伸截面两侧进行拔模，所输入的角度为“结束”侧的拔模角度，且起始面与结束面的大小相同，如图 4.5.12 所示。

- 偏置 区域：通过设置起始值与结束值，可以创建拉伸薄壁类型特征，如图 4.5.13 所示，起始值与结束值之差的绝对值为薄壁的厚度。

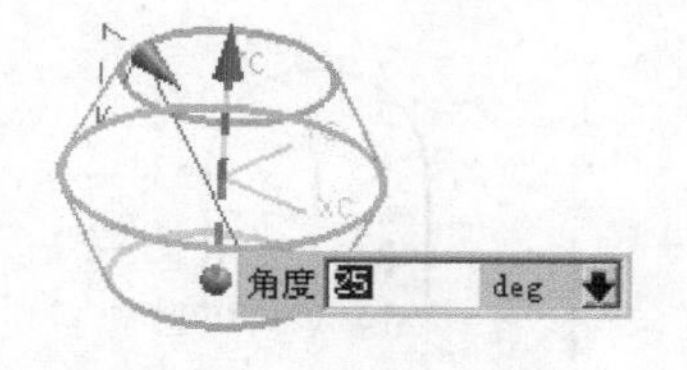
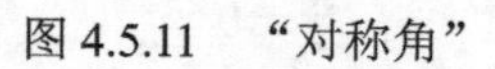


图 4.5.11 “对称角”

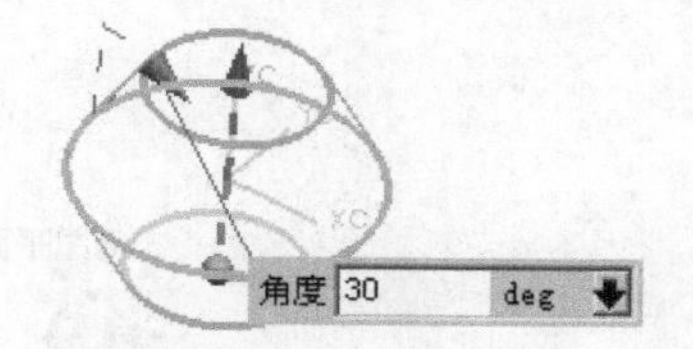


图 4.5.12 “从截面匹配的终止处”

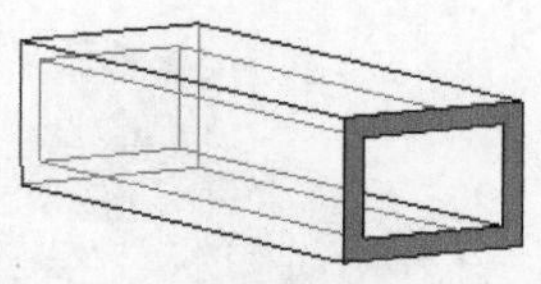

图 4.5.13 “偏置”

## 5. 完成拉伸特征的定义

Step1. 特征的所有要素被定义完毕后，预览所创建的特征，以检查各要素的定义是否正确。

**说明**：预览时，可按住鼠标中键进行旋转查看，如果所创建的特征不符合设计意图，可选择对话框中的相关选项重新定义。

Step2. 预览完成后，单击“拉伸”对话框中的< 确定 >按钮，完成特征的创建。

### 4.5.3 添加其他特征

**1. 添加加材料拉伸特征**

在创建零件的基本特征后，可以增加其他特征。现在要添加图 4.5.14 所示的加材料拉伸特征，操作步骤如下：

Step1. 选择下拉菜单 插入(S) → 设计特征(E) → 拉伸(E)... 命令（或单击“特征”工具栏中的按钮），系统弹出“拉伸”对话框。

Step2. 创建截面草图。

（1）选取草图基准平面。在“拉伸”对话框中单击按钮，然后选取图 4.5.15 所示的模型表面作为草图基准平面，单击 确定 按钮，进入草图环境。

（2）绘制特征的截面草图。绘制图 4.5.16 所示的截面草图的大体轮廓。完成草图绘制后，单击“草图”工具栏中的 完成草图 按钮，退出草图环境。

Step3. 定义拉伸属性。

（1）定义拉伸深度方向。单击对话框中的按钮，反转拉伸方向。

（2）定义拉伸深度。在“拉伸”对话框的 开始 下拉列表中选择 值 选项，在其下的 距离 文本框中输入值 0，在 结束 下拉列表中选择 值 选项，在其下的 距离 文本框中输入值 25，在 偏置 区域的下拉列表中选择 两侧 选项，在 开始 文本框输入值 - 5，在 结束 文本框输入值 0，其他采用系统默认设置值。在 布尔 区域中选择 求和 选项，采用系统默认的求和对象。

Step4. 单击“拉伸”对话框中的< 确定 >按钮，完成特征的创建。

**注意**：此处进行布尔操作是将基础拉伸特征与加材料拉伸特征合并为一体，如果不进行此操作，基础拉伸特征与加材料拉伸特征将是两个独立的实体。

图 4.5.14 添加加材料拉伸特征

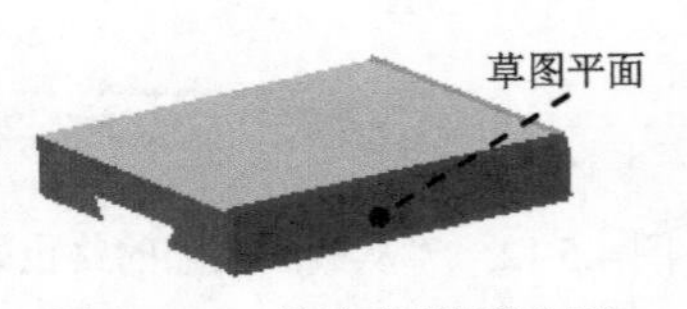


图 4.5.15 选取草图基准面

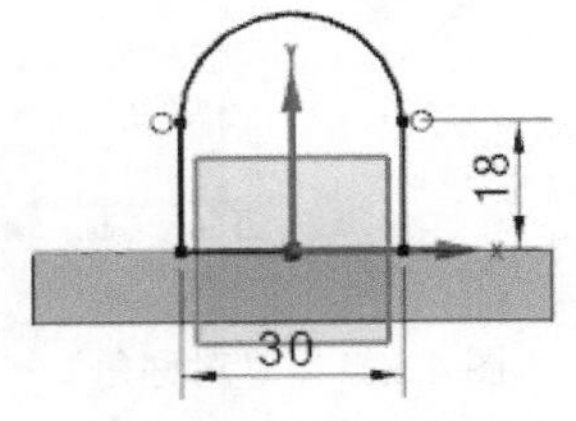


图 4.5.16 截面草图

**2. 添加减材料拉伸特征**

减材料拉伸特征的创建方法与加材料拉伸基本一致，只不过加材料拉伸是增加实体，而减材料拉伸则是减去实体。现在要添加图 4.5.17 所示的减材料拉伸特征，具体操作步骤如下：

Step1. 选择命令。选择下拉菜单 插入(S) → 设计特征(E) ▸ → 拉伸(E)... 命令（或单击”特征”工具栏中的按钮），系统弹出“拉伸”对话框。

Step2. 创建截面草图。

（1）选取草图基准面。在“拉伸”对话框单击按钮，然后选取图 4.5.18 所示的模型表面作为草图基准平面，单击 确定 按钮，进入草图环境。

（2）绘制特征的截面草图。绘制图 4.5.19 所示的截面草图的大体轮廓。完成草图绘制后，单击“草图”工具栏中的 完成草图 按钮，退出草图环境。

图 4.5.17 添加减材料拉伸特征

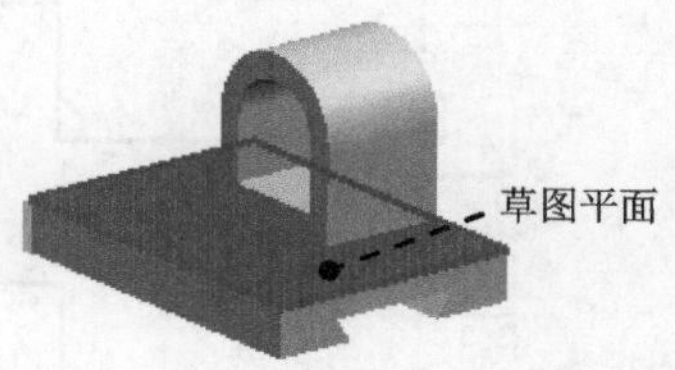


图 4.5.18 选取草图基准平面

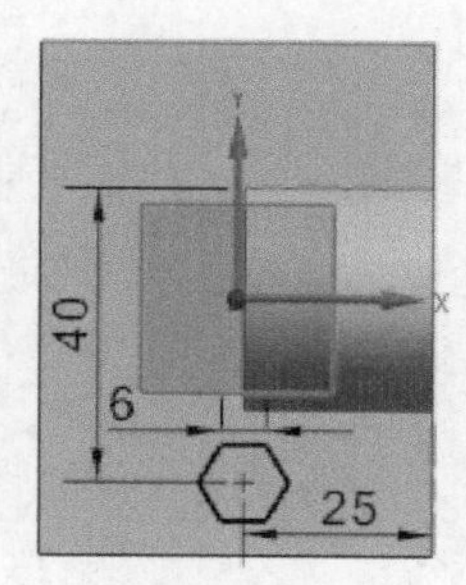


图 4.5.19 截面草图

Step3. 定义拉伸属性。

（1）定义拉伸深度方向。单击对话框中的按钮，反转拉伸方向。

（2）定义拉伸深度类型和深度值。在“拉伸”对话框的 结束 下拉列表框中选择 贯通 选项，在 布尔 区域中选择 求差 选项，采用系统默认的求差对象。

Step4. 单击“拉伸”对话框中的 < 确定 > 按钮，完成特征的创建。

Step5. 选择下拉菜单 文件(F) → 保存(S) 命令，保存模型文件。

# 4.6 旋转特征

## 4.6.1 旋转特征简述

旋转特征是将截面绕着一条中心轴线旋转而形成的特征，如图 4.6.1 所示。选择下拉菜单 插入(S) → 设计特征(E) ▸ → 旋转(R)... 命令（或单击按钮），系统弹出“旋转”对话框，如图 4.6.2 所示。

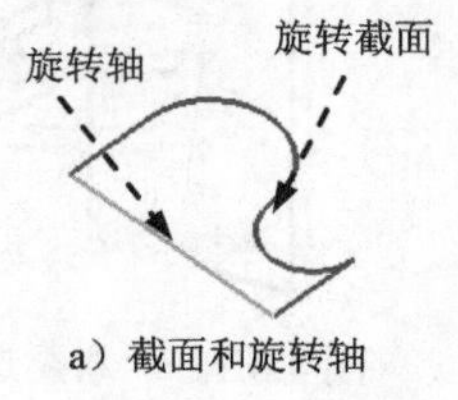


a）截面和旋转轴

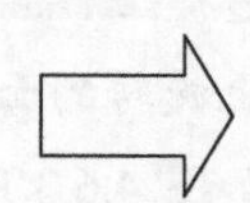

b）旋转特征

图 4.6.1 “旋转”示意图

图 4.6.2 所示的“旋转”对话框中各选项的功能说明如下：

- （选择截面）：选择已有的草图或几何体边缘作为旋转特征的截面。
- （绘制截面）：创建一个新草图作为旋转特征的截面。完成草图并退出草图环境后，系统自动选择该草图作为旋转特征的截面。

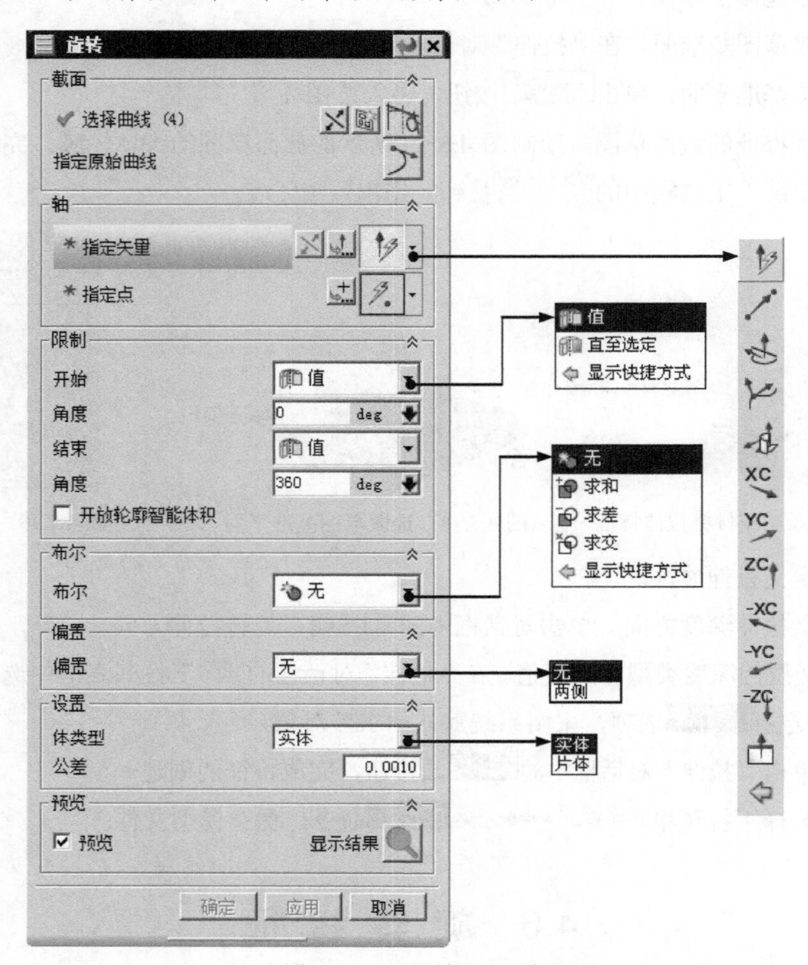


图 4.6.2 “旋转”对话框

- 限制区域：包含开始和结束两个下拉列表及两个位于其下的角度文本框。
  - ☑ 开始下拉列表：用于设置旋转的类项，角度文本框用于设置旋转的起始角度，其值的大小是相对于截面所在的平面而言的，其方向以与旋转轴成右手定则的方向为准。在开始下拉列表中选择值选项，则需设置起始角度和终止角度；在开始下拉列表中选择直至选定选项，则需选择要开始或停止旋转的面或相对基准平面，其使用结果如图 4.6.3 所示。

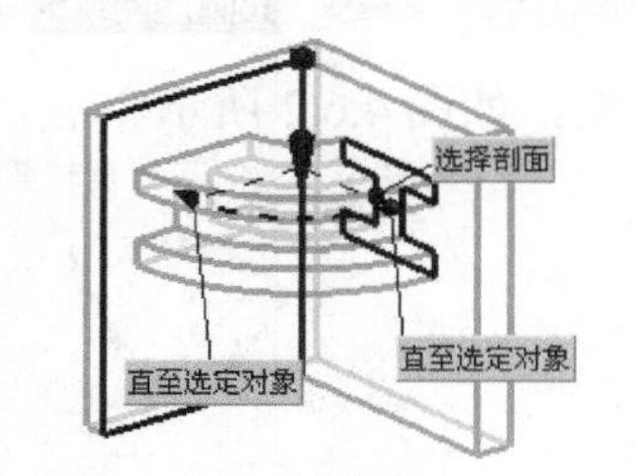


图 4.6.3 “直至选定”方式

  - ☑ 结束下拉列表：用于设置旋转的类项，

角度 文本框设置旋转对象旋转的终止角度，其值的大小也是相对于截面所在的平面而言的，其方向也是以与旋转轴成右手定则为准。

- 偏置 区域：利用该区域可以创建旋转薄壁类型特征。
- ☑ 预览 复选框：使用预览可确定创建旋转特征之前参数的正确性。系统默认选中该复选框。
- 按钮：可以选取已有的直线或者轴作为旋转轴矢量，也可以使用“矢量构造器”方式构造一个矢量作为旋转轴矢量。
- 按钮：如果用于指定旋转轴的矢量方法，则需要单独再选定一点，例如用于平面法向时，此选项将变为可用。
- 布尔 区域：创建旋转特征时，如果已经存在其他实体，则可以与其进行布尔操作，包括创建、求和、求差和求交。

注意：在图 4.6.2 所示的“旋转”对话框中单击按钮，系统弹出“矢量”对话框，其应用将在下一节中详细介绍。

## 4.6.2 矢量

在建模的过程中，矢量的应用十分广泛，如对定义对象的高度方向、投影方向和旋转中心轴等进行设置。“矢量”对话框如图 4.6.4 所示。图 4.6.4 中的 XC 轴、YC 轴和 ZC 轴等矢量就是当前工作坐标系（WCS）的坐标轴方向，调整工作坐标系的方位，就能改变当前建模环境中的 XC 轴、YC 轴和 ZC 轴等矢量，但不会影响前面已经创建的与矢量有关的操作。

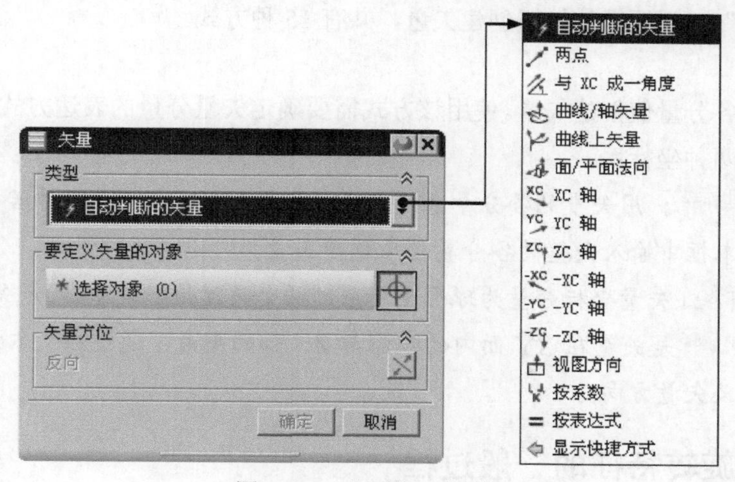


图 4.6.4 “矢量”对话框

图 4.6.4 所示的“矢量”对话框 类型 下拉列表中各选项的功能说明如下：

- 自动判断的矢量：可以根据选取的对象自动判断所定义矢量的类型。
- 两点：利用空间两点创建一个矢量，矢量方向为由第一点指向第二点。

- 与 XC 成一角度：用于在 XY 平面上创建与 XC 轴成一定角度的矢量。
- 曲线/轴矢量：通过选取曲线上某点的切向矢量来创建一个矢量。
- 曲线上矢量：在曲线上的任一点指定一个与曲线相切的矢量。可按照圆弧长或百分比圆弧长指定位置。
- 面/平面法向：用于创建与实体表面（必须是平面）法线或圆柱面的轴线平行的矢量。
- XC 轴：用于创建与 XC 轴平行的矢量。注意，这里的“与 XC 轴平行的矢量”不是 XC 轴，例如，在定义旋转特征的旋转轴时，如果选择此项，只是表示旋转轴的方向与 XC 轴平行，并不表示旋转轴就是 XC 轴，所以这时要完全定义旋转轴，还必须再选取一点定位旋转轴。下面五项与此相同。
- YC 轴：用于创建与 YC 轴平行的矢量。
- ZC 轴：用于创建与 ZC 轴平行的矢量。
- -XC 轴：用于创建与-XC 轴平行的矢量。
- -YC 轴：用于创建与-YC 轴平行的矢量。
- -ZC 轴：用于创建与-ZC 轴平行的矢量。
- 视图方向：指定与当前工作视图平行的矢量。
- 按系数：按系数指定一个矢量。
- 按表达式：使用矢量类型的表达式来指定矢量。

创建矢量有两种方法，下面分别介绍。

**方法一：**

利用“矢量”对话框中的按钮创建矢量，共有 15 种方式。

**方法二：**

输入矢量的各分量值创建矢量。使用该方式需要确定矢量分量的表达方式。UG NX 10.0 软件提供了下面两种坐标系。

- 笛卡尔坐标系：用矢量的各分量来确定直角坐标，即在“矢量”对话框中的 I 、J 和 K 文本框中输入矢量的各分量值来创建矢量。
- 球坐标系：矢量坐标分量为球形坐标系的两个角度值，其中 Phi 是矢量与 X 轴的夹角，Theta 是矢量在 XY 面内的投影与 ZC 轴的夹角，通过在文本框中输入角度值，定义矢量方向。

## 4.6.3 创建旋转特征的一般过程

下面以图 4.6.5 所示的模型的旋转特征为例，说明创建旋转特征的一般操作过程。

Step1. 打开文件 D:\ug10.1\work\ch04.06\revolved.prt。

Step2. 选择命令。选择 插入(S) ➡ 设计特征(E) ➡ 旋转(R)... 命令（或单击 按钮），系统弹出“旋转”对话框。

Step3. 定义旋转截面。单击按钮，选取图 4.6.6 所示的曲线为旋转截面，单击中键确认。

Step4. 定义旋转轴。单击按钮，在系统弹出的“矢量”对话框的类型下拉列表中选择曲线/轴矢量选项，选取图 4.6.6 所示的直线为旋转轴，然后单击“矢量”对话框中的确定按钮。

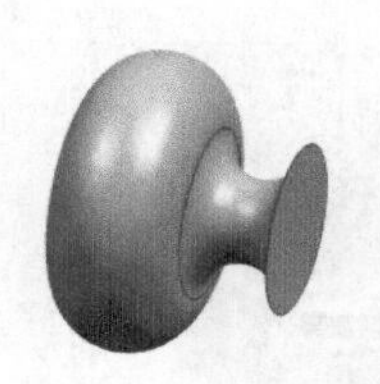

历史记录模式
模型视图
摄像机
模型历史记录
基准坐标系 (0)
草图 (1) “SKETCH_...
草图 (2) “SKETCH_...
回转 (5)

图 4.6.5 模型及模型树

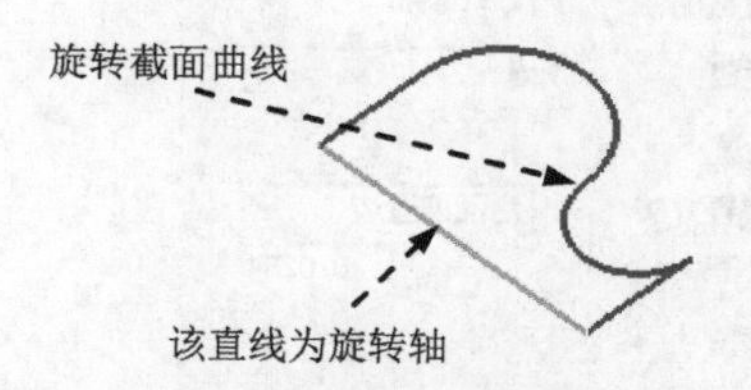


图 4.6.6 定义旋转截面和旋转轴

**注意：**

（1）Step3 和 Step4 两步操作可以简化为：先选取图 4.6.6 所示的曲线为旋转截面，再单击中键以结束截面曲线的选取，然后选取图 4.6.6 所示的直线为旋转轴。

（2）如图 4.6.6 所示，作为旋转截面的曲线和作为旋转轴的直线是两个独立的草图。

Step5. 确定旋转角度的起始值和结束值。在“旋转”对话框开始区域的角度文本框中输入值 0，在结束区域的角度文本框中输入值 360。

Step6. 单击< 确定 >按钮，完成旋转特征的创建。

## 4.7 倒 斜 角

构建特征不能单独生成，而只能在其他特征上生成，孔特征、倒斜角特征和倒圆角特征等都是典型的构建特征。使用“倒斜角”命令可以在两个面之间创建用户需要的倒角。下面以图 4.7.1 所示的范例来说明创建倒斜角的一般过程。

a）倒斜角前

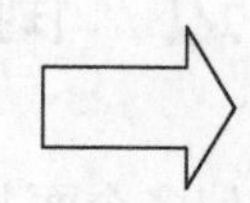

b）倒斜角后

图 4.7.1 创建倒斜角

Step1. 打开文件 D:\ug10.1\work\ch04.07\chamber.prt。

Step2. 选择命令。选择下拉菜单 插入(S) → 细节特征(L) → 倒斜角(C)... 命令，系统弹出图 4.7.2 所示的“倒斜角”对话框。

Step3. 选择倒斜角方式。在横截面下拉列表中选择对称选项，如图 4.7.2 所示。

Step4. 选取图 4.7.3 所示的边线为倒斜角的参照边。

Step5. 定义倒角参数。在弹出的动态输入框中输入偏置值 2.0（可拖动屏幕上的拖拽手柄至用户需要的偏置值），如图 4.7.4 所示。

图 4.7.2 “倒斜角”对话框

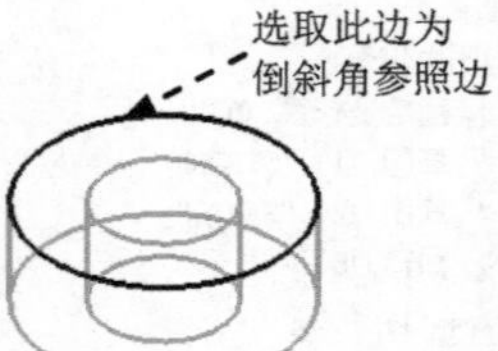

选取此边为
倒斜角参照边

图 4.7.3 选择倒斜角参照边

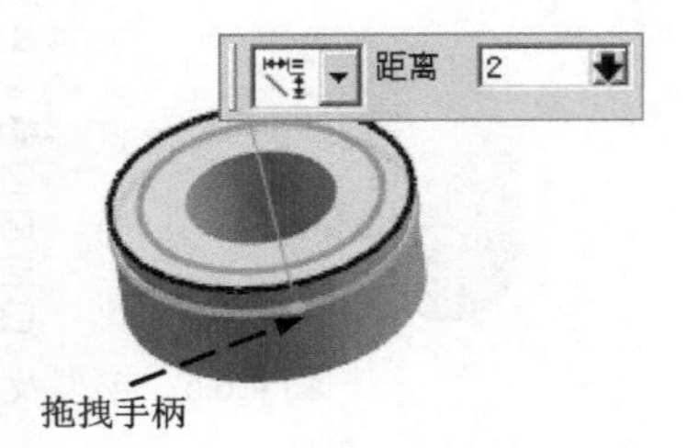


图 4.7.4 拖动拖拽手柄

Step6. 单击 < 确定 > 按钮，完成倒斜角的创建。

**图 4.7.2 所示的“倒斜角”对话框中有关选项的说明如下：**

- 对称：单击该按钮，建立一简单倒斜角，沿两个表面的偏置值是相同的。
- 非对称：单击该按钮，建立一简单倒斜角，沿两个表面有不同的偏置量。对于不对称偏置，可利用按钮反转倒斜角偏置顺序从边缘一侧到另一侧。
- 偏置和角度：单击该按钮，建立一简单倒斜角，它的偏置量是由一个偏置值和一个角度决定的。
- 偏置方法：包括以下两种偏置方法：
  - ☑ 沿面偏置边：仅为简单形状生成精确的倒斜角，从倒斜角的边开始，沿着面测量偏置值，这将定义新倒斜角面的边。
  - ☑ 偏置面并修剪：如果被倒斜角的面很复杂，此选项可延伸用于修剪原始曲面的每个偏置曲面。

## 4.8 边 倒 圆

使用“边倒圆”（倒圆角）命令可以使多个面共享的边缘变光滑，如图 4.8.1 所示。既可以创建圆角的边倒圆（对凸边缘则去除材料），也可以创建倒圆角的边倒圆（对凹边缘则添加材料）。下面以图 4.8.1 所示的范例说明边倒圆的一般创建过程。

### Task1. 打开零件模型

打开文件 D:\ug10.1\work\ch04.08\blend.prt。

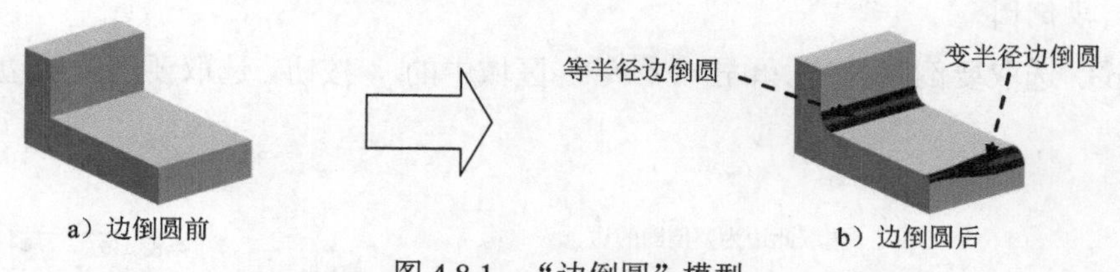


图 4.8.1　“边倒圆”模型

## Task2．创建等半径边倒圆

Step1．选择命令。选择下拉菜单 插入(S) → 细节特征(L) → 边倒圆(E)... 命令，系统弹出图 4.8.2 所示的“边倒圆”对话框。

Step2．定义圆角形状。在对话框中的 形状 下拉列表中选择 圆形 选项。

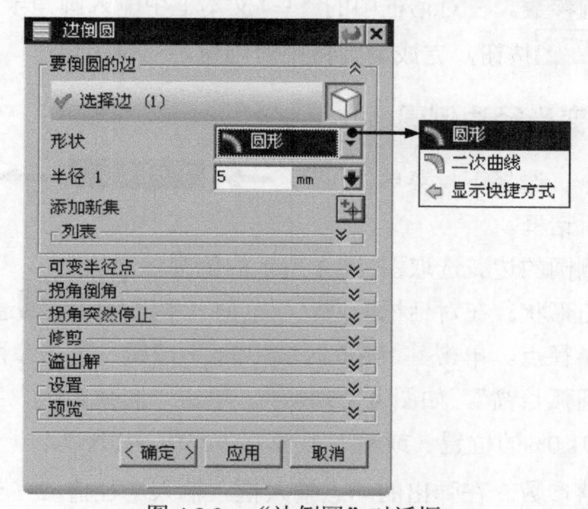


图 4.8.2　“边倒圆”对话框

**图 4.8.2 所示的“边倒圆”对话框中各选项的说明如下：**

- 选择边：该按钮用于创建一个恒定半径的圆角，这是最简单、最容易生成的圆角。
- 形状 下拉列表：用于定义倒圆角的形状，包括以下两个形状：
  - ☑ 圆形：选择此选项，倒圆角的截面形状为圆形。
  - ☑ 二次曲线：选择此选项，倒圆角的截面形状为二次曲线。
- 可变半径点：定义边缘上的点，然后输入各点位置的圆角半径值，沿边缘的长度改变倒圆半径。在改变圆角半径时，必须至少已指定了一个半径恒定的边缘，才能使用该选项对它添加可变半径点。
- 拐角倒角：添加回切点到一倒圆拐角，通过调整每一个回切点到顶点的距离，对拐角应用其他的变形。
- 拐角突然停止：通过添加突然停止点，可以在非边缘端点处停止倒圆，进行局部边缘段倒圆。

Step3. 选取要倒圆的边。单击 要倒圆的边 区域中的 按钮，选取要倒圆的边，如图 4.8.3 所示。

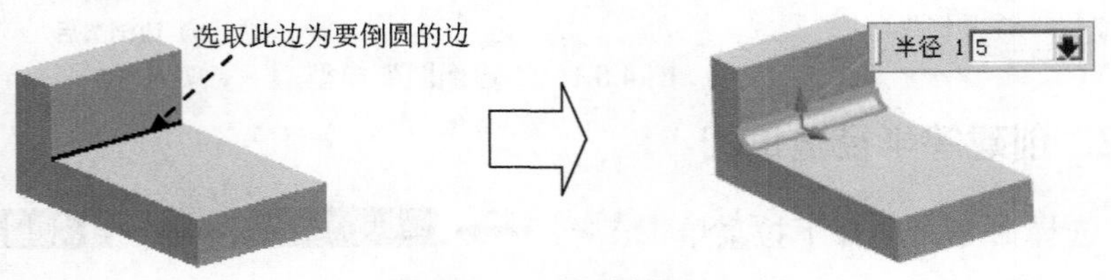


图 4.8.3 创建边倒圆

Step4. 输入倒圆参数。在对话框中的 半径 1 文本框中输入圆角半径值为 5。

Step5. 单击 < 确定 > 按钮，完成倒圆特征的创建。

## Task3. 创建变半径边倒圆

Step1. 选择命令。选择下拉菜单 插入(S) → 细节特征(L) → 边倒圆(E)... 命令，系统弹出“边倒圆”对话框。

Step2. 选取要倒圆的边。选取图 4.8.4 所示的倒圆参照边。

Step3. 定义圆角形状。在对话框的 形状 下拉列表中选择 圆形 选项。

Step4. 定义变半径点。单击 可变半径点 区域中的 按钮，单击参照边上任意一点，系统在参照边上出现“圆弧长锚”，如图 4.8.5 所示。单击“圆弧长锚”并按住左键不放，拖动到弧长百分比值为 91.0%的位置（或输入弧长百分比值 91.0%）。

Step5. 定义圆角参数。在弹出的动态输入框中输入半径值 2（也可拖动“可变半径拖动手柄”至需要的半径值）。

Step6. 定义第二个变半径点。其圆角半径值为 5，弧长百分比值为 28.0%，详细步骤同 Step4～Step5。

Step7. 单击 < 确定 > 按钮，完成可变半径倒圆特征的创建。

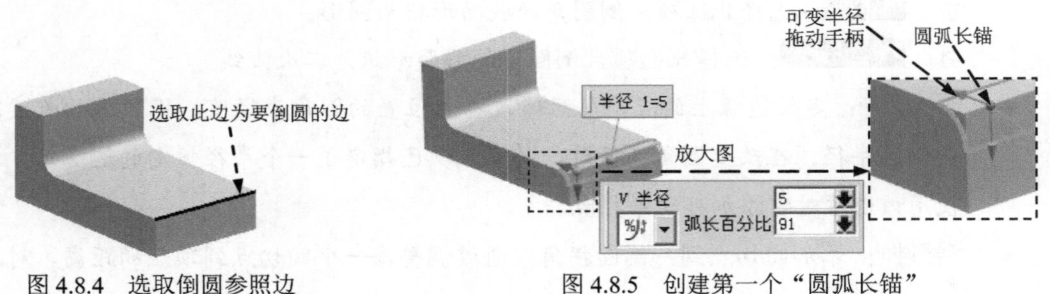


图 4.8.4 选取倒圆参照边

图 4.8.5 创建第一个“圆弧长锚”

# 4.9 UG NX 10.0 的部件导航器

部件导航器提供了在工作部件中特征父子关系的可视化表示，允许在特征上执行各种编辑操作。

## 4.9.1 部件导航器概述

单击资源板中的第三个按钮，可以打开部件导航器。部件导航器是 UG NX 10.0 资源板中的一个部分，它可以用来组织、选择和控制数据的可见性，以及通过简单浏览来理解数据，也可以在其中更改现存的模型参数，以得到所需的形状和定位表达；另外，“制图”和“建模”数据也包括在“部件导航器”中。

“部件导航器”被分隔成 4 个面板：“主面板”、“相依性面板”、“细节面板”以及“预览面板”。构造模型或图纸时，数据被填充到这些面板窗口。使用这些面板导航部件并执行各种操作。

## 4.9.2 部件导航器界面简介

“部件导航器主面板”提供了最全面的部件视图。可以使用它的树状结构（简称“模型树”）查看和访问实体、实体特征及所依附的几何体、视图、图样、表达式、快速检查以及模型中的引用集。

打开文件 D:\ug10.1\work\ch04.09\section.prt，模型如图 4.9.1 所示，在与之相应的模型树中，括号内的时间戳记跟在各特征名称的后面。“部件导航器主面板”有两种模式：“时间戳记顺序”和“非时间戳记顺序”模式，如图 4.9.2 所示。

（1）在“部件导航器”中右击，在系统弹出的快捷菜单中选择 时间戳记顺序命令，如图 4.9.3 所示。可以在两种模式间进行切换。

（2）在“设计视图”模式下，工作部件中的所有特征在模型节点下显示，包括它们的特征和操作，先显示最近创建的特征（按相反的时间戳记顺序）；在“时间戳记顺序”模式下，工作部件中的所有特征都按它们创建的时间戳记显示为一个节点的线性列表，“非时间戳记顺序”模式不包括“设计视图”模式中可用的所有节点，如图 4.9.4 和图 4.9.5 所示。

部件导航器相依性” 面板可以查看部件中特征几何体的父子关系，可以帮助修改计划对部件的潜在影响。单击相依性选项可以打开和关闭该面板，选择其中一个特征，其界面如图 4.9.6 所示。

“部件导航器细节” 面板显示属于当前所选特征的特征和定位参数。如果特征被表达式抑制，则特征抑制也将显示。单击细节选项可以打开和关闭该面板，选择其中一个特征，其界面如图 4.9.7 所示。

图 4.9.1　参照模型

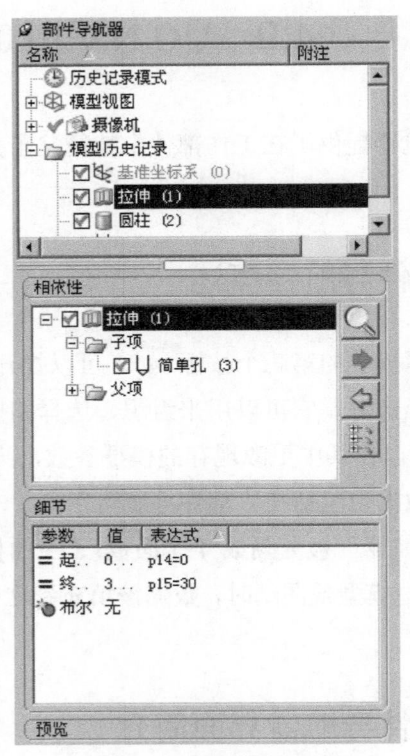


图 4.9.2　“部件导航器”界面

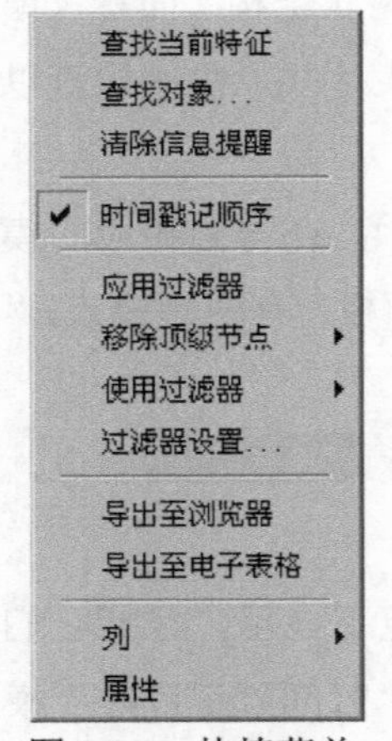


图 4.9.3　快捷菜单

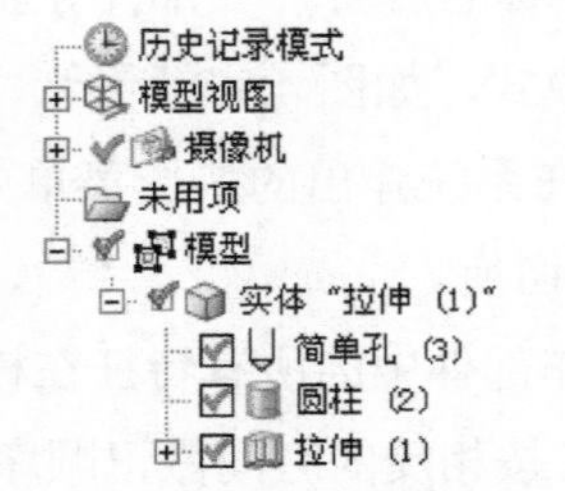


图 4.9.4　“非时间戳记顺序”模式

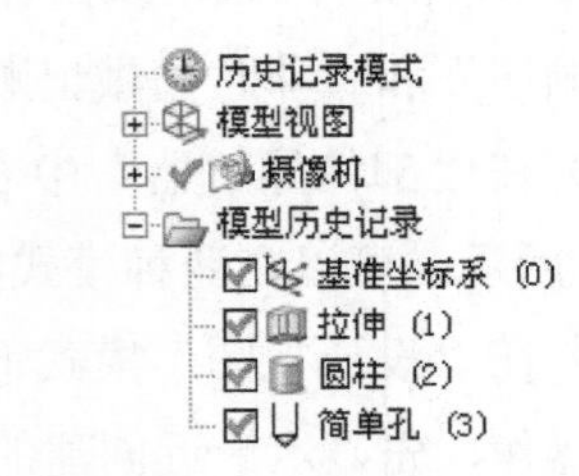


图 4.9.5　“时间戳记顺序”模式

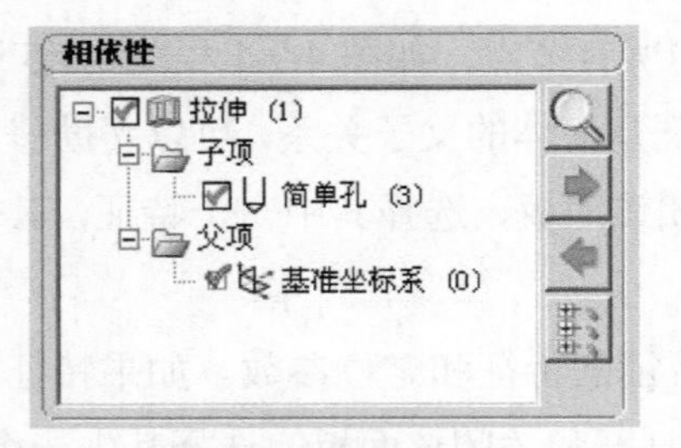


图 4.9.6　部件导航器“相依性”面板界面

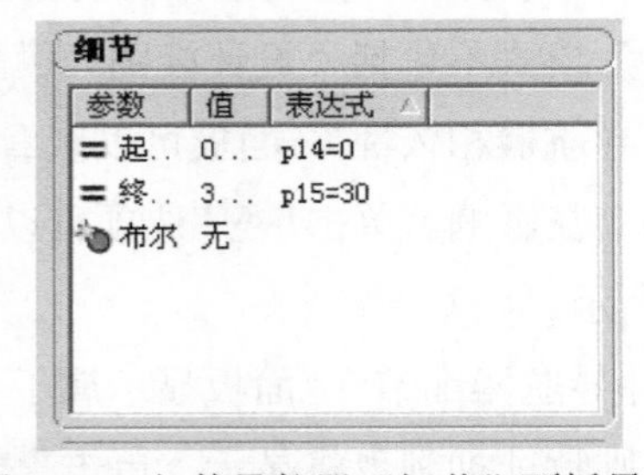


图 4.9.7　部件导航器“细节”面板界面

“细节” 面板有三列：参数、值和表达式。在此仅显示单个特征的参数，可以直接在“细节面板”中编辑该值：双击该值进入编辑模式，可以更改表达式的值，按 Enter 键结束编辑。参数和表达式可以通过右击弹出菜单中的“导出至浏览器”或“导出至电子表格”，将“细节”面板的内容导出至浏览器或电子表格，并且可以按任意列排序。

“部件导航器预览” 面板显示可用的预览对象的图像。单击预览选项可以打开和关闭该面板。“预览” 面板的性质与上述“部件导航器细节” 面板类似，不再赘述。

## 4.9.3 部件导航器的作用与操作

### 1. 部件导航器的作用

部件导航器可以用来抑制或释放特征和改变它们的参数或定位尺寸等，部件导航器在所有 UG NX 10.0 应用环境中都是有效的，而不只是在建模环境中。可以在建模环境执行特征编辑操作。在部件导航器中，编辑特征可以引起一个在模型上执行的更新。

在部件导航器中使用时间戳记顺序，可以按时间序列排列建模所用到的每个步骤，并且可以对其进行参数编辑、定位编辑、显示设置等各种操作。

部件导航器中提供了正等测视图、前视图、右视图等八个模型视图，用于选择当前视图的方向，以便从各个视角观察模型。

### 2. 部件导航器的显示操作

部件导航器对识别模型特征是非常有用的。在部件导航器窗口中选择一个特征，该特征将在图形区高亮显示，并在部件导航器窗口中高亮显示其父特征和子特征。反之，在图形区中选择一特征，该特征及其父/子层级也会在部件导航器窗口中高亮显示。

为了显示部件导航器，可以在图形区左侧的资源条上单击按钮，系统弹出部件导航器界面。当光标离开部件导航器窗口时，部件导航器窗口立即关闭，以方便图形区的操作，如果需要固定部件导航器窗口的显示，单击按钮，使之变为状态，则窗口始终固定显示，直到再次单击按钮。

如果需要以某个方向观察模型，可以在部件导航器中双击模型视图下的选项（图 4.9.8），得到图 4.9.8 所示的八个方向的视角，当前应用视图后有“(工作)”字样。

### 3. 在部件导航器中编辑特征

在“部件导航器”中，有多种方法可以选择和编辑特征，在此列举两种。

**方法一：**

Step1. 双击树列表中的特征，打开其编辑对话框。

Step2. 用与创建时相同的对话框控制编辑其特征。

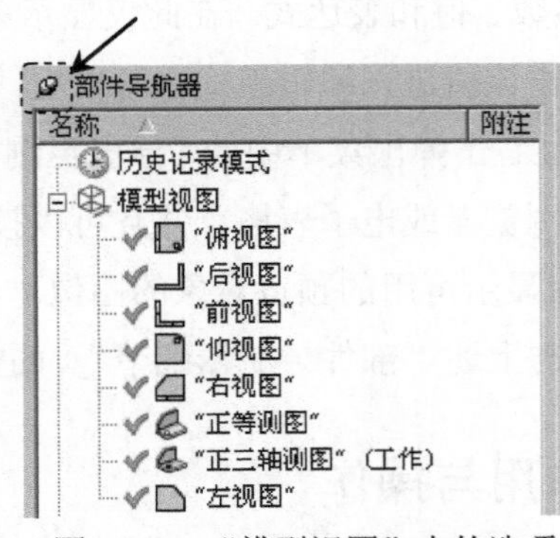


图 4.9.8 “模型视图”中的选项

方法二：

Step1. 在树列表中选择一个特征。

Step2. 右击，选择弹出菜单中的 编辑参数(P)... 命令，打开其编辑对话框。

Step3. 用与创建时相同的对话框控制编辑其特征。

4. 显示表达式

在“部件导航器”中会显示“主面板表达式”文件夹内定义的表达式，且其名称前会显示表达式的类型（即距离、长度或角度等）。

5. 抑制与取消抑制

打开文件 D:\ug10.1\work\ch04.09\Suppressed.prt，通过抑制（Suppressed）功能可使已显示的特征临时从图形区中移去。取消抑制后，该特征显示在图形区中，例如，图 4.9.9a 的孔特征处于抑制的状态，此时其模型树如图 4.9.10a 所示；图 4.9.9b 的孔特征处于取消抑制的状态，此时其模型树如图 4.9.10b 所示。

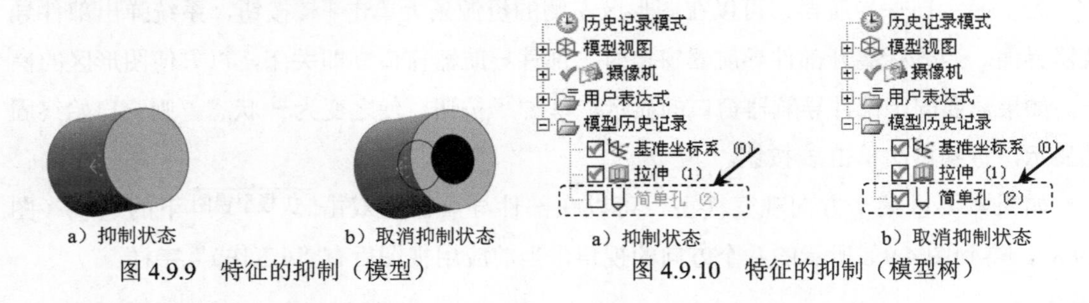


a）抑制状态　b）取消抑制状态

图 4.9.9 特征的抑制（模型）

a）抑制状态　b）取消抑制状态

图 4.9.10 特征的抑制（模型树）

如果要抑制某个特征，可在模型树中选择该特征右击，在弹出的快捷菜单中选择 抑制(S) 命令。如果需要取消某个特征的抑制，可在模型树中选择该特征并右击，在弹出的快捷菜单中选择 取消抑制(U) 命令，即可恢复显示。

说明：

- 选取 抑制(S) 命令可以使用另外一种方法，即在模型树中选择某个特征后右击，在弹出的快捷菜单中选择 抑制(S) 命令。

- 在抑制某个特征时，其子特征也将被抑制；在取消抑制某个特征时，其父特征也将被取消抑制。

### 6. 特征回放

使用下拉菜单 编辑(E) → 特征(F) ▸ → 回放(B)... 命令可以一次显示一个特征，逐步表示模型的构造过程。

注意：

- 被抑制的特征在回放的过程中是不显示的。
- 如果草图是在特征内部创建的，则在回放过程中不显示；否则草图会显示。

### 7. 信息获取

信息（Information）下拉菜单提供了获取有关模型信息的选项。

信息窗口显示所选特征的详细信息，包括特征名、特征表达式、特征参数和特征的父子关系等。特征信息的获取方法：在部件导航器中选择特征并右击，然后选择 信息(I) 命令，系统弹出“信息”窗口。

说明：

- 在“信息”窗口中可以选择下拉菜单 文件(F) → 另存为...(A) 命令或 Print...(P) Ctrl+P 命令。另存为...(A) 命令用于以文本格式保存在信息窗口中列出的所有信息；Print...(P) Ctrl+P 命令用于将信息列表打印。
- 编辑(E) 下拉菜单中的 查找...(F) Ctrl+F 命令用于搜索特定表达式。

### 8. 细节

在模型树中选择某个特征后，在“细节”面板中会显示该特征的参数、值和表达式，右击某个表达式，在弹出的快捷菜单中选择 编辑 命令，可以对表达式进行编辑，以便对模型进行修改。例如，在图 4.9.11 所示的“细节”面板中显示的是一个拉伸特征的细节，右击表达式 p3=45，选择 编辑 命令，在文本框中输入值 50 并按 Enter 键，则该拉伸特征会变厚。

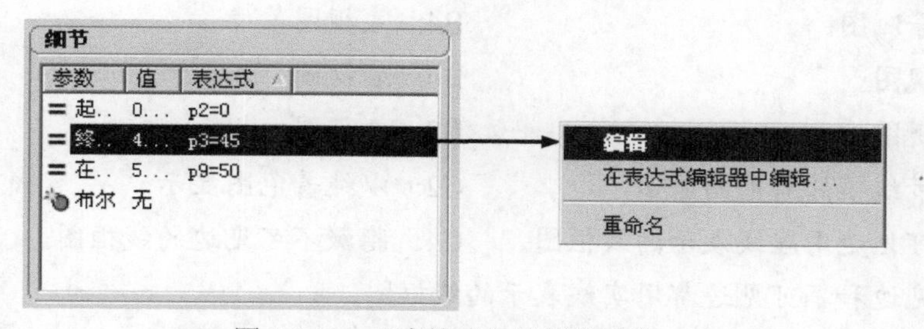


图 4.9.11 “表达式”编辑的操作

# 4.10 对象操作

往往在对模型特征操作时，需要对目标对象进行显示、隐藏、分类和删除等操作，使用户能更快捷、更容易地达到目的。

## 4.10.1 控制对象模型的显示

模型的显示控制主要通过图 4.10.1 所示的“视图”工具条来实现，也可通过 视图(V) 下拉菜单中的命令来实现。

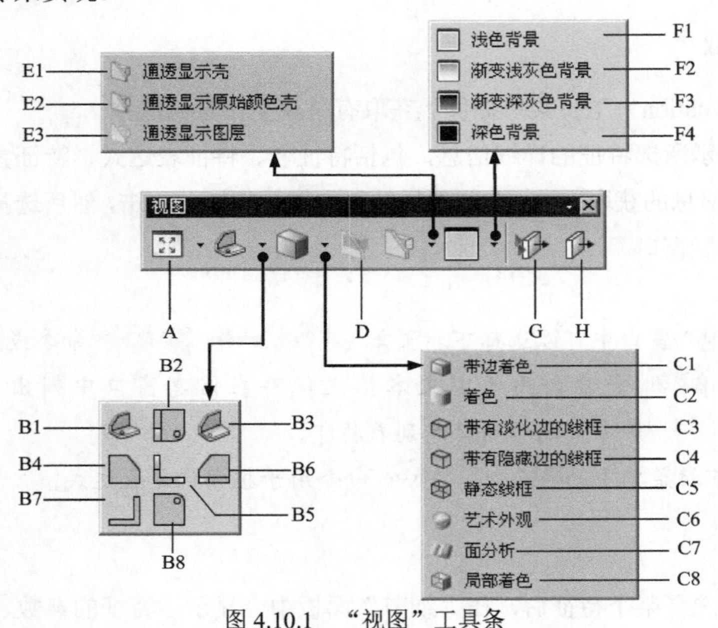


图 4.10.1 “视图”工具条

**图 4.10.1 所示的“视图”工具条中各选项说明如下：**

A：适合窗口。调整工作视图的中心和比例以显示所有对象。

B1：正三轴测图。　　B2：俯视图。

B3：正等测图。　　B4：左视图。

B5：前视图。　　B6：右视图。

B7：后视图。　　B8：仰视图。

C1：以带线框的着色图显示。　　C2：以纯着色图显示。

C3：不可见边用虚线表示的线框图。　　C4：隐藏不可见边的线框图。

C5：可见边和不可见边都用实线表示的线框图。

C6：艺术外观。在此显示模式下，选择下拉菜单 视图(V) → 可视化(V) → 材料/纹理(M)... 命令，可以对它们指定的材料和纹理特性进行实际渲染。没有指定材料或纹理特性的对象，看起来与“着色”渲染样式下所进行的着色相同。

C7：在“面分析”渲染样式下，选定的曲面对象由小平面几何体表示，并渲染小平面以指示曲面分析数据，剩余的曲面对象由边缘几何体表示。

C8：在“局部着色”渲染样式中，选定曲面对象由小平面几何体表示，这些几何体通过着色和渲染显示，剩余的曲面对象由边缘几何体显示。

D：全部通透显示。

E1：使用指定的颜色将已取消着重的着色几何体显示为透明壳。

E2：将已取消着重的着色几何体显示为透明壳，并保留原始的着色几何体颜色。

E3：使用指定的颜色将已取消着重的着色几何体显示为透明图层。

F1：浅色背景。　F2：渐变浅灰色背景。　F3：渐变深灰色背景。

F4：深色背景。

G：剪切工作截面。　H：编辑工作截面。

## 4.10.2 删除对象

利用 编辑(E) 下拉菜单中的 删除(D)... 命令可以删除一个或多个对象。下面以图 4.10.2 所示的模型为例，说明删除对象的一般操作过程。

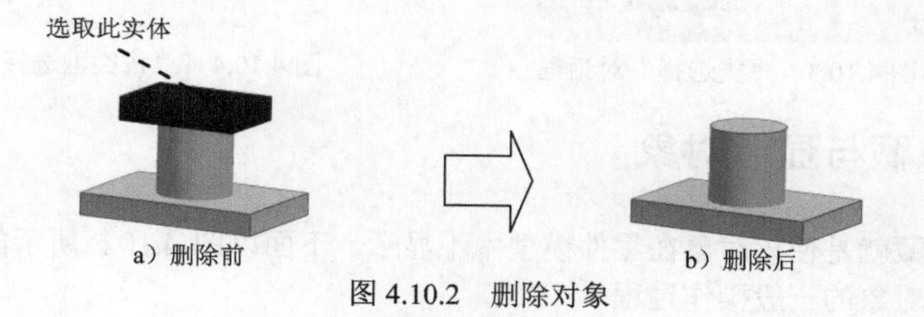


图 4.10.2 删除对象

Step1. 打开文件 D:\ug10.1\work\ch04.10\delete.prt。

Step2. 选择命令。选择下拉菜单 编辑(E) → 删除(D)... 命令，系统弹出图 4.10.3 所示的“类选择”对话框。

Step3. 定义删除对象。选取图 4.10.2a 所示的实体。

Step4. 单击 确定 按钮，完成对象的删除。

图 4.10.3 所示的“类选择”对话框中各选项功能的说明如下：

- 按钮：用于选取图形区中可见的所有对象。
- 按钮：用于选取图形区中未被选中的全部对象。
- 根据名称选择 文本框：输入预选对象的名称，系统会自动选取对象。
- 过滤器 区域：用于设置选取对象的类型。

☑ 按钮：通过指定对象的类型来选取对象。单击该按钮，系统弹出图 4.10.4 所示的“按类型选择”对话框，可以在列表中选择所需的对象类型。

☑ 按钮：通过指定图层来选取对象。

☑ 颜色过滤器：通过指定颜色来选取对象。

☑ 按钮：利用其他形式进行对象选取。单击该按钮，系统弹出“按属性选择”对话框，可以在列表中选择对象所具有的属性，也允许自定义某种对象的属性。

☑ 按钮：取消之前设置的所有过滤方式，恢复到系统默认的设置。

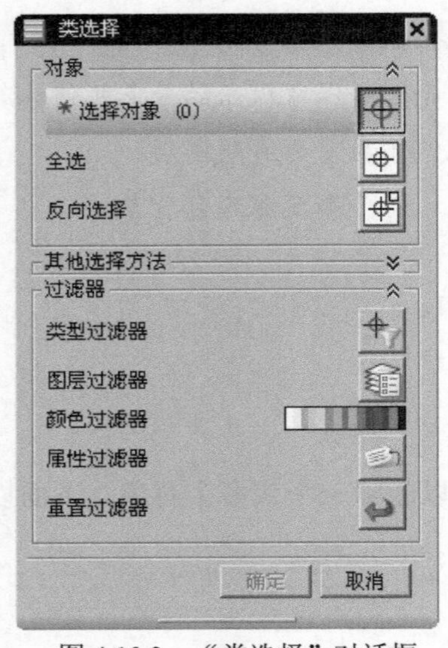


图 4.10.3 “类选择”对话框

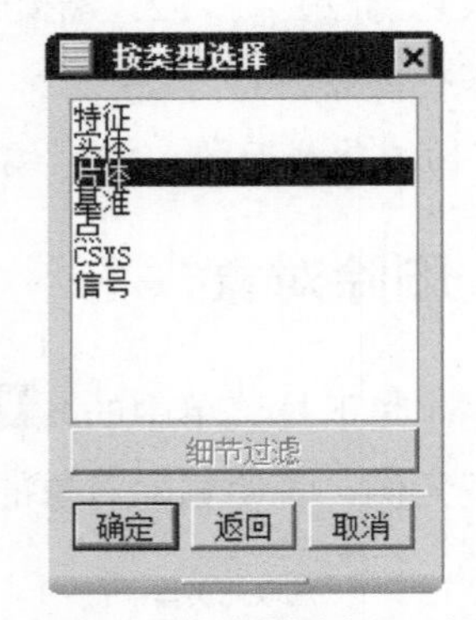


图 4.10.4 “按类型选择”对话框

## 4.10.3 隐藏与显示对象

对象的隐藏就是使该对象在零件模型中不显示。下面以图 4.10.5 所示的模型为例，说明隐藏与显示对象的一般操作过程。

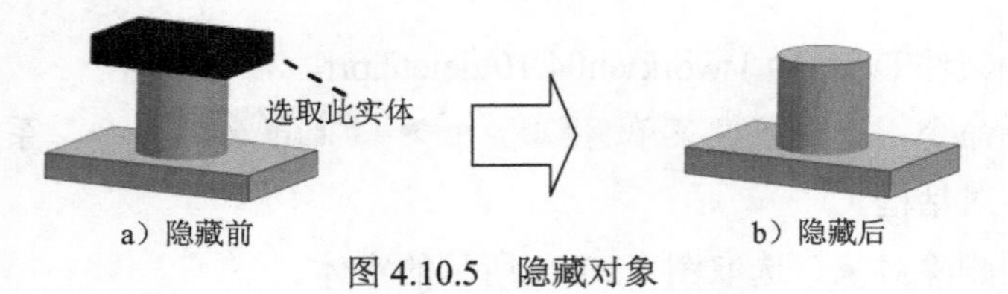


图 4.10.5 隐藏对象

Step1. 打开文件 D:\ug10.1\work\ch04.10\hide.prt。

Step2. 选择命令。选择下拉菜单 编辑(E) → 显示和隐藏(H) → 隐藏(H)... 命令，系统弹出“类选择”对话框。

Step3. 定义隐藏对象。选取图 4.10.5a 所示的实体。

Step4. 单击 确定 按钮，完成对象的隐藏。

Step5. 显示被隐藏的对象。选择下拉菜单 编辑(E) → 显示和隐藏(H) → 显示(S)... 命令（或按 Ctrl+Shift+K 组合键），系统弹出“类选择”对话框，选取 Step2 中隐藏的实体，则又恢复到图 4.10.5a 所示的状态。

说明：还可以在模型树中右击对象，在弹出的快捷菜单中选择 隐藏(H) 或 显示(S) 命令快速完成对象的隐藏或显示。

## 4.10.4 编辑对象的显示

编辑对象的显示就是修改对象的层、颜色、线型和宽度等。下面以图 4.10.6 所示的模型为例，说明编辑对象显示的一般过程。

Step1. 打开文件 D:\ug10.1\work\ch04.10\display.prt。

Step2. 选择命令。选择下拉菜单 编辑(E) → 对象显示(J)... 命令，系统弹出"类选择"对话框。

Step3. 定义需编辑的对象。选择图 4.10.6a 所示的圆柱体，单击 确定 按钮，系统弹出图 4.10.7 所示的"编辑对象显示"对话框。

Step4. 修改对象显示属性。在该对话框中的 颜色 区域选择黑色，单击 确定 按钮，在 线型 下拉列表框中选择虚线，在 宽度 下拉列表框中选择粗线宽度，如图 4.10.7 所示。

Step5. 单击 确定 按钮，完成对象显示的编辑。

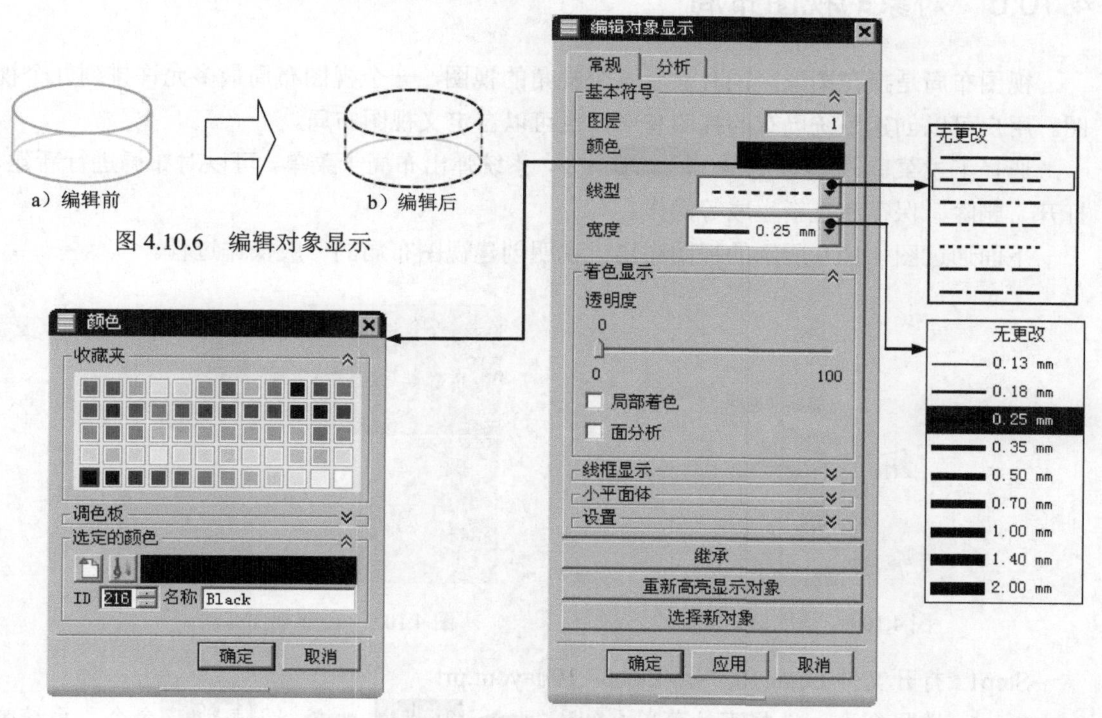


图 4.10.6 编辑对象显示

图 4.10.7 "编辑对象显示"对话框

## 4.10.5 分类选择

UG NX 10.0 提供了一个分类选择的工具，利用选择对象类型和设置过滤器的方法，以达到快速选取对象的目的。选取对象时，可以直接选取对象，也可以利用"类选择"对话框中的对象类型过滤功能来限制选择对象的范围。选中的对象以高亮方式显示。

**注意：**在选取对象的操作中，如果光标短暂停留后，后面出现“...”的提示，则表明在光标位置有多个可供选择的对象。

下面以图 4.10.8 所示选取曲线的操作为例，介绍如何选择对象。

Step1. 打开文件 D:\ug10.1\work\ch04.10\display_2.prt。

Step2. 选择命令。选择下拉菜单 编辑(E) → 对象显示(J)... 命令，系统弹出“类选择”对话框。

Step3. 定义对象类型。单击“类选择”对话框中的按钮，系统弹出“按类型选择”对话框，选择 曲线 选项，单击 确定 按钮。

Step4. 根据系统 选择要编辑的对象 的提示，在图形区选取图 4.10.8 所示的曲线目标对象，单击 确定 按钮。

Step5. 系统弹出“编辑对象显示”对话框，单击 确定 按钮，完成对象的选取。

**注意：**这里主要是介绍对象的选取，编辑对象显示的操作不再赘述。

## 4.10.6 对象的视图布局

视图布局是指在图形区同时显示多个视角的视图，一个视图布局最多允许排列九个视图。用户可以创建系统已有的视图布局，也可以自定义视图布局。

选择下拉菜单 视图(V) → 布局(L) ▸ 命令，系统弹出布局子菜单，可以对布局进行新建、打开、删除、保存和重新生成等操作。

下面通过图 4.10.9 所示的视图布局，说明创建视图布局的一般操作过程。

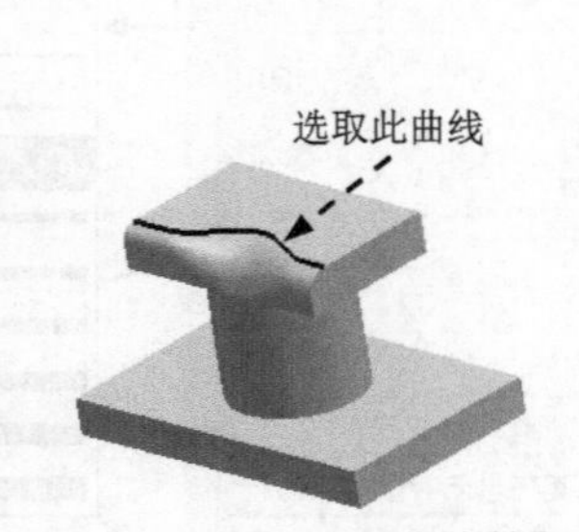


图 4.10.8 选取曲线特征

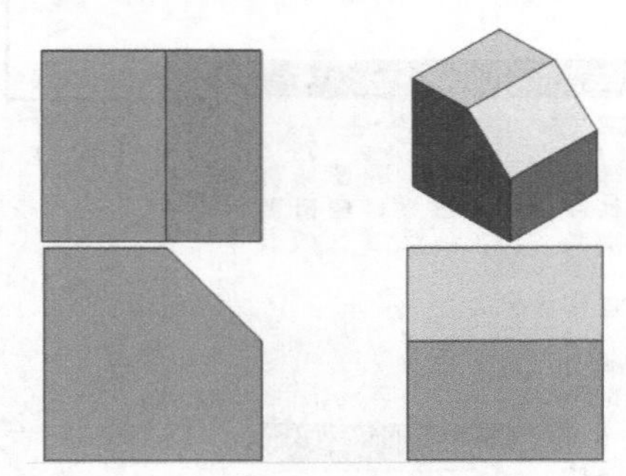

图 4.10.9 创建视图布局

Step1. 打开文件 D:\ug10.1\work\ch04.10\layout.prt。

Step2. 选择命令。选择下拉菜单 视图(V) → 布局(L) ▸ → 新建(N)... 命令，系统弹出图 4.10.10 所示的“新建布局”对话框。

Step3. 设置视图属性。在 名称 文本框中输入新布局的名称 LAY1，在 布置 下拉列表框中选择图 4.10.10 所示的布局方式，单击 确定 按钮。

Step4. 保存视图布局。选择下拉菜单 视图(V) → 布局(L) ▸ → 保存(S) 命令，保存当前视图布局。

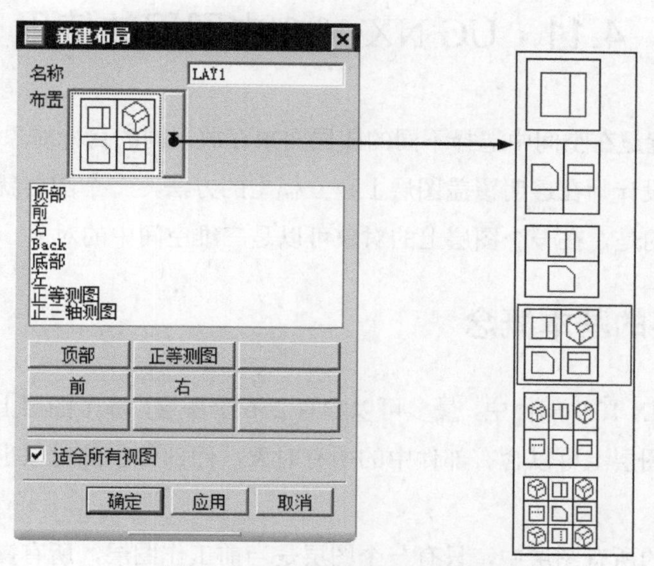


图 4.10.10 “新建布局”对话框

## 4.10.7 全屏显示

UG NX 10.0 可以将屏幕实际使用面积最大化，使用户能够最充分利用图形窗口。使用全屏显示模式可以将用户界面和导航器最小化，使用户能够专注于当前的工作。用户可以通过选择 视图(V) → 全屏(F) 命令（或单击 按钮）进入全屏显示模式（图 4.10.11），再次单击 按钮恢复窗口显示。

图 4.10.11 全屏显示

# 4.11 UG NX 10.0 中图层的使用

所谓图层，就是在空间中选择不同的图层面来存放不同的目标对象。UG NX 10.0 中的图层功能类似于设计师在透明覆盖图层上建立模型的方法，一个图层就类似于一个透明的覆盖图层。不同的是，在一个图层上的对象可以是三维空间中的对象。

## 4.11.1 图层的基本概念

在一个 UG NX 10.0 部件中，最多可以含有 256 个图层，每个图层上可含任意数量的对象，因此在一个图层上可以含有部件中的所有对象，而部件中的对象也可以分布在任意一个或多个图层中。

在一个部件的所有图层中，只有一个图层是当前工作图层，所有操作只能在工作图层上进行，而其他图层则可以对它们的可见性、可选择性等进行设置和辅助工作。如果要在某图层中创建对象，则应在创建对象前使其成为当前工作图层。

## 4.11.2 设置图层

UG NX 10.0 提供了 256 个图层，这些图层都必须通过选择 格式(R) 下拉菜单中的 图层设置(S)... 命令来完成所有的设置。图层的应用对于建模工作有很大的帮助。选择 图层设置(S)... 命令后，系统弹出图 4.11.1 所示的“图层设置”对话框（一），利用该对话框，用户可以根据需要设置图层的名称、分类、属性和状态等，也可以查询图层的信息，还可以进行有关图层的一些编辑操作。

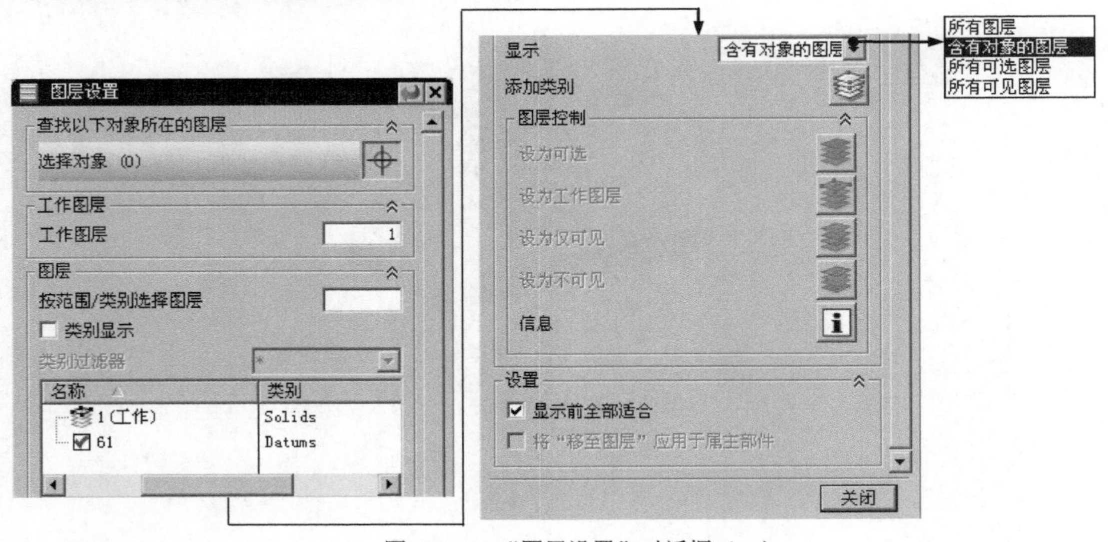


图 4.11.1 “图层设置”对话框（一）

图 4.11.1 所示的“图层设置”对话框（一）中主要选项的功能说明如下：

- 工作图层 文本框：在该文本框中输入某图层号并按 Enter 键后，则系统自动将该图层设置为当前的工作图层。
- 按范围/类别选择图层 文本框：在该文本框中输入层的种类名称后，系统会自动选取所有属于该种类的图层。
- ☑ 类别显示 选项：选中此选项图层，列表中将按对象的类别进行显示，如图 4.11.2 所示。
- 类别过滤器 下拉列表：主要用于选择已存在的图层种类名称来进行筛选，系统默认为“*”，此符号表示所有的图层种类。
- 显示 下拉列表：用于控制图层列表框中图层显示的情况。

  ☑ 所有图层 选项：图层状态列表框中显示所有的图层（1~256 层）。

  ☑ 含有对象的图层 选项：图层状态列表框中仅显示含有对象的图层。

  ☑ 所有可选图层 选项：图层状态列表框中仅显示可选择的图层。

  ☑ 所有可见图层 选项：图层状态列表框中仅显示可见的图层。

  注意：当前的工作图层在以上情况下，都会在图层列表框中显示。
- 按钮：单击此按钮可以添加新的类别层。
- 按钮：单击此按钮可将被隐藏的图层设置为可选。
- 按钮：单击此按钮可将选中的图层作为工作层。
- 按钮：单击此按钮可以将选中的图层设为可见。
- 按钮：单击此按钮可以将选中的图层设为不可见。
- 按钮：单击此按钮，系统弹出“信息”窗口，该窗口能够显示此零件模型中所有图层的相关信息，如图层编号、状态和图层种类等。
- ☑ 显示前全部适合 选项：选中此选项，模型将充满整个图形区。

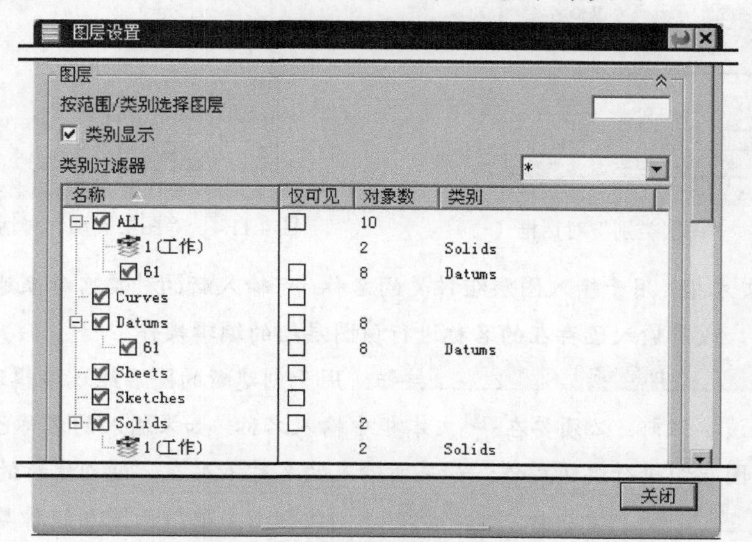


图 4.11.2 “图层设置”对话框（二）

在 UG NX 10.0 系统中，可对相关的图层分类进行管理，以提高操作的效率。例如可设置“MODELING”、“DRAFTING”和“ASSEMBLY”等图层组种类，图层组“MODELING”包括 1～20 层，图层组“DRAFTING”包括 21～40 层，图层组“ASSEMBLY”包括 41～60 层。当然可以根据自己的习惯来进行图层组种类的设置。当需要对某一层组中的对象进行操作时，可以很方便地通过层组来实现对其中各图层对象的选择。

图层组的种类设置可以通过选择下拉菜单 格式(R) → 图层类别(C)... 命令来实现。选择该命令后，系统弹出图 4.11.3 所示的“图层类别”对话框（一），在该对话框的 类别 文本框中输入新种类的名称，单击 创建/编辑 按钮，系统弹出图 4.11.4 所示的“图层类别”对话框（二）。

**图 4.11.3 所示的“图层类别”对话框（一）中主要选项的功能说明如下：**

- 过滤器 文本框：用于输入已存在的图层种类名称来进行筛选，该文本框下方的列表框用于显示已存在的图层组种类或筛选后的图层组种类，可在该列表框中直接选取需要进行编辑的图层组种类。

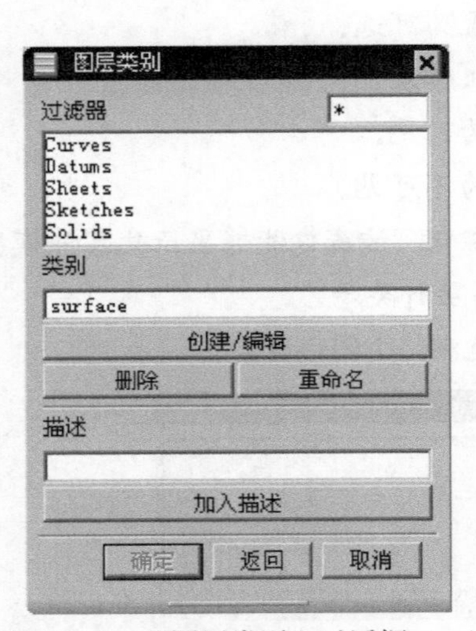


图 4.11.3 “图层类别”对话框（一）

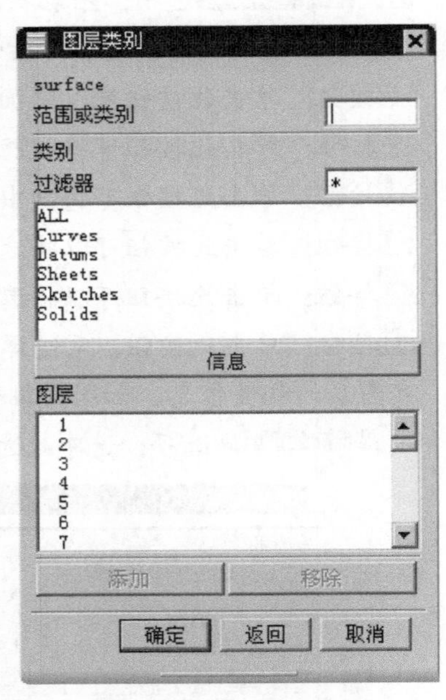


图 4.11.4 “图层类别”对话框（二）

- 类别 文本框：用于输入图层组种类的名称，可输入新的种类名称来建立新的图层组种类，或是输入已存在的名称进行该图层组的编辑操作。
- 创建/编辑 按钮：用于创建新的图层组或编辑现有的图层组。单击该按钮前，必须要在 类别 文本框中输入名称。如果输入的名称已经存在，则可对该图层组进行编辑操作；如果所输入的名称不存在，则创建新的图层组。
- 删除 按钮和 重命名 按钮：主要用于图层组种类的编辑操作。删除 按钮用于删除所选取的图层组种类； 重命名 按钮用于对已存在的图层组种类重新命名。

- 描述文本框：用于输入某图层相应的描述文字，解释该图层的含义。当输入的文字长度超出文本框的规定长度时，系统则会自动进行延长匹配，所以在使用中也可以输入比较长的描述语句。

在进行图层组种类的建立、编辑和更名的操作时，可以按照以下的方式进行。

**1．建立一个新的图层**

在图4.11.3所示的“图层类别”对话框（一）的类别文本框中输入新图层的名称，还可在描述文本框中输入相应的描述信息。单击创建/编辑按钮，在系统弹出的图4.11.4所示的“图层类别”对话框（二）中，从“图层”列表框中选取该种类需要包括的层，先单击添加按钮，然后单击确定按钮完成操作，即可创建一个新的图层组。

**2．修改所选图层的描述信息**

在图4.11.3所示的“图层类别”对话框（一）中选择需修改描述信息的图层，在描述文本框中输入相应的描述信息，然后单击确定按钮，系统便可修改所选图层的描述信息。

**3．编辑一个存在图层种类**

在图4.11.1所示“图层设置”对话框的类别框中输入图层名称，或直接在图层组种类列表框中选择欲编辑的图层，便可对其进行编辑操作。

## 4.11.3 视图中的可见图层

使用格式(R)下拉菜单中的视图中可见图层(V)...命令，可以设置图层的可见或不可见。选择视图中可见图层(V)...命令后，系统弹出图4.11.5所示的“视图中可见图层”对话框（一），在该对话框中选取某个视图，单击确定按钮，系统弹出图4.11.6所示的“视图中可见图层”对话框（二），该对话框用于控制所选视图所在层的显示状态。在“视图中可见图层”对话框（二）的列表框中选择某个图层，然后单击可见按钮或不可见按钮，可以设置该图层的可见性。

## 4.11.4 移动至图层

“移动至图层”功能用于把对象从一个图层移出并放置到另一个图层，操作步骤如下：

Step1．选择命令。选择下拉菜单格式(R) → 移动至图层(M)...命令，系统弹出“类选择”对话框。

Step2．选取目标特征。先选取目标特征，然后单击“类选择”对话框中的确定按钮，系统弹出图 4.11.7 所示的“图层移动”对话框。

Step3. 选择目标图层或输入目标图层的编号，单击 确定 按钮，完成该操作。

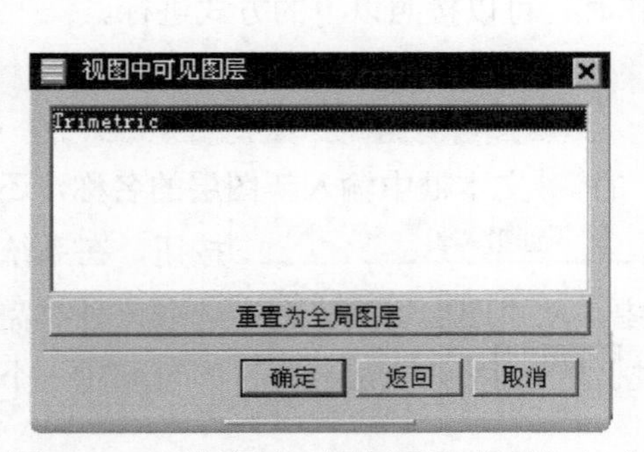


图 4.11.5 “视图中可见图层”对话框（一）

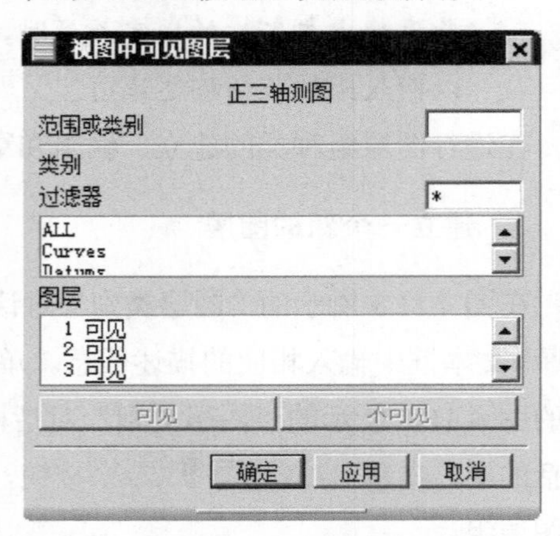


图 4.11.6 “视图中可见图层”对话框（二）

## 4.11.5 复制至图层

“复制至图层”功能用于把对象从一个图层复制到另一个图层，且源对象依然保留在原来的图层上，其一般操作步骤如下：

Step1. 选择命令。选择下拉菜单 格式(R) → 复制至图层(O)... 命令，系统弹出“类选择”对话框。

Step2. 选取目标特征。先选取目标特征，然后单击 确定 按钮，系统弹出“图层复制”对话框，如图 4.11.8 所示。

Step3. 定义目标图层。从图层列表框中选择一个目标图层，或在数据输入字段中输入一个图层编号。单击 确定 按钮，完成该操作。

**说明：组件、基准轴和基准平面类型不能在图层之间复制，只能移动。**

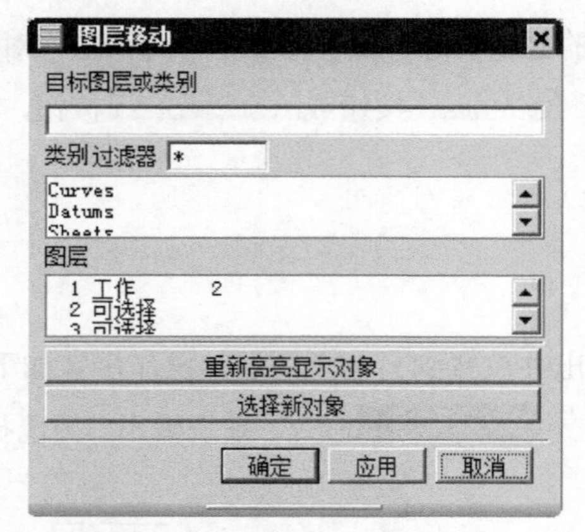


图 4.11.7 “图层移动”对话框

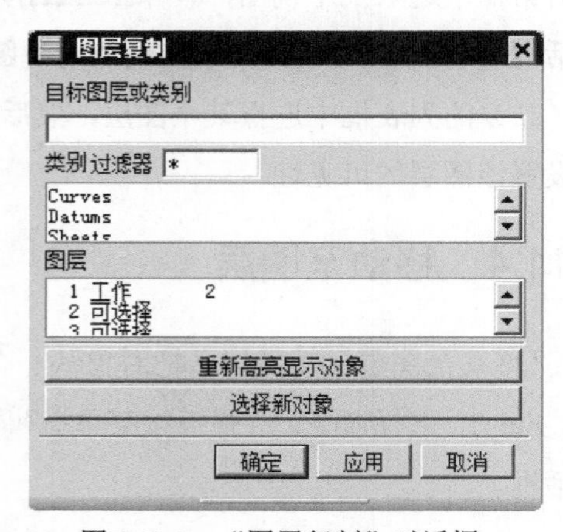


图 4.11.8 “图层复制”对话框

# 4.12 常用的基准特征

## 4.12.1 基准平面

基准平面可作为创建其他特征（如圆柱、圆锥、球以及旋转的实体等）的辅助工具。可以创建两种类型的基准平面：相对的和固定的。

（1）相对基准平面：它是根据模型中的其他对象创建的，可使用曲线、面、边缘、点及其他基准作为基准平面的参考对象。

（2）固定基准平面：它既不供参考，也不受其他几何对象的约束，但在用户定义特征中除外。可使用任意相对基准平面方法创建固定基准平面，方法是：取消选择“基准平面”对话框中的□ 关联复选项；还可根据 WCS 和绝对坐标系，并通过使用方程式中的系数，使用一些特殊方法创建固定基准平面。

下面以图 4.12.1 所示的范例来说明创建基准平面的一般过程。

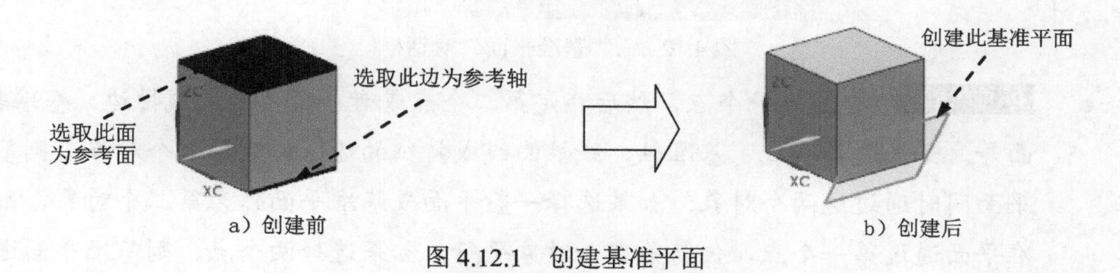


图 4.12.1 创建基准平面

Step1. 打开文件 D:\ug10.1\work\ch04.12\define_plane.prt。

Step2. 选择命令。选择下拉菜单 插入(S) → 基准/点(D) → 基准平面(D)... 命令，系统弹出图 4.12.2 所示的“基准平面”对话框。

Step3. 选择创建基准平面的方法。在“基准平面”对话框的 类型 下拉列表中选择 成一角度 选项，如图 4.12.2 所示。

Step4. 定义参考对象。选取上平面为参考平面，选取与平面平行的一边为参考轴，如图 4.12.1a 所示。

Step5. 定义参数。在对话框中的 角度 文本框中输入角度值 60，单击 < 确定 > 按钮，完成基准平面的创建。

**图 4.12.2 所示的“基准平面”对话框 类型 下拉列表中各选项功能的说明如下：**

- 自动判断：通过选择的对象自动判断约束条件。例如，选取一个表面或基准平面时，系统自动生成一个预览基准平面，可以输入偏置值和数量来创建基准平面。
- 按某一距离：通过输入偏置值创建与已知平面（基准平面或零件表面）平行的基准平面。
- 成一角度：通过输入角度值创建与已知平面成一角度的基准平面。先选择一个平的面或基准平面，然后选择一个与所选面平行的线性曲线或基准轴，以定义旋转轴。

- 二等分：创建与两平行平面距离相等的基准平面，或创建与两相交平面所成角度相等的基准平面。

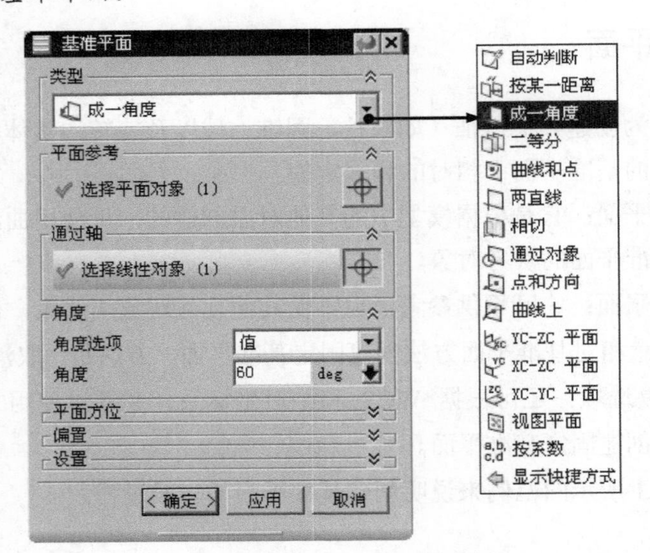


图 4.12.2 “基准平面”对话框

- 曲线和点：先指定一个点，然后指定第二个点或者一条直线、线性边、基准轴、面等。如果选择直线、基准轴、线性曲线或特征的边缘作为第二个对象，则基准平面同时通过这两个对象；如果选择一般平面或基准平面作为第二个对象，则基准平面通过第一个点，但与第二个对象平行；如果选择两个点，则基准平面通过第一个点并垂直于这两个点所定义的方向；如果选择三个点，则基准平面通过这三个点。
- 两直线：通过选择两条现有直线，或直线与线性边、面的法向向量或基准轴的组合，创建的基准平面包含第一条直线且平行于第二条线。如果两条直线共面，则创建的基准平面将同时包含这两条直线。否则，还会有下面两种可能的情况：
  - ☑ 这两条线不垂直。创建的基准平面包含第二条直线且平行于第一条直线。
  - ☑ 这两条线垂直。创建的基准平面包含第一条直线且垂直于第二条直线，或是包含第二条直线且垂直于第一条直线（可以使用循环解实现）。
- 相切：创建一个与任意非平的表面相切的基准平面，还可选择与第二个选定对象相切。选择曲面后，系统显示与其相切的基准平面的预览，可接受预览的基准平面或选择第二个对象。
- 通过对象：根据选定的对象平面创建基准平面，对象包括曲线、边缘、面、基准、平面、圆柱、圆锥或旋转面的轴、基准坐标系、坐标系以及球面和旋转曲面。如果选择圆锥面或圆柱面，则在该面的轴线上创建基准平面。
- 点和方向：通过定义一个点和一个方向来创建基准平面。定义的点可以是使用点构造器创建的点，也可以是曲线或曲面上的点；定义的方向可以通过选取的对象自动判断，也可以使用矢量构造器来构建。

- 在曲线上：创建一个与曲线垂直或相切且通过已知点的基准平面。
- YC-ZC 平面：沿工作坐标系（WCS）或绝对坐标系（ACS）的 YC-ZC 轴创建一个固定的基准平面。
- XC-ZC 平面：沿工作坐标系（WCS）或绝对坐标系（ACS）的 XC-ZC 轴创建一个固定的基准平面。
- XC-YC 平面：沿工作坐标系（WCS）或绝对坐标系（ACS）的 XC-YC 轴创建一个固定的基准平面。
- 视图平面：创建平行于视图平面并穿过绝对坐标系（ACS）原点的固定基准平面。
- 按系数：通过使用系数 A、B、C 和 D 指定一个方程的方式，创建固定基准平面，该基准平面由方程 ax+ by+cz=d 确定。

## 4.12.2　基准轴

基准轴既可以是相对的，也可以是固定的。以创建的基准轴为参考对象，可以创建其他对象，比如基准平面、旋转特征和拉伸体等。下面通过图 4.12.3 所示的范例来说明创建基准轴的一般操作步骤。

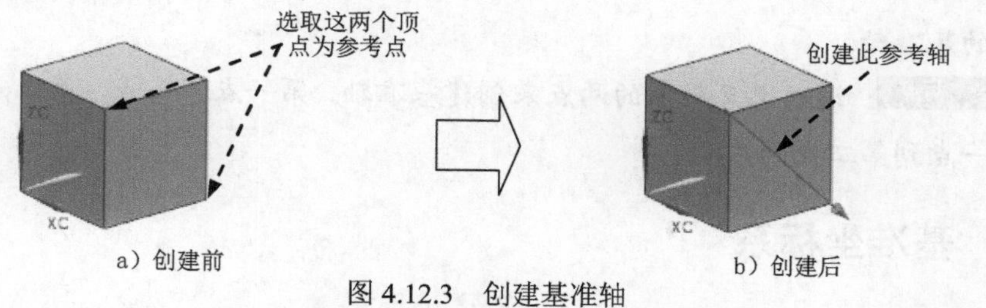


图 4.12.3　创建基准轴

Step1. 打开文件 D:\ug10.1\work\ch04.12\define_axis.prt。

Step2. 选择命令。选择下拉菜单 插入(S) → 基准/点(D) → 基准轴(A)... 命令，系统弹出图 4.12.4 所示的“基准轴”对话框。

Step3. 选择“两点”方式来创建基准轴。在“基准轴”对话框中的类型下拉列表中选择 两点 选项。

Step4. 定义参考点。选取立方体两个顶点为参考点，如图 4.12.3a 所示（创建的基准轴与选择点的先后顺序有关，可以通过单击“基准轴”对话框中的“反向”按钮调整）。

Step5. 单击 < 确定 > 按钮，完成基准轴的创建。

图 4.12.4 所示的“基准轴”对话框类型下拉列表中各选项功能的说明如下：

- 自动判断：系统根据选择的对象自动判断约束。
- 交点：通过两个相交平面创建基准轴。

● 曲线/面轴：创建一个起点在选择曲线上的基准轴。

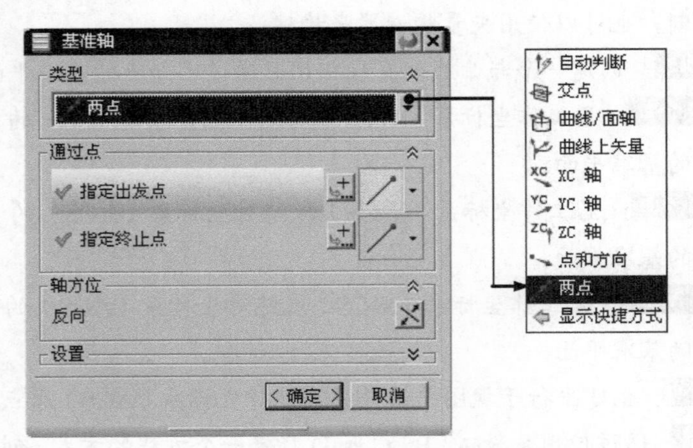


图 4.12.4 “基准轴”对话框

● 曲线上矢量：创建与曲线的某点相切、垂直，或者与另一对象垂直或平行的基准轴。
● XC 轴：选择该选项，读者可以沿 XC 方向创建基准轴。
● YC 轴：选择该选项，读者可以沿 YC 方向创建基准轴。
● ZC 轴：选择该选项，读者可以沿 ZC 方向创建基准轴。
● 点和方向：通过定义一个点和一个矢量方向来创建基准轴。通过曲线、边或曲面上的一点，可以创建一条平行于线性几何体或基准轴、面轴，或垂直于一个曲面的基准轴。
● 两点：通过定义轴上的两点来创建基准轴。第一点为基点，第二点定义了从第一点到第二点的方向。

## 4.12.3 基准坐标系

基准坐标系由三个基准平面、三个基准轴和原点组成，在基准坐标系中可以选择单个基准平面、基准轴或原点。基准坐标系可用来创建其他特征、约束草图和定位在一个装配中的组件等。下面通过图 4.12.5 所示的范例来说明创建基准坐标系的一般操作过程。

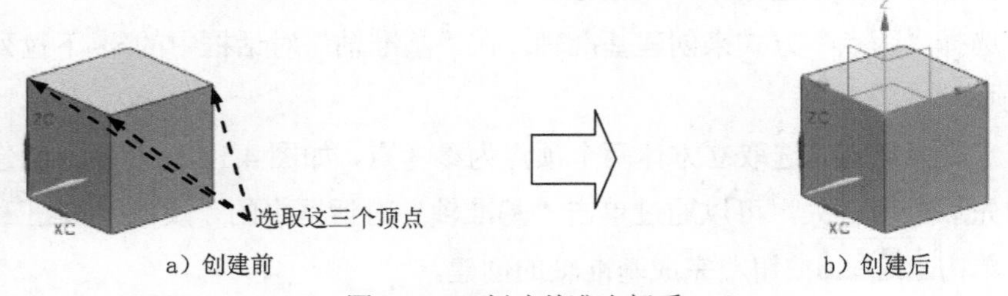


图 4.12.5 创建基准坐标系

Step1. 打开文件 D:\ug10.1\work\ch04.12\define_csys.prt。

Step2. 选择命令。选择下拉菜单 插入(S) → 基准/点(D) → 基准 CSYS... 命令，系统弹出图 4.12.6 所示的“基准 CSYS”对话框。

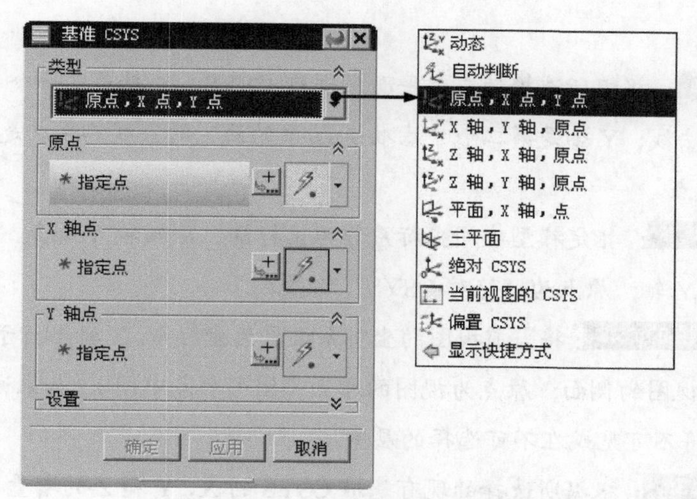


图 4.12.6　“基准 CSYS”对话框

Step3. 选择创建基准坐标系的方式。在“基准 CSYS”对话框的类型下拉列表中选择原点，X 点，Y 点选项。

Step4. 定义参考点。选取立方体的三个顶点作为基准坐标系的参考点，其中原点是第一点，X 轴是从第一点到第二点的矢量，Y 轴是从第一点到第三点的矢量，如图 4.12.5a 所示。

Step5. 单击< 确定 >按钮，完成基准坐标系的创建。

**图 4.12.6 所示的“基准 CSYS”对话框中各选项功能的说明如下：**

- 动态：选择该选项，读者可以手动将 CSYS 移到所需的任何位置和方向。
- 自动判断：创建一个与所选对象相关的 CSYS，或通过 X、Y 和 Z 分量的增量来创建 CSYS。实际所使用的方法是基于所选择的对象和选项。要选择当前的 CSYS，可选择自动判断的方法。
- 原点，X 点，Y 点：根据选择的三个点或创建三个点来创建 CSYS。要想指定三个点，可以使用点方法选项或使用相同功能的菜单，打开“点构造器”对话框。X 轴是从第一点到第二点的矢量；Y 轴是从第一点到第三点的矢量；原点是第一点。
- X 轴，Y 轴，原点：根据所选择或定义的一点和两个矢量来创建 CSYS。选择的两个矢量作为坐标系的 X 轴和 Y 轴；选择的点作为坐标系的原点。
- Z 轴，X 轴，原点：根据所选择或定义的一点和两个矢量来创建 CSYS。选择的两个矢量作为坐标系的 Z 轴和 X 轴；选择的点作为坐标系的原点。
- Z 轴，Y 轴，原点：根据所选择或定义的一点和两个矢量来创建 CSYS。选择的两个矢量作为坐标系的 Z 轴和 Y 轴；选择的点作为坐标系的原点。
- 平面，X 轴，点：根据所选择的一个平面、X 轴和原点来创建 CSYS。其中选择的平面为 Z 轴平面，选取的 X 轴方向即为 CSYS 中 X 轴方向，选取的原点为 CSYS 的原点。

- 三平面：根据所选择的三个平面来创建 CSYS。X 轴是第一个“基准平面/平的面”的法线；Y 轴是第二个“基准平面/平的面”的法线；原点是这三个基准平面/面的交点。
- 绝对 CSYS：指定模型空间坐标系作为坐标系。X 轴和 Y 轴是“绝对 CSYS”的 X 轴和 Y 轴；原点为“绝对 CSYS”的原点。
- 当前视图的 CSYS：将当前视图的坐标系设置为坐标系。X 轴平行于视图底部；Y 轴平行于视图的侧面；原点为视图的原点（图形屏幕中间）。如果通过名称来选择，CSYS 将不可见或在不可选择的层中。
- 偏置 CSYS：根据所选择的现有基准 CSYS 的 X、Y 和 Z 的增量来创建 CSYS。X 轴和 Y 轴为现有 CSYS 的 X 轴和 Y 轴；原点为指定的点。

在建模过程中，经常需要对工作坐标系进行操作，以便于建模。选择下拉菜单 格式(R) → WCS ▸ → 定向(N)... 命令，系统弹出图 4.12.7 所示的“CSYS”对话框，对所建的工作坐标系进行操作。其创建的操作步骤和创建基准坐标系一致。

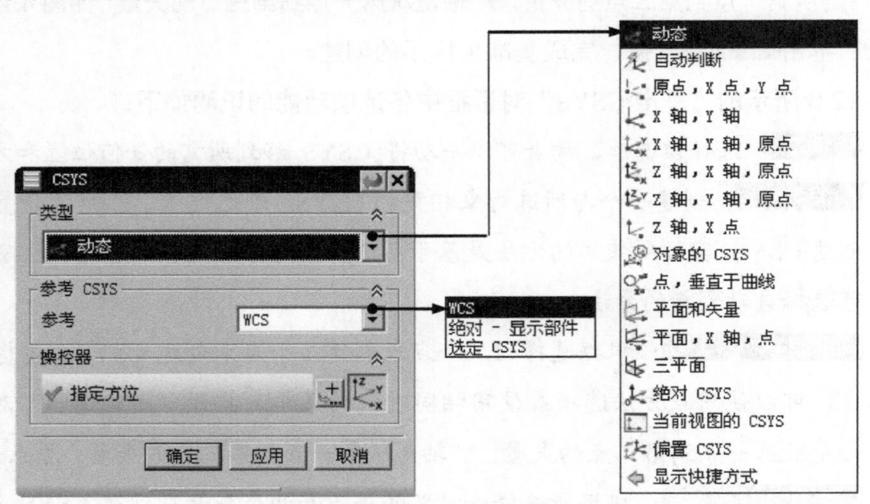


图 4.12.7 “CSYS”对话框

图 4.12.7 所示的“CSYS”对话框 类型 下拉列表中各选项功能的说明如下：

- 自动判断：通过选择的对象或输入坐标分量值来创建一个坐标系。
- 原点，X 点，Y 点：通过三个点来创建一个坐标系。这三点依次是原点、X 轴方向上的点和 Y 轴方向上的点。第一点到第二点的矢量方向为 X 轴正向，Z 轴正向由第二点到第三点按右手法则来确定。
- X 轴，Y 轴：通过两个矢量来创建一个坐标系。坐标系的原点为第一矢量与第二矢量的交点，XC-YC 平面为第一矢量与第二矢量所确定的平面，X 轴正向为第一矢量方向，从第一矢量至第二矢量按右手法则确定 Z 轴的正向。

- X 轴，Y 轴，原点：创建一点作为坐标系原点，再选取或创建两个矢量来创建坐标系。X 轴正向平行于第一矢量方向，XC-YC 平面平行于第一矢量与第二矢量所在平面，Z 轴正向由从第一矢量在 XC-YC 平面上的投影矢量至第二矢量在 XC-YC 平面上的投影矢量，按右手法则确定。
- Z 轴，X 点：通过选择或创建一个矢量和一个点来创建一个坐标系。Z 轴正向为矢量的方向，X 轴正向为沿点和矢量的垂线指向定义点的方向，Y 轴正向由从 Z 轴至 X 轴按右手法则确定，原点为三个矢量的交点。
- 对象的 CSYS：用选择的平面曲线、平面或工程图来创建坐标系，XC-YC 平面为对象所在的平面。
- 点，垂直于曲线：利用所选曲线的切线和一个点的方法来创建一个坐标系。原点为切点，曲线切线的方向即为 Z 轴矢量，X 轴正向为沿点到切线的垂线指向点的方向，Y 轴正向由从 Z 轴至 X 轴矢量按右手法则确定。
- 平面和矢量：通过选择一个平面、选择或创建一个矢量来创建一个坐标系。X 轴正向为面的法线方向，Y 轴为矢量在平面上的投影，原点为矢量与平面的交点。
- 三平面：通过依次选择三个平面来创建一个坐标系。三个平面的交点为坐标系的原点，第一个平面的法向为 X 轴，第一个平面与第二个平面的交线为 Z 轴。
- 绝对 CSYS：在绝对坐标原点（0,0,0）处创建一个坐标系，即与绝对坐标系重合的新坐标系。
- 当前视图的 CSYS：用当前视图来创建一个坐标系。当前视图的平面即为 XC-YC 平面。

说明：“CSYS”对话框中的一些选项与“基准 CSYS”对话框中的相同，此处不再赘述。

## 4.13 孔

在 UG NX 10.0 中，可以创建以下三种类型的孔特征（Hole）：

- 简单孔：具有圆形截面的切口，它始于放置曲面并延伸到指定的终止曲面或用户定义的深度。创建时要指定“直径”、“深度”和“尖端尖角”。
- 埋头孔：该选项允许用户创建指定“孔直径”、“孔深度”、“尖角”、“埋头直径”和“埋头深度”的埋头孔。
- 沉头孔：该选项允许用户创建指定“孔直径”、“孔深度”、“尖角”、“沉头直径”和“沉头深度”的沉头孔。

下面以图 4.13.1 所示的零件为例，说明在一个模型上添加孔特征（简单孔）的一般操作过程。

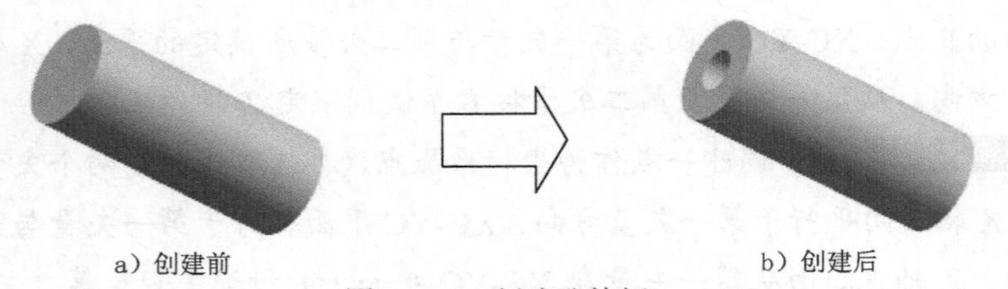

图 4.13.1　创建孔特征

## Task1．打开零件模型

打开文件 D:\ug10.1\work\ch04.13\hole.prt。

## Task2．添加孔特征（简单孔）

Step1．选择命令。选择下拉菜单 插入(S) → 设计特征(E) → 孔(H)... 命令（或在"特征"工具条中单击按钮），系统弹出图 4.13.2 所示的"孔"对话框。

Step2．选取孔的类型。在"孔"对话框的类型下拉列表中选择常规孔选项。

Step3．定义孔的放置位置。首先确认"选择条"工具条中的按钮被按下，选择图 4.13.3 所示圆的圆心为孔的放置位置。

Step4．定义孔参数。在直径文本框中输入值 8.0，在深度限制下拉列表中选择贯通体选项。

Step5．完成孔的创建。对话框中的其余设置保持系统默认，单击< 确定 >按钮，完成孔特征的创建。

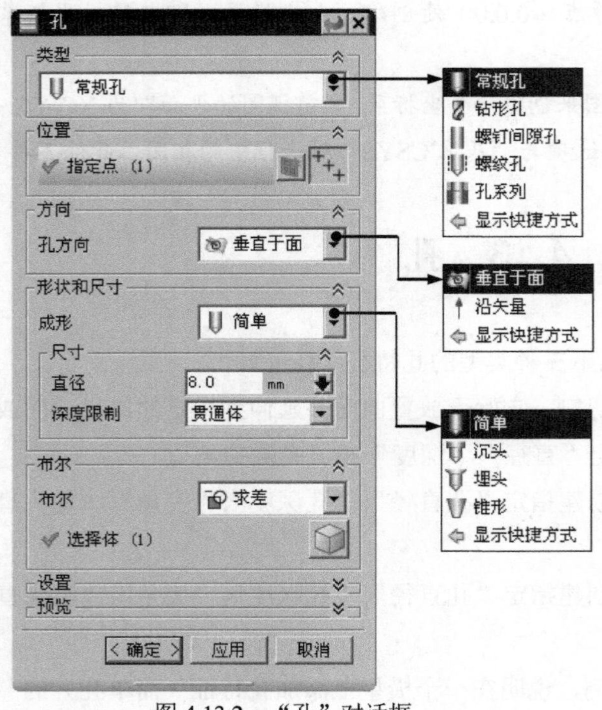

图 4.13.2　"孔"对话框

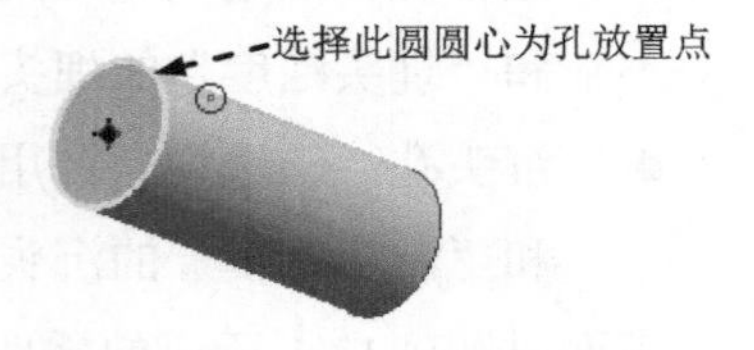

图 4.13.3　选取放置点

图 4.13.2 所示的“孔”对话框中部分选项的功能说明如下：

- 类型下拉列表：
  - ☑ 常规孔：创建指定尺寸的简单孔、沉头孔、埋头孔或锥孔特征等，常规孔可以是不通孔、通孔或指定深度条件的孔。
  - ☑ 钻形孔：根据 ANSI 或 ISO 标准创建简单钻形孔特征。
  - ☑ 螺钉间隙孔：创建简单孔、沉头孔或埋头通孔，它们是为具体应用而设计的，例如螺钉间隙孔。
  - ☑ 螺纹孔：创建螺纹孔，其尺寸标注由标准、螺纹尺寸和径向进给等参数控制。
  - ☑ 孔系列：创建起始、中间和结束孔尺寸一致的多形状、多目标体的对齐孔。
- 位置下拉列表：
  - ☑ 按钮：单击此按钮，打开“创建草图”对话框，并通过指定放置面和方位来创建中心点。
  - ☑ 按钮：可使用现有的点来指定孔的中心。可以是“选择条”工具条中提供的选择意图下的现有点或点特征。
- 孔方向下拉列表：此下拉列表用于指定将要创建的孔的方向，有垂直于面和沿矢量两个选项。
  - ☑ 垂直于面选项：沿着与公差范围内每个指定点最近的面法向的反向定义孔的方向。
  - ☑ 沿矢量选项：沿指定的矢量定义孔方向。
- 成形下拉列表：此下拉列表由于指定孔特征的形状，有简单、沉头、埋头和锥形四个选项。
  - ☑ 简单选项：创建具有指定直径、深度和尖端顶锥角的简单孔。
  - ☑ 沉头选项：创建具有指定直径、深度、顶锥角、沉头孔径和沉头孔深度的沉头孔。
  - ☑ 埋头选项：创建有指定直径、深度、顶锥角、埋头孔径和埋头孔角度的埋头孔。
  - ☑ 锥形选项：创建具有指定斜度和直径的孔，此项只有在类型下拉列表中选择常规孔选项时可用。
- 直径文本框：此文本框用于控制孔直径的大小，可直接输入数值。
- 深度限制下拉列表：此下拉列表用于控制孔深度类型，包括值、直至选定对象、直至下一个和贯通体四个选项。
  - ☑ 值选项：给定孔的具体深度值。
  - ☑ 直至选定对象选项：创建一个深度为直至选定对象的孔。

☑ 直至下一个选项：对孔进行扩展，直至孔到达下一个面。

☑ 贯通体选项：创建一个通孔，贯通所有特征。

● 布尔下拉列表：此下拉列表用于指定创建孔特征的布尔操作，包括 无和 求差两个选项。

☑ 无选项：创建孔特征的实体表示，而不是将其从工作部件中减去。

☑ 求差选项：从工作部件或其组件的目标体减去工具体。

## 4.14 凸 起

凸起工具可以在实体的表面创建一个局部的凸台或凹坑，凸起的形状和范围由封闭的截面草图来定义，凸起的高度可以通过偏移值或平面参照来定义，下面以图 4.14.1 所示的模型为例，说明凸起特征的一般创建过程。

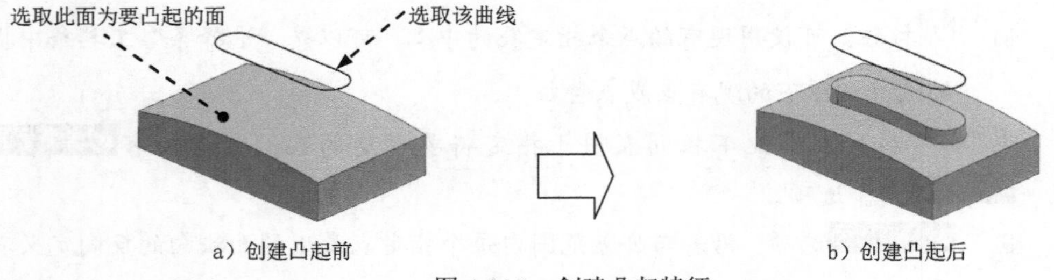


图 4.14.1 创建凸起特征

Step1. 打开文件 D:\ug10.1\work\ch04.06\ raised.prt。

Step2. 选择命令。选择 插入(S) → 设计特征(E) → 凸起(M)... 命令（或单击按钮），系统弹出图 4.14.2 所示的“凸起”对话框。

Step3. 定义凸起截面。单击按钮，选取图 4.14.1 所示的曲线为凸起截面，单击中键确认。

Step4. 定义要凸起的表面。单击“要凸起的面”按钮，选取图 4.14.1 所示的表面为要凸起的面。

Step5. 定义端盖参数。单击在端盖区域的几何体下拉列表中选择凸起的面选项；在位置下拉列表中选择偏置选项；在距离文本框中输入值 10。

Step6. 定义拔模参数。在拔模下拉列表中选择从端盖选项；在角度 1 文本框中输入值 5。

Step7. 单击对话框中的< 确定 >按钮，完成特征的创建。

注意：单击对话框中的“反向”按钮，可以创建凹坑。

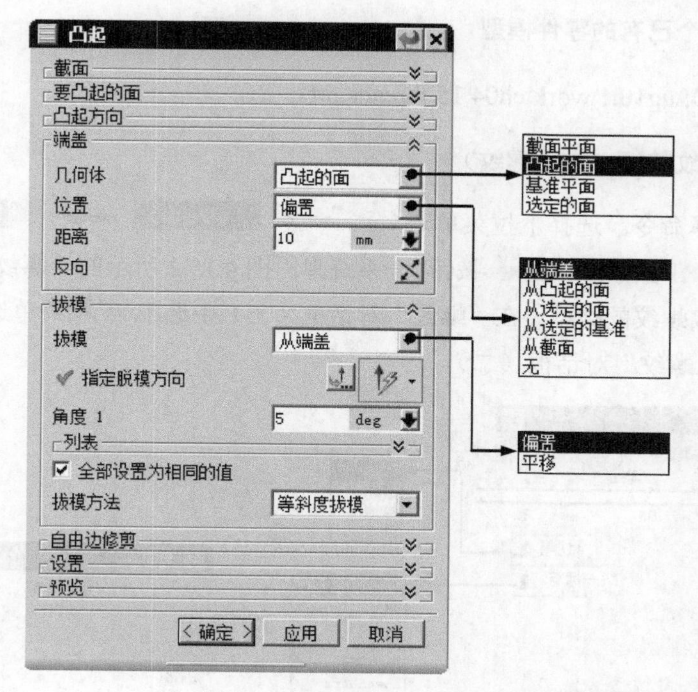


图 4.14.2　“凸起”对话框

# 4.15　螺　纹

在 UG NX 10.0 中可以创建两种类型的螺纹：

- 符号螺纹：以虚线圆的形式显示在要攻螺纹的一个或几个面上。符号螺纹可使用外部螺纹表文件（可以根据特殊螺纹要求来定制这些文件），以确定其参数。
- 详细螺纹：比符号螺纹看起来更真实，但由于其几何形状的复杂性，创建和更新都需要较长的时间。详细螺纹是完全关联的，如果特征被修改，则螺纹也相应更新。可以选择生成部分关联的符号螺纹，或指定固定的长度。部分关联是指如果螺纹被修改，则特征也将更新（但反过来则不行）。

在产品设计时，当需要制作产品的工程图时，应选择符号螺纹；如果不需要制作产品的工程图，而是需要反映产品的真实结构（如产品的广告图和效果图），则选择详细螺纹。

**说明：**详细螺纹每次只能创建一个，而符号螺纹可以创建多组，而且创建时需要的时间较少。

下面以图 4.15.1 所示的零件为例，说明在一个模型上创建螺纹特征（详细螺纹）的一般操作过程。

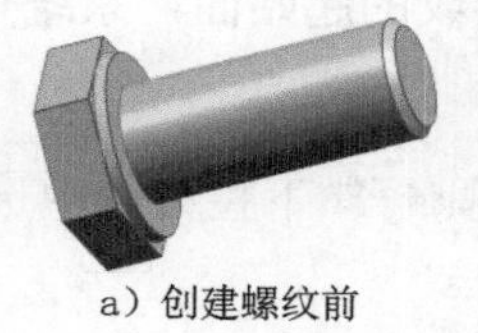

a）创建螺纹前

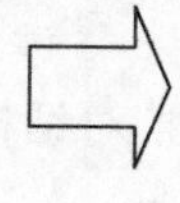

b）创建螺纹后

图 4.15.1　创建螺纹特征

## 1．打开一个已有的零件模型

打开文件 D:\ug10.1\work\ch04.15\threads.prt。

## 2．创建螺纹特征（详细螺纹）

Step1．选择命令。选择下拉菜单 插入(S) → 设计特征(E) → 螺纹(T)... 命令（或在“特征操作”工具条中单击 按钮），系统弹出图 4.15.2 所示的“螺纹”对话框（一）。

Step2．选取螺纹的类型。在“螺纹”对话框（一）中选中 ⊙详细 单选项，系统弹出图 4.15.3 所示的“螺纹”对话框（二）。

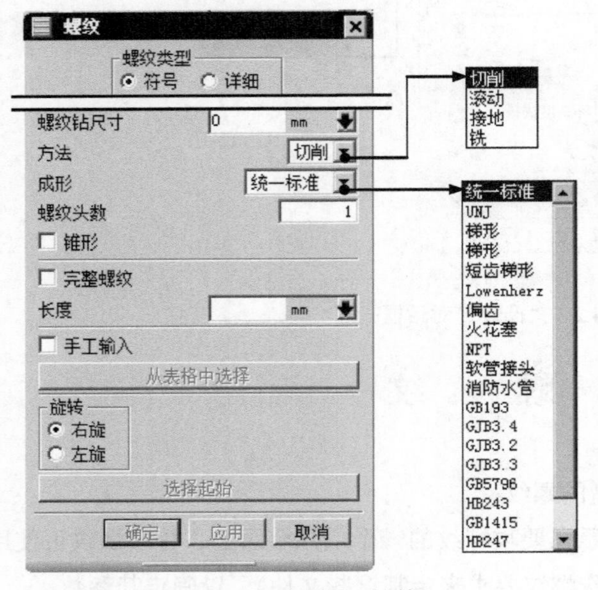


图 4.15.2 “螺纹”对话框（一）

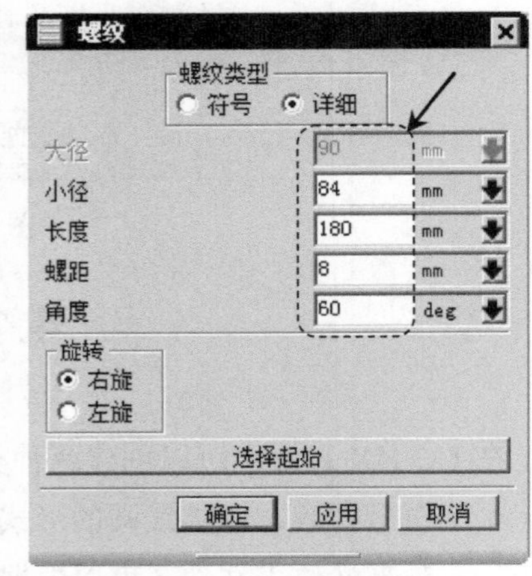


图 4.15.3 “螺纹”对话框（二）

Step3．定义螺纹的放置。

（1）定义螺纹的放置面。选取图 4.15.4 所示的柱面为放置面，此时系统自动生成螺纹的方向矢量，并弹出图 4.15.5 所示的“螺纹”对话框（三）。

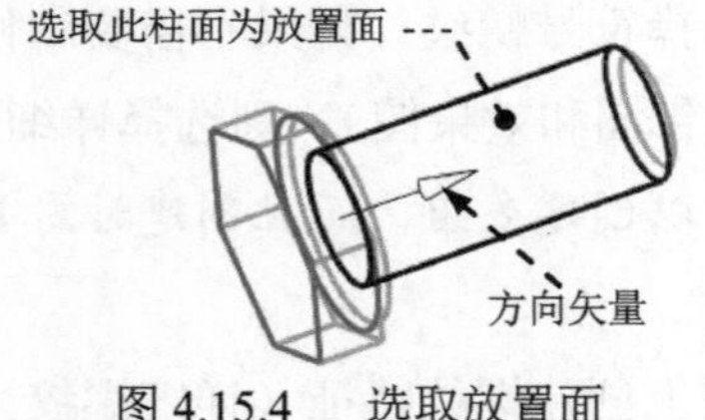


图 4.15.4 选取放置面

图 4.15.5 “螺纹”对话框（三）

（2）定义螺纹起始面。选取图 4.15.6 所示的平面为螺纹的起始面，系统弹出图 4.15.7 所示的“螺纹”对话框（四）。

Step4．定义螺纹起始条件。在“螺纹”对话框（四）的 起始条件 下拉列表中选择 延伸通过起点选项，单击 螺纹轴反向 按钮，使螺纹轴线方向如图 4.15.6 所示，系统返回“螺纹”对话框（二）。

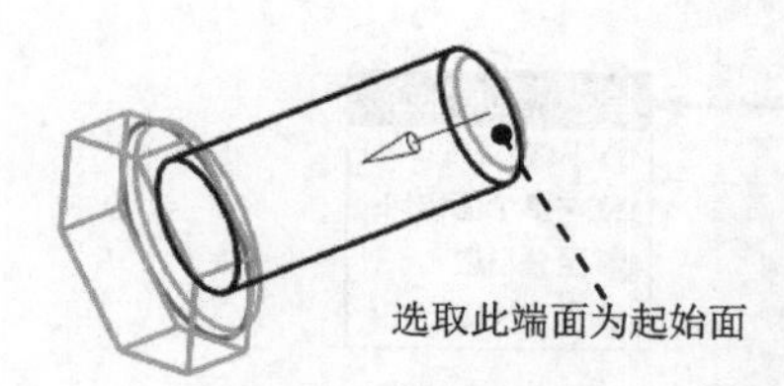


图 4.15.6　选取起始面

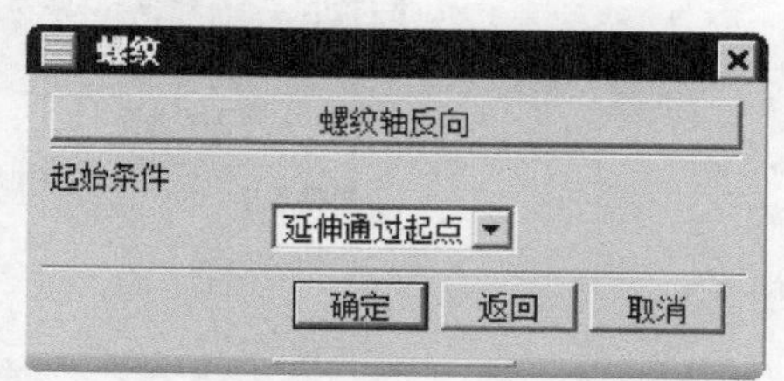


图 4.15.7　“螺纹”对话框（四）

Step5. 定义螺纹参数。在“螺纹”对话框（二）中输入图 4.15.3 所示的参数，单击 确定 按钮，完成螺纹特征的创建。

说明：“螺纹”对话框（二）在最初弹出时是没有任何数据的，只有在选择了放置面后才有数据出现，也允许用户修改。

## 4.16 拔　模

使用“拔模”命令可以使面相对于指定的拔模方向成一定的角度。拔模通常用于对模型、部件、模具或冲模的竖直面添加斜度，以便借助拔模面将部件或模型与其模具或冲模分开。用户可以为拔模操作选择一个或多个面，但它们必须都是同一实体的一部分。下面分别以面拔模和边拔模为例介绍拔模过程。

### 1. 面拔模

下面以图 4.16.1 所示的模型为例，说明面拔模的一般操作过程。

Step1. 打开文件 D:\ug10.1\work\ch04.16\traft_1.prt。

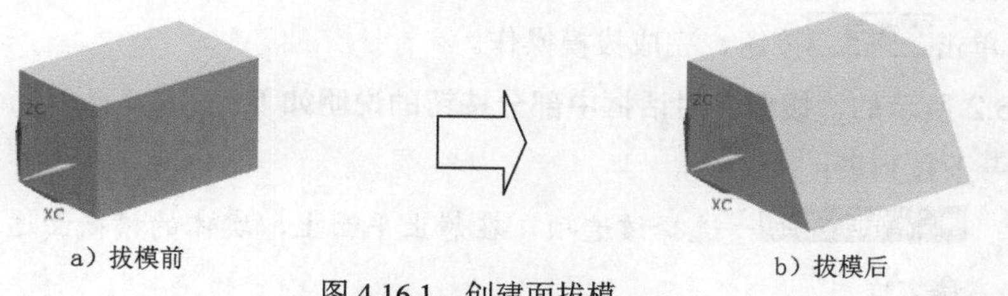


a）拔模前　　b）拔模后

图 4.16.1　创建面拔模

Step2. 选择命令。选择下拉菜单 插入(S) → 细节特征(L) → 拔模(T)... 命令，系统弹出图 4.16.2 所示的“拔模”对话框。

Step3. 选择拔模方式。在“拔模”对话框的 类型 下拉列表中选择 从平面或曲面 选项。

Step4. 指定拔模方向。单击 按钮，选取 ZC 作为拔模的方向。

Step5. 定义拔模固定平面。选取图 4.16.3 所示的表面为拔模固定平面。

Step6. 选取要拔模的面。选取图 4.16.4 所示的表面为要拔模的面。

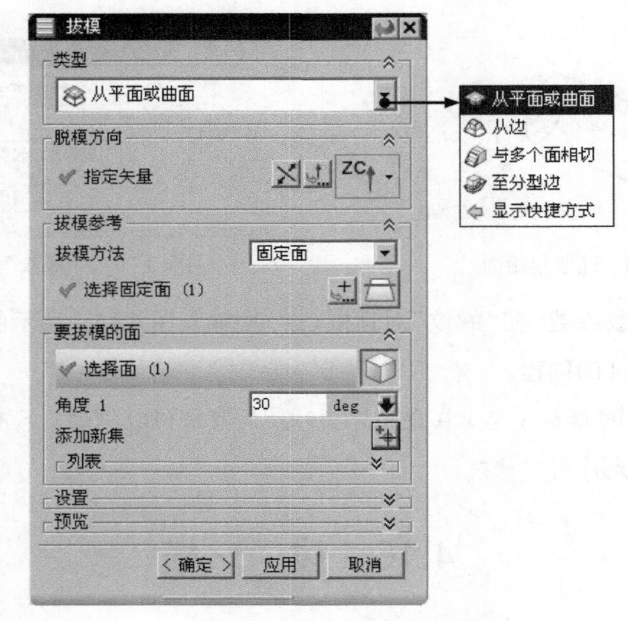


图 4.16.2 “拔模”对话框

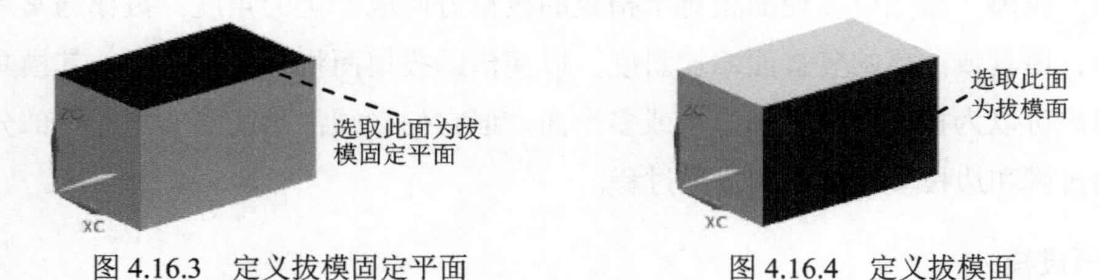


图 4.16.3 定义拔模固定平面　　　　图 4.16.4 定义拔模面

Step7. 定义拔模角。系统将弹出设置拔模角的动态文本框，输入拔模角度值 30（也可拖动拔模手柄至需要的拔模角度）。

Step8. 单击 < 确定 > 按钮，完成拔模操作。

**图 4.16.2 所示的“拔模”对话框中部分按钮的说明如下：**

- 类型下拉列表：
  - ☑ 从平面或曲面：选择该选项，在静止平面上，实体的横截面通过拔模操作维持不变。
  - ☑ 从边：选择该选项，使整个面在旋转过程中保持通过部件的横截面是平的。
  - ☑ 与多个面相切：在拔模操作之后，拔模的面仍与相邻的面相切。此时，固定边未被固定，而是移动的，以保持与选定面之间的相切约束。
  - ☑ 至分型边：在整个面旋转过程中，保留通过该部件中平的横截面，并且根据需要在分型边缘创建突出部分。
- （自动判断的矢量）：单击该按钮，可以从所有的 NX 矢量创建选项中进行选择，如图 4.16.2 所示。

- （固定面）：单击该按钮，允许通过选择的平面、基准平面或与拔模方向垂直的平面所通过的一点来选择该面。此选择步骤仅可用于从固定平面拔模和拔模到分型边缘这两种拔模类型。
- （要拔模的面）：单击该按钮，允许选择要拔模的面。此选择步骤仅在创建从固定平面拔模类型时可用。
- （反向）：单击该按钮将显示的方向矢量反向。

## 2．边拔模

下面以图 4.16.5 所示的模型为例，说明边拔模的一般操作过程。

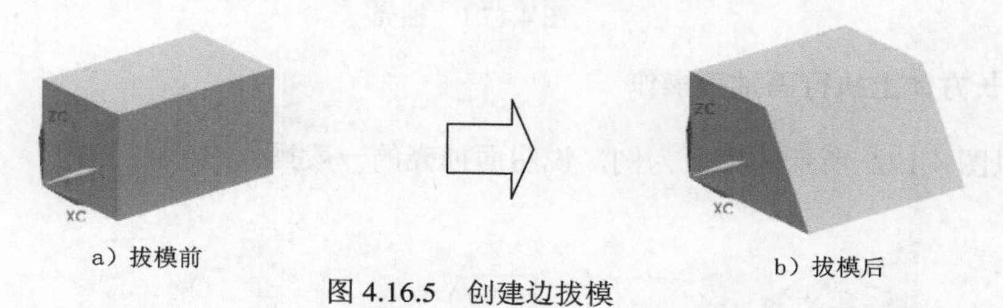


图 4.16.5　创建边拔模

Step1．打开文件 D:\ug10.1\work\ch04.16\traft_2.prt。

Step2．选择命令。选择下拉菜单 插入(S) → 细节特征(L) → 拔模(T)... 命令，系统弹出“拔模”对话框。

Step3．选择拔模类型。在“拔模”对话框的 类型 下拉列表中选择 从边 选项。

Step4．指定拔模方向。单击 按钮，选取 ZC 作为拔模的方向。

Step5．定义拔模边缘。选取图 4.16.6 所示长方体的一个边线为要拔模的边缘线。

Step6．定义拔模角。系统弹出设置拔模角的动态文本框，在动态文本框内输入拔模角度值 30（也可拖动拔模手柄至需要的拔模角度），如图 4.16.7 所示。

Step7．单击 < 确定 > 按钮，完成拔模操作。

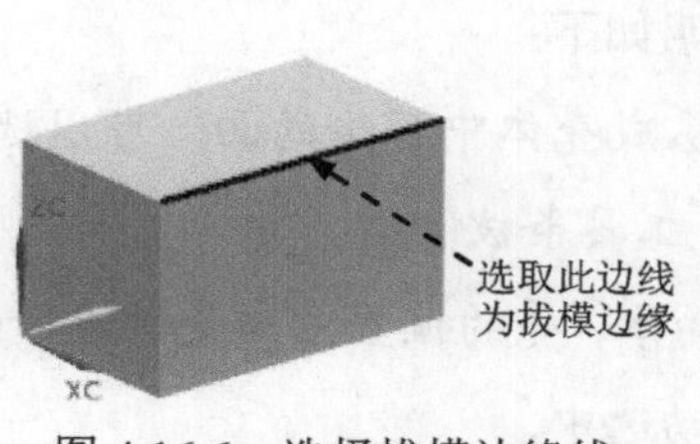


图 4.16.6　选择拔模边缘线

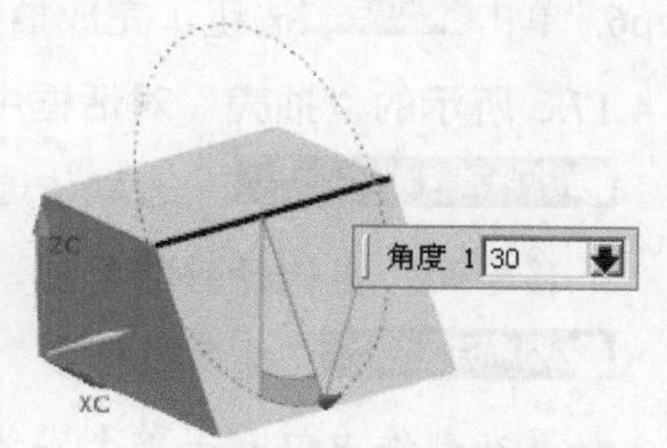


图 4.16.7　输入拔模角

# 4.17 抽　　壳

使用“抽壳”命令可以利用指定的壁厚值来抽空一实体，或绕实体建立一壳体。可以指定不同表面的厚度，也可以移除单个面。图 4.17.1 所示为长方体表面抽壳和体抽壳后的模型。

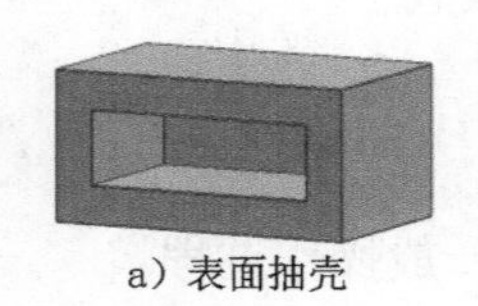

a）表面抽壳

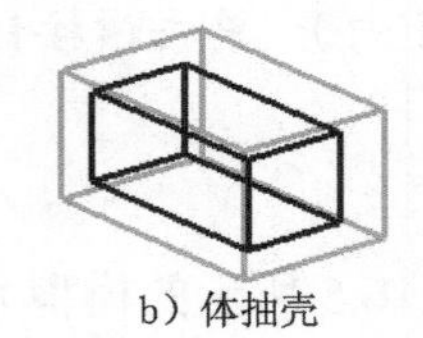

b）体抽壳

图 4.17.1　抽壳

## 1．在长方体上执行面抽壳操作

下面以图 4.17.2 所示的模型为例，说明面抽壳的一般操作过程。

a）创建前

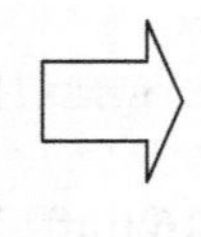

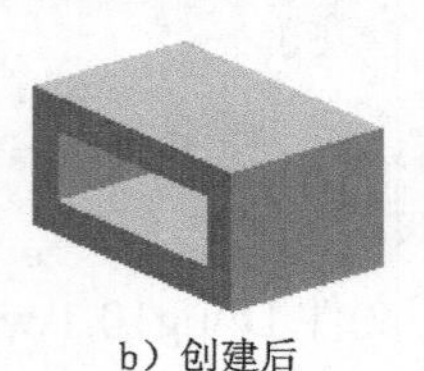

b）创建后

图 4.17.2　创建面抽壳

Step1．打开文件 D:\ug10.1\work\ch04.17\shell_01.prt。

Step2．选择命令。选择下拉菜单 插入(S) → 偏置/缩放(O) → 抽壳(H)... 命令，系统弹出图 4.17.3 所示的“抽壳”对话框。

Step3．定义抽壳类型。在对话框的 类型 下拉列表中选择 移除面，然后抽壳 选项。

Step4．定义移除面。选取图 4.17.4 所示的表面为要移除的面。

Step5．定义抽壳厚度。在“抽壳”对话框的 厚度 文本框内输入值 10，也可以拖动抽壳手柄至需要的数值，如图 4.17.5 所示。

Step6．单击 < 确定 > 按钮，完成抽壳操作。

**图 4.17.3 所示的“抽壳”对话框中各选项的说明如下：**

- 移除面，然后抽壳：选取该选项，选择要从成壳体中移除的面。可以选择多于一个移除面，当选择移除面时，“选择意图”工具条被激活。
- 对所有面抽壳：选取该选项，选择要抽壳的体，壳的偏置方向是所选择面的法向。如果在部件中仅有一单个实体，它将被自动选中。

## 2．在长方体上执行体抽壳操作

下面以图 4.17.6 所示的模型为例，说明体抽壳的一般操作过程。

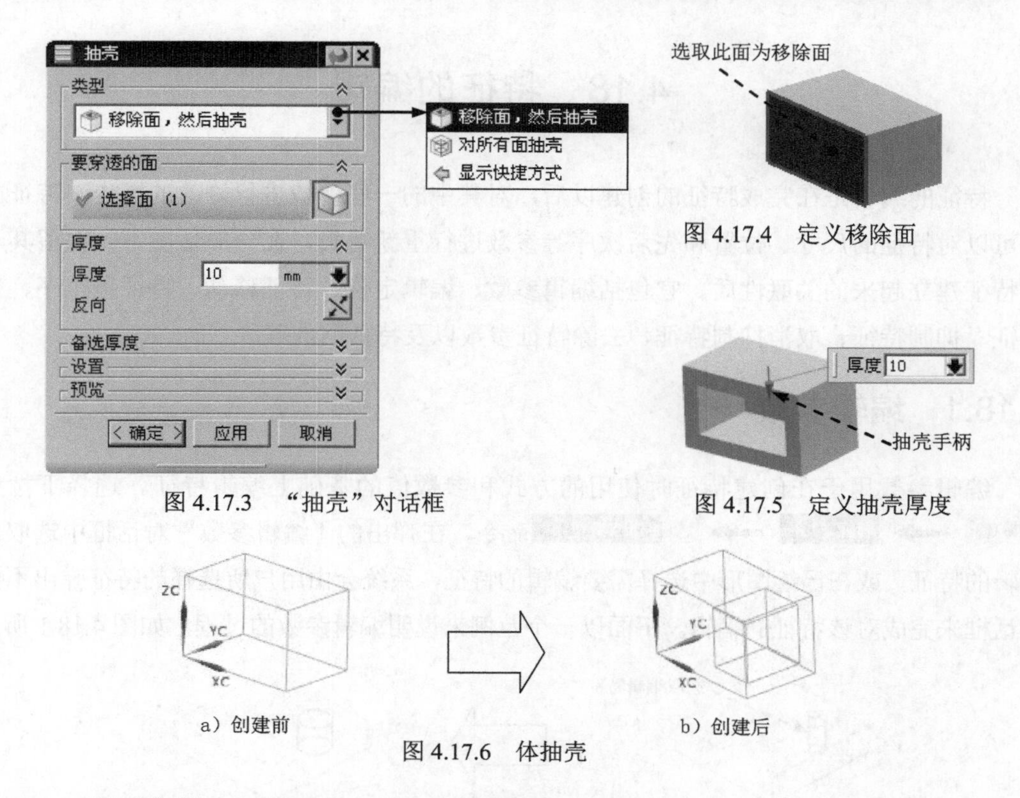


图 4.17.3 “抽壳”对话框

图 4.17.4 定义移除面

图 4.17.5 定义抽壳厚度

图 4.17.6 体抽壳

Step1. 打开文件 D:\ug10.1\work\ch04.16\shell_02.prt。

Step2. 选择命令。选择下拉菜单 插入(S) → 偏置/缩放(O) → 抽壳(H)... 命令，系统弹出“抽壳”对话框。

Step3. 定义抽壳类型。在对话框的 类型 下拉列表中选择 对所有面抽壳 选项。

Step4. 定义抽壳对象。选取长方体为要抽壳的体。

Step5. 定义抽壳厚度。在 厚度 文本框中输入厚度值 6（图 4.17.7）。

Step6. 创建变厚度抽壳。在“抽壳”对话框中的 备选厚度 区域单击按钮，选取图 4.17.8 所示的抽壳备选厚度面，在 厚度 文本框中输入厚度值 45，或者拖动抽壳手柄至需要的数值，如图 4.17.8 所示。

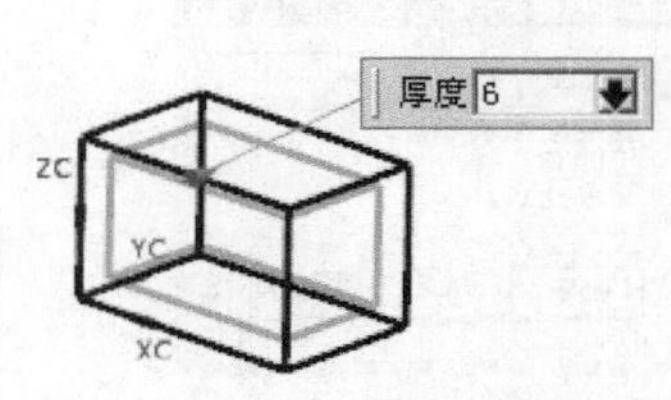


图 4.17.7 定义抽壳厚度

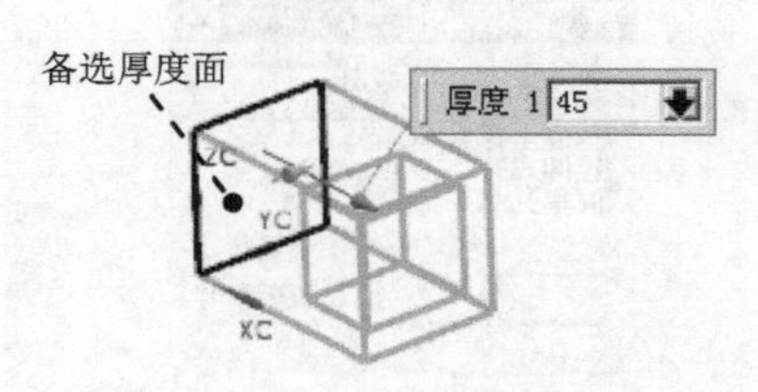


图 4.17.8 创建变厚度抽壳

说明：用户还可以更换其他面的厚度值，单击按钮，操作同 Step6。

Step7. 单击 < 确定 > 按钮，完成抽壳操作。

# 4.18 特征的编辑

特征的编辑是在完成特征的创建以后，对其中的一些参数进行修改的操作。特征的编辑可以对特征的尺寸、位置和先后次序等参数进行重新编辑，在一般情况下，保留其与其他特征建立起来的关联性质。它包括编辑参数、编辑定位、特征移动、特征重排序、替换特征、抑制特征、取消抑制特征、去除特征参数以及特征回放等。

## 4.18.1 编辑参数

编辑参数用于在创建特征时使用的方式和参数值的基础上编辑特征。选择下拉菜单 编辑(E) → 特征(F) → 编辑参数(P)... 命令，在弹出的“编辑参数”对话框中选取需要编辑的特征，或在已绘图形中选择需要编辑的特征，系统会由用户所选择的特征弹出不同的对话框来完成对该特征的编辑。下面以一个范例来说明编辑参数的过程，如图 4.18.1 所示。

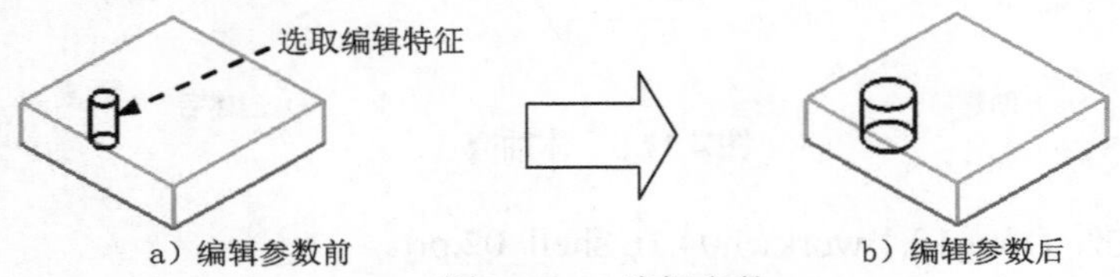


a）编辑参数前　　b）编辑参数后

图 4.18.1 编辑参数

Step1. 打开文件 D:\ug10.1\work\ch04.17\Simple Hole01.prt。

Step2. 选择下拉菜单 编辑(E) → 特征(F) → 编辑参数(P)... 命令，系统弹出图 4.18.2 所示的“编辑参数”对话框（一）。

Step3. 定义编辑对象。从图形区或“编辑参数”对话框（一）中选择要编辑的孔特征。单击 确定 按钮，系统弹出“孔”对话框。

Step4. 编辑特征参数。在“孔”对话框的 直径 文本框中输入新的数值 20，单击 确定 按钮，系统弹出“编辑参数”对话框（二），如图 4.18.3 所示。

Step5. 在弹出的“编辑参数”对话框（二）中单击 确定 按钮，完成编辑参数的操作。

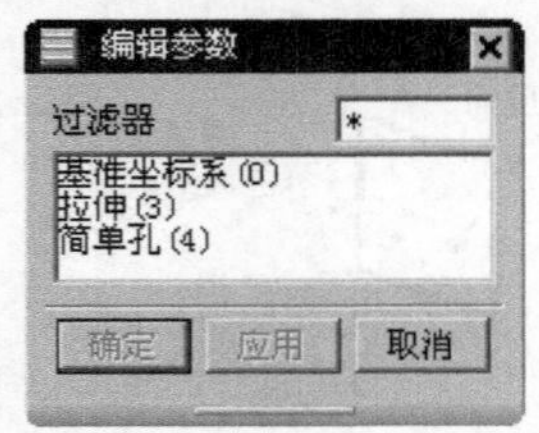


图 4.18.2 “编辑参数”对话框（一）

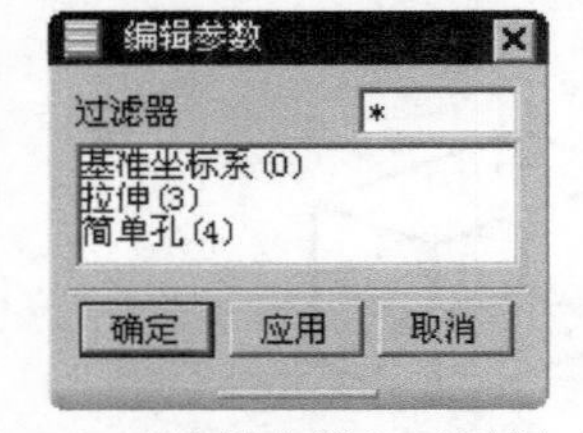


图 4.18.3 “编辑参数”对话框（二）

## 4.18.2 特征重排序

特征重排序可以改变特征应用于模型的次序，即将重定位特征移至选定的参考特征之前或之后。对具有关联性的特征重排序以后，与其关联的特征也被重排序。下面以一个范例来说明特征重排序的操作步骤，其模型树如图 4.18.4 所示。

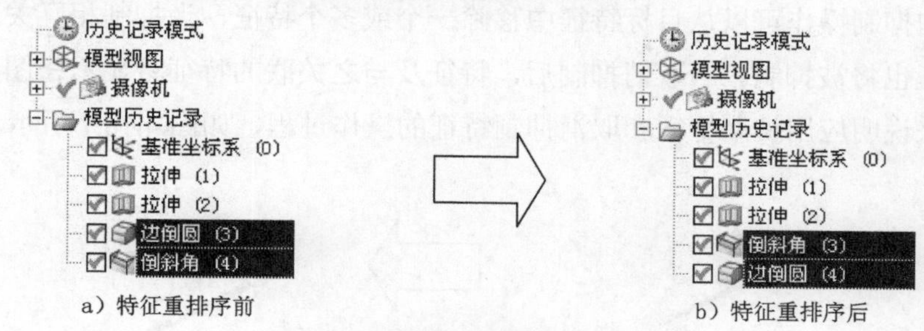


图 4.18.4 模型树

Step1. 打开文件 D:\ug10.1\work\ch04.17\Simple Hole02.prt。

Step2. 选择下拉菜单 编辑(E) → 特征(F) → 重排序(R)... 命令，系统弹出图 4.18.5 所示的“特征重排序”对话框。

Step3. 根据系统 选择参考特征 的提示，在“特征重排序”对话框中的 过滤器 列表框中选取 倒斜角 (4) 选项为参考特征（图 4.18.5），或在已绘图形中选择需要的特征（图 4.18.6），在 选择方法 区域选中 ⊙ 之后 单选项。

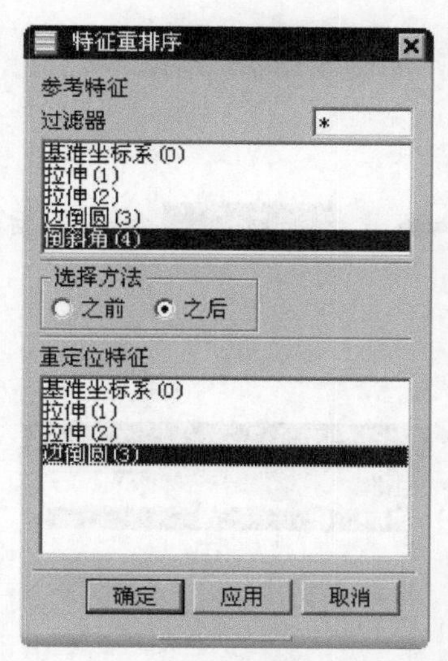


图 4.18.5 “特征重排序”对话框

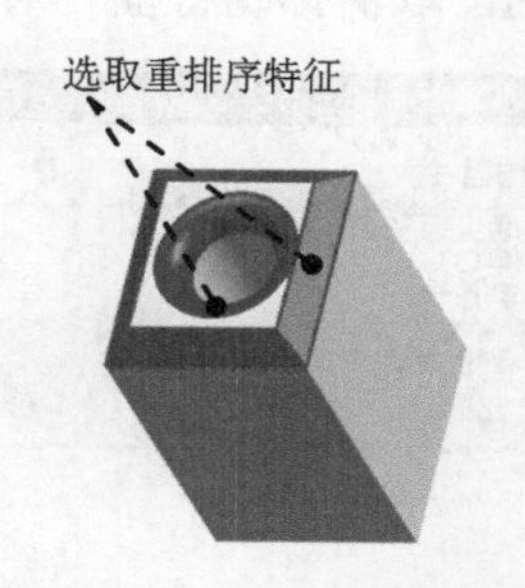


图 4.18.6 选取要重排序的特征

Step4. 在 重定位特征 列表框中将会出现位于该特征前面的所有特征，根据系统 选择重定位特征 的提示，在该列表框中选取 边倒圆 (3) 选项为需要重排序的特征（图 4.18.5）。

Step5. 单击 确定 按钮，完成特征的重排序。

图 4.18.5 所示的“特征重排序”对话框中 选择方法 区域的说明如下：

- ⊙ 之前 单选项：选中的重定位特征被移动到参考特征之前。
- ⊙ 之后 单选项：选中的重定位特征被移动到参考特征之后。

## 4.18.3 特征的抑制与取消抑制

特征的抑制操作可以从目标特征中移除一个或多个特征，当抑制相互关联的特征时，关联的特征也将被抑制。当取消抑制后，特征及与之关联的特征将显示在图形区。下面以一个范例来说明应用抑制特征和取消抑制特征的操作过程，如图 4.18.7 所示。

a）抑制特征前　　b）抑制特征后

图 4.18.7　抑制特征

### Task1．抑制特征

Step1．打开文件 D:\ug10.1\work\ch04.17\Simple Hole03.prt。

Step2．选择下拉菜单 编辑(E) → 特征(F) ▸ → 抑制(S)... 命令，系统弹出图 4.18.8 所示的“抑制特征”对话框。

Step3．定义抑制对象。选取孔特征为抑制对象。

Step4．单击 确定 按钮，完成抑制特征的操作，如图 4.18.7b 所示。

### Task2．取消抑制特征

Step1．选择下拉菜单 编辑(E) → 特征(F) ▸ → 取消抑制(U)... 命令，系统弹出图 4.18.9 所示的“取消抑制特征”对话框。

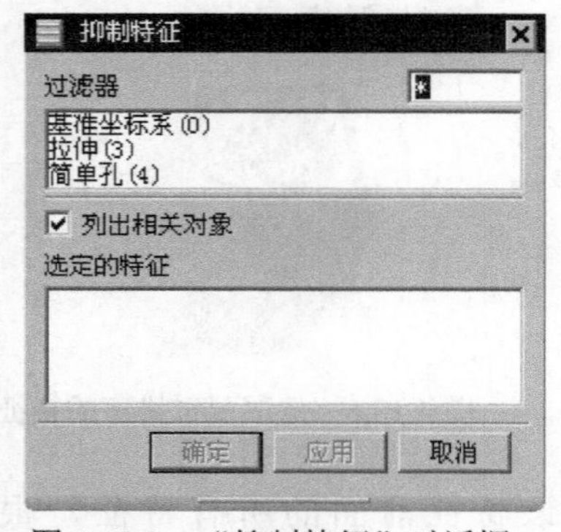

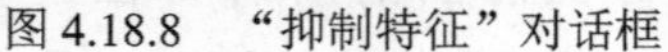

图 4.18.8　“抑制特征”对话框

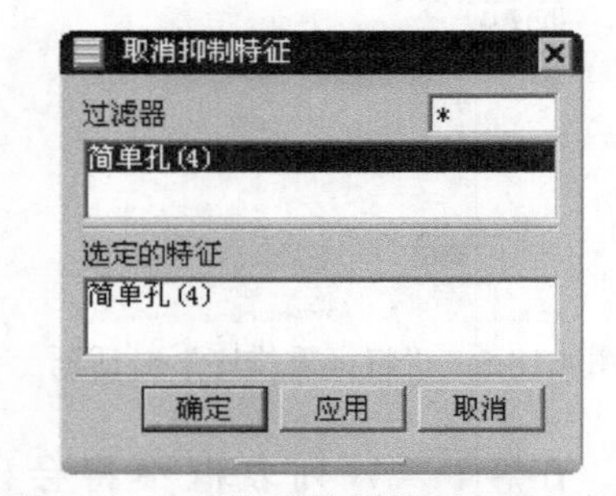


图 4.18.9　“取消抑制特征”对话框

Step2．在该对话框中选取需要取消抑制的特征，单击 确定 按钮，完成取消抑制特征的操作（图 4.18.7a），模型恢复到初始状态。

## 4.18.4 编辑定义截面

草图曲线一般可用于拉伸、旋转和扫掠等特征的剖面，如果要改变特征截面的形状，可以通过“编辑定义截面”功能来实现。图 4.18.10 所示的编辑定义截面的具体操作步骤如下：

Step1. 打开文件 D:\ug10.1\work\ch03.07\edit defined curve.prt。

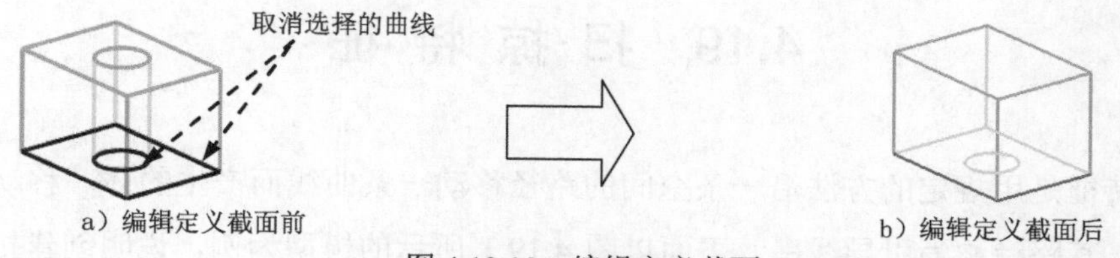


图 4.18.10　编辑定义截面

Step2. 在特征树中右击草图，在弹出的快捷菜单中选择 可回滚编辑... 命令，进入草图编辑环境。选择下拉菜单 编辑(E) → 编辑定义截面(F)... 命令（或单击“草图工具”工具条中的“编辑定义截面”按钮），系统弹出图 4.18.11 所示的“编辑定义截面”对话框（如果当前草图中没有曲线经过拉伸、旋转等操作来生成几何体，系统将弹出图 4.18.12 所示的“编辑定义截面”警告框）。

注意：“编辑定义截面”操作只适合于经过拉伸、旋转生成特征的曲线，如果不符合此要求，此操作就不能实现。

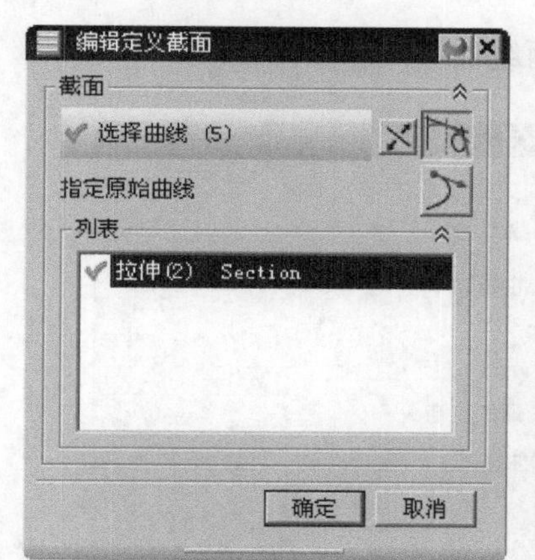


图 4.18.11　“编辑定义截面”对话框

图 4.18.12　“编辑定义截面”警告框

Step3. 按住 Shift 键，在草图中选取图 4.18.13 所示（曲线以高亮显示）的草图曲线的任意部分（如圆），系统则排除整个草图曲线；再选择图 4.8.14 所示的曲线——矩形的 4 条线段（此时不用按住 Shift 键）作为新的草图截面，单击对话框中的“替换助理”按钮。

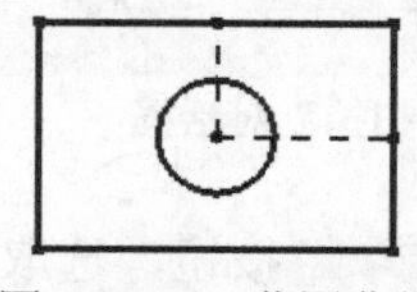

图 4.18.13　草图曲线

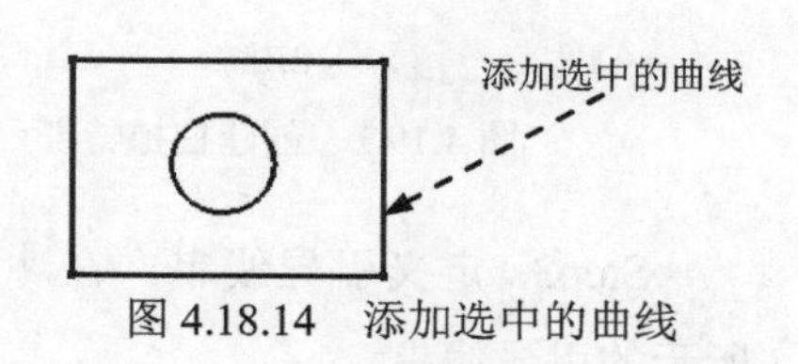


图 4.18.14　添加选中的曲线

说明：用 Shift+鼠标左键选择要移除的对象；用鼠标左键选择要添加的对象。

Step4. 单击 确定 按钮，完成草图截面的编辑。单击 完成草图 按钮，退出草图环境，结果如图 3.7.21b 所示。

# 4.19 扫 掠 特 征

扫掠特征是用规定的方法沿一条空间的路径移动一条曲线而产生的体。移动曲线称为截面线串，其路径称为引导线串。下面以图 4.19.1 所示的模型为例，说明创建扫掠特征的一般操作过程。

## Task1. 打开一个已有的零件模型

打开文件 D:\ug10.1\work\ch04.19\sweep.prt。

## Task2. 添加扫掠特征

Step1. 选择命令。选择下拉菜单 插入(S) → 扫掠(W) → 扫掠(S)... 命令，系统弹出图 4.19.2 所示的“扫掠”对话框。

Step2. 定义截面线串。选取图 4.19.1a 所示的截面线串。

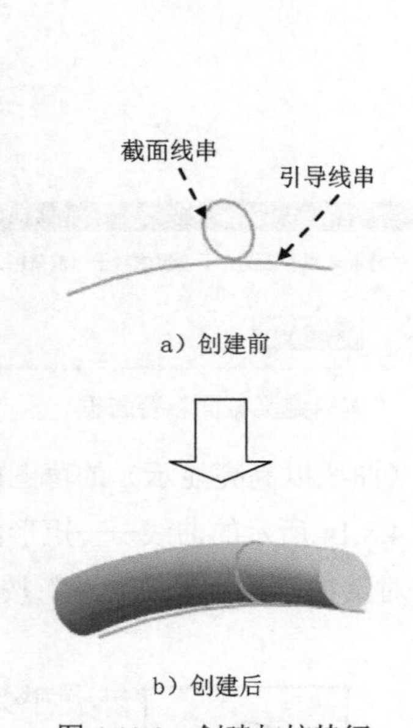

图 4.19.1 创建扫掠特征

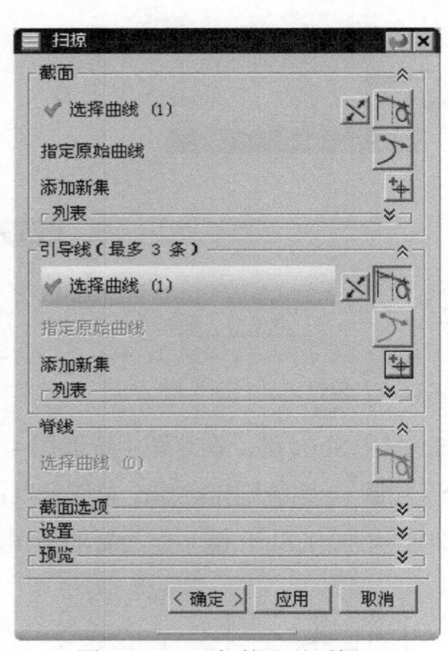

图 4.19.2 “扫掠”对话框

Step3. 定义引导线串。在 引导线（最多 3 根） 区域中单击 * 选择曲线 (0) 按钮，选取图 4.19.1a 所示的引导线串。

Step4. 在“扫掠”对话框中单击 < 确定 > 按钮，完成扫掠特征的创建。

# 4.20 凸　台

“凸台”功能用于在一个已经存在的实体面上创建一圆形凸台。下面以图 4.20.1 所示圆台为例，说明创建凸台的一般操作步骤。

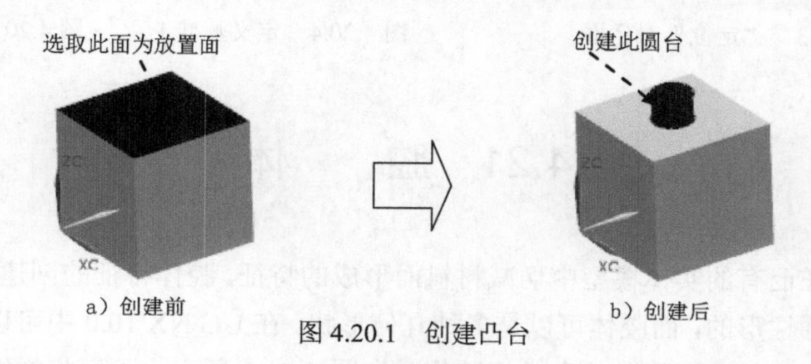


图 4.20.1　创建凸台

Step1．打开文件 D:\ug10.1\work\ch04.19\boss.prt。

Step2．选择命令。选择下拉菜单 插入(S) → 设计特征(E) → 凸台(B)... 命令（或在“特征”工具条中单击 按钮），系统弹出图 4.20.2 所示的“凸台”对话框。

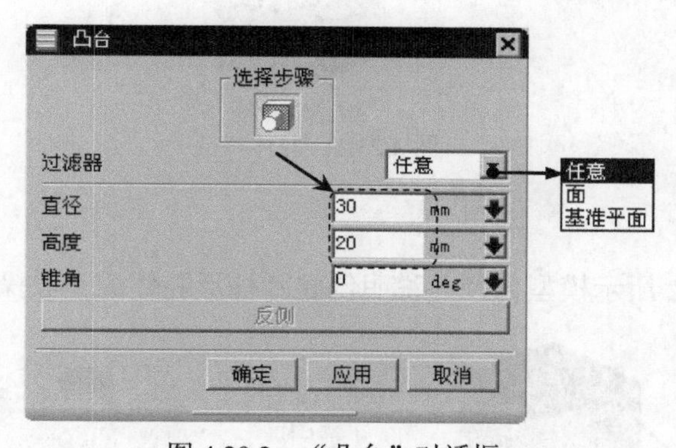


图 4.20.2　“凸台”对话框

Step3．定义放置面。选取图 4.20.1a 所示的实体表面为放置面。

Step4．输入凸台参数。在“凸台”对话框中输入直径值 30、高度值 20，如图 4.20.2 所示。单击 确定 按钮，弹出图 4.20.3 所示的“定位”对话框。

Step5．创建定位尺寸来确定圆台放置位置。

（1）定义参照 1。单击 按钮，选取图 4.20.4 所示的边线作为基准 1，然后在“定位”对话框中输入值 50，单击 应用 按钮。

（2）定义参照 2。单击 按钮，选取图 4.20.5 所示的边线作为基准 2，然后在“定位”对话框中输入值 50，单击 确定 按钮，完成圆台的创建。

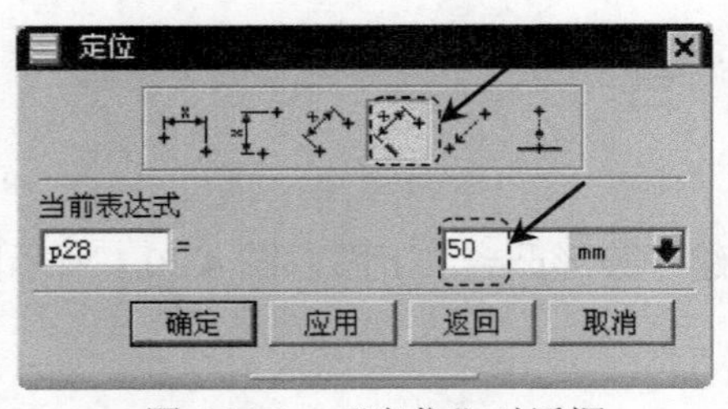


图 4.20.3 “定位”对话框

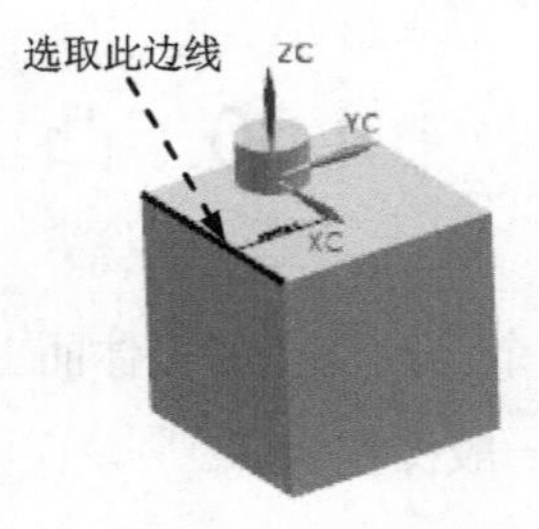


图 4.20.4 定义基准 1

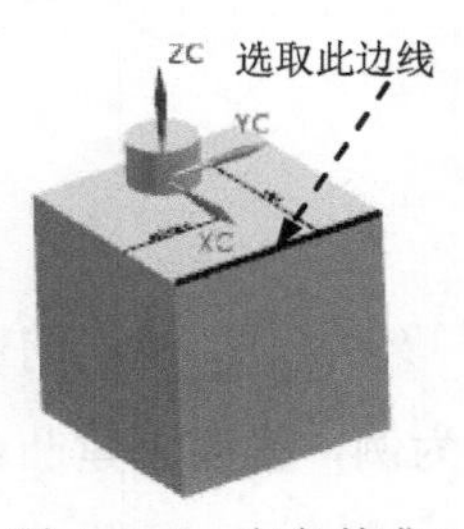


图 4.20.5 定义基准 2

## 4.21 腔 体

腔体就是在已有的实体模型中切减材料而形成的特征。腔体特征的创建过程与孔类似，不同的是孔是圆柱形的，而腔体可以是多种几何形状。在 UG NX 10.0 中可以创建三种类型的腔体：圆柱形腔体、矩形腔体和常规腔体，如图 4.21.1 所示。下面将详细介绍这三种腔体的创建方法。

a）圆柱形腔体

b）矩形腔体

c）常规腔体

图 4.21.1 腔体特征

### 1．圆柱形腔体

下面以图 4.21.2 所示模型为例，说明创建圆柱形腔体的一般操作过程。

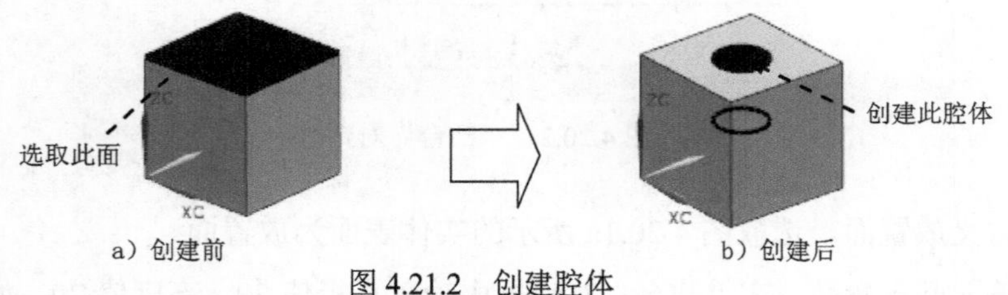


a）创建前 b）创建后

图 4.21.2 创建腔体

Step1．打开文件 D:\ug10.1\work\ch04.20\cylintrical_pocket.prt。

Step2．选择命令。选择下拉菜单 插入(S) → 设计特征(E) ▸ → 腔体(P)... 命令，系统弹出图 4.21.3 所示的“腔体”对话框。

Step3．选择腔体类型。单击 圆柱形 按钮，系统弹出图 4.21.4 所示的“圆柱形腔体”对话框（一）。

Step4．定义放置面。选取图 4.21.2a 所示立方体上表面，系统弹出图 4.21.5 所示的“圆柱形腔体”对话框（二）。

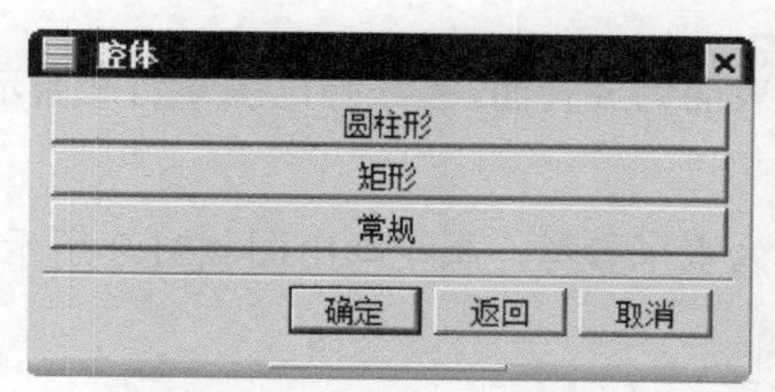

图 4.21.3 “腔体”对话框

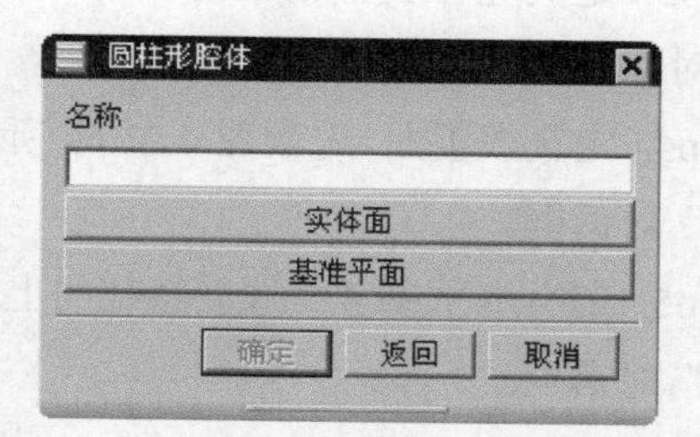

图 4.21.4 “圆柱形腔体”对话框（一）

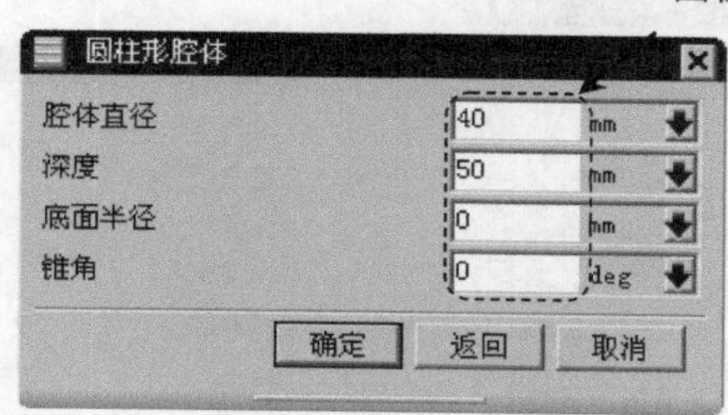

图 4.21.5 “圆柱形腔体”对话框（二）

Step5. 定义腔体参数。腔体各项参数设置如图 4.21.5 所示。单击 确定 按钮，系统弹出“定位”对话框。

Step6. 确定放置位置，单击 确定 按钮。完成腔体的创建（具体操作读者可参见 4.19 节中的相应内容，读者可定义圆弧中心与边线的距离，可参见视频）。

**图 4.21.5 所示的“圆柱形腔体”对话框（二）中各选项的说明如下：**

- 腔体直径 文本框：用于设置圆柱形腔体的直径。
- 深度 文本框：用于设置圆柱形腔体的深度。
- 底面半径 文本框：用于设置圆柱形腔体底面的圆弧半径。它的值必须在 0 和深度值之间。
- 锥角 文本框：用于设置圆柱形腔体的拔模角度。拔模角度值不能为负值。

**2. 矩形腔体**

下面以图 4.21.6 所示的模型为例，说明创建矩形腔体的一般操作过程。

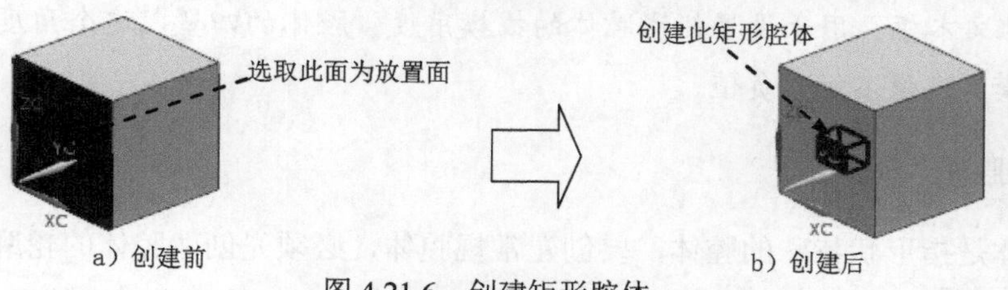

图 4.21.6 创建矩形腔体

Step1. 打开文件 D:\ug10.1\work\ch04.20\rectangular pocket.prt。

Step2. 选择命令。选择下拉菜单 插入(S) → 设计特征(E) → 腔体(P)... 命令（或在“特征”工具条中单击 按钮），系统弹出“腔体”对话框。

Step3. 定义腔体类型。单击 矩形 按钮，系统弹出 “矩形腔体”对话框。

Step4. 定义放置面。选取图 4.21.6a 所示的表面为放置面，系统弹出图 4.21.7 所示的“水平参考”对话框。

Step5. 定义水平参考。选取特征的上表面为水平参考，系统弹出图 4.21.8 所示的“矩形腔体”对话框。

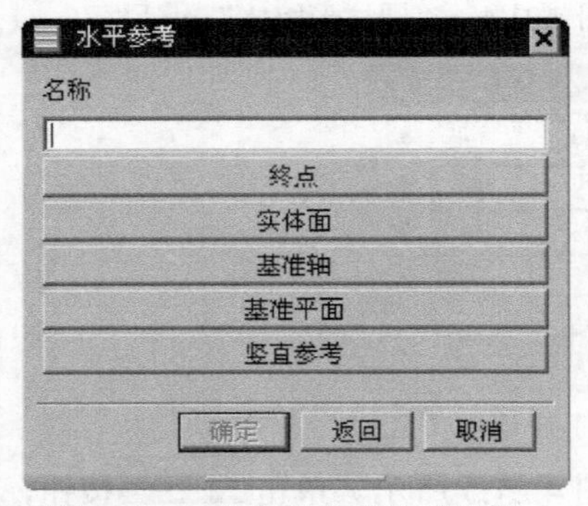


图 4.21.7 “水平参考”对话框

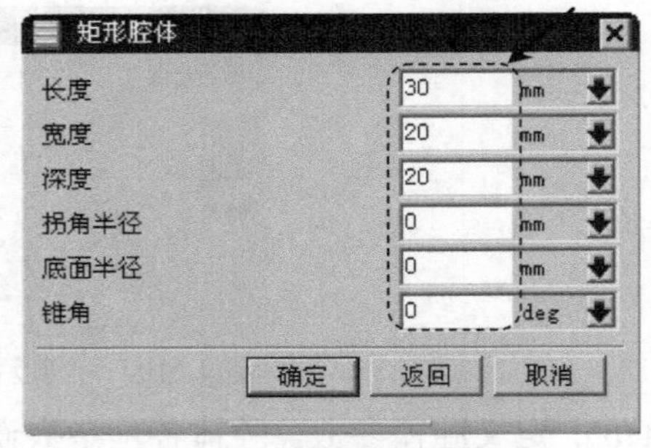


图 4.21.8 “矩形腔体”对话框

**说明：**可选择实体的边、面或基准轴等对象作为矩形腔体的水平参考方向。指定参考方向后，系统会出现一个箭头，即水平参考方向，也就是将要创建的矩形腔体长度方向。

Step6. 定义腔体参数。腔体各项参数设置如图 4.21.8 所示。单击 确定 按钮，系统弹出“定位”对话框。

Step7. 确定放置位置（具体操作读者可参见“圆柱形腔体”中的相应内容）。

**图 4.21.8 所示的“矩形腔体”对话框中各选项的说明如下：**

- 长度 文本框：用于设置矩形腔体的长度。
- 宽度 文本框：用于设置矩形腔体的宽度。
- 深度 文本框：用于设置矩形腔体的深度。
- 拐角半径 文本框：用于设置矩形腔体竖直边的圆半径（大于或等于零）。
- 底面半径 文本框：用于设置矩形腔体底边的圆半径（大于或等于零）。
- 锥角 文本框：用于设置矩形腔体的拔模角度。腔体的四壁以这个角度向内倾斜。拔模角度值不能为负值。

### 3. 常规腔体

常规腔体是指形状特殊的腔体，要创建常规腔体，必须先创建腔体的轮廓草图。单击 常规 按钮，系统弹出图 4.21.9 所示的“常规腔体”对话框。

**图 4.21.9 所示的“常规腔体”对话框中主要选项的说明如下：**

- 选择步骤 区域：用于选择操作步骤。

☑ (放置面)：用于选择常规腔体的放置面。放置面可以是实体的任何一个表面，所选择的放置面是将要创建的腔体顶面。由于放置面是第一个操作步骤，所以选择放置面时必须考虑到其他步骤，比如由于放置面轮廓线必须投影在放置面上，因此要考虑到放置面轮廓曲线的投影方向。

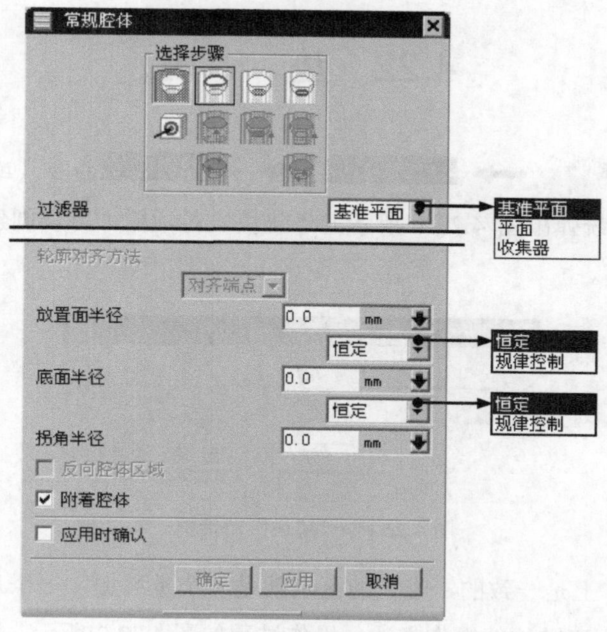


图 4.21.9　“常规腔体”对话框

☑ (放置面轮廓)：用于定义放置面轮廓线，即在放置面上的顶面轮廓。可以直接从模型中选择曲线或边缘来定义放置面轮廓，也可用转换底面轮廓线的方式来定义放置面轮廓。

☑ (底面)：用于定义常规腔体的底面。

☑ (底面轮廓曲线)：用于定义常规腔体的底面轮廓曲线，可以直接从模型中选择曲线或边缘来定义底面轮廓曲线，也可通过转换放置面轮廓线来定义底面轮廓曲线。

☑ (目标体)：用于选取目标实体，即常规腔体将在所选取的实体上创建。当目标体不是放置面所在的实体或片体时，应单击该按钮以指定放置常规腔体的目标体。当定义面时，如果选择的第一个面为基准平面，则必须指定目标体。

- 放置面半径选项：该下拉列表用于指定常规腔体的顶面与侧面间的圆角半径。可以利用其下拉列表中的选项（常数控制或规则控制）来决定腔体的放置面半径，其值必须大于或等于0。
- 底面半径选项：该下拉列表用于指定常规腔体的底面与侧面间的圆角半径，也可以利用其下拉列表框中的选项（常数控制或规则控制）来决定腔体的底面半径，其值必须大于或等于0。
- 拐角半径文本框：该下拉列表用于指定常规腔体侧边的拐角半径。

- ☑ 附着腔体 复选框：选中该复选框，若目标体是片体，则创建的常规腔体为片体，并与目标片体自动缝合；若目标体是实体，则创建的常规腔体为实体，并从实体中删除常规腔体。取消选中该复选框，则创建的常规腔体为一个独立的实体。

# 4.22 垫　块

选择下拉菜单 插入(S) → 设计特征(E) → 垫块(A)... 命令（或在“特征”工具条中单击按钮），系统弹出图 4.22.1 所示的“垫块”对话框。可以创建两种类型的垫块：矩形凸垫和常规凸垫。

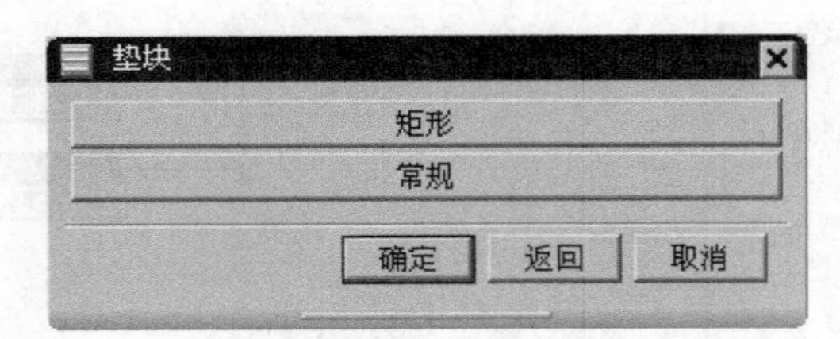


图 4.22.1　“垫块”对话框

垫块和腔体基本上是一致的，唯一的区别就是一个是添加，一个是切除。其操作方法可以参考 4.20 节中创建腔体的操作方法。操作过程如图 4.22.2 所示。

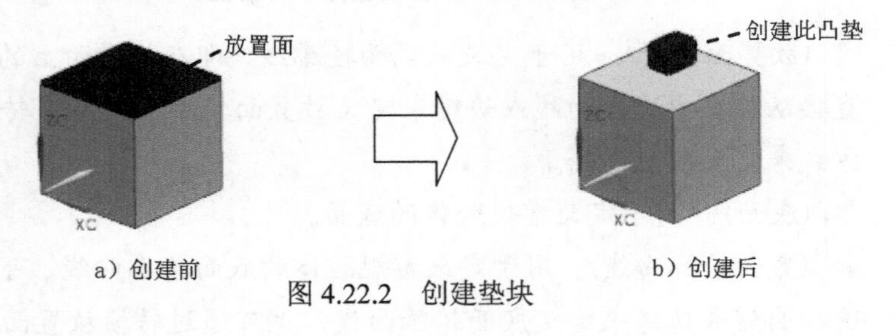


图 4.22.2　创建垫块

# 4.23 键　槽

用户可以使用“键槽”命令创建一个直槽穿过实体或通到实体内部，而且在当前目标实体上自动执行布尔运算。可以创建五种类型的键槽：矩形键槽、球形键槽、U 形键槽、T 型键槽和燕尾槽，如图 4.23.1 所示。下面分别详细介绍五种键槽。

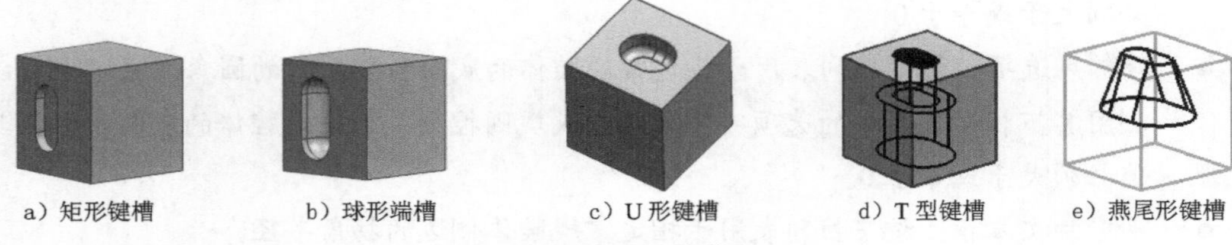


图 4.23.1　创建延伸曲面

## 1．矩形键槽

下面以图 4.23.2 所示模型为例，说明创建矩形键槽的一般操作过程。

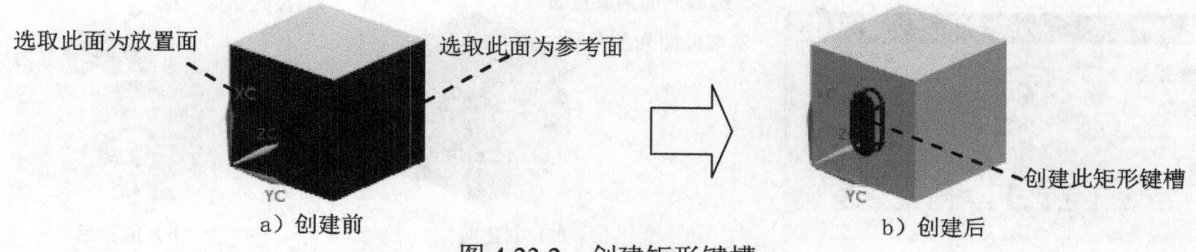


图 4.23.2 创建矩形键槽

Step1．打开文件 D:\ug10.1\work\ch04.22\rectangular_slot.prt。

Step2．选择命令。选择下拉菜单 插入(S) → 设计特征(E) → 键槽(L)... 命令（或在“特征”工具条中单击 按钮），系统弹出图 4.23.3 所示的“键槽”对话框。

Step3．选择键槽类型。在“键槽”对话框中选中 ⊙ 矩形槽 单选项。

Step4．定义放置面和水平参考。选择图 4.23.2a 所示的放置面和水平参考，系统弹出图 4.23.4 所示的“矩形键槽”对话框。

Step5．定义键槽参数。在“矩形键槽”对话框中输入图 4.23.4 所示的数值，单击 确定 按钮，系统弹出“定位”对话框。

Step6．确定放置位置。（具体操作读者可参见 4.20 节中的相应内容。）

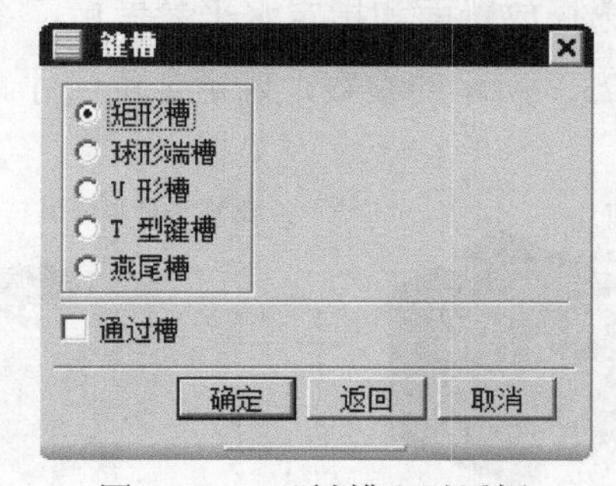


图 4.23.3 “键槽”对话框

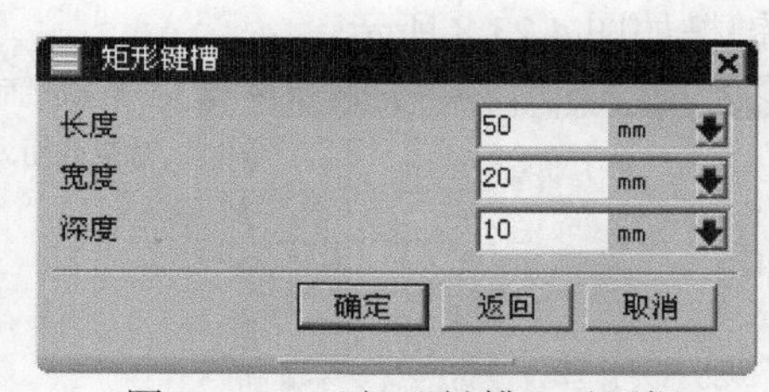


图 4.23.4 “矩形键槽”对话框

说明：水平参考方向即为矩形键槽的长度方向。

**图 4.23.4 所示的“矩形键槽”对话框中各选项的说明如下：**

- 长度 文本框：用于设置矩形键槽的长度。按照平行于水平参考的方向测量。长度值必须是正的。
- 宽度 文本框：用于设置矩形键槽的宽度，即形成键槽的刀具宽度。
- 深度 文本框：用于设置矩形键槽的深度。按照与槽的轴相反的方向测量，是从原点到槽底面的距离。深度值必须是正的。

## 2．球形键槽

在“键槽”对话框中选择 ⊙ 球形端槽 单选项；在选择放置面和指定水平参考后，系统弹出图 4.23.5 所示的“球形键槽”对话框，输入各项参数，确定定位尺寸。创建的球形键槽如图 4.23.6 所示。

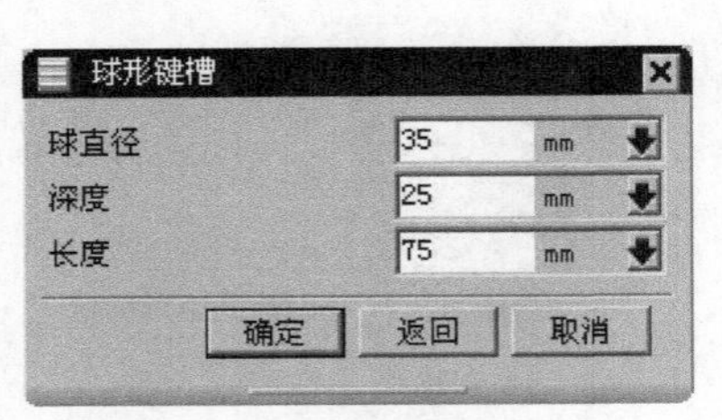


图 4.23.5 “球形键槽”对话框

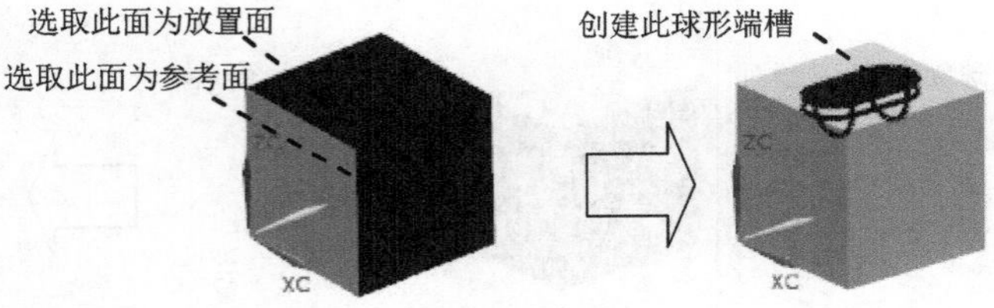

选取此面为放置面
选取此面为参考面
创建此球形端槽
a）创建前
b）创建后

图 4.23.6 创建球形键槽

**说明：水平参考方向即为球形端槽的长度方向。**

**图 4.23.5 所示的“球形键槽”对话框中各选项的说明如下：**

- 球直径 文本框：用于设置球形键槽的宽度，即刀具的直径。
- 深度 文本框：用于设置球形键槽的深度。按照与槽的轴向相反的方向测量，是从原点到槽底面的距离。深度值必须是正的。
- 长度 文本框：用于设置球形键槽的长度。按照平行于水平参考的方向测量。长度值必须是正值。

### 3. U 形槽

在“键槽”对话框中选择 U 形槽 单选项，在选择放置面和指定水平参考后，系统弹出图 4.23.7 所示的“U 形键槽”对话框，输入图 4.23.7 所示的参数，确定定位尺寸。创建的 U 形键槽如图 4.23.8 所示。

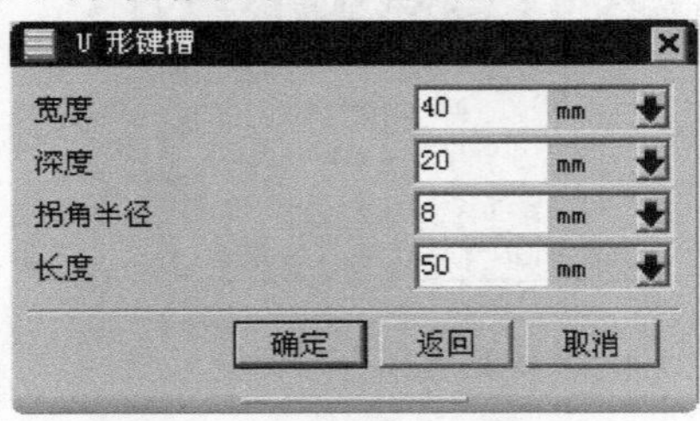


图 4.23.7 “U 形键槽”对话框

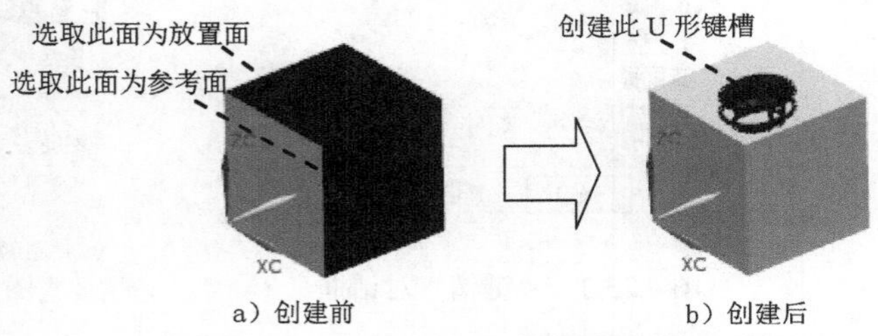


图 4.23.8 创建 U 形键槽

**说明：水平参考方向即 U 形键槽的长度方向。**

**图 4.23.7 所示的“U 形键槽”对话框中各选项的说明如下：**

- 宽度 文本框：用于设置 U 形键槽的宽度。
- 深度 文本框：用于设置 U 形键槽的深度。
- 拐角半径 文本框：用于设置 U 形键槽的拐角半径。
- 长度 文本框：用于设置 U 形键槽的长度。

### 4. T 型键槽

在“键槽”对话框中选择 T 型键槽 单选项，在选择放置面和指定水平参考后，系统弹出图 4.23.9 所示的“T 型键槽”对话框，输入各项参数，确定定位尺寸。创建的 T 型键槽如图 4.23.10 所示。

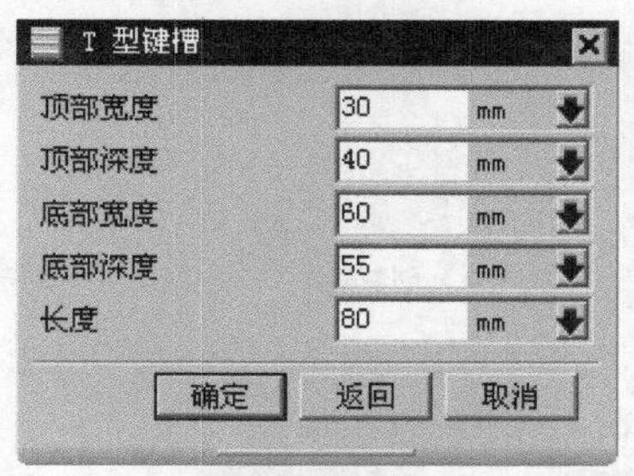


图 4.23.9 “T 型键槽”对话框

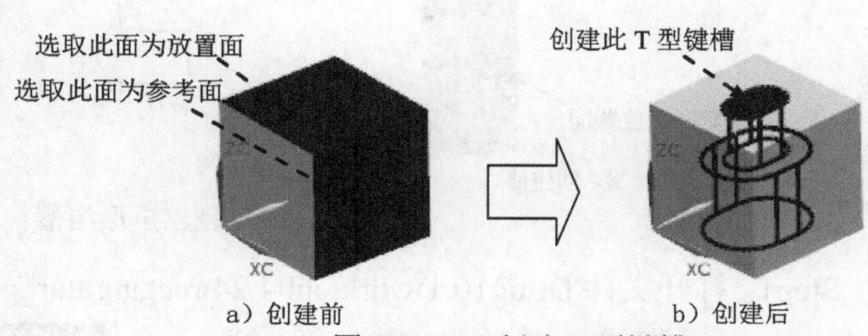


图 4.23.10 创建 T 型键槽

**说明：水平参考方向即为 T 型键槽的长度方向。**

5．燕尾槽

在“键槽”对话框中选择 ⊙ 燕尾槽 单选项；在选择放置平面和指定水平参考后，系统弹出图 4.23.11 所示的“燕尾槽”对话框，输入各项参数，确定定位尺寸。创建的燕尾槽如图 4.23.12 所示。

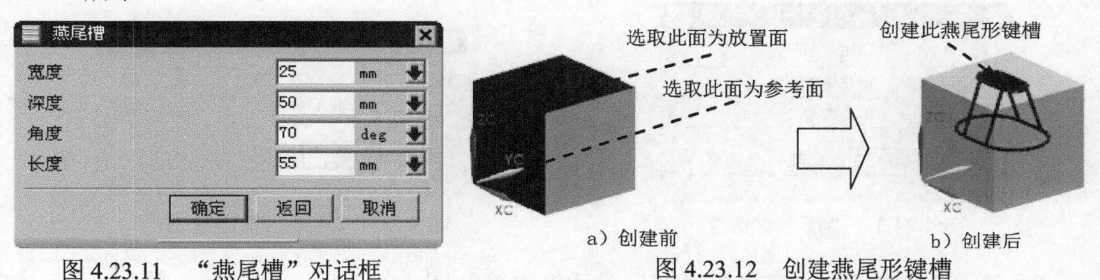


图 4.23.11 “燕尾槽”对话框　　图 4.23.12 创建燕尾形键槽

**说明：水平参考方向即为燕尾槽的长度方向。**

# 4.24 槽

用户可以使用“槽”命令在实体上创建一个沟槽，如同车削操作一样，将一个成形工具在旋转部件上向内（从外部定位面）或向外（从内部定位面）移动来形成沟槽。在 UG NX 10.0 中可以创建三种类型的沟槽：矩形沟槽、球形沟槽和 U 形沟槽，如图 4.24.1 所示。

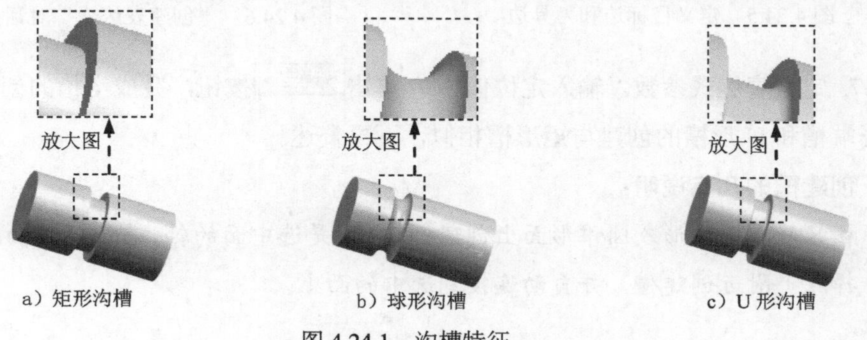


图 4.24.1 沟槽特征

下面以图 4.24.2 所示的矩形沟槽为例，说明创建沟槽特征一般操作过程。

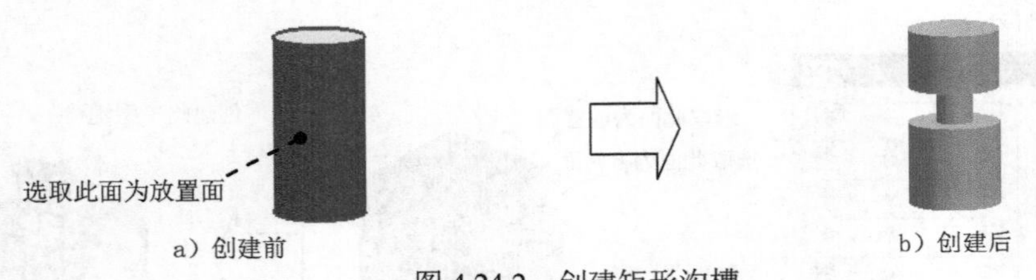


图 4.24.2　创建矩形沟槽

Step1. 打开文件 D:\ug10.1\work\ch04.24\rectangular_groove.prt。

Step2. 选择命令。选择下拉菜单 插入(S) → 设计特征(E) → 槽(G)... 命令（或在“特征”工具条中单击按钮），系统弹出图 4.24.3 所示的“槽”对话框。

Step3. 选择槽类型。单击 矩形 按钮，系统弹出“矩形槽”对话框。

Step4. 定义放置面。选取图 4.24.2a 所示的圆柱面为放置面，此时“矩形槽”对话框如图 4.24.4 所示。

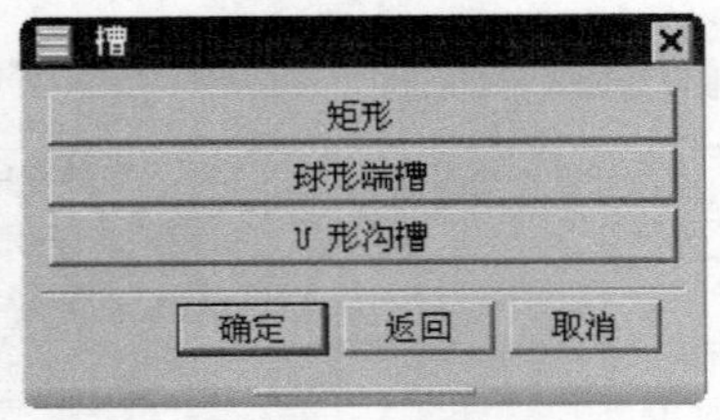


图 4.24.3　“槽”对话框

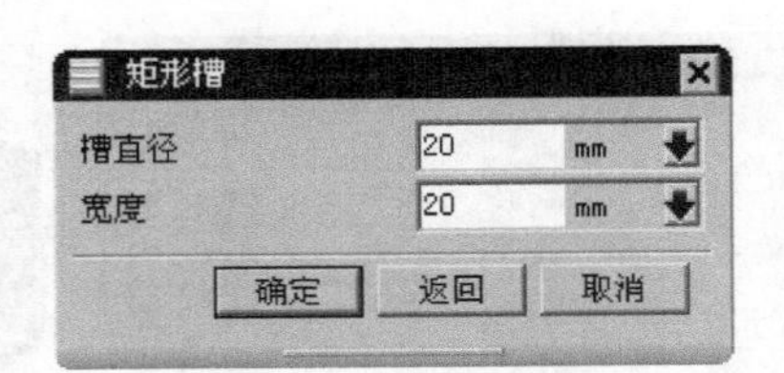


图 4.24.4　“矩形槽”对话框

Step5. 定义槽参数。在“矩形槽”对话框中输入图 4.24.4 所示的参数，单击 确定 按钮。系统弹出“定位槽”对话框，并且沟槽预览将显示为一个圆盘，如图 4.24.5 所示。

Step6. 定义目标边和刀具边。选择图 4.24.5 所示的目标边和刀具边，系统弹出图 4.24.6 所示的“创建表达式”对话框。

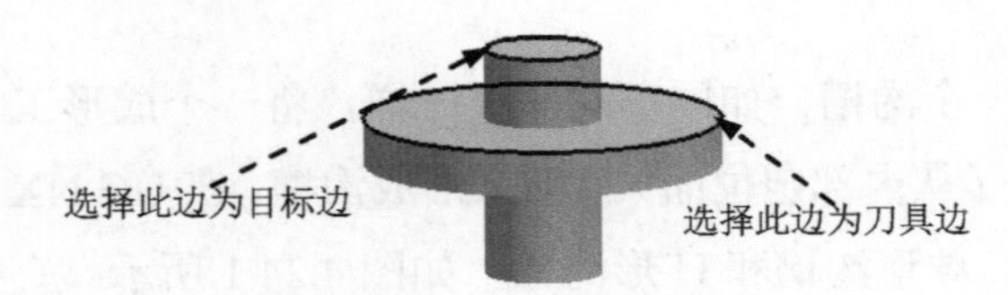


图 4.24.5　定义目标边和刀具边

图 4.24.6　“创建表达式”对话框

Step7. 定义表达式参数。输入定位值 30，单击 确定 按钮，完成沟槽的创建。

球形端槽和 U 形槽的创建与矩形槽相似，不再赘述。

**关于创建槽的几点说明：**

- 槽只能在圆柱形或圆锥形面上创建。旋转轴是选中面的轴。在选择该面的位置（选择点）附近创建槽，并自动连接到选中的面上。

- 槽的定位面可以是实体的外表面，也可以是实体的内表面。
- 槽的轮廓垂直于旋转轴，并对称于通过选择点的平面。
- 槽的定位和其他成型特征的定位稍有不同。只能在一个方向上定位槽，即沿着目标实体的轴，并且不能利用“定位”对话框定位槽，而是通过选择目标实体的一条边及工具（即槽）的边或中心线来定位沟槽。

## 4.25　筋　板

筋板特征的创建过程与拉伸特征基本相似，筋板特征的截面草图可以是封闭的也可以是不封闭的；其区别在于筋板特征的方向有两个，且截面可以是一条或多条曲线。

下面以图 4.25.1 所示的模型为例，说明创建筋板特征的一般操作过程。

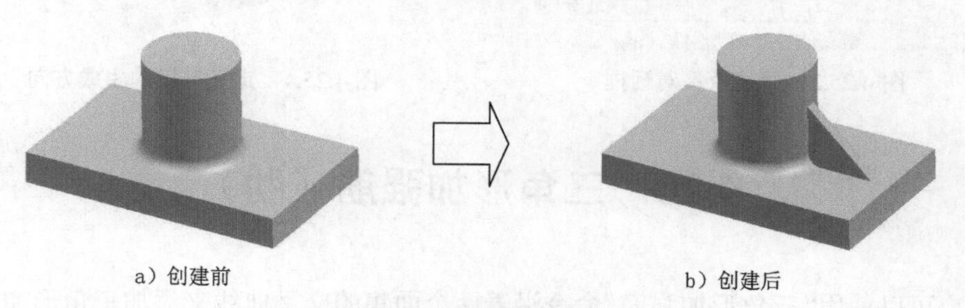

a）创建前　　b）创建后

图 4.25.1　创建筋板特征

Step1. 打开文件 D:\ug10.1\work\ch04.25\rib_feature.prt。

Step2. 选择命令。选择下拉菜单 插入(S) → 设计特征(E) → 筋板(I)... 命令，系统弹出图 4.25.2 所示的“筋板”对话框。

Step3. 定义筋板特征的截面草图。在“筋板”对话框 截面 区域中单击按钮，选择 ZX 基准平面作为筋板的草图平面，进入草图绘制环境，绘制图 4.25.3 所示的截面草图；选择下拉菜单 任务(K) → 完成草图(K) 命令，退出草图环境。

Step4. 定义筋板特征的参数。

（1）定义筋板的生成方向。图 4.25.4 所示的箭头指示的是筋板的正确生成方向，若方向与之相反，可单击“筋板”对话框 壁 区域中的“反转筋板侧”按钮。

（2）定义筋板的厚度。在图 4.25.2 所示的“筋板”对话框 壁 区域中选中 ⊙ 平行于剖切平面 单选项，在 尺寸 下拉列表中选择 对称 选项，然后在 厚度 的文本框中输入 8，并选中 ☑ 合并筋板和目标 复选框。

Step5. 单击“筋板”对话框中的 < 确定 > 按钮，完成筋板特征的创建。

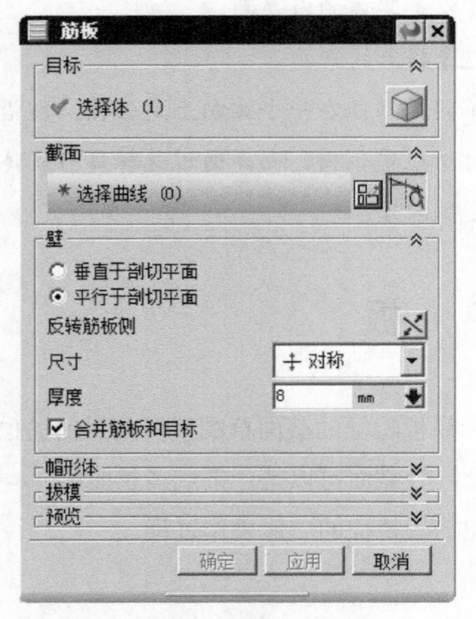


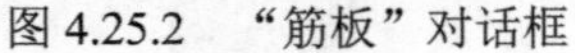

图 4.25.2 “筋板”对话框

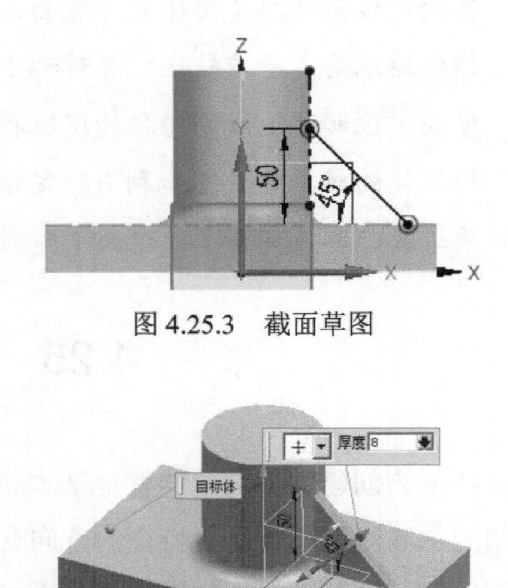


图 4.25.3 截面草图

图 4.25.4 定义筋板的生成方向

# 4.26 三角形加强筋（肋）

用户可以使用“三角形加强筋”命令沿着两个面集的交叉曲线来添加三角形加强筋（肋）特征。要创建三角形加强筋特征，首先必须指定两个相交的面集，面集可以是单个面，也可以是多个面；其次要指定三角形加强筋的基本定位点，可以是沿着交叉曲线的点，也可以是交叉曲线和平面相交处的点。

下面以图 4.26.1 所示的模型为例，说明创建三角形加强筋的一般操作过程。

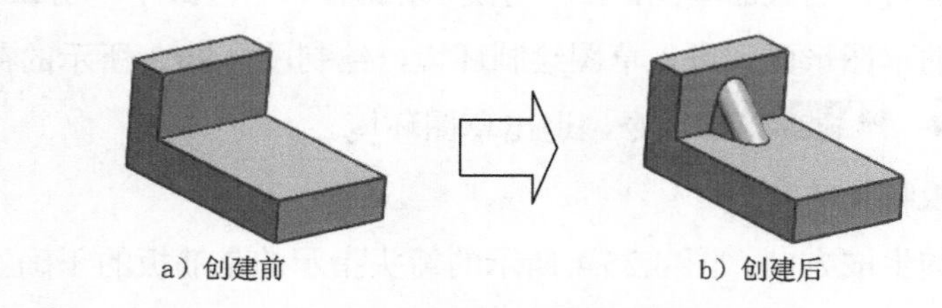

a）创建前　　b）创建后

图 4.26.1 创建三角形加强筋特征

Step1. 打开文件 D:\ug10.1\work\ch04.25\dart.prt。

Step2. 选择命令。选择下拉菜单 插入(S) → 设计特征(E) → 三角形加强筋(D)... 命令，系统弹出图 4.26.2 所示的“三角形加强筋”对话框。

Step3. 定义面集 1。选取放置三角形加强筋的第一组面，选取图 4.26.3a 所示的面为第一组面。

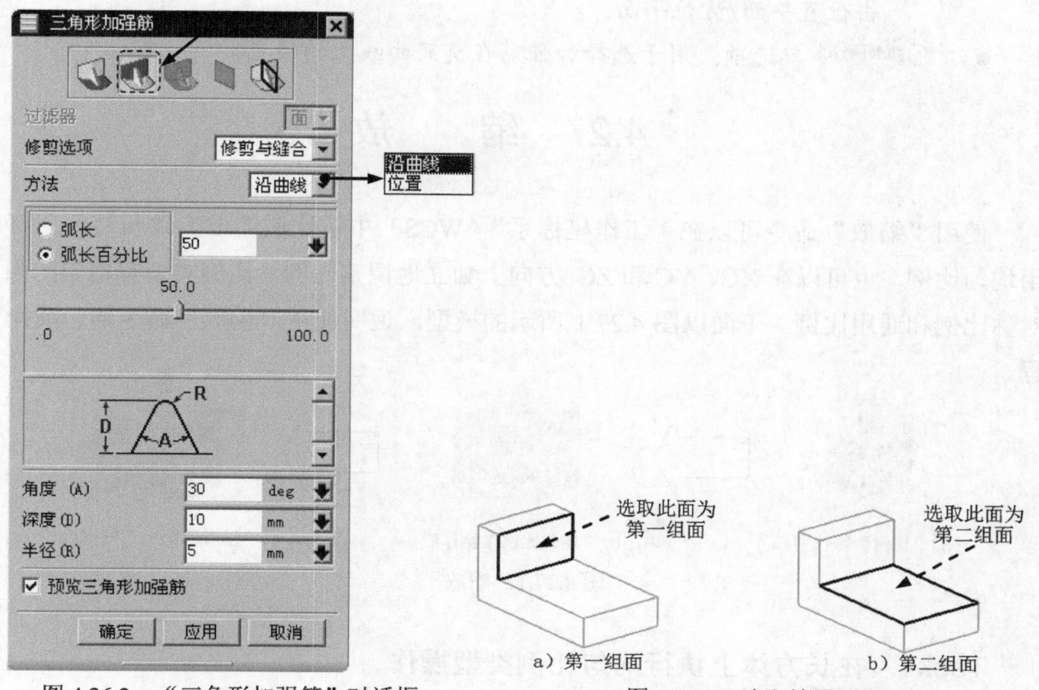


图 4.26.2 “三角形加强筋”对话框　　　　图 4.26.3 选取放置面

Step4. 定义面集 2。单击“第二组”按钮 （图 4.26.2），选取图 4.26.3b 所示的面为放置三角形加强筋的第二组面，系统出现加强筋的预览。

Step5. 选择定位方式。在方法下拉列表中选择沿曲线方式。

Step6. 定义放置位置。在“三角形加强筋”对话框中选中弧长百分比单选项，输入需要放置加强筋的位置值 50（放在正中间）。

Step7. 定义加强筋参数。在角度 (A)文本框中输入值 30，在深度 (D)文本框中输入值 10，在半径 (R)文本框中输入值 5。

Step8. 单击确定按钮，完成三角形加强筋特征的创建。

图 4.26.2 所示的“三角形加强筋”对话框中主要选项的说明如下：

- 选择步骤：用于选择操作步骤。
  - ☑ (第一组)：用于选择第一组面。可以为面集选择一个或多个面。
  - ☑ (第二组)：用于选择第二组面。可以为面集选择一个或多个面。
  - ☑ (位置曲线)：用于在有多条可能的曲线时选择其中一条位置曲线。
  - ☑ (位置平面)：用于选择相对于平面或基准平面的三角形加强筋特征的位置。
  - ☑ (方位平面)：用于对三角形加强筋特征的方位选择平面。
- 方法下拉列表：用于定义三角形加强筋的位置。
  - ☑ 沿曲线：在交叉曲线的任意位置交互式地定义三角形加强筋基点。
  - ☑ 位置：定义一个可选方式，以查找三角形加强筋的位置，即可输入坐标或单击位置平面/方位平面。

- 弧长百分比单选项：用于选择加强筋在交叉曲线上的位置。

## 4.27 缩 放

使用“缩放”命令可以在“工作坐标系”（WCS）中按比例缩放实体和片体。可以使用均匀比例，也可以在XC、YC和ZC 方向上独立地调整比例。比例类型有均匀比列、轴对称比例和通用比例。下面以图4.27.1所示的模型，说明使用“缩放”命令的一般操作过程。

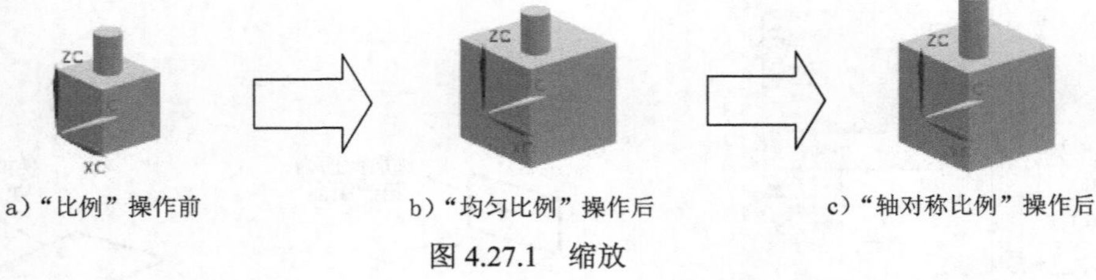


a）“比例”操作前　b）“均匀比例”操作后　c）“轴对称比例”操作后

图4.27.1 缩放

### Task1．在长方体上执行均匀比例类型操作

打开文件D:\ug10.1\work\ch04.27\scale.prt。

Step1．选择命令。选择下拉菜单 插入(S) → 偏置/缩放(O) → 缩放体(S)... 命令，系统弹出图4.27.2所示的“缩放体”对话框。

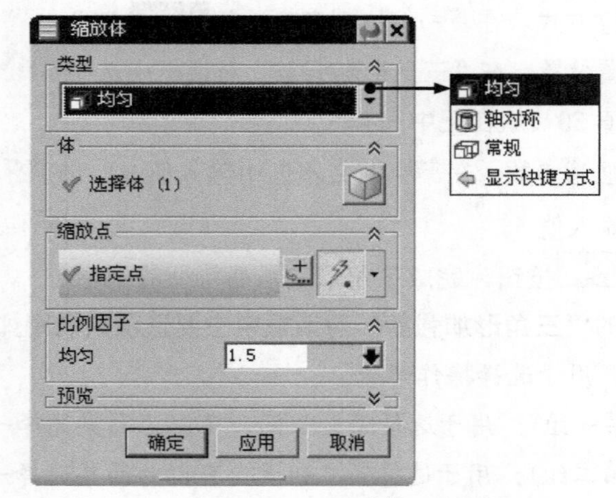


图4.27.2 “缩放体”对话框

Step2．选择类型。在“缩放体”对话框的类型下拉列表中选择 均匀 选项。

Step3．定义“缩放体”对象。选取图4.27.3所示的立方体。

Step4．定义缩放点。单击缩放点区域中的 指定点 (1) 按钮，然后选择图4.27.4所示的立方体顶点。

Step5．输入参数。在 均匀 文本框中输入比例因子值1.5，单击 应用 按钮，完成均匀比例操作。均匀比例模型如图 4.27.5 所示。

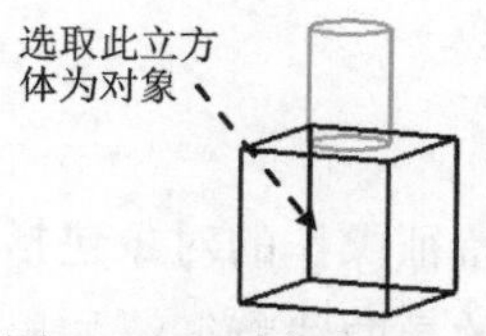


图 4.27.3 选择立方体

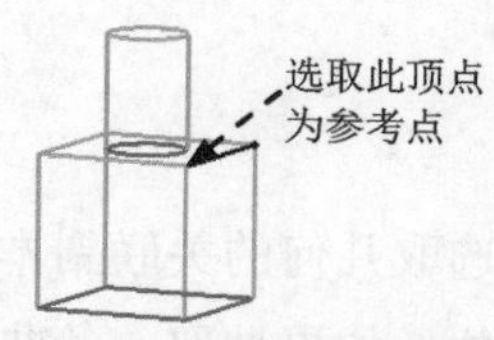


图 4.27.4 选择缩放点

图 4.27.5 均匀比例模型

图 4.27.2 所示的“缩放体”对话框中有关选项的说明如下：

- 类型下拉列表：比例类型有四个基本选择步骤，但对每一种比例“类型”方法而言，不是所有的步骤都可用。
  - ☑ 均匀：在所有方向上均匀地按比例缩放。
  - ☑ 轴对称：以指定的比例因子（或乘数）沿指定的轴对称缩放。
  - ☑ 常规：在 X、Y 和 Z 轴三个方向上以不同的比例因子缩放。
- （选择体）：允许用户为比例操作选择一个或多个实体或片体。三个“类型”方法都要求此步骤。

### Task2. 在圆柱体上执行轴对称比例类型操作

Step1. 选择类型。在“缩放体”对话框的类型下拉列表中选择轴对称选项。

Step2. 定义“缩放体”对象。选取要执行缩放体操作的圆柱体，如图 4.27.6 所示

Step3. 定义矢量方向，单击指定矢量 (1)下拉列表中的“两点”按钮，选取“两点”为矢量方向，如图 4.27.7 所示。然后选取圆柱底面圆心和顶面圆心。

Step4. 定义参考点。单击指定轴通过点 (1)按钮，然后选取圆柱体底面圆心为参考点，如图 4.27.8 所示。

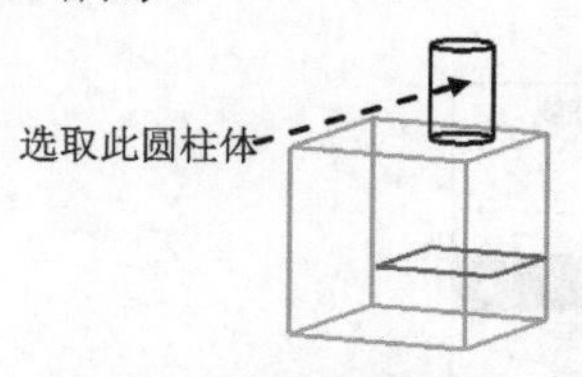


图 4.27.6 选择圆柱体

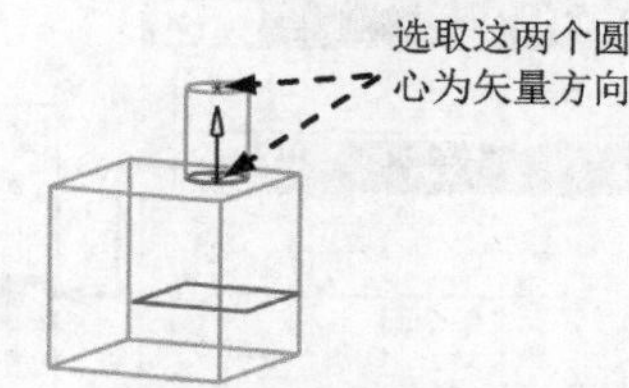


图 4.27.7 选择判断矢量

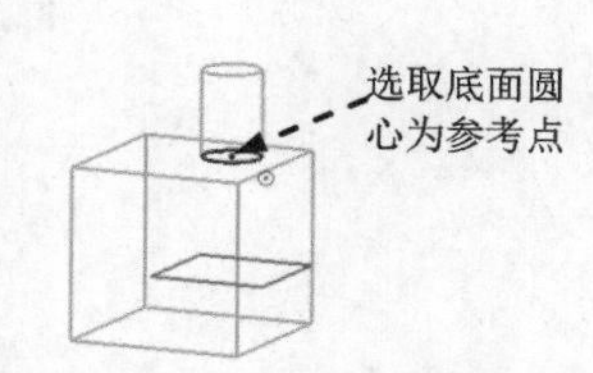


图 4.27.8 选择参考点

Step5. 输入参数。在对话框的沿轴向文本框中输入比例因子值 1.5，其余参数采用系统默认设置，单击确定按钮，完成轴对称比例操作。

## 4.28 模型的关联复制

模型的关联复制主要包括抽取几何特征(E)...和阵列特征(A)...两种，这两种方式都是对已

有的模型特征进行操作，可以创建与已有模型特征相关联的目标特征，从而减少许多重复的操作，节约大量的时间。

## 4.28.1 抽取几何特征

抽取几何特征是用来创建所选取几何的关联副本。抽取几何特征操作的对象包括复合曲线、点、基准、面、面区域和体。如果抽取一条曲线，则创建的是曲线特征；如果抽取一个面或一个区域，则创建一个片体；如果抽取一个体，则新体的类型将与原先的体相同（实体或片体）。当更改原来的特征时，可以决定抽取后得到的特征是否需要更新。在零件设计中，常会用到抽取模型特征的功能，它可以充分地利用已有的模型，大大地提高工作效率。下面以几个范例来说明如何使用抽取几何特征命令。

### 1．抽取面特征

图 4.28.1 所示的抽取单个曲面的操作过程如下：

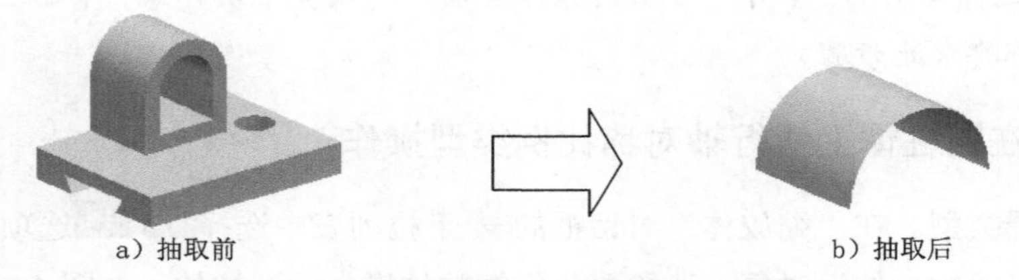


图 4.28.1 抽取单个曲面面特征

Step1．打开文件 D:\ug10.1\work\ch04.28\extracted01.prt。

Step2．选择下拉菜单 插入(S) → 关联复制(A) ▸ → 抽取几何特征(E)... 命令，系统弹出图 4.28.2 所示的“抽取几何特征”对话框。

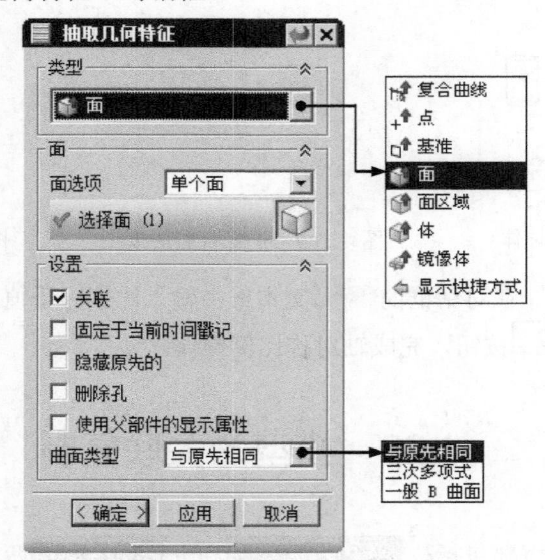


图 4.28.2 “抽取几何特征”对话框

图 4.28.2 所示的“抽取几何特征”对话框中部分选项功能的说明如下：

- 面：用于从实体或片体模型中抽取曲面特征，能生成三种类型的曲面。
- 面区域：抽取区域曲面时，是通过定义种子曲面和边界曲面来创建片体，创建的片体是从种子面开始向四周延伸到边界面的所有曲面构成的片体（其中包括种子曲面，但不包括边界曲面）。
- 体：用于生成与整个所选特征相关联的实体。
- 与原先相同：从模型中抽取的曲面特征保留原来的曲面类型。
- 三次多项式：用于将模型的选中面抽取为三次多项式 B 曲面类型。
- 一般 B 曲面：用于将模型的选中面抽取为一般的 B 曲面类型。

Step3. 定义抽取类型。在“抽取几何特征”对话框的类型下拉列表中选择面选项。

Step4. 选取抽取对象。在图形区选取图 4.28.3 所示的曲面。

Step5. 隐藏源特征。在设置区域选中☑隐藏原先的复选框。单击< 确定 >按钮，完成对曲面特征的抽取。

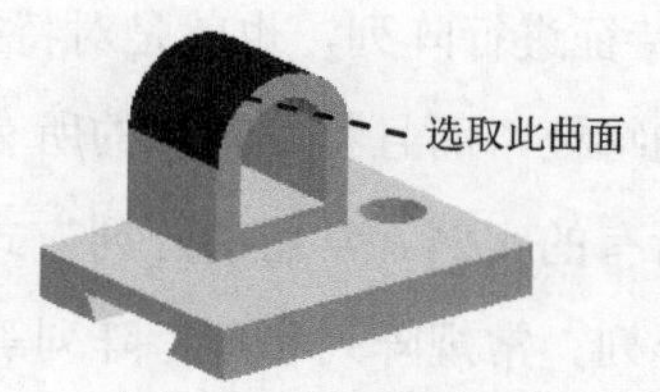


图 4.28.3　选取曲面

## 2. 抽取面区域特征

抽取区域特征用于创建一个片体，该片体是一组和“种子面”相关，且被边界面限制的面。

用户根据系统提示选取种子面和边界面后，系统会自动选取从种子面开始向四周延伸直到边界面的所有曲面（包括种子面，但不包括边界面）。

抽取区域特征的具体操作在后面第 5 章中有详细介绍，在此不再赘述。

## 3. 抽取体特征

抽取体特征可以创建整个体的关联副本，并将各种特征添加到抽取体特征上，而不在原先的体上出现。当更改原先的体时，还可以决定“抽取体”特征是否更新。

Step1. 打开文件 D:\ug10.1\work\ch04.28\extracted02.prt。

Step2. 选择下拉菜单插入(S) → 关联复制(A) ▸ → 抽取几何特征(E)... 命令，系统弹出“抽取几何特征”对话框。

Step3. 定义抽取类型。在“抽取几何特征”对话框的类型下拉列表中选择体选项。

Step4. 选取抽取对象。在图形区选取图 4.28.4 所示的体特征。

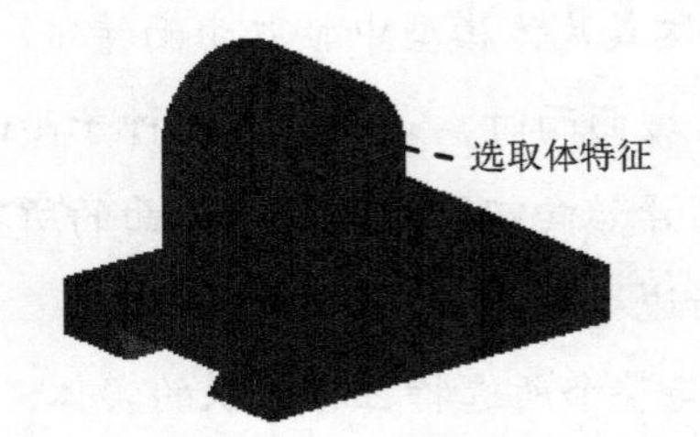


图 4.28.4 选取特征体

Step5. 隐藏源特征。在 设置 区域选中 ☑ 隐藏原先的 复选框。单击 < 确定 > 按钮，完成对体特征的抽取（建模窗口中所显示的特征是原来特征的关联副本）。

注意：所抽取的体特征与原特征相互关联，类似于复制功能。

## 4.28.2 阵列特征

“阵列特征”操作就是对特征进行阵列，也就是对特征进行一个或者多个的关联复制，并按照一定的规律排列复制的特征，而且特征阵列的所有实例都是相互关联的，可以通过编辑原特征的参数来改变其所有的实例。常用的阵列方式有线性阵列、圆形阵列、多边形阵列、螺旋式阵列、沿曲线阵列、常规阵列和参考阵列等。

### 1. 线性阵列

线性阵列功能可以将所有阵列实例成直线或矩形排列。下面以一个范例来说明创建线性阵列的过程，如图 4.28.5 所示。

Step1. 打开文件 D:\ug10.1\work\ch04.28\Rectangular_Array.prt。

Step2. 选择下拉菜单 插入(S) → 关联复制(A) ▸ → 阵列特征(A)... 命令，系统弹出图 4.28.6 所示的“阵列特征”对话框。

Step3. 选取阵列的对象。在特征树中选取简单孔特征为要阵列的特征。

Step4. 定义阵列方法。在对话框中的 布局 下拉列表中选择 线性 选项。

Step5. 定义方向 1 阵列参数。在对话框中的 方向 1 区域中单击 按钮，选择 YC 轴为第一阵列方向；在 间距 下拉列表中选择 数量和节距 选项，然后在 数量 文本框中输入阵列数量为 5，在 节距 文本框中输入阵列节距值为 20。

Step6. 定义方向 2 阵列参数。在对话框的 方向 2 区域中选中 ☑ 使用方向 2 复选框，然后单击 按钮，选择 XC 轴为第二阵列方向；在 间距 下拉列表中选择 数量和节距 选项，然后在 数量 文本框中输入阵列数量为 5，在 节距 文本框中输入阵列节距值为 20。

Step7. 单击 确定 按钮，完成矩形阵列的创建。

a）线性阵列前

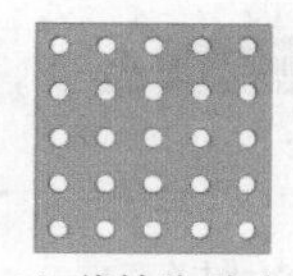
b）线性阵列后

图 4.28.5　创建线性阵列

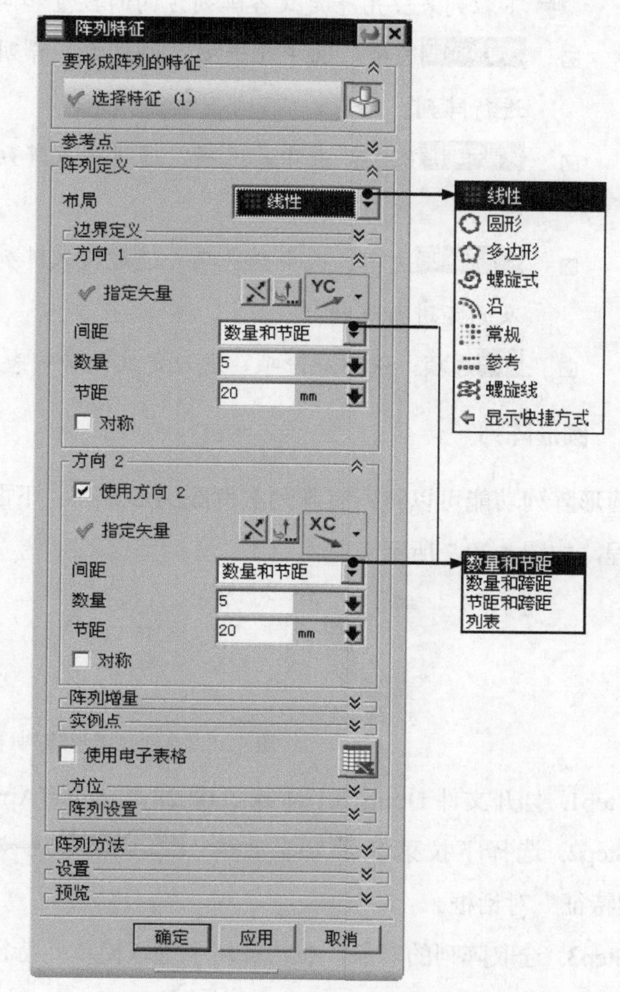

图 4.28.6　“阵列特征”对话框

图 4.28.6 所示的“阵列特征”对话框中部分选项的功能说明如下：

- 布局 下拉列表：用于定义阵列方式。
  - ☑ 线性 选项：选中此选项，可以根据指定的一个或两个线性方向进行阵列。
  - ☑ 圆形 选项：选中此选项，可以绕着一根指定的旋转轴进行环形阵列，阵列实例绕着旋转轴圆周分布。
  - ☑ 多边形 选项：选中此选项，可以沿着一个正多边形进行阵列。
  - ☑ 螺旋式 选项：选中此选项，可以沿着螺旋线进行阵列。
  - ☑ 沿 选项：选中此选项，可以沿着一条曲线路径进行阵列。
  - ☑ 常规 选项：选中此选项，可以根据空间的点或由坐标系定义的位置点进行阵列。
  - ☑ 参考 选项：选中此选项，可以参考模型中已有的阵列方式进行阵列。

- ☑ 螺旋线选项：选中此选项，可以沿着螺旋线路径进行阵列。
- 间距下拉列表：用于定义各阵列方向的数量和间距。
  - ☑ 数量和节距选项：选中此选项，通过输入阵列的数量和每两个实例的中心距离进行阵列。
  - ☑ 数量和跨距选项：选中此选项，通过输入阵列的数量和每两个实例的间距进行阵列。
  - ☑ 节距和跨距选项：选中此选项，通过输入阵列的数量和每两个实例的中心距离及间距进行阵列。
  - ☑ 列表选项：选中此选项，通过定义的阵列表格进行阵列。

### 2．圆形阵列

圆形阵列功能可以将所有阵列实例成圆形排列。下面以一个范例来说明创建圆形阵列的过程，如图 4.28.7 所示。

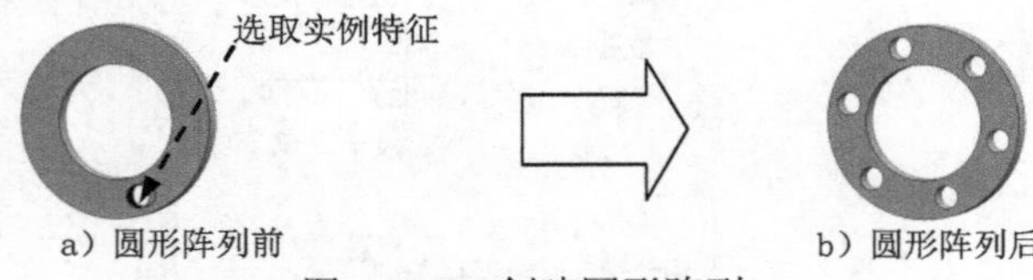


a）圆形阵列前　　b）圆形阵列后

图 4.28.7　创建圆形阵列

Step1．打开文件 D:\ug10.1\work\ch04.28\Circular_Array.prt。

Step2．选择下拉菜单 插入(S) → 关联复制(A) ▸ → 阵列特征(A)... 命令，系统弹出“阵列特征”对话框。

Step3．选取阵列的对象。在特征树中选取简单孔特征为要阵列的特征。

Step4．定义阵列方法。在对话框的 布局 下拉列表中选择 圆形 选项。

Step5．定义旋转轴和中心点。在对话框的 旋转轴 区域中单击 * 指定矢量 后面的按钮，选择 ZC 轴为旋转轴；单击 * 指定点 后面的按钮，选取图 4.28.8 所示的圆心点为中心点。

Step6．定义阵列参数。在对话框 角度方向 区域的 间距 下拉列表中选择 数量和节距 选项，然后在 数量 文本框中输入阵列数量为 6，在 节距角 文本框中输入阵列角度值为 60，如图 4.28.9 所示。

Step7．单击 确定 按钮，完成圆形阵列的创建。

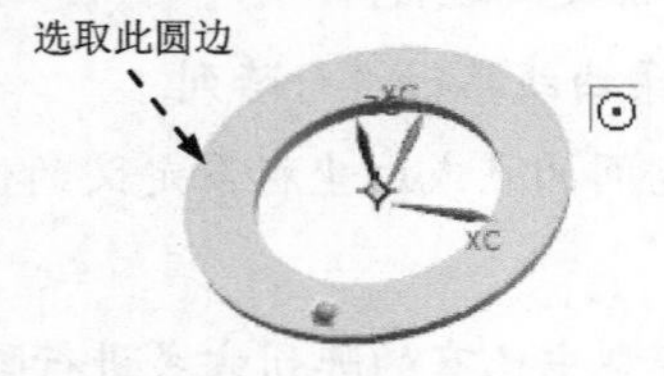


图 4.28.8　选取中心点

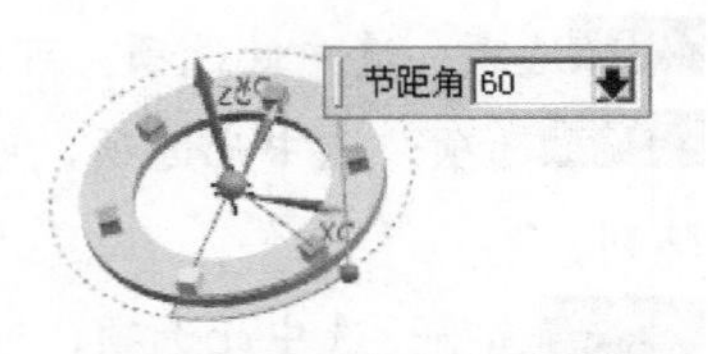


图 4.28.9　定义阵列参数

### 4.28.3 镜像特征

镜像特征功能可以将所选的特征相对于一个部件平面或基准平面（称为镜像中心平面）进行对称的复制，从而得到所选特征的一个副本。下面以一个范例来说明创建镜像特征的一般过程，如图 4.28.10 所示。

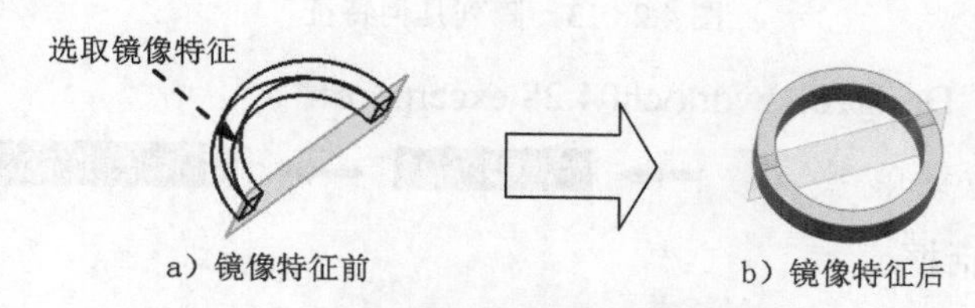


图 4.28.10 创建镜像特征

Step1. 打开文件 D:\ug10.1\work\ch04.28\mirror.prt。

Step2. 选择下拉菜单 插入(S) → 关联复制(A) ▸ → 镜像特征(M)... 命令，系统弹出图 4.28.11 所示的“镜像特征”对话框。

Step3. 定义镜像对象。单击“镜像特征”对话框中的按钮，选取图 4.28.10a 所示的镜像特征。

Step4. 定义镜像平面。在 平面 下拉列表中选择 现有平面 选项，单击“平面”按钮，选取图 4.28.12 所示的镜像平面，单击 确定 按钮，完成镜像特征的操作。

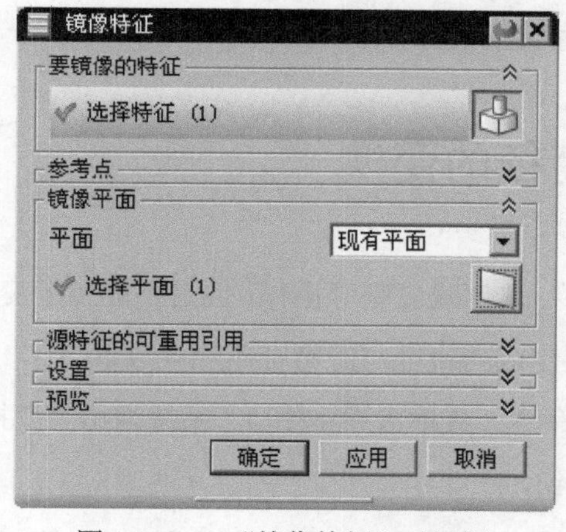


图 4.28.11 “镜像特征”对话框

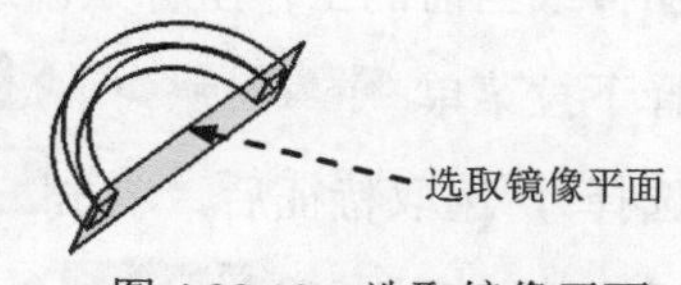


图 4.28.12 选取镜像平面

### 4.28.4 阵列几何特征

用户可以通过使用“阵列几何特征”命令创建对象的副本，即可以轻松地复制几何体、面、边、曲线、点、基准平面和基准轴，并保持实例特征与其原始体之间的关联性。下面以一个范例来说明阵列几何特征的一般操作过程，如图 4.28.13 所示。

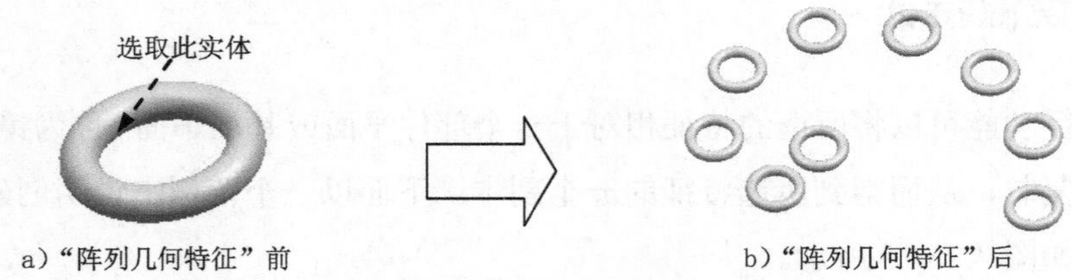


a）“阵列几何特征”前　　b）“阵列几何特征”后

图 4.28.13　阵列几何特征

Step1. 打开文件 D:\ug10.1\work\ch04.28\excerpt.prt。

Step2. 选择下拉菜单 插入(S) → 关联复制(A) ▸ → 阵列几何特征(T)... 命令，系统弹出“阵列几何特征”对话框。

Step3. 选取几何体对象。选取图 4.28.13a 所示的实体为要生成实例的几何特征。

Step4. 定义参考点。选取图 4.28.13a 所示实体的圆心为指定点。

Step5. 定义类型。在“阵列几何特征”对话框 阵列定义 区域的 布局 下拉列表中选择 螺旋式 选项。

Step6. 定义平面的法向矢量。在对话框中选择 下拉列表中的 ZC 选项。

Step7. 定义参考矢量。在对话框中选择 下拉列表中的 YC 选项。

Step8. 定义阵列几何特征参数。在 螺旋式 区域的 径向节距 文本框中输入角度值 120，在 螺旋向节距 文本框中输入偏移距离值 50，其余采用默认设置。

Step9. 单击 < 确定 > 按钮，完成阵列几何特征的操作。

# 4.29　特征的变换

变换(M)... 命令允许用户进行平移、旋转、比例或复制等操作，但是不能用于变换视图、布局、图样或当前的工作坐标系。通过变换生成的特征与源特征不相关联。

选择下拉菜单 编辑(E) → 变换(M)... 命令（或单击 按钮），系统弹出“变换”对话框（类选择），选取特征后，单击 确定 按钮。

**说明：** 如果在选择 变换(M)... 命令之前，已经在图形区选取了某对象，则选择 变换(N)... 命令后，系统直接弹出“变换”对话框。

## 4.29.1　比例变换

比例变换用于对所选对象进行成比例的放大或缩小。下面以一个范例来说明比例变换的操作步骤，如图 4.29.1 所示。

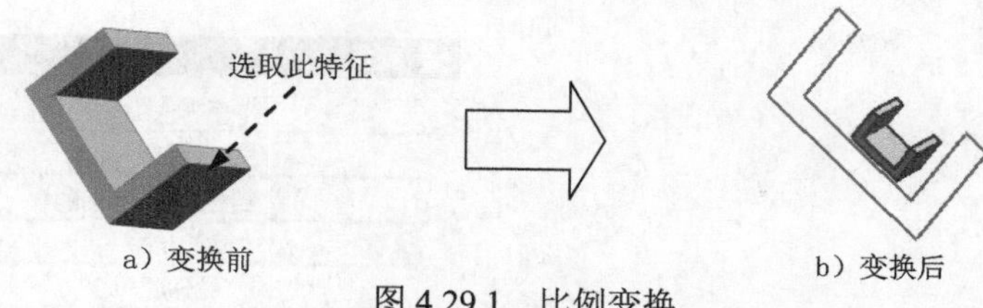


图 4.29.1 比例变换

Step1. 打开文件 D:\ug10.1\work\ch04.29\Body01.prt。

Step2. 选择下拉菜单 编辑(E) → 变换(M)... 命令，系统弹出图 4.29.2 所示的“变换”对话框（一），在图形区选取图 4.29.1a 所示的特征后，单击 确定 按钮，系统弹出图 4.29.3 所示的“变换”对话框（二）。

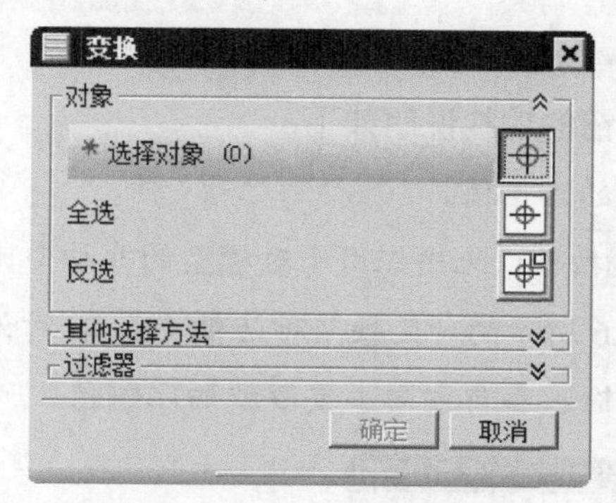


图 4.29.2 “变换”对话框（一）

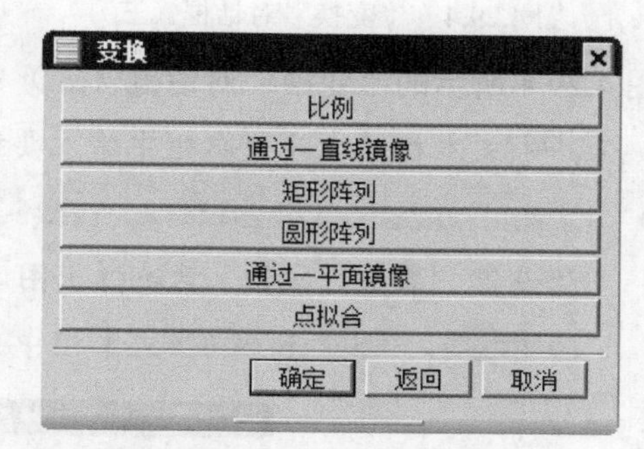


图 4.29.3 “变换”对话框（二）

图 4.29.3 所示的“变换”对话框（二）中按钮的功能说明如下：

- 比例 按钮：通过指定参考点、缩放类型及缩放比例值来缩放对象。
- 通过一直线镜像 按钮：通过指定一直线为镜像中心线来复制选择的特征。
- 矩形阵列 按钮：对选定的对象进行矩形阵列操作。
- 圆形阵列 按钮：对选定的对象进行圆形阵列操作。
- 通过一平面镜像 按钮：通过指定一平面为镜像中心线来复制选择的特征。
- 点拟合 按钮：将对象从引用集变换到目标点集。

Step3. 根据系统 选择选项 的提示，单击 比例 按钮，系统弹出“点”对话框。

Step4. 以系统默认的点作为参考点，单击 确定 按钮，系统弹出图 4.29.4 所示的“变换”对话框（三）。

Step5. 定义比例参数。在 比例 文本框中输入值 0.3，单击 确定 按钮，系统弹出图 4.29.5 所示的“变换”对话框（四）。

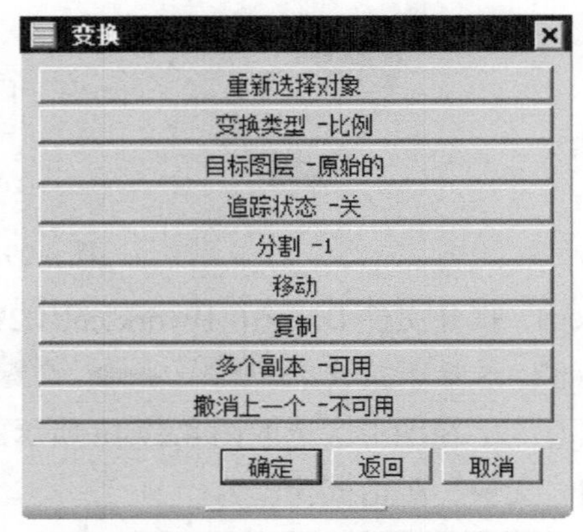

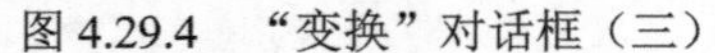

图 4.29.4 “变换”对话框（三）　　图 4.29.5 “变换”对话框（四）

**图 4.29.4 所示的“变换”对话框（三）中按钮的功能说明如下：**

- 比例 文本框：在此文本框中输入要缩放的比例值。
- 非均匀比例 按钮：此按钮用于对模型的非均匀比例缩放设置。单击此按钮，系统弹出图 4.29.6 所示的“变换”对话框（五），对话框中的 XC-比例、YC-比例和 ZC-比例 文本框中分别输入各自方向上要缩放的比例值。

图 4.29.6 “变换”对话框（五）

**图 4.29.5 所示的“变换”对话框（四）中按钮的功能说明如下：**

- 重新选择对象 按钮：用于通过“类选择”工具条来重新选择对象。
- 变换类型 -比例 按钮：用于修改变换的方法。
- 目标图层 -原来的 按钮：用于在完成变换以后，选择生成的对象所在的图层。
- 追踪状态 -关 按钮：用于设置跟踪变换的过程，但是当原对象是实体、片体或边界时不可用。
- 分割 -1 按钮：用于把变换的距离、角度分割成相等的等份。
- 移动 按钮：用于移动对象的位置。
- 复制 按钮：用于复制对象。
- 多个副本 -可用 按钮：用于复制多个对象。
- 撤消上一个 -不可用 按钮：用于取消刚建立的变换。

Step6. 根据系统 选择操作 的提示，单击 移动 按钮，系统弹出图

4.29.7 所示的“变换”对话框（六）。

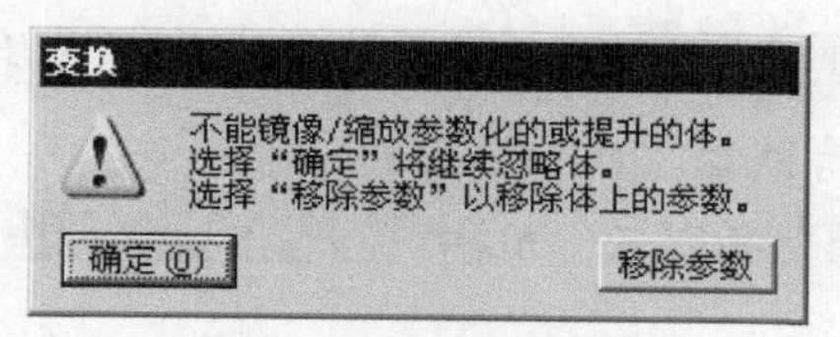


图 4.29.7 “变换”对话框（六）

Step7. 单击 移除参数 按钮，系统返回到“变换”对话框（四）。单击 取消 按钮，关闭“变换”对话框（四），完成比例变换的操作。

## 4.29.2 通过一直线进行镜像

通过一直线进行镜像是将所选特征相对于选定的一条直线（镜像中心线）进行镜像。下面以一个范例来说明通过一直线进行镜像的操作步骤，如图 4.29.8 所示。

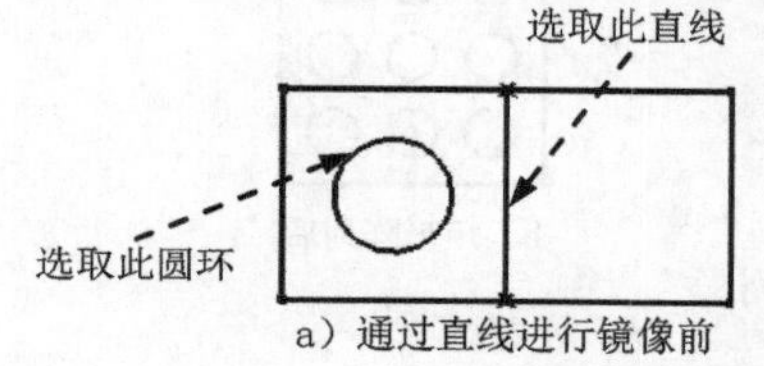


a）通过直线进行镜像前

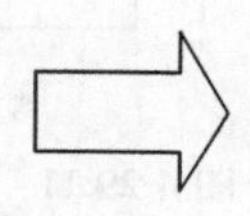

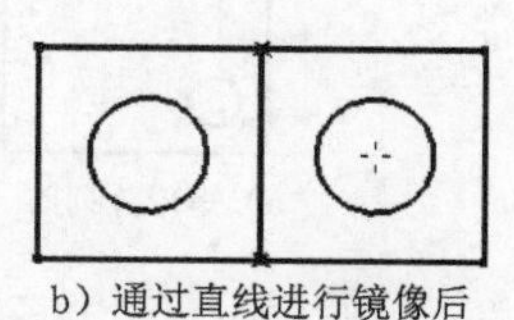

b）通过直线进行镜像后

图 4.29.8 通过直线进行镜像

Step1. 打开文件 D:\ug10.1\work\ch04.29\mirror.prt。

Step2. 选择下拉菜单 编辑(E) → 变换(M)... 命令，选取图 4.29.8a 所示的圆环，单击 确定 按钮，系统弹出“变换”对话框（二）。

Step3. 定义镜像中心线。在“变换”对话框（二）中单击 通过一直线镜像 按钮，系统弹出图 4.29.9 所示的“变换”对话框（七）。单击 现有的直线 按钮，选取图 4.29.8a 所示的直线，系统弹出图 4.29.10 所示的“变换”对话框（八）。

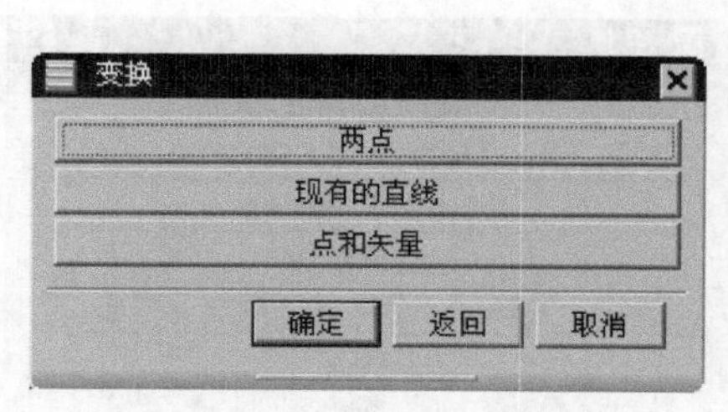


图 4.29.9 “变换”对话框（七）

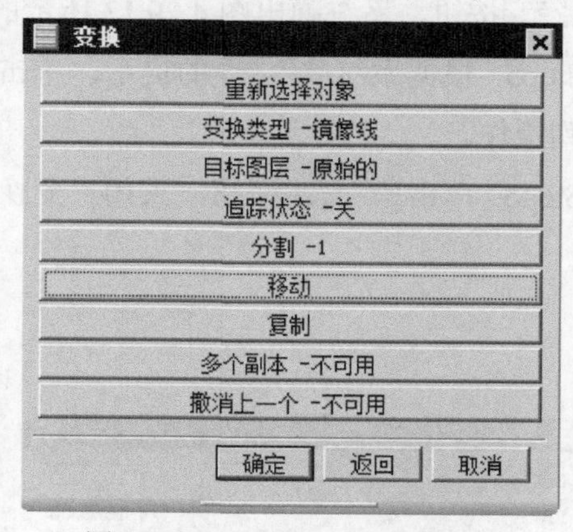


图 4.29.10 “变换”对话框（八）

**图 4.29.9 所示的“变换”对话框（七）中各按钮的功能说明如下：**

- 两点 按钮：选中两个点，该两点之间的连线即为参考线。

- 现有的直线按钮：选取已有的一条直线作为参考线。
- 点和矢量按钮：选取一点，再指定一个矢量，将通过给定的点的矢量作为参考线。

Step4. 根据系统选择操作的提示，单击复制按钮，完成通过一直线作镜像的操作。

Step5. 单击取消按钮，关闭“变换”对话框（八）。

### 4.29.3 变换命令中的矩形阵列

矩形阵列主要用于将选中的对象从指定的原点开始，沿所给方向生成一个等间距的矩形阵列，下面以一个范例来说明使用变换命令中的矩形阵列的操作步骤，如图 4.29.11 所示。

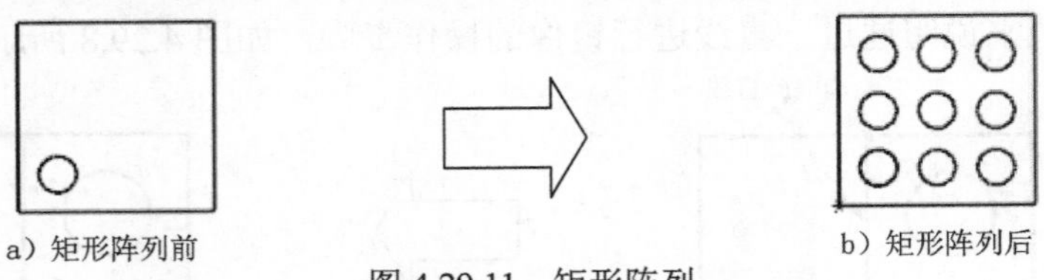


图 4.29.11 矩形阵列

Step1. 打开文件 D:\ug10.1\work\ch04.29\rectange_array.prt。

Step2. 选择下拉菜单编辑(E) → 变换(M)...命令，选取图 4.29.12a 所示的圆环，在“变换”对话框（二）中单击矩形阵列按钮，系统弹出“点”对话框。

Step3. 根据系统选择矩形阵列参考点 -的提示，在图形区选取坐标原点为矩形阵列参考点，根据系统选择阵列原点 -的提示，再次选取坐标原点为阵列原点，系统弹出图 4.29.12 所示的“变换”对话框（九）。

Step4. 定义阵列参数。在“变换”对话框（九）中输入图 4.29.12 所示的变换参数，单击确定按钮，系统弹出图 4.29.13 所示的“变换”对话框（十）。

Step5. 根据系统选择操作的提示，单击复制按钮，完成矩形的阵列操作。

Step6. 单击取消按钮，关闭“变换”对话框（十）。

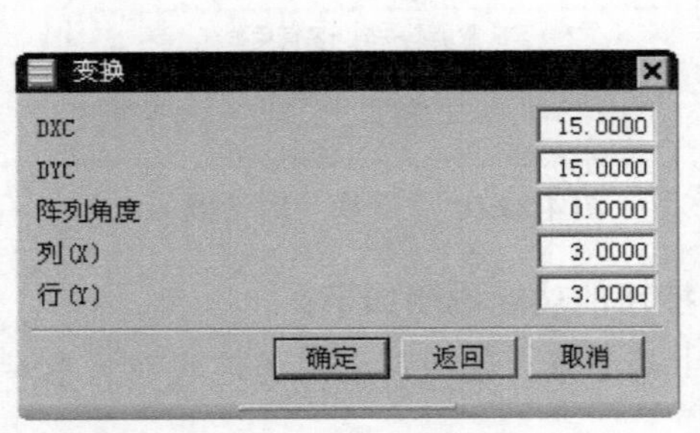


图 4.29.12 “变换”对话框（九）

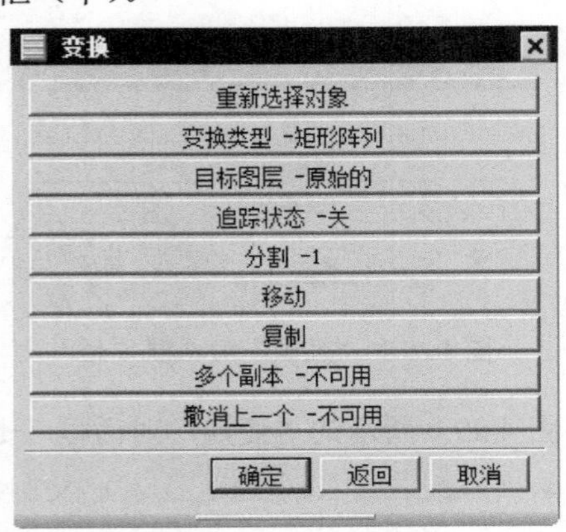


图 4.29.13 “变换”对话框（十）

图 4.29.13 所示的“变换”对话框（九）中各文本框的功能说明如下：

- DXC 文本框：表示沿 XC 方向上的间距。
- DYC 文本框：表示沿 YC 方向上的间距。
- 阵列角度 文本框：表示生成矩形阵列所指定的角度。
- 列(X) 文本框：表示在 XC 方向上特征的个数。
- 行(Y) 文本框：表示在 YC 方向上特征的个数。

## 4.29.4　变换命令中的环形阵列

环形阵列用于将选中的对象从指定的原点开始，绕阵列的中心生成一个等角度间距的环形阵列，下面以一个范例来说明用使用变换命令中的环形阵列的操作步骤，如图 4.29.14 所示。

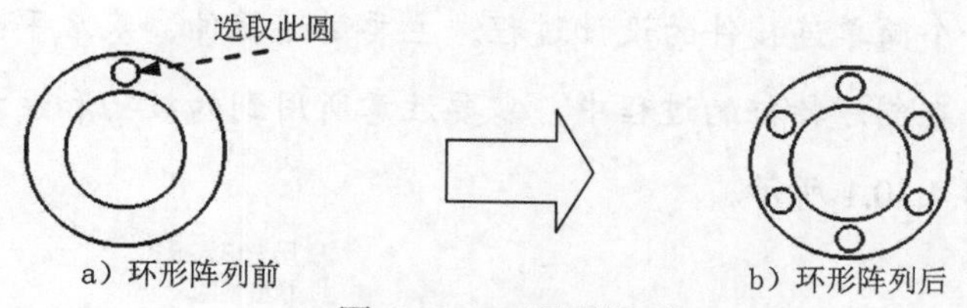


图 4.29.14　环形阵列

Step1. 打开文件 D:\ug10.1\work\ch04.29\round_array.prt。

Step2. 选择下拉菜单 编辑(E) → 变换(M)... 命令，选取图 4.29.14a 所示的圆，在“变换”对话框（二）中单击 圆形阵列 按钮，系统弹出“点”对话框。

Step3. 在“点”对话框中设置环形阵列参考点的坐标值为（0,-30,0），阵列原点的坐标值为（0,0,0），单击 确定 按钮，系统弹出图 4.29.15 所示的“变换”对话框（十一）。

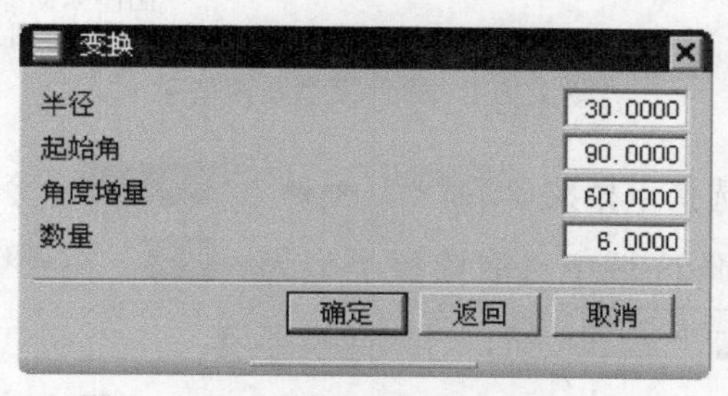


图 4.29.15　“变换”对话框（十一）

Step4. 定义阵列参数。在“变换”对话框（十一）中输入图 4.29.15 所示的参数，单击 确定 按钮，系统弹出“变换”对话框。

Step5. 根据系统 选择操作 的提示，单击 复制 按钮，完成环形的阵列操作。

Step6. 单击 取消 按钮，关闭“变换”对话框。

图 4.29.15 所示的"变换"对话框（十一）中各文本框的功能说明如下：

- 半径文本框：用于设置环行阵列的半径。
- 起始角文本框：用于设置环行阵列的起始角度。
- 角度增量文本框：用于设置环行阵列中角度的增量。
- 数量文本框：用于设置环行阵列中特征的个数。

# 4.30 UG 零件设计实际应用 1 ——连接件

### 应用概述

本应用介绍了一个简单连接件的设计过程。主要讲述拉伸、基准平面、扫掠、边倒圆等特征命令的应用。在创建特征的过程中，需要注意所用到的技巧和注意事项。零件模型及相应的模型树如图 4.30.1 所示。

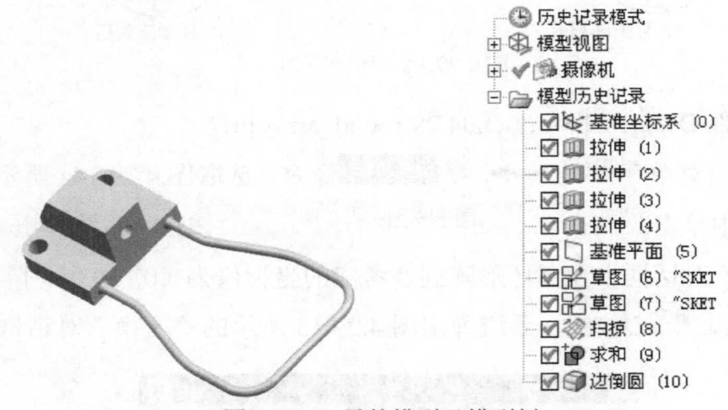


图 4.30.1 零件模型及模型树

Step1. 新建文件。选择下拉菜单 文件(F) → 新建(N)... 命令，系统弹出"新建"对话框。在 模型 选项卡的 模板 区域中选取模板类型为 模型，在 名称 文本框中输入文件名称 connecting_base，单击 确定 按钮，进入建模环境。

Step2. 创建图 4.30.2 所示的拉伸特征 1。选择下拉菜单 插入(S) → 设计特征(E) → 拉伸(E)... 命令（或单击按钮）；单击"拉伸"对话框中的"绘制截面"按钮，系统弹出"创建草图"对话框，选取 XY 基准平面为草图平面，绘制图 4.30.3 所示的截面草图，退出草图环境；在"拉伸"对话框的 开始 下拉列表中选择 值 选项，在 距离 文本框中输入 0，在 结束 下拉列表中选择 值 选项，在 距离 文本框中输入-15；其他参数采用系统默认设置；单击 < 确定 > 按钮，完成拉伸特征 1 的创建。

图 4.30.2　拉伸特征 1

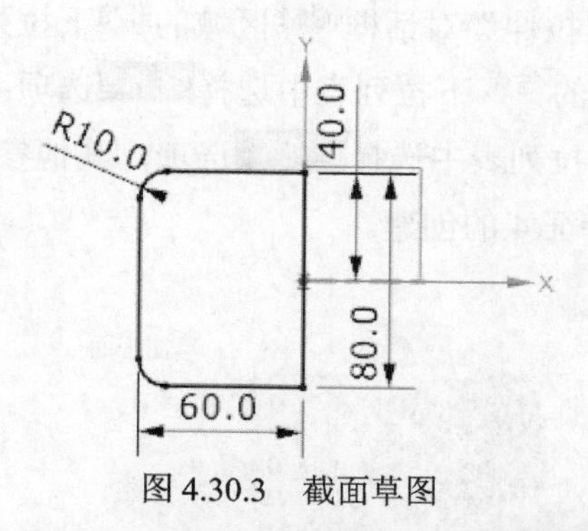


图 4.30.3　截面草图

Step3. 创建图 4.30.4 所示的拉伸特征 2。选择下拉菜单 插入(S) → 设计特征(E)▸ → 拉伸(E)... 命令（或单击按钮）；单击“拉伸”对话框中的“绘制截面”按钮，选取 XZ 基准平面为草图平面；制作图 4.30.5 所示的截面草图，退出草图环境；在“拉伸”对话框限制区域的结束下拉列表中选择 对称值选项，在距离文本框中输入 15；在布尔区域的布尔下拉列表中选择 求和选项，其他参数采用系统默认设置；单击 < 确定 > 按钮，完成拉伸特征 2 的创建。

图 4.30.4　拉伸特征 2

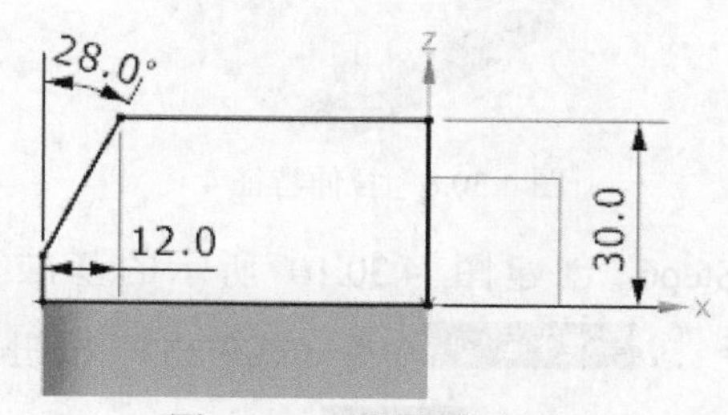


图 4.30.5　截面草图

Step4. 创建图 4.30.6 所示的拉伸特征 3。选择下拉菜单 插入(S) → 设计特征(E)▸ → 拉伸(E)... 命令（或单击按钮）；单击“拉伸”对话框中的“绘制截面”按钮，系统弹出“创建草图”对话框，选取图 4.30.6 所示的面为草图平面，选中设置区域的 ☑ 创建中间基准 CSYS 复选框，单击 确定 按钮，绘制图 4.30.7 所示的截面草图，退出草图环境；在“拉伸”对话框限制区域的开始下拉列表中选择 值选项，在距离文本框中输入 0；在限制区域的结束下拉列表中选择 贯通选项；在方向区域中单击“反向”按钮；在布尔区域的布尔下拉列表中选择 求差选项，其他参数采用系统默认设置；单击 < 确定 > 按钮，完成拉伸特征 3 的创建。

Step5. 创建图 4.30.8 所示的拉伸特征 4。选择下拉菜单 插入(S) → 设计特征(E)▸ → 拉伸(E)... 命令（或单击按钮）；单击“拉伸”对话框中的“绘制截面”按钮，系统弹出“创建草图”对话框，选取图 4.30.8 所示的面为草图平面，选中设置区域的 ☑ 创建中间基准 CSYS 复选框，单击 确定 按钮，绘制图 4.30.9 所示的截面草图，退出草图环境；在“拉伸”对话框限制区域的开始下拉列表中选择值选项，在距离文本框中输入 0；在限制区域的结束下拉列表中选择贯通选项；在方向区域中单击“反向”按钮；在布尔区域的布尔下拉列表中选择求差选项，其他参数采用系统默认设置；单击< 确定 >按钮，完成拉伸特征 4 的创建。

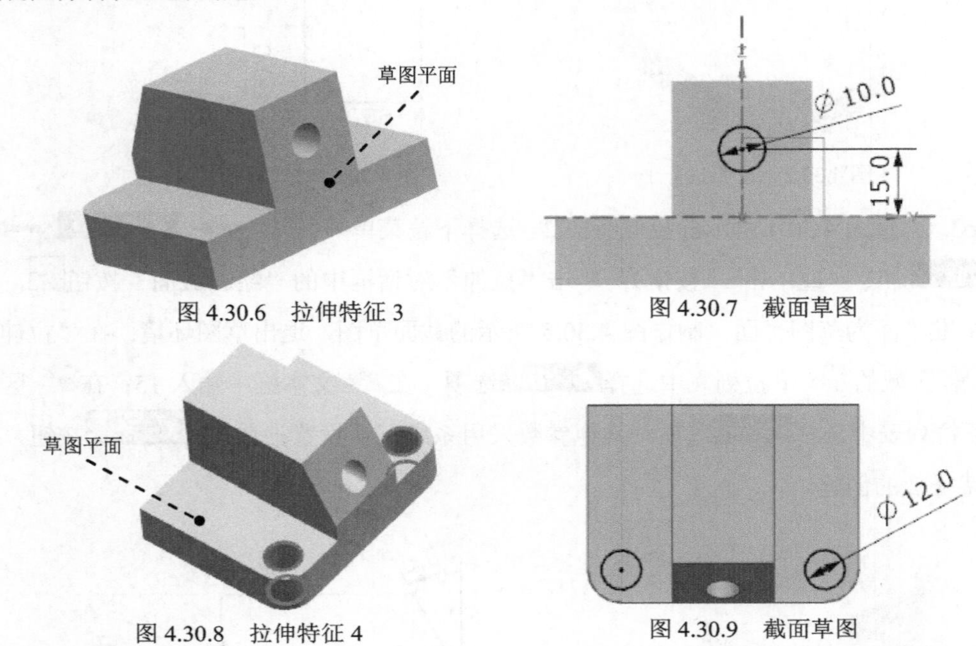


图 4.30.6　拉伸特征 3

图 4.30.7　截面草图

图 4.30.8　拉伸特征 4

图 4.30.9　截面草图

Step6. 创建图 4.30.10 所示的基准平面 1。选择下拉菜单插入(S) → 基准/点(D) → 基准平面(D)...命令（或单击按钮），系统弹出“基准平面”对话框。在类型区域的下拉列表框中选择二等分选项，选取图 4.30.10 所示的面 1 和图 4.30.11 所示的面 2 为平面对象，单击< 确定 >按钮，完成基准平面 1 的创建。

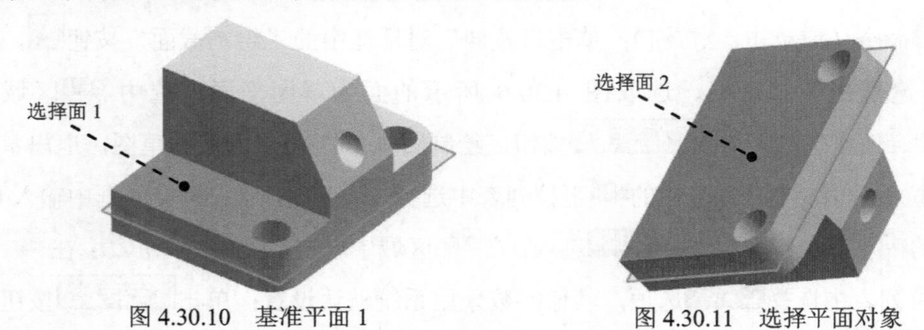


图 4.30.10　基准平面 1

图 4.30.11　选择平面对象

Step7. 创建图 4.30.12 所示的草图 1。选择下拉菜单插入(S) → 在任务环境中绘制草图(V)...命令（或单击按钮），系统弹出“创建草图”对话框；选取基准平面 1 为草图平面，单击“创建草图”对话框中的确定按钮；绘制图 4.30.12 所示的草图 1；单击完成草图按钮，退出草图环境。

Step8. 创建图 4.30.13 所示的草图 2。选择下拉菜单 插入(S) → 在任务环境中绘制草图(V)... 命令（或单击按钮），系统弹出“创建草图”对话框；选取图 4.30.12 所示的平面为草图平面，单击“创建草图”对话框中的 确定 按钮；绘制图 4.30.13 所示的草图 2；单击 完成草图 按钮，退出草图环境。

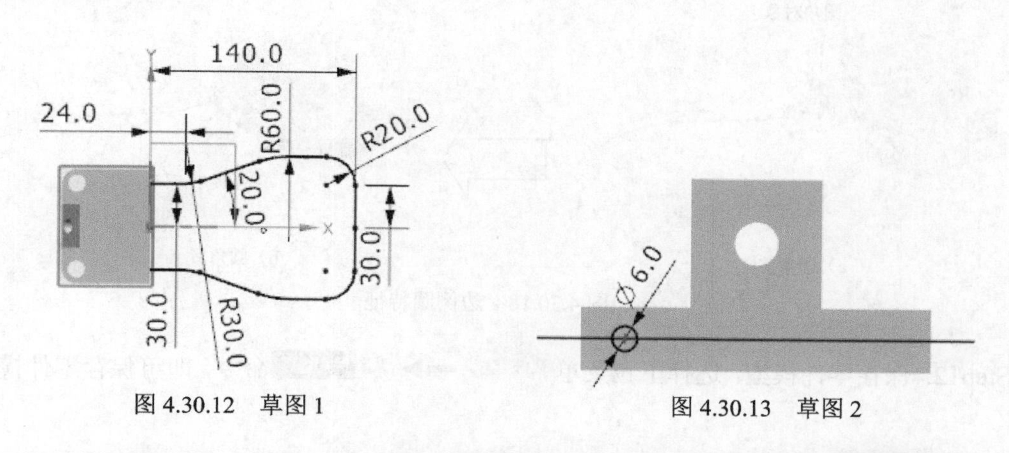


图 4.30.12　草图 1　　　图 4.30.13　草图 2

Step9. 创建图 4.30.15 所示的扫掠特征。选择下拉菜单 插入(S) → 扫掠(W) → 扫掠(S)... 命令，单击工具栏中的按钮，系统弹出“扫掠”对话框（一）；在 截面 区域中单击按钮，在绘图区域中选取草图 2；在 引导线 区域中单击按钮，在绘图区域中选取草图 1；单击“扫掠”对话框中的 < 确定 > 按钮，完成扫掠特征的创建。

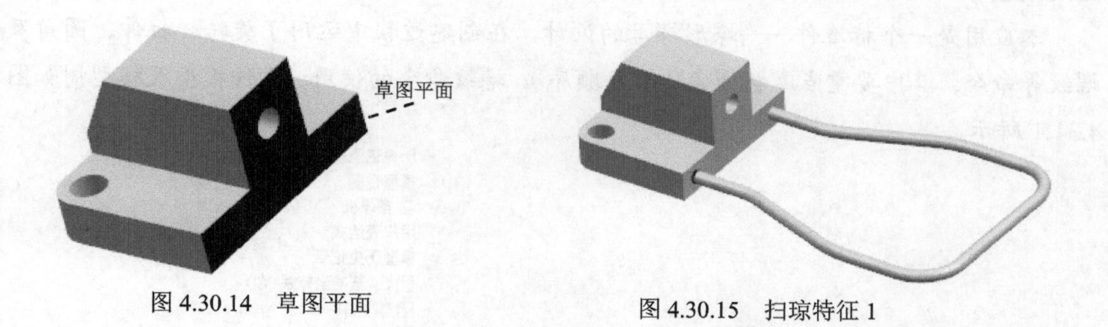


图 4.30.14　草图平面　　　图 4.30.15　扫琼特征 1

Step10. 对实体进行求和操作。选择下拉菜单 插入(S) → 组合(B) ▸ → 求和(U)... 命令（或单击按钮），系统弹出“求和”对话框；选取图 4.30.16 所示的特征为目标体，选取图 4.30.17 所示的实体为工具体，单击 < 确定 > 按钮，完成求和操作。

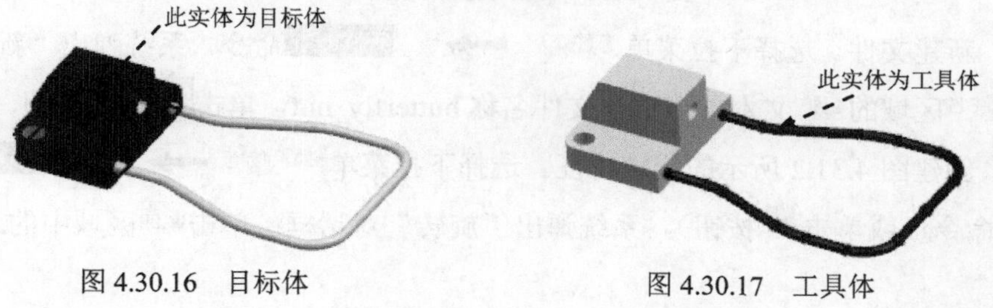


图 4.30.16　目标体　　　图 4.30.17　工具体

Step11. 创建图 4.30.18b 所示的边倒圆特征。选择下拉菜单 插入(S) → 细节特征(L) ▸ → 边倒圆(E)... 命令（或单击 按钮）；在 要倒圆的边 区域中单击 按钮，选取图 4.30.18a 所示的边为边倒圆参照，并在 半径 1 文本框中输入值 2；单击 < 确定 > 按钮，完成边倒圆特征的创建。

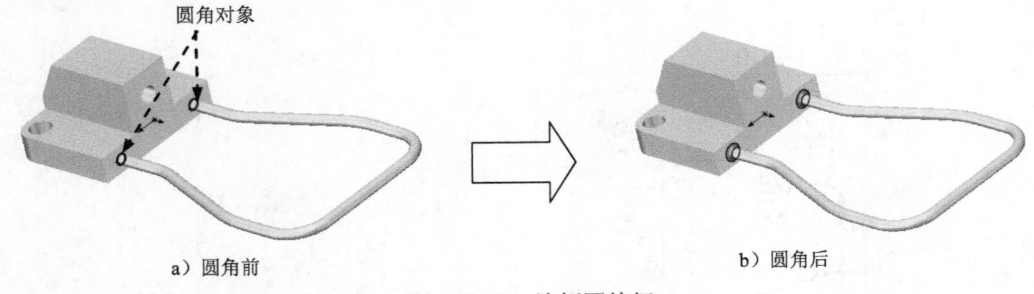


图 4.30.18　边倒圆特征

Step12. 保存零件模型。选择下拉菜单 文件(F) → 保存(S) 命令，即可保存零件模型。

## 4.31　UG 零件设计实际应用 2 ——蝶形螺母

### 应用概述

本应用是一个标准件——蝶形螺母的设计，在创建过程中运用了旋转、拉伸、圆角及螺纹等命令；其中要重点掌握圆角（圆角顺序）、螺纹命令的使用；零件模型及模型树如图 4.31.1 所示。

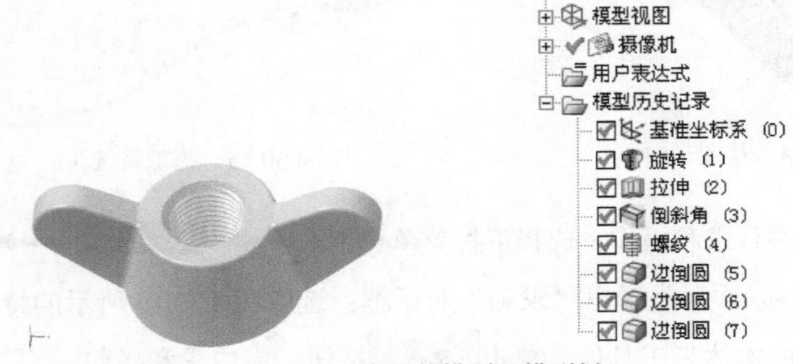


图 4.31.1　零件模型及模型树

Step1. 新建文件。选择下拉菜单 文件(F) → 新建(N)... 命令，系统弹出“新建”对话框。在 新文件名 区域的 名称 文本框中输入文件名称 butterfly_nut，单击 确定 按钮。

Step2. 创建图 4.31.2 所示的旋转特征。选择下拉菜单 插入(S) → 设计特征(E) ▸ → 旋转(R)... 命令（或单击 按钮），系统弹出“旋转”对话框；单击 截面 区域中的 按钮，系统弹出“创建草图”对话框，选取 XY 基准平面为草图平面，单击“创建草图”对话框中的确定按钮，进入草图环境，绘制图 4.31.3 所示的截面草图，单击完成草图按钮，退出草图环境；在轴区域单击按钮后选择YC为旋转轴，选取坐标原点为指定点；在限制区域的开始下拉列表中选择值选项，并在角度文本框输入值 0，在结束下拉列表中选择值选项，并在角度文本框输入值 360，其他设置采用系统默认；单击“旋转”对话框中的< 确定 >按钮，完成旋转特征的创建。

图 4.31.2 旋转特征

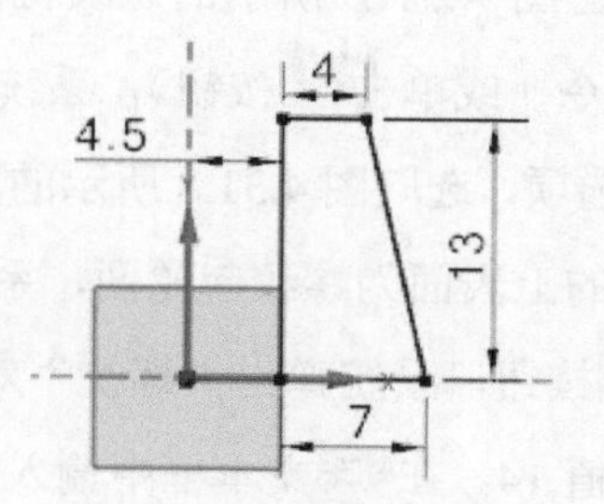

图 4.31.3 截面草图

Step3. 创建图 4.31.4 所示的拉伸特征。选择下拉菜单插入(S) → 设计特征(E) → 拉伸(E)...命令（或单击按钮），系统弹出“拉伸”对话框；单击截面区域中的按钮，系统弹出“创建草图”对话框，定义草图平面。选取 XY 基准平面为草图平面，单击“创建草图”对话框中的确定按钮，进入草图环境，绘制图 4.31.5 所示的截面草图，单击完成草图按钮，退出草图环境；采用系统默认的矢量方向；在限制区域的开始下拉列表中选择对称值选项，并在距离文本框中输入值 2；在布尔区域中的下拉列表中选择求和选项，采用系统默认的求和对象；单击< 确定 >按钮，完成拉伸特征的创建。

图 4.31.4 拉伸特征

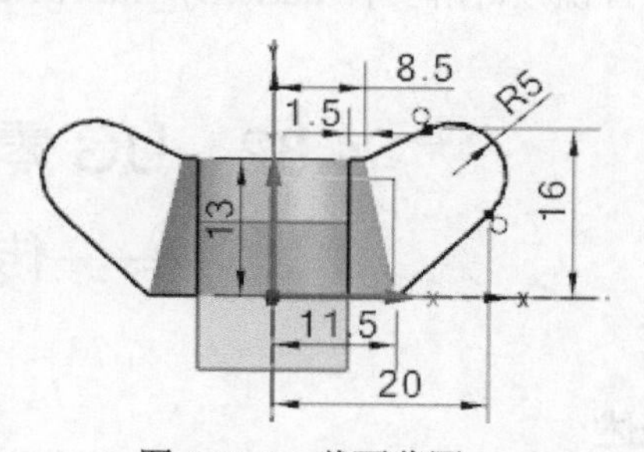

图 4.31.5 截面草图

Step4. 创建图 4.31.6 所示的倒斜角特征。选择下拉菜单插入(S) → 细节特征(L) → 倒斜角(C)...命令（或单击按钮），系统弹出“倒斜角”对话框；在边区域中单击按钮，选择图 4.31.6a 所示的两条边线为倒斜角参照边，在偏置区域的横截面下拉列表中选择对称选项，并在距离文本框中输入值 1；单击< 确定 >按钮，完成倒斜角特征的创建。

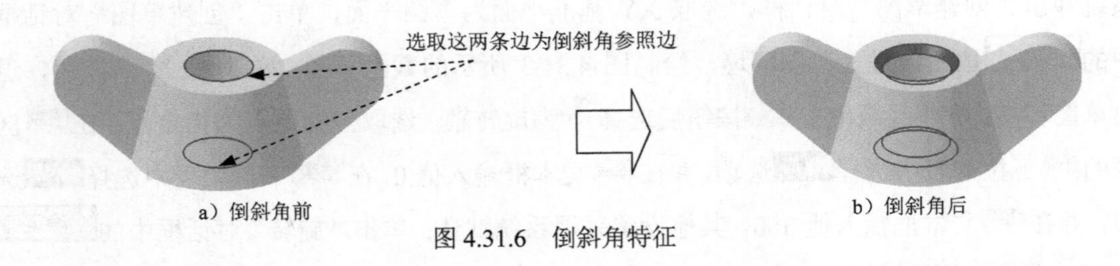

图 4.31.6 倒斜角特征

Step5. 创建图 4.31.7 所示的螺纹特征。选择下拉菜单 插入(S) → 设计特征(E) → 螺纹(T)... 命令（或单击 按钮），系统弹出“螺纹”对话框（一）；在“螺纹类型”区域选择 ⊙ 详细 单选项，选取图 4.31.8 所示的圆柱面为放置面，系统弹出“螺纹”对话框（二），选取旋转特征的上表面为螺纹起始面，系统弹出“螺纹”对话框（三），选取螺纹轴的方向后单击 确定 按钮，系统弹出“螺纹”对话框（四），并在 大径 文本框中输入值 10，在 长度 文本框中输入值 14，在 螺距 文本框中输入值 1，在 角度 文本框中输入值 60，其他接受系统默认设置；单击 确定 按钮，完成螺纹特征的创建。

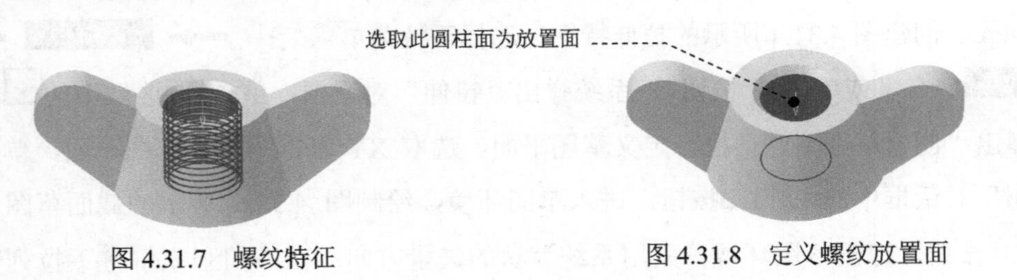

图 4.31.7 螺纹特征　　图 4.31.8 定义螺纹放置面

Step6. 后面的详细操作过程请参见随书学习资源中 video\ch04\ch04.31\reference\文件下的语音视频讲解文件 butterfly_nut-r01.exe。

# 4.32 UG 零件设计实际应用 3
# ——传呼机固定套

**应用概述：**

本应用介绍了传呼机固定套的设计过程。它主要运用了实体的拉伸特征，通过对本范例的学习，使读者对实体的拉伸、扫掠和倒圆角等特征有进一步的了解。零件模型及模型树如图 4.32.1 所示。

**说明：**本应用前面的详细操作过程请参见随书学习资源中 video\ch04.32\reference\文件下的语音视频讲解文件 plastic_sheath-r01.exe。

Step1. 打开文件 D:\ug10.1\work\ ch04.32\plastic_sheath_ex.prt。

Step2. 创建图 4.32.2 所示的抽壳特征。选择下拉菜单 插入(S) → 偏置/缩放(O) → 抽壳(H)... 命令（或单击按钮），系统弹出“抽壳”对话框；在 要穿透的面 区域单击按钮，选择图 4.32.3 所示的面为要移除的面，并在 厚度 文本框中输入值 1.0；单击 < 确定 > 按钮，完成抽壳特征的创建。

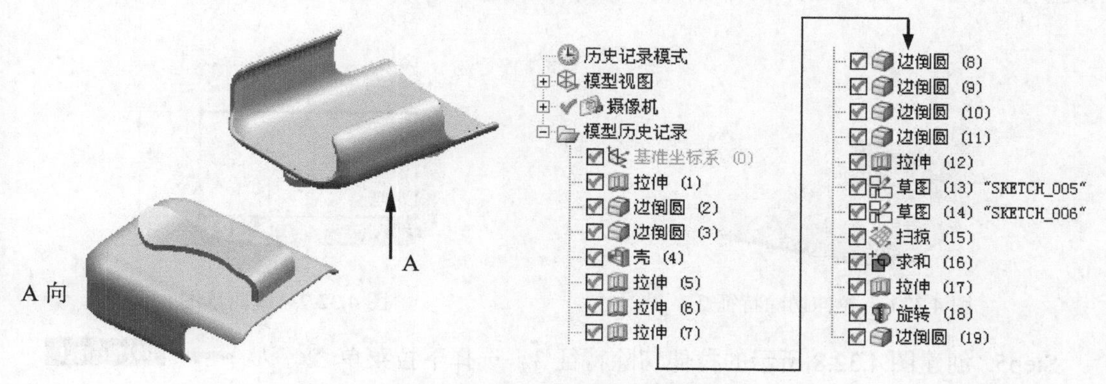


图 4.32.1 零件模型及模型树

图 4.32.2 抽壳特征

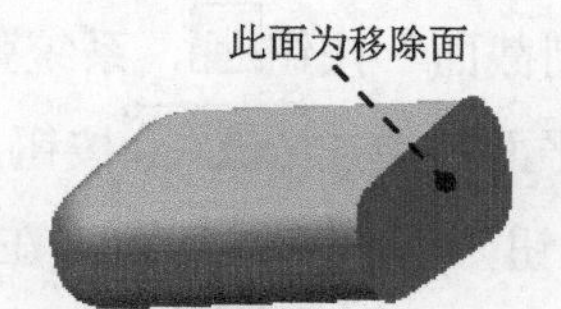


图 4.32.3 定义移除面

Step3. 创建图 4.32.4 所示的拉伸切除特征 1。选择下拉菜单 插入(S) → 设计特征(E) → 拉伸(E)... 命令（或单击按钮），系统弹出“拉伸”对话框；单击“拉伸”对话框中的“绘制截面”按钮，系统弹出“创建草图”对话框。单击按钮，选取 ZX 基准平面为草图平面，单击 确定 按钮，进入草图环境，绘制图 4.32.5 所示的截面草图，单击 完成草图 按钮，退出草图环境；在 限制 区域的 开始 下拉列表中选择 贯通 选项，在 限制 区域的 结束 下拉列表中选择 贯通 选项，在 布尔 区域中选择 求差 选项，其他采用系统默认设置；单击“拉伸”对话框中的 < 确定 > 按钮，完成拉伸切除特征 1 的创建。

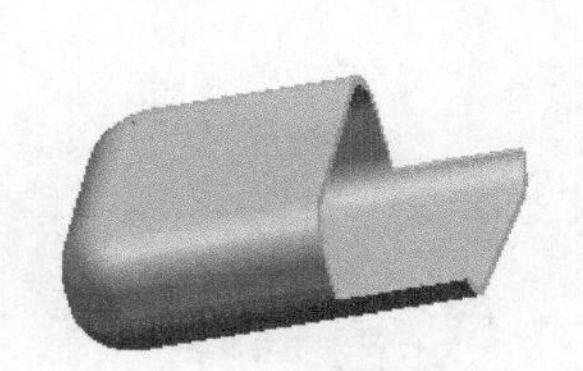

图 4.32.4 拉伸切除特征 1

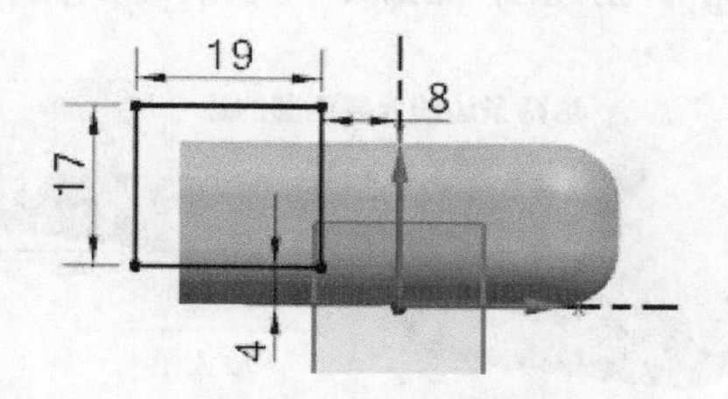


图 4.32.5 截面草图

Step4. 创建图 4.32.6 所示的拉伸切除特征 2。选择下拉菜单 插入(S) → 设计特征(E) → 拉伸(E)... 命令（或单击按钮），系统弹出“拉伸”对话框；单击“拉伸”对话框中的“绘制截面”按钮，系统弹出“创建草图”对话框。单击按钮，选取 YZ 基准平面为草图平面，单击 确定 按钮，进入草图环境，绘制图 4.32.7 所示的截面草图，单击 完成草图 按钮，退出草图环境；在 限制 区域的 开始 下拉列表中选择 贯通 选项，在 限制 区域的 结束 下拉列表中选择 贯通 选项，在 布尔 区域中选择 求差 选项，其他采用系统默认设置；单击“拉伸”对话框中的 < 确定 > 按钮，完成拉伸切除特征 2 的创建。

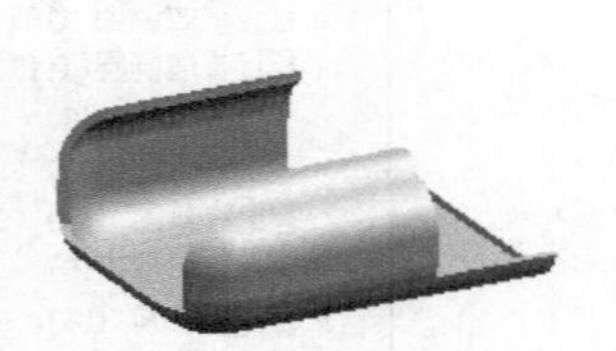

图 4.32.6 拉伸切除特征 2

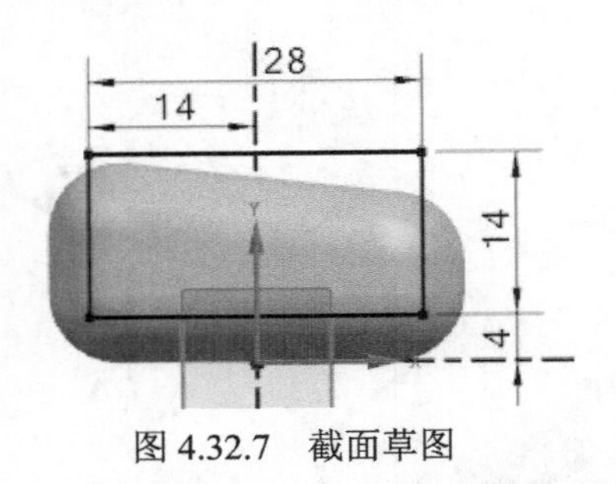


图 4.32.7 截面草图

Step5. 创建图 4.32.8 所示的拉伸切除特征 3。选择下拉菜单 插入(S) → 设计特征(E) → 拉伸(E)... 命令（或单击 按钮），系统弹出“拉伸”对话框；单击“拉伸”对话框中的“绘制截面”按钮，系统弹出“创建草图”对话框。单击 按钮，选取 ZX 基准平面为草图平面，单击 确定 按钮，进入草图环境，绘制图 4.32.9 所示的截面草图，单击 完成草图 按钮，退出草图环境；在 限制 区域的 开始 下拉列表中选择 贯通 选项，在 限制 区域的 结束 下拉列表中选择 贯通 选项，在 布尔 区域中选择 求差 选项，其他采用系统默认设置；单击“拉伸”对话框中的 < 确定 > 按钮，完成拉伸切除特征 3 的创建。

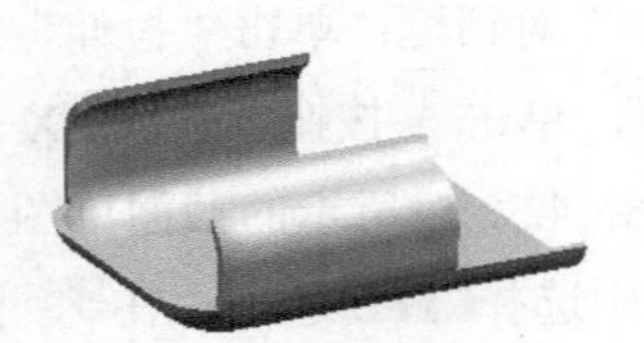

图 4.32.8 拉伸切除特征 3

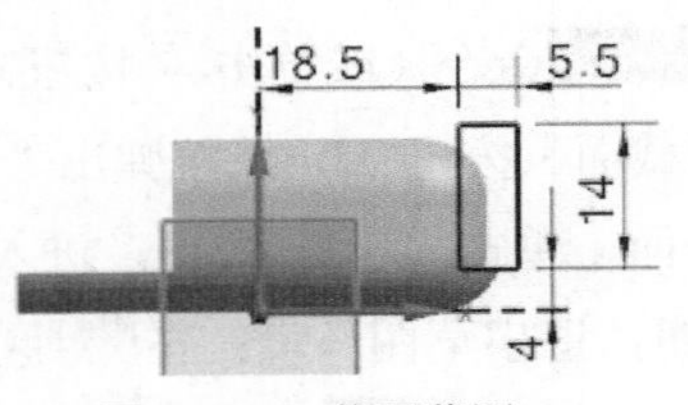


图 4.32.9 截面草图

Step6. 创建图 4.32.10 所示的边倒圆特征 1，圆角半径值为 2。

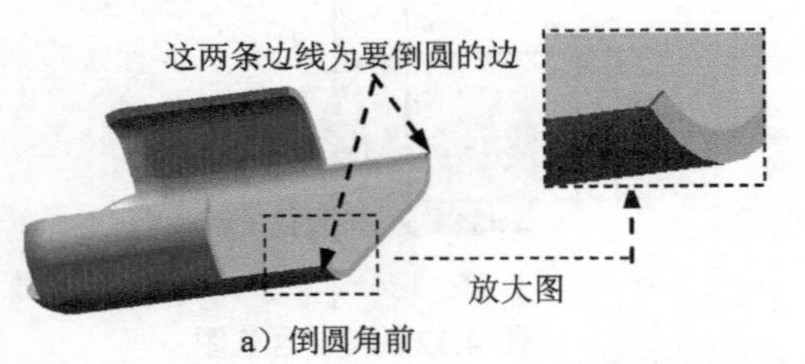


a）倒圆角前

b）倒圆角后

图 4.32.10 边倒圆特征 1

Step7. 创建图 4.32.11 所示的边倒圆特征 2，圆角半径值为 2。

Step8. 创建图 4.32.12 所示的边倒圆特征 3，圆角半径值为 2。

Step9. 创建图 4.32.13 所示的边倒圆特征 4，圆角半径值为 1。

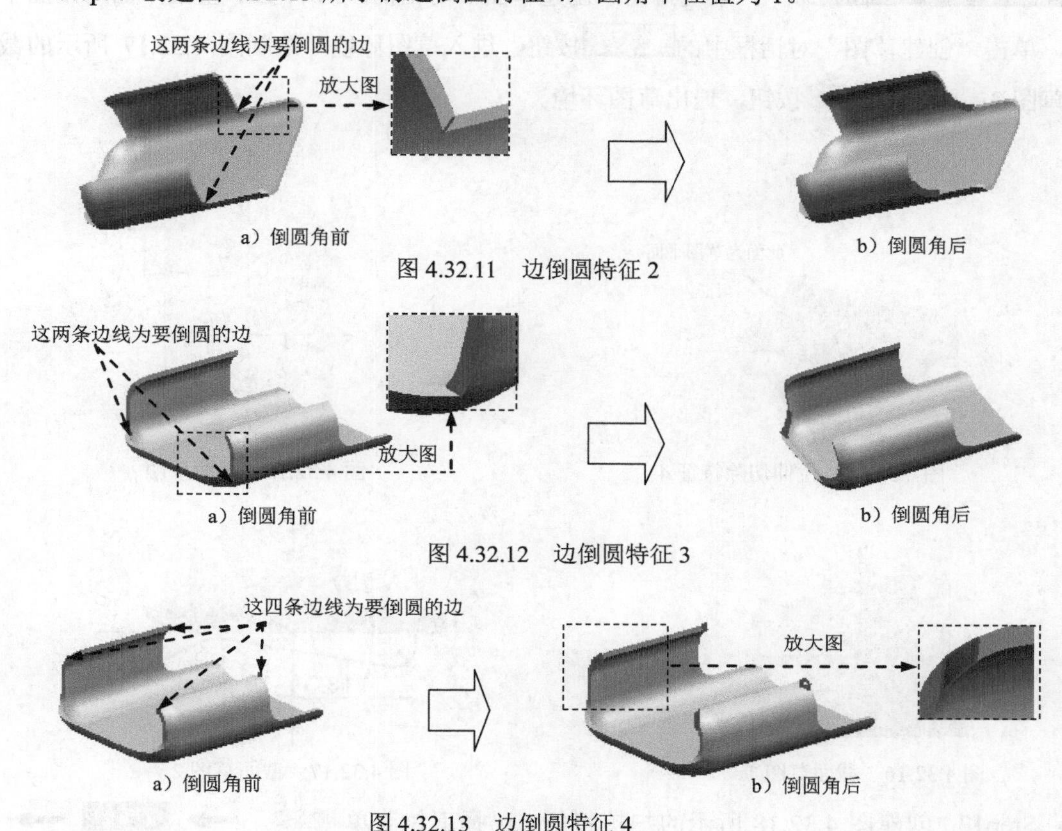


图 4.32.11 边倒圆特征 2



图 4.32.12 边倒圆特征 3



图 4.32.13 边倒圆特征 4

Step10. 创建图 4.32.14 所示的拉伸切除特征 4。选择下拉菜单插入(S) → 设计特征(E) → 拉伸(E)...命令（或单击按钮），系统弹出“拉伸”对话框；单击“拉伸”对话框中的“绘制截面”按钮，系统弹出“创建草图”对话框。单击按钮，选取图 4.32.14 所示的平面为草图平面，单击确定按钮，进入草图环境，绘制图 4.32.15 所示的截面草图，单击完成草图按钮，退出草图环境；在限制区域的开始下拉列表中选择值选项，在第一个距离文本框中输入值 0，在限制区域结束的下拉列表中选择值选项，在第二个距离文本框中输入值 0.5，在布尔区域中选择求差选项，拉伸方向为 Z 轴正方向，其他采用系统默认设置；单击“拉伸”对话框中的<确定>按钮，完成拉伸切除特征 4 的创建。

Step11. 创建图 4.32.16 所示的截面草图 1。选择下拉菜单插入(S) → 在任务环境中绘制草图(V)...命令，系统弹出“创建草图”对话框；选取图 4.32.14 所示的基准平面为草图平面，单击“创建草图”对话框中的确定按钮；进入草图环境，绘制图 4.32.16 所示的截面草图 1；单击完成草图按钮，退出草图环境。

Step12. 创建图 4.32.17 所示的截面草图 2。选择下拉菜单插入(S) →

在任务环境中绘制草图(V)...命令，系统弹出“创建草图”对话框；选取 ZX 基准平面为草图平面，单击“创建草图”对话框中的确定按钮。进入草图环境，绘制图 4.32.17 所示的截面草图 2；单击完成草图按钮，退出草图环境。

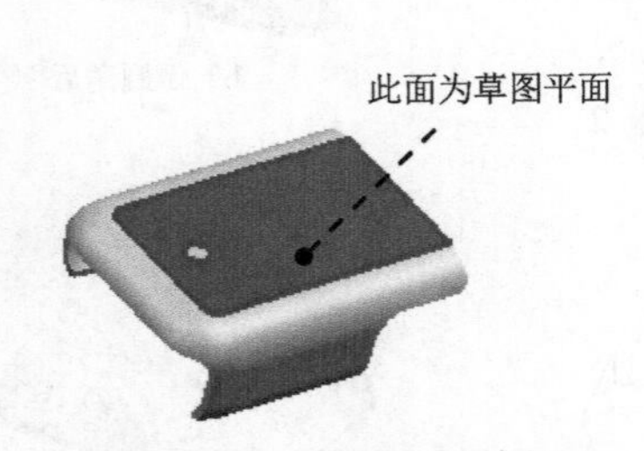


图 4.32.14　拉伸切除特征 4

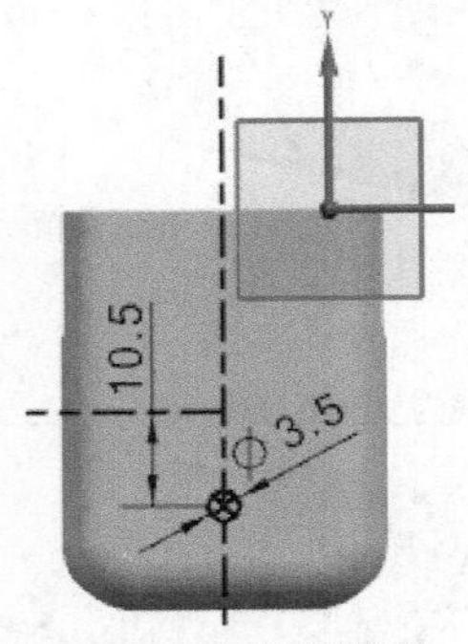


图 4.32.15　截面草图

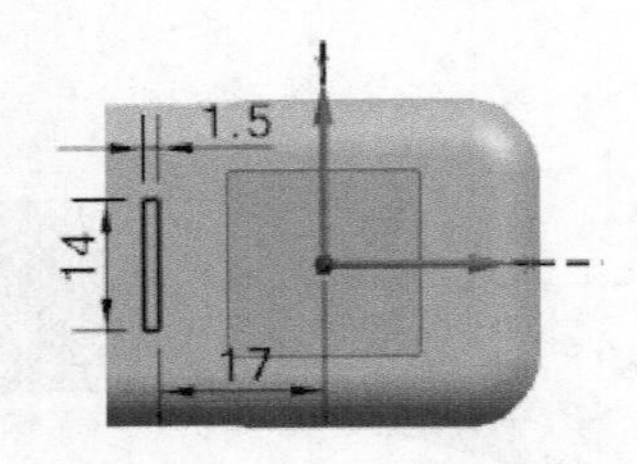


图 4.32.16　截面草图 1

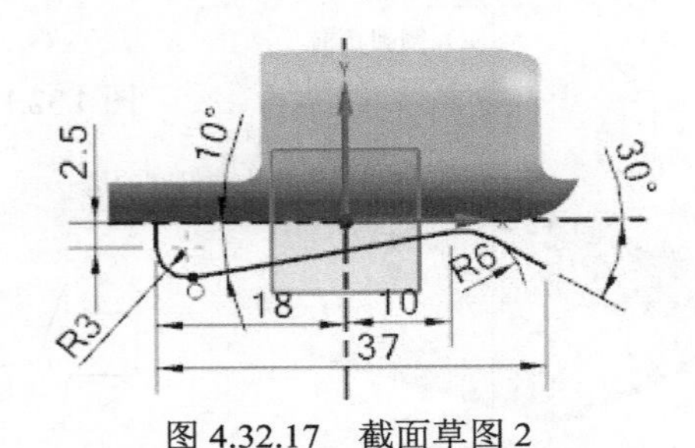


图 4.32.17　截面草图 2

Step13. 创建图 4.32.18 所示的扫掠特征。选择下拉菜单 插入(S) → 扫掠(W) → 扫掠(S)... 命令（或单击工具栏中的按钮），系统弹出“扫掠”对话框；在截面区域中单击按钮，在绘图区选取截面草图 1 为截面曲线；在引导线区域中单击按钮，在绘图区选取截面草图 2 为引导线串；单击“扫掠”对话框中的< 确定 >按钮，完成扫掠特征的创建。

Step14. 创建求和特征。选择下拉菜单 插入(S) → 组合(B) → 求和(U)... 命令（或单击按钮），系统弹出“求和”对话框；单击目标区域中的按钮，在绘图区域中选取图 4.32.19 所示的目标对象，单击刀具区域中的按钮，在绘图区域中选取图 4.32.20 所示的刀具对象；单击“求和”对话框中的< 确定 >按钮，完成求和特征的创建。

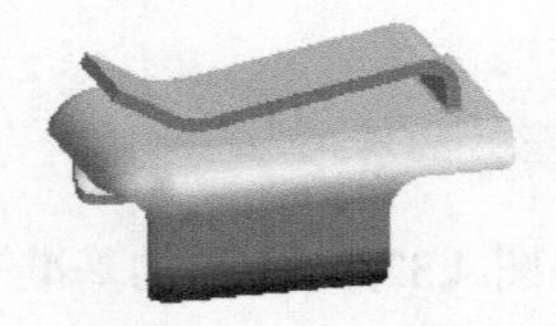

图 4.32.18　扫掠特征

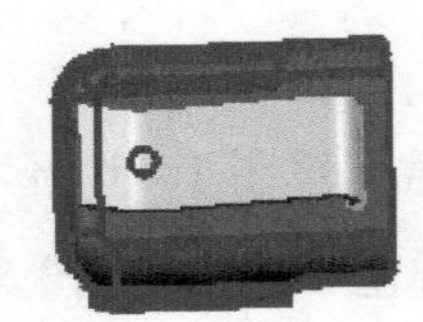

图 4.32.19　目标对象

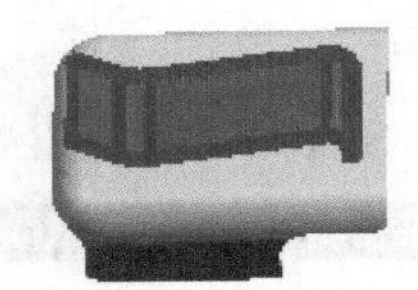

图 4.32.20　刀具对象

Step15. 创建图 4.32.21 所示的拉伸切除特征 5。选择下拉菜单 插入(S) → 设计特征(E) → 拉伸(E)... 命令（或单击按钮），系统弹出“拉伸”对话框；单击“拉伸”对话框中的“绘制截面”按钮，系统弹出“创建草图”对话框。单击按钮，选取 XY 基准平面为草图平面，单击确定按钮，进入草图环境，绘制图 4.32.22 所示的截面草图，单击完成草图按钮，退出草图环境；在限制区域的开始下拉列表中选择值选项，并在距离文本框中输入值 0，在限制区域的结束下拉列表中选择贯通选项，在布尔区域的下拉列表中选择求差选项，并单击“反向”按钮，其他采用系统默认设置；单击“拉伸”对话框中的< 确定 >按钮，完成拉伸切除特征 5 的创建。

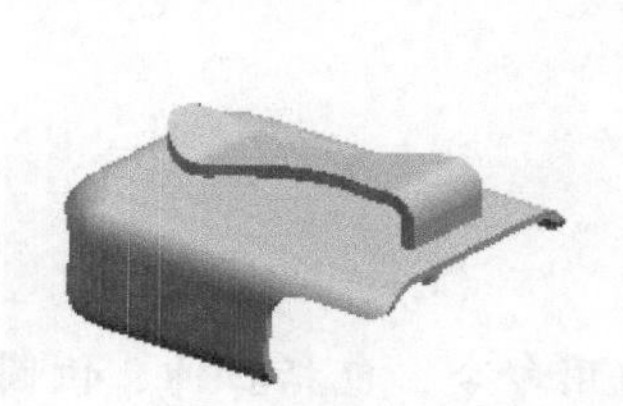

图 4.32.21 拉伸切除特征 5

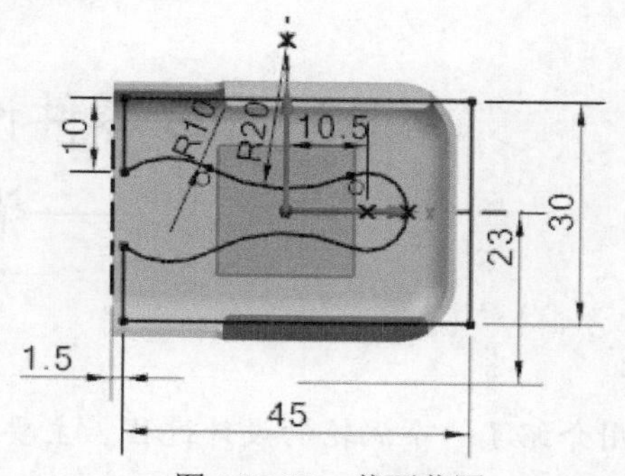


图 4.32.22 截面草图

Step16. 创建图 4.32.23 所示的旋转特征。选择下拉菜单插入(S) → 设计特征(E) → 旋转(R)...命令（或单击按钮），系统弹出“旋转”对话框；单击截面区域中的按钮，系统弹出“创建草图”对话框，选取 ZX 基准平面为草图平面，单击“创建草图”对话框中的确定按钮，进入草图环境，绘制图 4.32.24 所示的截面草图，单击完成草图按钮，退出草图环境；在轴区域中单击按钮，选择图 4.32.24 所示的直线为旋转轴；在限制区域的开始下拉列表中选择值选项，在第一个角度文本框中输入值 0，在结束下拉列表中选择值选项，在第二个角度文本框中输入值 360；在布尔区域中选择求和选项，采用系统默认的求和对象；单击< 确定 >按钮，完成旋转特征的创建。

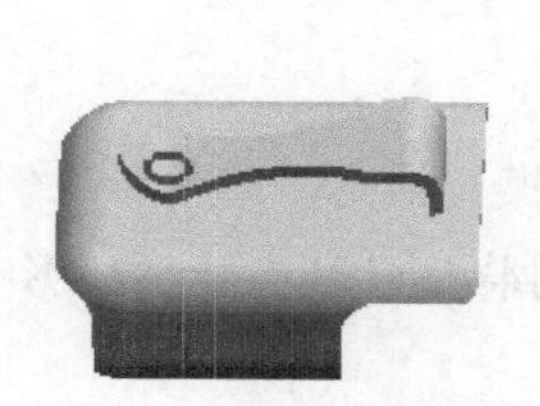

图 4.32.23 旋转特征

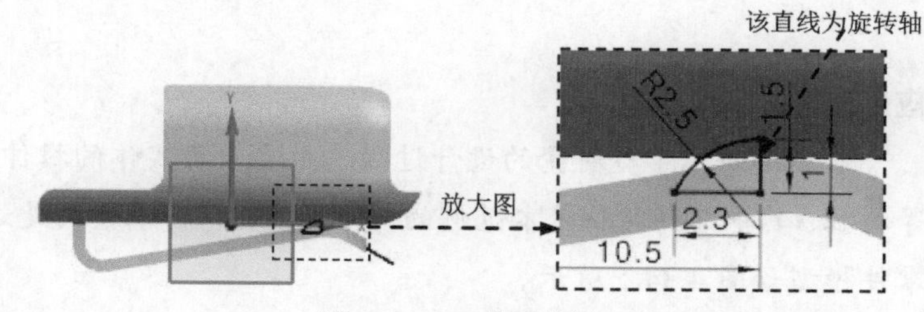


图 4.32.24 截面草图

Step17. 创建图 4.32.25 所示的边倒圆特征 5。选择下拉菜单插入(S) → 细节特征(L) → 边倒圆(E)...命令（或单击按钮），系统弹出“边倒圆”对话框；在对话框的形状下拉列表中选择圆形选项，在要倒圆的边区域中单击按钮，选择图 4.32.25a 所示的两条边线为要倒圆的边，圆角半径值为 0.3；单击< 确定 >按钮，完成边倒圆特征 5 的创建。

Step18. 保存零件模型。选择下拉菜单文件(F) → 保存(S)命令，即可保存零件模型。

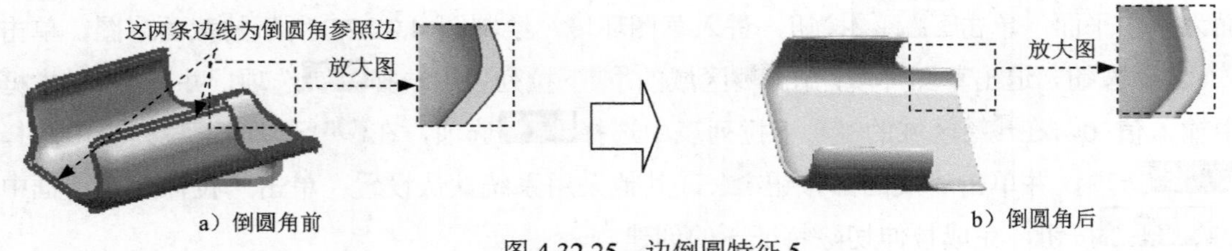


图 4.32.25　边倒圆特征 5

## 4.33　UG 零件设计实际应用 4 ——涡轮

**应用概述：**

本应用介绍了一个涡轮的设计过程。主要运用了一些常用命令，包括拉伸、倒圆角和阵列等特征，其中拉伸偏置命令使用得很巧妙，需要注意的是圆形阵列的创建方法。零件模型如图 4.33.1 所示。

本应用的详细操作过程请参见随书学习资源中 video\ch04.33\文件下的语音视频讲解文件。模型文件为 D:\ug10.1\work\ch04.33\turbine.prt.prt。

## 4.34　UG 零件设计实际应用 5 ——塑料凳

**应用概述：**

本应用介绍了塑料凳的设计过程。主要采用实体的拉伸、拔模、抽壳、阵列和边倒圆等特征，其中阵列特征是本范例的一个亮点。值得注意的是边倒圆特征对抽壳特征的影响。零件模型如图 4.34.1 所示。

图 4.33.1　涡轮零件模型

图 4.34.1　塑料凳零件模型

本应用的详细操作过程请参见随书学习资源中 video\ch04.34\文件下的语音视频讲解文件。模型文件为 D:\ug10.1\work\ch04.34\stool.prt.prt。

# 4.35　UG 零件设计实际应用 6——笔帽

**应用概述：**

本应用介绍了一个笔帽的设计过程。主要运用了一些常用命令，包括旋转、拉伸和倒圆角等特征。其中通过曲线组命令比较有难度，希望读者在完成本范例后能加以练习。零件模型如图 4.35.1 所示。

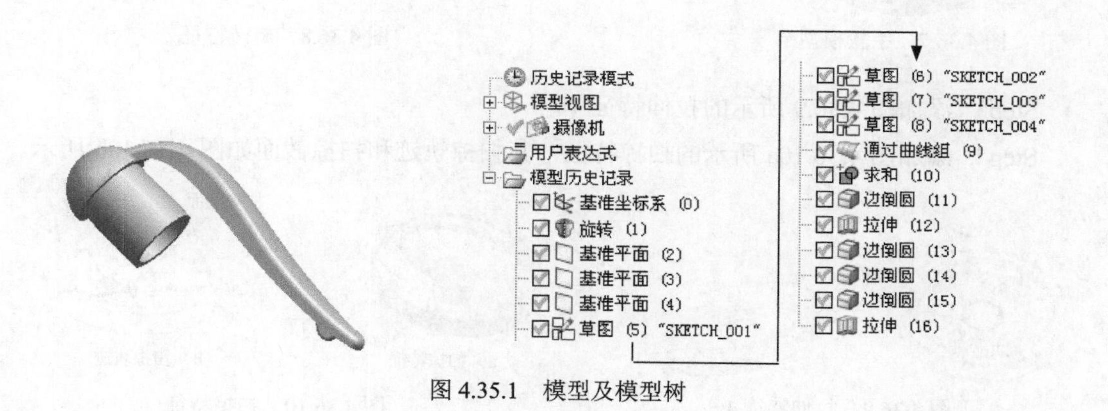


图 4.35.1　模型及模型树

# 4.36　习　题

1．创建图 4.36.1 所示的六角螺母模型，操作提示如下：

Step1. 新建一个零件的三维模型，将零件的模型命名为 fix_nut.prt。

Step2. 创建图 4.36.2 所示的实体拉伸特征，截面草图如图 4.36.3 所示，深度值为 5。

图 4.36.1　螺母模型

图 4.36.2　拉伸特征

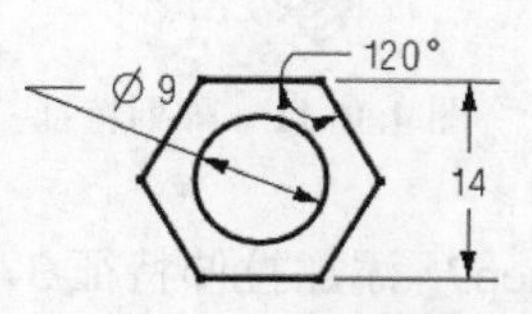


图 4.36.3　截面草图

Step3. 添加图 4.36.4 所示的旋转特征，进行“求差”操作，截面草图如图 4.36.5 所示。

Step4. 添加图 4.36.6 所示的倒角特征，半径值为 0.5。

图 4.36.4 旋转特征

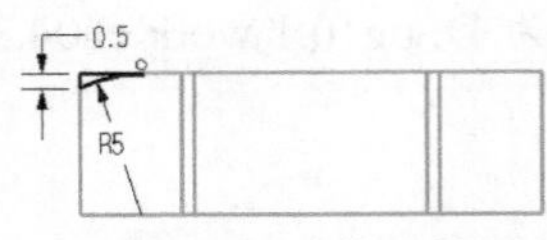


图 4.36.5 截面草图

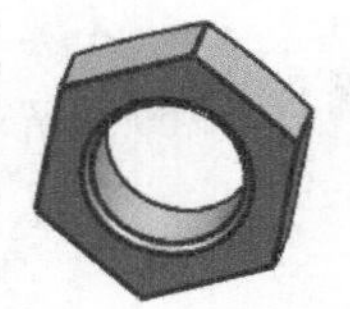

图 4.36.6 倒角特征

2. 创建图 4.36.7 所示的手轮模型（所缺尺寸可自行确定），操作提示如下：

Step1. 新建一个零件的三维模型，将零件的模型命名为 handwheel.prt。

Step2. 添加图 4.36.8a 所示的旋转特征，截面草图如图 4.36.8b 所示。

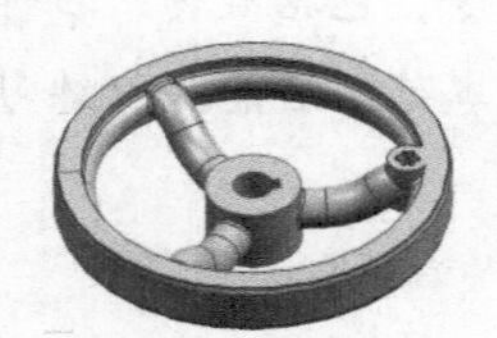

图 4.36.7 手轮模型

a）旋转特征

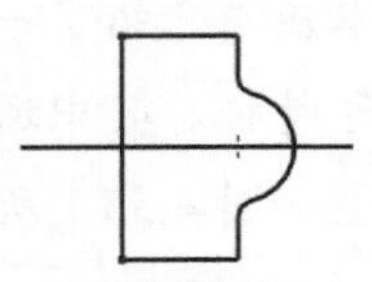

b）截面草图

图 4.36.8 旋转特征

Step3. 添加图 4.36.9 所示的拉伸特征 1。

Step4. 添加图 4.36.10a 所示的扫掠特征，其扫掠轨迹和扫掠截面如图 4.36.10b 所示。

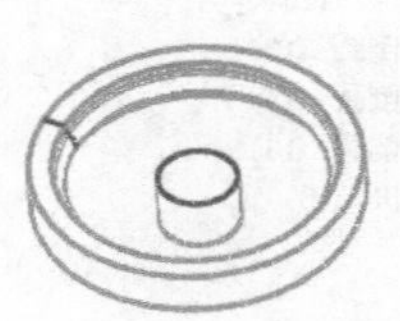

图 4.36.9 拉伸特征 1

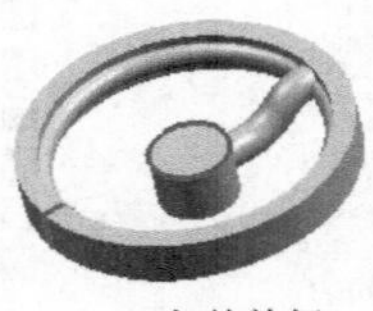

a）扫掠特征

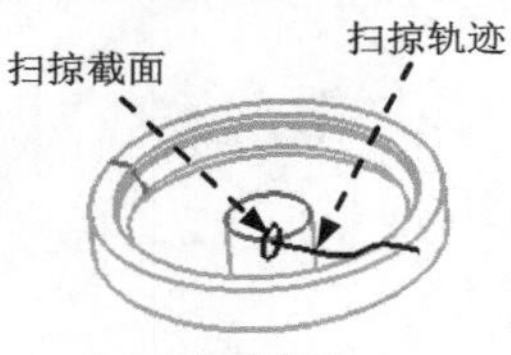


b）扫掠轨迹

图 4.36.10 扫掠特征

Step5. 添加环形阵列特征，特征截面形状如图 4.36.11 所示。

Step6. 添加拉伸特征 2，特征截面形状如图 4.36.12 所示。

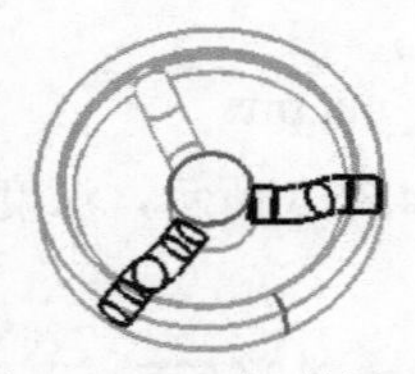

图 4.36.11 阵列特征

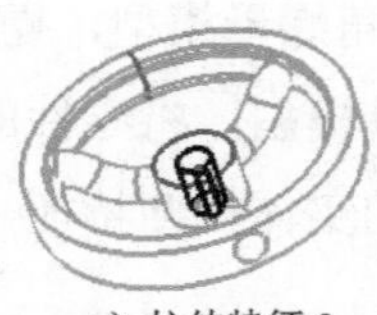

a）拉伸特征 2

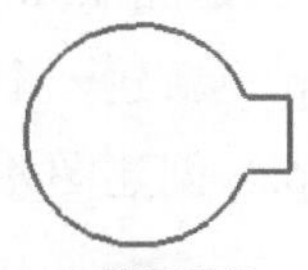

b）截面形状

图 4.36.12 拉伸特征 2

Step7. 添加拉伸特征 3，特征截面形状如图 4.36.13 所示。

Step8. 添加图 4.36.14 所示的螺纹孔。

Step9. 添加图 4.36.15 所示的边倒圆特征。

Step10. 添加图 4.36.16 所示的倒角特征。

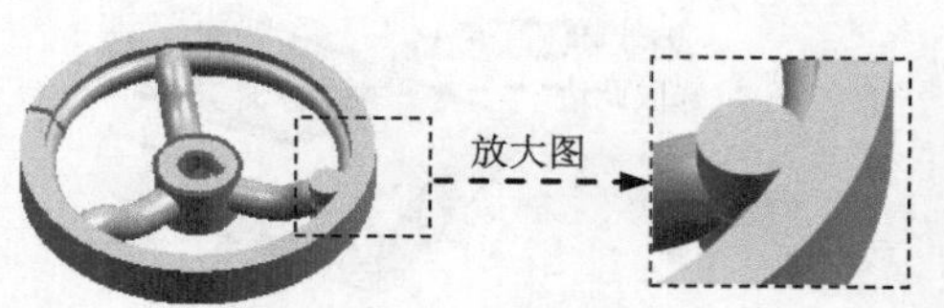


图 4.36.13　拉伸特征 3

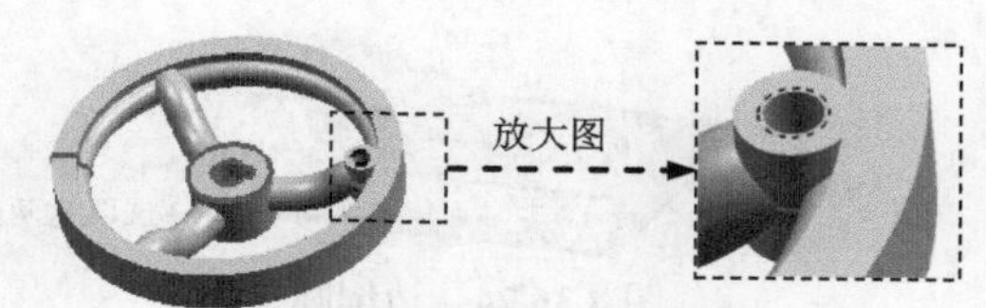


图 4.36.14　螺纹孔（非通孔）

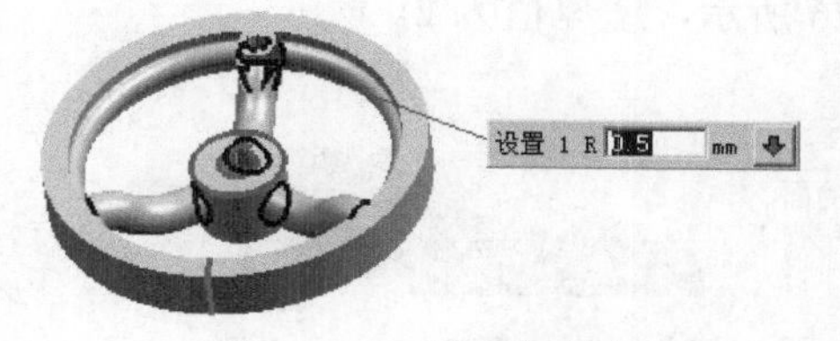


图 4.36.15　边倒圆特征

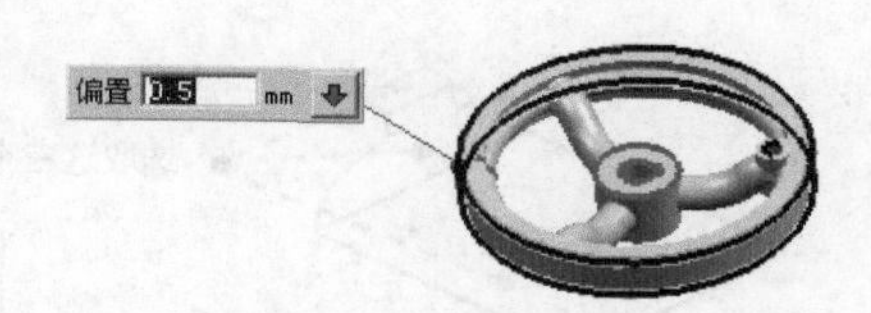


图 4.36.16　倒角特征

3．本习题主要应用了实体拉伸、扫掠、倒圆角和抽壳等命令，零件模型如图 4.36.17 所示，所缺尺寸可以自行确定，注意部分操作需要提前进行。操作提示如下：

Step1. 新建一个零件的三维模型，将零件命名为 up_cover.prt。

Step2. 创建图 4.36.18 所示的零件基础特征——实体拉伸特征。截面草图如图 4.36.19 所示，深度值为 200。

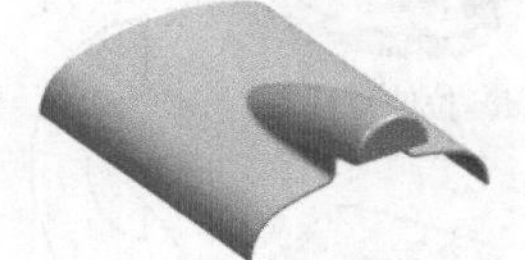

图 4.36.17　零件模型

图 4.36.18　拉伸特征

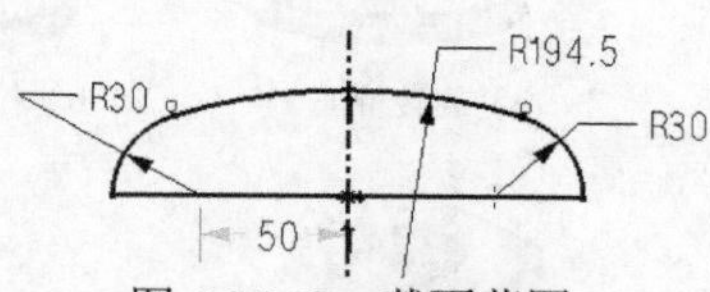


图 4.36.19　截面草图

Step3. 添加图 4.36.20 所示的扫掠特征，引导线串和截面草图如图 4.36.21 所示，所缺尺寸自定。

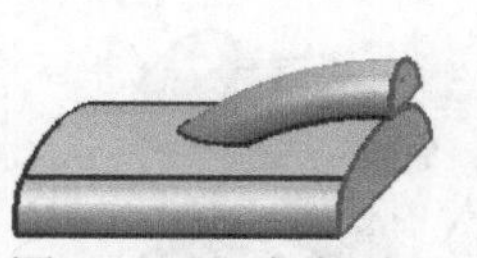

图 4.36.20　扫掠特征

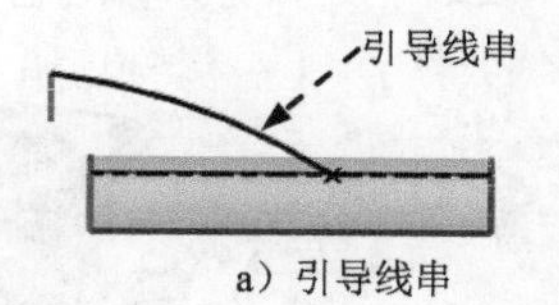


a）引导线串

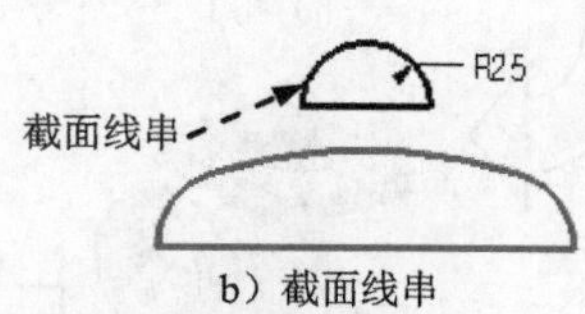


b）截面线串

图 4.36.21　截面草图

Step4. 添加图 4.36.22 所示的实体拉伸特征。截面草图如图 4.36.23 所示，拉伸结束方式选择“至选定对象”。

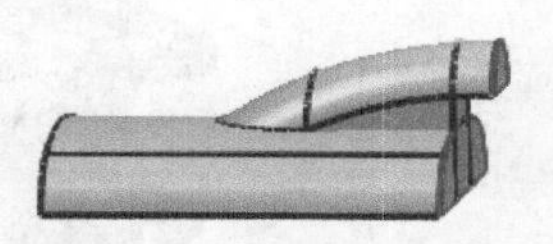

图 4.36.22　实体拉伸特征

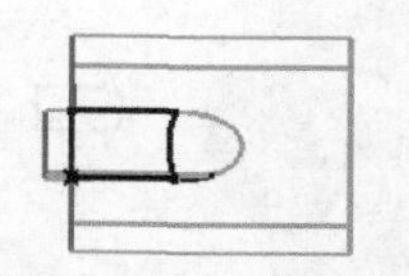

图 4.36.23　截面草图

Step5. 添加图 4.36.24 所示的边倒圆特征 1，圆角半径值为 3。

Step6. 添加图 4.36.25 所示的边倒圆特征 2，圆角半径值为 5。

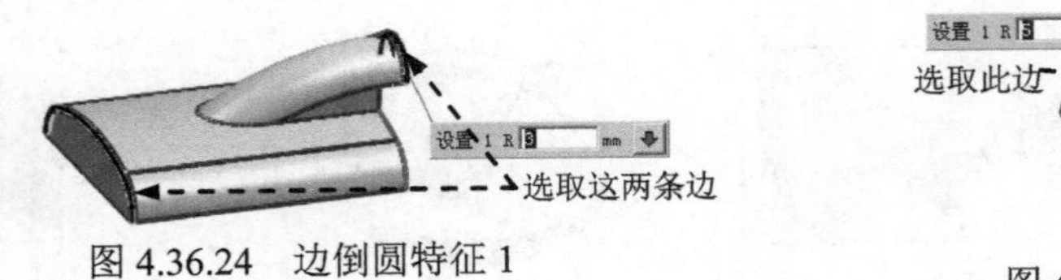


图 4.36.24　边倒圆特征 1　　图 4.36.25　边倒圆特征 2

Step7. 添加抽壳特征，要移除的面如图 4.36.26 所示，壁厚值为 2。

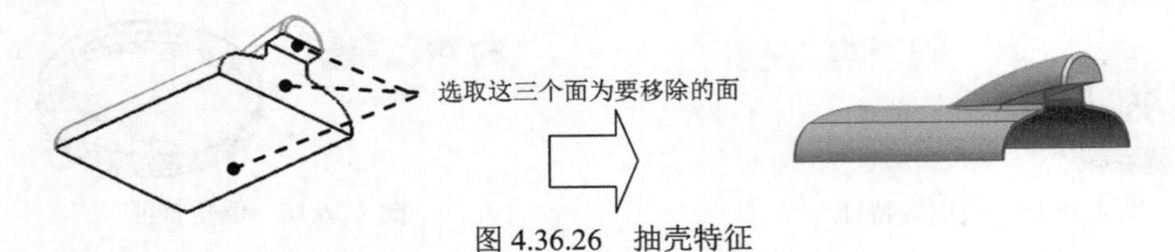


图 4.36.26　抽壳特征

4．创建图 4.36.27 所示的多头连接机座的三维模型，所缺尺寸可自行确定。将零件模型命名为 multiple_connecting_base.prt。

图 4.36.27　模型创建步骤

# 第 5 章　曲 面 设 计

**本章提要**　UG NX 10.0 中的曲面设计模块主要用于设计形状复杂的零件。在所有的三维建模中，曲线是构建模型的基础。曲线构造质量的好坏直接关系到生成曲面和实体的质量好坏。UG NX 10.0 中提供了强大的曲面特征建模及相应的编辑和操作功能。本章的主要内容包括：

- 空间曲线的创建和编辑
- 曲面的创建和编辑

## 5.1　曲面设计概述

UG NX 10.0 不仅提供了基本的建模功能，同时提供了强大的自由曲面建模及相应的编辑和操作功能，并提供了 20 多种创建曲面的方法。与一般实体零件的创建相比，曲面零件的创建过程和方法比较特殊，技巧性也很强，掌握起来不太容易。UG 软件中常常将曲面称之为“片体”。本章将介绍 UG NX 10.0 提供的一些创建空间曲线和曲面造型的方法。

## 5.2　曲线的创建与编辑

曲线是曲面的基础，是曲面造型设计中经常用到的对象，因此，了解和掌握曲线的创建方法是学习构建曲面的基本技能。

利用 UG NX 10.0 的曲线创建功能可以建立多种曲线，其中基本曲线包括点及点集、直线、圆及圆弧、边倒圆、倒斜角等；特殊曲线包括样条、二次曲线、螺旋线和规律曲线等。大多数曲线的创建过程与草图中基本一致（请参照第 3 章的相关内容），这里主要介绍一些常用空间曲线的创建和编辑操作过程。

### 5.2.1　基本空间曲线

#### 1. 空间直线

直线(L)... 命令可以根据约束关系的不同创建出不同的直线，下面介绍创建图 5.2.1 所示的空间直线的一般操作过程。

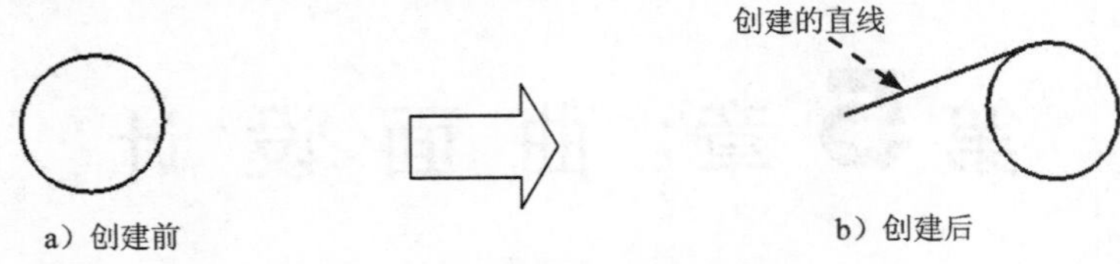


图 5.2.1　创建空间直线

Step1. 打开文件 D:\ug10.1\work\ch05.02\line.prt。

Step2. 选择下拉菜单 插入(S) → 曲线(C) → 直线(L)... 命令，系统弹出图 5.2.2 所示的“直线”对话框。

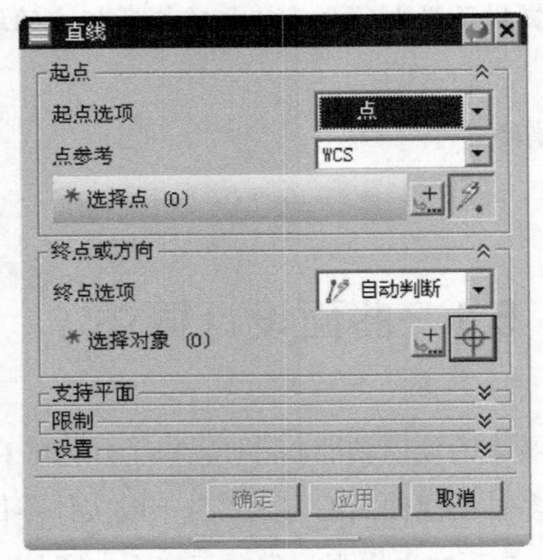


图 5.2.2　“直线”对话框

**说明：按 F3 键可以将动态文本输入框隐藏，按第二次可以将“直线”对话框隐藏，再按一次则显示“直线”对话框和动态文本输入框。**

Step3. 设置起始点的约束关系和位置。在“直线”对话框 起点 区域的 起点选项 下拉列表中选择 点 选项或者在图形区右击，在系统弹出的快捷菜单中选择 点 命令，此时系统弹出动态文本输入框，在 XC、YC 和 ZC 文本框中分别输入值 10、30 和 0，并分别按 Enter 键确认。

**说明：在系统弹出的动态文本输入框中输入数值时，通过键盘上的 Tab 键来切换，完成数值的输入。**

Step4. 设置终点的约束关系和位置。在“直线”对话框 终点或方向 区域的 终点选项 下拉列表中选择 相切 选项（图 5.2.3），或者在图形区右击，在弹出的快捷菜单中选择 相切 命令，然后在图形区选取图 5.2.4 所示的曲线（即靠近上部的边缘线）。

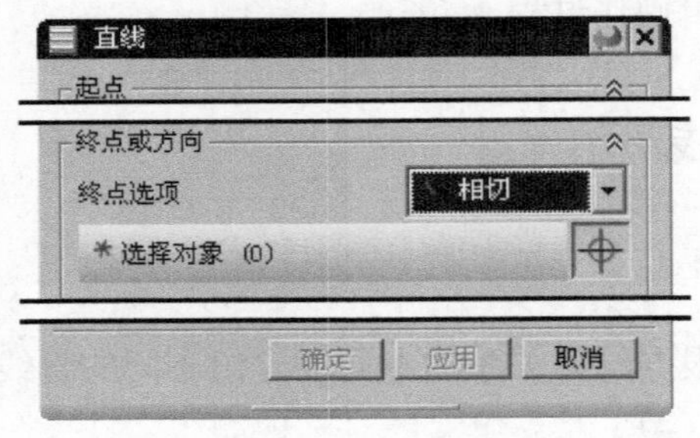


图 5.2.3　“直线”对话框

Step5. 单击“直线”对话框中的< 确定 >按钮（或者单击中键）完成直线的创建，如图5.2.5 所示。

## 2. 空间圆弧/圆

圆弧/圆(C)...命令可以根据约束关系的不同创建出不同的圆弧或圆，下面介绍创建图 5.2.6 所示的空间圆弧/圆的一般操作过程。

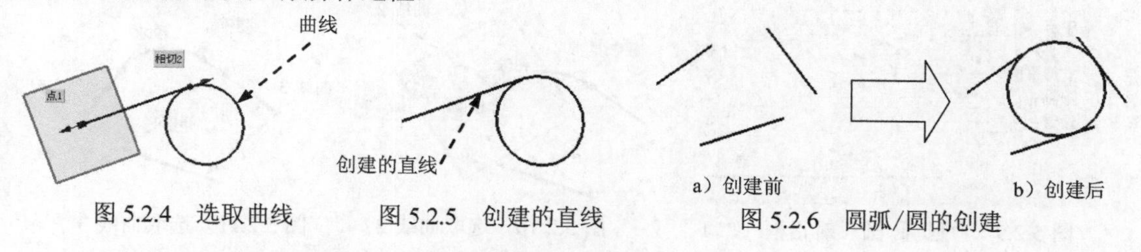


图 5.2.4　选取曲线　　图 5.2.5　创建的直线　　图 5.2.6　圆弧/圆的创建

Step1. 打开文件 D:\ug10.1\work\ch05.02\circul.prt。

Step2. 选择下拉菜单插入(S) → 曲线(C) → 圆弧/圆(C)...命令，此时系统弹出“圆弧/圆”对话框（一），如图 5.2.7 所示。

Step3. 设置起始位置的约束关系。在“圆弧/圆”对话框（一）起点区域的起点选项下拉列表中选择相切选项（图 5.2.7），或者在图形区右击，在系统弹出的快捷菜单中选择相切命令，然后选取图 5.2.8 所示的曲线 1。

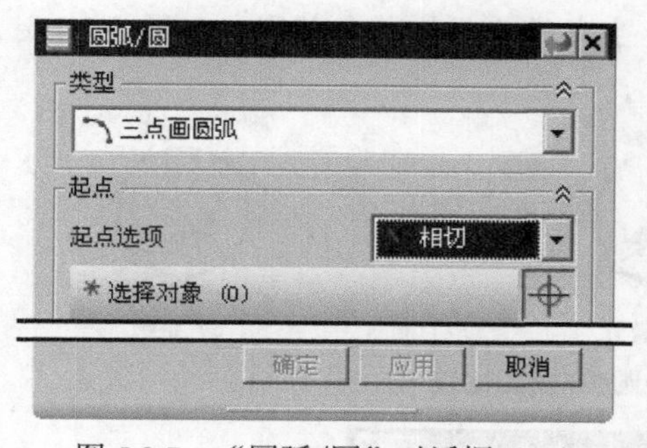


图 5.2.7　“圆弧/圆”对话框（一）

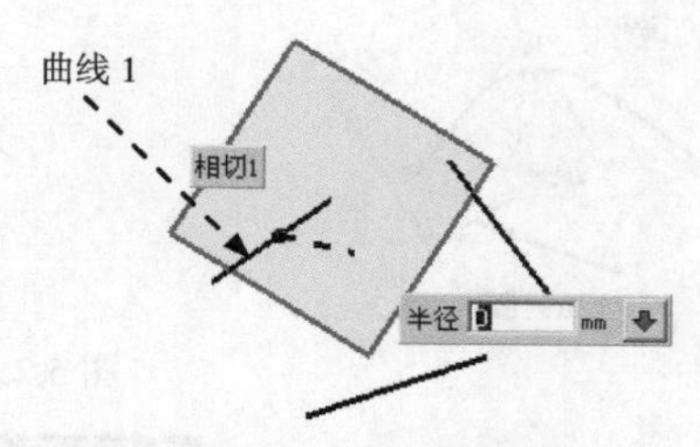


图 5.2.8　选取曲线 1

Step4. 设置端点位置的约束关系。在“圆弧/圆”对话框（二）端点区域的终点选项下拉列表中选择相切选项（图 5.2.9），或者在图形区右击，在弹出的快捷菜单中选择相切命令，然后在图形区选取图 5.2.10 所示的曲线 2。

Step5. 设置中点位置的约束关系。在“圆弧/圆”对话框（二）中点区域的中点选项下拉列表中选择相切选项，或者在图形区右击，在弹出的快捷菜单中选择相切命令，然后在图形区选取图 5.2.11 所示的曲线 3。

Step6. 选取备选解。在“圆弧/圆”对话框（二）设置区域连续单击“备选解”按钮，直到出现图 5.2.12 所示的圆弧，在限制区域选中整圆复选框，再单击< 确定 >按钮或者单击中键完成圆的创建。

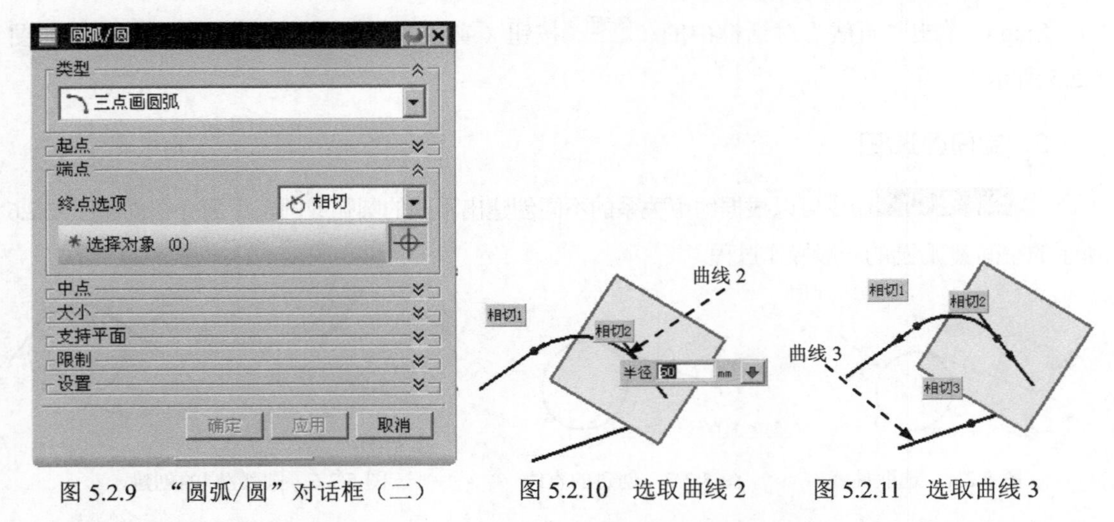


图 5.2.9 “圆弧/圆”对话框（二） 图 5.2.10 选取曲线 2 图 5.2.11 选取曲线 3

**说明**：当选取曲线 3 后，“圆弧/圆”对话框（三）如图 5.2.13 所示，该对话框中的部分选项按钮说明如下：

- 起始限制下拉列表：限制弧的起始位置。
- 终止限制下拉列表：限制弧的终止位置。
- 备选解：有多种满足条件的曲线时，可以单击该按钮在这些备选解之间切换。
- 补弧：单击该按钮，图形区中的弧变为它的补弧，如图 5.2.12b 所示。
- ☑ 整圆（整圆）：该复选项被选中时，生成的曲线为一个整圆，如图 5.2.12c 所示。

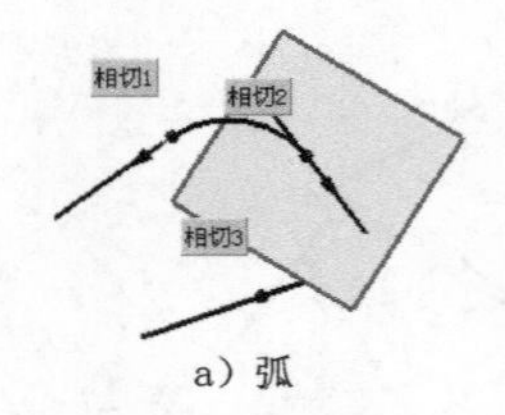


a）弧

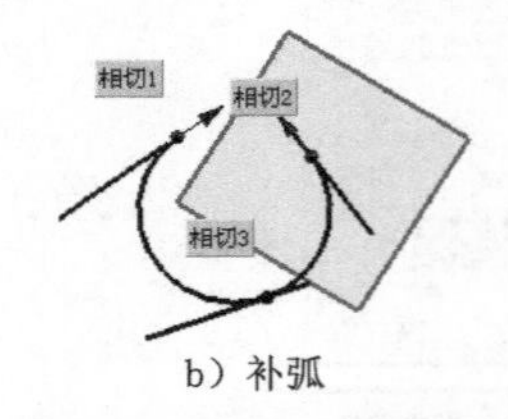


b）补弧

c）整圆

图 5.2.12 几种圆弧/圆的比较

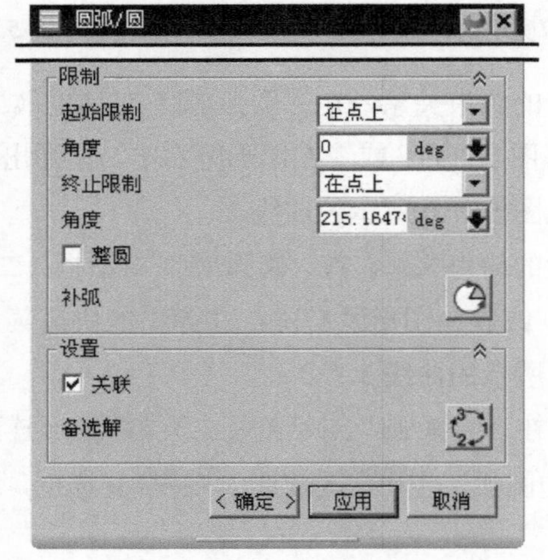


图 5.2.13 “圆弧/圆”对话框（三）

## 5.2.2　曲线的镜像复制

曲线的镜像复制是将源曲线相对于一个平面或基准平面（称为镜像中心平面）进行镜像，从而得到源曲线的一个副本。下面介绍创建图 5.2.14 所示的镜像曲线的一般操作过程。

图 5.2.14　镜像曲线

Step1. 打开文件 D:\ug10.1\work\ch05.02\mirror_curves.prt。

Step2. 选择下拉菜单 插入(S) → 派生曲线(U) → 镜像(M)... 命令（或在“曲线”工具栏中单击“镜像曲线”按钮），此时系统弹出“镜像曲线”对话框，如图 5.2.15 所示。

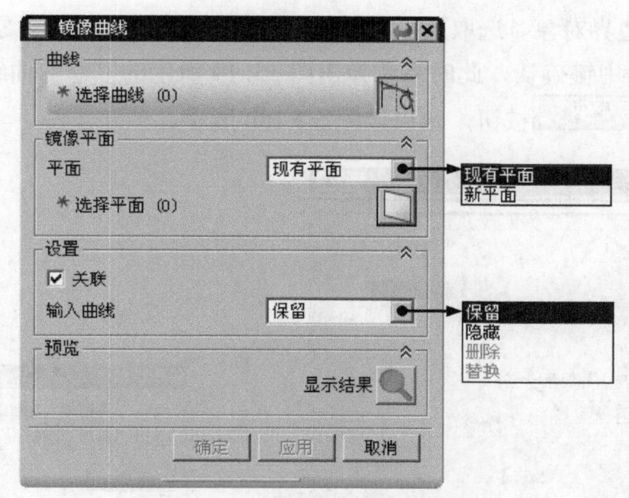


图 5.2.15　“镜像曲线”对话框

Step3. 定义镜像曲线。在图形区选取图 5.2.14a 所示的曲线，然后单击中键确认。

Step4. 选取镜像平面。在“镜像曲线”对话框的 平面 下拉列表中选择 现有平面 选项，然后在图形区中选取 ZX 平面为镜像平面。

Step5. 单击 确定 按钮（或单击中键）完成镜像曲线的创建。

## 5.2.3　曲线的修剪

修剪(T)... 命令用于修剪或延伸曲线，可以选择直线、圆弧及样条曲线等作为要修剪的对象，选择点、曲线、边缘线、面作为修剪边界。下面介绍图 5.2.16 所示的修剪曲线的一般操作过程。

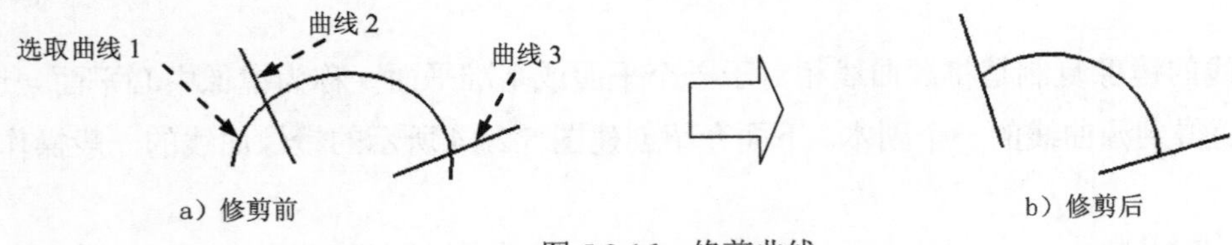


图 5.2.16 修剪曲线

Step1. 打开文件 D:\ug10.1\work\ch05.02\trim_curves.prt。

Step2. 选择下拉菜单 编辑(E) → 曲线(V) → 修剪(T)... 命令（或在“编辑曲线”工具栏中单击“修剪曲线”按钮），此时系统弹出图 5.2.17 所示的“修剪曲线”对话框（一）。

Step3. 设置对话框选项。在对话框中取消选中 设置 区域的 □关联 复选框，并在 曲线延伸 下拉列表中选择 无 选项；其他均采用系统默认设置。

Step4. 定义修剪对象。在图形区选取图 5.2.18a 所示的曲线 1 作为要修剪的曲线。

**注意：** 选取曲线 1 时，要选取图 5.2.18a 中所示箭头指向的位置。

Step5. 定义边界对象。选取图 5.2.18a 所示的曲线 2 作为边界对象 1；选取曲线 3 作为边界对象 2。单击中键确认，此时系统弹出图 5.2.19 所示的“修剪曲线”对话框（二）。在此对话框中单击 是(Y) 按钮，结果如图 5.2.18b 所示。

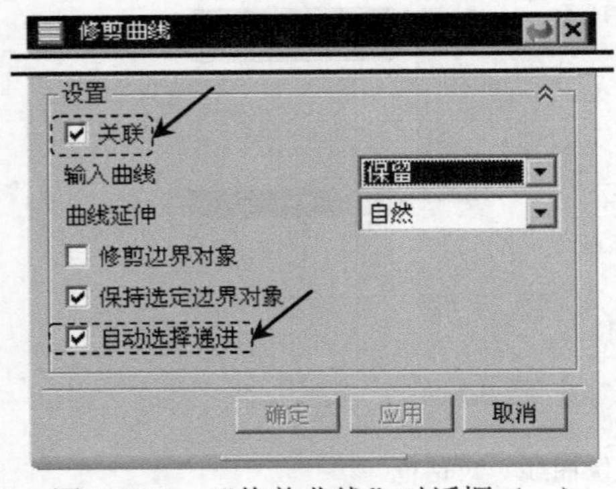


图 5.2.17 “修剪曲线”对话框（一）

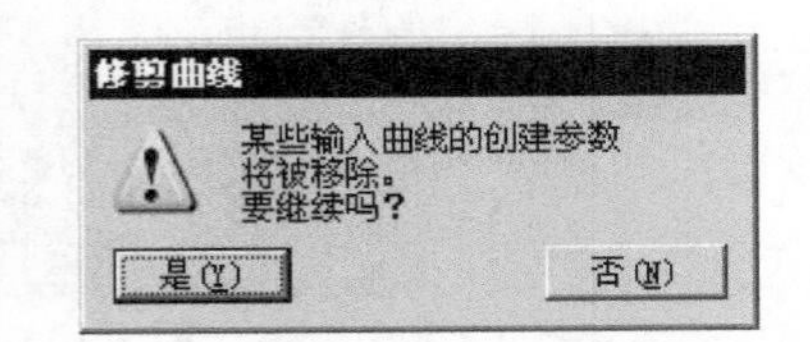


图 5.2.19 “修剪曲线”对话框（二）

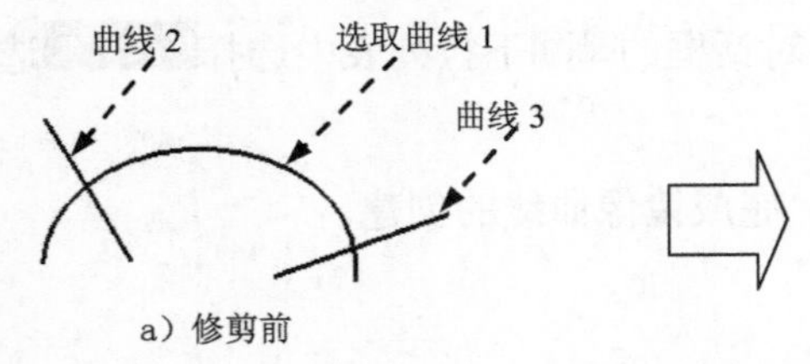


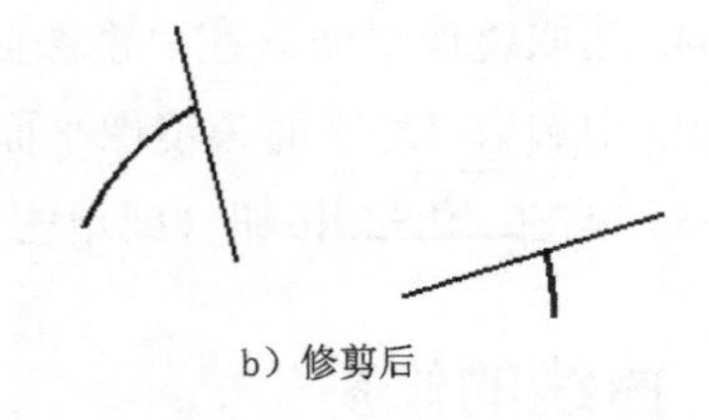


图 5.2.18 修剪曲线 1

**说明：**

（1）在选取要修剪的曲线时，选取曲线的位置不同，修剪的结果也会不同。若选取曲线 1 的点 2 位置（图 5.2.18a），则修剪后的曲线如图 5.2.18b 所示。

（2）在"修剪曲线"对话框（一）中取消选中☑ 自动选择递进复选框，在选择曲线时不会自动进行下一步骤，需要单击中键进行下一步骤。

## 5.2.4 曲线的偏置

曲线的偏置就是通过移动选中的基本曲线来创建曲线，它也可以用于偏置由直线、圆弧、二次曲线、样条及边缘所组成的线串。曲线可以在其所定义的平面内被偏置，使用拔模偏置或者沿着3D 轴向指定的矢量偏置的方法，也可以将其偏置到另一个平行平面上。下面介绍创建图 5.2.20 所示的偏置曲线的一般操作过程。

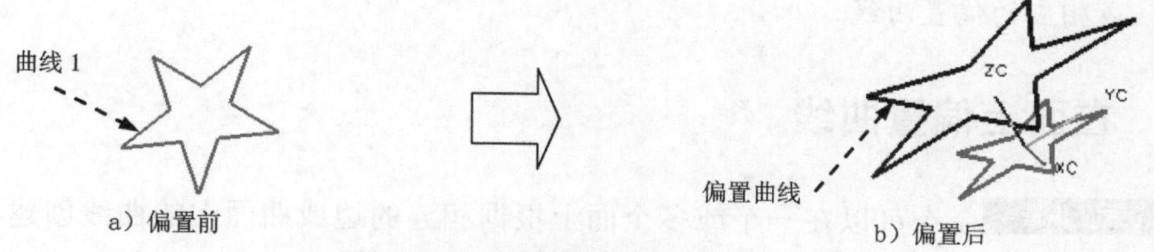


图 5.2.20 偏置曲线的创建

Step1. 打开文件 D:\ug10.1\work\ch05.02\offset_curve.prt。

Step2. 选择下拉菜单插入(S) → 派生曲线(U) → 偏置(O)...命令（或在"曲线"工具栏中单击"偏置曲线"按钮），此时系统弹出图 5.2.21 所示的"偏置曲线"对话框（一）。

Step3. 在类型区域的下拉列表中选择拔模选项；选择图 5.2.20 所示的曲线为偏置对象。

Step4. 在偏置区域的高度文本框中输入值 -20；在角度文本框中输入值 -30；在副本数文本框中输入值 1；参数设置见图 5.2.22 所示的"偏置曲线"对话框（二）。

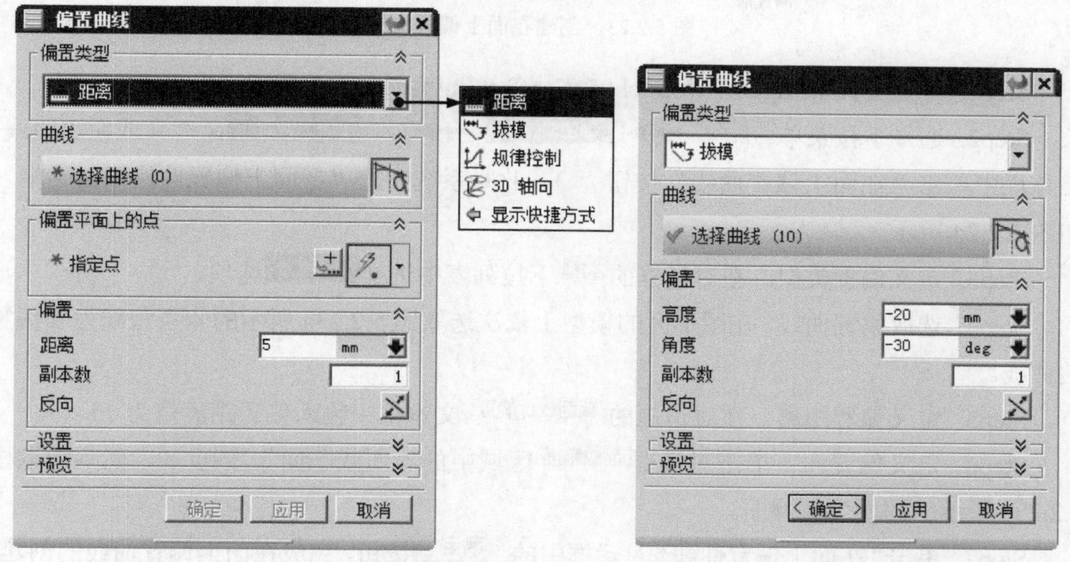


图 5.2.21 "偏置曲线"对话框（一）　　图 5.2.22 "偏置曲线"对话框（二）

Step5. 单击< 确定 >按钮，完成偏置曲线的创建。

注意：单击对话框中的“反向”按钮改变偏置的方向，以达到用户想要的方向。

图 5.2.21 所示的“偏置曲线”对话框（一）中类型下拉列表的说明如下：

- 距离：该方式按给定的偏置距离来偏置曲线。选择该方式后，可在偏置区域的距离和副本数文本框中分别输入偏置距离和产生偏置曲线的数量，并设定好其他参数。
- 拔模：选择该方式后，高度和角度文本框被激活。高度为原曲线所在平面和偏置后所在平面间的距离；角度是偏置方向与原曲线所在平面的法向夹角。
- 规律控制：该方式是按规律控制偏置距离来偏置曲线的。
- 3D 轴向：该方式按照三维空间内指定的矢量方向和偏置距离来偏置曲线。用户按照生成矢量的方法选择需要的矢量方向，然后输入需要偏置的距离，就可以生成相应的偏置曲线。

## 5.2.5 在面上偏置曲线

在面上偏置...命令可以在一个或多个面上根据相连的边或曲面上的曲线创建偏置曲线，偏置曲线距源曲线或曲面边缘有一定的距离。下面介绍创建图 5.2.23 所示的在面上偏置曲线的一般操作过程。

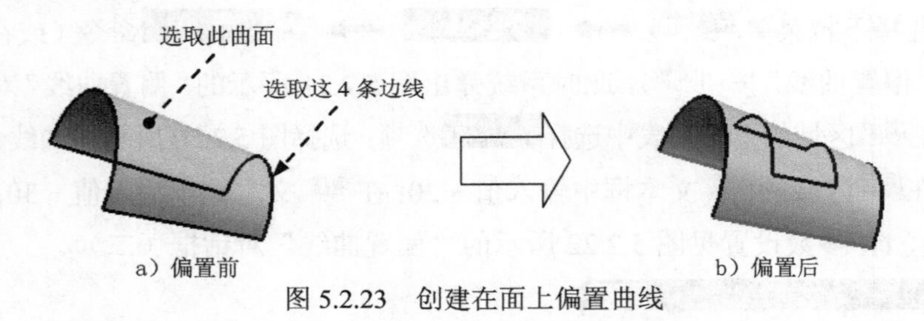


图 5.2.23 创建在面上偏置曲线

Step1. 打开文件 D:\ug10.1\work\ch05.02\offset_in_face.prt。

Step2. 选择下拉菜单插入(S) → 派生曲线(U) → 在面上偏置...命令（或在“曲线”工具栏中单击“在面上偏置曲线”按钮），此时系统弹出“在面上偏置曲线”对话框，如图 5.2.24 所示。

Step3. 定义偏置类型。在对话框的类型下拉列表中选择恒定选项。

Step4. 选取偏置曲线。在图形区的模型上依次选取图 5.2.23a 所示的 4 条边线为要偏置的曲线。

Step5. 定义偏置距离。在对话框的截面线1:偏置1文本框中输入偏置距离值为 15。

Step6. 定义偏置面。单击对话框面或平面区域中的“面或平面”按钮，然后选取图 5.2.23a 所示的曲面为偏置面。

Step7. 单击“在面上偏置曲线”对话框中的< 确定 >按钮，完成在面上偏置曲线的创建。

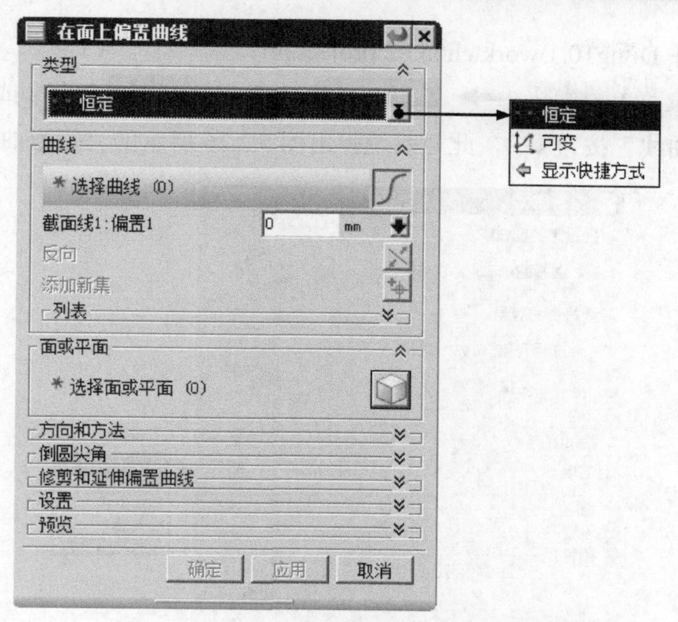


图 5.2.24　“在面上偏置曲线”对话框

说明：按 F3 键可以显示系统弹出的 截面线1:偏置1 动态输入文本框，再按一次则隐藏，再次按则显示。

图 5.2.24 所示的“在面上偏置曲线”对话框中部分选项的功能说明如下：

修剪和延伸偏置曲线 区域：此区域用于修剪和延伸偏置曲线，包括 在截面内修剪至彼此、在截面内延伸至彼此、修剪至面的边、延伸至面的边和 移除偏置曲线内的自相交 五个复选框。

- ☑ 在截面内修剪至彼此：将偏置的曲线在截面内相互之间进行修剪。
- ☑ 在截面内延伸至彼此：对偏置的曲线在截面内进行延伸。
- ☑ 修剪至面的边：将偏置曲线裁剪到面的边。
- ☑ 延伸至面的边：将偏置曲线延伸到曲面边。
- ☑ 移除偏置曲线内的自相交：将偏置曲线中出现自相交的部分移除。

## 5.2.6　曲线的投影

投影用于将曲线、边缘和点映射到曲面、平面和基准平面等上。投影曲线在孔或面边缘处都要进行修剪，投影之后可以自动合并输出的曲线。下面介绍创建图 5.2.25 所示的投影曲线的一般操作过程。

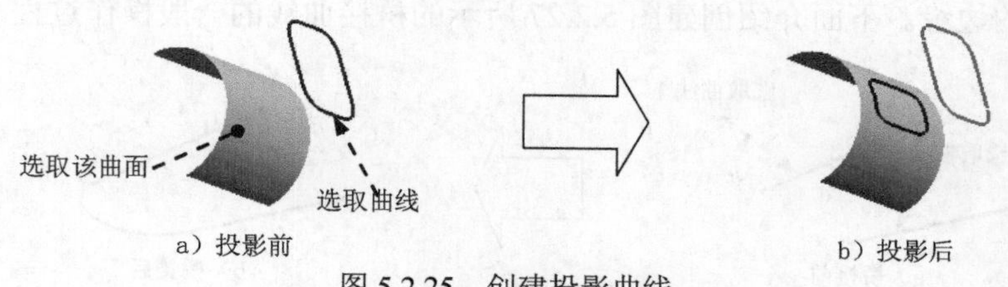


图 5.2.25　创建投影曲线

Step1. 打开文件 D:\ug10.1\work\ch05.02\project.prt。

Step2. 选择下拉菜单 插入(S) ➡ 派生曲线(U) ➡ 投影(P)... 命令（或在“曲线”工具栏中单击“投影曲线”按钮），此时系统弹出图 5.2.26 所示的“投影曲线”对话框。

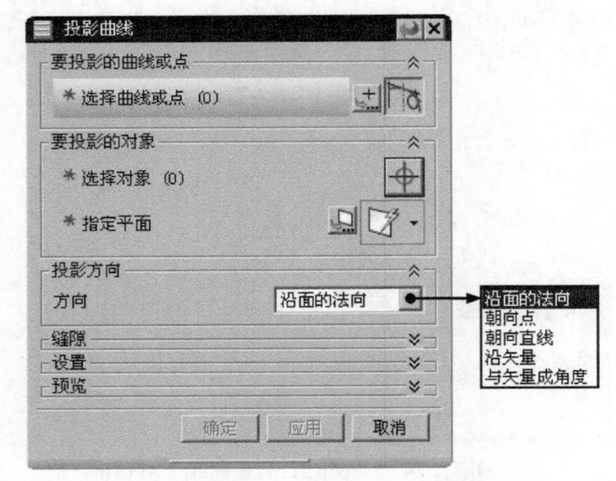


图 5.2.26 “投影曲线”对话框

Step3. 在图形区选取图 5.2.25a 所示的曲线，单击中键确认。

Step4. 定义投影面。在对话框 投影方向 区域的 方向 下拉列表中选择 沿面的法向 选项，然后选取图 5.2.25a 所示的曲面作为投影曲面。

Step5. 在对话框中单击 < 确定 > 按钮（或者单击中键），完成投影曲线的创建。

**图 5.2.26 所示的“投影曲线”对话框 投影方向 区域的 方向 下拉列表中各选项的说明如下：**

- 沿面的法向：此方式是沿所选投影面的法向投影面投射曲线。
- 朝向点：此方式用于从原定义曲线朝着一个点向选取的投影面投射曲线。
- 朝向直线：此方式用于从原定义曲线朝着一条直线向选取的投影面投射曲线。
- 沿矢量：此方式用于沿设定的矢量方向选取的投影面投射曲线。
- 与矢量成角度：此方式用于沿与设定矢量方向成一角度的方向，向选取的投影面投射曲线。

## 5.2.7 曲线的桥接

曲线的桥接用于创建位于两曲线上用户定义点之间的连接曲线。用于桥接的曲线可以是片体或实体的边缘。下面介绍创建图 5.2.27 所示的桥接曲线的一般操作过程。

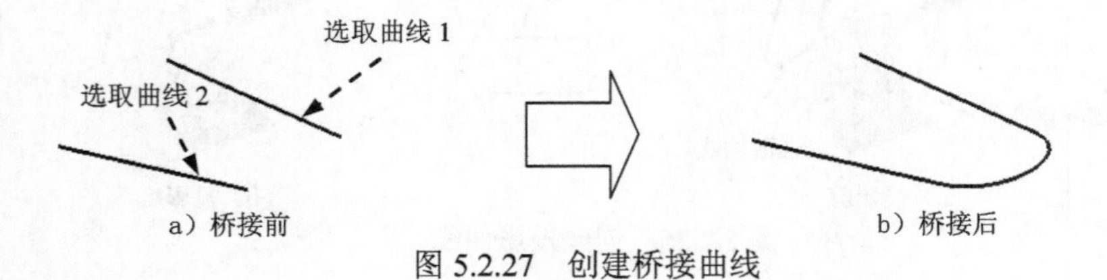


图 5.2.27 创建桥接曲线

Step1. 打开文件 D:\ug10.1\work\ch05.02\bridge_curves.prt。

Step2. 选择下拉菜单 插入(S) → 派生曲线(U) → 桥接(B)... 命令（或在“曲线”工具栏中单击“桥接曲线”按钮），此时系统弹出“桥接曲线”对话框，如图 5.2.28 所示。

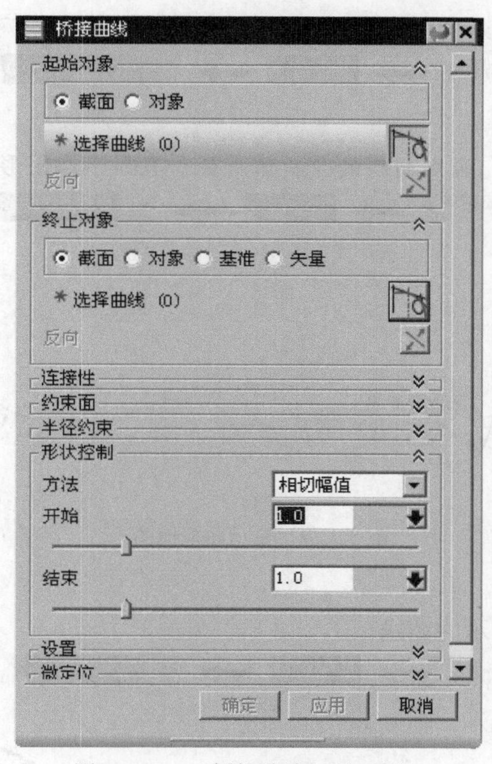


图 5.2.28 “桥接曲线”对话框

Step3. 在图形区选取图 5.2.27a 所示的曲线 1 为起始对象，单击中键，然后选取曲线 2 为终止对象。

**注意：**要单击靠近图 5.2.27a 所指示的位置。

Step4. 设置对话框选项。在“桥接曲线”对话框 形状控制 区域的 方法 下拉列表中选择 相切幅值 选项，其他选项均采用默认设置。

**说明：**通过在 形状控制 区域的 开始 和 结束 文本框中输入数值,或拖动下面的滑块来调整桥接曲线端点的位置（图形区中显示的图形也会随之改变）。

Step5. 单击“桥接曲线”对话框中的 < 确定 > 按钮，完成桥接曲线的创建。

## 5.2.8 曲线特性分析

曲线是曲面和产品的根基，曲线质量的高低直接影响到曲面质量的好坏，进而影响整个产品的质量。因此在曲线设计完成后，对曲线的分析就显得非常重要，因此工程设计中常要用到曲线特性分析。本节将简单介绍曲线特性分析的一般方法及操作过程。

下面通过简单的范例来说明曲线特性的分析。

Step1. 打开文件 D:\ug10.1\work\ch05.02\curve.prt。

Step2. “曲率”分析。

（1）选取图 5.2.29a 所示的曲线。

（2）选择下拉菜单 分析(L) → 曲线(C) → 显示曲率梳(C) 命令，此时系统显示曲率梳图，如图 5.2.29b 所示。

说明：除非特意关闭，否则曲线的分析结果会一直显示在图形上。关闭时需要选中该曲线，再次选择下拉菜单 分析(L) → 曲线(C) → 显示曲率梳(C) 命令即可。

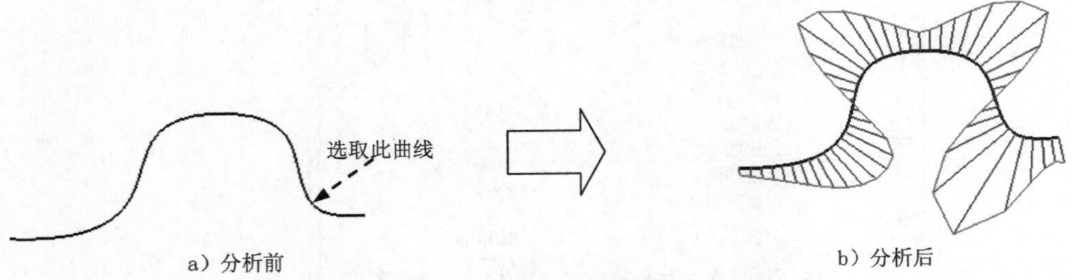


图 5.2.29　显示曲率梳图

Step3. “峰值”分析。

（1）选取图 5.2.30a 所示的曲线。

（2）选择下拉菜单 分析(L) → 曲线(C) → 显示峰值(P) 命令，此时系统显示曲线的峰值点，如图 5.2.30b 所示。

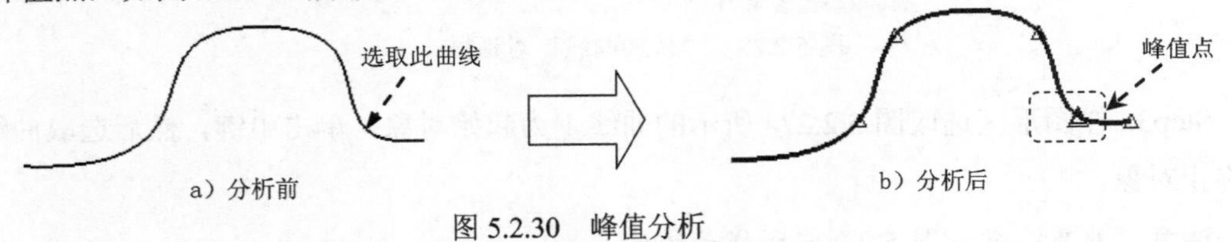


图 5.2.30　峰值分析

Step4. 拐点分析结果如图 5.2.31 所示。操作方法参见 Step3。

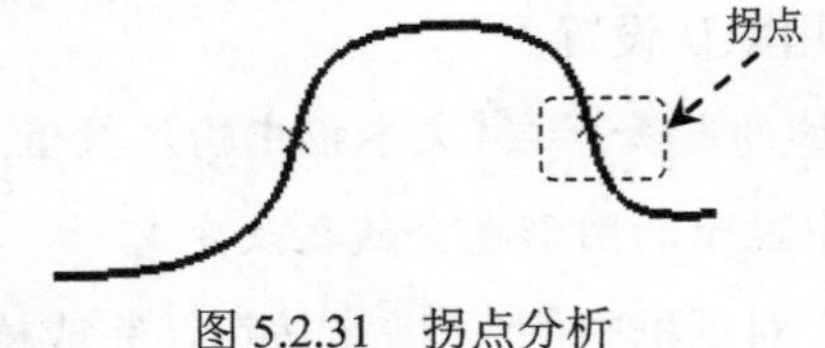


图 5.2.31　拐点分析

Step5. 图表显示结果。

（1）选取分析完成的曲线，如图 5.2.32 所示。

（2）选择下拉菜单 分析(L) → 曲线(C) → 图表(G) 命令，系统打开一个“图表”电子表格显示分析结果。图 5.2.32 所示为图表分析结果。

Step6. 输出列表显示结果。

（1）选取分析完成的曲线。

（2）选择下拉菜单 分析(L) → 曲线(C) → 分析信息(L) 命令，系统弹出“信息”窗口，其中列出了拐点分析的结果。

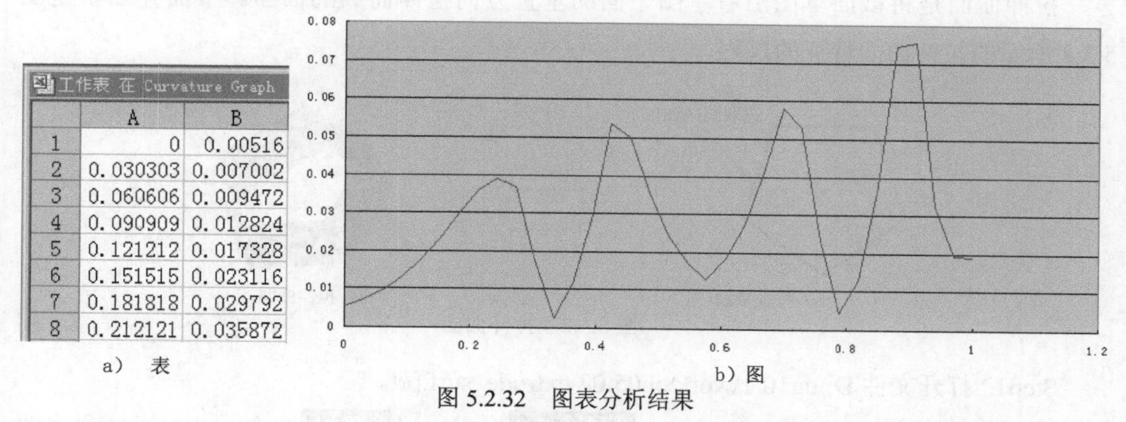

工作表 在 Curvature Graph

| | A | B |
|---|---|---|
| 1 | 0 | 0.00516 |
| 2 | 0.030303 | 0.007002 |
| 3 | 0.060606 | 0.009472 |
| 4 | 0.090909 | 0.012824 |
| 5 | 0.121212 | 0.017328 |
| 6 | 0.151515 | 0.023116 |
| 7 | 0.181818 | 0.029792 |
| 8 | 0.212121 | 0.035872 |



a） 表　　　b）图

图 5.2.32　图表分析结果

# 5.3 一般曲面创建

## 5.3.1 有界平面

有界平面(P)... 命令可以用于创建平整的曲面。利用拉伸也可以创建曲面，但拉伸创建的是有深度参数的二维或三维曲面，而有界平面创建的是没有深度参数的二维曲面。下面介绍创建图 5.3.1 所示的有界平面的一般操作步骤。

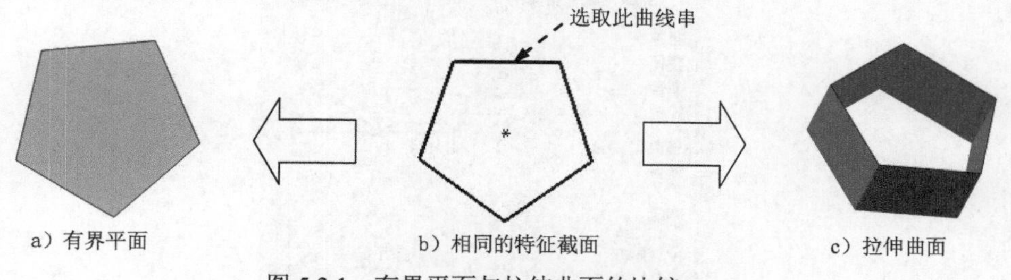


a）有界平面　　b）相同的特征截面　　c）拉伸曲面

图 5.3.1　有界平面与拉伸曲面的比较

Step1. 打开文件 D:\ug10.1\work\ch05.03\ambit_surf.prt。

Step2. 选择下拉菜单 插入(S) → 曲面(R) → 有界平面(B)... 命令，系统弹出“有界平面”对话框。

Step3. 定义边界线串。在图形区选取图 5.3.1b 所示的曲线串。

Step4. 在“有界平面”对话框中单击 < 确定 > 按钮（或者单击中键），完成有界平面的创建。

## 5.3.2 创建拉伸和旋转曲面

拉伸曲面和旋转曲面的创建方法与创建相应的实体特征基本相同。下面对这两种方法进行简单介绍。

1．创建拉伸曲面

拉伸曲面是将截面草图沿着草图平面的垂直方向拉伸而成的曲面。下面介绍创建图5.3.2所示的拉伸曲面特征的过程。

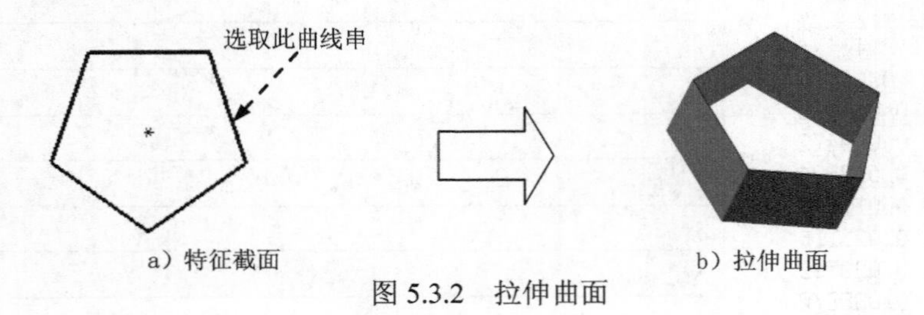


图 5.3.2　拉伸曲面

Step1．打开文件 D:\ug10.1\work\ch05.03\extrude_surf.prt。

Step2．选择下拉菜单 插入(S) → 设计特征(E) → 拉伸(E)... 命令，此时系统弹出图5.3.3所示的“拉伸”对话框。

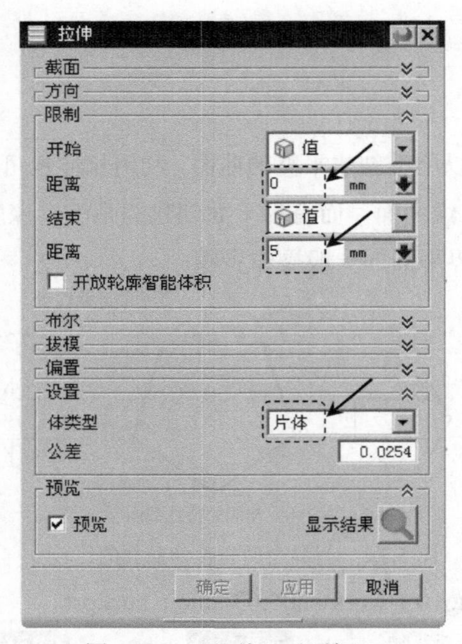


图 5.3.3　“拉伸”对话框

Step3．定义拉伸截面。在图形区选取图5.3.2a所示的曲线串为特征截面。

Step4．确定拉伸起始值和结束值。在 极限 区域的 开始 下拉列表中选择 值 选项，在 距离 文本框中输入值0，在 结束 下拉列表中选择 值 选项，在 距离 文本框中输入值5并按Enter键。

Step5．定义拉伸特征的体类型。在 设置 区域的 体类型 下拉列表中选择 片体 选项，其他采用默认设置。

Step6．单击“拉伸”对话框中的 <确定> 按钮（或者单击中键），完成拉伸曲面的创建。

2．创建旋转曲面

旋转曲面是将截面草图绕着一条中心轴线旋转而形成的曲面。下面介绍创建图 5.3.4 所示的旋转曲面特征的过程。

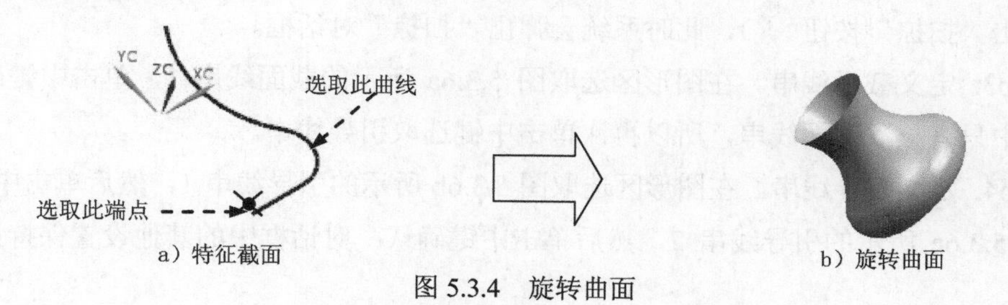


图 5.3.4 旋转曲面

Step1．打开文件 D:\ug10.1\work\ch05.03\rotate_surf.prt。

Step2．选择插入(S) ➡ 设计特征(E) ➡ 旋转(R)...命令，此时系统弹出“旋转”对话框。

Step3．定义旋转截面。在图形区选取图 5.3.4a 所示的曲线为旋转截面，单击中键确认。

Step4．定义旋转轴。选择 YC 作为旋转轴的矢量方向，然后选取图 5.3.4a 所示的端点定义指定点。

Step5．定义旋转特征的体类型。在设置区域的体类型下拉列表中选择片体选项，其他采用默认设置。

Step6．单击对话框中的< 确定 >按钮（或者单击中键），完成旋转曲面的创建。

## 5.3.3 创建扫掠曲面

扫掠曲面就是用规定的方式沿一条空间路径（引导线串），移动一条曲线轮廓线（截面线串）而生成的轨迹，如图 5.3.5 所示。

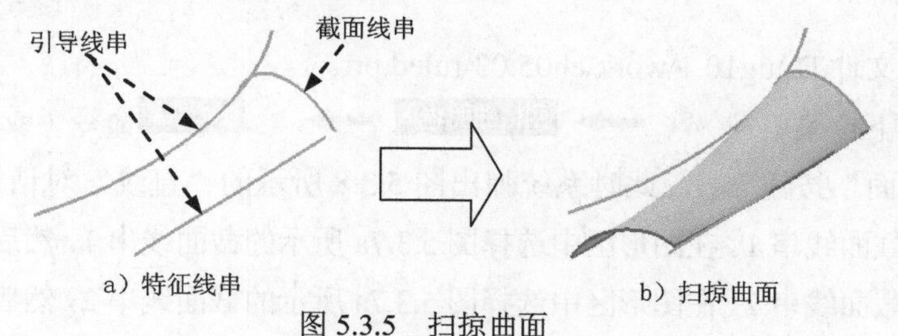


图 5.3.5 扫掠曲面

截面线串可以由单个或多个对象组成，每个对象可以是曲线、边缘或实体面，每组截面线串内的对象的数量可以不同。截面线串的数量可以是 1～150 的任意数值。

引导线串在扫掠过程中控制着扫掠体的方向和比例。在创建扫掠体时，必须提供一条、两条或三条引导线串。提供一条引导线串不能完全控制截面大小和方向变化的趋势，需要进一步指定截面变化的方法；提供两条引导线串时，可以确定截面线沿引导线串扫掠的方向趋势，但是尺寸可以改变，还需要设置截面比例变化；提供三条引导线串时，完全确定了截面线被扫掠时的方位和尺寸变化，无需另外指定方向和比例就可以直接生成曲面。

下面介绍创建图 5.3.5 所示的扫掠曲面特征的过程。

Step1. 打开文件 D:\ug10.1\work\ch05.03\swept.prt。

Step2. 选择下拉菜单 插入(S) → 扫掠(W) → 扫掠(S)... 命令（或在“曲面”工具栏中单击“扫掠”按钮），此时系统会弹出“扫掠”对话框。

Step3. 定义截面线串。在图形区选取图 5.3.6a 所示的截面线串 1，单击中键确认；因为本例中只有一条截面线串，所以再次单击中键选取引导线串。

Step4. 定义引导线串。在图形区选取图 5.3.6b 所示的引导线串 1，然后单击中键确认；选取图 5.3.6c 所示的引导线串 2，然后单击中键确认；对话框中的其他设置保持系统默认的设置。

Step5. 单击“扫掠”对话框中的 < 确定 > 按钮，完成扫掠曲面的创建。

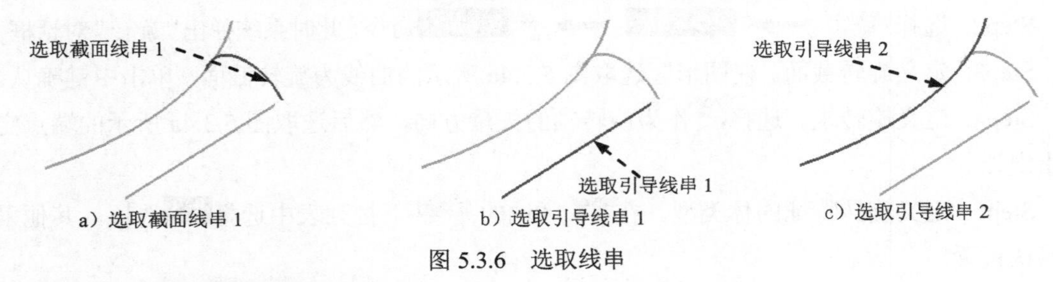


图 5.3.6 选取线串

## 5.3.4 创建网格曲面

### 1. 直纹面

直纹面可以理解为通过一系列直线连接两组线串而形成的一张曲面。在创建直纹面时只能使用两组线串，这两组线串可以封闭，也可以不封闭。下面介绍创建图 5.3.7 所示的直纹面的过程。

Step1. 打开文件 D:\ug10.1\work\ch05.03\ruled.prt。

Step2. 选择下拉菜单 插入(S) → 网格曲面(M) → 直纹(R)... 命令（或在“曲面”工具栏中单击“直纹面”按钮），此时系统弹出图 5.3.8 所示的“直纹”对话框。

Step3. 定义截面线串 1。在图形区中选择图 5.3.7a 所示的截面线串 1，然后单击中键确认。

Step4. 定义截面线串 2。在图形区中选择图 5.3.7a 所示的截面线串 2，然后单击中键确认。

**注意：**在选取截面线串时，要在线串的同一侧选取，否则就不能达到所需要的结果。

Step5. 设置对话框的选项。在“直纹”对话框的 对齐 区域中取消选中 □ 保留形状 复选框。

Step6. 在“直纹”对话框中单击 < 确定 > 按钮（或单击中键），完成直纹面的创建。

**说明：**若选中 对齐 区域中的 ☑ 保留形状 复选框，则 对齐 下拉列表中的部分选项将不可用。

**图 5.3.8 所示的“直纹”对话框中 对齐 下拉列表中各选项的说明如下：**

- 参数：沿定义曲线将等参数曲线要通过的点以相等的参数间隔隔开。
- 弧长：两组截面线串和等参数曲线根据等弧长方式建立连接点。

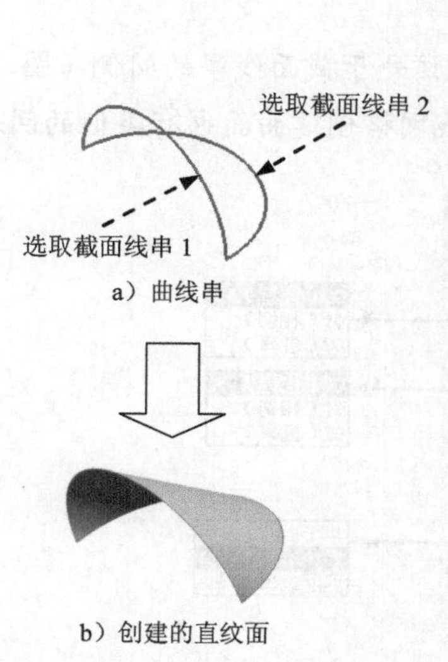


图 5.3.7　直纹面的创建

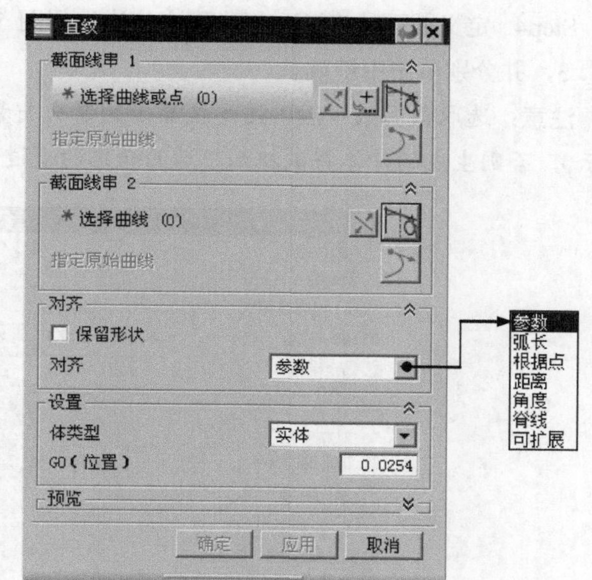


图 5.3.8　“直纹”对话框

- 根据点：将不同形状截面线串间的点对齐。
- 距离：在指定矢量上将点沿每条曲线以等距离隔开。
- 角度：在每个截面线上，绕着一个规定的轴等角度间隔生成。这样，所有等参数曲线都位于含有该轴线的平面中。
- 脊线：把点放在选择的曲线和正交于输入曲线的平面的交点上。
- 可扩展：可定义起始与终止填料曲面类型。

## 2．通过曲线组

通过曲线组选项，用同一方向上的一组曲线轮廓线也可以创建曲面。曲线轮廓线称为截面线串，截面线串可由单个对象或多个对象组成，每个对象都可以是曲线、实体边等。下面介绍创建图 5.3.9 所示“通过曲线组”曲面的过程。

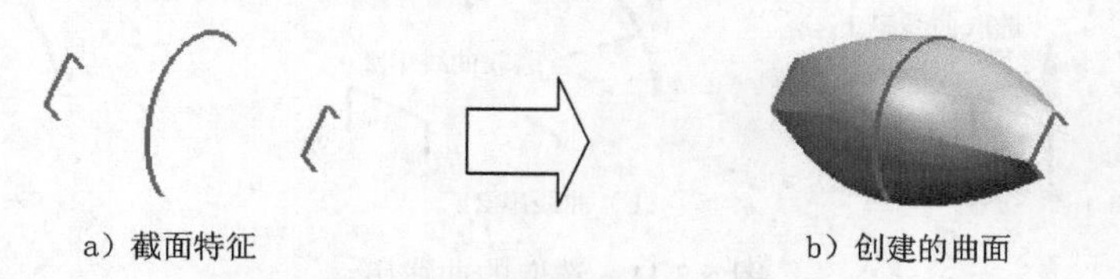


图 5.3.9　创建“通过曲线组”曲面

Step1. 打开文件 D:\ug10.1\work\ch05.03\through_ curves.prt。

Step2. 选择下拉菜单 插入(S) → 网格曲面(M) → 通过曲线组(T)... 命令（或在“曲面”工具栏中单击“通过曲线组”按钮），系统弹出图 5.3.10 所示的“通过曲线组”对话框。

Step3. 在“选择条”工具条的“曲线规则”下拉列表中选择相连曲线选项。

Step4. 定义截面线串。在工作区中依次选择图 5.3.11 所示的曲线串 1、曲线串 2 和曲线串 3，并分别单击中键确认。

**注意：**选取截面线串后，图形区显示的箭头矢量应该处于截面线串的同侧（图 5.3.11 所示），否则生成的片体将被扭曲。后面介绍的通过曲线网格创建曲面也有类似的问题。

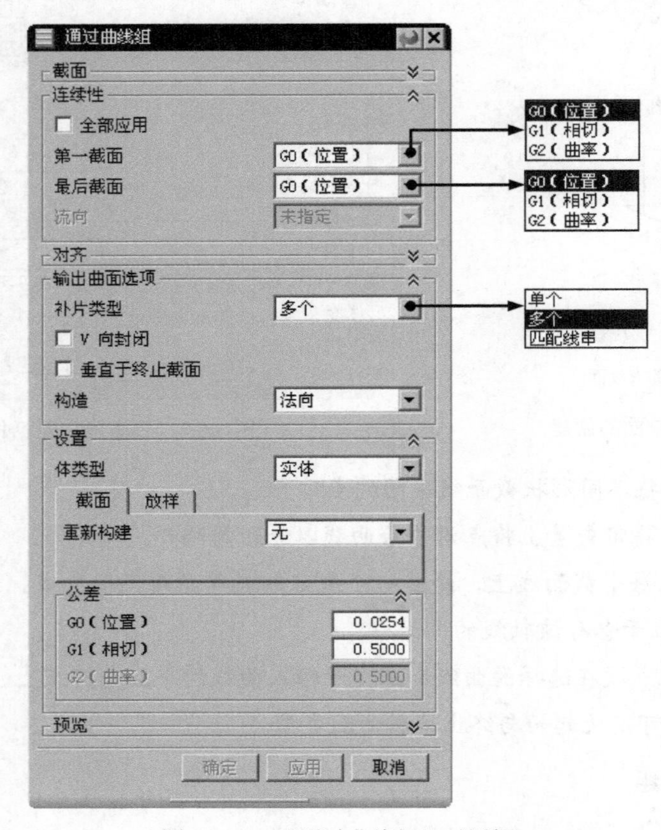


图 5.3.10 “通过曲线组”对话框

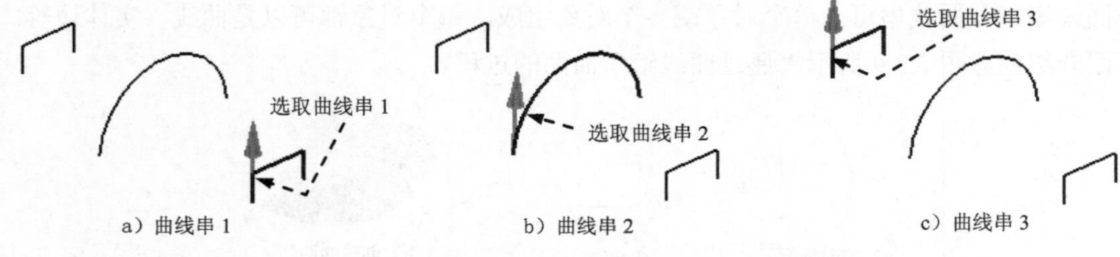


图 5.3.11 选取的曲线串

Step5. 设置对话框的选项。在“通过曲线组”对话框中设置区域放样选项卡的阶次文本框中将阶次值调整到 2，其他均采用默认设置。

Step6. 单击< 确定 >按钮，完成“通过曲线组”曲面的创建。

**图 5.3.10 所示的“通过曲线组”对话框中的部分选项说明如下：**

- 连续性区域：该区域的下拉列表用于对通过曲线生成的曲面的起始端和终止端定义

约束条件。

☑ G0（位置）：生成的曲面与指定面点连续，无约束。

☑ G1（相切）：生成的曲面与指定面相切连续。

☑ G2（曲率）：生成的曲面与指定面曲率连续。

- 阶次文本框：该文本框用于设置生成曲面的V向阶次。
- 当选取了截面线串后，在列表区域中选择一组截面线串，则“通过曲线组”对话框中的一些按钮被激活，如图 5.3.12 所示。

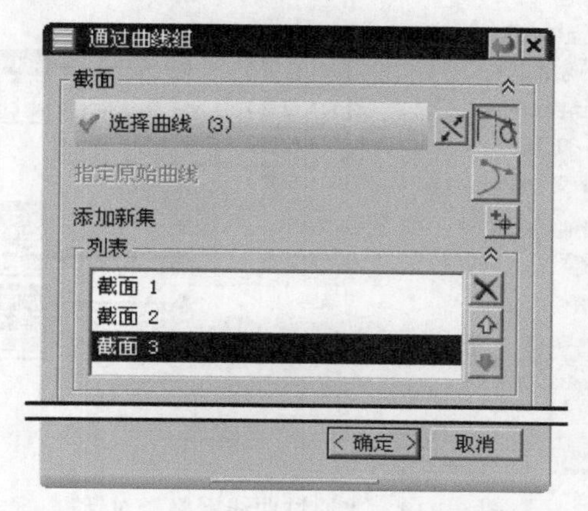


图 5.3.12 “通过曲线组”对话框的激活按钮

图 5.3.12 所示的“通过曲线组”对话框中的部分按钮说明如下：

- （移除）：单击该按钮，选中的截面线串被删除。
- （向上移动）：单击该按钮，选中的截面线串移至上一个截面线串的上级。
- （向下移动）：单击该按钮，选中的截面线串移至下一个截面线串的下级。

### 3. 通过曲线网格

用“通过曲线网格”命令创建曲面，就是沿着不同方向的两组线串轮廓生成片体。一组同方向的线串定义为主曲线，另外一组和主线串不在同一平面的线串定义为交叉线串，定义的主曲线与交叉线串必须在设定的公差范围内相交。这种创建曲面的方法定义了两个方向的控制曲线，可以很好地控制曲面的形状，因此它也是最常用的创建曲面的方法之一。

下面将以图 5.3.13 为例，说明利用“通过曲线网格”功能创建曲面的一般过程。

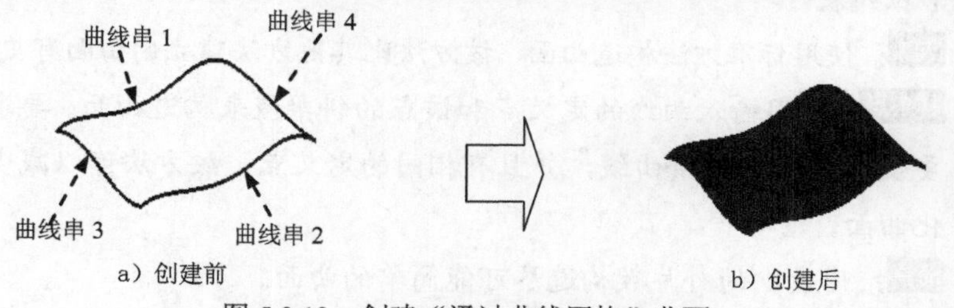


图 5.3.13 创建“通过曲线网格”曲面

Step1. 打开文件 D:\ug10.1\work\ch05.03\through curves_mesh.prt。

Step2. 选择下拉菜单 插入(S) → 网格曲面(M) → 通过曲线网格(M)... 命令（或在"曲面"工具栏中单击"通过曲线网格"按钮），此时系统弹出图 5.3.14 所示的"通过曲线网格"对话框。

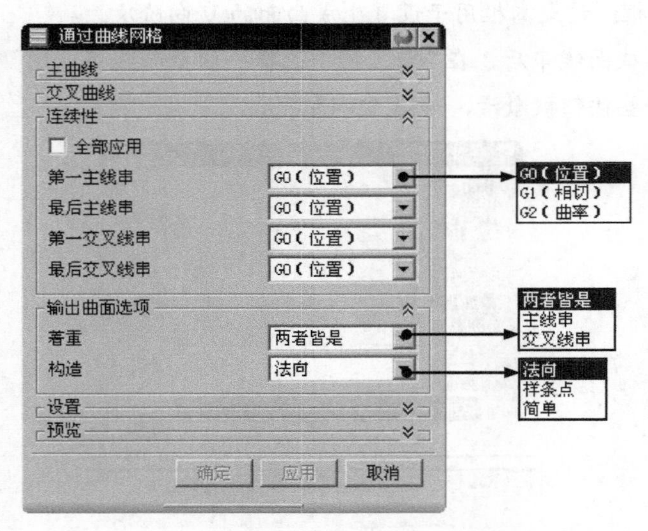


图 5.3.14 "通过曲线网格"对话框

Step3. 定义主线串。在工作区中依次选择图 5.3.13a 所示的曲线串 1 和曲线串 2 为主线串，并分别单击中键确认。

Step4. 定义交叉线串。单击中键完成主线串的选取，在图形区选取图 5.3.13a 所示的曲线串 3 和曲线串 4 为交叉线串，分别单击中键确认。

Step5. 单击 <确定> 按钮，完成"通过曲线网格"曲面的创建。

**图 5.3.14 所示的"通过曲线网格"对话框的部分选项说明如下：**

- 着重 下拉列表：该下拉列表用于控制系统在生成曲面的时候更强调主线串还是交叉线串，或者两者有同样效果。
  - ☑ 两者皆是：系统在生成曲面的时候，主线串和交叉线串有同样效果。
  - ☑ 主线串：系统在生成曲面的时候，更强调主线串。
  - ☑ 交叉线串：系统在生成曲面的时候，交叉线串更有影响。
- 构造 下拉列表：
  - ☑ 法向：使用标准方法构造曲面，该方法比其他方法建立的曲面有更多的补片数。
  - ☑ 样条点：利用输入曲线的定义点和该点的斜率值来构造曲面。要求每条线串都要使用单根 B 样条曲线，并且有相同的定义点，该方法可以减少补片数，简化曲面。
  - ☑ 简单：用最少的补片数构造尽可能简单的曲面。

下面通过手机盖（图 5.3.15）曲面的设计，来进一步说明“通过曲线网格”功能的实际应用。

Stage1. 创建曲线

Step1. 新建一个零件三维模型，将其命名为 cellphone_cover。

Step2. 创建图 5.3.16 所示的曲线 1_1 和曲线 1_2，操作步骤如下：选择下拉菜单 插入(S) → 在任务环境中绘制草图(V)... 命令；设置 XY 平面为草图平面，接受系统默认的方向。单击“创建草图”对话框中的 确定 按钮，进入草图环境（图 5.3.17）；创建曲线 1_1。绘制图 5.3.17 所示的曲线，创建镜像曲线 1_2，单击 完成草图 按钮，退出草图环境，选择下拉菜单 插入(S) → 派生的曲线(U) → 镜像(M)... 命令（或在“曲线”工具栏中单击“镜像曲线”按钮），此时系统弹出“镜像曲线”对话框，选取曲线 1_1，单击中键确认。在“镜像曲线”对话框的 平面 下拉列表中选择 现有平面 选项，选取 ZX 平面为镜像平面；单击 确定 按钮（或单击中键），生成基准曲线 1_2。

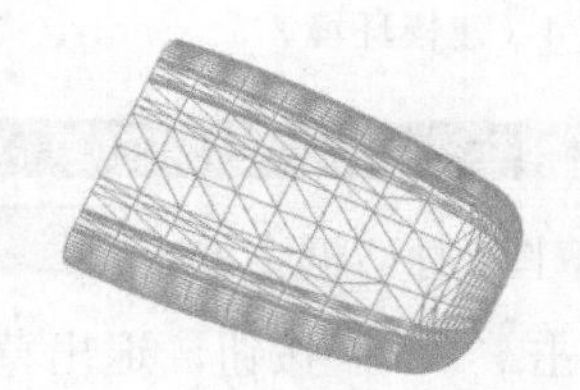

图 5.3.15 手机盖曲面

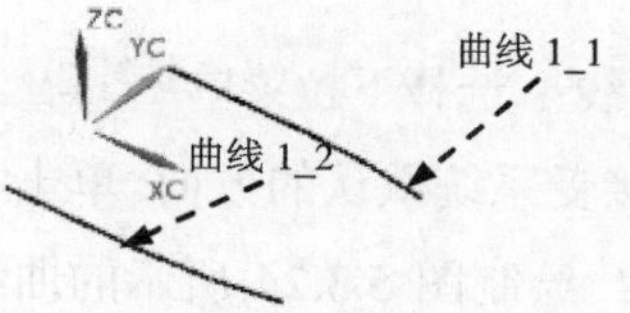

图 5.3.16 创建曲线 1（建模环境）



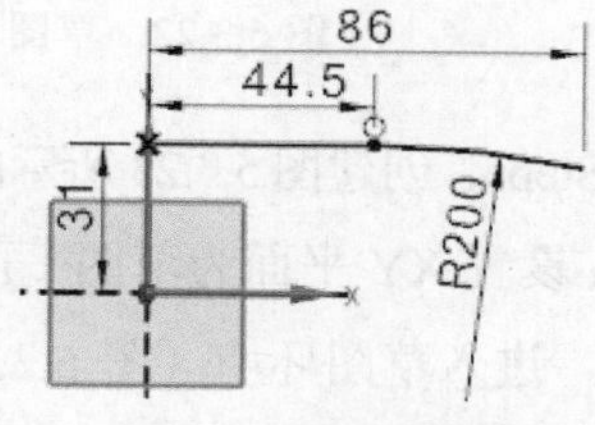


图 5.3.17 草图环境

Step3. 创建图 5.3.18 所示的曲线 2。选择下拉菜单 插入(S) → 在任务环境中绘制草图(V)... 命令；设置 YZ 平面为草图平面，接受系统默认的方向。单击“创建草图”对话框中的 确定 按钮，进入草图环境（图 5.3.19）；绘制曲线。绘制图 5.3.19 所示的曲线串（单击“端点”按钮，可捕捉曲线的端点）；单击 完成草图 按钮，退出草图环境。

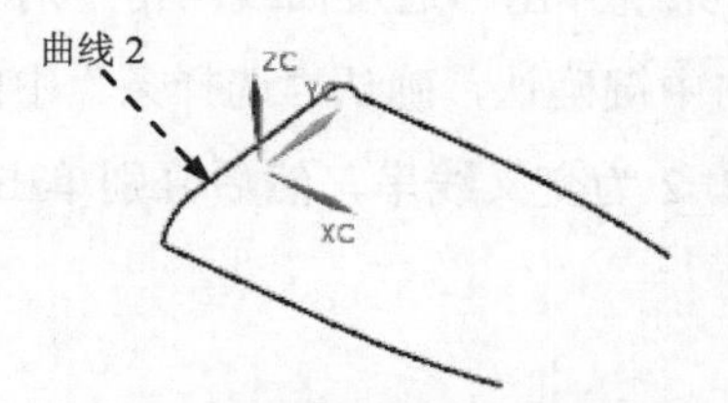


图 5.3.18 创建曲线 2（建模环境）

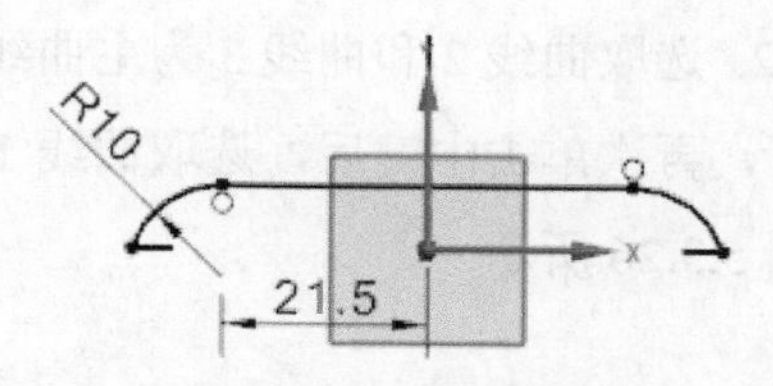


图 5.3.19 草图环境

Step4. 创建图 5.3.20 所示的曲线 3；选择下拉菜单 插入(S) → 基准/点(D) → 基准平面(D)... 命令，此时系统弹出“基准平面”对话框。在“基准平面”对话框中的 类型 区域的下拉列表中选择 点和方向 选项。选取图 5.3.21 所示的镜像曲线 1_2 的端点，在“基准平面”对话框 法向 区域中的下拉列表中选择 XC 选项，定义为基准平面 1 的方向。单击“基准平面”对话框中的< 确定 >按钮（或者单击中键），生成基准平面；选择下拉菜单插入(S) → 在任务环境中绘制草图(V)...命令；选取基准平面1为草图平面，在“创建草图”对话框中单击确定按钮，进入草图环境（图5.3.22）；绘制图5.3.22所示的曲线串；单击完成草图按钮，退出草图环境。

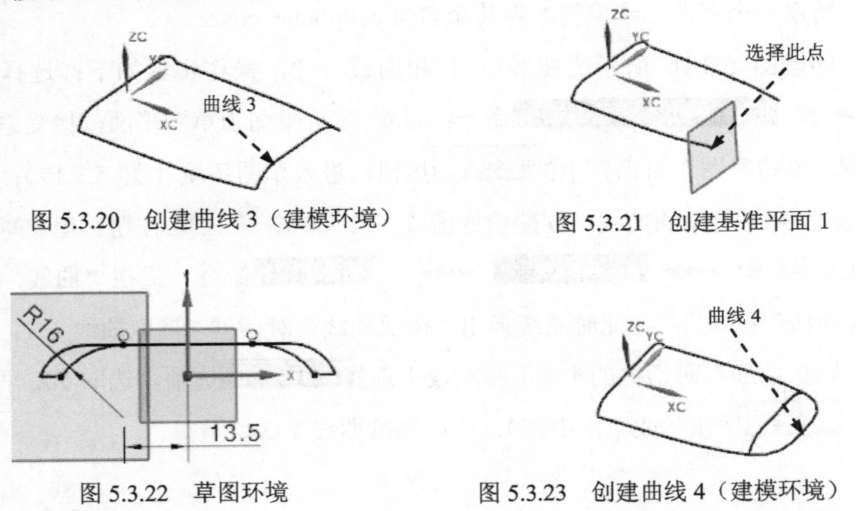


图5.3.20 创建曲线3（建模环境）　　图5.3.21 创建基准平面1

图5.3.22 草图环境　　图5.3.23 创建曲线4（建模环境）

Step5. 创建图5.3.23所示的曲线4。选择下拉菜单插入(S) → 在任务环境中绘制草图(V)...命令；设置XY平面为草图平面，接受系统默认的方向。单击“创建草图”对话框中的确定按钮，进入草图环境（图5.3.24）；绘制图5.3.24所示的曲线；单击完成草图按钮，退出草图环境。

Stage2. 创建曲面1

如图5.3.25所示，该手机盖零件模型包括两个曲面，创建曲面1的操作步骤如下：

Step1. 选择下拉菜单插入(S) → 网格曲面(M) → 通过曲线网格(M)...命令（或在“曲面”工具栏中单击“通过曲线网格”按钮），此时系统弹出“通过曲线网格”对话框。

Step2. 选取曲线2和曲线3为主曲线，分别单击中键确认，确认“选择条”中的按钮被按下，再次单击中键后，选取曲线1_1和曲线1_2为交叉线串，然后分别单击中键确认，如图5.3.26所示。

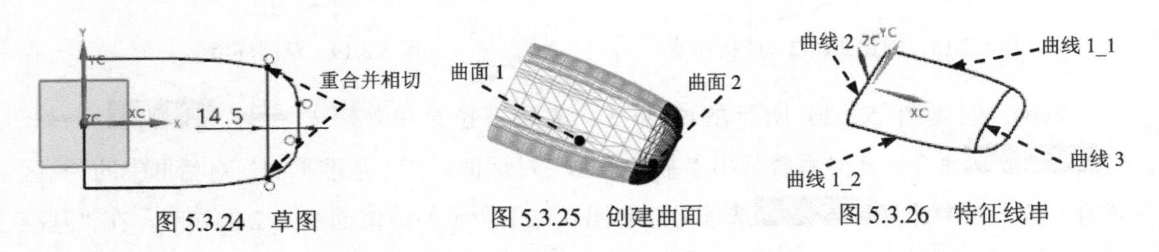


图5.3.24 草图　　图5.3.25 创建曲面　　图5.3.26 特征线串

Step3. 在“通过曲线网格”对话框中均采用默认的设置，单击“通过曲线网格”对话框中的< 确定 >按钮（或者单击中键），生成曲面 1。

Stage3．创建曲面 2

Step1．选择下拉菜单 插入(S) → 网格曲面(M) → 通过曲线网格(M)... 命令，此时系统弹出“通过曲线网格”对话框。

Step2．选取曲线 3 和曲线 4_3 为主曲线，分别单击中键确认，再次单击中键后选取基准曲线 4_1 和基准曲线 4_2 为交叉线串，然后分别单击中键确认，如图 5.3.27 所示。

Step3．在“通过曲线网格”对话框 连续性 区域的 第一主线串 下拉列表中选择 G1（相切）选项，选取图 5.3.28 所示的曲面 1 为约束面，然后单击“通过曲线网格”对话框中的< 确定 >按钮（或单击中键），生成曲面 2。

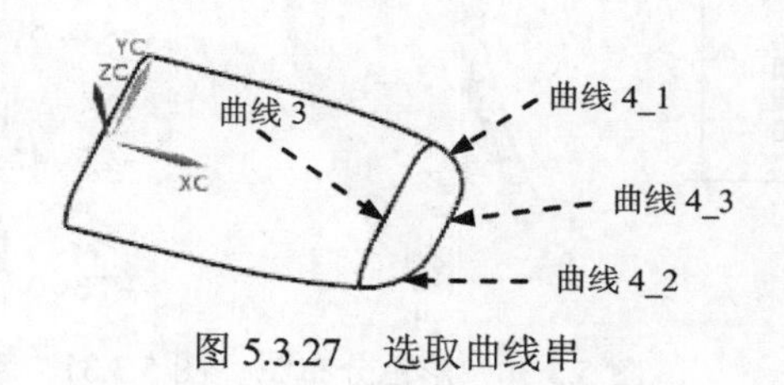


图 5.3.27　选取曲线串

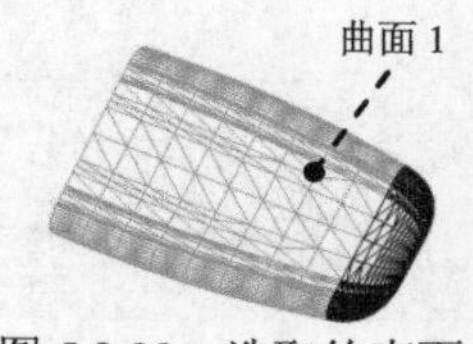


图 5.3.28　选取约束面

## 5.3.5　曲面的特性分析

虽然在生成曲线时，已经对曲线进行了分析，从一定程度上保证了曲面的质量，但在曲面生成完成后，同样非常有必要对曲面的一些特性（如半径、反射、斜率）进行评估，以确定曲面是否达到了设计要求。

下面通过简单的范例分析来说明曲面特性分析的一般方法及操作过程。

Step1．打开文件 D:\ug10.1\work\ch05.03\surface.prt。

Step2．半径分析。选择下拉菜单 分析(L) → 形状(H) → 半径(R)... 命令，此时系统弹出图 5.3.29 所示的“面分析-半径”对话框；此时曲面上呈现出一个彩色分布图，如图 5.3.30 所示。同时系统显示颜色图例，如图 5.3.31 所示。彩色分布图中的不同颜色代表不同的曲率大小，颜色与曲率大小的对应关系可以从颜色图例中查阅。单击 确定 按钮，完成半径分析。

**说明：**因为曲面当前处于“艺术外观”显示状态下，所以曲面可以呈彩色分布显示。如果将显示状态切换为“着色”或“带边着色”，则可取消彩色显示结果。

Step3．反射分析。

（1）选择下拉菜单 分析(L) → 形状(H) → 反射(F)... 命令，此时系统弹出图 5.3.32 所示的“面分析-反射”对话框。

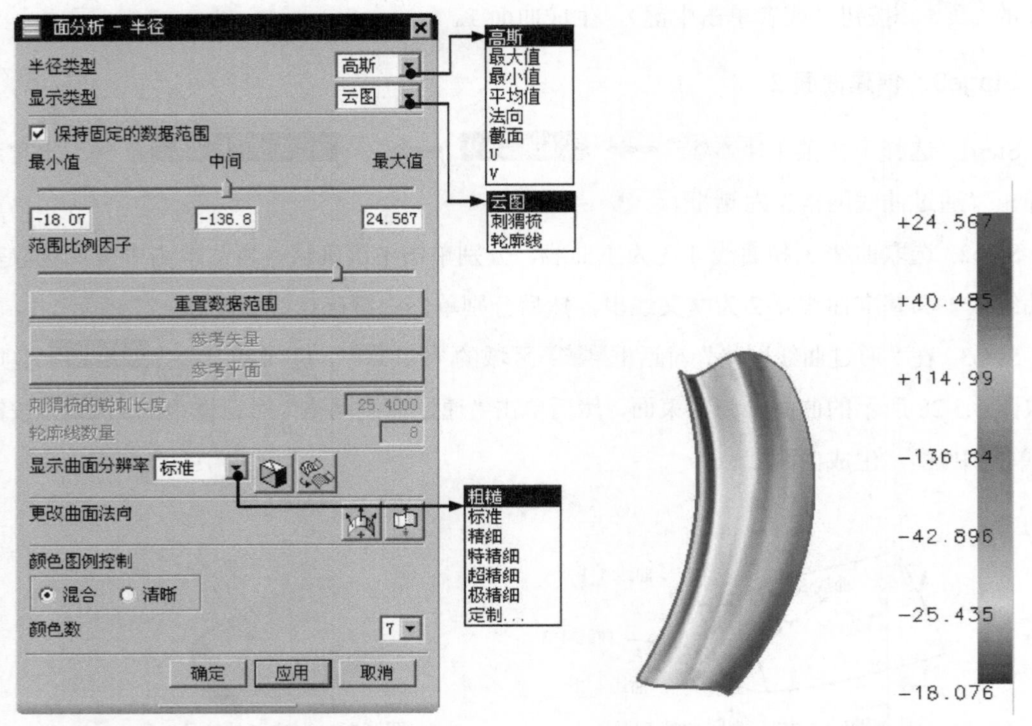


图 5.3.29 “面分析-半径”对话框　　图 5.3.30 彩色分布图　　图 5.3.31 颜色图例

（2）在“面分析-反射”对话框中可以选择反射图像类型、反射图片和设置各种反射类型的参数。单击“直线图像”按钮，然后选择选项，再单击确定按钮。图 5.3.33 所示为直线图像彩纹分析的结果。

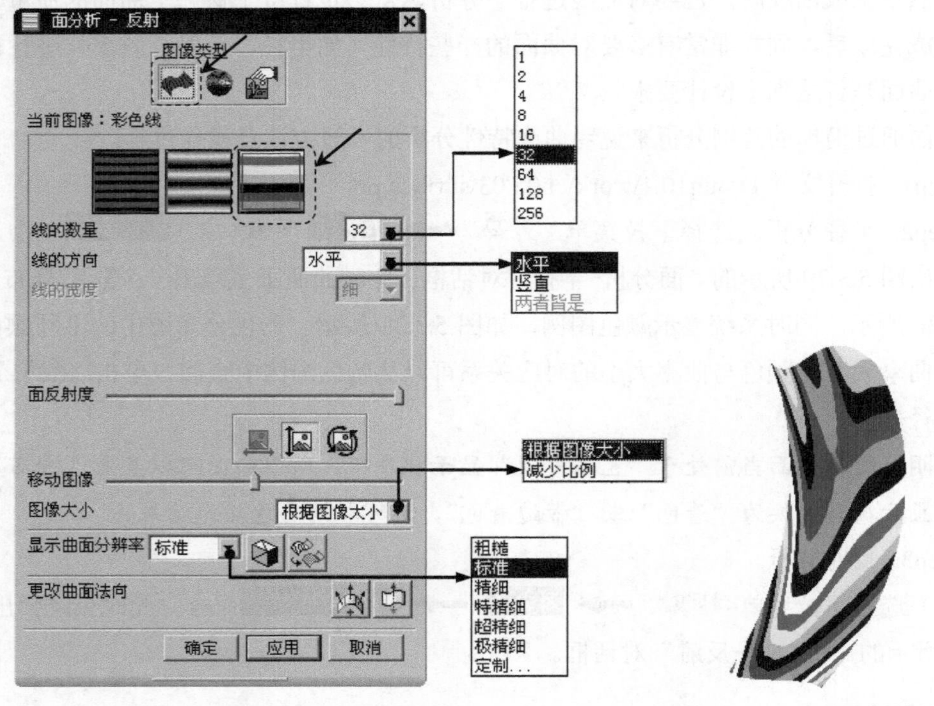


图 5.3.32 “面分析-反射”对话框　　图 5.3.33 彩纹分析结果

Step4. 斜率分析。选择下拉菜单 分析(L) → 形状(H) → 斜率(O)... 命令，此时系统弹出“面分析-斜率”对话框，如图 5.3.34 所示；在“面分析-斜率”对话框中可以选择显示类型，改变参考斜率的矢量和设置各种斜率类型的参数。选择显示类型下拉列表中的刺猬梳选项，然后单击 确定 按钮；刺猬梳分析的结果如图 5.3.35 所示，同时系统显示“颜色图例”，如图 5.3.36 所示。

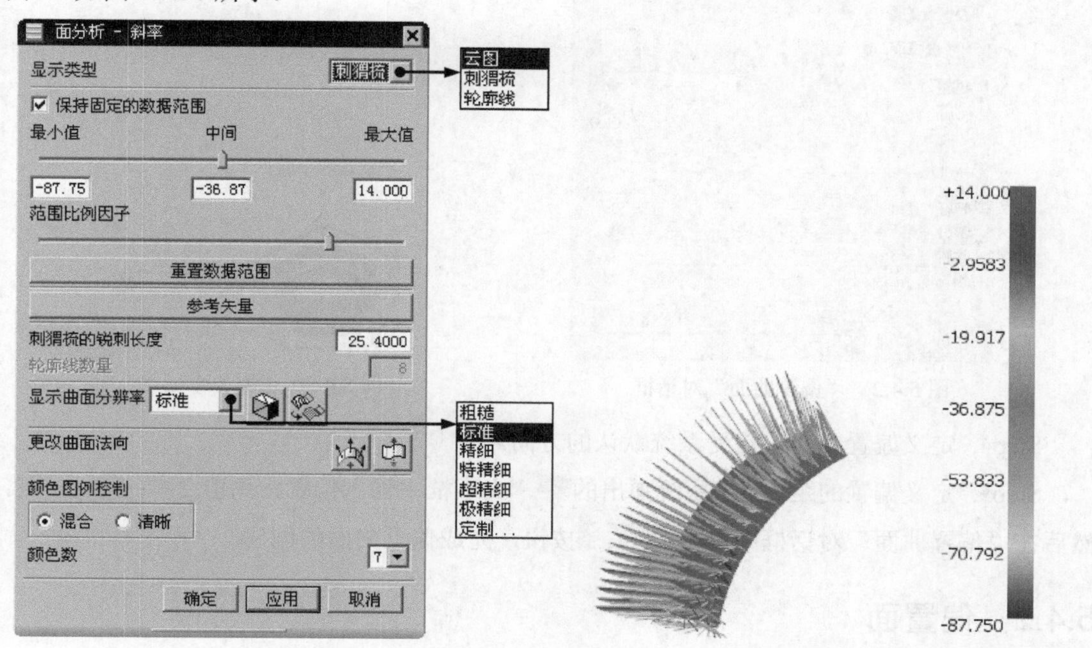


图 5.3.34 “面分析-斜率”对话框　　图 5.3.35 刺猬梳分析结果　　图 5.3.36 颜色图例

## 5.4 曲面的偏置

曲面的偏置用于创建一个或多个现有面的偏置曲面，或者是偏移现有曲面。下面分别对创建偏置曲面和偏移现有曲面进行介绍。

### 5.4.1 偏置曲面

下面介绍创建图 5.4.1 所示的偏置曲面的一般过程。

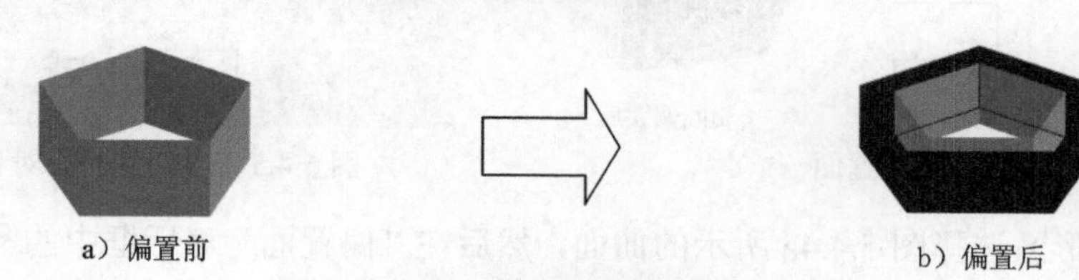


图 5.4.1 偏置曲面的创建

Step1. 打开文件 D:\ug10.1\work\ch05.04\offset_surface.prt。

Step2. 选择下拉菜单 插入(S) → 偏置/缩放(O) → 偏置曲面(O)... 命令（或在“曲面”工具栏中单击“偏置曲面”按钮），此时系统弹出图 5.4.2 所示的“偏置曲面”对话框。

Step3. 在图形区依次选取图 5.4.3 所示的 5 个面，同时图形区中出现曲面的偏置方向，如图 5.4.3 所示。此时“偏置曲面”对话框中的“反向”按钮被激活。

图 5.4.2 “偏置曲面”对话框

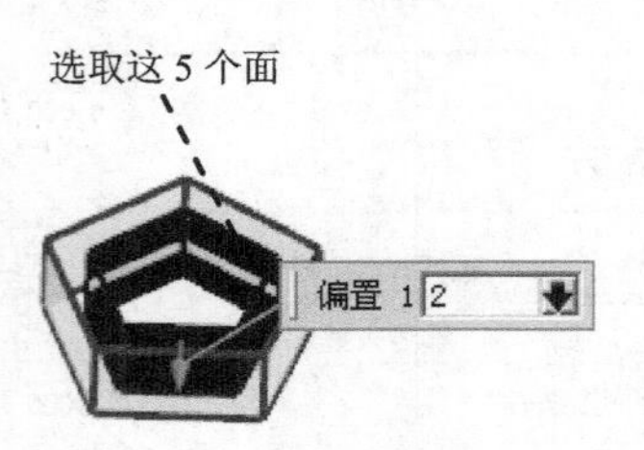


图 5.4.3 选取 5 个面

Step4. 定义偏置方向。接受系统默认的方向。

Step5. 定义偏置的距离。在系统弹出的 偏置 1 文本框中输入偏置距离值 2 并按 Enter 键，然后在“偏置曲面”对话框中单击 < 确定 > 按钮，完成偏置曲面的创建。

## 5.4.2 偏置面

下面介绍图 5.4.4 所示的偏置面的一般操作过程。

Step1. 打开文件 D:\ug10.1\work\ch05.04\offset_surf.prt。

Step2. 选择下拉菜单 插入(S) → 偏置/缩放(O) → 偏置面(F)... 命令，系统弹出图 5.4.5 所示的“偏置面”对话框。

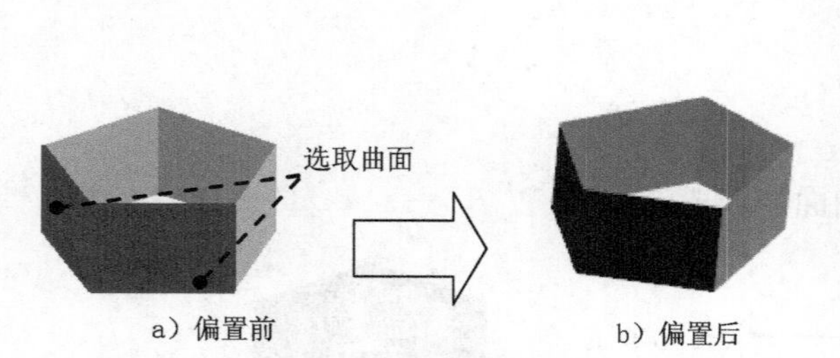


图 5.4.4 偏置面

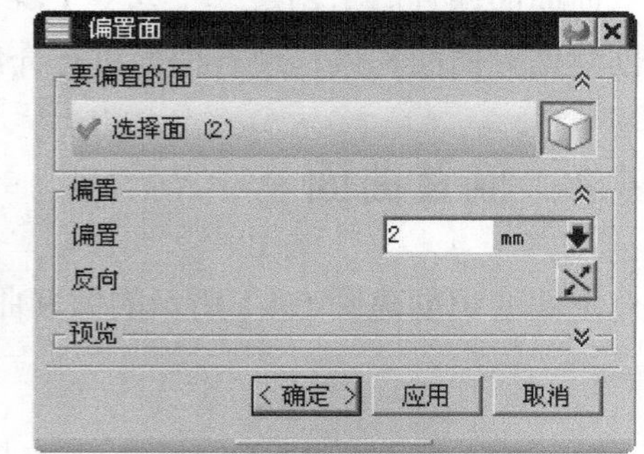


图 5.4.5 “偏置面”对话框

Step3. 在图形区选择图 5.4.4a 所示的曲面，然后在“偏置面”对话框中的 偏置 文本框中输入值 2 并按 Enter 键，单击 < 确定 > 按钮或者单击中键，完成曲面的偏置操作。

**注意**：单击对话框中的“反向”按钮，改变偏置的方向。

## 5.4.3　偏置凸起

偏置凸起工具可以在曲面表面创建局部凸起或凹坑，凸起的形状和范围由曲面上的某个点或者是曲面上的开放曲线来定义，下面以图 5.4.6 所示的模型为例，说明凸起特征的一般创建过程。

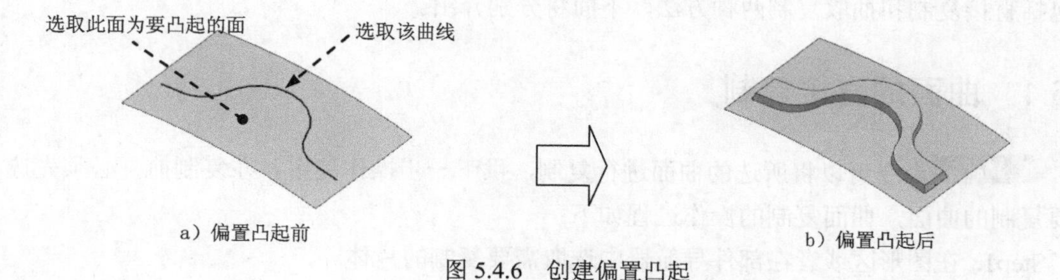


图 5.4.6　创建偏置凸起

Step1．打开文件 D:\ug10.1\work\ch04.06\offset- raised.prt。

Step2．选择命令。选择 插入(S) → 设计特征(E) → 偏置凸起(F)... 命令（或单击按钮），系统弹出图 5.4.7 所示的“偏置凸起”对话框。

Step4．定义要偏置类型。在 中心类型 下拉列表中选择 曲线 选项。

Step4．定义要偏置的体。单击“面”按钮，选取图 5.4.6 所示的片体为要凸起的面。

Step3．定义凸起轨迹。单击按钮，选取图 5.4.6 所示的曲线为凸起轨迹。

Step5．定义偏置参数。在“偏置凸起”对话框设置图 5.4.7 所示的参数。

Step7．单击对话框中的 < 确定 > 按钮，完成特征的创建。

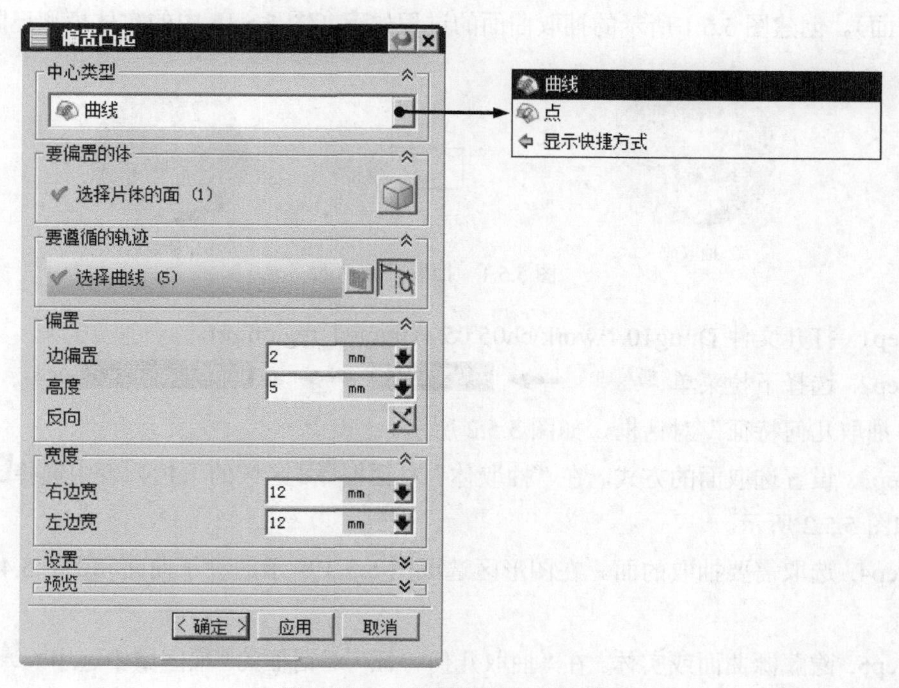


图 5.4.7　“偏置凸起”对话框

# 5.5 曲面的复制

曲面的复制就是创建一个与源曲面形状大小相同的曲面。在 UG NX 10.0 中，曲面的复制包括直接复制和抽取复制两种方法，下面将分别介绍。

## 5.5.1 曲面的直接复制

复制(C)命令可以将所选的曲面进行复制，供下一步操作使用。在复制前，必须先选中要复制的曲面，曲面复制的操作过程如下：

Step1. 在图形区或者在部件导航器中选取需要复制的片体。

注意：*在直接复制时，所选取的对象必须是一个特征。*

Step2. 选择下拉菜单 编辑(E) → 复制(C) 命令。

Step3. 选择下拉菜单 编辑(E) → 粘贴(P) 命令，然后在“粘贴特征”对话框的 表达式 下拉列表中选择 链接至原先的 选项，再单击 确定 按钮，完成曲面的复制操作。

## 5.5.2 曲面的抽取复制

曲面的抽取复制是指从一个实体或片体中复制曲面来创建片体。抽取独立曲面时，只需单击此面即可；抽取区域曲面时，是通过定义种子曲面和边界曲面来创建片体，创建的片体是从种子面开始向四周延伸到边界面的所有曲面构成的片体（其中包括种子曲面，但不包括边界曲面）。创建图 5.5.1 所示的抽取曲面的过程如下（图 5.5.1b 中的实体模型已隐藏）：

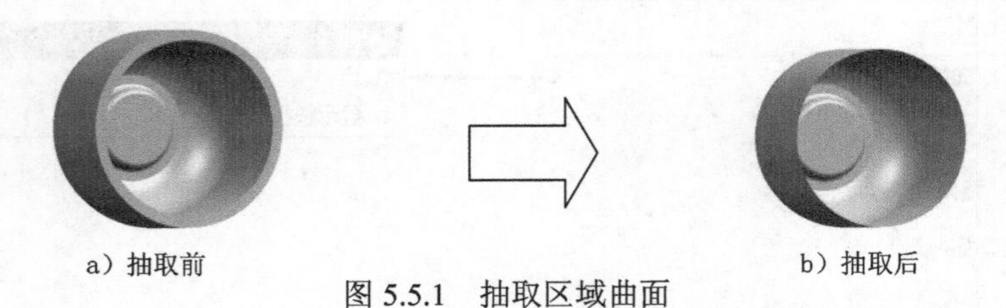

a）抽取前　　b）抽取后

图 5.5.1　抽取区域曲面

Step1. 打开文件 D:\ug10.1\work\ch05.05\extracted_region.prt。

Step2. 选择下拉菜单 插入(S) → 关联复制(A) → 抽取几何特征(E)... 命令，此时系统弹出“抽取几何特征”对话框，如图 5.5.2 所示。

Step3. 设置选取面的方式。在“抽取体”对话框 类型 区域的下拉列表中选择 面区域 选项，如图 5.5.2 所示。

Step4. 选取需要抽取的面。在图形区选取图 5.5.3 所示的种子曲面和图 5.5.4 所示的边界曲面。

Step5. 隐藏源曲面或实体。在“抽取几何特征”对话框的 设置 区域中选中 ☑ 隐藏原先的 复选框，如图 5.5.2 所示，其他采用系统默认的设置。

Step6. 单击 < 确定 > 按钮，完成对区域特征的抽取。

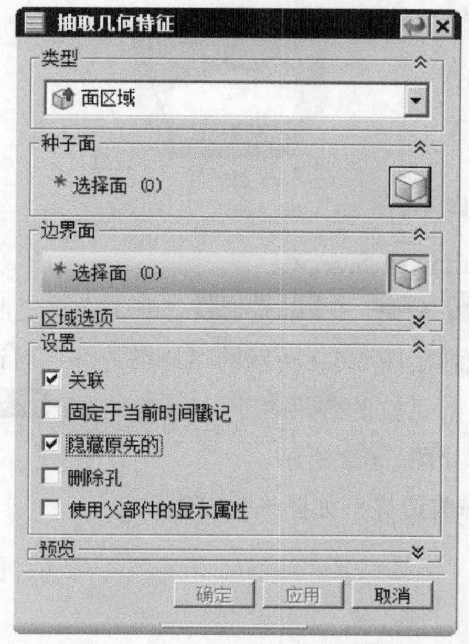


图 5.5.2 “抽取几何特征”对话框

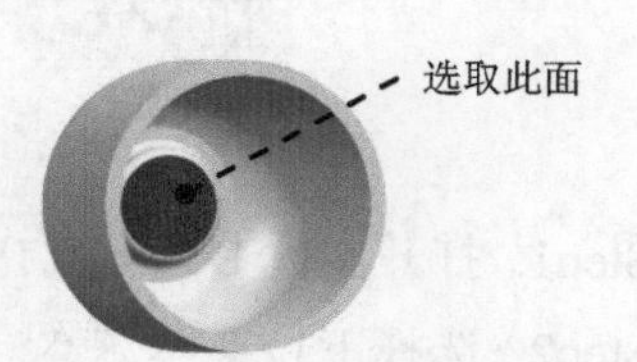


图 5.5.3 选取种子曲面

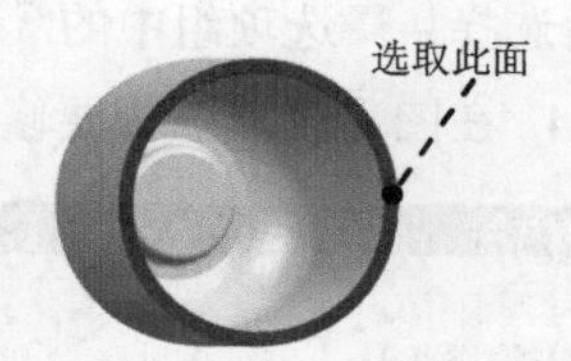


图 5.5.4 选取边界曲面

**图 5.5.2 所示的“抽取几何特征”对话框中主要选项的功能说明如下：**

- 遍历内部边 复选框：用于控制所选区域的内部结构的组成面是否属于选择区域。
- 使用相切边角度 复选框：用于控制相切边的角度。
- 关联 复选框：用于控制所选区域操作后还可以进行编辑。
- 固定于当前时间戳记 复选框：在改变特征编辑过程中，是否影响在此之前的特征抽取。
- 隐藏原先的 复选框：用于在生成抽取特征的时候，是否隐藏原来的实体。
- 删除孔 复选框：用于表示是否删除选择区域中的内部结构。
- 使用父对象的显示属性 复选框：选中该复选框，则父特征显示该抽取特征，子特征也显示；父特征隐藏该抽取特征，子特征也隐藏。

# 5.6 曲面的修剪

曲面的修剪就是将选定曲面上的某一部分去除。曲面修剪的方法有很多种，下面将分别介绍其中的修剪片体和分割面。

## 5.6.1 修剪片体

修剪片体就是通过一些曲线和曲面作为边界，对指定的曲面进行修剪，形成新的曲面边界。所选的边界可以在将要修剪的曲面上，也可以在曲面之外通过投影方向来确定修剪的边界。图 5.6.1 所示的修剪片体的一般过程如下：

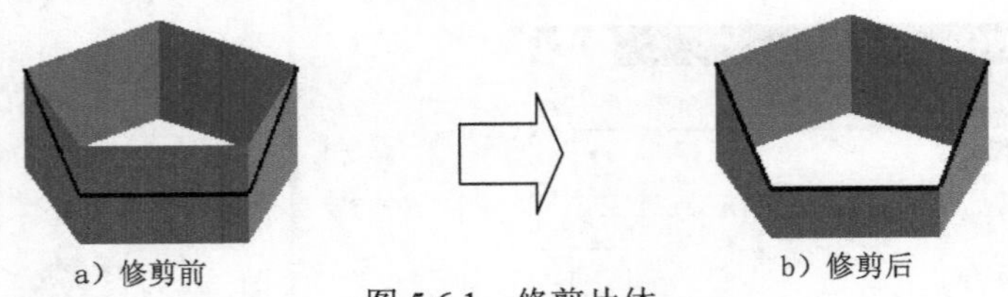


图 5.6.1　修剪片体

Step1. 打开文件 D:\ug10.1\work\ch05.06\trim_surface.prt。

Step2. 选择下拉菜单 插入(S) → 修剪(T) → 修剪片体(R)... 命令（或在“曲面”工具栏中单击“修剪片体”按钮），此时系统弹出图 5.6.2 所示的“修剪片体”对话框。

Step3. 设置对话框选项。在“修剪片体”对话框的投影方向下拉列表中选择垂直于面选项，然后选择区域选项组中的 ⊙ 保留单选项，如图 5.6.2 所示。

Step4. 在图形区选取需要修剪的曲面和修剪边界，如图 5.6.3 所示。

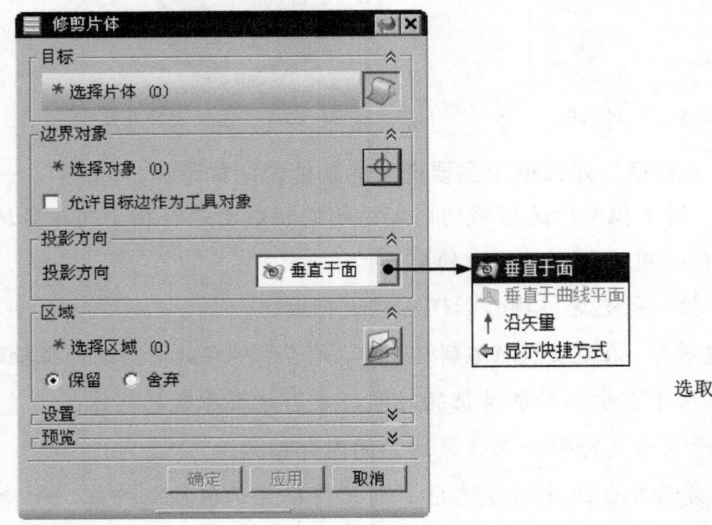


图 5.6.2　“修剪片体”对话框

图 5.6.3　选取修剪曲面和修剪边界

Step5. 在“修剪片体”对话框中单击 确定 按钮（或者单击中键），完成曲面的修剪。

**注意：** 在选取需要修剪的曲面时，如果选取曲面的位置不同，则修剪的结果也将截然不同，如图 5.6.4 所示。

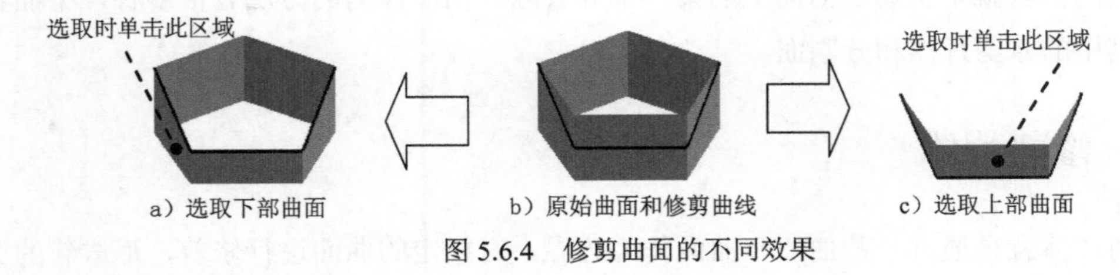


图 5.6.4　修剪曲面的不同效果

图 5.6.2 所示的“修剪片体”对话框中的部分选项说明如下：

- 投影方向下拉列表：定义要做标记的曲面的投影方向。该下拉列表包含垂直于面、垂直于曲线平面和沿矢量选项。
- 区域选项组：
  - ☑ 保留：定义修剪曲面是选定的保留区域。
  - ☑ 舍弃：定义修剪曲面是选定的舍弃区域。

## 5.6.2　分割面

分割面就是用多个分割对象，如曲线、边缘、面、基准平面或实体，把现有体的一个面或多个面进行分割。在这个操作中，要分割的面和分割对象是关联的，即如果任一对象被更改，那么结果也会随之更新。图 5.6.5 所示的分割面的一般步骤如下：

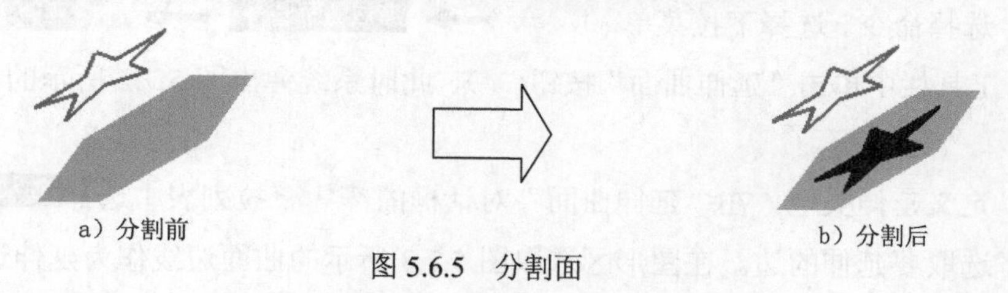


图 5.6.5　分割面

Step1. 打开文件 D:\ug10.1\work\ch05.06\divide_face.prt。

Step2. 选择下拉菜单 插入(S) → 修剪(T) → 分割面(D)... 命令，此时系统弹出图 5.6.6 所示的“分割面”对话框。

Step3. 定义分割曲面。选取图 5.6.7 所示的曲面为需要分割的曲面，单击中键确认。

Step4. 定义分割对象。在图形区选取图 5.6.8 所示的曲线串为分割对象。曲面分割预览如图 5.6.9 所示。

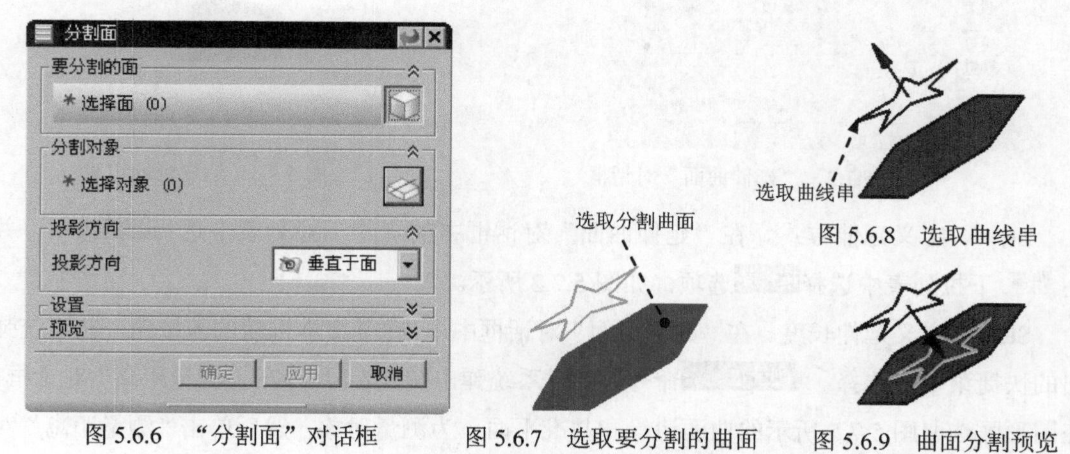


图 5.6.6　“分割面”对话框　　图 5.6.7　选取要分割的曲面　　图 5.6.8　选取曲线串　　图 5.6.9　曲面分割预览

Step5. 在“分割面”对话框中单击 < 确定 > 按钮，完成分割面的操作。

# 5.7 曲面的延伸

曲面的延伸就是在已经存在的曲面的基础上，通过曲面的边界或曲面上的曲线进行延伸，扩大曲面。创建图 5.7.1 所示的延伸曲面的创建过程如下：

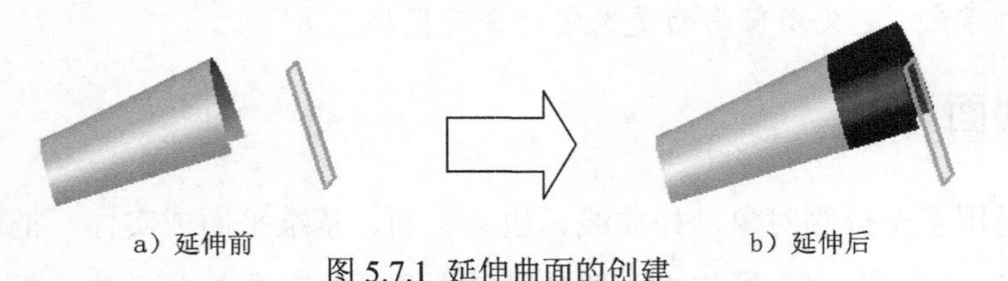

a）延伸前　　b）延伸后

图 5.7.1 延伸曲面的创建

Step1. 打开文件 D:\ug10.1\work\ch05.07\extension.prt。

Step2. 选择命令。选择下拉菜单 插入(S) → 弯边曲面(G) → 延伸(E)... 命令（或在“曲面”工具栏中单击“延伸曲面”按钮），此时系统弹出图 5.7.2 所示的“延伸曲面”对话框。

Step3. 定义延伸类型。在“延伸曲面”对话框的 类型 下拉列表中选择 边 选项。

Step4. 选取要延伸的边。在图形区选取图 5.7.3 所示的曲面边线作为延伸边线。

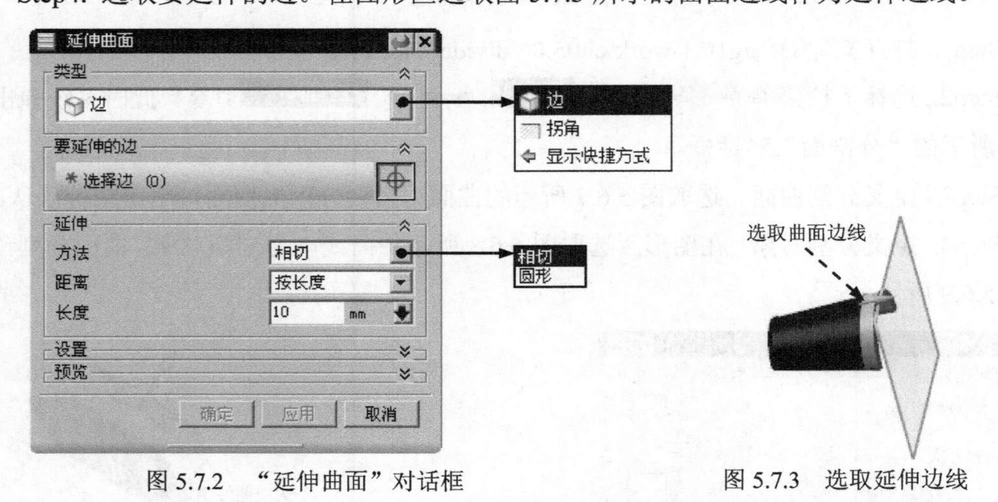


图 5.7.2 “延伸曲面”对话框　　图 5.7.3 选取延伸边线

Step5. 定义延伸方式。在“延伸曲面”对话框中的 方法 下拉列表中选择 相切 选项，并在 距离 下拉列表中选择 按长度 选项，如图 5.7.2 所示。

Step6. 定义延伸长度。在“延伸曲面”对话框中单击 长度 文本框后的按钮，在系统弹出的快捷菜单中选择 测量(M)... 命令，此时系统弹出图 5.7.4 所示的“测量距离”对话框。在图形区选取图 5.7.5 所示的曲面边缘和基准平面 1 为测量对象，然后单击“测量距离”对话框中的 确定 按钮，系统返回到“延伸曲面”对话框。

Step7. 单击 < 确定 > 按钮，完成延伸曲面的创建。

图 5.7.4 “测量距离”对话框

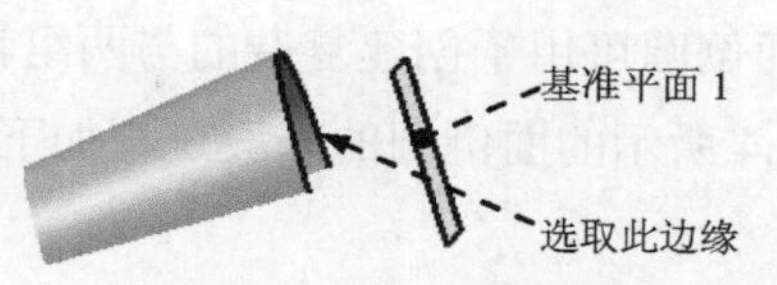


图 5.7.5 选取测量对象

# 5.8 曲面倒圆角

利用倒圆角功能可以在两组曲面或实体表面之间建立光滑连接的过渡曲面。生成的过渡曲面的截面线可以是圆弧、二次曲线、等参数曲线或其他类型的曲线。

## 5.8.1 边倒圆

使用边倒圆可以使至少由两个面共享的选定边缘变光顺。倒圆角时就像沿着被倒圆角的边缘（圆角半径）滚动一个球，同时使球始终与在此边缘处相交的各个面接触。创建图 5.8.1 所示的边倒圆的一般过程如下：

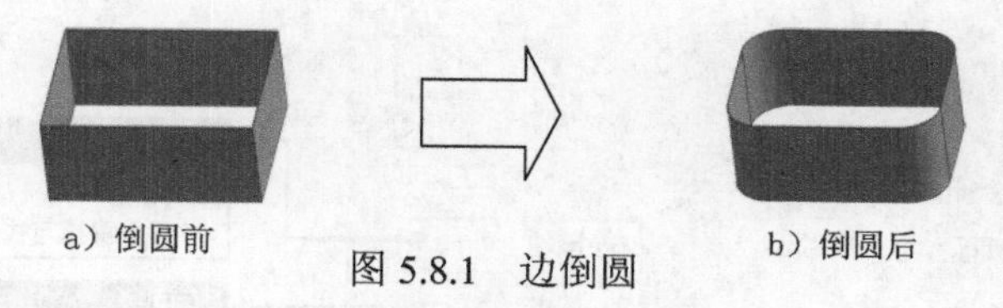


图 5.8.1 边倒圆

Step1. 打开文件 D:\ug10.1\work\ch05.08\blend.prt。

Step2. 选择下拉菜单 插入(S) → 细节特征(L) → 边倒圆(E)... 命令，此时系统弹出图 5.8.2 所示的“边倒圆”对话框。

Step3. 定义倒圆角类型。在对话框的 形状 下拉列表中选择 圆形 选项。

Step4. 选取倒圆角边。在图形区选取图 5.8.3 所示的四条边线，并在 半径 1 文本框中输入值 10，单击中键确认。

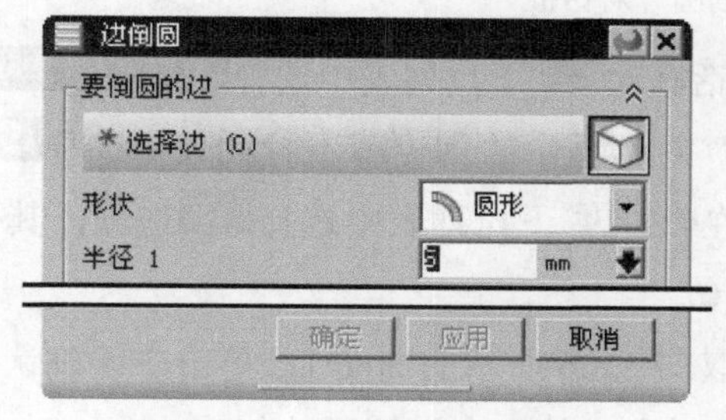


图 5.8.2 “边倒圆”对话框

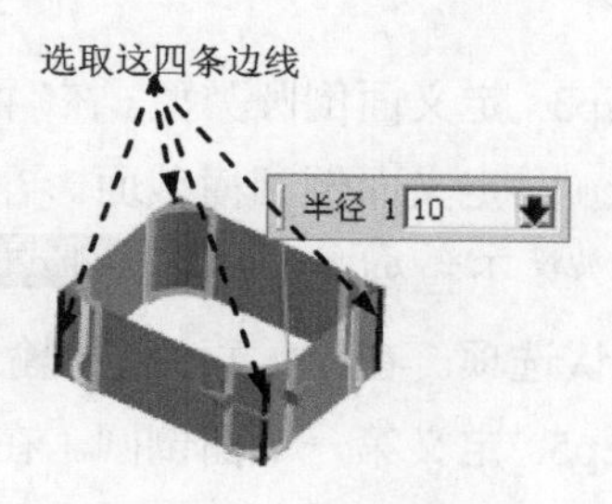


图 5.8.3 选取边线

Step5. 在“边倒圆”对话框中单击 < 确定 > 按钮，完成边倒圆操作。

## 5.8.2 面倒圆

面倒圆可用于创建复杂的与两组输入面相切的圆角面，并能修剪和附着圆角面。创建图 5.8.4 所示的面倒圆的一般过程如下：

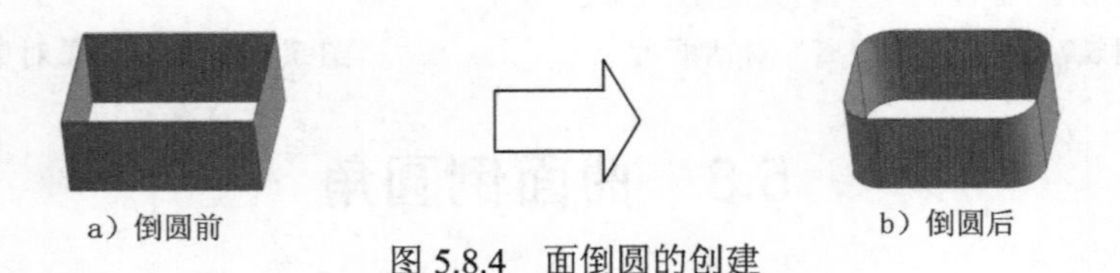


图 5.8.4 面倒圆的创建

Step1. 打开文件 D:\ug10.1\work\ch05.08\face_blend.prt。

Step2. 选择下拉菜单 插入(S) → 细节特征(L) → 面圆角(F)... 命令，此时系统弹出图 5.8.5 所示的"面倒圆"对话框。

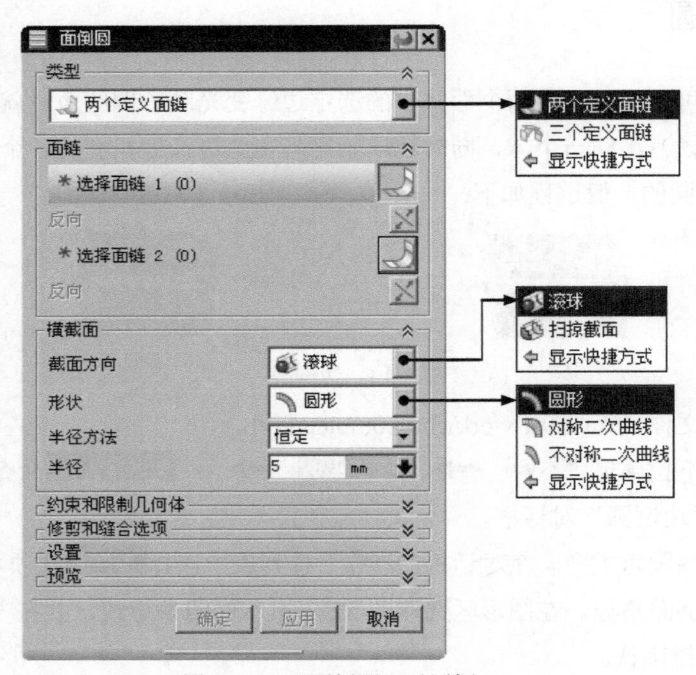


图 5.8.5 "面倒圆"对话框

Step3. 定义面倒圆类型。在"面倒圆"对话框的类型下拉列表中选择两个定义面链选项。

Step4. 定义面倒圆横截面。在"面倒圆"对话框中的截面方向下拉列表中选择滚球选项；在形状下拉列表中选择圆形选项，并在半径方法下拉列表中选择恒定选项，其他选项均为默认选项。在半径文本框中输入半径值 10。

Step5. 定义第一个面倒圆。在图形区选取图 5.8.6 所示的曲面 1，单击中键确认，然后选取图 5.8.6 所示的曲面 2，单击 应用 按钮，完成第一个面倒圆的创建。

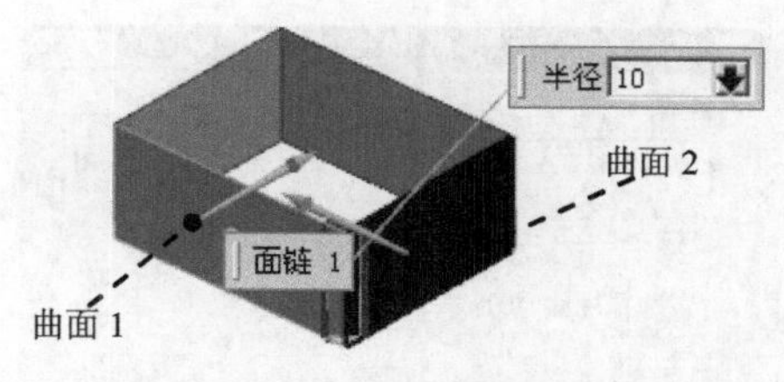


图 5.8.6　定义第一个面倒圆

Step6. 参照 Step5 创建其他三处的面倒圆。单击 < 确定 > 按钮，完成面倒圆操作，结果如图 5.8.4b 所示。

**图 5.8.5 所示的“面倒圆”对话框中的部分选项说明如下：**

- 截面方向 下拉列表：控制圆角在横截面上的形状。
  - ☑ 滚球（滚球）：使用滚动的球体创建倒圆曲面，倒圆截面线由球体与两组曲面的交点和球心确定。
  - ☑ 扫掠截面（扫掠截面）：扫掠截面。使用沿着脊线串的扫掠截面创建倒圆曲面。
- 形状 下拉列表：用于控制倒圆角横截面的形状。
  - ☑ 圆形：横截面形状为圆弧。
  - ☑ 对称二次曲线：横截面形状为对称二次曲线。
  - ☑ 不对称二次曲线：横截面形状为不对称二次曲线。

## 5.9　曲面的缝合

曲面的缝合功能可以将两个或两个以上的曲面连接形成一个曲面。图 5.9.1 所示的曲面缝合的一般过程如下：

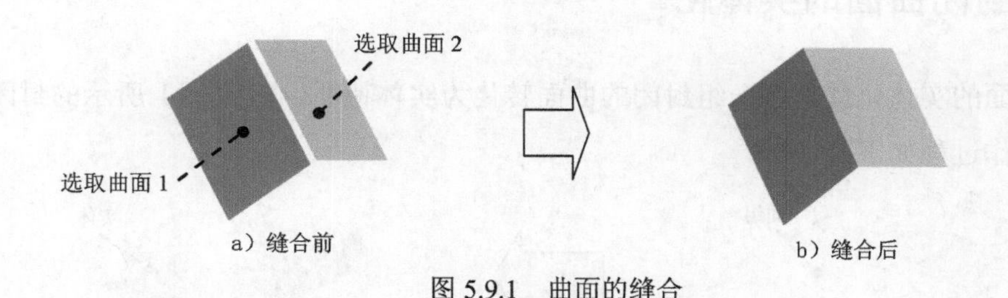


图 5.9.1　曲面的缝合

Step1. 打开文件 D:\ug10.1\work\ch05.09\sew.prt。

Step2. 选择下拉菜单 插入(S) ➡ 组合(B) ▸ ➡ 缝合(W)... 命令，此时系统弹出图 5.9.2 所示的“缝合”对话框。

图 5.9.2 “缝合”对话框

Step3. 设置缝合类型。在“缝合”对话框中类型区域的下拉列表中选择片体选项。

Step4. 定义目标片体和刀具片体。在图形区选取图 5.9.1a 所示的曲面 1 为目标片体，然后选取曲面 2 为刀具片体。

Step5. 设置缝合公差。在“缝合”对话框的公差文本框中输入值 3，然后单击确定按钮（或者单击中键）完成曲面的缝合操作。

# 5.10 面的实体化

面的实体化就是将曲面生成实体，包括封闭曲面的实体化和开放曲面的加厚两种方式，下面将分别介绍。

## 5.10.1 封闭曲面的实体化

封闭曲面的实体化就是将一组封闭的曲面转化为实体特征。图 5.10.1 所示的封闭曲面实体化的操作过程如下：

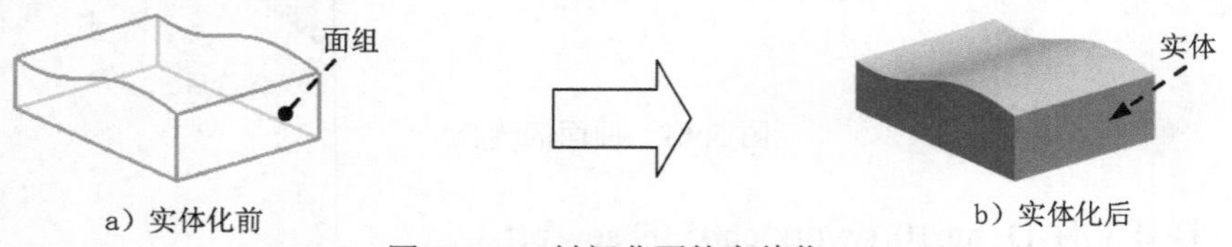


图 5.10.1 封闭曲面的实体化

Step1. 打开文件 D:\ug10.1\work\ch05.10\surface_solid.prt。

Step2. 选择下拉菜单视图(V) → 截面(S) → 新建截面(T)...命令，此时系统弹出

图 5.10.2 所示的“视图截面”对话框。

Step3. 在“视图截面”对话框的类型区域下拉列表中选择一个平面选项，然后单击剖切平面区域的“设置平面至 X”按钮，此时可看到在图形区中显示的特征为片体，如图 5.10.3 所示，然后单击取消按钮。

Step4. 选择下拉菜单插入(S) → 组合(B) → 缝合(W)...命令，此时系统弹出“缝合”对话框。

Step5. 在“缝合”对话框中均采用默认设置，在图形区依次选取片体 1 和曲面 1（图 5.10.4）为目标片体和工具片体，然后单击“缝合”对话框中的确定按钮，完成实体化操作。

Step6. 选择下拉菜单视图(V) → 截面(S) → 新建截面(T)...命令，此时系统弹出“视图截面”对话框。

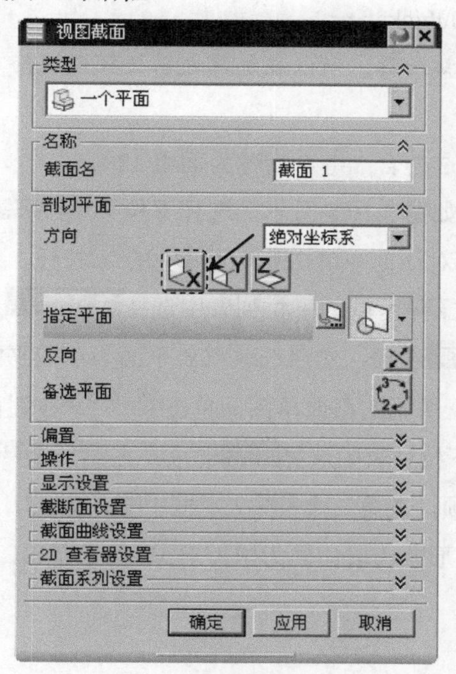


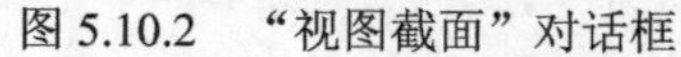
图 5.10.2 “视图截面”对话框

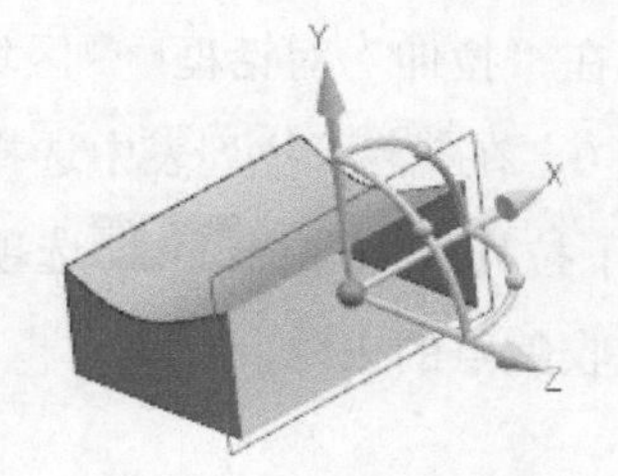

图 5.10.3 截面视图

Step7. 在“剖切定义”对话框的类型区域下拉列表中选择一个平面选项，然后单击剖切平面区域的“设置平面至 X”按钮，此时可看到在图形区中显示的特征为实体，如图 5.10.5 所示，然后单击取消按钮。

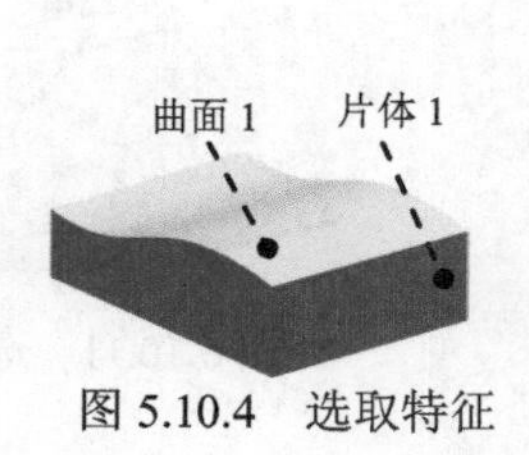

图 5.10.4 选取特征

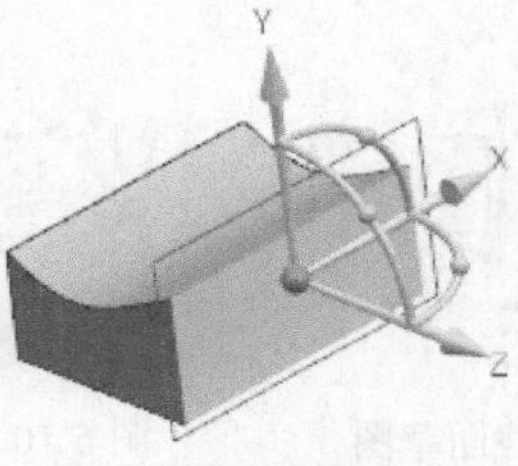

图 5.10.5 截面视图

**说明：在 UG NX 10.0 中，通过缝合封闭曲面会自然生成一个实体。**

### 5.10.2 开放曲面的加厚

曲面加厚功能可以对开放的曲面进行偏置生成实体，并且生成的实体可以和已有的实体进行布尔运算。图 5.10.6 所示的曲面加厚的一般过程如下：

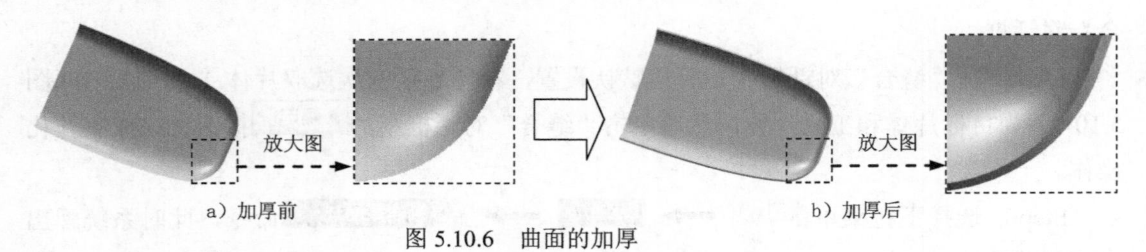


a）加厚前　　b）加厚后

图 5.10.6　曲面的加厚

Step1. 打开文件 D:\ug10.1\work\ch05.10\thicken.prt。

**说明：如果曲面存在收敛点，则无法直接加厚，所以在加厚之前必须通过修剪、补片和缝合等操作去除收敛点。**

Step2. 将图 5.10.7 所示的曲面 1 与曲面 2 缝合（缝合后称为面组 12）。

Step3. 创建一个拉伸特征去除收敛点，如图 5.10.8 所示。选择下拉菜单 插入(S) → 设计特征(E) → 拉伸(E)... 命令，在“拉伸”对话框中单击 截面 区域中的按钮，系统弹出“创建草图”对话框。在“创建草图”对话框 类型 区域的下拉列表中选择 在平面上 选项；在 草图平面 区域的 平面方法 下拉列表中选择 现有平面 选项，然后选取 XY 平面为草图平面，再单击 确定 按钮进入草图环境；绘制图 5.10.9 所示的截面草图；单击 完成草图 按钮，退出草图环境；在“拉伸”对话框 限制 区域的 开始 下拉列表中选择 值 选项，在第一个 距离 文本框中输入值 0，在 结束 下拉列表中选择 值 选项，在第二个 距离 文本框中输入值 25；在 布尔 区域的 布尔 下拉列表中选择 求差 选项，并在图形区选取曲面为求差对象，然后单击 < 确定 > 按钮，完成收敛点的去除。

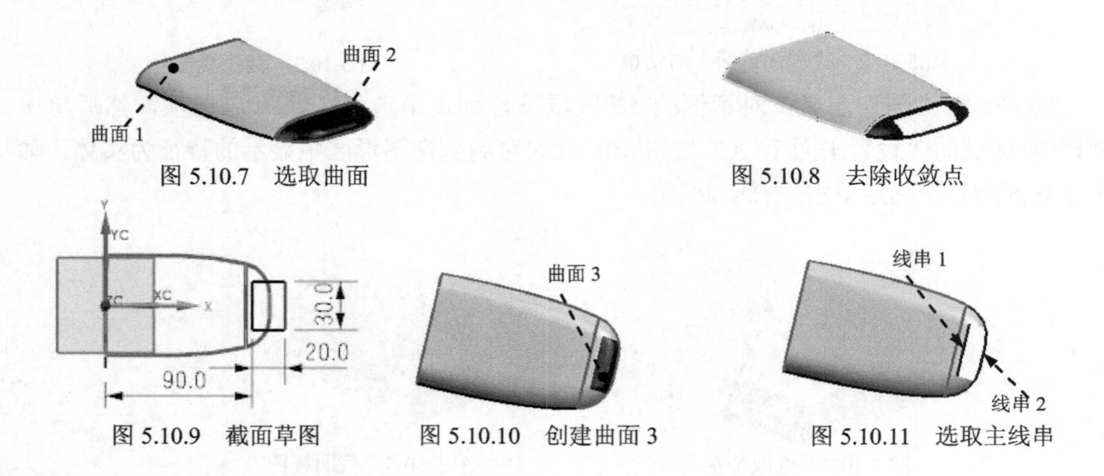


图 5.10.7　选取曲面　　图 5.10.8　去除收敛点

图 5.10.9　截面草图　　图 5.10.10　创建曲面 3　　图 5.10.11　选取主线串

Step4. 创建图 5.10.10 所示的曲面 3；选择下拉菜单插入(S) → 网格曲面(M) → 通过曲线网格(M)...命令，此时系统弹出“通过曲线网格”对话框；选取图 5.10.11 所示的线串 1 和线串 2 为主线串，然后分别单击中键确认。再次单击中键，然后选取图 5.10.12 所示的线串 3 和线串 4 为交叉线串，再分别单击中键确认；在“通过曲线网格”对话框连续性区域的第一主线串下拉列表中选择G1（相切）选项，然后选取曲面 2 为约束面；在“通过曲线网格”对话框连续性区域的第一交叉线串下拉列表中选择G1（相切）选项，然后选取曲面 2 为约束面；在“通过曲线网格”对话框连续性区域的最后交叉线串下拉列表中选择G1（相切）选项，然后选取曲面 2 为约束面；在“通过曲线网格”对话框中单击< 确定 >按钮，完成曲面的创建。

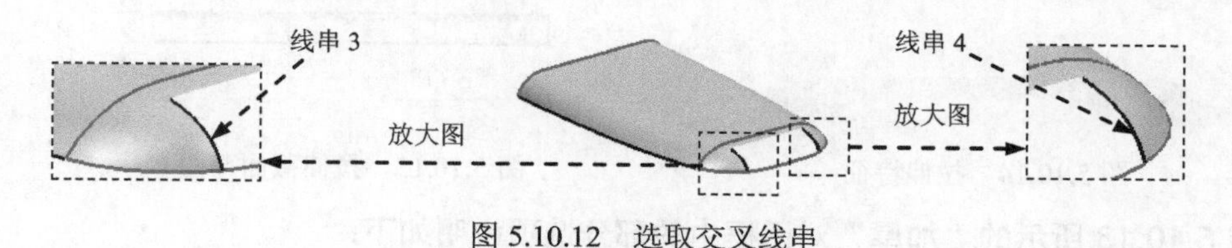


图 5.10.12 选取交叉线串

Step5. 将面组 12 与曲面 3 缝合（缝合后称为面组 123）。

Step6. 选择下拉菜单插入(S) → 偏置/缩放(O) → 加厚(T)...命令，此时系统弹出图 5.10.13 所示的“加厚”对话框。

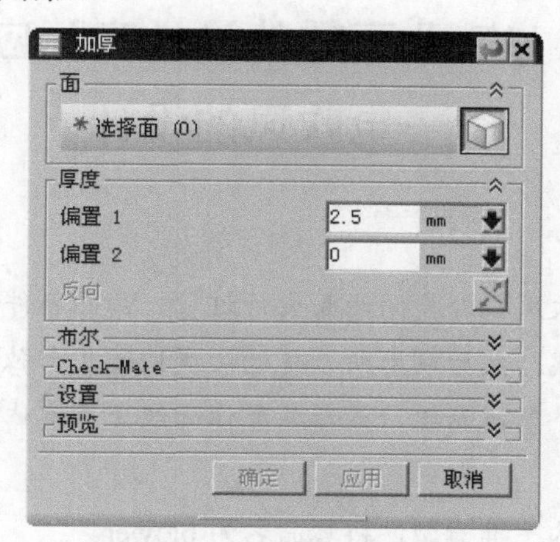


图 5.10.13 “加厚”对话框

Step7. 定义目标片体。在图形区选取面组 123。

Step8. 定义加厚的数值。在“片体加厚”对话框的偏置 1文本框中输入值 1，其他均采用系统默认的设置，然后单击< 确定 >按钮或者单击中键，完成曲面加厚操作。

说明：曲面加厚完成后，它的截面是不平整的，所以一般在加厚后还需切平。

Step9. 创建一个拉伸特征将模型一侧切平，如图 5.10.14 所示。选择下拉菜单插入(S) → 设计特征(E) → 拉伸(E)...命令，此时系统弹出“拉伸”对话框；在“拉伸”对话框中单击截面区域中的按钮，系统弹出“创建草图”对话框。在“创建草图”对话框类型区域的下拉列表中选择在平面上选项；在草图平面区域的平面方法下拉列表选择现有平面选项，然后选取 YZ 平面为草图平面。单击确定按钮进入草图环境；绘制图 5.10.15 所示的拉伸截面草图；单击完成草图按钮，退出草图环境；在“拉伸”对话框限制区域的开始下拉列表中选择值选项，在第一个距离文本框中输入值 - 5，在结束下拉列表中选择值选项，在第二个距离文本框中输入值 120；在布尔区域的布尔下拉列表中选择求差选项，选取加厚的实体；单击< 确定 >按钮，完成模型一侧的切平。

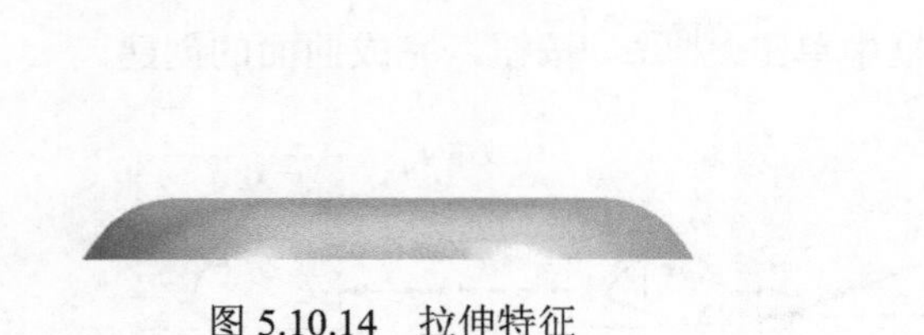

图 5.10.14　拉伸特征

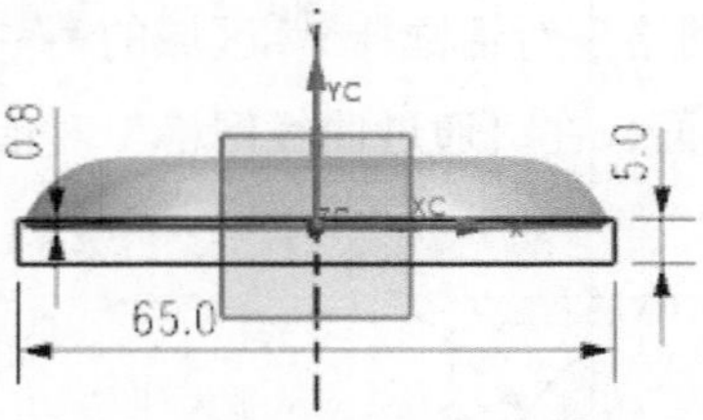

图 5.10.15　拉伸截面草图

**图 5.10.13 所示的“加厚”对话框中的部分选项说明如下：**

- 偏置 1：该选项用于定义加厚实体的起始位置。
- 偏置 2：该选项用于定义加厚实体的结束位置。

## 5.11　UG 曲面零件设计实际应用 1 ——电吹风的设计

### 应用概述

本应用介绍了一款电吹风机外壳的曲面设计过程。曲面零件设计的一般方法是先创建一系列草图曲线和空间曲线，然后利用所创建的曲线构建几个独立的曲面，再利用缝合等工具将独立的曲面变成一个整体面组，最后将整体面组变成实体模型。电吹风机外壳模型如图 5.11.1 所示。

Step1. 新建一个零件的三维模型，将其命名为 blower。

Step2. 创建图 5.11.2 所示的草图 1。选择下拉菜单插入(S) ➡ 在任务环境中绘制草图(V)...命令，此时系统弹出“创建草图”对话框；设置 XY 平面为草图平面，接受系统默认的方向，然后选中设置区域的☑ 创建中间基准 CSYS 复选框，再单击“创建草图”对话框中的确定按钮，进入草图环境；创建草图。绘制图 5.11.3 所示的草图；选择下拉菜单任务(K) ➡ 完成草图(K)命令。

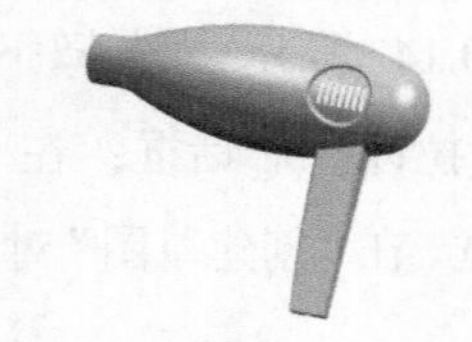

图 5.11.1　电吹风机外壳模型

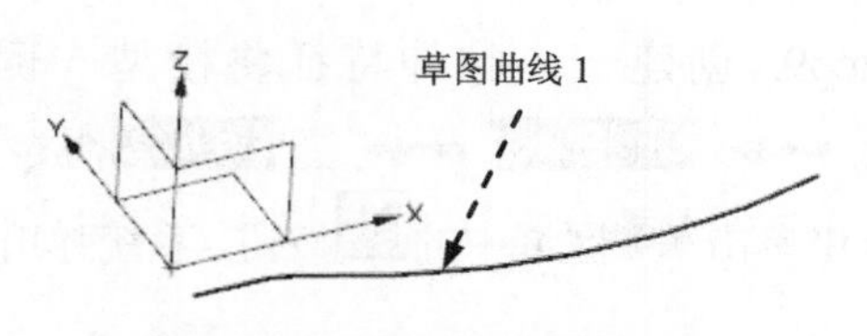


图 5.11.2　草图 1(建模环境)

Step3. 创建图 5.11.4 所示的镜像曲线 1。选择下拉菜单 插入(S) → 派生的曲线(U) → 镜像(M)... 命令，此时系统弹出“镜像曲线”对话框；选取草图曲线 1，单击中键确认。在“镜像曲线”对话框的 平面 区域中单击 按钮，选取 ZX 平面为镜像平面，再单击 确定 按钮，生成镜像曲线 1。

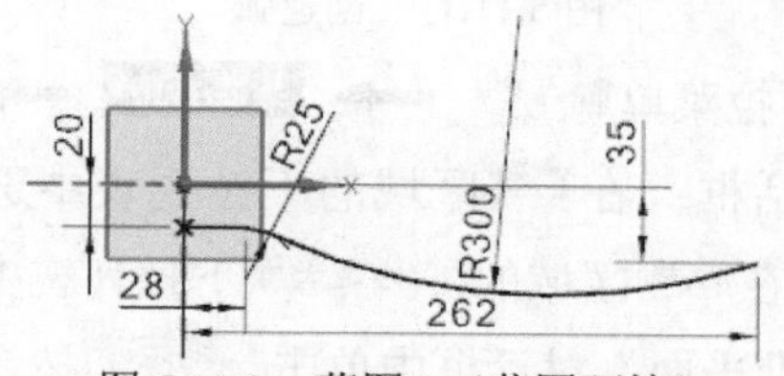

图 5.11.3　草图 1（草图环境）

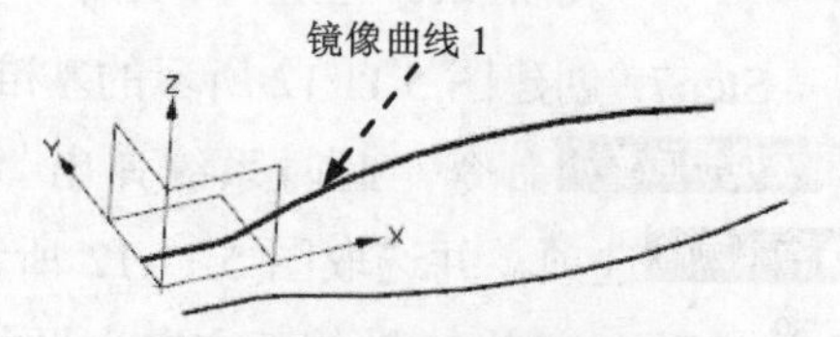

图 5.11.4　创建镜像曲线 1

Step4. 创建图 5.11.5 所示的草图 2。选择下拉菜单 插入(S) → 在任务环境中绘制草图(V)... 命令，此时系统弹出“创建草图”对话框；设置 YZ 平面为草图平面，选取 Y 轴为草图水平参考方向，取消选中 设置 区域的 创建中间基准 CSYS 复选框，然后单击“创建草图”对话框中的 确定 按钮，进入草图环境；绘制图 5.11.6 所示的一条曲线（圆弧的圆心位于坐标轴交点）；选择下拉菜单 任务(K) → 完成草图(K) 命令。

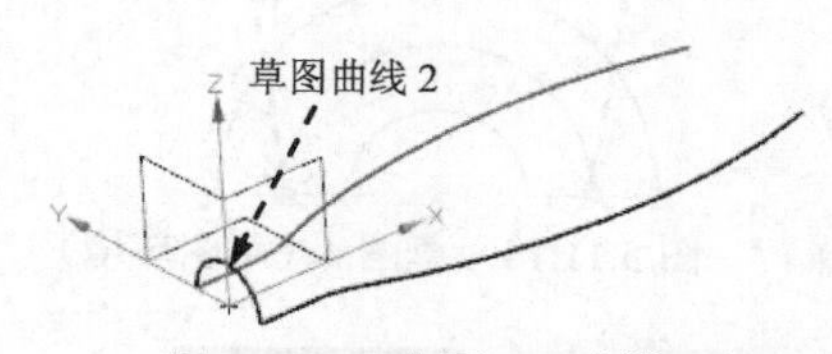

图 5.11.5　草图 2（建模环境）

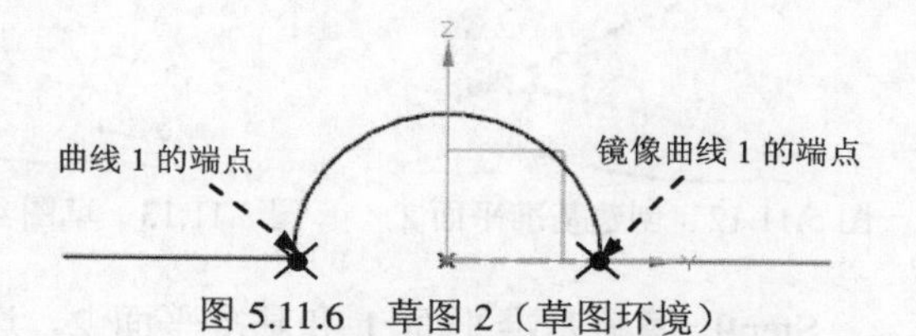

图 5.11.6　草图 2（草图环境）

Step5. 创建图 5.11.7 所示的基准平面 1。选择下拉菜单 插入(S) → 基准/点(D) → 基准平面(D)... 命令，此时系统弹出“基准平面”对话框；在“基准平面”对话框 类型 区域的下拉列表中选择 按某一距离 选项，并选取 YZ 平面为参照平面，然后在 偏置 区域的 距离 文本框中输入值 160；在“基准平面”对话框中单击 <确定> 按钮，完成基准平面 1 的创建。

Step6. 创建图 5.11.8 所示的草图 3。选择下拉菜单 插入(S) → 在任务环境中绘制草图(V)... 命令，此时系统弹出“创建草图”对话框；设置基准平面 1 为草图平面，选取 Y 轴为草图水平参考方向，然后单击“创建草图”对话框中的 确定 按钮，进入草图环境；绘制图 5.11.9 所示的曲线；选择下拉菜单 任务(K) → 完成草图(K) 命令。

**说明：** 在绘制图 5.11.9 所示的曲线时，可以先创建两个交点（选择下拉菜单 插入(S) → 派生的曲线(U) → 交点(N)... 命令，分别选取草图曲线 1 和镜像曲线 1_1），如图 5.11.10 所示，然后绘制图 5.11.11 所示的弧。

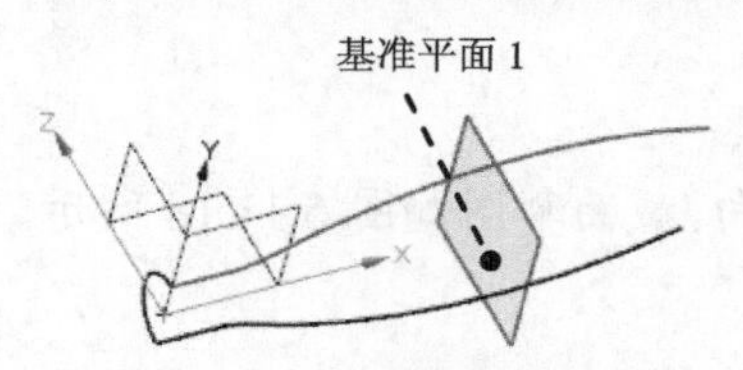

图 5.11.7　创建基准平面 1

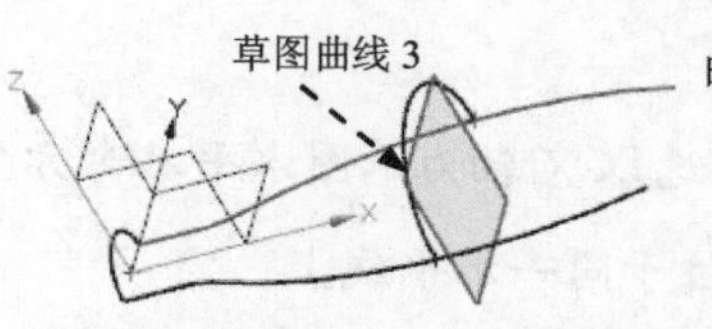

图 5.11.8　草图 3（建模环境）

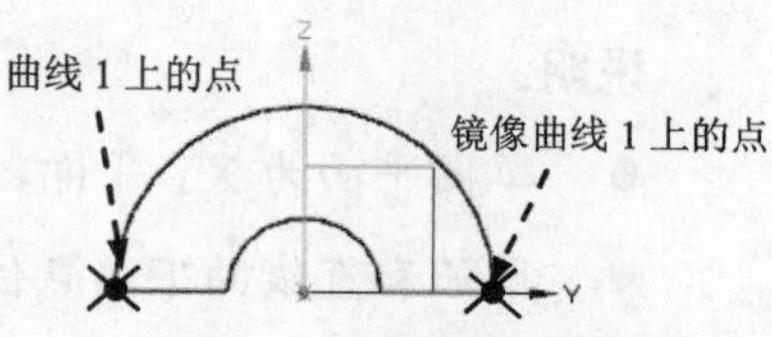

图 5.11.9　草图 3（草图环境）

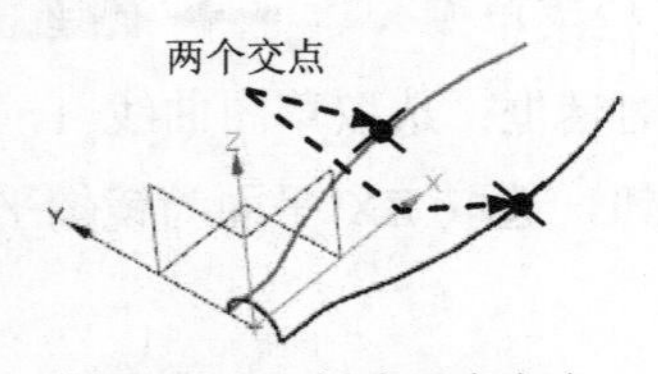


图 5.11.10　创建两个交点

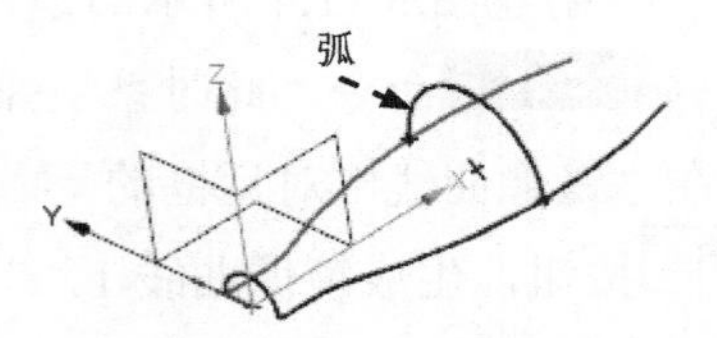


图 5.11.11　创建弧

Step7. 创建图 5.11.12 所示的基准平面 2。选择下拉菜单 插入(S) → 基准/点(D) → 基准平面(D)... 命令，此时系统弹出“基准平面”对话框；在 类型 区域的下拉列表中选择 点和方向 选项，并选取图 5.11.12 所示的曲线端点，在 法向 区域的 指定矢量 下拉列表中选择 XC 选项，定义 X 轴的正方向为平面方向；在“基准平面”对话框中单击 < 确定 > 按钮，完成基准平面 2 的创建。

Step8. 创建图 5.11.13 所示的草图 4。

**说明：** 草图平面为基准平面 2，选取 Y 轴为草图水平参考方向，截面草图如图 5.11.14 所示。

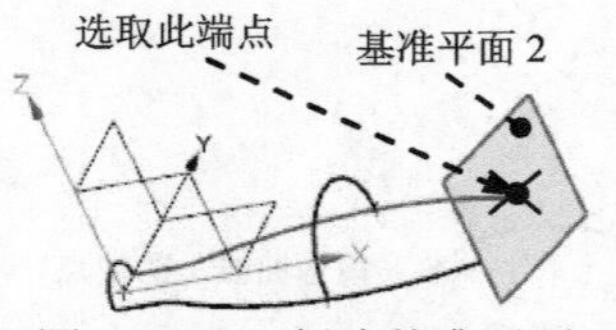


图 5.11.12　创建基准平面 2

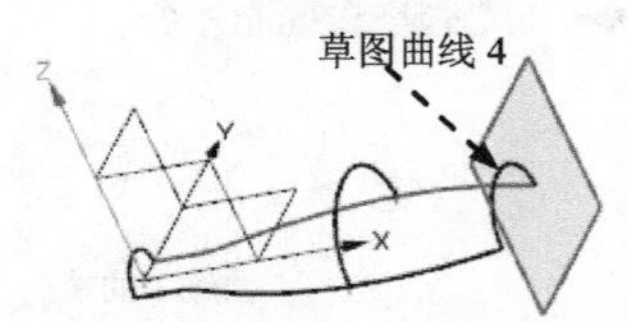


图 5.11.13　草图 4（建模环境）

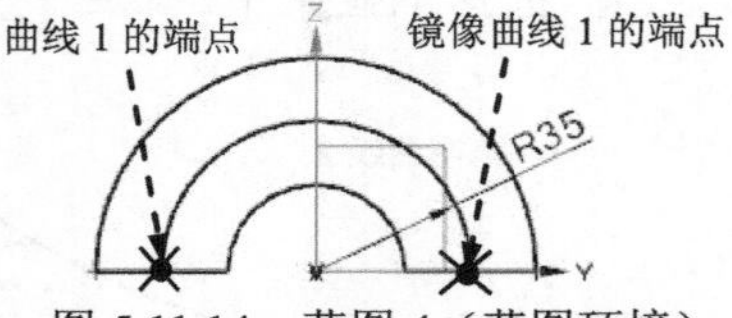


图 5.11.14　草图 4（草图环境）

Step9. 隐藏基准平面 1 和基准平面 2。选择下拉菜单 编辑(E) → 显示和隐藏(H) → 隐藏(H)... 命令，系统弹出“类选择”对话框。选取基准平面 1 和基准平面 2，然后单击对话框中的 确定 按钮，完成基准平面的隐藏操作。

Step10. 创建图 5.11.15 所示的草图 5。

**说明：** 草图平面为 XY 平面，选取 X 轴为草图水平参考方向，截面草图如图 5.11.16 所示。

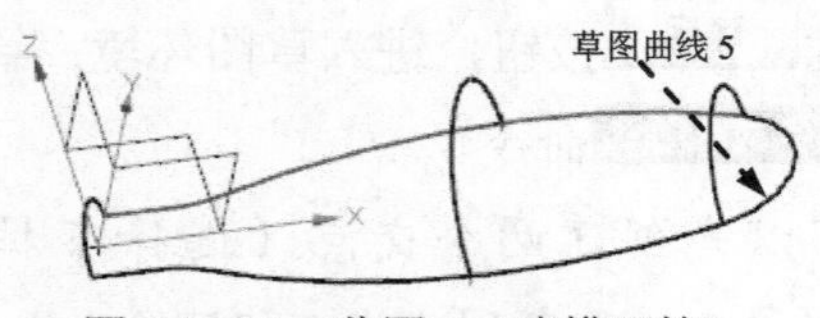


图 5.11.15　草图 5（建模环境）

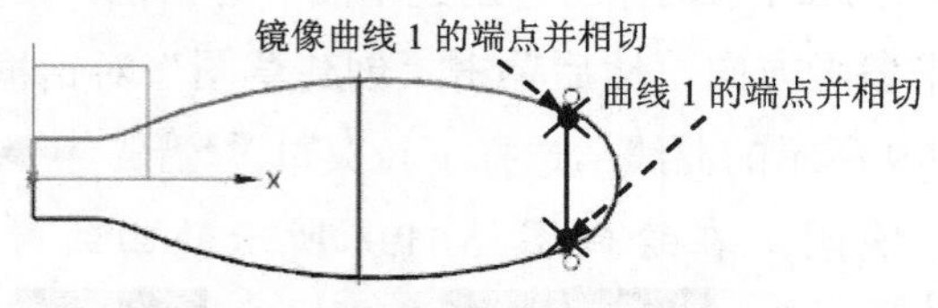


图 5.11.16　草图 5（草图环境）

Step11. 创建图 5.11.17 所示的草图 6。

**说明：**

- 草图平面为 XY 平面，选取 X 轴为草图水平参考方向，截面草图如图 5.11.18 所示。
- 圆弧和直线的下端点位于同一水平线上。

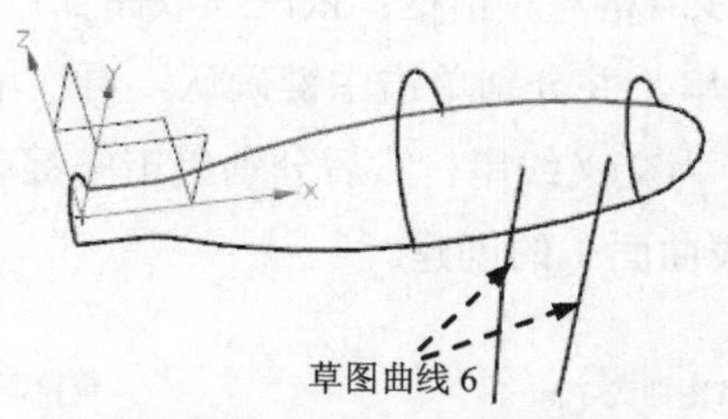


图 5.11.17 草图 6（建模环境）

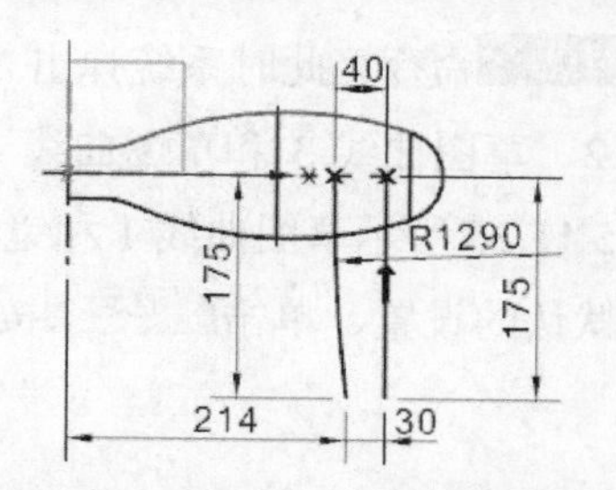


图 5.11.18 草图 6（草图环境）

Step12. 创建图 5.11.19 所示的草图 7。

**说明：**草图平面为 ZX 平面，选取 X 轴为草图水平参考方向，截面草图如图 5.11.20 所示。

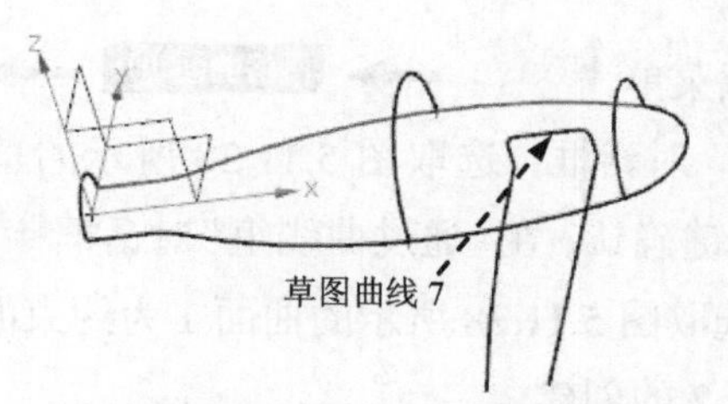


图 5.11.19 草图 7（建模环境）

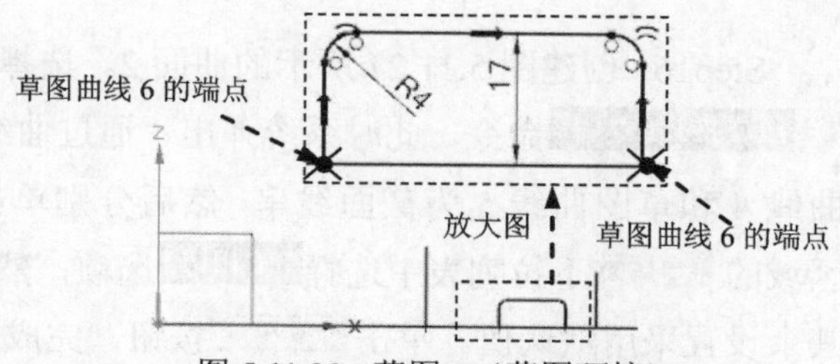


图 5.11.20 草图 7（草图环境）

Step13. 创建图 5.11.21 所示的基准平面 3。选择下拉菜单 插入(S) → 基准/点(D) → 基准平面(D)... 命令，此时系统弹出“基准平面”对话框；在 类型 区域的下拉列表中选择 点和方向 选项，选取图 5.11.21 所示的曲线端点，在 法向 区域的 指定矢量 下拉列表中选择 YC 选项，定义 Y 轴正方向为平面方向；在“基准平面”对话框中单击 < 确定 > 按钮，完成基准平面 3 的创建。

Step14. 创建图 5.11.22 所示的草图 8。

**说明：**草图平面为基准平面 3，选取 X 轴为草图水平参考方向，截面草图如图 5.11.23 所示。

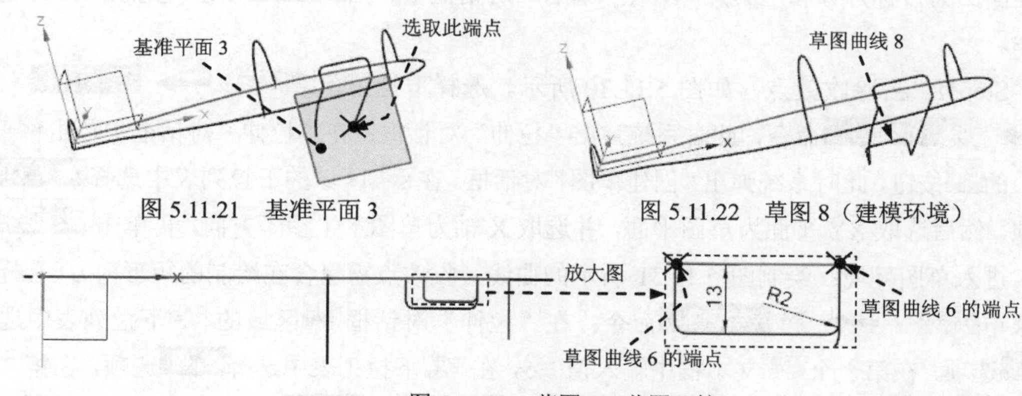


图 5.11.21 基准平面 3　　图 5.11.22 草图 8（建模环境）

图 5.11.23 草图 8（草图环境）

Step15. 创建图 5.11.24 所示的曲面 1。选择下拉菜单 插入(S) → 网格曲面(M) →

通过曲线网格(M)...命令，此时系统弹出“通过曲线网格”对话框；依次选取图 5.11.25 所示的草图曲线 2、草图曲线 3 和草图曲线 4 为主线串，并分别单击中键确认，再次单击中键后，选取图 5.11.26 所示草图曲线 1 和镜像曲线 1 为交叉线串，然后分别单击中键确认；其他选用系统默认的设置，单击< 确定 >按钮，完成曲面 1 的创建。

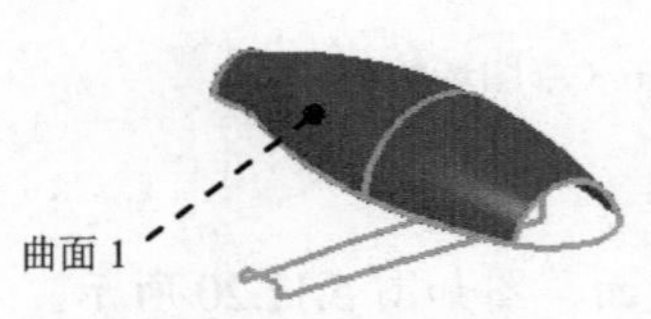


图 5.11.24 创建曲面 1

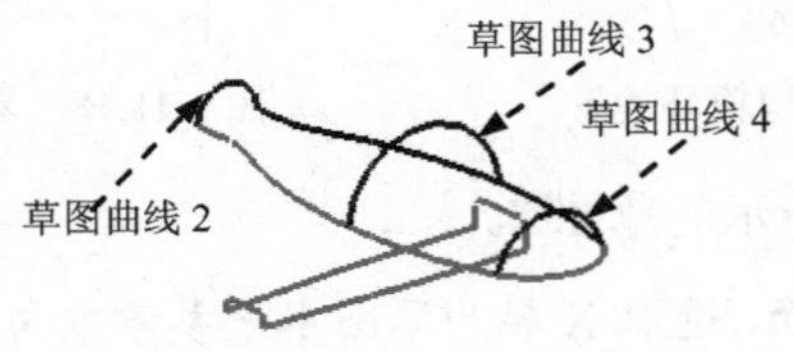


图 5.11.25 选取主串线

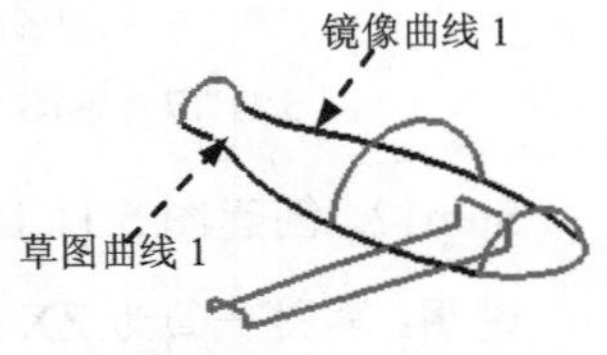


图 5.11.26 选取交叉线串

Step16. 创建图 5.11.27 所示的曲面 2。选择下拉菜单 插入(S) → 网格曲面(M) → 通过曲线组(T)...命令，此时系统弹出“通过曲线组”对话框；选取图 5.11.28 所示的草图曲线 4 和草图曲线 5 为截面线串，然后分别单击中键确认；在“通过曲线组”对话框连续性区域的第一截面下拉列表中选择G1 (相切)选项，然后选取图 5.11.28 所示的曲面 1 为约束面；其余设置采用默认值。单击< 确定 >按钮，完成曲面 2 的创建。

**注意：**由于选取的两组截面线串相交于一点，图 5.11.29 所示的曲面 2 的两端为收敛点。

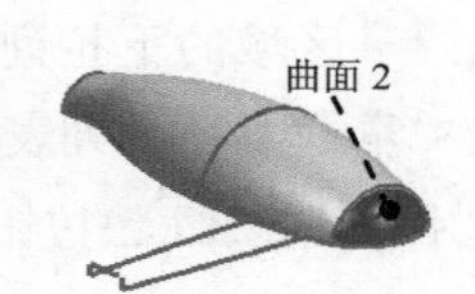


图 5.11.27 创建曲面 2

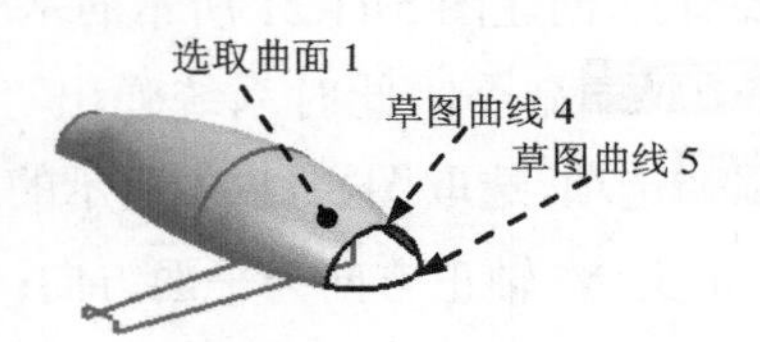


图 5.11.28 选取线串与约束面

Step17. 将曲面 1 和曲面 2 缝合（缝合后称为面组 1）。选择下拉菜单 插入(S) → 组合(B) → 缝合(W)...命令，此时系统弹出“缝合”对话框；在图形区依次选取曲面 1 和曲面 2 为目标片体和工具片体，在“缝合”对话框中单击确定按钮，完成曲面的缝合操作。

Step18. 去除收敛点，如图 5.11.30 所示。选择下拉菜单 插入(S) → 设计特征(E) → 拉伸(E)...命令，此时系统弹出“拉伸”对话框；在“拉伸”对话框中单击截面区域中的按钮，此时系统弹出“创建草图”对话框。在类型区域的下拉列表中选择在平面上选项，然后选取 XY 平面为草图平面，并选取 X 轴为草图水平参考方向，再单击确定按钮，进入草图环境；绘制图 5.11.31 所示的曲线（收敛点需包含在绘制的矩形内）；选择下拉菜单 任务(K) → 完成草图(K)命令；在“拉伸”对话框限制区域的开始下拉列表中选择值选项，在第一个距离文本框中输入值 -5，在结束下拉列表中选择值选项，在第二个距离文本框中输入值 50；在布尔区域的布尔下拉列表中选择求差选项，然后单击< 确定 >按钮，完成收敛点的去除。

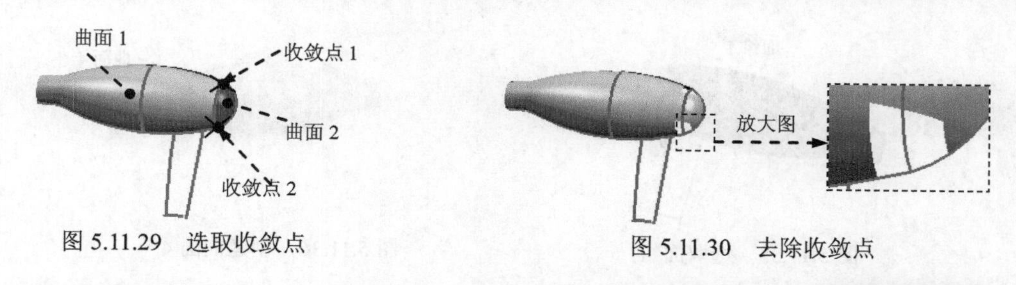


图 5.11.29 选取收敛点　　　图 5.11.30 去除收敛点

Step19. 创建图 5.11.32 所示的曲面 3。选择下拉菜单 插入(S) → 网格曲面(M) → 通过曲线网格(M)... 命令，此时系统弹出“通过曲线网格”对话框；选取图 5.11.33 所示的线串 1 和线串 2 为主线串，然后分别单击中键确认。选取完成后再次单击中键，然后选取图 5.11.34 所示的线串 3 和线串 4 为交叉线串，并分别单击中键确认；在“通过曲线网格”对话框 连续性 区域的 第一主线串 下拉列表中选择 G1(相切) 选项，然后选取图 5.11.35 所示的面组 1 为约束面；在“通过曲线网格”对话框 连续性 区域的 第一交叉线串 下拉列表中选择 G1(相切) 选项，选取图 5.11.35 所示的面组 1 为约束面；在“通过曲线网格”对话框 连续性 区域的 最后交叉线串 下拉列表中选择 G1(相切) 选项，并选取图 5.11.35 所示的面组 1 为约束面；在“通过曲线网格”对话框中单击 <确定> 按钮，完成曲面的创建。

**说明：在选取的约束面不够时，系统会弹出错误提示的“通过曲线网格”对话框，此时先单击该对话框中的 确定 按钮，再添加必要的约束面。**

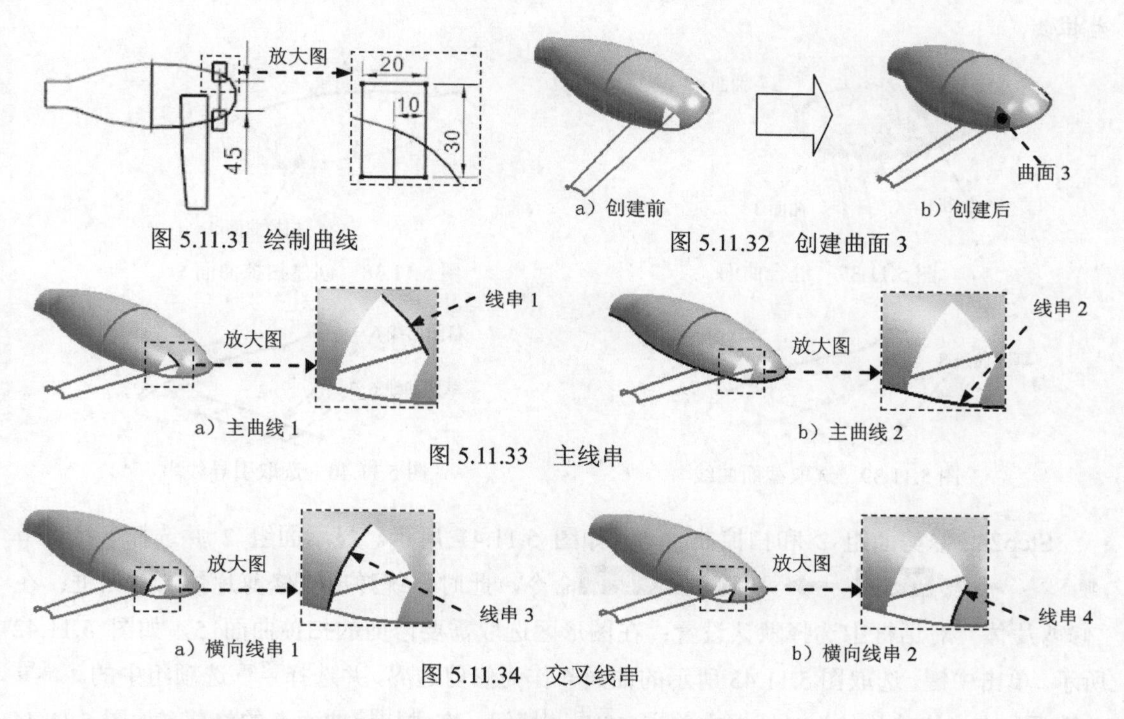


图 5.11.31 绘制曲线　　　图 5.11.32 创建曲面 3

图 5.11.33 主线串

图 5.11.34 交叉线串

Step20. 参照 Step19，创建图 5.11.36 所示的曲面 4。

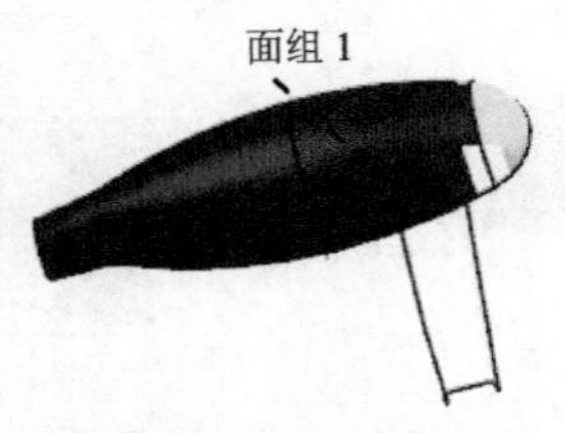


图 5.11.35 选取面组

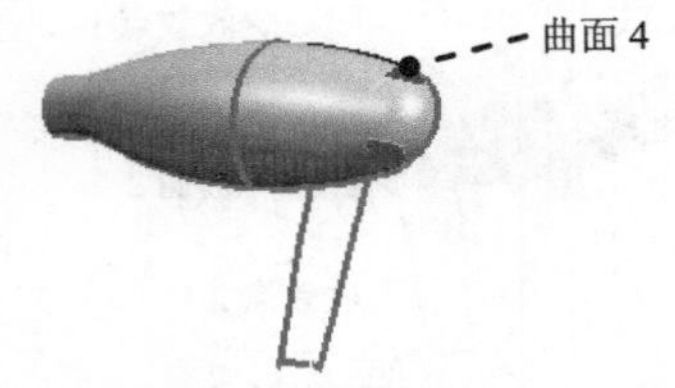


图 5.11.36 创建曲面 4

Step21. 将图 5.11.37 所示的面组 1 与曲面 3 和曲面 4 缝合（缝合后称为面组 2）。选择下拉菜单 插入(S) → 组合(B) → 缝合(W)... 命令，此时系统弹出“缝合”对话框；在图形区选取面组 1 为目标片体，曲面 3 和曲面 4 为工具片体，然后在“缝合”对话框中单击 确定 按钮，完成曲面的缝合操作。

Step22. 创建图 5.11.38 所示的扫掠曲面 5（图 5.11.38 中已将面组 2 隐藏）；选择下拉菜单 插入(S) → 扫掠(W) → 扫掠(S)... 命令，此时弹出“扫掠”对话框；选取图 5.11.39 所示的草图曲线 7 为截面曲线 1，然后单击中键确认。选取草图曲线 8 为截面曲线 2，然后单击中键确认，再次单击中键完成截面线串的选取；选取图 5.11.40 所示的草图曲线 6_1 为引导线串 1，然后单击中键确认。再选取草图曲线 6_2 为引导线串 2，并单击中键确认；对话框中的其他设置采用系统默认值，单击 < 确定 > 按钮，完成曲面的创建。

**说明：** 在选取截面线串时，要使截面线串的方向在同一侧，否则生成的扫描曲面会产生扭曲。

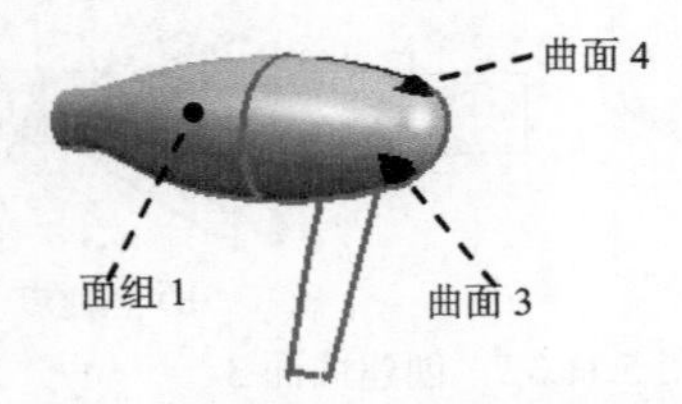


图 5.11.37 缝合曲面

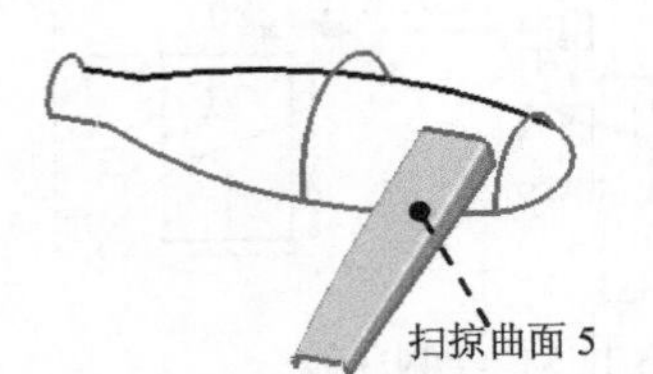


图 5.11.38 创建扫掠曲面 5

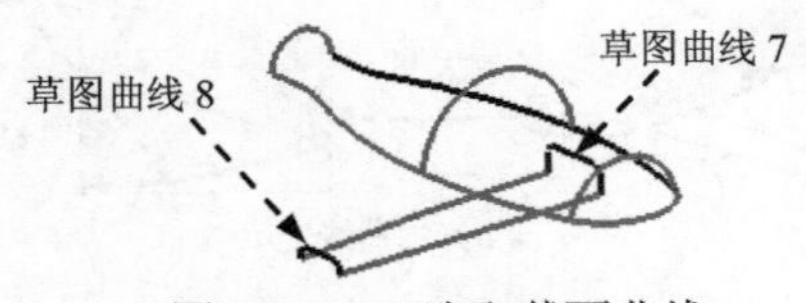


图 5.11.39 选取截面曲线

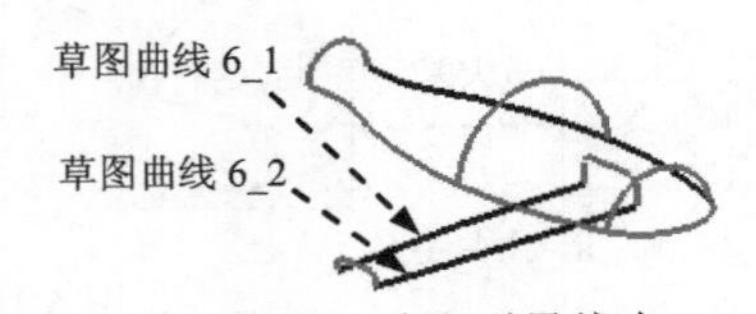


图 5.11.40 选取引导线串

Step23. 修剪面组 2 和扫掠曲面 5，如图 5.11.41 所示。显示面组 2 并选择下拉菜单 插入(S) → 修剪(T) → 修剪片体(R)... 命令，此时系统弹出“修剪片体”对话框；在“修剪片体”对话框中选择默认设置；在图形区选取需要修剪的扫掠曲面 5，如图 5.11.42 所示。单击中键，选取图 5.11.43 所示的曲面 6 作为修剪边界，并选择 区域 选项组中的 ⊙ 保留 单选项；在“修剪片体”对话框中单击 应用 按钮，完成扫掠曲面 5 的修剪，如图 5.11.44 所示；选取图 5.11.45 所示的曲面 6 为修剪的曲面，单击中键，然后选取扫掠曲面 5 为修剪边界。在“修剪片体”对话框中单击 确定 按钮，完成面组 2 的修剪。

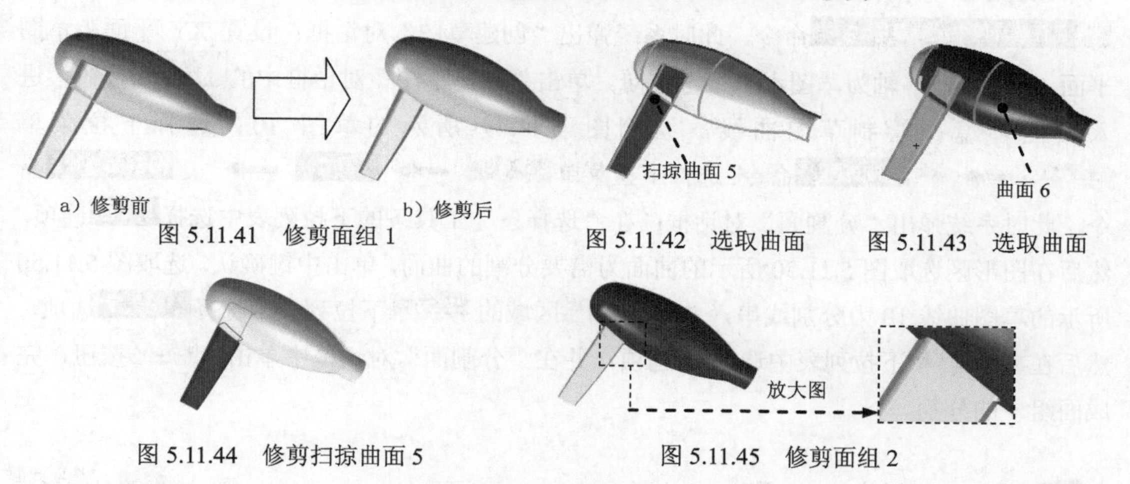


图 5.11.41　修剪面组 1

图 5.11.42　选取曲面

图 5.11.43　选取曲面

图 5.11.44　修剪扫掠曲面 5

图 5.11.45　修剪面组 2

Step24. 缝合面组 2 与扫掠曲面 5（缝合后称为面组 3），选择下拉菜单 插入(S) → 组合(B) → 缝合(W)... 命令，此时系统弹出“缝合”对话框；在图形区依次选取面组 2 和扫掠曲面 5 为目标片体和工具片体，然后在“缝合”对话框中单击 确定 按钮，完成曲面缝合操作。

Step25. 创建图 5.11.46 所示的有界平面（图 5.11.46 所示的面组 3 已隐藏）；选择下拉菜单 插入(S) → 在任务环境中绘制草图(V)... 命令；设置基准平面 3 为草图平面，接受系统默认的方向。单击“创建草图”对话框中的 确定 按钮，进入草图环境；绘制草图曲线。绘制图 5.11.47 所示的草图 9；选择下拉菜单 任务(K) → 完成草图(K) 命令；选择下拉菜单 插入(S) → 曲面(R) → 有界平面(P)... 命令，系统弹出“有界平面”对话框；在图形区选取图 5.11.47 所示的草图 9 为边界线串，然后在“有界曲面”对话框中单击 < 确定 > 按钮，完成有界平面的创建。

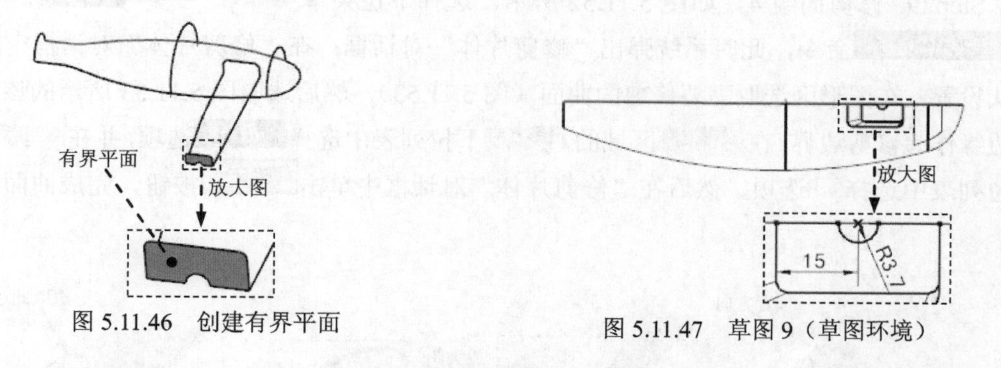


图 5.11.46　创建有界平面

图 5.11.47　草图 9（草图环境）

Step26. 缝合面组 3 与有界平面（缝合后称为面组 4）；选择下拉菜单 插入(S) → 组合(B) → 缝合(W)... 命令，此时系统弹出“缝合”对话框；在图形区依次选取面组 3 和有界平面为目标片体和工具片体，然后在“缝合”对话框中单击 确定 按钮，完成缝合操作。

Step27. 分割面组 4，如图 5.11.48 所示；选择下拉菜单 插入(S) → 在任务环境中绘制草图(V)... 命令，此时系统弹出“创建草图”对话框；设置 XY 平面为草图平面，并选取 X 轴为草图水平参考方向。单击“创建草图”对话框中的 确定 按钮，进入草图环境；绘制草图曲线。绘制图 5.11.49 所示的草图 10；选择下拉菜单 任务(K) → 完成草图(K) 命令；选择下拉菜单 插入(S) → 修剪(T) → 分割面(D)... 命令，此时系统弹出“分割面”对话框；在“选择条”工具条的下拉列表中选择 单个面 选项，然后在图形区选取图 5.11.50 所示的曲面为需要分割的曲面，单击中键确认。选取图 5.11.50 所示的草图曲线 10 为分割线串，并在 投影方向 区域的 投影方向 下拉列表中选择 沿矢量 选项，然后在 指定矢量 下拉列表中选择 ZC 选项，并在“分割面”对话框中单击 <确定> 按钮，完成面组 4 的分割。

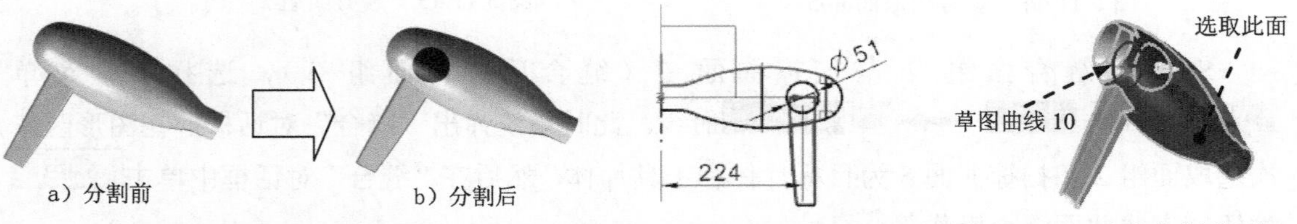


图 5.11.48 分割面组 4　　图 5.11.49 草图 10（草图环境）　图 5.11.50 选取分割曲面

Step28. 创建偏置曲面。选择下拉菜单 插入(S) → 偏置/缩放(O) → 偏置曲面(O)... 命令，此时系统弹出“偏置曲面”对话框；在“选择条”工具条的下拉列表中选择 单个面 选项，然后在图形区选择图 5.11.51 所示的曲面，系统弹出 偏置 1 动态输入框（按 F3 键可隐藏）和曲面的偏置方向，此时在 偏置 1 文本框中输入值 3，通过“偏置曲面”对话框中的“反向”按钮 将偏置方向调整为向里的方向，如图 5.11.51 所示；在“偏置曲面”对话框中单击 <确定> 按钮，完成偏置曲面的创建。

Step29. 修剪面组 4，如图 5.11.52 所示。选择下拉菜单 插入(S) → 修剪(T) → 修剪片体(R)... 命令，此时系统弹出“修剪片体”对话框；在“修剪片体”对话框中选用默认设置；在图形区选取需要修剪的曲面（图 5.11.53），然后选取图 5.11.53 所示的该曲面的边缘作为修剪边界；在 投影方向 区域的 投影方向 下拉列表中选择 沿矢量 选项，并在 指定矢量 下拉列表中选择 ZC 选项，然后在“修剪片体”对话框中单击 确定 按钮，完成曲面的修剪。

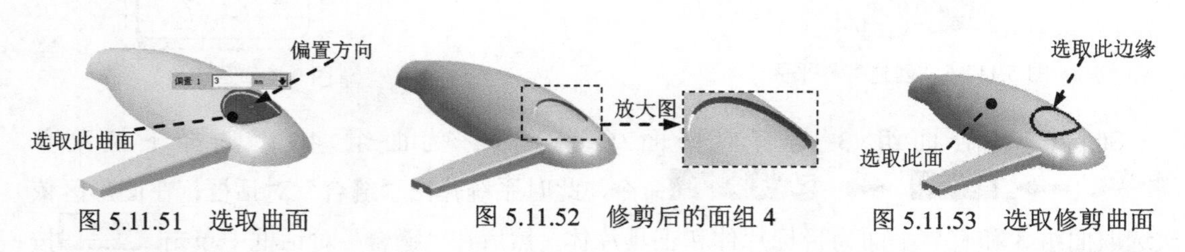


图 5.11.51 选取曲面　　图 5.11.52 修剪后的面组 4　　图 5.11.53 选取修剪曲面

Step30. 修剪偏置曲面，如图 5.11.54 所示；选择下拉菜单 插入(S) → 派生的曲线(U) ▸

→ 在面上偏置... 命令，此时系统弹出“在面上偏置曲线”对话框；在“选择条”工具条的下拉列表中选择 单条曲线 选项，然后选取图 5.11.55 所示的偏置曲面的边缘。在 面或平面 区域中单击 按钮，然后选取图 5.11.55 所示的曲面为曲线的支持面；在动态输入框中输入偏置距离值 3，通过“反向”按钮 选择偏置方向向里，然后单击“在面上偏置曲线”对话框中的 < 确定 > 按钮，完成偏置曲线 11 的创建，如图 5.11.56 所示；选择下拉菜单 插入(S) → 修剪(T) → 修剪片体(R)... 命令，此时系统弹出“修剪片体”对话框；在“修剪片体”对话框中选用默认的设置；在图形区选取需要修剪的曲面，如图 5.11.57 所示。选取图 5.11.57 所示的偏置曲线作为修剪边界；在 投影方向 区域的 投影方向 下拉列表中选择 沿矢量 选项，并在 指定矢量 下拉列表中选择 ZC 选项，然后在“修剪片体”对话框中单击 确定 按钮，完成曲面的修剪。

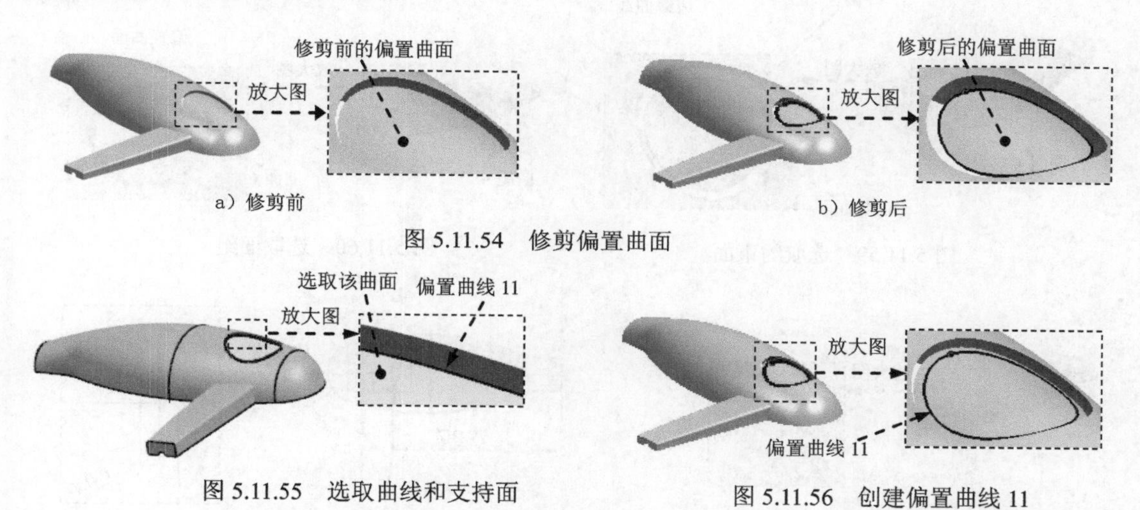


a）修剪前　　b）修剪后

图 5.11.54　修剪偏置曲面

图 5.11.55　选取曲线和支持面　　图 5.11.56　创建偏置曲线 11

Step31. 创建图 5.11.58 所示的曲面 6；选择下拉菜单 插入(S) → 网格曲面(M) → 通过曲线组(T)... 命令，此时系统弹出“通过曲线组”对话框；选取图 5.11.59 所示的偏置曲线和边缘曲线为截面线串，然后分别单击中键确认；在“通过曲线组”对话框中 连续性 区域的 第一截面 下拉列表中选择 G1（相切） 选项，然后单击 * 选择面 (0) 后的 按钮，在图形区选取图 5.11.59 所示的偏置曲面为约束面；在“通过曲线组”对话框中 连续性 区域的 最后截面 下拉列表中选择 G1（相切） 选项，然后在图形区选取图 5.11.59 所示的面组 4 为约束面；在“通过曲线组”对话框中 输出曲面选项 区域的 补片类型 下拉列表中选择 单个 选项，然后单击 < 确定 > 按钮，完成曲面 6 的创建。

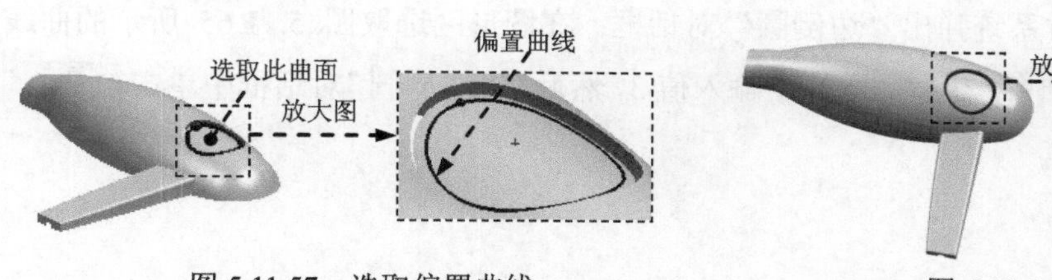


图 5.11.57　选取偏置曲线

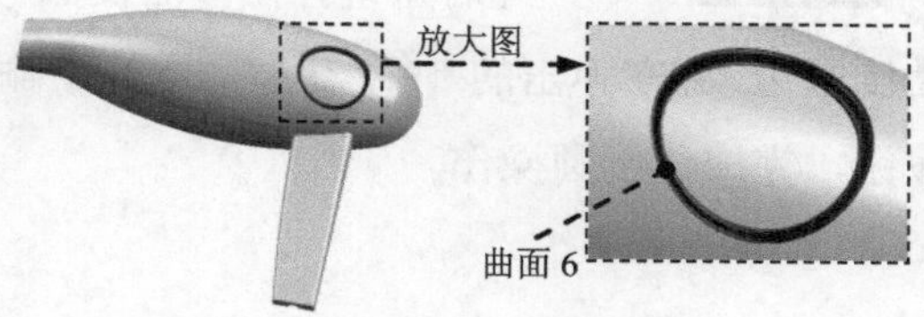


图 5.11.58　创建曲面

Step32. 将面组 4、偏置曲面和曲面 6 缝合（缝合后称为面组 5）。

**说明**：选取图 5.11.60 所示的面组 4 为目标片体，并选取偏置曲面和曲面 6 为工具片体。

Step33. 创建图 5.11.61 所示的切口拉伸特征；选择下拉菜单 插入(S) → 设计特征(E) → 拉伸(E)... 命令，此时系统弹出“拉伸”对话框；设置 XY 平面为草图平面，接受系统默认的方向；绘制图 5.11.62 所示的拉伸截面草图；选择下拉菜单 任务(K) → 完成草图(K) 命令；确定拉伸 开始 值为 0，结束 值为 50，并在 布尔 区域的 布尔 下拉列表中选择 求差 选项，然后在图形区选取面组 5，并单击 < 确定 > 按钮，完成拉伸特征的创建。

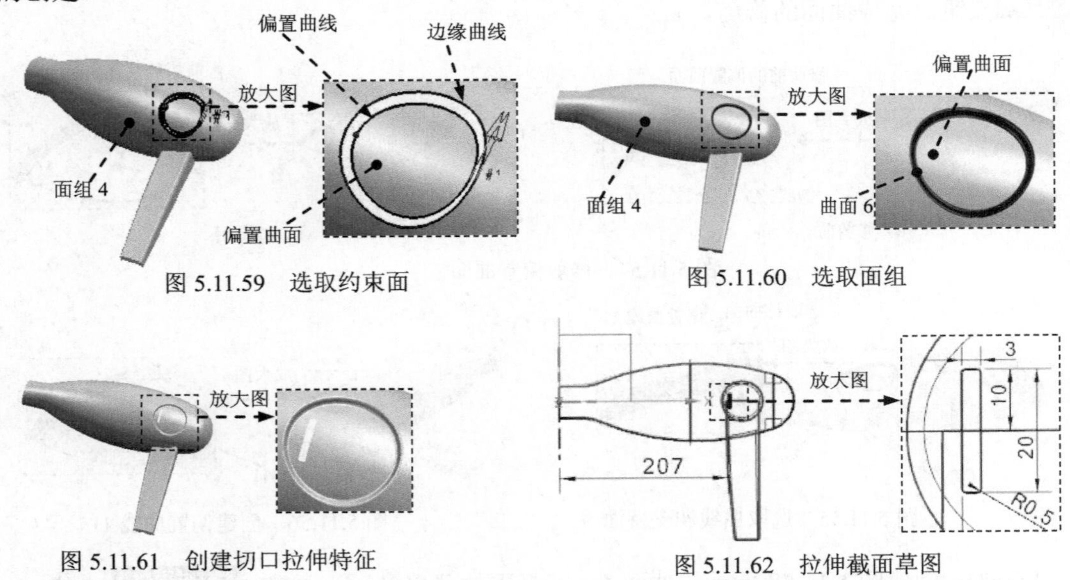


图 5.11.59　选取约束面

图 5.11.60　选取面组

图 5.11.61　创建切口拉伸特征

图 5.11.62　拉伸截面草图

Step34. 创建图 5.11.63 所示的切口拉伸特征的阵列。选择下拉菜单 插入(S) → 关联复制(A) → 阵列特征(A)... 命令，此时系统弹出“对形成图样的特征”对话框；选取 Step33 创建的拉伸特征为阵列对象；在“对形成图样的特征”对话框的 布局 下拉列表中选择 线性 选项；在 “对形成图样的特征”对话框 方向 1 区域 指定矢量 后的下拉列表中选择 XC 选项，并在 间距 下拉列表中选择 数量和节距 选项，然后在 数量 文本框中输入值 7，并在 节距 文本框中输入值 5.5；单击 确定 按钮，完成阵例特征的创建。

Step35. 创建图 5.11.64 所示的圆角。选择下拉菜单 插入(S) → 细节特征(L) → 边倒圆(E)... 命令，此时系统弹出“边倒圆”对话框；在图形区选取图 5.11.65 所示的曲线为倒圆边，并在弹出的 半径 1 动态文本框中输入值 3，然后在“边倒圆”对话框中单击 < 确定 > 按钮，完成边倒圆操作。

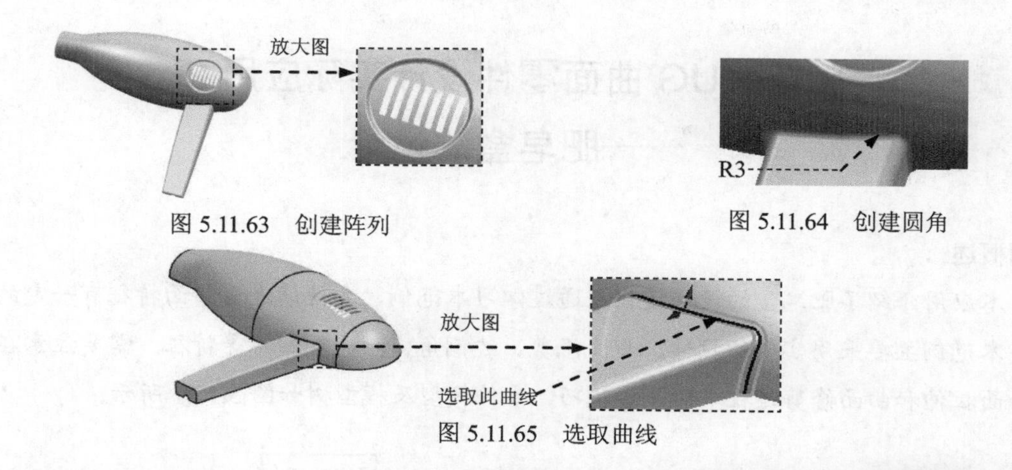


图 5.11.63　创建阵列

图 5.11.64　创建圆角

图 5.11.65　选取曲线

Step36. 创建图 5.11.66 所示的圆角。选择下拉菜单插入(S) → 细节特征(L) → 面圆角(F)...命令，此时系统弹出“面倒圆”对话框；在图形区选取图 5.11.67 所示的扫掠曲面 5 为第一组曲面，单击中键，然后选取有界平面为第二组曲面。在系统弹出的半径动态文本框中输入值 1.5，然后在“面倒圆”对话框中单击< 确定 >按钮，完成面倒圆操作。

Step37. 将曲面加厚，如图 5.11.68 所示。选择下拉菜单插入(S) → 偏置/缩放(O) → 加厚(T)...命令，此时系统弹出“加厚”对话框；在图形区选取面组 5；在“加厚”对话框的偏置 1 文本框中输入值 1，然后单击< 确定 >按钮，完成曲面加厚操作。

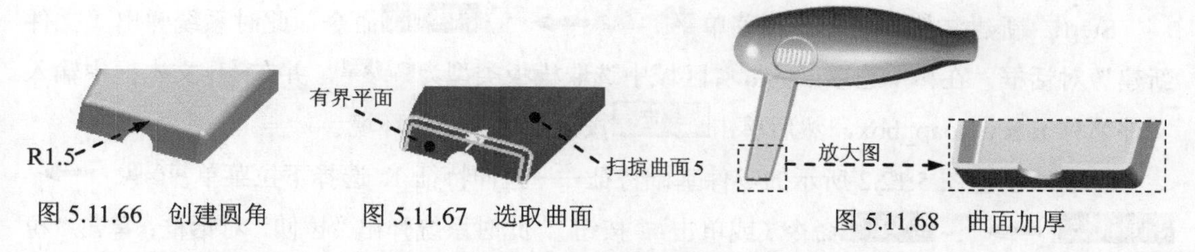


图 5.11.66　创建圆角　　图 5.11.67　选取曲面　　图 5.11.68　曲面加厚

Step38. 创建图 5.11.69 所示的一个拉伸特征模型，将模型一侧切平。选择下拉菜单插入(S) → 设计特征(E) → 拉伸(E)...命令，此时系统弹出“拉伸”对话框；设置 YZ 平面为草图平面，并接受系统默认的方向，绘制图 5.11.70 所示的拉伸截面草图；选择下拉菜单任务(K) → 完成草图(K)命令；确定拉伸的开始值为 0，结束值为 300。在布尔区域的布尔下拉列表中选择求差选项，并在图形区选取面组 5，然后单击确定按钮，完成模型一侧的切平。

图 5.11.69　拉伸特征　　图 5.11.70　拉伸截面草图

Step39. 保存零件模型。选择下拉菜单文件(F) → 保存(S)命令，即可保存零件模型。

# 5.12 UG 曲面零件设计实际应用 2 ——肥皂盒的设计

## 应用概述

本应用介绍了肥皂盒的设计过程。通过学习本范例，会使读者对曲面特征有一定的了解。本范例主要采用实体的拉伸、曲面修剪、边倒角、抽壳和扫掠等特征。需要注意在创建曲面拉伸和曲面修剪过程中的一些技巧。零件模型及模型树如图 5.12.1 所示。

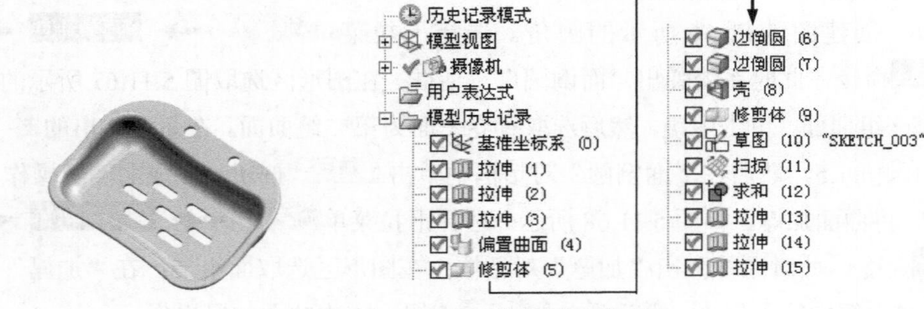


图 5.12.1 零件模型及模型树

Step1. 新建文件。选择下拉菜单 文件(F) → 新建(N)... 命令，此时系统弹出“文件新建”对话框。在 模型 选项卡的 模板 区域中选取模板类型为 模型，并在 名称 文本框中输入文件名称 fancy_soap_box，然后单击 确定 按钮，进入建模环境。

Step2. 创建图 5.12.2 所示的零件基础特征——拉伸特征 1。选择下拉菜单 插入(S) → 设计特征(E) → 拉伸(E)... 命令（或单击 按钮），此时系统弹出“拉伸”对话框；单击“拉伸”对话框中的“草图截面”按钮，则系统弹出“创建草图”对话框，单击 按钮，并选取 XY 平面为草图平面，然后单击 确定 按钮，进入草图环境，绘制图 5.12.3 所示的截面草图，单击 完成草图 按钮，退出草图环境；设置拉伸方向为 ZC 方向，在 限制 区域的 结束 下拉列表中选择 值 选项，并在其下的 距离 文本框中输入值 30，其他采用系统默认设置；单击“拉伸”对话框中的 <确定> 按钮，完成拉伸特征 1 的创建。

**说明**：在绘制此截面草图时，可先绘一半，再采用 镜像曲线(M)... 命令得到另一半。

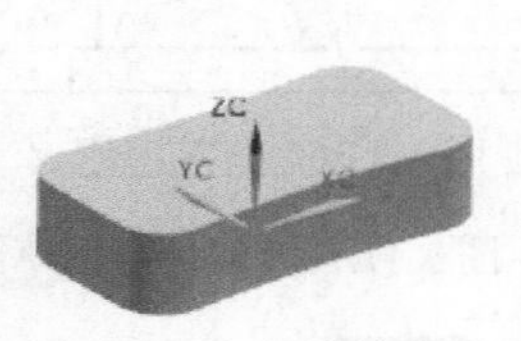


图 5.12.2 拉伸特征 1

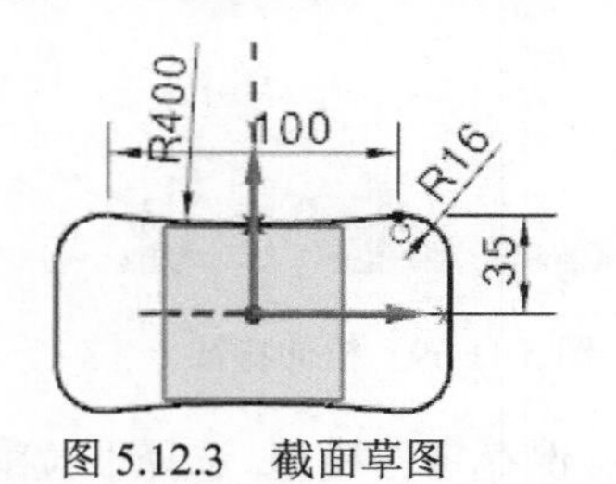


图 5.12.3 截面草图

Step3. 创建图 5.12.4 所示的零件特征——拉伸特征 2。选择下拉菜单插入(S) → 设计特征(E) → 拉伸(E)...命令（或单击按钮），此时系统弹出“拉伸”对话框。选取 YZ 基准平面为草图平面，绘制图 5.12.5 所示的截面草图。在限制区域的开始下拉列表中选择对称值选项，并在其下的距离文本框中输入值 75，其他采用系统默认设置。单击对话框中的< 确定 >按钮，完成拉伸特征 2 的创建。

图 5.12.4 拉伸特征 2

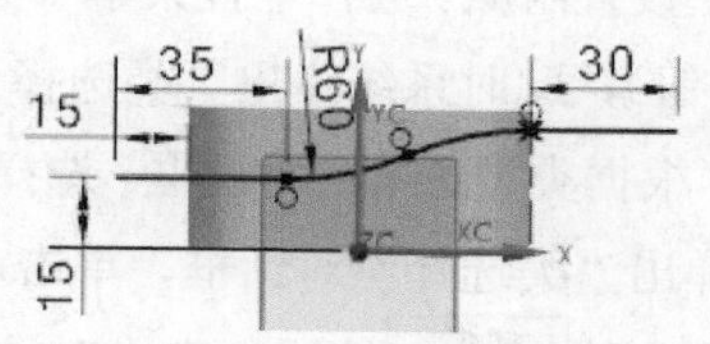

图 5.12.5 截面草图

Step4. 创建图 5.12.6 所示的零件特征——拉伸特征 3。选择下拉菜单插入(S) → 设计特征(E) → 拉伸(E)...命令（或单击按钮），此时系统弹出“拉伸”对话框。选取图 5.12.7 所示的平面为草图平面，绘制图 5.12.8 所示的截面草图。在限制区域的开始下拉列表中选择直至选定选项，并选取拉伸特征 2 为拉伸终止面。在限制区域的结束下拉列表中选择值选项，并在其下的距离文本框中输入值 0。在布尔区域的下拉列表中选择求和选项，采用系统默认的求和对象。单击此对话框中的< 确定 >按钮，完成拉伸特征 3 的创建。

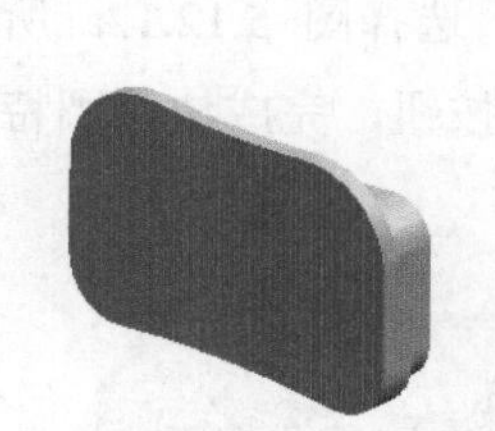
图 5.12.6 拉伸特征 3

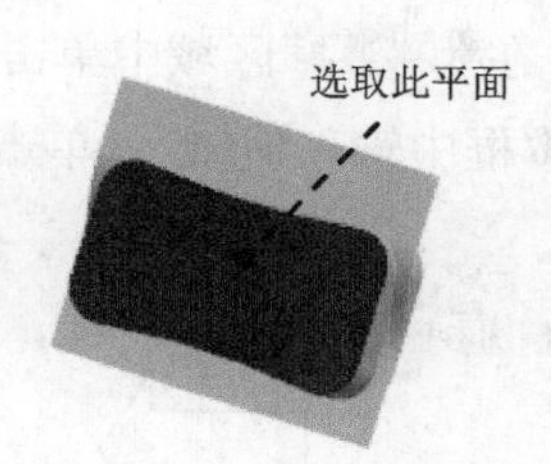

图 5.12.7 定义草图平面

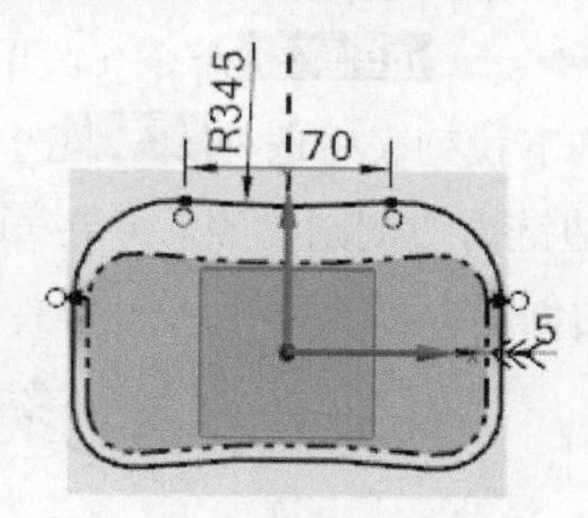

图 5.12.8 截面草图

Step5. 创建图 5.12.9 所示的零件特征——偏置曲面。选择下拉菜单插入(S) → 偏置/缩放(O) → 偏置曲面(O)...命令（或单击按钮），此时系统弹出“偏置曲面”对话框；在绘图区选取图 5.12.9a 所示的曲面为要偏置的面，在偏置 1文本框中输入值 3，并定义 Z 轴的正方向为偏置方向；单击“偏置曲面”对话框中的< 确定 >按钮，完成偏置曲面的创建。

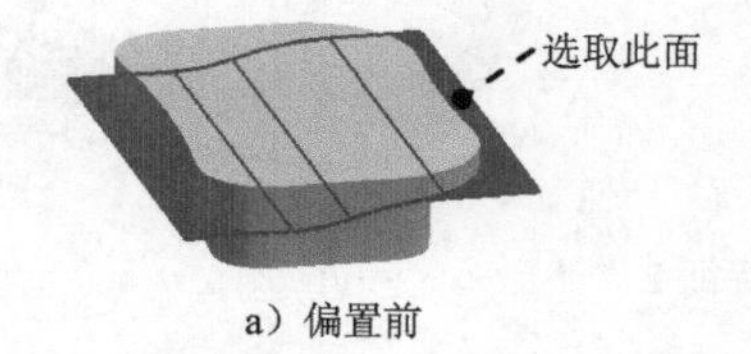

a）偏置前

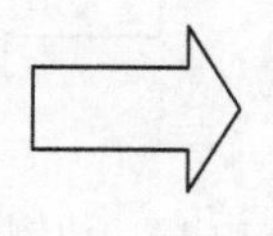

b）偏置后

图 5.12.9 偏置曲面

Step6. 创建图 5.12.10 所示的零件特征——修剪体特征 1；选择下拉菜单插入(S) →

修剪(T) ➡ 修剪体(T)... 命令（或单击按钮），此时系统弹出“修剪体”对话框；选取图 5.12.10a 所示的目标体，然后在绘图区域中单击中键。选取图 5.12.10 所示的偏置曲面为刀具体，并定义 Z 轴的正方向为修剪方向；单击“修剪体”对话框中的 < 确定 > 按钮，完成修剪体特征 1 的创建。

Step7. 设置隐藏。选择下拉菜单 编辑(E) ➡ 显示和隐藏(H) ➡ 隐藏(H)... 命令（或单击按钮），此时系统弹出“类选择”对话框；单击“类选择”对话框中的按钮，则系统弹出“根据类型选择”对话框。选择对话框列表中的片体选项，然后单击 确定 按钮。系统再次弹出“类选择”对话框，单击对话框对象区域中的“全选”按钮；单击“内选择”对话框中的 确定 按钮，完成对设置对象的隐藏，结果如图 5.12.11 所示。

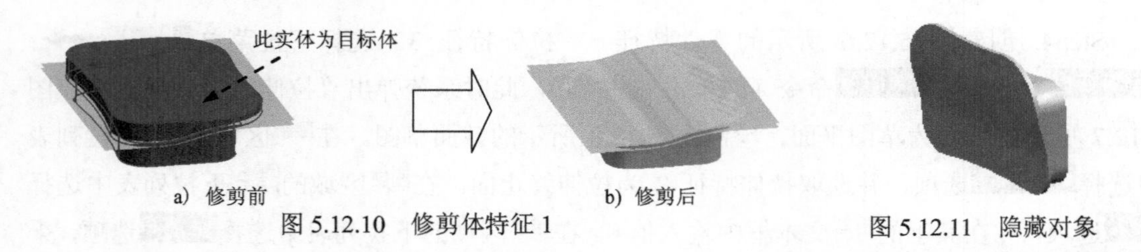


a）修剪前　b）修剪后

图 5.12.10　修剪体特征 1

图 5.12.11　隐藏对象

Step8. 创建图 5.12.12 所示的边倒圆特征 1。选择下拉菜单 插入(S) ➡ 细节特征(L) ▸ ➡ 边倒圆(E)... 命令（或单击按钮），此时系统弹出“边倒圆”对话框；在对话框的形状下拉列表中选择 圆形 选项，并在要倒圆的边区域中单击按钮。选择图 5.12.12a 所示的边链为边倒圆参照，并在半径 1 文本框中输入值 12；单击 < 确定 > 按钮，完成边倒圆特征 1 的创建。

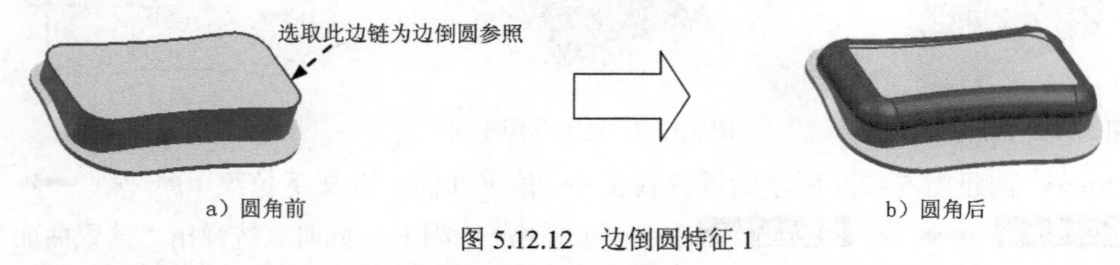


a）圆角前　b）圆角后

图 5.12.12　边倒圆特征 1

Step9. 创建图 5.12.13 所示的边倒圆特征 2。选择图 5.12.13a 所示的边链为边倒圆参照，并在半径 1 文本框中输入值 4，完成边倒圆特征 2 的创建。

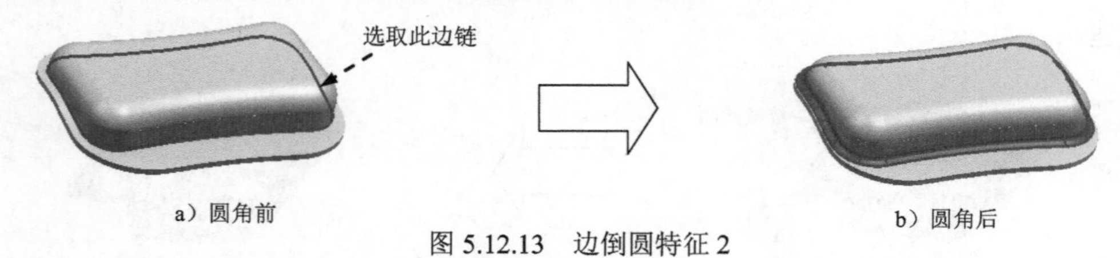


a）圆角前　b）圆角后

图 5.12.13　边倒圆特征 2

Step10. 创建图 5.12.14 所示的零件特征——抽壳。选择下拉菜单 插入(S) ➡ 偏置/缩放(O) ➡ 抽壳(H)... 命令（或单击按钮），此时系统弹出“抽壳”对话框；选取图 5.12.15 所示的面为移除面，并在厚度文本框中输入值 2，然后单击“反向”按钮，使其方向向外；单击<确定>按钮，完成抽壳特征的创建。

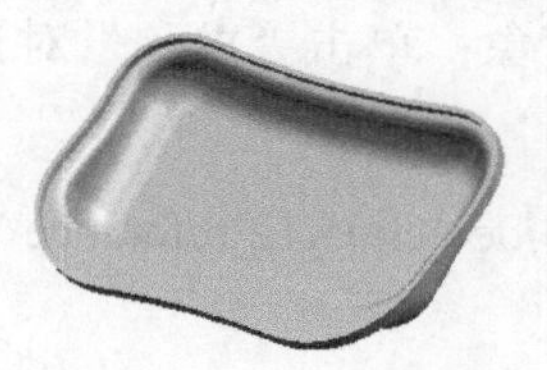

图 5.12.14　抽壳特征

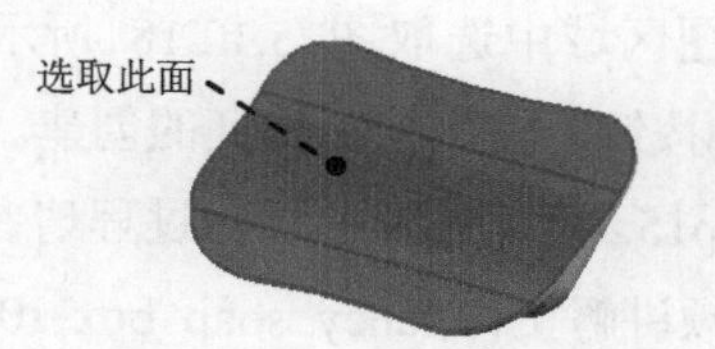


图 5.12.15　定义移除面

Step11. 创建图 5.12.16 所示的零件特征——修剪体特征 2。选择下拉菜单 插入(S) → 修剪(T) → 修剪体(T)... 命令（或单击 按钮），此时系统弹出“修剪体”对话框；在绘图区选取整个模型为修剪目标体，然后单击中键，并在特征树中选取拉伸特征 2 为刀具体；单击“修剪体”对话框中的<确定>按钮，完成修剪体特征 2 的创建。

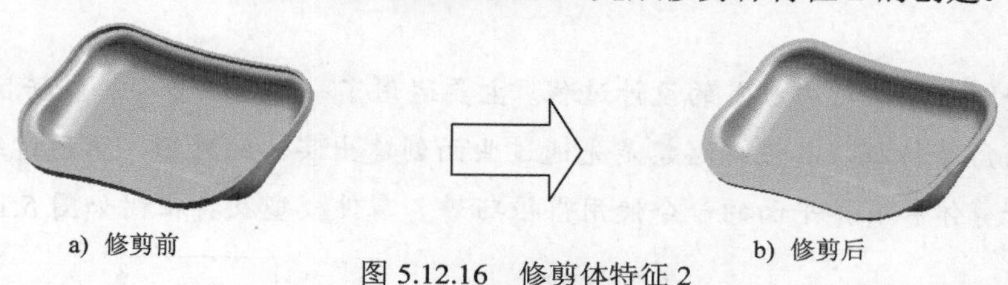

a) 修剪前　　b) 修剪后

图 5.12.16　修剪体特征 2

Step12. 创建图 5.12.17 所示的草图 1。选择下拉菜单 插入(S) → 在任务环境中绘制草图(V)... 命令（或单击 按钮），此时系统弹出“创建草图”对话框；选取基准平面 YZ 为草图平面，然后单击“创建草图”对话框中的 确定 按钮，绘制图 5.12.17 所示的截面草图，单击 完成草图 按钮，退出草图环境。

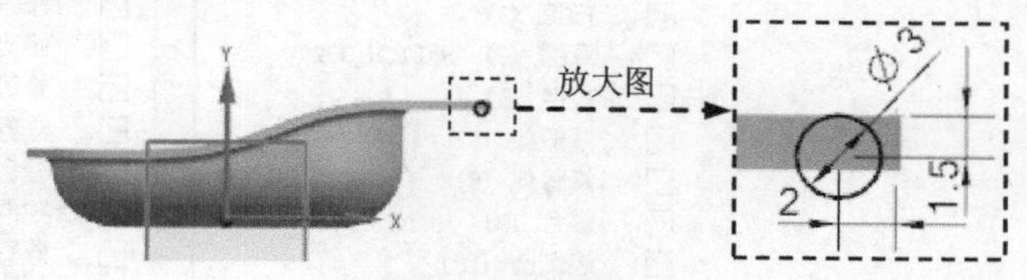


图 5.12.17　草图 1

Step13. 创建图 5.12.18 所示的零件特征——扫掠特征。选择下拉菜单 插入(S) → 扫掠(W) → 扫掠(S)... 命令，然后单击工具栏中的 按钮，系统弹出“扫掠”对话框；在绘图区中选取草图 1 为扫掠截面；在引导线区域中单击 按钮，并在绘图区域中选取图 5.12.19 所示的边线；单击“扫掠”对话框中的<确定>按钮，完成扫掠特征的创建。

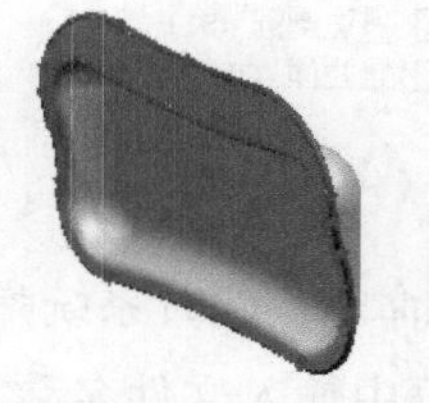

图 5.12.18　扫掠特征

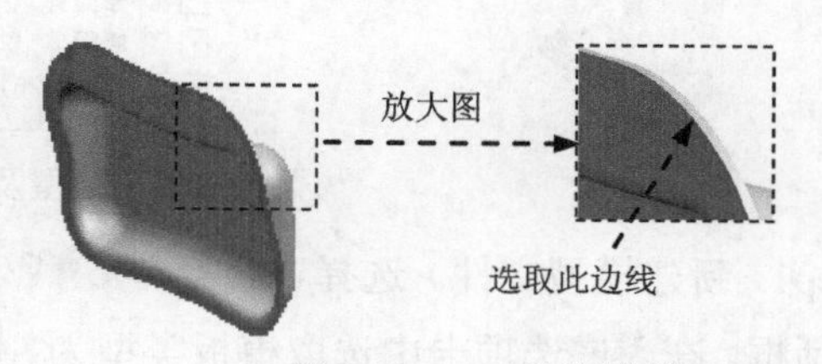


图 5.12.19　选取边线

Step14. 创建求和特征。选择下拉菜单 插入(S) → 组合(B) → 求和(U)... 命令（或单击按钮），此时系统弹出“求和”对话框；在绘图区域中选取整个模型为目标对象，并在绘图区域中选取图 5.12.18 所示的扫掠特征为刀具对象；单击“求和”对话框中的 < 确定 > 按钮，完成求和特征的创建。

Step15. 后面的详细操作过程请参见随书学习资源中 video\ch05.12\reference\文件下的语音视频讲解文件 fancy_soap_box-r01.exe。

# 5.13 UG 曲面零件设计实际应用 3 ——订书机盖的设计

## 应用概述

本应用介绍了一个订书机盖的设计过程。主要运用了一些常用命令，包括拉伸、扫掠、修剪体和倒圆角等特征。其设计思想是先通过曲面创建出实体的外形，再通过缝合创建出实体，其中修剪体和有界平面的命令使用得很巧妙。零件模型及特征树如图 5.13.1 所示。

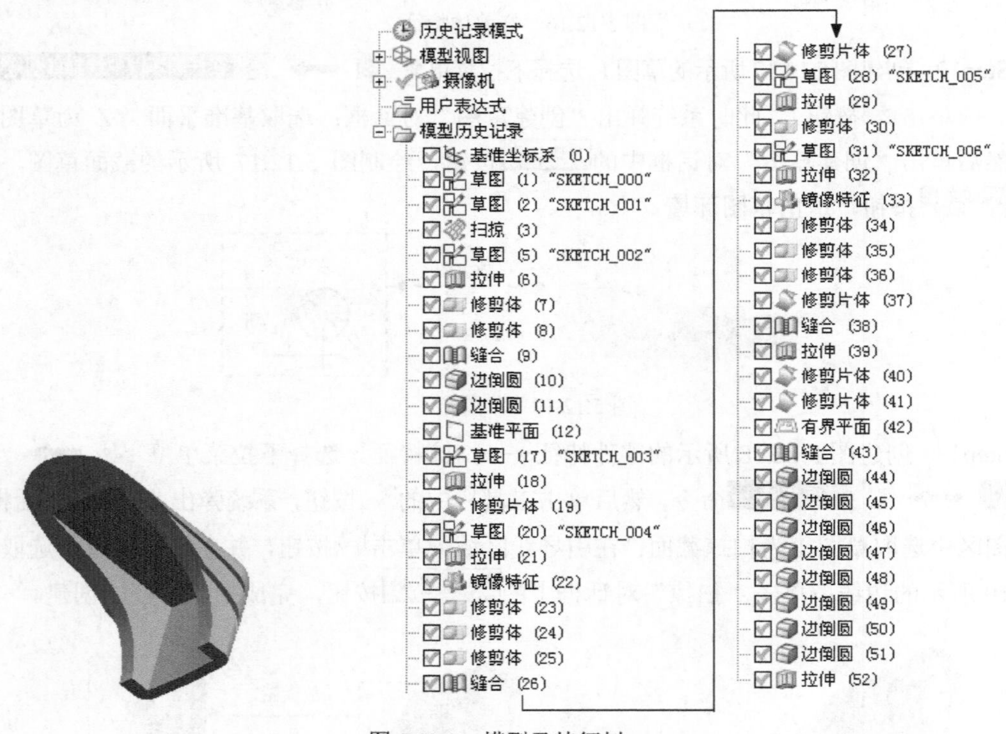


图 5.13.1　模型及特征树

Step1. 新建模型文件。选择下拉菜单 文件(F) → 新建(N)... 命令，此时系统弹出“新建”对话框。在 模型 选项卡中选取模板类型为 模型；在 名称 文本框中输入文件名称 stapler；单击 确定 按钮，进入建模环境。

Step2. 创建图 5.13.2 所示的草图 1。选择下拉菜单 插入(S) → 在任务环境中绘制草图(V)... 命令，此时系统弹出“创建草图”对话框；选取 YZ 基准平面为草图平面，并选中设置区域的☑创建中间基准 CSYS复选框，然后单击确定按钮；进入草图环境，绘制图 5.13.2 所示的草图 1；单击完成草图按钮，退出草图环境。

Step3. 添加图 5.13.3 所示的草图 2。选择下拉菜单插入(S) → 在任务环境中绘制草图(V)... 命令；选取 ZX 基准平面为草图平面；取消选中设置区域的□创建中间基准 CSYS复选框，并绘制图 5.13.4 所示的截面草图。

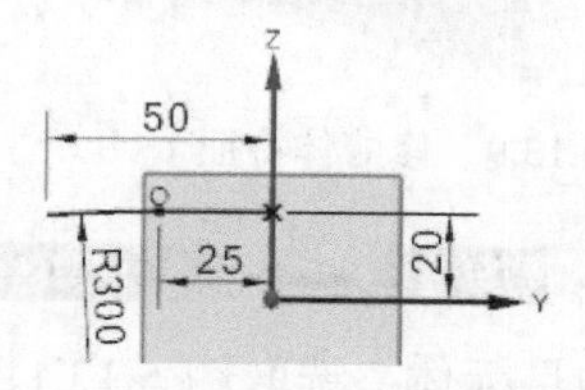

图 5.13.2 草图 1

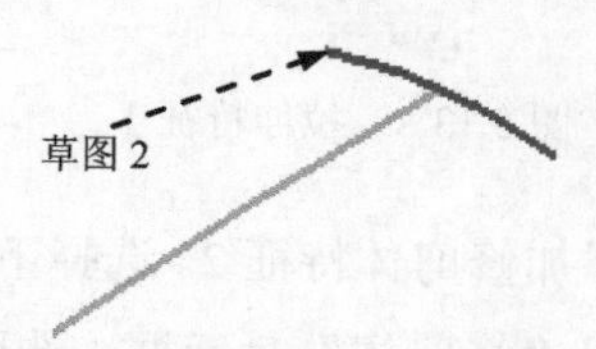

图 5.13.3 草图 2（建模环境）

Step4. 创建图 5.13.5 所示的零件特征——扫掠。选择下拉菜单插入(S) → 扫掠(W) → 扫掠(S)...命令，此时系统弹出“扫掠”对话框；选取草图 2 为截面曲线，并单击中键确认，再单击中键确认；选取草图 1 为引导线 1，并单击中键确认；其他采用系统默认的设置；在“扫掠”对话框中单击< 确定 >按钮，完成扫掠特征的创建。

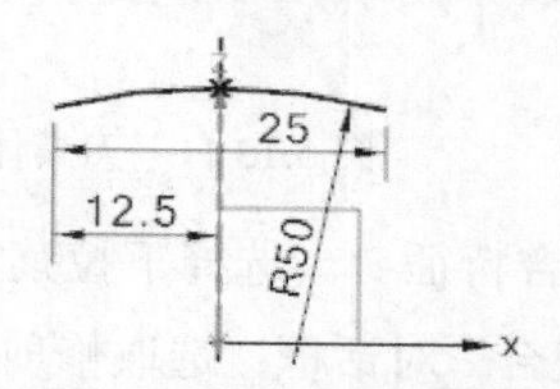

图 5.13.4 草图 2（草图环境）

图 5.13.5 扫掠特征 1

Step5. 添加图 5.13.6 所示草图 3。选择下拉菜单插入(S) → 在任务环境中绘制草图(V)... 命令；选取 XY 基准平面为草图平面；绘制图 5.13.7 所示的截面草图。

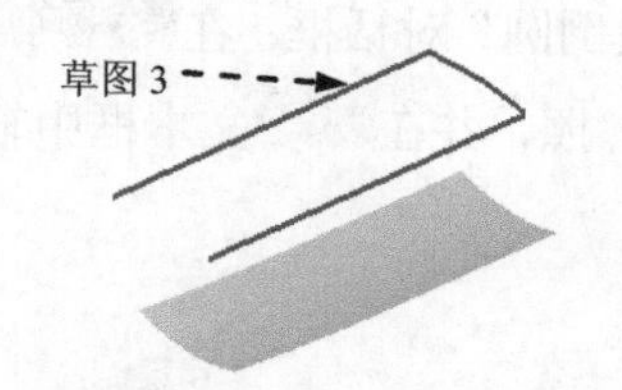

图 5.13.6 草图 3（建模环境）

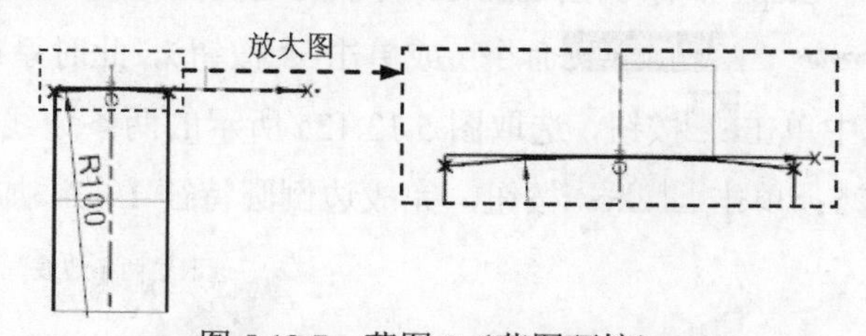

图 5.13.7 草图 3（草图环境）

Step6. 创建图 5.13.8 所示的零件特征——拉伸特征 1。选择下拉菜单插入(S) → 设计特征(E) → 拉伸(E)...命令；选取草图 3 为截面草图；在“拉伸”对话框限制区域的开始下拉列表中选择值选项，并在其下的距离文本框中输入值 0；在限制区域的终点下拉列表中选择值选项，并在其下的距离文本框中输入值 25；在设置区域的体类型下拉列表中选择片体选项；单击< 确定 >按钮，完成拉伸特征 1 的创建。

Step7. 创建图 5.13.9 所示的零件特征——修剪体特征 1。选择下拉菜单插入(S) →

修剪(M) → 修剪体(T)...命令，此时系统弹出“修剪体”对话框；选取拉伸特征 1 为目标体；选取扫掠特征为刀具体；其他采用系统默认的设置；单击< 确定 >按钮，完成修剪体特征 1 的创建。

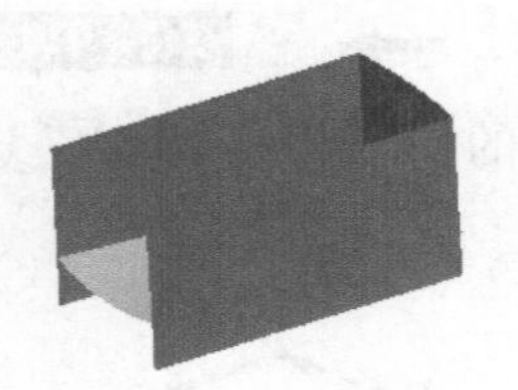
图 5.13.8 拉伸特征 1

图 5.13.9 修剪体特征 1

Step8. 添加修剪体特征 2。选择下拉菜单插入(S) → 修剪(M) → 修剪体(T)...命令，此时系统弹出“修剪体”对话框；选取图 5.13.10 所示的目标体；选取图 5.13.11 所示的刀具体；其他采用系统默认的设置；单击< 确定 >按钮，完成修剪体特征 2 的创建。

图 5.13.10 目标体

图 5.13.11 刀具体

Step9. 添加图 5.13.12 所示的零件特征——缝合特征 1。选择下拉菜单插入(S) → 组合(B) → 缝合(W)...命令，此时系统弹出“缝合”对话框；选取修剪体后的拉伸特征 1 为目标体，并选取修剪体后的扫掠特征为工具体，然后单击确定按钮，完成缝合特征 1 的添加。

Step10. 添加图 5.13.13 所示的边倒圆特征 1。选择下拉菜单插入(S) → 细节特征(L) → 边倒圆(E)...命令（或单击按钮），此时系统弹出“边倒圆”对话框；在要倒圆的边区域中单击按钮，选取图 5.13.13a 所示的两条边线为倒圆角参照，并在半径 1文本框中输入值 5；单击< 确定 >按钮，完成边倒圆特征 1 的添加。

图 5.13.12 缝合特征 1

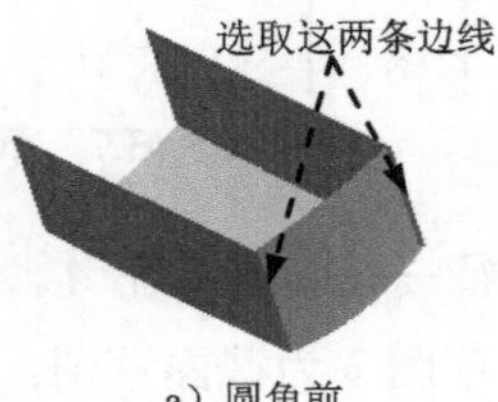

a）圆角前

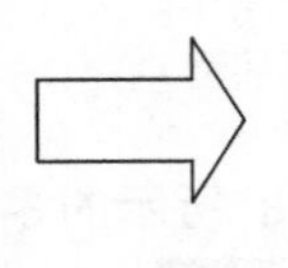

b）圆角后

图 5.13.13 边倒圆特征 1

Step11. 添加图 5.13.14 所示的边倒圆特征 2。选择下拉菜单插入(S) → 细节特征(L) → 边倒圆(E)...命令；选取图 5.13.14a 所示的边线为倒圆角参照，并在半径 1文本框中输入值 5；单击< 确定 >按钮，完成边倒圆特征 2 的添加。

Step12. 添加图 5.13.15 所示的基准平面 1。选择下拉菜单插入(S) → 基准/点(D) → 基准平面(D)...命令，此时系统弹出“基准平面”对话框；在类型区域的下拉列表中选择按某一距离选项。在平面参考区域中单击按钮，选取 YZ 基准平面为对象平面；在偏置区域的距离文本框中输入值为 20，并使用按钮调整平面的方向，如图 5.13.15 所示；在“基准平面”对话框中单击< 确定 >按钮，完成基准平面 1 的添加。

Step13.创建图 5.13.16 所示的草图 4。选择下拉菜单插入(S) → 在任务环境中绘制草图(V)...命令；选取基准平面 1 为草图平面；绘制图 5.13.17 所示的截面草图。

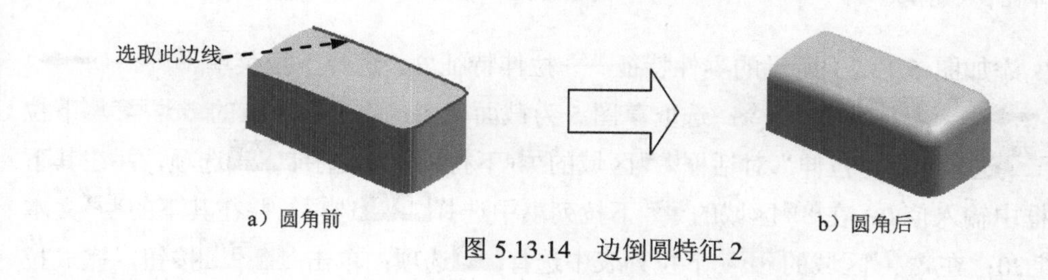


图 5.13.14　边倒圆特征 2

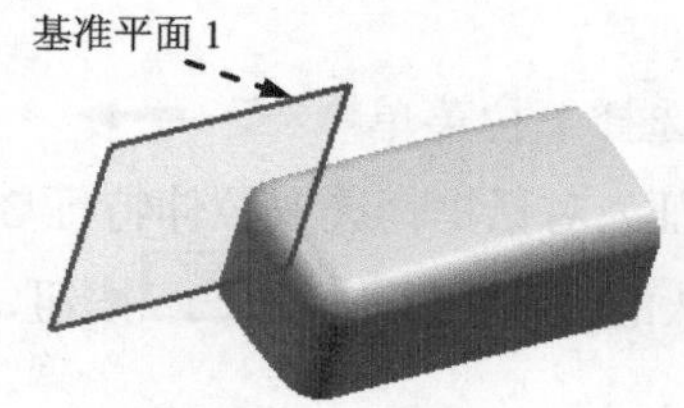


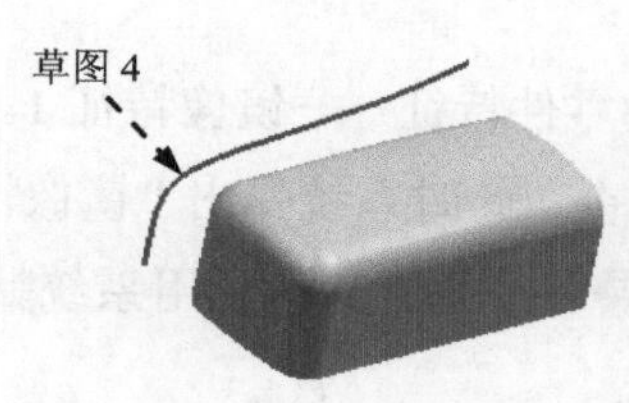


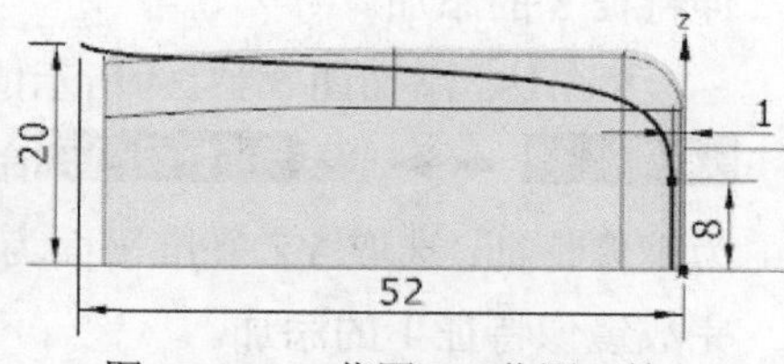


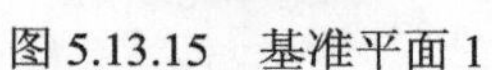

图 5.13.15　基准平面 1　　图 5.13.16　草图 4（建模环境）　　图 5.13.17　草图 4（草图环境）

Step14. 添加图 5.13.18 所示的零件特征——拉伸特征 2。选择下拉菜单插入(S) → 设计特征(E) → 拉伸(E)...命令；选取草图 4 为截面草图；在“拉伸”对话框限制区域的开始下拉列表中选择值选项，并在其下的距离文本框中输入值 0；在限制区域的结束下拉列表中选择值选项，并在其下的距离文本框中输入值 40；在设置区域的体类型下拉列表中选择片体选项；单击< 确定 >按钮，完成拉伸特征 2 的添加。

Step15. 添加图 5.13.19 所示的零件特征——修剪片体特征 1。选择下拉菜单插入(S) → 修剪(M) → 修剪片体(R)...命令；选取图 5.13.20 所示的曲面为目标体，并单击中键确认；选取拉伸特征 2 为边界对象；在区域区域中选中保留单选项；在投影方向区域的下拉列表中选择沿矢量选项，并在其下的指定矢量下拉列表中选择选项；单击确定按钮，完成修剪片体特征 1 的添加。

图 5.13.18　拉伸特征 2

图 5.13.19　修剪片体特征 1

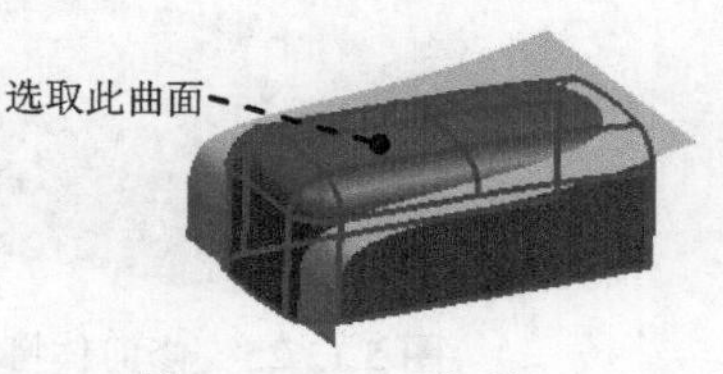


图 5.13.20　目标体

Step16.添加图 5.13.21 所示的草图 5。选择下拉菜单插入(S) ➡ 在任务环境中绘制草图(V)...命令；选取 XY 基准平面为草图平面；绘制如图 5.13.22 所示的截面草图。

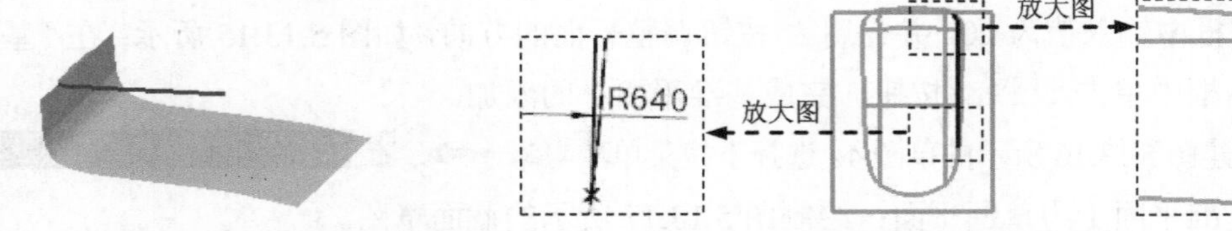


图 5.13.21　草图 5（建模环境）　　图 5.13.22　草图 5（草图环境）

Step17. 添加图 5.13.23 所示的零件特征——拉伸特征 3。选择下拉菜单插入(S) ➡ 设计特征(E) ➡ 拉伸(E)...命令；选取草图 5 为截面草图；在方向区域的指定矢量下拉列表中选择ZC↑选项；在“拉伸”对话框限制区域的开始下拉列表中选择值选项，并在其下的距离文本框中输入值 0；在限制区域的结束下拉列表中选择值选项，并在其下的距离文本框中输入值 20；在设置区域的体类型下拉列表中选择片体选项；单击< 确定 >按钮，完成拉伸特征 3 的添加。

Step18. 添加图 5.13.24 所示的零件特征——镜像特征 1。选择下拉菜单插入(S) ➡ 关联复制(A) ➡ 镜像特征(M)...命令，此时系统弹出“镜像特征”对话框；选取拉伸特征 3 为镜像特征；选取 YZ 基准平面为镜像平面，其他采用系统默认的设置；单击确定按钮，完成镜像特征 1 的添加。

图 5.13.23　拉伸特征 3

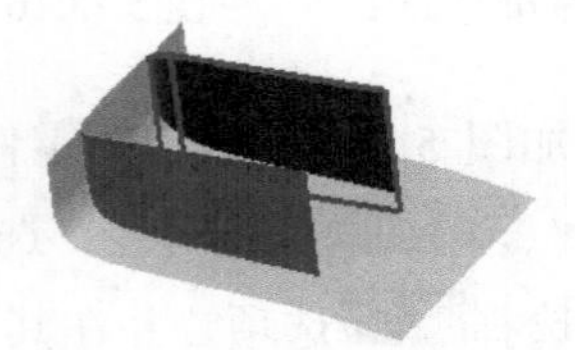

图 5.13.24　镜像特征 1

Step19. 添加图 5.13.25 所示的零件特征——修剪体特征 3。选择下拉菜单插入(S) ➡ 修剪(M) ➡ 修剪体(T)...命令；选取拉伸特征 3 为目标体；选取拉伸特征 2 为刀具体；单击< 确定 >按钮，完成修剪体特征 3 的添加。

Step20. 添加图 5.13.26 所示的零件特征——修剪体特征 4。选择下拉菜单插入(S) ➡ 修剪(M) ➡ 修剪体(T)...命令；选取镜像体特征 1 为目标体；选取拉伸特征 2 为刀具体；单击< 确定 >按钮，完成修剪体特征 4 的添加。

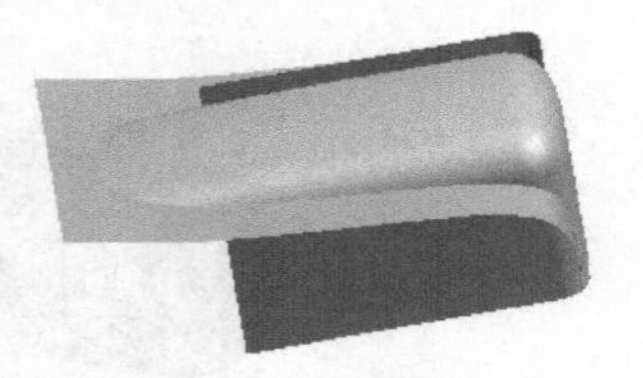

图 5.13.25　修剪体特征 3

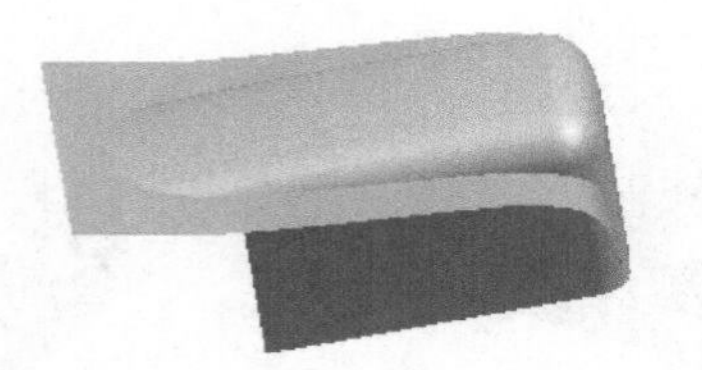

图 5.13.26　修剪体特征 4

Step21. 添加如图 5.13.27 所示的零件特征——修剪体特征 5。选择下拉菜单 插入(S) → 修剪(M) → 修剪体(T)... 命令；选择拉伸特征 2 为目标体；选取图 5.13.28 所示的曲面为刀具体；单击 < 确定 > 按钮，完成修剪体特征 5 的添加。

图 5.13.27 修剪体特征 5

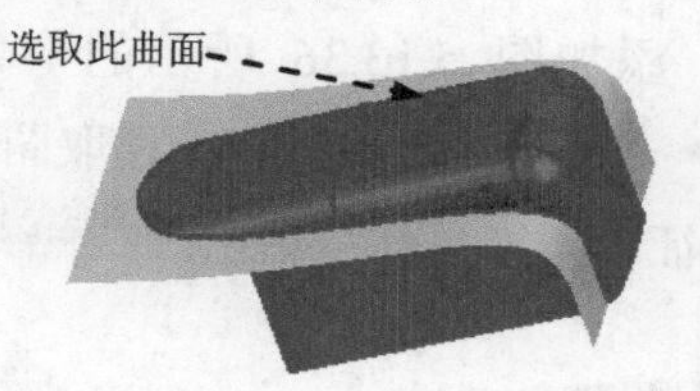

图 5.13.28 刀具体

Step22. 添加零件特征——缝合 2。选择下拉菜单 插入(S) → 组合(B) → 缝合(W)... 命令；选取如图 5.13.29 所示的曲面为目标体，并选取如图 5.13.30 所示的曲面为刀具体，然后单击 确定 按钮，完成缝合特征 2 的添加。

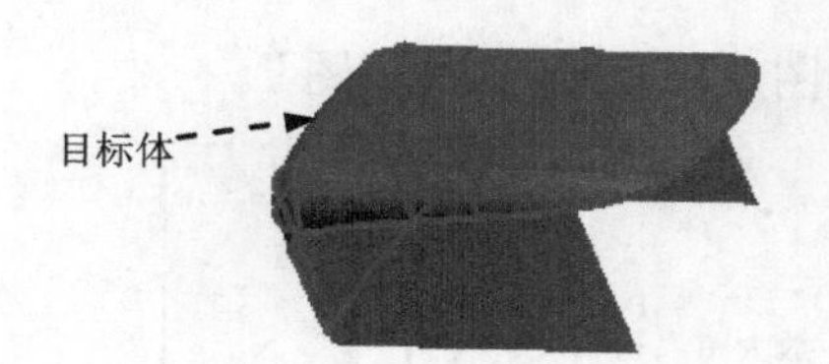

图 5.13.29 目标体

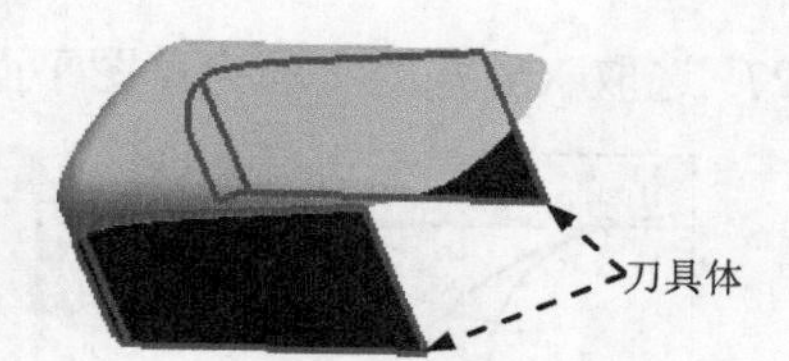

图 5.13.30 刀具体

Step23. 添加图 5.13.31 所示的零件特征——修剪片体特征 2。选择下拉菜单 插入(S) → 修剪(M) → 修剪片体(R)... 命令；选取图 5.13.32 所示的曲面为目标体；选取图 5.13.33 所示的边线为边界对象；在 区域 区域中选中 ◉ 舍弃 单选项；单击 确定 按钮，完成片体修剪特征 2 的添加。

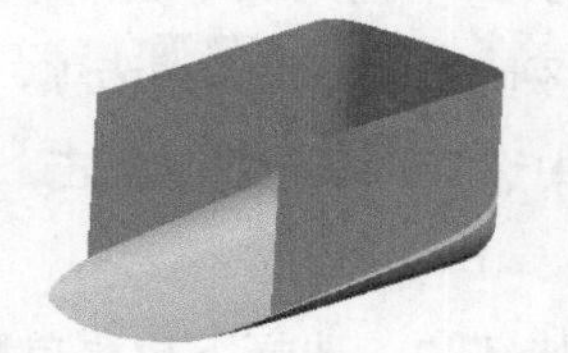
图 5.13.31 修剪片体特征 2

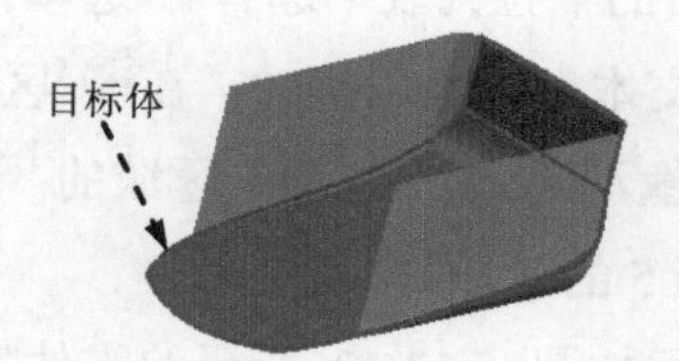

图 5.13.32 目标体

Step24. 选取基准平面 1 为草图平面，添加图 5.13.34 所示的草图 6。

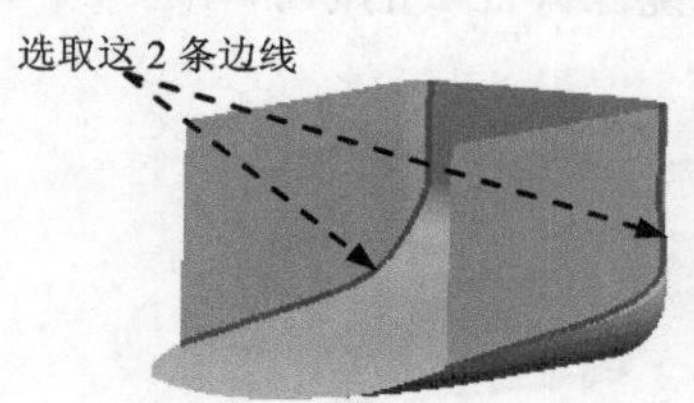

图 5.13.33 边界对象

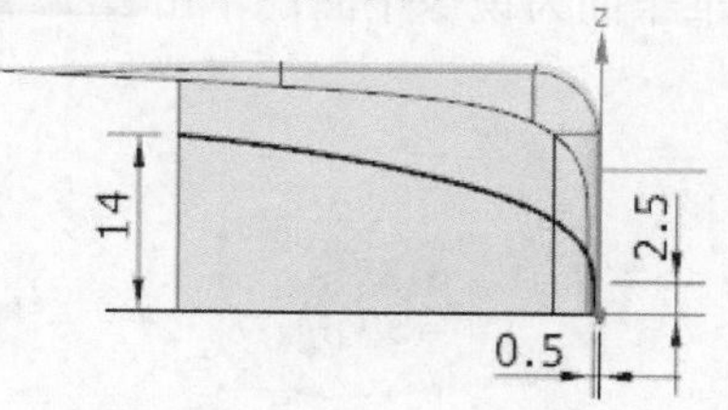

图 5.13.34 草图 6

Step25. 添加图 5.13.35 所示的零件特征——拉伸特征 4。选择下拉菜单 插入(S) → 设计特征(E) → 拉伸(E)... 命令；选取草图 6 为截面草图；在 方向 1 区域 指定矢量 后的下拉列表中选择 -XC 选项；在“拉伸”对话框 限制 区域的 开始 下拉列表中选择 值 选项，并在其下的距离文本框中输入值 0；在限制区域的结束下拉列表中选择值选项，并在其下的距离文本框中输入值 40；在设置区域的体类型下拉列表中选择片体选项；单击< 确定 >按钮，完成拉伸特征 4 的添加。

Step26. 添加图 5.13.36 所示的零件特征——修剪体。选择下拉菜单插入(S) ➡ 修剪(M) ➡ 修剪体(T)...命令；选取图 5.13.37 所示的曲面为目标体，并单击中键确认；选取拉伸特征 4 为刀具体；单击< 确定 >按钮，完成修剪体特征 6 的添加。

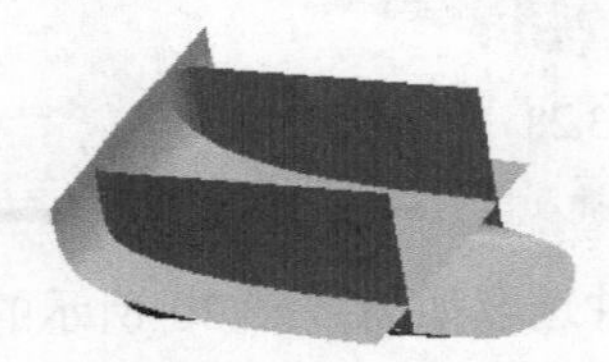
图 5.13.35　拉伸特征 4

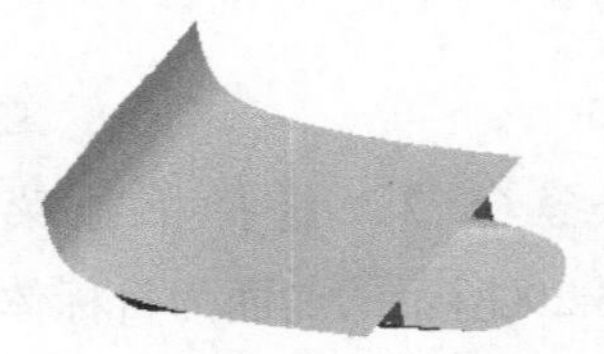
图 5.13.36　修剪体特征 6

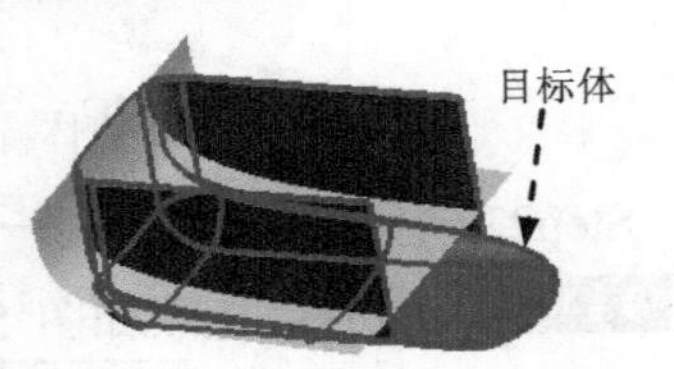

图 5.13.37　目标体

Step27. 选取 XY 基准平面为草图平面，绘制图 5.13.38 所示的草图 7。

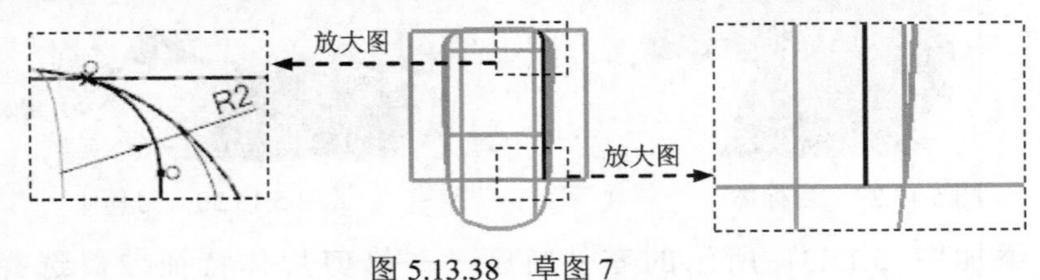

图 5.13.38　草图 7

Step28. 添加图 5.13.39 所示的零件特征——拉伸特征 5。选择下拉菜单插入(S) ➡ 设计特征(E) ➡ 拉伸(E)...命令；选取草图 6 为截面草图；在“拉伸”对话框的方向区域指定矢量后的下拉列表中选择ZC↑选项；在限制区域的开始下拉列表中选择值选项，并在其下的距离文本框中输入值 0；在限制区域的结束下拉列表中选择值选项，并在其下的距离文本框中输入值 20；在设置区域的体类型下拉列表中选择片体选项；单击< 确定 >按钮，完成拉伸特征 5 的添加。

Step29. 添加图 5.13.40 所示的零件特征——镜像特征 2。选择下拉菜单插入(S) ➡ 关联复制(A) ➡ 镜像特征(M)...命令；选取拉伸特征 5 为镜像特征，并单击中键确认；选取 YZ 基准平面为镜像平面；单击确定按钮，完成镜像特征 2 的添加。

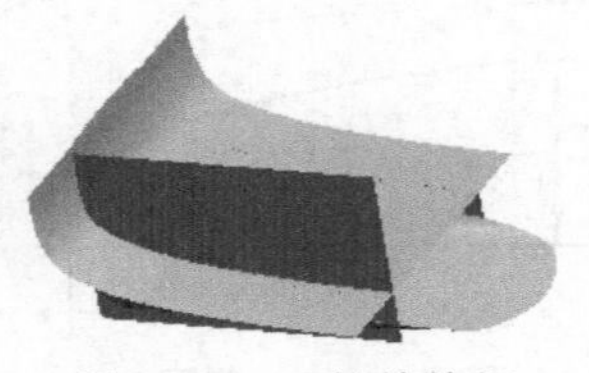
图 5.13.39　拉伸特征 5

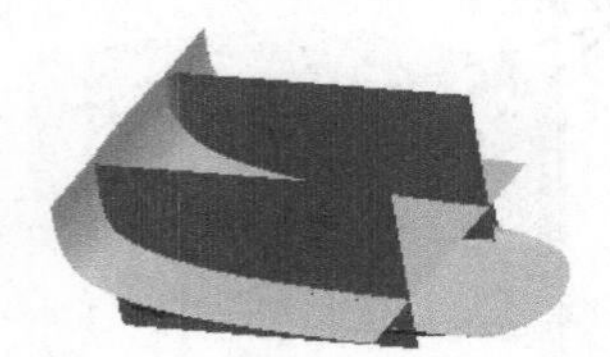
图 5.13.40　镜像特征 2

Step30. 添加图 5.13.41 所示的零件特征——修剪体特征 7。选择下拉菜单插入(S) ➡ 修剪(M) ➡ 修剪体(T)...命令；选取拉伸特征 5 为目标体，并单击中键确认；选取拉伸特征 4 为刀具体；单击< 确定 >按钮，完成修剪体特征 7 的添加。

Step31. 添加图 5.13.42 所示的零件特征——修剪体特征 8。选择下拉菜单 插入(S) → 修剪(M) → 修剪体(T)... 命令；选取镜像体特征 2 为目标体，并单击中键确认；选取拉伸特征 4 为刀具体；单击 < 确定 > 按钮，完成修剪体特征 8 的添加。

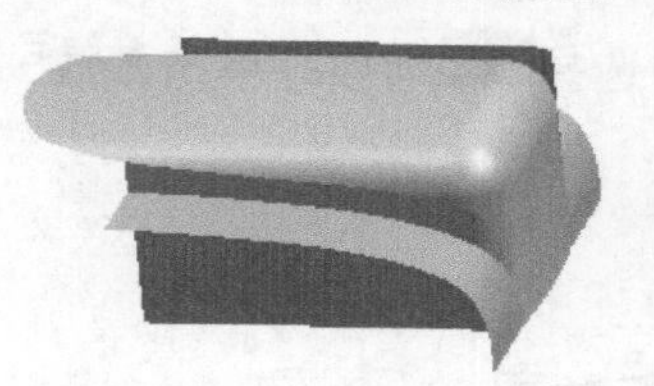

图 5.13.41　修剪体特征 7

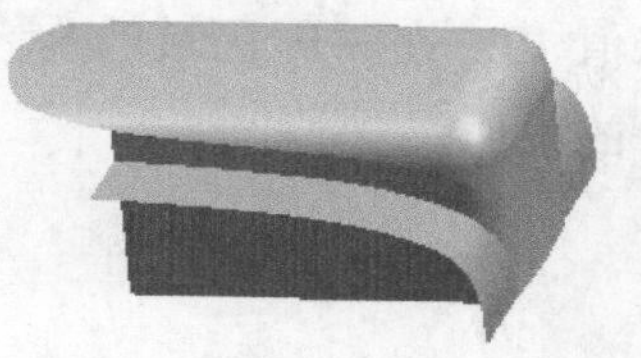

图 5.13.42　修剪体特征 8

Step32. 添加图 5.13.43 所示的零件特征——修剪体特征 9。选择下拉菜单 插入(S) → 修剪(M) → 修剪体(T)... 命令；选取拉伸特征 4 为目标体，并单击中键确认；选取图 5.13.44 所示的曲面为刀具体；单击 < 确定 > 按钮，完成修剪体特征 9 的添加。

图 5.13.43　修剪体特征 9

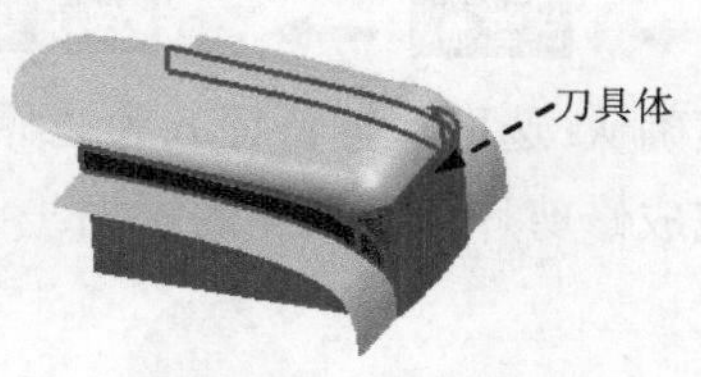


图 5.13.44　刀具体

Step33. 添加图 5.13.45 所示的零件特征——修剪片体特征 3。选择下拉菜单 插入(S) → 修剪(M) → 修剪片体(R)... 命令；选取图 5.13.46 所示的曲面为目标体，并单击中键确认；选取图 5.13.47 所示的边线为边界对象；在 区域 区域中选中 ⊙ 舍弃 单选项；单击 确定 按钮，完成修剪片体特征 3 的添加。

图 5.13.45　修剪片体特征 3

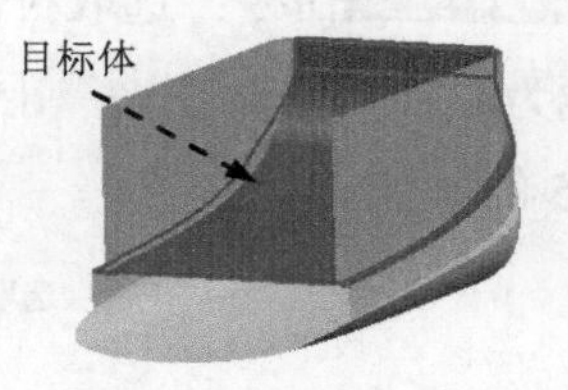


图 5.13.46　目标体

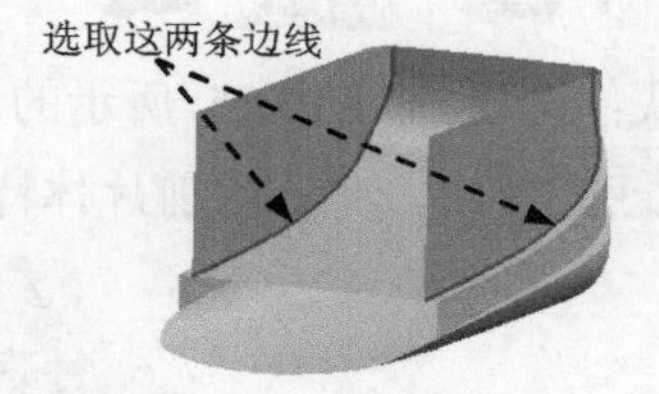


图 5.13.47　边界对象

Step34. 添加零件特征——缝合 2。选择下拉菜单 插入(S) → 组合(B) → 缝合(W)... 命令；选取图 5.13.48 所示的曲面为目标体，并选取图 5.13.49 所示的曲面为刀具体，然后单击 确定 按钮，完成缝合特征 2 的添加。

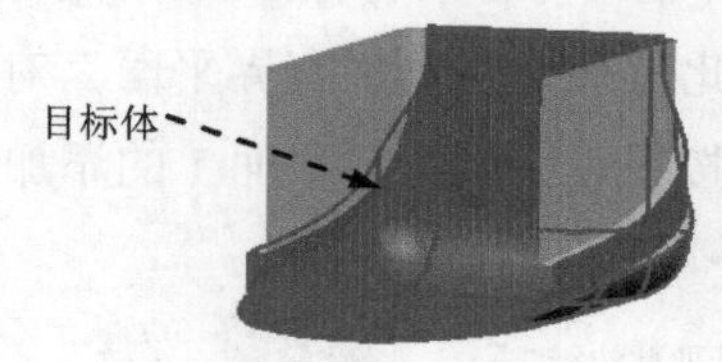


图 5.13.48　目标体

图 5.13.49　刀具体

说明：在选取刀具体时，应选取除目标体外的所有片体为刀具体。

Step35. 添加图 5.13.50 所示的零件特征——拉伸特征 6。选择下拉菜单 插入(S) → 设计特征(E) → 拉伸(E)... 命令；选取 YZ 基准平面为草图平面，并绘制图 5.13.51 所示的截面草图；在“拉伸”对话框限制区域的开始下拉列表中选择 对称值选项，并在其下的距离文本框中输入值 19；在 设置 区域的体类型下拉列表中选择片体选项；单击< 确定 >按钮，完成拉伸特征 6 的添加。

图 5.13.50 拉伸特征 6

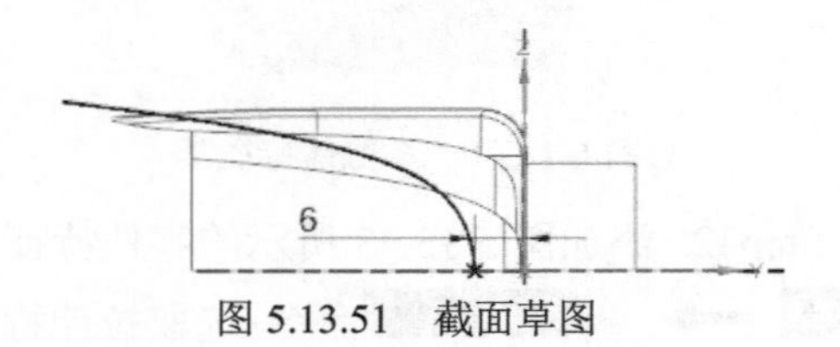

图 5.13.51 截面草图

Step36. 添加图 5.13.52 所示的零件特征——修剪片体特征 4。选择下拉菜单 插入(S) → 修剪(M) → 修剪片体(R)... 命令；选取图 5.13.53 所示的曲面为目标体，并单击中键确认；选取拉伸特征 6 为边界对象；在 区域 区域中选中 ⊙ 舍弃 单选项；单击 确定 按钮，完成修剪片体特征 4 的添加。

图 5.13.52 修剪片体特征 4

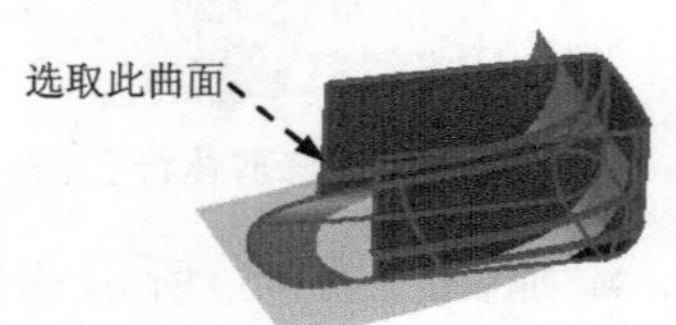

图 5.13.53 目标体

Step37. 添加图 5.13.54 所示的零件特征——修剪片体特征 5。选择下拉菜单 插入(S) → 修剪(M) → 修剪片体(R)... 命令；选取拉伸特征 6 为目标体，并单击中键确认；选取图 5.13.55 所示的边线为边界对象；在 区域 区域中选中 ⊙ 舍弃 单选项；单击 确定 按钮，完成修剪片体特征 5 的添加。

图 5.13.54 修剪片体特征 5

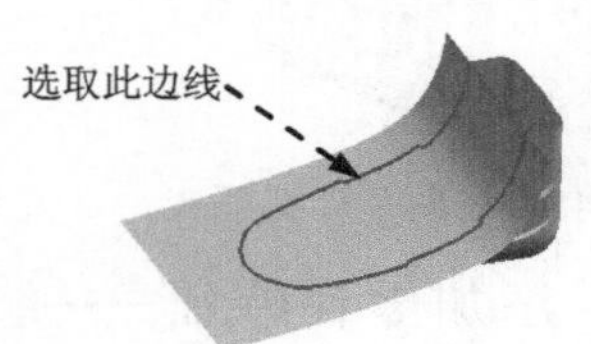

图 5.13.55 边界对象

Step38. 添加图 5.13.56 所示的零件特征——有界平面 1（隐藏所有草图）。选择下拉菜单 插入(S) → 曲面(R) → 有界平面(P)... 命令，此时系统弹出“有界平面”对话框；选取图 5.13.57 所示的边线为截面边界；单击< 确定 >按钮，完成有界平面 1 的添加。

图 5.13.56 有界平面 1

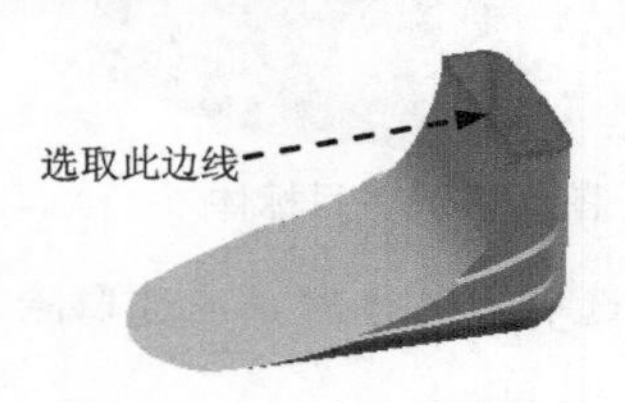

图 5.13.57 选取截面边界

Step39. 添加零件特征——缝合 3。选择下拉菜单 插入(S) → 组合(B) → 缝合(W)... 命令；选取图 5.13.58 所示的曲面为目标体，并选取图 5.13.59 所示的曲面为刀具体，然后单击 确定 按钮，完成缝合特征 3 的添加。

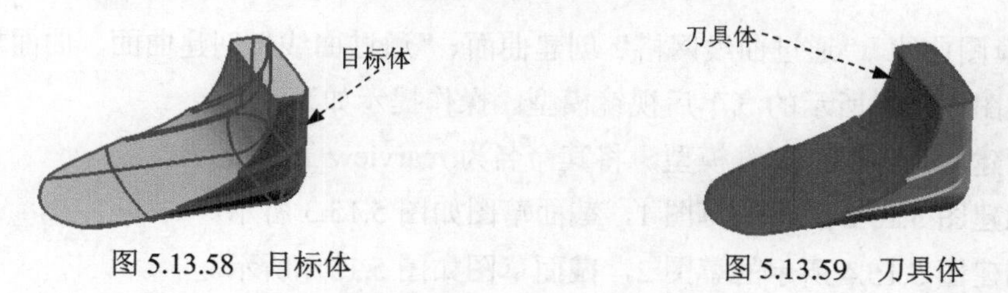

图 5.13.58 目标体　　图 5.13.59 刀具体

Step40. 后面的详细操作过程请参见随书学习资源中 video\ch05.13\reference\文件下的语音视频讲解文件 stapler-r01.exe。

## 5.14 UG 曲面零件设计实际应用 4 ——饮料瓶的设计

### 应用概述

本应用介绍了一个饮料瓶的设计过程。主要运用了一些常用命令，包括拉伸、抽壳和倒圆角等特征，其中在瓶口螺纹处使用的命令很巧妙，需要注意的是实体修剪和变换特征的添加方法。零件模型及特征树如图 5.14.1 所示。

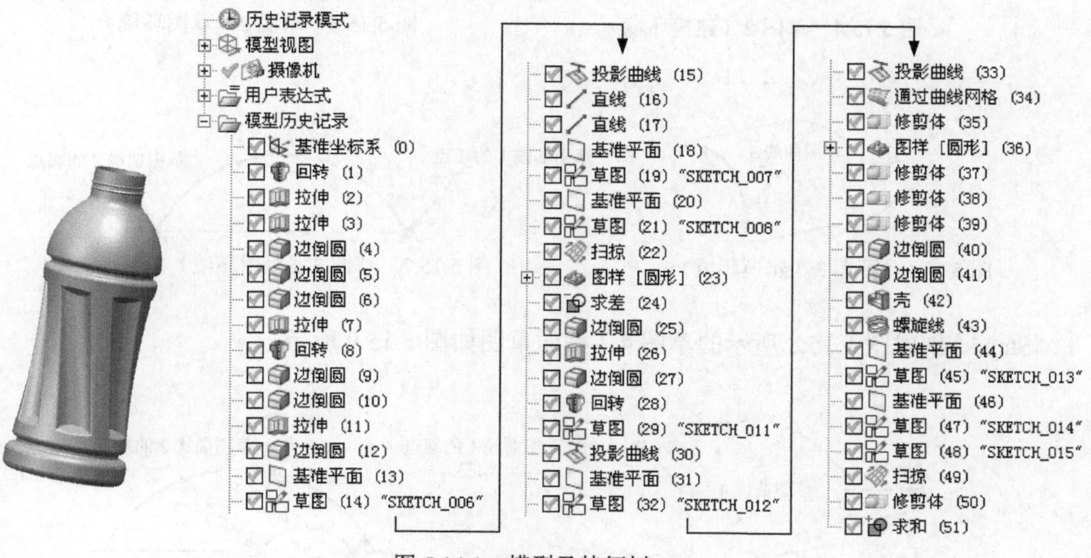

图 5.14.1 模型及特征树

本应用的详细操作过程请参见随书学习资源中 video\ch05.14\文件下的语音视频讲解文件。模型文件为 D:\ug10.1\work\ch05.14\bottle.prt。

# 5.15 习 题

1．利用草图曲线、“通过曲线网格”创建曲面、“通过曲线”创建曲面、曲面加厚等特征操作，创建图 5.15.1 所示的汽车后视镜模型。操作提示如下：

Step1．新建一个零件的三维模型，将其命名为 rearview_mirror.prt。

Step2．创建图 5.15.2 所示的草图 1，截面草图如图 5.15.3 所示。

Step3．创建图 5.15.4 所示的草图 2，截面草图如图 5.15.5 所示。

Step4．创建图 5.15.6 所示的草图 3，截面草图如图 5.15.7 所示。

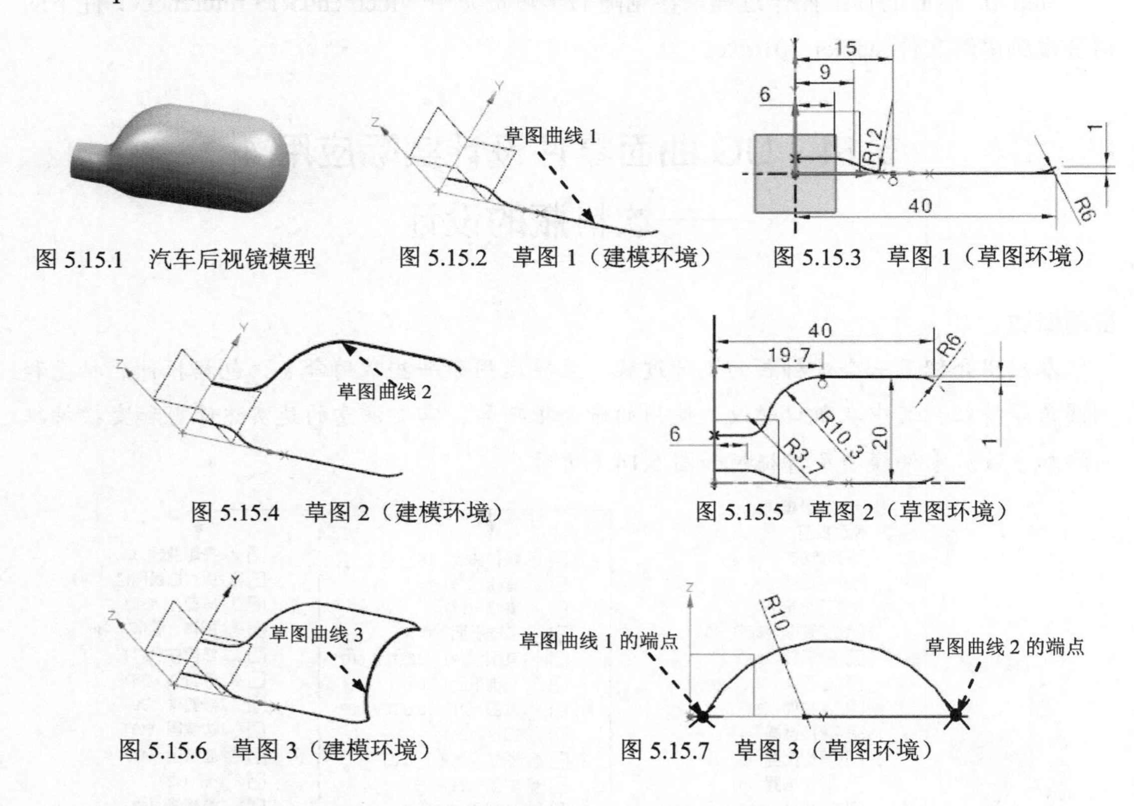


图 5.15.1　汽车后视镜模型

图 5.15.2　草图 1（建模环境）

图 5.15.3　草图 1（草图环境）

图 5.15.4　草图 2（建模环境）

图 5.15.5　草图 2（草图环境）

图 5.15.6　草图 3（建模环境）

图 5.15.7　草图 3（草图环境）

Step5．创建图 5.15.8 所示的草图 4，截面草图如图 5.15.9 所示。

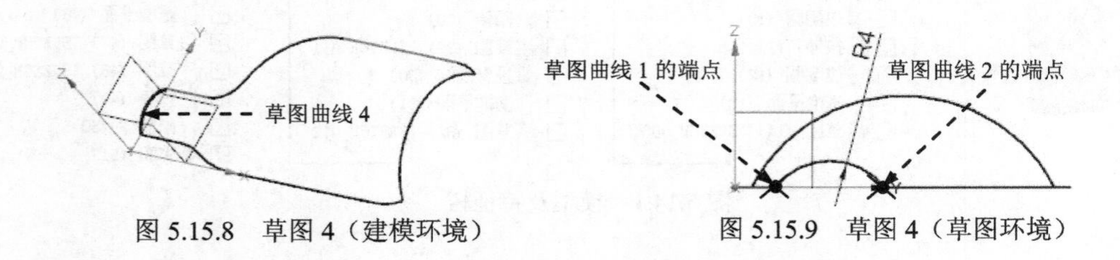


图 5.15.8　草图 4（建模环境）

图 5.15.9　草图 4（草图环境）

Step6．创建图 5.15.10 所示的草图 5，截面草图如图 5.15.11 所示。

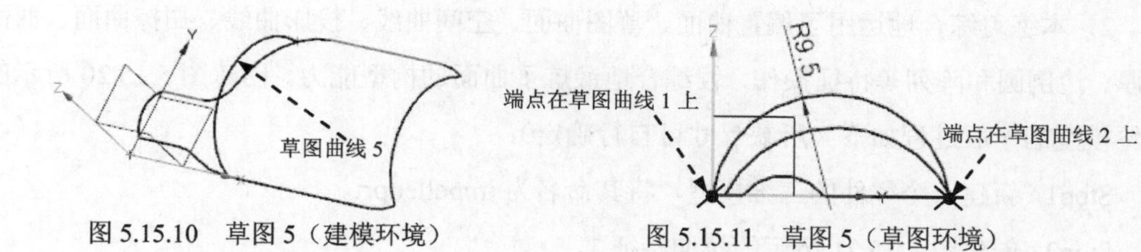


图 5.15.10　草图 5（建模环境）　　图 5.15.11　草图 5（草图环境）

Step7. 创建图 5.15.12 所示的草图 6，截面草图如图 5.15.13 所示。

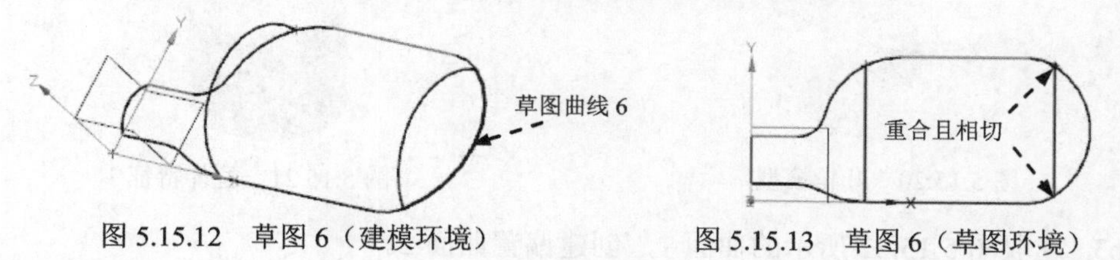


图 5.15.12　草图 6（建模环境）　　图 5.15.13　草图 6（草图环境）

Step8. 创建图 5.15.14 所示的曲面 1。

Step9. 创建图 5.15.15 所示的曲面 2。

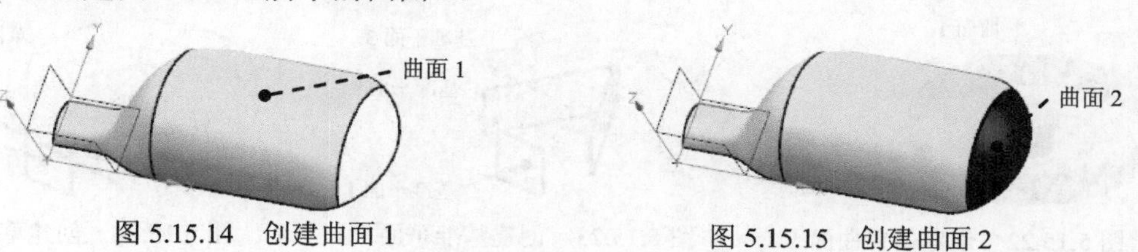


图 5.15.14　创建曲面 1　　图 5.15.15　创建曲面 2

Step10. 去除收敛点，如图 5.15.16 所示。

Step11. 补片并缝合曲面，如图 5.15.17 所示。

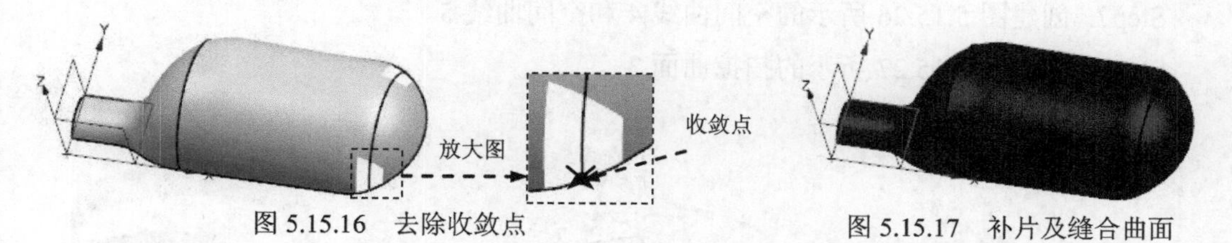


图 5.15.16　去除收敛点　　图 5.15.17　补片及缝合曲面

Step12. 加厚片体，如图 5.12.18 所示。

Step13. 创建图 5.15.19 所示的一个拉伸特征模型，将模型一侧切平。

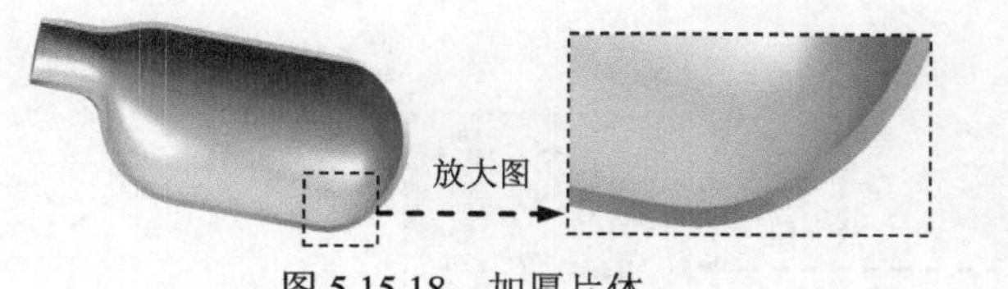


图 5.15.18　加厚片体　　图 5.15.19　拉伸特征

2．本练习综合地运用了偏置曲面、草图曲面、空间曲线、投影曲线、扫掠曲面、曲面加厚、边倒圆和阵列等特征操作，较综合地锻炼了曲面的构型能力。创建图 5.15.20 所示的叶轮模型的一般过程如下（所缺尺寸可自行确定）：

Step1．新建一个零件的三维模型，将其命名为 impeller.prt。

Step2．创建图 5.15.21 所示的拉伸特征 1。

图 5.15.20 叶轮模型

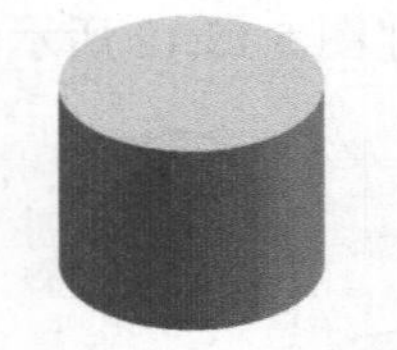

图 5.15.21 拉伸特征 1

Step3．选取图 5.15.22 所示的曲面 1，创建偏置曲面 2。

Step4．创建图 5.15.23 所示的基准平面 1、基准平面 2 和基准平面 3。

Step5．在基准平面 1 上创建图 5.15.24 所示的草图曲线 1。

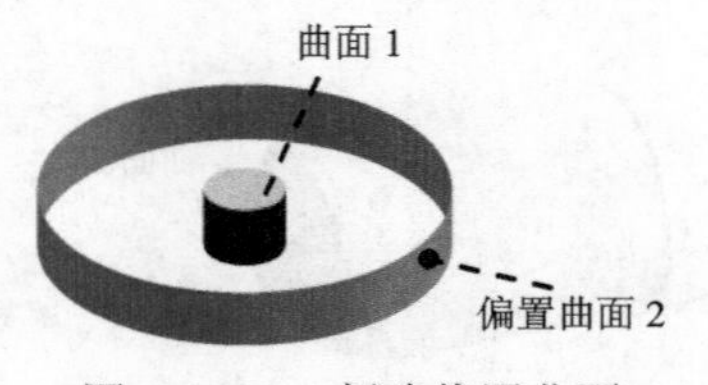


图 5.15.22 创建偏置曲面

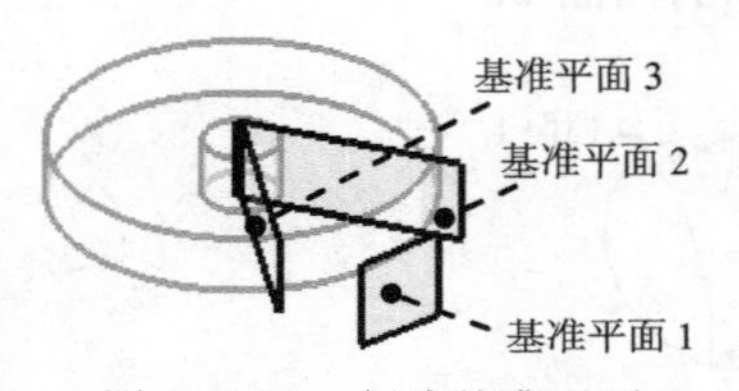


图 5.15.23 创建基准平面

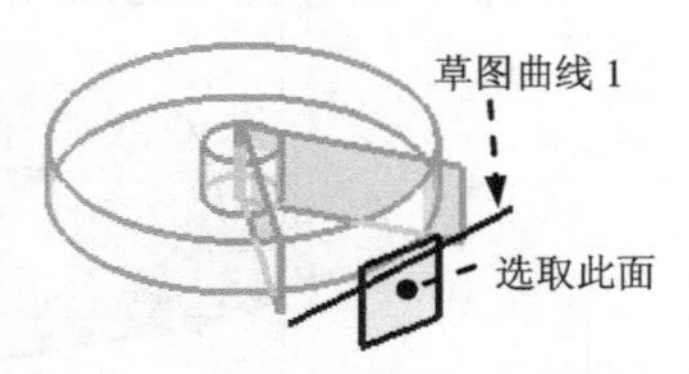


图 5.15.24 创建草图曲线

Step6．选取 Step5 所创建的草图曲线 1，将其投影到曲面 2 和曲面 1 上，形成投影曲线 2 和投影曲线 3，如图 5.15.25 所示。

Step7．创建图 5.15.26 所示的空间曲线 4 和空间曲线 5。

Step8．创建图 5.15.27 所示的扫掠曲面 3。

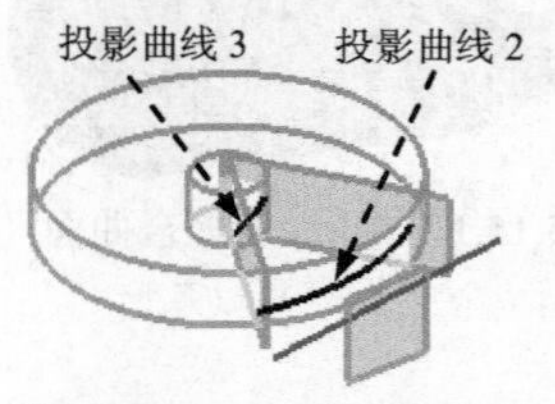


图 5.15.25 创建投影曲线

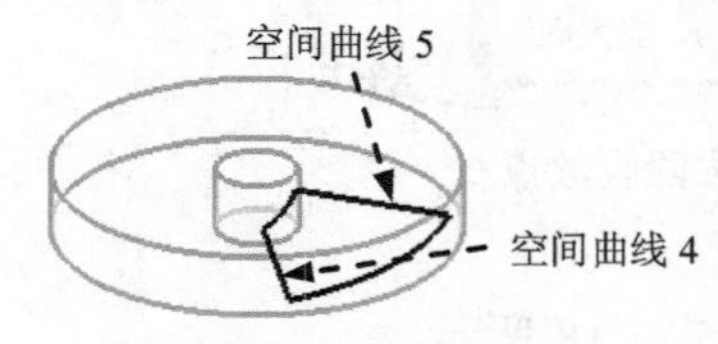


图 5.15.26 创建空间曲线

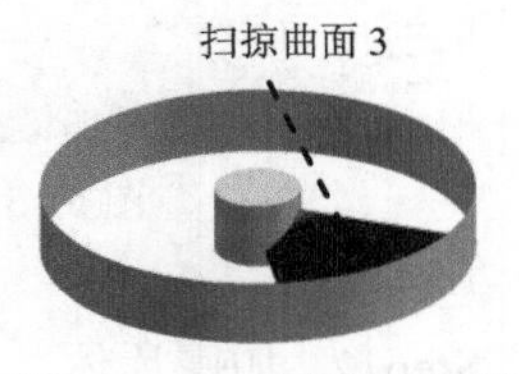


图 5.15.27 创建扫掠曲面

Step9．将图 5.15.22 所示的偏置曲面 2 隐藏后，加厚 Step8 中所创建的扫掠曲面 3，如图 5.15.28 所示。

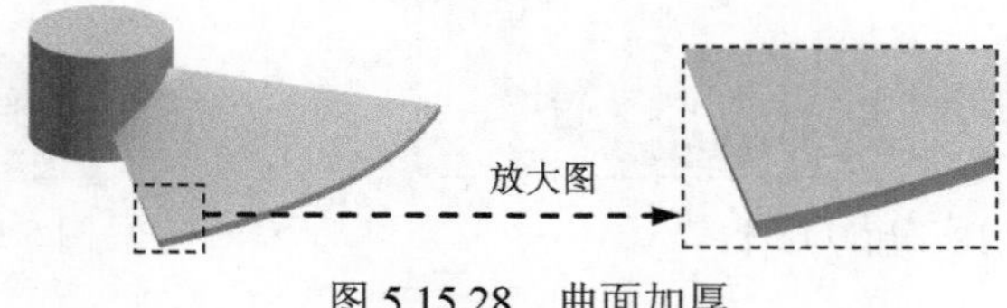


图 5.15.28 曲面加厚

Step10. 将图 5.15.27 所示的扫掠曲面 3 隐藏后，添加边倒圆特征 1，如图 5.15.29 所示。

Step11. 阵列添加了边倒圆特征后的加厚实体，如图 5.15.30 所示。

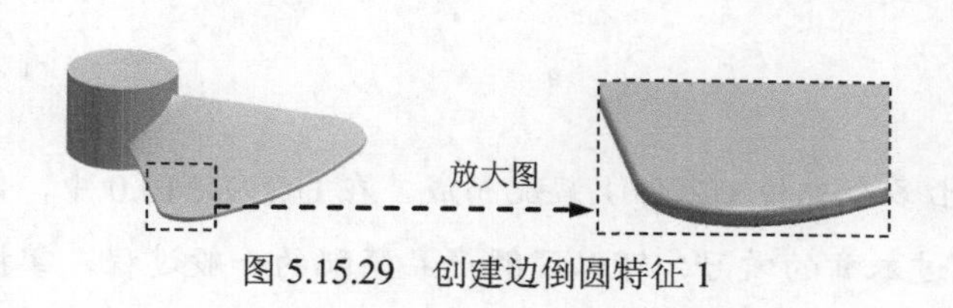


图 5.15.29　创建边倒圆特征 1

图 5.15.30　阵列特征

Step12. 创建图 5.15.31 所示的拉伸特征 2。

Step13. 将拉伸特征 2 与加厚特征和阵列特征合并为一个实体。

Step14. 将拉伸特征 1 隐藏后，添加边倒圆特征 2，如图 5.15.32 所示。

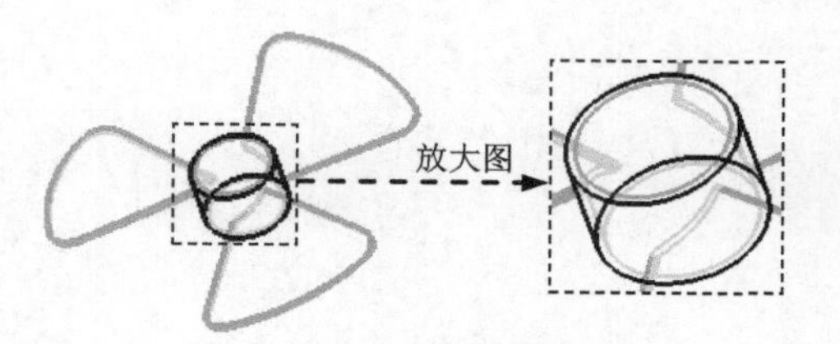


图 5.15.31　创建拉伸特征 2

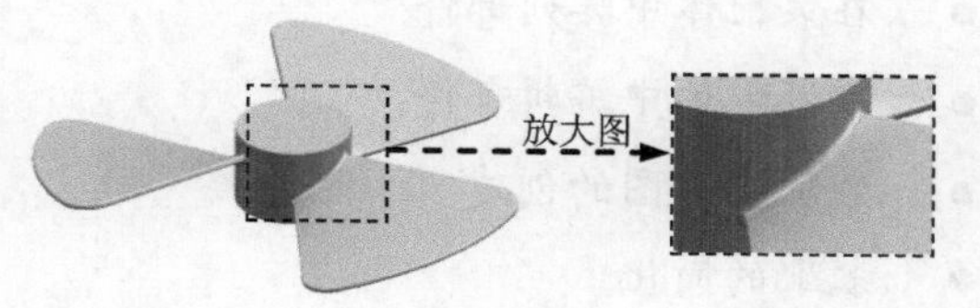


图 5.15. 32　创建边倒圆特征 2

3．根据图 5.15.33 所示的提示创建零件模型（水龙头开关）。

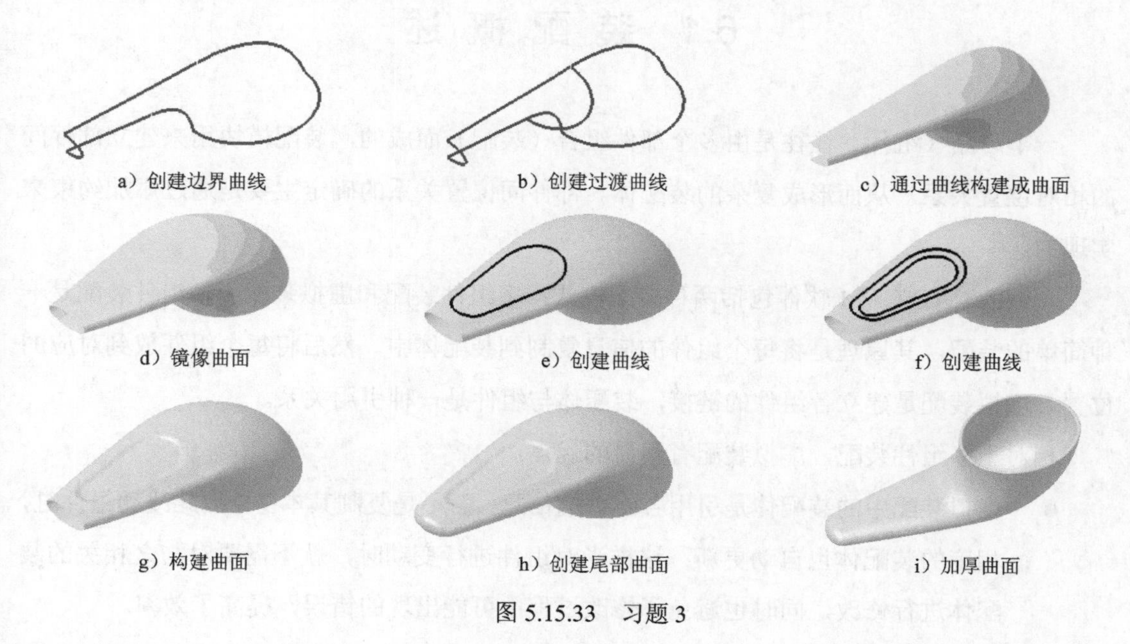


图 5.15.33　习题 3

# 第6章 装配设计

**本章提要** 一个产品往往由多个部件（零件）装配而成，在UG NX 10.0中，部件的装配是在装配模块中完成的。通过本章的学习，可以了解产品装配的一般过程，掌握一些基本的装配技能。本章主要内容包括：

- 装配导航器的使用
- 各种装配约束的基本概念
- 装配的一般过程
- 在装配体中阵列部件
- 在装配体中编辑部件
- 装配爆炸图的创建
- 装配的简化
- 多截面动态剖
- 模型的外观处理

## 6.1 装配概述

一个产品（组件）往往是由多个部件组合（装配）而成的，装配模块用来建立部件间的相对位置关系，从而形成复杂的装配体。部件间位置关系的确定主要是通过添加约束来实现的。

一般的CAD/CAM软件包括两种装配模式：多组件装配和虚拟装配。多组件装配是一种简单的装配，其原理是将每个组件的信息复制到装配体中，然后将每个组件放到对应的位置。虚拟装配是建立各组件的链接，装配体与组件是一种引用关系。

相对于多组件装配，虚拟装配有明显的优点：

- 虚拟装配中的装配体是引用各组件的信息，而不是复制其本身，因此改动组件时，相应的装配体也自动更新；这样当对组件进行变动时，就不需要对与之相关的装配体进行修改，同时也避免了修改过程中可能出现的错误，提高了效率。
- 虚拟装配中，各组件通过链接应用到装配体中，比复制节省了存储空间。

- 控制部件可以通过引用集的引用，下层部件不需要在装配体中显示，简化了组件的引用，提高了显示速度。

UG NX 10.0 的装配模块具有以下特点：

- 利用装配导航器可以清晰地查询、修改和删除组件及约束。
- 提供了强大的爆炸图工具，可以方便地生成装配体的爆炸图。
- 提供了很强的虚拟装配功能，有效地提高了工作效率。提供了方便的组件定位方法，可以快捷地设置组件间的位置关系。系统提供了八种约束方式，通过对组件添加多个约束，可以准确地把组件装配到位。

**相关术语和概念**

装配：指在装配过程中建立部件之间的相对位置关系，由部件和子装配组成。

组件：在装配中按特定位置和方向使用的部件。组件可以是独立的部件，也可以是由其他较低级别的组件组成的子装配。装配中的每个组件仅包含一个指向其主几何体的指针，在修改组件的几何体时，装配体将随之发生变化。

部件：任何 prt 文件都可以作为部件添加到装配文件中。

工作部件：可以在装配模式下编辑的部件。在装配状态下，一般不能对组件直接进行修改，要修改组件，需要将该组件设为工作部件。部件被编辑后，所做修改的变化会反映到所有引用该部件的组件。

子装配：在高一级装配中被用作组件的装配，子装配也可以拥有自己的子装配。子装配是相对于引用它的高一级装配来说的，任何一个装配部件都可在更高级装配中用作子装配。

引用集：定义在每个组件中的附加信息，其内容包括了该组件在装配时显示的信息。每个部件可以有多个引用集，供用户在装配时选用。

## 6.2 装配环境中的下拉菜单及工具条

装配环境中的下拉菜单中包含了进行装配操作的所有命令，而装配工具条包含了进行装配操作的常用按钮。工具条中的按钮都能在下拉菜单中找到与其对应的命令，这些按钮是进行装配的主要工具。

新建任意一个文件（如 work.prt）；选择 启动 下拉菜单中的 装配(B) 命令，进入装配环境，并显示图 6.2.1 所示的“装配”工具条，如果没有显示，用户可以通过在“定制”对话框中选中 ☑装配 复选框，调出“装配”工具条；选择 装配(A) 下拉菜单，如图 6.2.2

所示。

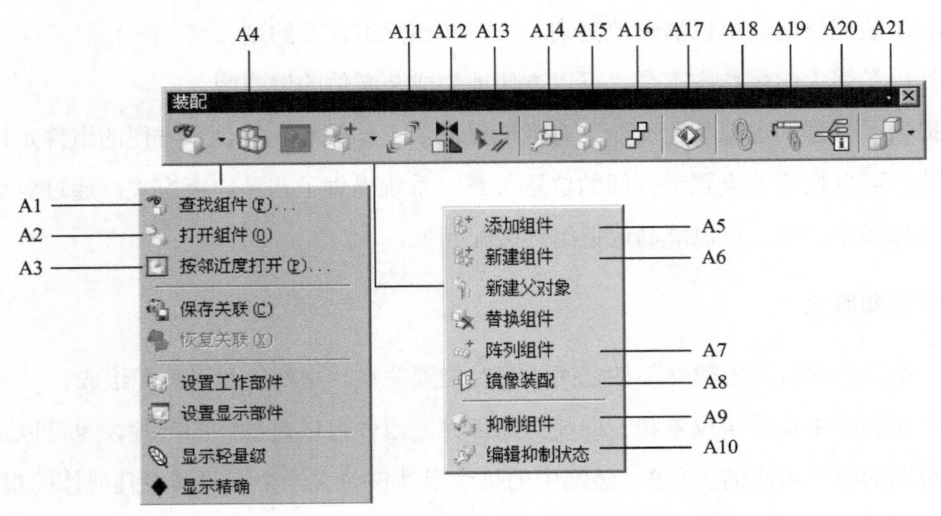


图 6.2.1 “装配”工具条

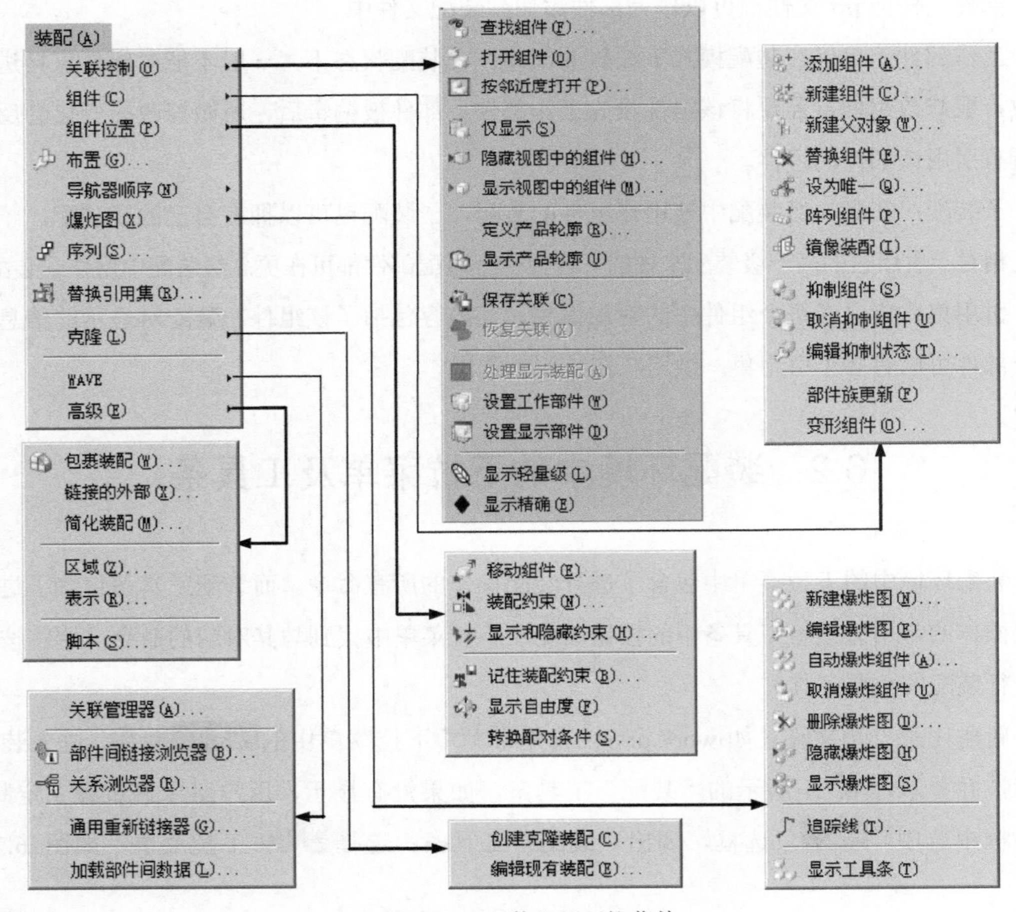


图 6.2.2 “装配”下拉菜单

图 6.2.1 所示的“装配”工具条中各选项的说明如下：

A1（查找组件）：该选项用于查找组件。单击该按钮，系统弹出图 6.2.3 所示的“查找组件”对话框，利用该对话框中的 根据属性 、 从列表 、 按大小 、 按名称 和 根据状态 五个选项卡可以查找组件。

A2（打开组件）：该选项用于打开某一关闭的组件。例如在装配导航器中关闭某组件时，该组件在装配体中消失，此时在装配导航器中选中该组件，单击按钮，组件被打开。

A3（按邻近度打开）：该选项用于按相邻度打开一个范围内的所有关闭组件。选择此选项，系统弹出“类选择”对话框，选择某一组件后，单击 确定 按钮，系统弹出图 6.2.4 所示的“按邻近度打开”对话框。用户在“按邻近度打开”对话框中可以拖动滑块设定范围，主对话框中会显示该范围的图形，应用后会打开该范围内的所有关闭组件。

A4（显示产品轮廓）：该按钮用于显示产品轮廓。单击此按钮，显示当前定义的产品轮廓。如果在选择显示产品轮廓选项时没有现有的产品轮廓，系统会弹出一条消息“选择是否创建新的产品轮廓”。

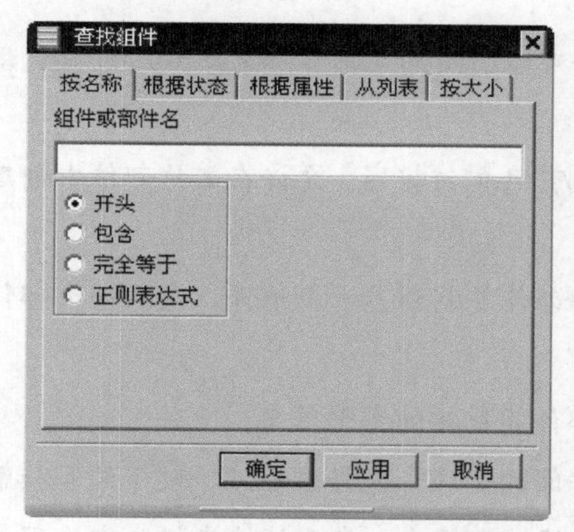


图 6.2.3 “查找组件”对话框

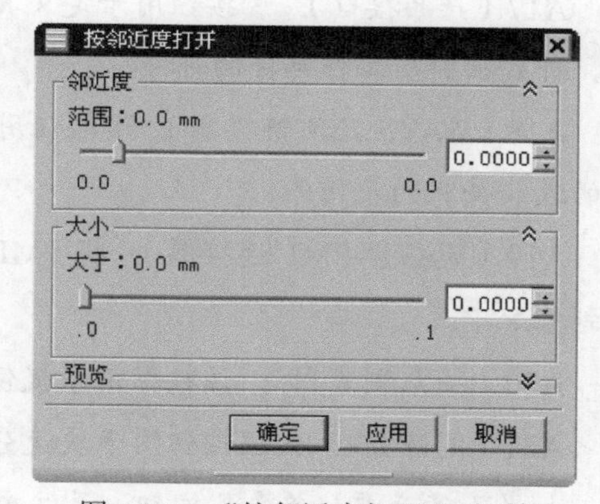


图 6.2.4 “按邻近度打开”对话框

A5（添加组件）：该选项用于加入现有的组件。在装配中经常会用到此选项，其功能是向装配体中添加已存在的组件，添加的组件可以是未载入系统中的部件文件，也可以是已载入系统中的组件。用户可以选择在添加组件的同时定位组件，设定与其他组件的装配约束，也可以不设定装配约束。

A6（新建组件）：该选项用于创建新的组件，并将其添加到装配中。

A7（阵列组件）：该选项用于创建组件阵列。

A8（镜像装配）：该选项用于镜像装配。对于含有很多组件的对称装配，此命令是很有用的，只需要装配一侧的组件，然后进行镜像即可。可以对整个装配进行镜像，也可以选择个别组件进行镜像，还可指定要从镜像的装配中排除的组件。

A9（抑制组件）：该选项用于抑制组件。抑制组件将组件及其子项从显示中移去，但不删除被抑制的组件，它们仍存在于数据库中。

A10（编辑抑制状态）：该选项用于编辑抑制状态。选择一个或多个组件，选择此选项，系统弹出“抑制”对话框，其中可以定义所选组件的抑制状态。对于装配有多个布置或选定组件有多个控制父组件，则还可以对所选的不同布置或父组件定义不同的抑制状态。

A11（移动组件）：该选项用于移动组件。

A12（装配约束）：该选项用于在装配体中添加装配约束，使各零部件装配到合适的位置。

A13（显示和隐藏约束）：该按钮用于显示和隐藏约束及使用其关系的组件。

A14（装配布置）：该按钮用于编辑排列。单击此按钮，系统弹出“编辑布置”对话框，可以定义装配布置来为部件中的一个或多个组件指定备选位置，并将这些备选位置和部件保存在一起。

A15（爆炸图）：该按钮用于调出“爆炸视图”工具条，然后可以进行创建爆炸图、编辑爆炸图以及删除爆炸图等操作。

A16（装配序列）：该按钮用于查看和更改创建装配的序列。单击此按钮，系统弹出“序列导航器”和“装配序列”工具条。

A17（产品接口）：该按钮用于定义其他部件可以引用的几何体和表达式、设置引用规则，并列出引用工作部件的部件。

A18（WAVE 几何链接器）：该按钮用于 WAVE 几何链接器。允许在工作部件中创建关联的或非关联的几何体。

A19（WAVE PMI 连接器）：将 PMI 从一个部件复制到另一个部件，或从一个部件复制到装配中。

A20（关系浏览器）：该按钮用于提供有关部件间链接的图形信息。

A21（间隙分析）：该按钮用于快速分析组件间的干涉，包括软干涉、硬干涉和接触干涉。如果干涉存在，单击此按钮，系统会弹出干涉检查报告。在干涉检查报告中，用户可以选择某一干涉，隔离与之无关的组件。

## 6.3 装配导航器

为了便于用户管理装配组件，UG NX 10.0 提供了装配导航器功能。装配导航器在一个单独的对话框中以图形的方式显示部件的装配结构，并提供了在装配中操控组件的快捷方法。可以使用装配导航器选择组件进行各种操作，以及执行装配管理功能，如更改工作部件、更改显示部件、隐藏和不隐藏组件等。

装配导航器将装配结构显示为对象的树形图，每个组件都显示为装配树结构中的一个节点。

## 6.3.1 功能概述

打开文件 D:\ug10.1\work\ch06.03\representative.prt；单击用户界面资源工具条区中的“装配导航器”按钮，显示“装配导航器”，如图 6.3.1 所示。在装配导航器的第一栏，可以方便地查看和编辑装配体和各组件的信息。

图 6.3.1 装配导航器

### 1．装配导航器的按钮

装配导航器的模型树中，各部件名称前后有很多图标，不同的图标表示不同的信息。

- ☑：选中此复选标记，表示组件至少已部分打开且未隐藏。
- ☑：取消此复选标记，表示组件至少已部分打开，但不可见。不可见的原因可能是由于被隐藏、在不可见的层上，或在排除引用集中。单击该复选框，系统将完全显示该组件及其子项，图标变成☑。
- □：此复选标记表示组件关闭，在装配体中将看不到该组件，该组件的图标将变为（当该组件为非装配或子装配时）或（当该组件为子装配时）。单击该复选框，系统将完全或部分加载组件及其子项，组件在装配体中显示，该图标变成☑。
- □：此标记表示组件被抑制。不能通过单击该图标编辑组件状态，如果要消除抑制状态可右击，从弹出的快捷菜单中选择 抑制... 命令，在弹出的“抑制”对话框中选择 从不抑制 单选项，然后进行相应操作。

- ：此标记表示该组件是装配体。
- ：此标记表示该组件不是装配体。

2．装配导航器的操作

- 装配导航器对话框的操作。
  - ☑ 显示模式控制：通过单击左上角的按钮，可以使装配导航器对话框在浮动和固定之间切换。
  - ☑ 列设置：装配导航器默认的设置只显示几列信息，大多数都被隐藏了。在装配导航器空白区域右击，在弹出的快捷菜单中选择列选项，系统会展开所有列选项供用户选择。
- 组件操作。
  - ☑ 选择组件：单击组件的节点可以选择单个组件。按住 Ctrl 键可以在装配导航器中选择多个组件。如果要选择的组件是相邻的，可以按住 Shift 键并单击选择第一个组件和最后一个组件，则这中间的组件全部被选中。
  - ☑ 拖放组件：可在按住鼠标左键的同时，选择装配导航器中的一个或多个组件，将它们拖到新位置。松开鼠标左键，目标组件将成为包含该组件的装配体，其按钮也将变为。
  - ☑ 将组件设为工作组件：双击某一组件，可以将该组件设为工作组件，此时可以对工作组件进行编辑（这与在图形区域双击某一组件的效果是一样的）。要取消工作组件状态，只需在根节点处双击即可。

## 6.3.2 预览面板和相依性面板

### 1．预览面板

在“装配导航器”对话框中单击预览按钮，可展开或折叠面板，如图 6.3.1 所示。选择装配导航器中的组件，可以在预览面板中查看该组件的预览。添加新组件时，如果该组件已加载到系统中，预览面板也会显示该组件的预览。

### 2．相依性面板

在“装配导航器”对话框中单击相依性按钮，可展开或折叠面板，如图 6.3.1 所示。选择装配导航器中的组件，可以在依附性面板中查看该组件的相依性关系。

在相依性面板中，每个装配组件下都有两个文件夹：子级和父级。以选中组件为基础组件，定位其他组件时所建立的约束和接触对象属于子级；以其他组件为基础组件，定位选中的组件时所建立的约束和接触对象属于父级。单击“局部放大图”按钮，系统详细列出了其中所有的约束条件和接触对象。

# 6.4 组件的装配约束说明

装配约束用于在装配中定位组件，可以指定一个部件相对于装配体中另一个部件（或特征）的放置方式和位置。例如，可以指定一个螺栓的圆柱面与一个螺母的内圆柱面同轴。UG NX 10.0 中装配约束的类型包括固定、接触对齐、同轴、距离和中心等。每个组件都有唯一的装配约束，这个装配约束由一个或多个约束组成。每个约束都会限制组件在装配体中的一个或几个自由度，从而确定组件的位置。用户可以在添加组件的过程中添加装配约束，也可以在添加完成后添加约束。如果组件的自由度被全部限制，可称为完全约束；如果组件的自由度没有被全部限制，则称为欠约束。

## 6.4.1 “装配约束”对话框

在 UG NX 10.0 中，装配约束是通过“装配约束”对话框中的操作来实现的，下面对“装配约束”对话框进行介绍。

选择下拉菜单 装配(A) → 组件位置(P) → 装配约束(N)... 命令，系统弹出图 6.4.1 所示的“装配约束”对话框。“装配约束”对话框中主要包括三个区域：“类型”区域、“要约束的几何体”区域和“设置”区域。

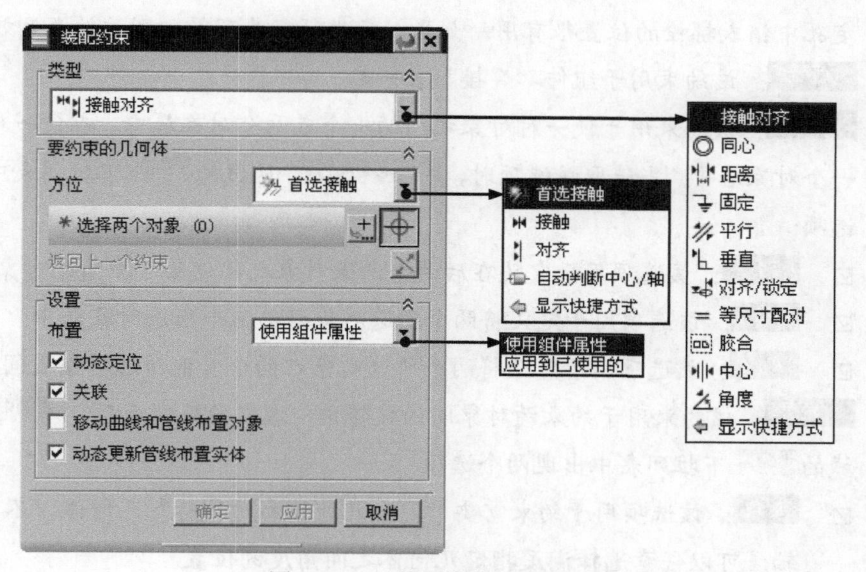


图 6.4.1　“装配约束”对话框

图 6.4.1 所示的“装配约束”对话框的 类型 下拉列表中各选项的说明如下：

- 接触对齐：该约束用于两个组件，使其彼此接触或对齐。当选择该选项后，要约束的几何体区域的方位下拉列表中出现四个选项：
  - ☑ 首选接触：若选择该选项，则当接触和对齐约束都可能时，显示接触约束（在大多数模型中，接触约束比对齐约束更常用）；当接触约束过度约束装配时，将显示对齐约束。
  - ☑ 接触：若选择该选项，则约束对象的曲面法向在相反方向上。
  - ☑ 对齐：若选择该选项，则约束对象的曲面法向在相同方向上。
  - ☑ 自动判断中心/轴：该选项主要用于定义两圆柱面、两圆锥面或圆柱面与圆锥面同轴约束。
- 同心：该约束用于定义两个组件的圆形边界或椭圆边界的中心重合，并使边界的面共面。
- 距离：该约束用于设定两个接触对象间的最小 3D 距离。选择该选项并选定接触对象后，距离区域的距离文本框被激活，可以直接输入数值。
- 固定：该约束用于将组件固定在其当前位置，一般用在第一个装配元件上。
- 平行：该约束用于使两个目标对象的矢量方向平行。
- 垂直：该约束用于使两个目标对象的矢量方向垂直。
- 对齐/锁定：该约束用于使两个目标对象的边线或轴线重合。
- 等尺寸配对：该约束用于定义将半径相等的两个圆柱面拟合在一起。此约束对确定孔中销或螺栓的位置很有用。如果以后半径变为不等，则该约束无效。
- 胶合：该约束用于组件“焊接”在一起。
- 中心：该约束用于使一对对象之间的一个或两个对象居中，或使一对对象沿另一个对象居中。当选取该选项时，要约束的几何体区域的子类型下拉列表中出现三个选项：
  - ☑ 1 对 2：该选项用于定义在后两个所选对象之间使第一个所选对象居中。
  - ☑ 2 对 1：该选项用于定义将两个所选对象沿第三个所选对象居中。
  - ☑ 2 对 2：该选项用于定义将两个所选对象在两个其他所选对象之间居中。
- 角度：该约束用于约束两对象间的旋转角。选取角度约束后，要约束的几何体区域的子类型下拉列表中出现两个选项：
  - ☑ 3D 角：该选项用于约束需要“源”几何体和“目标”几何体。不指定旋转轴；可以任意选择满足指定几何体之间角度的位置。
  - ☑ 方向角度：该选项用于约束需要“源”几何体和“目标”几何体，还特别需要一个定义旋转轴的预先约束，否则创建定位角约束失败。为此，希望尽可能创建 3D 角度约束，而不创建方向角度约束。

## 6.4.2 “接触对齐”约束

（1） “接触”约束可使两个装配部件中的两个平面重合并且朝向相反，如图 6.4.2 所示。“接触约束”也可以使其他对象接触，如直线与直线接触，如图 6.4.3 所示。

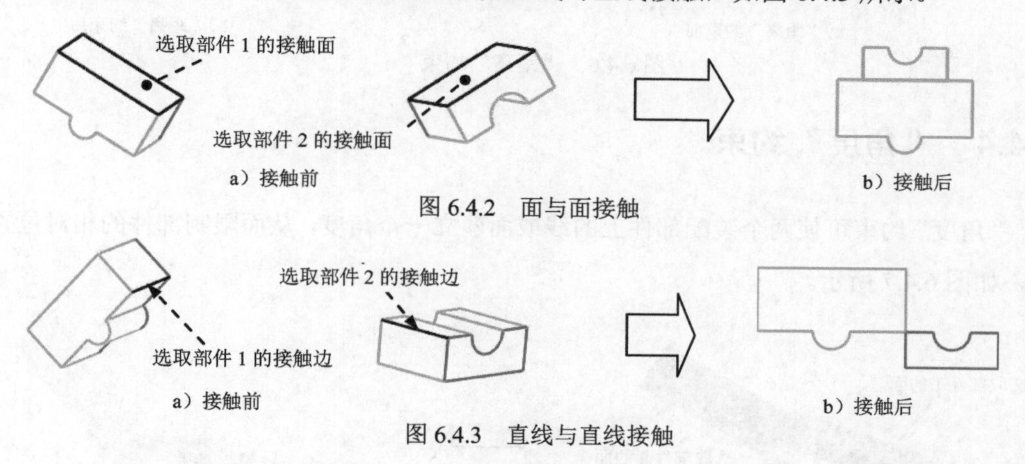


图 6.4.2 面与面接触

图 6.4.3 直线与直线接触

（2） “对齐”约束可使两个装配部件中的两个平面（图 6.4.4a）重合并且朝向相同，如图 6.4.4b 所示；同样，“对齐约束”也可以使其他对象对齐。

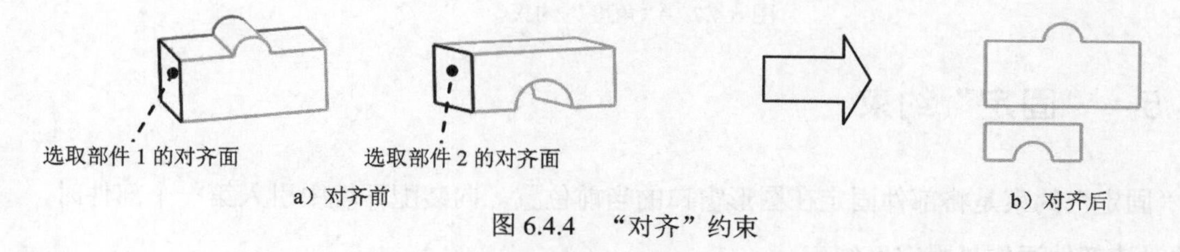


图 6.4.4 “对齐”约束

（3） “自动判断中心/轴”约束可使两个装配部件中的两个旋转面的轴线重合。当轴线不方便选取时，可以用这个约束，如图 6.4.5 所示。

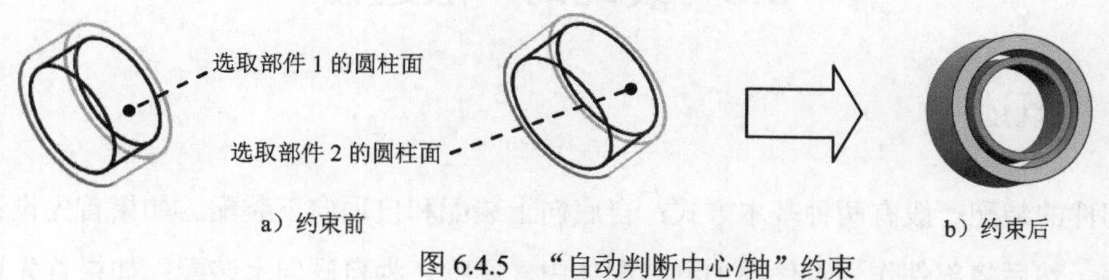


图 6.4.5 “自动判断中心/轴”约束

## 6.4.3 “距离”约束

“距离”约束可使两个装配部件中的两个平面保持一定的距离，可以直接输入距离值，如图 6.4.6 所示。

a)“距离”约束前　　b)“距离”约束后

图 6.4.6　“距离”约束

### 6.4.4　“角度”约束

“角度”约束可使两个装配部件上的线或面建立一个角度，从而限制部件的相对位置关系，如图 6.4.7 所示。

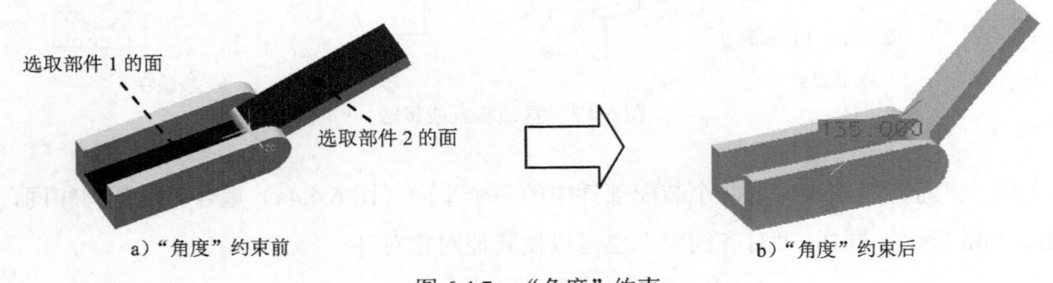

a)“角度”约束前　　b)“角度”约束后

图 6.4.7　“角度”约束

### 6.4.5　“固定”约束

“固定”约束是将部件固定在图形窗口的当前位置。向装配环境中引入第一个部件时，常常对该部件添加“固定”约束。

## 6.5　装配的一般过程

### 6.5.1　概述

部件的装配一般有两种基本方式：自底向上装配和自顶向下装配。如果首先设计好全部部件，然后将部件作为组件添加到装配体中，则称之为自底向上装配；如果首先设计好装配体模型，然后在装配体中创建组建模型，最后生成部件模型，则称之为自顶向下装配。

UG NX 10.0 提供了自底向上和自顶向下装配功能，并且两种方法可以混合使用。自底向上装配是一种常用的装配模式，本书主要介绍自底向上装配。

下面以两个轴类部件为例，说明自底向上创建装配体的一般过程。

## 6.5.2 添加第一个部件

Step1. 新建文件，单击按钮，在弹出的“新建”对话框中选择装配模板，在名称文本框中输入 assemblage，将保存位置设置为 D:\ug10.1\work\ch06.05，单击确定按钮。系统弹出图 6.5.1 所示的“添加组件”对话框。

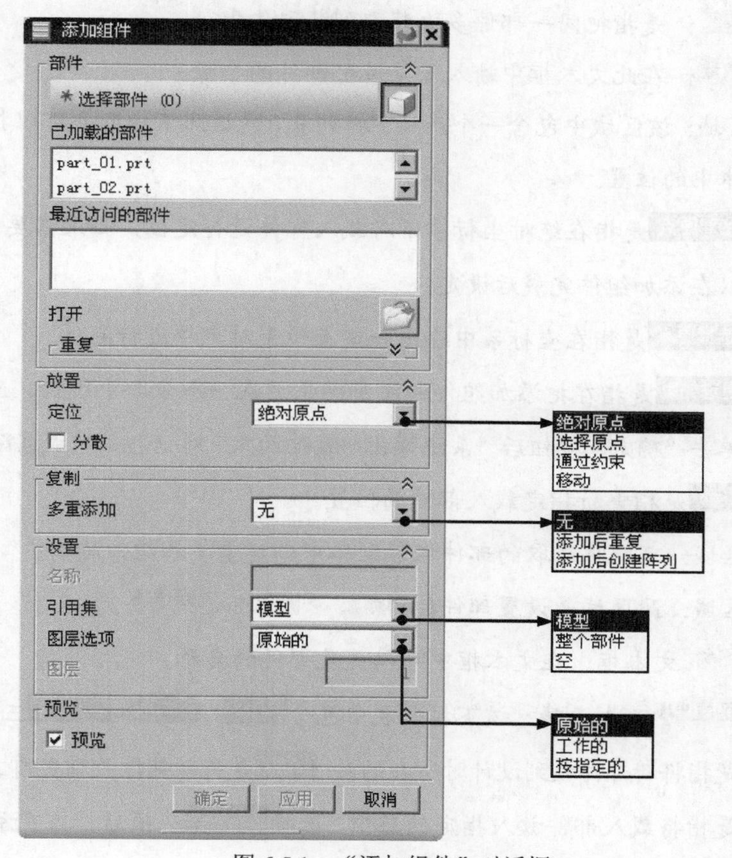


图 6.5.1 “添加组件”对话框

说明：在“添加组件”对话框中，系统提供了两种添加方式：一种是从硬盘中选择加载的文件；另一种方式是选择已加载或最近访问的部件。

Step2. 添加第一个部件。在“添加组件”对话框中单击“打开”按钮，选择 D:\ug10.1\work\ch06.05\part_01.prt，然后单击OK按钮。

Step3. 定义放置定位。在“添加组件”对话框放置区域的定位下拉列表中选取通过约束选项；选中预览区域的☑预览复选框，单击应用按钮，阶梯轴模型 part_01 被添加到 assemblage 中，系统弹出“装配约束”对话框。

Step4. 添加固定约束。在“装配约束”对话框类型下拉列表中选择固定选项，在组件预览区域中选取阶梯轴模型 part_01，单击< 确定 >按钮。

图 6.5.1 所示的“添加组件”对话框中主要选项的功能说明如下：

- 部件区域：用于从硬盘中选取的部件或已经加载的部件。
  - ☑ 已加载的部件：此文本框中的部件是已经加载到此软件中的部件。
  - ☑ 最近访问的部件：此文本框中的部件是在装配模式下最近打开过的部件。
  - ☑ 打开：单击“打开”按钮，可以从硬盘中选取要装配的部件。
  - ☑ 重复：是指把同一部件多次装配到装配体中。
  - ☑ 数量：在此文本框中输入重复装配部件的个数。
- 放置区域：该区域中包含一个定位下拉列表，通过此下拉列表可以指定部件在装配体中的位置。
  - ☑ 绝对原点是指在绝对坐标系下对载入部件进行定位，如果需要添加约束，可以在添加组件完成后设定。
  - ☑ 选择原点是指在坐标系中给出一定点位置对部件进行定位。
  - ☑ 通过约束是指在把添加组件和添加约束放在一个命令中进行，选择该选项并单击“确定”按钮后，系统弹出“装配约束”对话框，完成装配约束的定义。
  - ☑ 移动是指重新指定载入部件的位置。
- 复制区域：可以将选取的部件在装配体中创建重复和组件阵列。
- 设置区域：此区域是设置部件的名称、引用集和图层选项。
  - ☑ 名称文本框：在文本框中可以更改部件的名称。
  - ☑ 图层选项下拉列表：该下拉列表中包含原始的、工作的和按指定的三个选项。原始的是指将新部件放到设计时所在的层；工作的是将新部件放到当前工作层；按指定的是指将载入部件放入指定的层中，选择按指定的选项后，其下方的图层文本框被激活，可以输入层名。
- 预览复选框：选中此复选框，单击“应用”按钮后，系统会自动弹出选中部件的预览对话框。

### 6.5.3 添加第二个部件

Step1. 添加第二个部件。在“添加组件”对话框中单击按钮，选择文件 D:\ug10.1\work\ ch06\ch06.05\part_02.prt，然后单击 OK 按钮。

Step2. 定义放置定位。在“添加组件”对话框放置区域的定位下拉列表中选取通过约束选项；选中预览区域的☑ 预览复选框，单击确定按钮。此时系统弹出图 6.5.2 所示的“装配约束”对话框和图 6.5.3 所示的“组件预览”窗口。

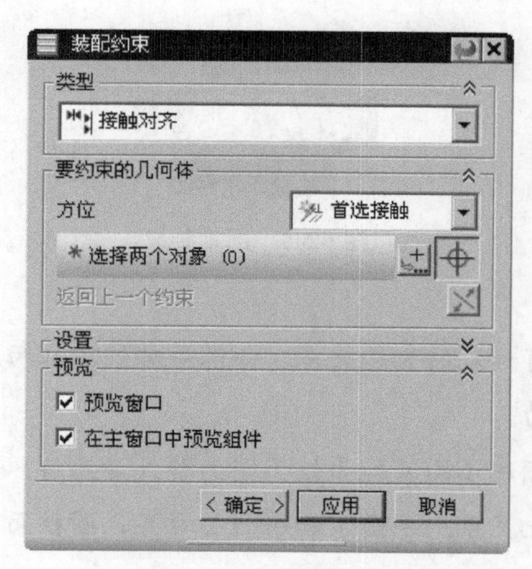


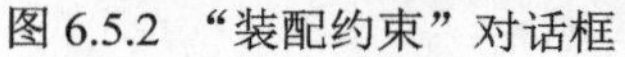

图 6.5.2 “装配约束”对话框

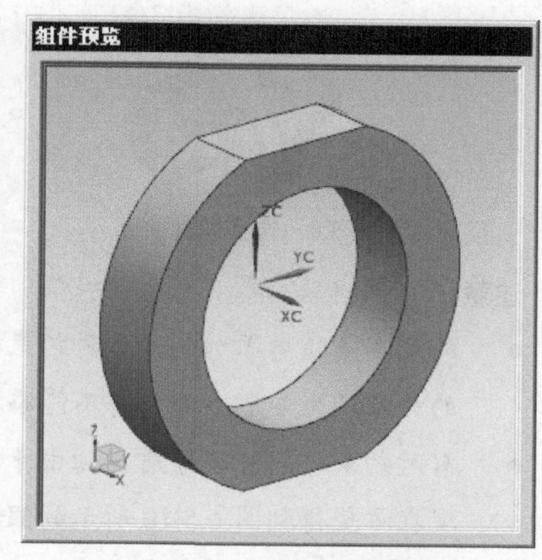


图 6.5.3 “组件预览”窗口

**说明**：在图 6.5.3 所示的“组件预览”窗口中可单独对要装入的部件进行缩放、旋转和平移，这样就可以将要装配的部件调整到方便选取装配约束参照的位置。

Step3. 添加“接触”约束。在“装配约束”对话框类型下拉列表中选择接触对齐选项，在要约束的几何体区域的方位下拉列表中选择首选接触选项；在预览区域中选中在主窗口中预览组件复选框；在“组件预览”窗口中选取图 6.5.4 所示的接触平面 1，然后在图形区中选取接触平面 2。单击应用按钮，结果如图 6.5.5 所示。

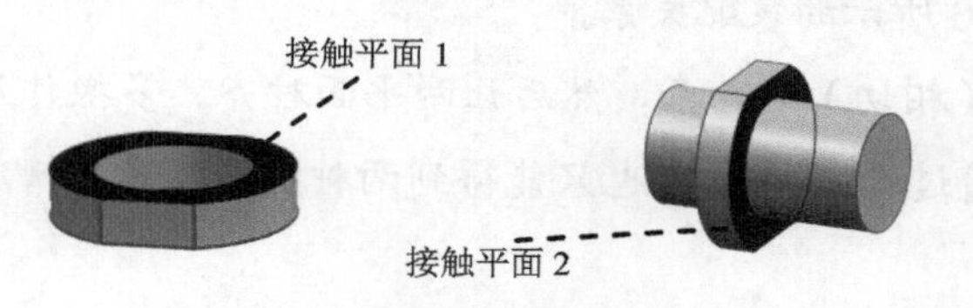


图 6.5.4 选取接触平面

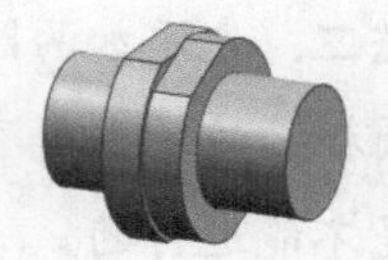

图 6.5.5 接触结果

Step4. 添加“对齐”约束。在“装配约束”对话框要约束的几何体区域的方位下拉列表中选择对齐选项，然后选取图 6.5.6 所示的对齐平面 1 和对齐平面 2，单击应用按钮，结果如图 6.5.7 所示。

图 6.5.6 选择对齐平面

图 6.5.7 对齐结果

Step5. 添加“同轴”约束。在“装配约束”对话框要约束的几何体区域的方位下拉列表中选择自动判断中心/轴选项，然后选取图 6.5.8 所示的曲面 1 和曲面 2，单击< 确定 >按钮，则这两个圆柱曲面的轴重合，结果如图 6.5.9 所示。

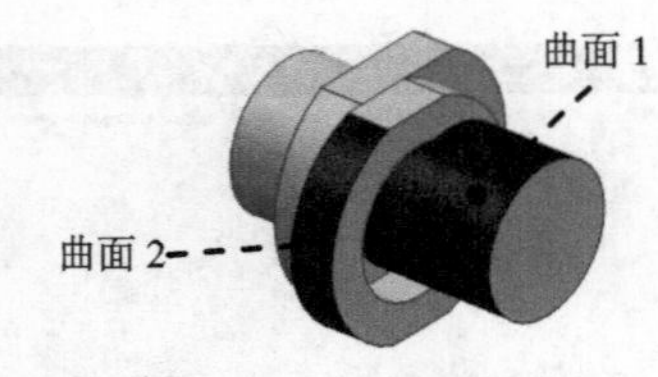

图 6.5.8　选择同轴曲面

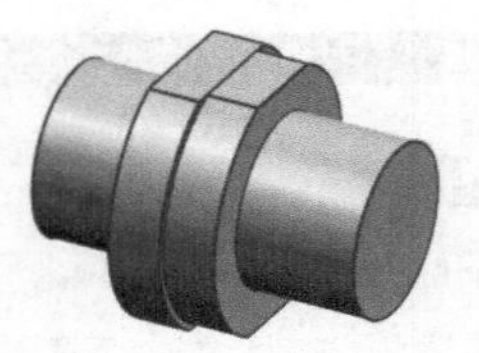
图 6.5.9　同轴结果

**注意：**

- 约束不是随意添加的，各种约束之间有一定的制约关系。如果后加的约束与先加的约束产生矛盾，那么将不能添加成功。
- 有时约束之间并不矛盾，但由于添加顺序不同可能导致不同的解或者无解。例如现在希望得到图 6.5.10 所示的假设装配关系：平面 1 和平面 2 对齐，圆柱面 1 和圆柱面 2 相切，现在尝试使用两种方法添加约束。

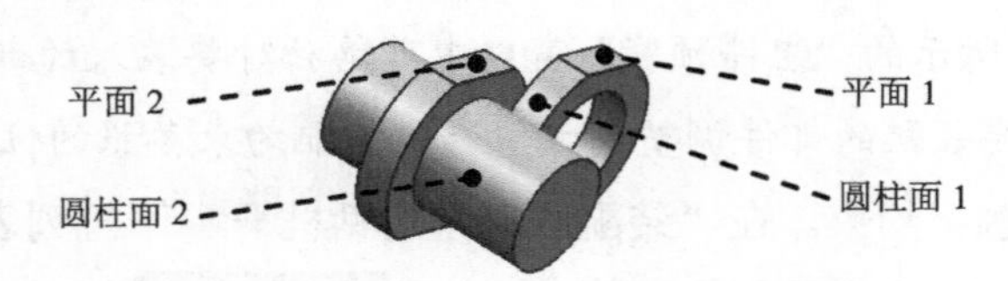

图 6.5.10　假设装配关系

**方法一：**先让两平面对齐，然后添加两圆柱面相切，如果得不到图中的位置，可以单击按钮，这样就能得到图中 6.5.10 所示的装配关系。

**方法二：**先添加两圆柱面接触（相切）的约束，然后让两平面对齐。多操作几次会发现，两圆柱面的切线是不确定的，通过单击按钮也只能得到两种解。在多数情况下，平面对齐是不能进行的。

由上面例子看出，组件装配约束的添加并不是随意的，不仅要求约束之间没有矛盾，而且选择合适的添加顺序也很重要。

## 6.5.4　引用集

在虚拟装配时，一般并不希望将每个组件的所有信息都引用到装配体中，通常只需要部件的实体图形，而很多部件还包含了基准平面、基准轴和草图等其他不需要的信息，这些信息会占用很大的内存空间，也会给装配带来不必要的麻烦。因此，UG 允许用户根据需要选取一部分几何对象作为该组件的代表参加装配，这就是引用集的作用。

在 6.5.2 节中，用户创建的每个组件都包含了默认的引用集，默认的引用集有三种：模型、整个部件和空。此外，用户可以修改和创建引用集，选择下拉菜单格式(R)中的引用集(R)...命令，系统弹出图 6.5.11 所示的“引用集”对话框，其中提供了对引用集进行创建、删除和编辑的功能。

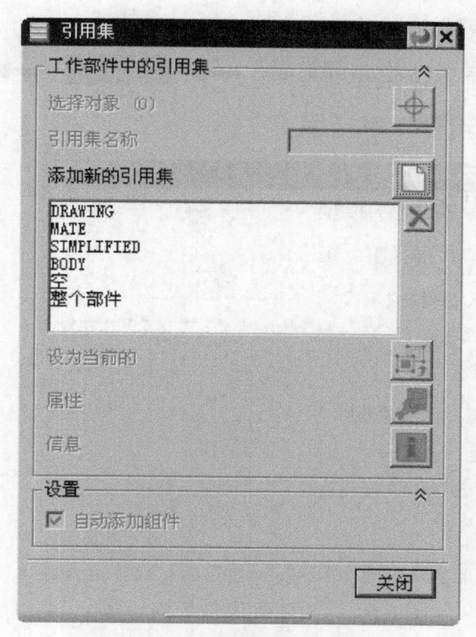


图 6.5.11　“引用集”对话框

## 6.6　部件的阵列

与零件模型中的特征阵列一样，在装配体中也可以对部件进行阵列。部件阵列的类型主要包括“参考”阵列、“线性”阵列和“圆形”阵列。

### 6.6.1　部件的“参考”阵列

部件的“参考”阵列是以装配体中某一零件中的特征阵列为参照，进行部件的阵列，如图 6.6.1 所示。图 6.6.1c 所示的六个螺钉阵列是参照装配体中部件 1 上的六个阵列孔来进行创建的。所以在创建“参考”阵列之前，应提前在装配体的某个零件中创建某一特征的阵列，该特征阵列将作为部件阵列的参照。

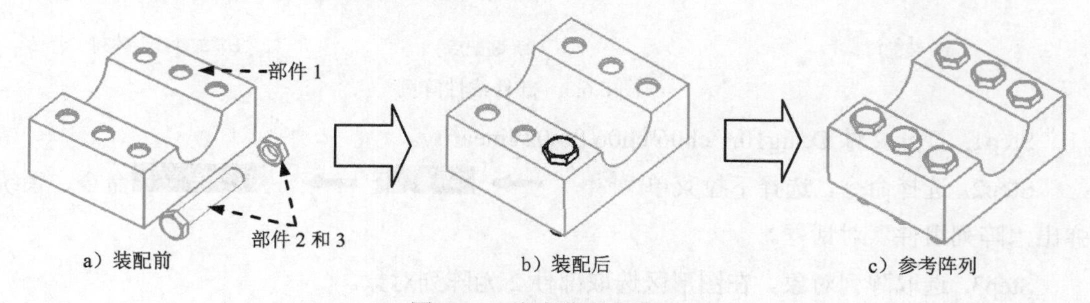


图 6.6.1　参考阵列部件

下面以图 6.6.1a 所示的部件 2 为例，说明“参考”阵列部件的一般操作过程。

Step1. 打开文件 D:\ug10.1\work\ch06.06.01\mount。

Step2. 选择命令。选择下拉菜单 装配(A) → 组件(C) → 阵列组件(P)... 命令，系统弹出图 6.6.2 所示的“阵列组件”对话框。

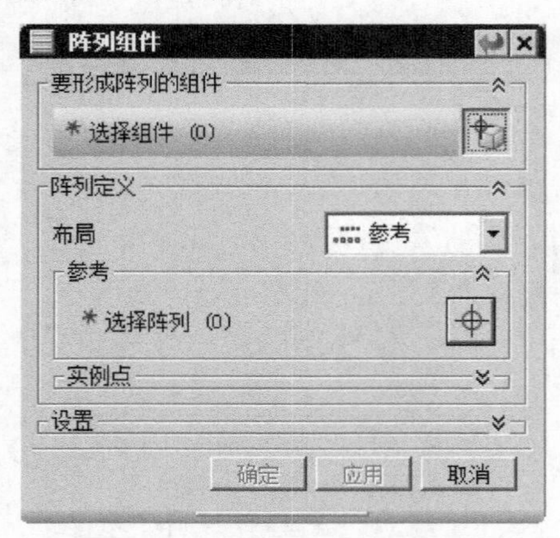


图 6.6.2 “阵列组件”对话框

Step3. 选取阵列对象。在图形区选取部件 2 作为阵列对象。

Step4. 定义阵列方式。在“阵列组件”对话框 阵列定义 区域 布局 的下拉列表中选择中选中 参考 选项，单击 确定 按钮，系统自动创建图 6.6.1c 所示的部件阵列。

**说明：如果修改阵列中的某一个部件，系统会自动修改阵列中的每一个部件。**

## 6.6.2 部件的“线性”阵列

部件的“线性”阵列是使用装配中的约束尺寸创建阵列，所以只有使用诸如“接触”“对齐”和“偏距”这样的约束类型才能创建部件的“线性”阵列。下面以图 6.6.3 为例，来说明部件线性阵列的一般操作过程。

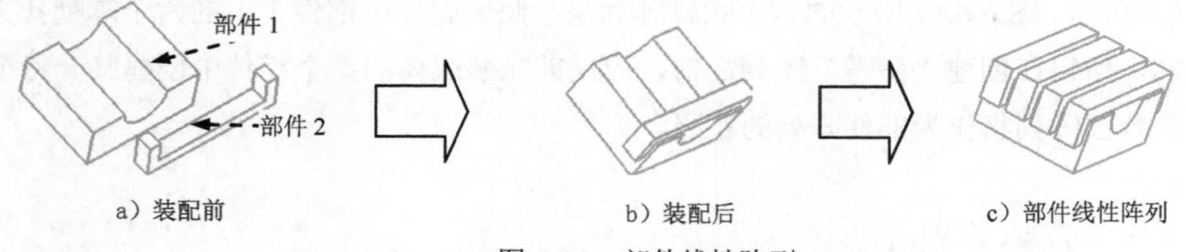


图 6.6.3 部件线性阵列

Step1. 打开文件 D:\ug10.1\ch06\ch06.06\02\linearity。

Step2. 选择命令。选择下拉菜单 装配(A) → 组件(C) → 阵列组件(P)... 命令，系统弹出“阵列组件”对话框。

Step3. 选取阵列对象。在图形区选取部件 2 为阵列对象。

Step4. 定义阵列方式。在“阵列组件”对话框 阵列定义 区域 布局 的下拉列表中选择中选中 线性 选项。

Step5. 定义阵列方向。在“阵列组件”对话框方向 1区域中确认* 指定矢量处于激活状态，然后选取图 6.6.4 所示的部件 1 的边线。

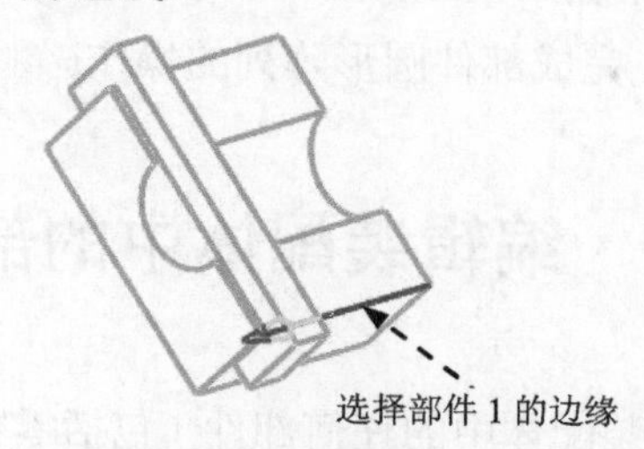


图 6.6.4　定义方向

Step6. 设置阵列参数。在“阵列组件”对话框方向 1区域中的间距下拉列表中选择数量和节距选项，在数量文本框中输入值 4，在节距文本框中输入值 - 20。

Step7. 单击确定按钮，完成部件的线性阵列。

## 6.6.3　部件的“圆形”阵列

部件的“圆形”阵列是使用装配中的中心对齐约束创建阵列，所以只有使用像“中心”这样的约束类型才能创建部件的“圆形”阵列。下面以图 6.6.5 为例，来说明“圆形”阵列的一般操作过程。

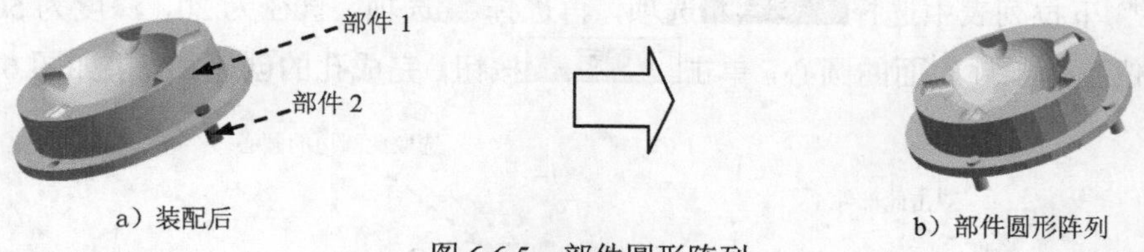


图 6.6.5　部件圆形阵列

Step1. 打开文件 D:\ug10.1\work\ch06.06.03\component_round.prt。

Step2. 选择命令。选择下拉菜单装配(A) → 组件(C) → 阵列组件(P)...命令，系统弹出“阵列组件”对话框。

Step3. 选取阵列对象。在图形区选取部件 2 为阵列对象。

Step4. 定义阵列方式。在“阵列组件”对话框阵列定义区域的布局下拉列表中选择圆形选项。

Step5. 定义阵列方向。在“阵列组件”对话框旋转轴区域中确认* 指定矢量处于激活状态，然后选取图 6.6.6 所示的部件 1 的边线。

图 6.6.6　选取边线

Step6. 设置阵列参数。在“阵列组件”对话框方向 1区域中的间距下拉列表中选择数量和节距选项，在数量文本框中输入值 4，在节距角文本框中输入值 90。

Step7. 单击确定按钮，完成部件圆形阵列的操作。

## 6.7 编辑装配体中的部件

装配体完成后，可以对该装配体中的任何部件（包括零件和子装配件）进行特征建模、修改尺寸等编辑操作。下面介绍编辑装配体中部件的一般操作过程。

Step1. 打开文件 D:\ug10.1\work\ch06.07\compile。

Step2. 定义工作部件。双击部件 round，将该部件设为工作组件，装配体中的非工作部件将变为浅白色，如图 6.7.1 所示，此时可以对工作部件进行编辑。

Step3. 切换到建模环境下。选择启动 → 建模(M)...命令。

Step4. 选择命令。选择下拉菜单插入(S) → 设计特征(E) → 孔(H)...命令，系统弹出“孔”对话框。

Step5. 定义孔位置。选取图 6.7.2 所示圆心为孔的放置点。

Step6. 定义编辑参数。在“孔”对话框的类型下拉列表中选择常规孔选项，在方向区域的孔方向下拉列表中选择沿矢量选项，再选择ZC选项，直径为 20，深度为 50，顶锥角为 118，位置为零件底面的圆心，单击< 确定 >按钮，完成孔的创建，结果如图 6.7.3 所示。

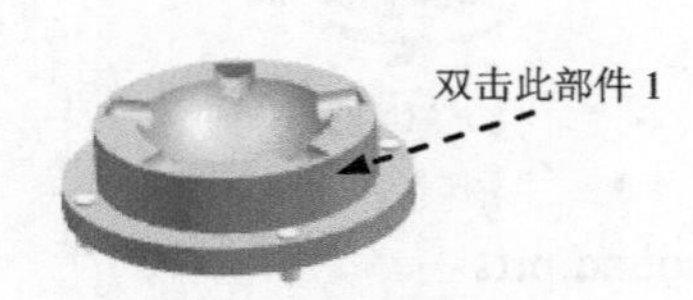


图 6.7.1 设置工作部件

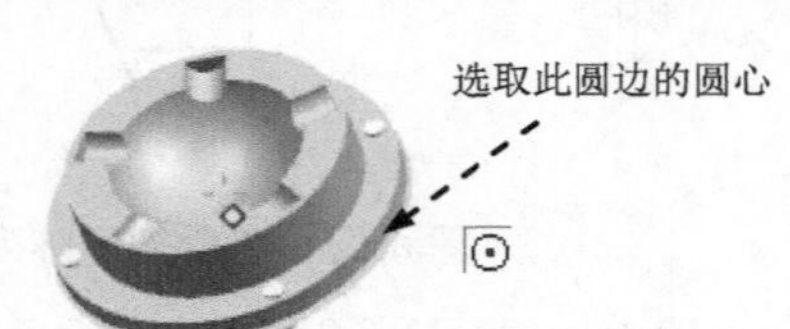


图 6.7.2 设置工作部件

图 6.7.3 创建结果

Step7. 双击装配导航器中的装配体 compile，取消组件的工作状态。

## 6.8 爆炸图

爆炸图是指在同一幅图里，把装配体的组件拆分开，使各组件之间分开一定的距离，以便于观察装配体中的每个组件，清楚地反映装配体的结构。UG 具有强大的爆炸图功能，用户可以方便地建立、编辑和删除一个或多个爆炸图。

### 6.8.1 爆炸图工具条

选择下拉菜单装配(A) → 爆炸图(X) → 显示工具条(T)命令，系统显示“爆炸图”

工具条，如图 6.8.1 所示。工具条中没有显示的按钮，可以通过下面方法调出：单击右上角的▾按钮，在其下方弹出添加或移除按钮▾按钮，将鼠标放到该按钮上会显示爆炸图▸添加项，其中包含了所有供用户选择的按钮。

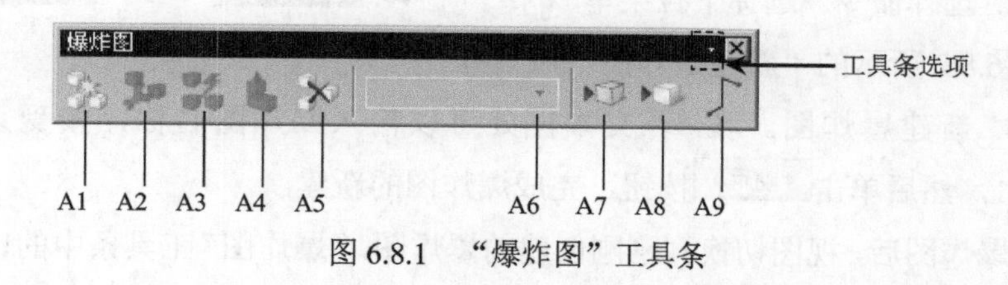


图 6.8.1 “爆炸图”工具条

利用该工具条，用户可以方便地创建、编辑爆炸图，便于在爆炸图与无爆炸图之间切换。

**图 6.8.1 所示的“爆炸图”工具条中的按钮功能：**

A1（新建爆炸图）：该按钮用于创建爆炸图。如果当前显示的不是一个爆炸图，单击此按钮，系统弹出“创建爆炸图”对话框，输入爆炸图名称后单击确定按钮，系统创建一个爆炸图；如果当前显示的是一个爆炸图，单击此按钮，弹出的“创建爆炸图”对话框会询问是否将当前爆炸图复制到新的爆炸图里。

A2（编辑爆炸图）：该按钮用于编辑爆炸图中组件的位置。单击此按钮，系统弹出“编辑爆炸图”对话框，用户可以指定组件，然后自由移动该组件，或者设定移动的方式和距离。

A3（自动爆炸组件）：该按钮用于自动爆炸组件。利用此按钮可以指定一个或多个组件，使其按照设定的距离自动爆炸。单击此按钮，系统弹出“类选择”对话框，选择组件后单击确定按钮，提示用户指定组件间距，自动爆炸将按照默认的方向和设定的距离生成爆炸图。

A4（取消爆炸组件）：该按钮用于不爆炸组件。此命令和自动爆炸组件刚好相反，操作也基本相同，只是不需要指定数值。

A5（删除爆炸图）：该按钮用于删除爆炸图。单击该按钮，系统会列出当前装配体的所有爆炸图，选择需要删除的爆炸图后单击确定按钮，即可删除。

A6（工作视图爆炸）：该下拉列表显示了爆炸图名称，可以在其中选择某个名称。用户利用此下拉列表，可以方便地在各爆炸图以及无爆炸图状态之间切换。

A7（隐藏视图中的组件）：该按钮用于隐藏组件。单击此按钮，系统弹出“类选择”对话框，选择需要隐藏的组件并执行后，该组件被隐藏。

A8（显示视图中的组件）：该按钮用于显示组件，此命令与隐藏组件刚好相反。如果图中有被隐藏的组件，单击此按钮后，系统会列出所有隐藏的组件，用户选择后，单击确定按钮即可恢复组件显示。

A9（追踪线）：该按钮用于创建跟踪线，该命令可以使组件沿着设定的引导线爆炸。

以上按钮与下拉菜单装配(A) ➞ 爆炸图(X)中的命令一一对应。

## 6.8.2 新建爆炸图

Step1. 打开文件 D:\ug10.1\work\ch06.08.02\explosion.prt。

Step2. 选择命令。选择下拉菜单 装配(A) → 爆炸图(X) → 新建爆炸图(N)... 命令，系统弹出图 6.8.2 所示的“新建爆炸图”对话框（一）。

Step3. 新建爆炸图。在 名称 文本框处可以输入爆炸图名称，接受系统默认的名称 Explosion1，然后单击 确定 按钮，完成爆炸图的新建。

新建爆炸图后，视图切换到刚刚创建的爆炸图，“爆炸图”工具条中的以下项目被激活：“编辑爆炸视图”按钮、“自动爆炸组件”按钮、“取消爆炸组件”按钮和“工作视图爆炸”下拉列表 Explosion 1 。

图 6.8.2 “新建爆炸图”对话框（一）

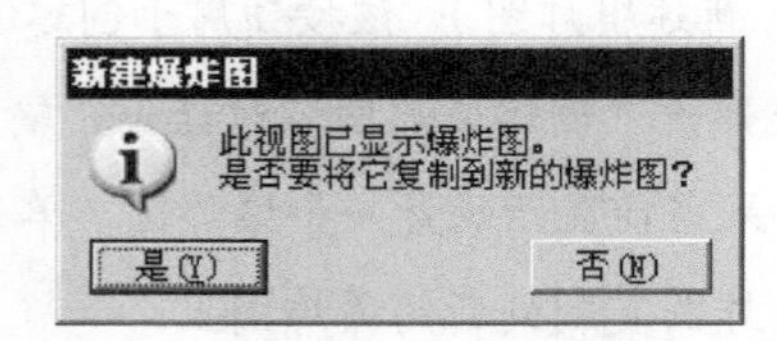


图 6.8.3 “新建爆炸图”对话框（二）

**关于新建爆炸图的说明：**

- 如果用户在一个已存在的爆炸视图下创建新的爆炸视图，系统会弹出图 6.8.3 所示的“新建爆炸图”对话框（二），提示用户是否将已存在的爆炸图复制到新建的爆炸图，单击 是(Y) 按钮后，新建立的爆炸图和原爆炸图完全一样；如果希望建立新的爆炸图，可以切换到无爆炸视图，然后进行创建即可。
- 可以按照上面方法建立多个爆炸图。
- 要删除爆炸图，可以选择下拉菜单 装配(A) → 爆炸图(X) → 删除爆炸图(D)... 命令，系统会弹出图 6.8.4 所示的“爆炸图”对话框。选择要删除的爆炸图，单击 确定 按钮即可。如果所要删除的爆炸图正在当前视图中显示，系统会弹出图 6.8.5 所示的“删除爆炸图”对话框，提示爆炸图不能删除。

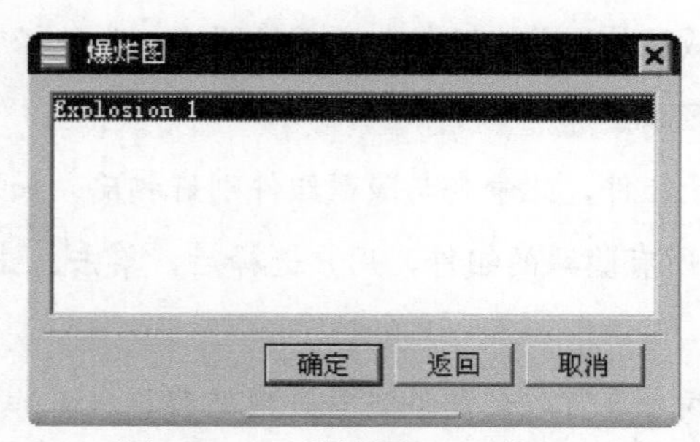


图 6.8.4 “爆炸图”对话框

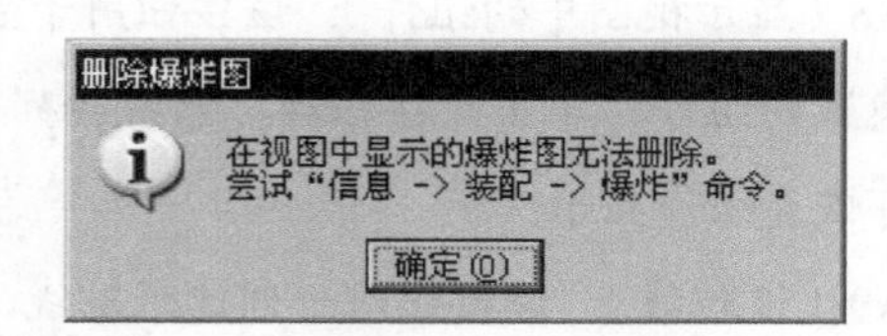


图 6.8.5 “删除爆炸图”对话框

### 6.8.3 编辑爆炸图

爆炸图创建完成，创建的结果是产生了一个待编辑的爆炸图，在图形区中的图形并没有发生变化，爆炸图编辑工具被激活，进行编辑爆炸图。

**1. 自动爆炸**

自动爆炸只需要用户输入很少的内容，就能快速生成爆炸图，如图 6.8.6 所示。

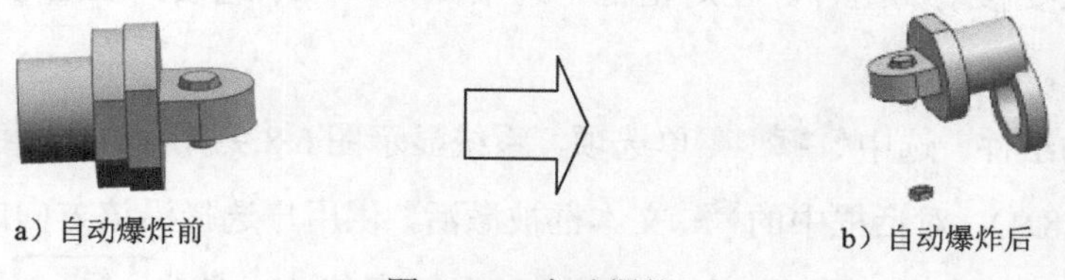

a）自动爆炸前　　b）自动爆炸后

图 6.8.6 自动爆炸

Step1. 打开文件 D:\ug10.1\work\ch06.08.03\explosion_01.prt，按照上一节步骤新建爆炸图。

Step2. 选择命令。选择下拉菜单 装配(A) → 爆炸图(X) → 自动爆炸组件(A)... 命令，弹出“类选择”对话框。

Step3. 选取爆炸组件。选取图中所有组件，单击 确定 按钮，系统弹出图 6.8.7 所示的“自动爆炸组件”对话框。

图 6.8.7 “自动爆炸组件”对话框

Step4. 在 距离 文本框中输入值 40，单击 确定 按钮，系统会自动生成该组件的爆炸图，结果如图 6.8.6b 所示。

**关于自动爆炸组件的说明：**

- 自动爆炸组件可以同时选取多个对象，如果将整个装配体选中，可以直接获得整个装配体的爆炸图。
- “取消爆炸组件”的功能刚好与“自动爆炸组件”相反，因此可以将两个功能放在一起记。选择下拉菜单 装配(A) → 爆炸图(X) → 取消爆炸组件(U) 命令，系统弹出“类选择”对话框。选取要爆炸的组件后单击 确定 按钮，选中的组件自动回到爆炸前的位置。

**2. 手动编辑爆炸图**

自动爆炸并不能总是得到满意的效果，因此系统提供了编辑爆炸功能。

Step1. 打开文件 D:\ug10.1\work\ch06.08.03\explosion_01.prt。

Step2. 选择下拉菜单 装配(A) → 爆炸图(X) → 新建爆炸图(N)... 命令，新建一个爆炸视图。

Step3. 选择下拉菜单 装配(A) → 爆炸图(X) → 编辑爆炸图(E)... 命令，系统弹出图 6.8.8 所示的“编辑爆炸图”对话框。

Step4. 选取要移动的组件。在对话框中选中 ⊙ 选择对象 单选项，在图形区选取图 6.8.9 所示的轴套模型。

Step5. 移动组件。选中 ⊙ 移动对象 单选项，系统显示图 6.8.9 所示的移动手柄；单击手柄上的箭头（图 6.8.9），对话框中的 距离 文本框被激活，供用户选择沿该方向的移动距离；单击手柄上沿轴套轴线方向的箭头，在文本框中输入距离值 60；单击 确定 按钮，结果如图 6.8.10 所示。

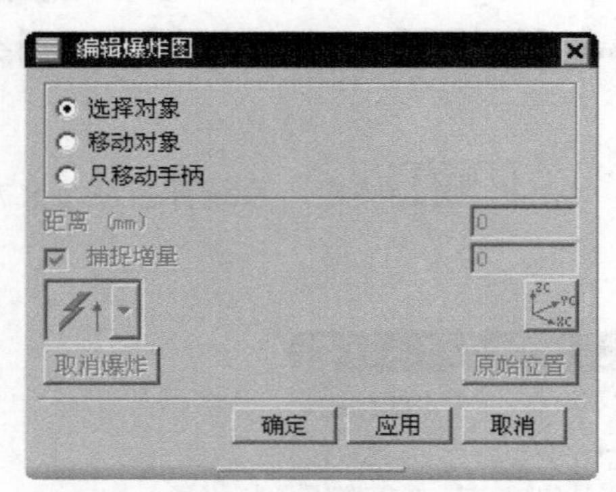


图 6.8.8 “编辑爆炸图”对话框

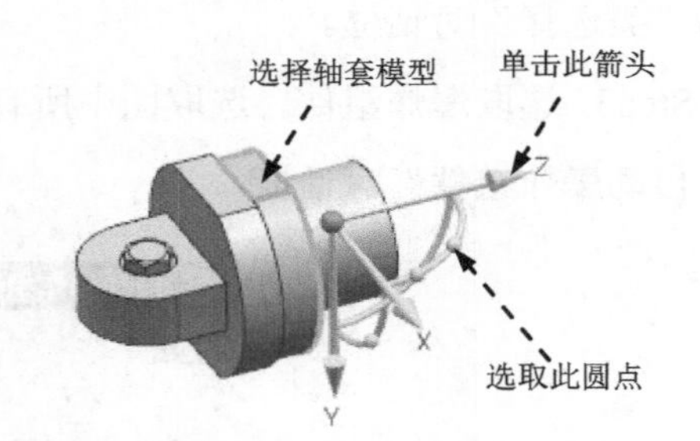


图 6.8.9 定义移动组件和方向

**说明**：单击图 6.8.9 所示两箭头间的圆点时，对话框中的 角度 文本框被激活，供用户输入角度值，旋转的方向沿第三个手柄，符合右手定则；也可以直接用鼠标左键按住箭头或圆点，移动鼠标实现手工拖动。

Step6. 编辑螺栓位置。参照 Step4，输入距离值-60，结果如图 6.8.11 所示。

Step7. 编辑螺母位置。参照 Step4，输入距离值 40，结果如图 6.8.12 所示。

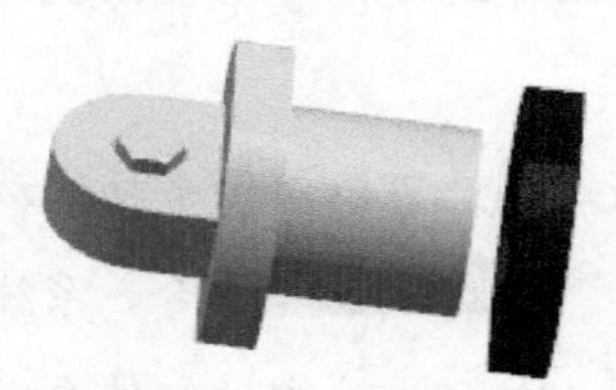

图 6.8.10 编辑轴套

图 6.8.11 编辑螺栓

图 6.8.12 编辑螺母

**关于编辑爆炸图的说明：**

- 选中 ⊙ 移动对象 单选项后，按钮选项被激活。单击按钮，手柄被移动到 WCS

位置。

- 单击手柄箭头或圆点后，☑ 捕捉增量 复选项被激活，该选项用于设置手工拖动的最小距离，可以在文本框中输入数值。例如设置为 10mm，则拖动时会跳跃式移动，每次跳跃的距离为 10mm，单击 取消爆炸 按钮，选中的组件移动到没有爆炸的位置。
- 单击手柄箭头后，下拉列表框被激活，可以直接将选中手柄方向指定为某矢量方向。

#### 3. 隐藏和显示爆炸图

如果当前视图为爆炸图，选择下拉菜单 装配(A) → 爆炸图(X) → 隐藏爆炸图(H) 命令，则视图切换到无爆炸图。

要显示隐藏的爆炸图，可以选择下拉菜单 装配(A) → 爆炸图(X) → 显示爆炸图(S) 命令，则视图切换到爆炸图。

#### 4. 隐藏和显示组件

要隐藏组件，可以选择下拉菜单 装配(A) → 关联控制(O) → 隐藏视图中的组件(O)... 命令（或单击工具条中的按钮），系统弹出“隐藏视图中的组件”对话框，选择要隐藏的组件后单击 确定 按钮，选中组件被隐藏。

要显示被隐藏的组件，可以选择下拉菜单 装配(A) → 关联控制(O) → 显示视图中的组件(M)... 命令（或单击工具条中的按钮），系统会列出所有隐藏的组件供用户选择。

#### 5. 删除爆炸图

选择下拉菜单 装配(A) → 爆炸图(X) → 删除爆炸图(D)... 命令（或单击工具条按钮），系统会列出所有爆炸图，选择要删除的视图，单击 确定 按钮。

如果当前视图是所选的爆炸图，操作不能完成；如果当前视图不是所选视图，所选中的爆炸图可以被删除。

## 6.9 简化装配

### 6.9.1 简化装配概述

对于比较复杂的装配体，可以使用“简化装配”功能将其简化。被简化后，实体的内部细节被删除，但保留复杂的外部特征。当装配体只需要精确的外部表示时，可以将装配体进行简化，简化后可以减少所需的数据，从而缩短加载和刷新装配体的时间。

内部细节是指对该装配体的内部组件有意义，而对装配体与其他实体关联时没有意义的对象；外部细节则相反。简化装配主要就是区分内部细节和外部细节，然后省略掉内部细节的过程，在这个过程中，装配体被合并成一个实体。

## 6.9.2 简化装配操作

本节以轴和轴套装配体为例（图 6.9.1），说明简化装配的操作过程。

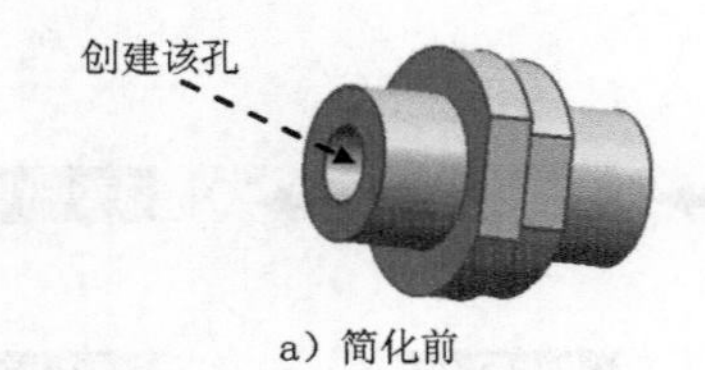


a）简化前

b）简化后

图 6.9.1 简化装配

Step1. 打开文件 D:\ug10.1\work\ch06.09\simple.prt。

**说明：为了清楚地表示内部细节被删除，首先在轴上创建一个图 6.9.1a 所示的孔特征（打开的文件中已完成该操作），作为要删除的内部细节。**

Step2. 选择命令。选择下拉菜单 装配(A) → 高级(E) ▸ → 简化装配(M)... 命令，系统弹出最初的“简化装配”对话框，单击 下一步 > 按钮，系统弹出图 6.9.2 所示的“简化装配”对话框（一）。对话框的左侧显示操作步骤，右侧有三个单选项和两个复选框，供用户设置简化项。

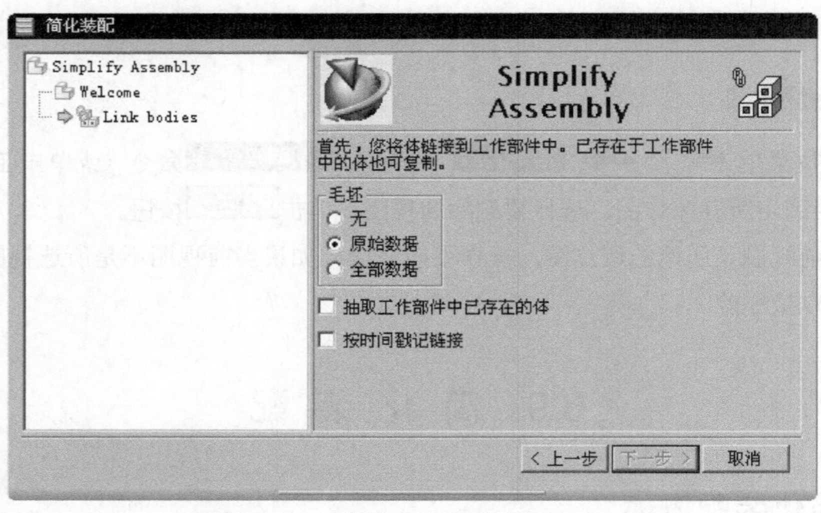


图 6.9.2 “简化装配”对话框（一）

Step3. 选取装配体中的所有组件，单击 下一步 > 按钮，系统弹出图 6.9.3 所示的“简化装配”对话框（二）。

图 6.9.3　“简化装配”对话框（二）

**图 6.9.3 所示的“简化装配”对话框（二）中的相关选项说明如下：**

- 覆盖体区域包含五个按钮，用于填充要简化的特征。有些孔在“修复边界”步骤（向导的后面步骤）中可以被自动填充，但并不是所有几何体都能被自动填充，因此有时需要用这些按钮进行手工填充。这里由于形状简单，可以自动填充。
- “全部合并”按钮可以用来合并（或除去）模型上的实体，执行此命令时，系统会重复显示该步骤，供用户继续填充或合并。

Step4. 合并组件。单击“简化装配”对话框（二）中的“全部合并”按钮，选取所有组件，单击下一步 >按钮，轴和轴套合并在一起，可以看到两平面的交线消失，如图 6.9.4 所示。

Step5. 单击下一步 >按钮，选取图 6.9.5 所示的外部面（用户也可以选择除要填充的内部细节之外的任何一个面）。

图 6.9.4　轴和轴套合并后

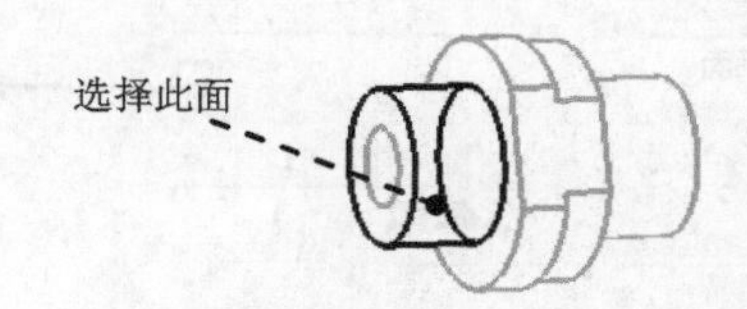


图 6.9.5　选择外部面

说明：在进行“修复边界”步骤时，应该先将所有部件合并成一个实体，如果仍有部件未被合并，则该步骤会将其隐藏。

Step6. 单击下一步 >按钮，选取图 6.9.6 所示的边缘（通过选择一边缘，将内部细节与外部细节隔离开）。

Step7. 选择裂纹检查选项。单击下一步 >按钮，选中⊙裂隙检查单选项。

Step8. 单击下一步 >按钮，选取图 6.9.7 所示的圆柱体内表面。选择要删除的内部细节。

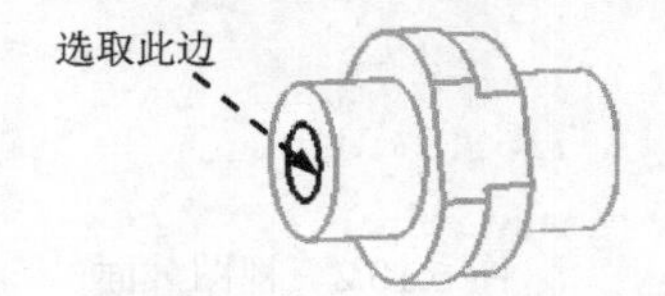


图 6.9.6　选择隔离边缘

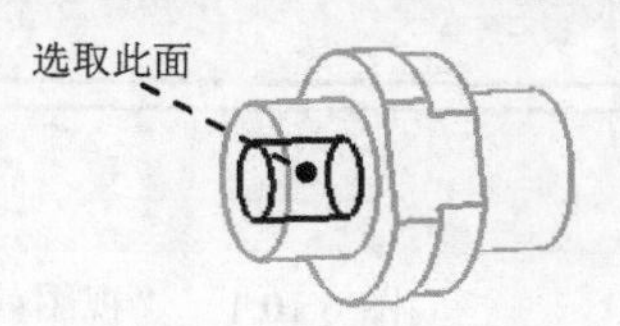


图 6.9.7　选择内部面

Step9. 查看裂纹检查结果。单击 下一步 > 按钮，可以通过选择 高亮显示 选项组中的 ⊙ 内部面 单选项，查看在主对话框中的隔离情况。

Step10. 单击 下一步 > 按钮，查看外部面。再单击 下一步 > 按钮，孔特征被移除。

Step11. 单击 完成 按钮，完成操作。

**关于内部细节与外部细节的说明：**内部细节与外部细节是用户根据需要确定的，不是由对象在集合体中的位置确定的。读者在本例中可以尝试将孔设为外部面，将轴的外表面设为内部面，结果会将轴和轴套移除，留下孔特征形成的圆柱体。

## 6.10 多截面动态剖

UG NX 10.0 增强了动态剖切功能，可以通过模型导航工具来定义和显示所控制的多个截面。此外，还能够弹出一个包括网格显示的独立二维窗口，从而可以在屏幕上清楚地看到评审的几何结构。下面以一个滑动轴承座模型为例，说明对该模型进行多截面动态剖的一般过程。

Step1. 打开文件 D:\ug10.1\work\ch06.10\assembly.prt。

Step2. 选择命令。选择下拉菜单 视图(V) → 截面(S) ▸ → 新建截面(T)... 命令，系统弹出图 6.10.1 所示的“视图截面”对话框，同时在模型上显示默认的视图截面（图 6.10.2）。

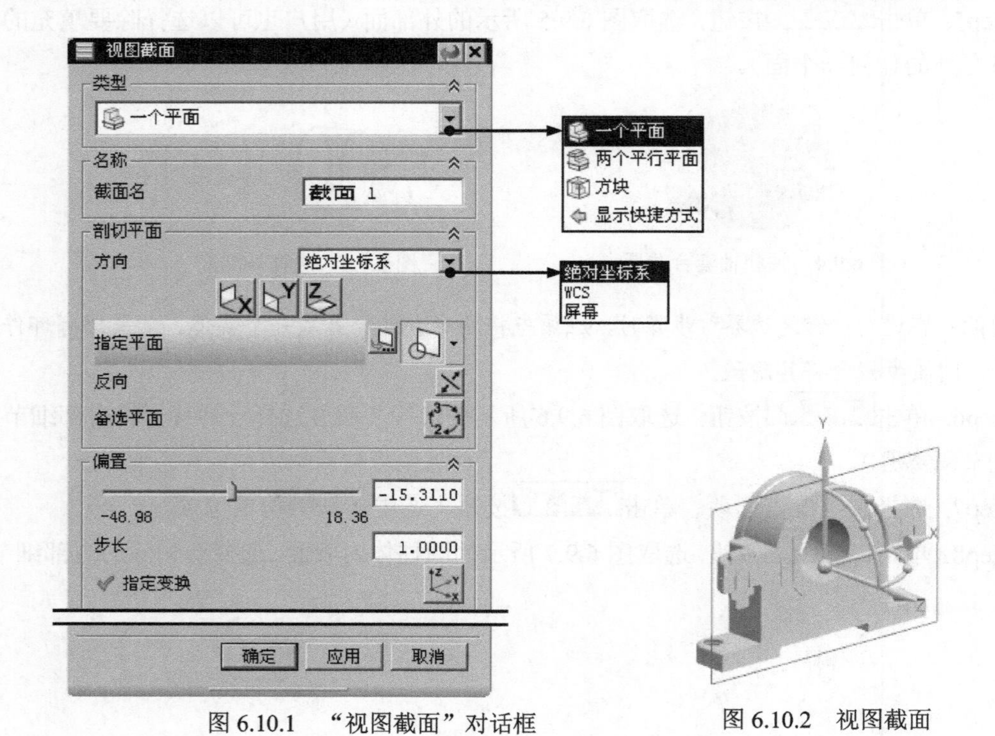


图 6.10.1 “视图截面”对话框

图 6.10.2 视图截面

Step3. 创建第一个截面。在“视图截面”对话框的 剖切平面 区域单击按钮设置截面位置。然后激活 2D 查看器设置 区域，在该区域中选中 ☑ 显示 2D 查看器 复选框，显示截面几何结构，此时在绘图区弹出图 6.10.3 所示的“2D 截面查看器”对话框（一）。单击 应用 按钮完成第一个截面的创建。

Step4. 创建第二个截面。在“视图截面”对话框中的 剖切平面 区域单击按钮设置截面位置。在 偏置 区域右上角的文本框中输入值 25.0，此时在绘图区显示图 6.10.4 所示的“2D 截面查看器”对话框（二）。单击 应用 按钮完成第二个截面的创建。

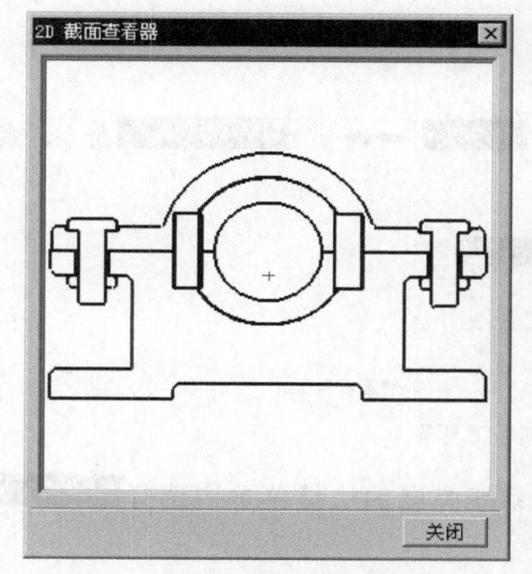


图 6.10.3 “2D 截面查看器”对话框（一）

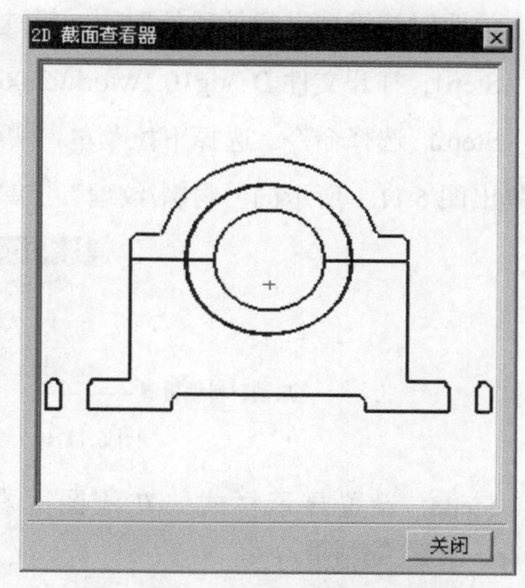


图 6.10.4 “2D 截面查看器”对话框（二）

Step5. 单击 取消 按钮，关闭“视图截面”对话框。

Step6. 定义工作截面。单击选项卡，打开“装配导航器”，勾选☑ 截面选项并单击该选项前的“+”，然后在☑ 截面 1选项上右击，在弹出的快捷菜单中选择 设为工作截面 命令，此时在绘图区显示两个 2D 截面结构，如图 6.10.5 所示。

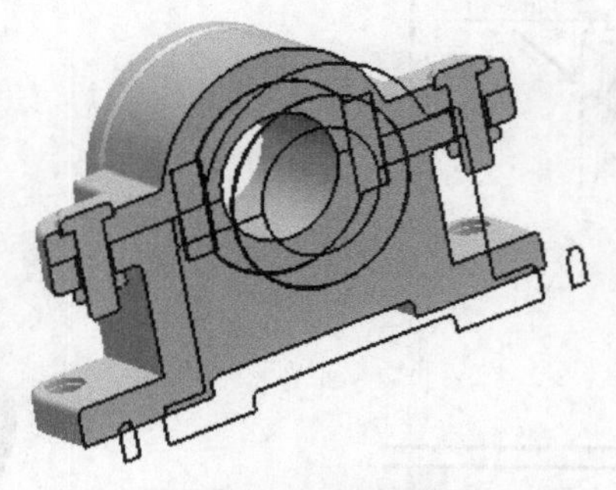

图 6.10.5 2D 截面结构

## 6.11 模型的外观处理

模型的外观设置包括对模型进行着色、纹理处理以及透明设置等。模型的外观将与模型一同保存，但模型外观只有在工作室状态下才会显示，在实体图、着色图和线框图状态下不会显示。单击用户界面资源工具条区中的“部件中的材料”按钮（此按钮在选择下拉菜单视图(V) → 可视化(V) → 材料/纹理(M)...命令后才会出现），在系统弹出的“部件中的材料”对话框中，直接拖动外观到模型上便可添加外观。下面以一个花瓶部件模型为例，说明对该模型进行外观处理的一般过程。

Step1. 打开文件 D:\ug10.1\work\ch06.11\vase.prt。

Step2. 选择命令。选择下拉菜单视图(V) → 可视化(V) → 材料/纹理(M)...命令，系统弹出图 6.11.1 所示的“材料/纹理”工具条。

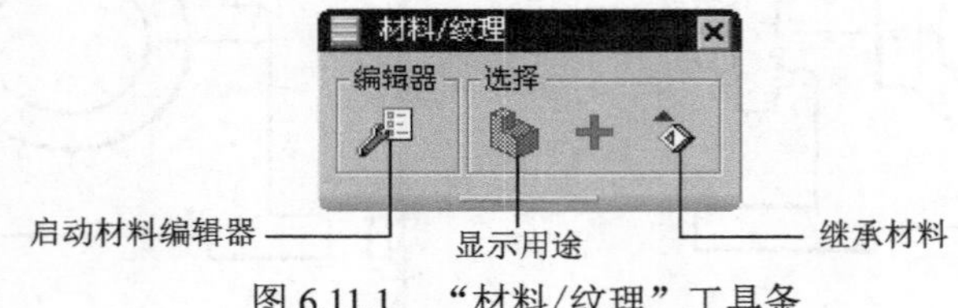


图 6.11.1 “材料/纹理”工具条

Step3. 设置显示样式。在绘图区右击，在系统弹出的快捷菜单中选择渲染样式(D) → 艺术外观(T)命令。

Step4. 添加外观设置。

**方法一：**直接添加已有外观设置。

单击资源工具条区中的“部件中的材料”按钮，系统弹出图 6.11.2 所示的“部件中的材料”选项卡，选择要添加的已有外观设置，直接拖动到模型上，如图 6.11.3 所示。

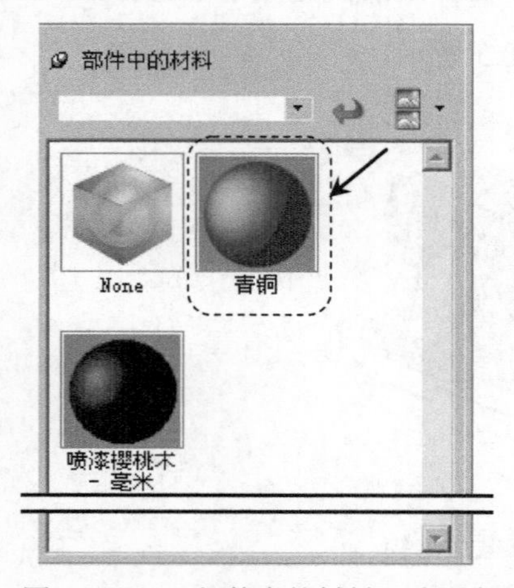


图 6.11.2 “部件中的材料”选项卡

图 6.11.3 直接添加外观结果

**说明**：如果“部件中的材料”选项卡中没有所需要的外观设置，可以单击“系统材料”按钮，在系统弹出的“系统材料”选项卡（图 6.11.4）中，选择要添加的外观设置，直接拖动外观到模型上。如需要改变外观设置，可以直接将其他外观设置拖到部件上。

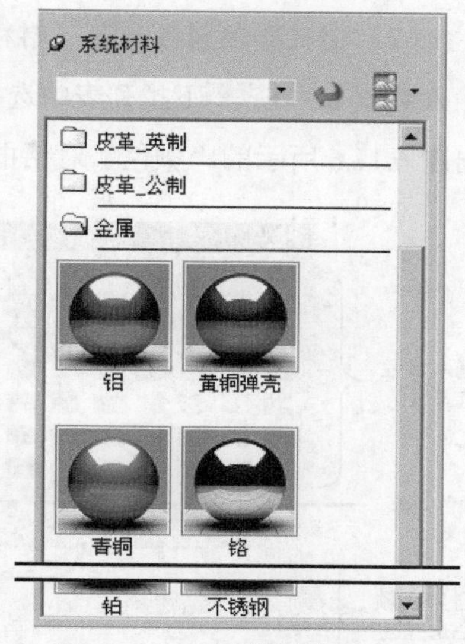


图 6.11.4 “系统材料”选项卡

**方法二**：通过材料编辑器添加外观设置。

（1）新建部件中的材料文件。在“部件中的材料”选项卡中右击，在弹出的快捷菜单中选择 新建条目 ▸ ➡ 可视化材料 命令。选中新建的材料，单击“材料/纹理”工具条中的“启动材料编辑器”按钮，系统弹出图 6.11.5 所示的“材料编辑器”对话框。在“材料编辑器”对话框的 名称 文本框中输入新建的材料名称 color，单击 应用 按钮。

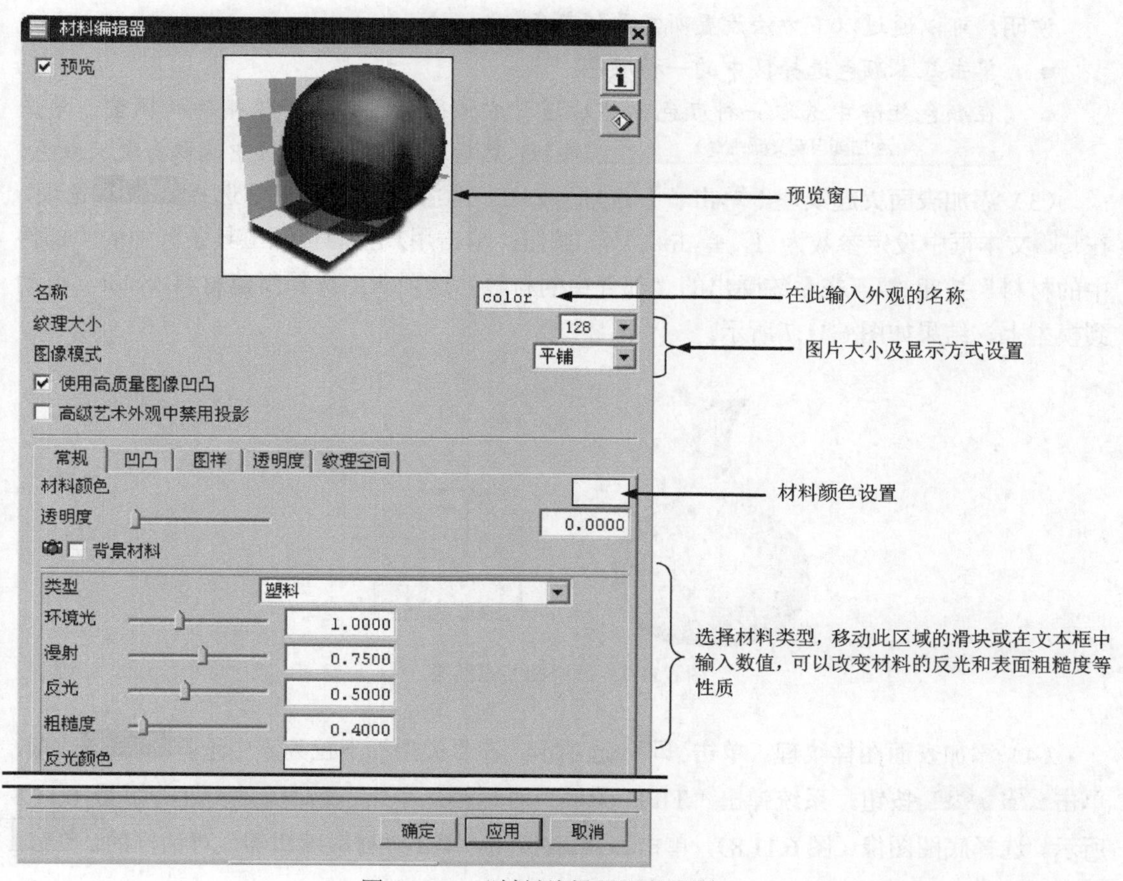


图 6.11.5 “材料编辑器”对话框

（2）定义颜色属性。在“材料编辑器”对话框中选择 常规 选项卡，在 透明度 文本框中输入数值 0，在 类型 下拉列表中选择材料类型 塑料，单击 材料颜色 选项后的颜色区域，系统弹出图 6.11.6 所示的“颜色”对话框，选取图 6.11.6 所示的颜色，单击 确定 按钮。

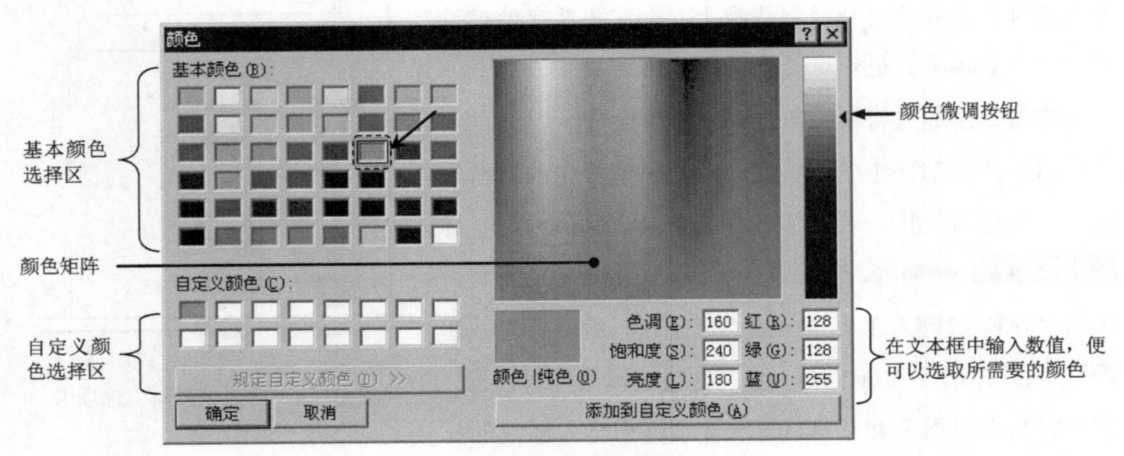


图 6.11.6 “颜色”对话框

**说明**：可以通过以下方法设置所需要的颜色：

- 单击基本颜色选择区中的一种颜色。
- 在颜色矩阵中选取一种颜色，然后通过右侧微调按钮进行较精确的调整，单击 添加到自定义颜色(A) 按钮，然后在自定义颜色区中选取自定义颜色。

（3）添加表面突起纹理。单击 凹凸 选项卡，在“类型”下拉列表中选择 缠绕凹凸点 选项，在 比例 文本框中设定参数为 1，单击 应用 按钮；单击用户界面资源工具条区中的“部件中的材料”按钮，在系统弹出的“部件中的材料”选项卡中选择新建材料 color，拖动到模型上，结果如图 6.11.7 所示。

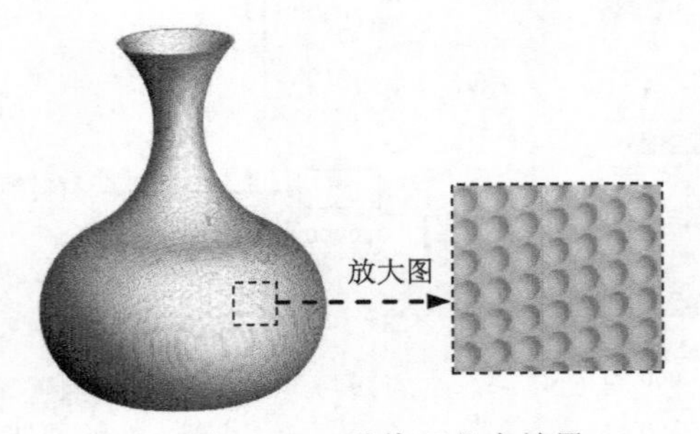


图 6.11.7 缠绕凹凸点结果

（4）添加表面图样纹理。单击 图样 选项卡，在“类型”下拉列表中选择 缠绕图像 选项，单击 TIFF 图板 按钮，系统弹出“TIFF 图板”对话框，单击 其他 按钮，如图 6.11.8 所示。选择底图图像（图 6.11.8），单击 确定 按钮，单击“材料编辑器”对话框的 确定 按钮，结果如图 6.11.9 所示，完成部件的渲染。

图 6.11.8　“TIFF 图板”对话框

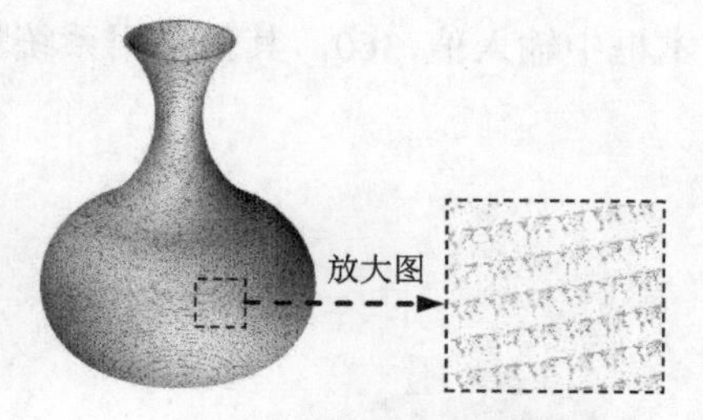


图 6.11.9　缠绕图片结果

# 6.12　UG 装配设计实际应用 1
## ——轴承的设计

**应用概述：**

本应用详细讲解了轴承的创建和装配过程：首先是创建轴承的内环、卡环及滚子，它们分别生成一个模型文件，然后装配模型，并在装配体中创建零件模型。其中，在创建外环时运用到“在装配体中创建零件模型”的方法。装配组件模型如图 6.12.1 所示。

### Stage1．创建零件模型——轴承内环

下面介绍轴承内环的设计过程，如图 6.12.2 所示。

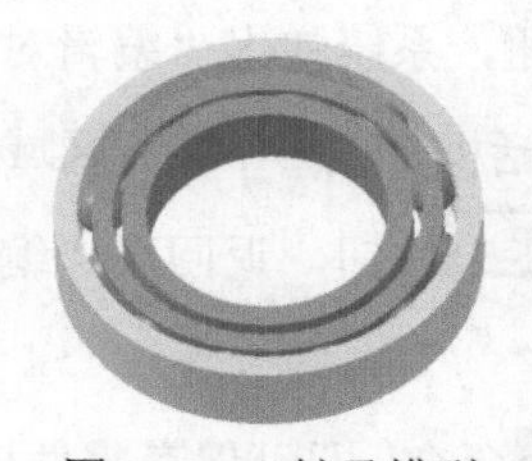

图 6.12.1　轴承模型

历史记录模式
模型视图
摄像机
用户表达式
模型历史记录
基准坐标系 (0)
旋转 (1)

图 6.12.2　轴承内环模型及模型树

Step1．新建文件。选择下拉菜单 文件(F) → 新建(N)... 命令，系统弹出“新建”对话框。在 模型 选项卡的 模板 区域中选取模板类型为 模型，在 名称 文本框中输入文件名称

bearing_in，单击确定按钮，进入建模环境。

Step2. 创建图 6.12.3 所示的旋转特征 1。选择下拉菜单插入(S) → 设计特征(E) → 旋转(R)...命令（或单击按钮），系统弹出“旋转”对话框；单击截面区域中的按钮，系统弹出“创建草图”对话框，选取 XY 基准平面为草图平面，单击确定按钮，进入草图环境，绘制图 6.12.4 所示的截面草图，单击完成草图按钮，退出草图环境；选取 YC 基准轴为旋转轴，采用坐标原点为指定点；在“旋转”对话框极限区域中的开始下拉列表中选择值选项，在其下的角度文本框中输入值 0，在结束下拉列表中选择值选项，在其下的角度文本框中输入值 360，其他采用系统默认设置；单击< 确定 >按钮，完成旋转特征 1 的创建。

图 6.12.3　旋转特征 1

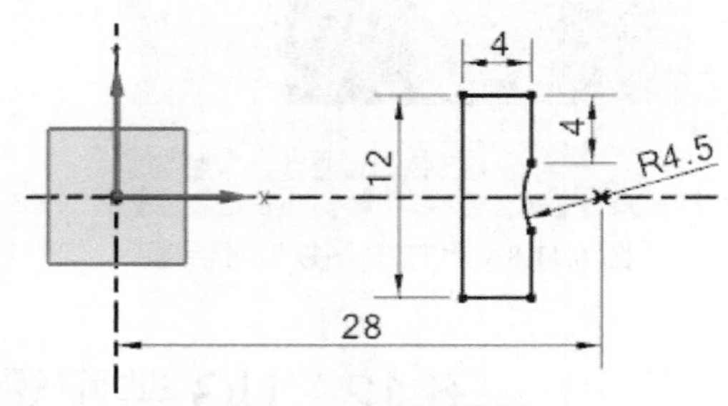


图 6.12.4　截面草图

Step3. 将对象移动至图层并隐藏。选择下拉菜单格式(R) → 移动至图层(M)...命令，系统弹出“类选择”对话框；在过滤器区域中单击按钮，系统弹出“根据类型选择”对话框，在此对话框中选择基准选项，单击对话框中的确定按钮，系统再次弹出“类选择”对话框；单击全选选项后的按钮（确认基准坐标系显示出来），单击确定按钮，此时系统弹出“图层移动”对话框，在目标图层或类别文本框中输入值 2，单击确定按钮；选择下拉菜单格式(R) → 图层设置(S)...命令，系统弹出“图层设置”对话框，在图层区域的名称列表中取消选中☐2复选框。单击关闭按钮，完成对象的隐藏。

Step4. 编辑对象的显示。选择下拉菜单编辑(E) → 对象显示(J)...命令，系统弹出“类选择”对话框；单击 Step2 所创建的旋转特征，单击确定按钮，系统弹出“编辑对象显示”对话框；单击颜色后的选项，系统弹出“颜色”对话框，在选定的颜色区域的ID文本框中输入值 168 并按 Enter 键，定义颜色为褐色。单击确定按钮，返回至“编辑对象显示”对话框；单击确定按钮，完成编辑对象显示的操作。

Step5. 保存零件模型。选择下拉菜单文件(F) → 保存(S)命令，即可保存零件模型。

**Stage2. 创建零件模型——轴承卡环**

下面将介绍轴承卡环的设计过程，零件模型及相应的模型树如图 6.12.5 所示。

图 6.12.5　零件模型及模型树

Step1. 新建文件。选择下拉菜单 文件(F) → 新建(N)... 命令，系统弹出“新建”对话框。在 模型 选项卡的 模板 区域中选取模板类型为 模型，在 名称 文本框中输入文件名称 bearing_ring，单击 确定 按钮，进入建模环境。

Step2. 创建图 6.12.6 所示的旋转特征 2。选择 插入(S) → 设计特征(E) → 旋转(R)... 命令（或单击 按钮），系统弹出“旋转”对话框；单击 截面 区域中的 按钮，系统弹出“创建草图”对话框，选取 XY 基准平面为草图平面，单击 确定 按钮，进入草图环境，绘制图 6.12.7 所示的截面草图，单击 完成草图 按钮，退出草图环境；选取 YC 基准轴为旋转轴，采用坐标原点为指定点；在“旋转”对话框 限制 区域的 开始 下拉列表中选择 值 选项，并在其下的 角度 文本框中输入值 0，在 结束 下拉列表中选择 值 选项，并在其下的 角度 文本框中输入值 360，其他采用系统默认设置；单击 < 确定 > 按钮，完成旋转特征 2 的创建。

图 6.12.6　旋转特征 2

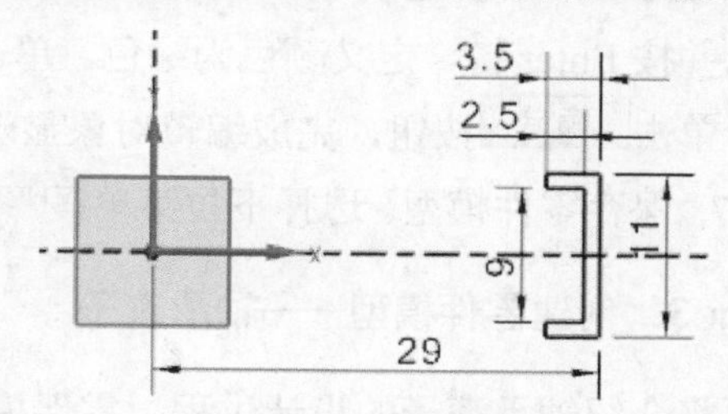


图 6.12.7　截面草图

Step3. 创建图 6.12.8 所示的拉伸特征 1。选择下拉菜单 插入(S) → 设计特征(E) → 拉伸(E)... 命令（或单击 按钮），系统弹出“拉伸”对话框；单击“拉伸”对话框中的“绘制截面”按钮，系统弹出“创建草图”对话框，单击 按钮，选取 XY 基准平面为草图平面，单击 确定 按钮，进入草图环境，绘制图 6.12.9 所示的截面草图，或单击 完成草图 按钮，退出草图环境；在“拉伸”对话框 限制 区域的 开始 下拉列表中选择 值 选项，并在其下的 距离 文本框中输入值 0；在 限制 区域的 结束 下拉列表中选择 贯通 选项，采用系统默认方向；在 布尔 区域中选择 求差 选项，采用系统默认的求差对象；单击 < 确定 > 按钮，完成拉伸特征 1 的创建。

图 6.12.8　拉伸特征 1

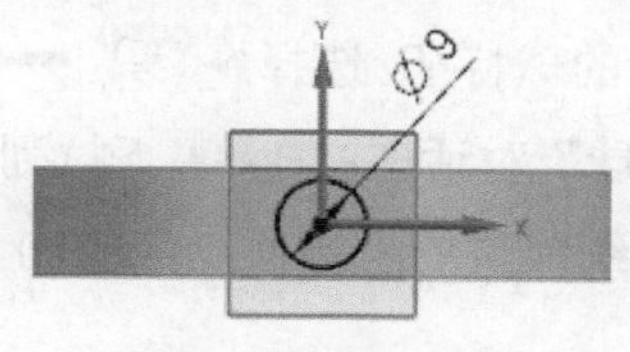


图 6.12.9　截面草图

图 6.12.10　阵列特征 1

Step4. 创建图 6.12.10 所示的阵列特征 1。选择下拉菜单 插入(S) → 关联复制(A) → 阵列特征(A)... 命令，系统弹出“阵列特征”对话框；在特征树中选取拉伸特征 1 为要阵列的特征；在对话框的 布局 下拉列表中选择 圆形 选项；在对话框的 旋转轴 区域中单击 * 指定矢量 后面的 按钮，选择 YC 轴为旋转轴；然后单击 * 指定点 后面的 按钮，选取坐标原点为中心点；在对话框 角度方向 区域的 间距 下拉列表中选择 数量和节距 选项，然后在 数量 文本框中输入阵列数量为 12，在 节距角 文本框中输入阵列角度值为 30；单击 确定 按钮，完成阵列特征 1 的创建。

Step5. 将对象移动至图层并隐藏。选择下拉菜单 格式(R) → 移动至图层(M)... 命令，系统弹出“类选择”对话框；在 过滤器 区域中单击 按钮，系统弹出“根据类型选择”对话框，在此对话框中选择 基准 选项，单击对话框中的 确定 按钮，系统弹出“类选择”对话框；单击 全选 选项后的 按钮（确认基准坐标系显示出来），单击 确定 按钮，此时系统弹出“图层移动”对话框，在 目标图层或类别 文本框中输入值 2，单击 确定 按钮；选择下拉菜单 格式(R) → 图层设置(S)... 命令，系统弹出“图层设置”对话框，在 图层 区域的 名称 列表中取消选中 □ 2 复选框。单击 关闭 按钮，完成对象的隐藏。

Step6. 编辑对象的显示。选择下拉菜单 编辑(E) → 对象显示(J)... 命令，系统弹出“类选择”对话框；选取创建的模型，单击 确定 按钮，系统弹出“编辑对象显示”对话框；单击 颜色 后的 选项，系统弹出“颜色”对话框，在 选定的颜色 区域的 ID 文本框中输入值 138 并按 Enter 键，定义颜色为绿色。单击 确定 按钮，系统返回至“编辑对象显示”对话框；单击 确定 按钮，完成编辑对象显示的操作。

Step7. 保存零件模型。选择下拉菜单 文件(F) → 保存(S) 命令，即可保存零件模型。

**Stage3. 创建零件模型——轴承滚子**

下面将介绍轴承滚子的设计过程，零件模型及相应的模型树如图 6.12.11 所示。

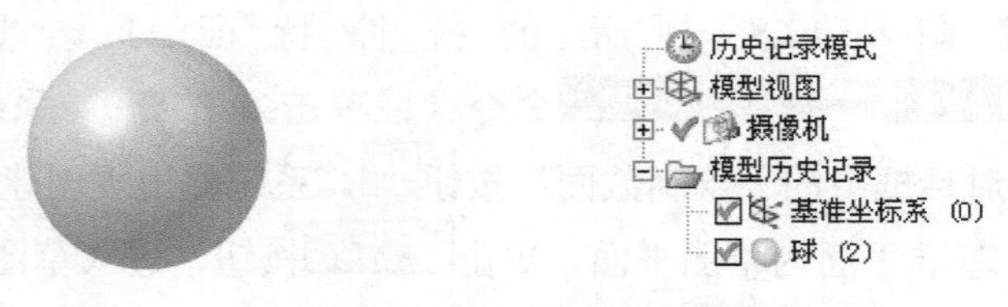


图 6.12.11 零件模型及模型树

Step1. 新建文件。选择下拉菜单 文件(F) → 新建(N)... 命令，系统弹出“新建”对话框。在 模型 选项卡的 模板 区域中选取模板类型为 模型，在 名称 文本框中输入文件名称 ball，单击 确定 按钮，进入建模环境。

Step2. 创建图 6.12.11 所示的球特征。选择 插入(S) → 设计特征(E) → 球(S)... 命令（或单击 按钮），系统弹出“球”对话框；在 类型 下拉列表中选择 中心点和直径 选项；在该对话框中单击 按钮，接受系统默认的坐标原点（0,0,0）为球心；在 直径 文本框中输入值

9；单击确定按钮，完成球体特征的创建。

Step3. 编辑对象的隐藏。选择下拉菜单编辑(E) → 显示和隐藏(H) → 隐藏(H)...命令（或单击按钮），系统弹出“类选择”对话框；在过滤器区域中单击按钮，系统弹出“根据类型选择”对话框，在此对话框中选择基准选项，单击对话框中的确定按钮，系统弹出“类选择”对话框；单击全选选项后的按钮（确认基准坐标系显示出来），单击确定按钮，完成隐藏操作。单击对话框中的确定按钮，完成对设置对象的隐藏。

Step4. 编辑对象的显示。选择下拉菜单编辑(E) → 对象显示(J)...命令，系统弹出“类选择”对话框；单击 Step2 所创建的球特征，单击确定按钮，系统弹出“编辑对象显示”对话框；单击颜色后的选项，系统弹出“颜色”对话框，在选定的颜色区域的ID文本框中输入值 155，定义颜色为红色。单击确定按钮，返回至“编辑对象显示”对话框；单击确定按钮，完成编辑对象显示的操作。

Step5. 保存零件模型。选择下拉菜单文件(F) → 保存(S)命令，即可保存零件模型。

### Stage4．装配模型

Step1. 新建文件。选择下拉菜单文件(F) → 新建(N)...命令，系统弹出“新建”对话框。在模型选项卡的模板区域中选取模板类型为装配，在名称文本框中输入文件名称 bearing_asm，单击确定按钮，进入装配环境。

Step2. 添加图 6.12.12 所示的轴承内环。在“添加组件”对话框的打开区域中单击按钮，在弹出的“部件名”对话框中选择文件 bearing_in.prt，单击OK按钮，系统返回到“添加组件”对话框；在放置区域中的定位下拉列表中选择绝对原点选项，单击确定按钮，此时轴承内环已被添加到装配文件中。

Step3. 添加图 6.12.13 所示的轴承卡环并定位。选择下拉菜单装配(A) → 组件(C) → 添加组件(A)...命令，系统弹出“添加组件”对话框，在“添加组件”对话框的打开区域中单击按钮，在弹出的“部件名”对话框中选择文件 bearing_ring.prt，单击OK按钮，系统返回到“添加组件”对话框；在放置区域中的定位下拉列表中选择绝对原点选项，单击确定按钮，此时轴承卡环已被添加到装配文件中。

图 6.12.12 添加轴承内环

图 6.12.13 添加轴承卡环

Step4. 添加图 6.12.14 所示的轴承滚子并定位。选择下拉菜单装配(A) → 组件(C) → 添加组件(A)...命令，系统弹出“添加组件”对话框，在“添加组件”对话框的打开区域中单击按钮，在弹出的“部件名”对话框中选择文件 ball.prt，单击 OK 按钮，系统返回到“添加组件”对话框；在设置区域的引用集下拉列表中选择模型（“MODEL”）选项，在放置区域中的定位下拉列表中选择选择原点选项，单击确定按钮，系统弹出“点”对话框。在 X 文本框中输入值 0，在 Y 文本框中输入值 0，在 Z 文本框中输入值 28.0，单击确定按钮，此时轴承滚子已被添加到装配文件中。

Step5. 创建图 6.12.15 所示的阵列特征 2。选择下拉菜单装配(A) → 组件(C) → 阵列组件(P)...命令，系统弹出“阵列组件”对话框；在绘图区选取 Step4 所添加的轴承滚子，在“阵列组件”对话框阵列定义区域布局的下拉列表中选择中选中圆形选项；在“阵列组件”对话框的旋转轴区域中确认* 指定矢量处于激活状态，在绘图区选取图 6.12.16 所示的圆柱面，在对话框的数量文本框中输入值 12，在节距角文本框中输入值 30，单击确定按钮，完成阵列特征 2 的创建。

图 6.12.14　添加轴承滚子

图 6.12.15　阵列特征 2

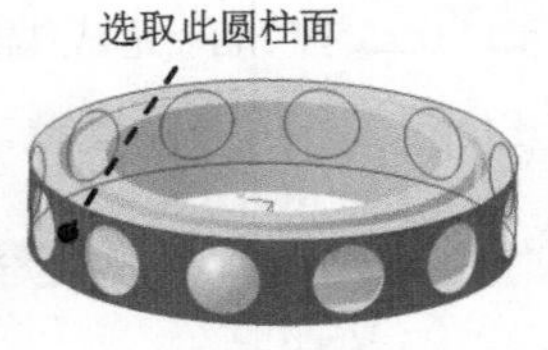


图 6.12.16　选取圆柱面

Stage5．在装配体中创建轴承外环

下面将介绍轴承外环的创建过程，零件模型及相应的模型树如图 6.12.17 所示。

历史记录模式
模型视图
摄像机
模型历史记录
基准坐标系 (0)
旋转 (1)

图 6.12.17　零件模型及模型树

Step1. 添加部件。选择下拉菜单装配(A) → 组件(C) → 新建组件...命令，在系统弹出的“新组件文件”对话框模型选项卡的模板区域中选取模板类型为模型，输入文件名称 bearing_out，单击对话框中的确定按钮。在系统弹出的“新建组件”对话框中单击确定按钮。

Step2. 单击左边资源工具条中的“装配导航器”按钮，右击装配导航器中的 bearing_out 选项，在弹出的快捷菜单中选择设为工作部件，确认当前环境为建模环境。

Step3. 创建图 6.12.18 所示的旋转特征 3。选择插入(S) → 设计特征(E) → 旋转(R)...命令（或单击按钮），系统弹出“旋转”对话框；单击截面区域中的按钮，系统弹出“创建草图”对话框，选取 XY 基准平面为草图平面，单击确定按钮，进入草图环境，绘制图 6.12.19 所示的截面草图，单击完成草图按钮，退出草图环境；选取 YC 基准轴为旋转轴，采用坐标原点为指定点；在“旋转”对话框极限区域中的开始下拉列表中选择值选项，并在其下的角度文本框中输入值 0，在结束下拉列表中选择值选项，并在其下的角度文本框中输入值 360，其他采用系统默认设置；单击< 确定 >按钮，完成旋转特征 3 的创建。

Step4. 将轴承外圈设置为显示部件。单击左边资源工具条中的“装配导航器”按钮，右击装配导航器中的bearing_out选项，在弹出的快捷菜单中选择设为显示部件选项，

Step5. 编辑对象的显示。选择下拉菜单编辑(E) → 对象显示(J)...命令，系统弹出“类选择”对话框；在绘图区选取 Step3 所创建的旋转特征 3，单击确定按钮，系统弹出“编辑对象显示”对话框；单击颜色后的选项，系统弹出“颜色”对话框，在选定的颜色区域的ID文本框中输入值 83 并按 Enter 键，定义颜色为浅褐色。单击确定按钮，返回至“编辑对象显示”对话框；单击确定按钮，完成编辑对象显示的操作。

图 6.12.18 旋转特征 3

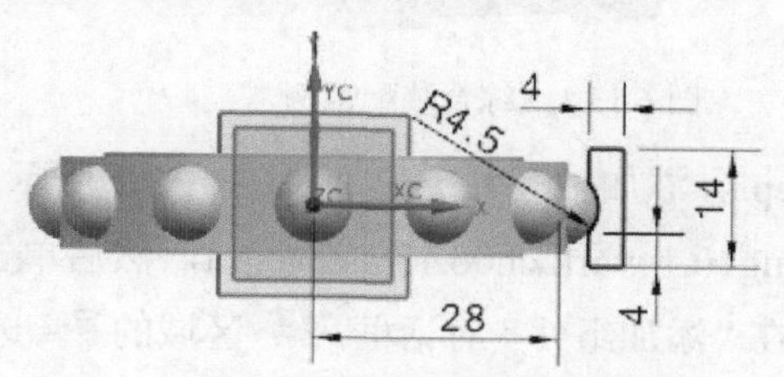


图 6.12.19 截面草图

Step6. 显示其他部件。单击左边资源工具条中的“装配导航器”按钮，右击装配导航器中的bearing_out选项，在弹出的快捷菜单中选择显示父项 → bearing_asm命令，系统在“装配导航器”中显示其他部件。

Step6. 将装配体转换成工作部件。单击左边资源工具条中的“装配导航器”按钮，在装配导航器中的bearing_out部件上右击，在弹出的快捷菜单中选择替换引用集下的整个部件选项，然后在bearing_asm部件上右击，在弹出的快捷菜单中选择设为工作部件命令，将其设置为工作部件。

Step7. 保存零件模型。选择下拉菜单文件(F) → 保存(S)命令，即可保存零件模型。

## 6.13 UG 装配设计实际应用 2 ——机座装配的设计

### Task1. 部件装配

下面以图 6.13.1 所示为例，讲述一个多部件装配范例，使读者进一步熟悉 UG 的装配设计操作。

Step1. 新建文件。选择下拉菜单文件(F) → 新建(N)...命令，系统弹出“新建”对话框。在模型选项卡的模板区域中选取模板类型为装配，在名称文本框中输入文件名称

assemblies，在 文件夹 文本框后单击按钮，选择 D:\ug10.1\work\ch06.13，单击 确定 按钮，进入装配环境。

Step2. 添加下基座。在“添加组件”对话框中单击按钮，选择 D:\ug10.1\work\ch06.13\down_base.prt，然后单击 OK 按钮；在“添加组件”对话框 放置 区域的 定位 下拉列表中选取 通过约束 选项，选中预览区域的 ☑ 预览 复选框，单击 应用 按钮，此时系统弹出“装配约束”对话框；在“装配约束”对话框的 类型 下拉列表中选择 固定 选项，在图形区中选取基座模型，单击 < 确定 > 按钮。

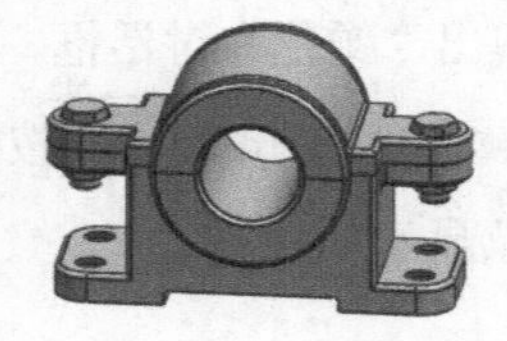

图 6.13.1　综合装配范例

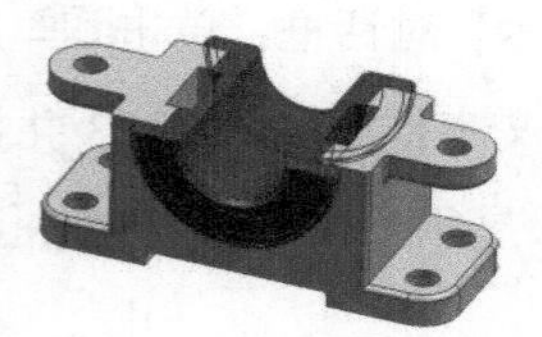

图 6.13.2　添加轴套

Step3. 添加轴套并定位，如图 6.13.2 所示。在“添加组件”对话框中单击按钮，选择 D:\ug10.1\work\ch06.13\sleeve.prt，然后单击 OK 按钮，系统弹出“添加组件”对话框；在“添加组件”对话框 放置 区域的 定位 选项栏中选取 通过约束 选项，单击 应用 按钮，此时系统弹出“装配约束”对话框；在“装配约束”对话框的 预览 区域中选中 ☑ 在主窗口中预览组件 复选框；在 类型 下拉列表中选择 接触对齐 选项，在 要约束的几何体 区域的 方位 下拉列表中选择 对齐 选项；在“组件预览”对话框中选择图 6.13.3 所示的面 1，然后在图形区选择图 6.13.4 所示的面 2，单击 应用 按钮，完成平面的对齐；在 要约束的几何体 区域的 方位 下拉列表中选择 首选接触 选项，选择图 6.13.5 所示的接触面 3 和面 4，单击按钮，调整接触方向；单击 应用 按钮，完成平面的接触；在 要约束的几何体 区域的 方位 下拉列表中选择 自动判断中心/轴 选项，选择图 6.13.3 所示的同轴面 5 和图 6.13.4 所示的面 6，单击 < 确定 > 按钮，完成同轴的接触操作。

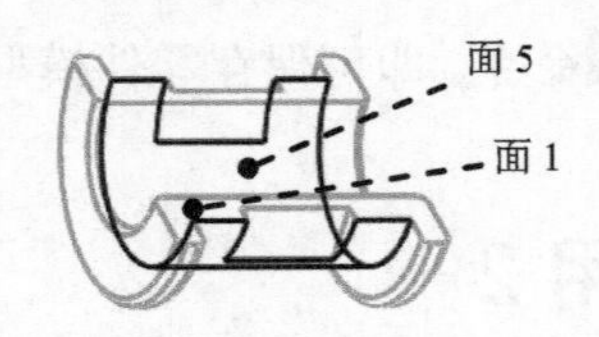


图 6.13.3　选择配对面

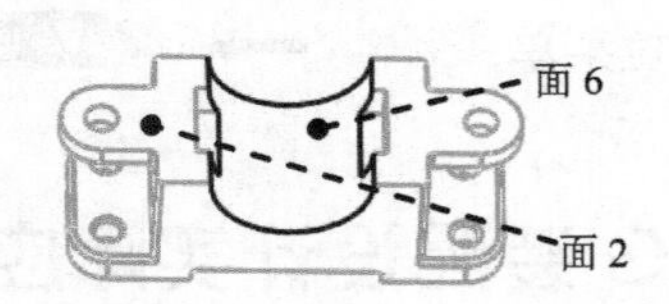


图 6.13.4　选择配对面

图 6.13.5　选择配对面

Step4. 添加楔块并定位，如图 6.13.6 所示。在“添加组件”对话框中单击按钮，选择 D:\ug10.1\work\ch06.13\chock.prt，然后单击 OK 按钮，系统弹出“添加组件”对话框；在“添加组件”对话框 放置 区域的 定位 选项栏中选取 通过约束 选项，单击 应用 按钮，此时系统弹出“装配约束”对话框；在“装配约束”对话框的 类型 下拉列表中选择 接触对齐 选项，在 要约束的几何体 区域的 方位 下拉列表中选择 首选接触 选项，选择图 6.13.7 所示的面 1 与面 4，单击 应用 按钮；选择面 2 与面 5，单击 应用 按钮；选择面 3 与面 6，单击 确定按钮，完成接触关系，单击“添加组件”对话框中的取消按钮。

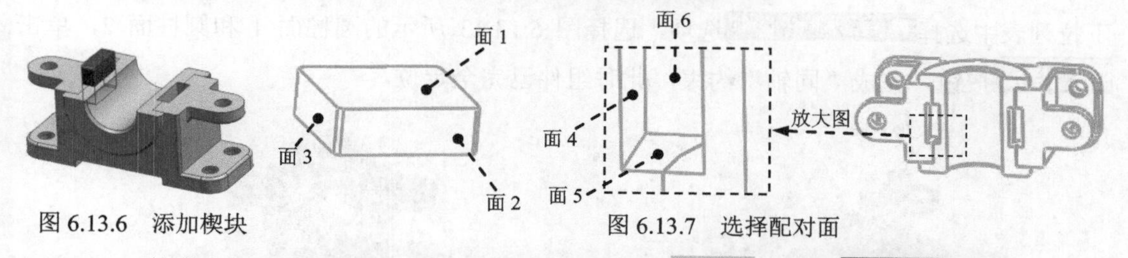


图 6.13.6　添加楔块　　　图 6.13.7　选择配对面

Step5. 镜像图 6.13.8 所示的楔块。选择下拉菜单 装配(A) → 组件(C) → 镜像装配(I)... 命令，系统弹出“镜像装配向导”对话框，单击 下一步 > 按钮；选择上一步添加的楔块，单击 下一步 > 按钮；单击“创建基准平面”按钮，系统弹出“基准平面”对话框，在 类型 下拉列表中选择 二等分 选项，依次选取图 6.13.9 所示的两个平面，单击 < 确定 > 按钮，完成对称面的创建，如图 6.13.10 所示；单击 下一步 > 按钮，系统弹出“镜像装配向导”对话框（一），单击 下一步 > 按钮，系统弹出“镜像装配向导”对话框（二）；单击 完成 按钮，完成楔块的镜像操作。

图 6.13.8　镜像楔块　　　图 6.13.9　选取平面

图 6.13.10　创建对称面

Step6. 镜像轴套。单击“创建基准平面”按钮，系统弹出“基准平面”对话框，在 类型 下拉列表中选择 自动判断 选项，选取图 6.13.11 所示的平面为参照创建基准平面；参照上面镜像楔块的步骤镜像轴套。

Step7. 将组件上基座添加到装配体中并定位，如图 6.13.12 所示。选择下拉菜单 装配(A) → 组件(C) → 添加组件(A)... 命令，系统弹出“添加组件”对话框；在“添加组件”对话框中单击按钮，选择 D:\ug10.1\work\ch06.13\top_cover.prt，然后单击 OK 按钮，系统弹出“添加组件”对话框；在“添加组件”对话框 放置 区域的 定位 选项栏中选取 通过约束 选项，单击 应用 按钮，此时系统弹出“装配约束”对话框；在“装配约束”对话框的 类型 下拉列表中选择 接触对齐 选项，在 要约束的几何体 区域的 方位 下拉列表中选择 首选接触 选项，选择图 6.13.13 所示的平面 1 与平面 3，单击 应用 按钮，完成“接触”约束；在 要约束的几何体 区域的 方位 下拉列表中选择 对齐 选项，选择图 6.13.13

所示的平面 2 和平面 4，单击应用按钮，完成“对齐”约束；在要约束的几何体区域的方位下拉列表中选择自动判断中心/轴选项，选择图 6.13.13 所示的圆柱面 1 和圆柱面 2，单击< 确定 >按钮，完成“同轴”约束，此时组件已完全定位。

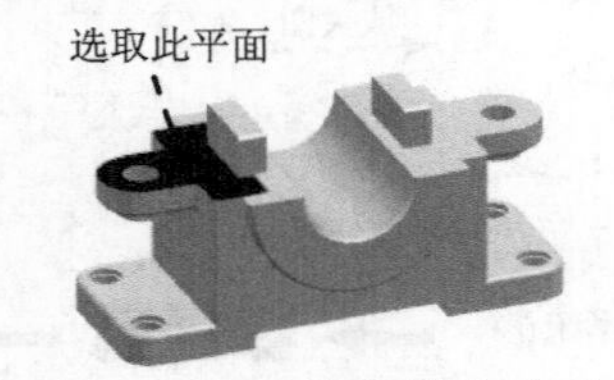


图 6.13.11　选取基准平面

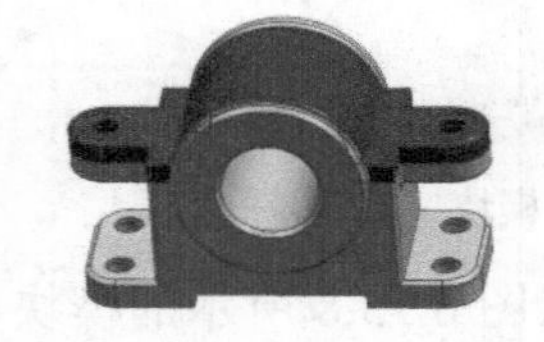

图 6.13.12　添加组件上基座

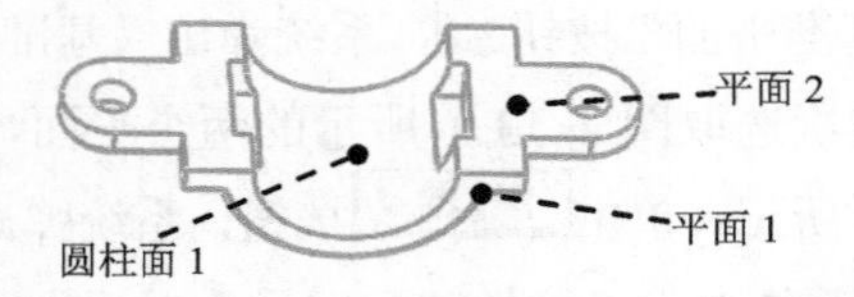


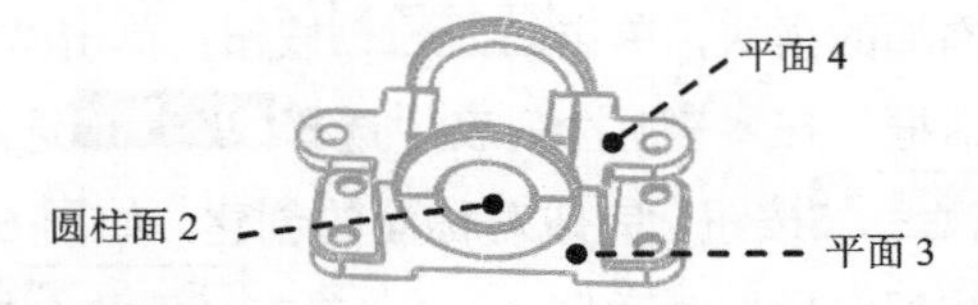


图 6.13.13　选择接触面

Step8. 将组件螺栓添加到装配体中并定位，如图 6.13.14 所示。在“添加组件”对话框中单击按钮，选择 D:\ug10.1\work\ch06.13\bolt.prt，然后单击OK按钮，系统弹出“添加组件”对话框；在“添加组件”对话框放置区域的定位选项栏中选取通过约束选项，单击应用按钮，此时系统弹出“装配约束”对话框；在“装配约束”对话框的类型下拉列表中选择接触对齐选项，在要约束的几何体区域的方位下拉列表中选择首选接触选项，选择图 6.13.15 所示的平面 1 和平面 2，单击应用按钮，完成“接触”约束；在要约束的几何体区域的方位下拉列表中选择自动判断中心/轴选项，选择图 6.13.16 所示的圆柱面 1 和圆柱面 2，单击< 确定 >按钮，完成“同轴”约束，此时组件已完全定位。

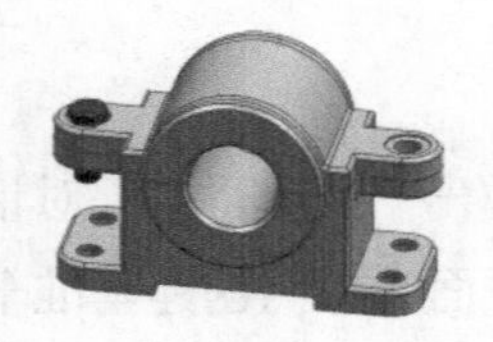

图 6.13.14　添加组件螺栓

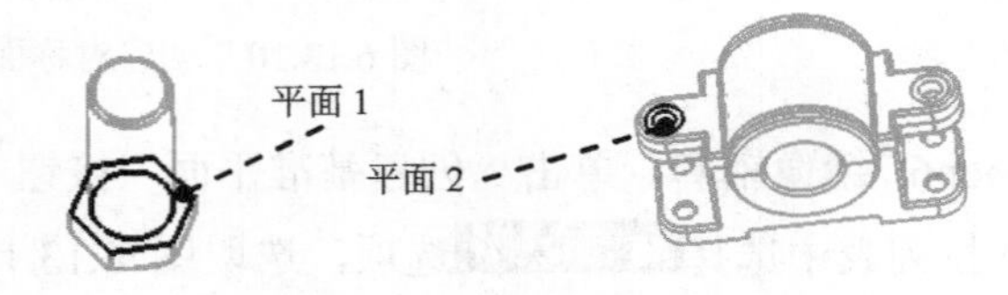


图 6.13.15　选择配对平面

Step9. 将组件螺母添加到装配体中并定位，如图 6.13.17 所示。在“添加组件”对话框中单击按钮，选择 D:\ug10.1\work\ch06.13\nut.prt，然后单击OK按钮，系统弹出“添加组件”对话框；在“添加组件”对话框放置区域的定位选项栏中选取通过约束选项，选中预览区域的☑ 预览复选框，单击确定按钮，此时系统弹出“装配约束”对话框；在“装配约束”对话框的类型下拉列表中选择接触对齐选项，在要约束的几何体区域的方位下拉列表中选择首选接触选项，选择图 6.13.18 所示的平面 1 和平面 2，单击应用按钮，完成“接触”约束；在要约束的几何体区域的方位下拉列表中选择自动判断中心/轴选项，选择图 6.13.19 所示的圆柱面 1 和圆柱面 2，单击 < 确定 > 按钮，完成“同轴”约束，此时组件已完全定位。

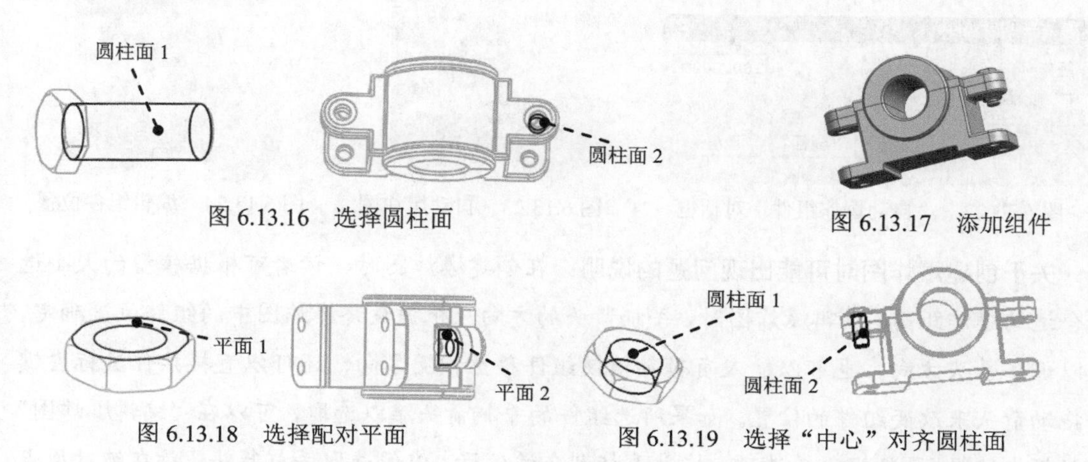


图 6.13.16 选择圆柱面

图 6.13.17 添加组件

图 6.13.18 选择配对平面

图 6.13.19 选择“中心”对齐圆柱面

Step10. 镜像图 6.13.20 所示的螺栓和螺母，步骤参照 Step5，镜像基准面选取 Step5 时创建的基准平面。

Step11. 完成组件的装配。

## Task2. 创建爆炸图

装配体完成后，可以创建爆炸图，以便清楚查看部件间的装配关系。

Step1. 创建爆炸图。选择下拉菜单 装配(A) → 爆炸图(X) → 新建爆炸图(N)... 命令，系统弹出图 6.13.21 所示的“新建爆炸图”对话框；接受系统默认的爆炸图名 Explosion1，单击 确定 按钮，完成爆炸图的创建。

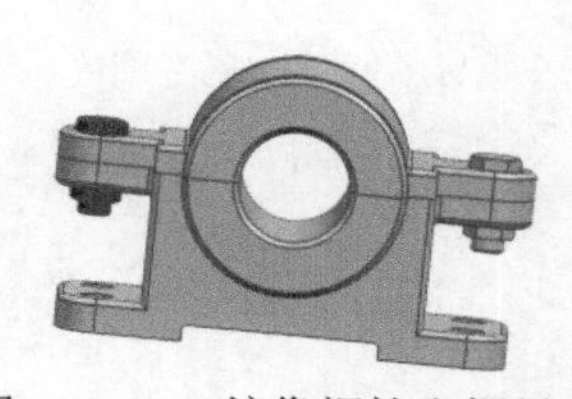

图 6.13.20 镜像螺栓和螺母

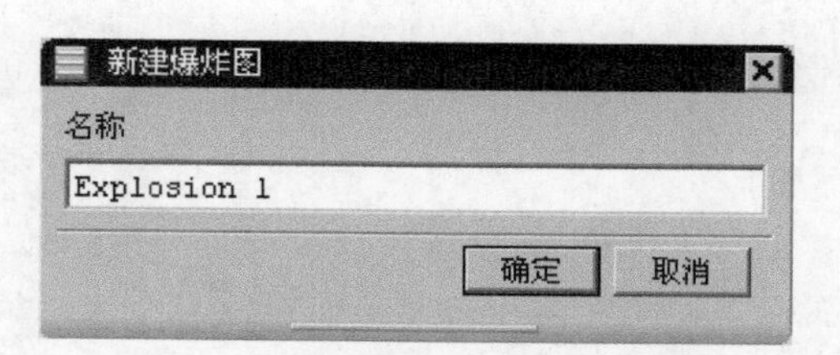


图 6.13.21 “新建爆炸图”对话框

Step2. 自动爆炸组件。选择下拉菜单 装配(A) → 爆炸图(X) → 自动爆炸组件(A)... 命令，系统弹出“类选择”对话框，选择整个装配体后单击 确定 按钮，系统弹出图 6.13.22 所示的“自动爆炸组件”对话框；在 距离 文本框中输入值 100，单击 确定 按钮，系统自动生成爆炸图，如图 6.13.23 所示。

Step3. 编辑组件的位置，结果如图 6.13.24 所示（编辑所有组件的方法雷同，读者根据实际需要进行编辑，这里就不再赘述）。

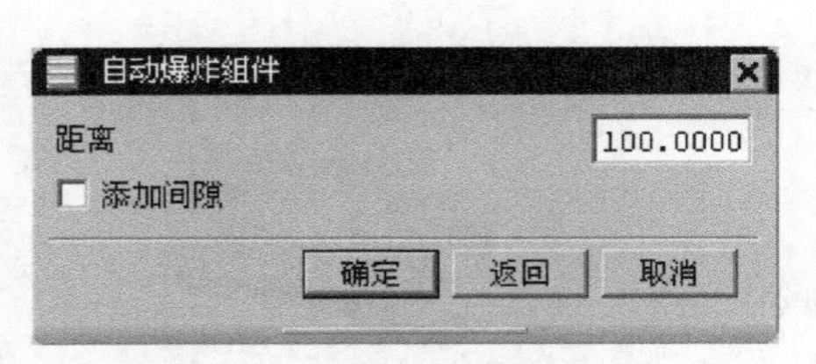


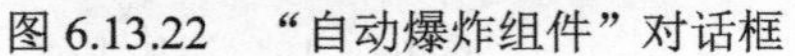

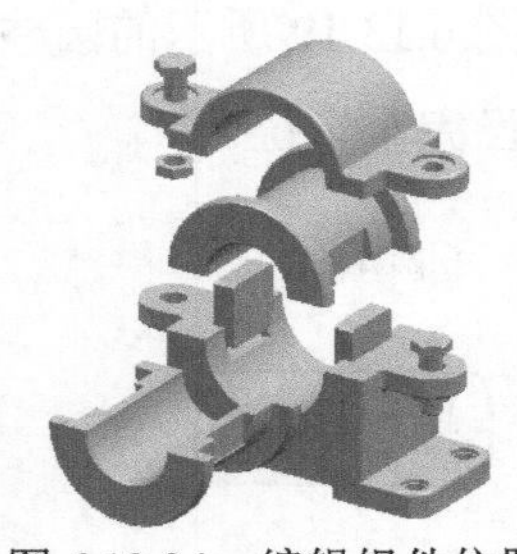

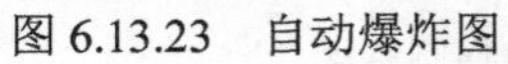

图 6.13.22　“自动爆炸组件”对话框　　图 6.13.23　自动爆炸图　　图 6.13.24　编辑组件位置

**关于创建爆炸图时可能出现问题的说明：**在创建爆炸图时，读者可根据模型的大小选择合适的爆炸距离；编辑爆炸图时，手柄箭头的方向应根据最终爆炸图中的组件位置确定，可以调整箭头方向，也可以输入负数数值使组件移至相反方向，还可以直接按住鼠标左键并拖动箭头来改变组件的位置。如果所选组件的手柄箭头难以选取，可以在“编辑爆炸图”对话框中选择 ⊙ 只移动手柄 单选项，拖动手柄到合适位置，以便选取手柄箭头；放在绝对原点（装配的第一个组件）的组件不能进行编辑。

# 第 7 章 模型的测量与分析

**本章提要** 本章介绍了空间点、线、面间距离的测量、弧度长度的测量、半径的测量、角度的测量、面积的测量、模型的质量属性分析、装配的干涉检查等，这些测量和分析工具在产品的零件和装配设计中经常会用到。

## 7.1 模型的测量

### 7.1.1 测量距离

下面以一个简单的模型为例，来说明测量距离的一般操作过程。

Step1. 打开文件 D:\ug10.1\work\ch07.01\distance.prt。

Step2. 选择下拉菜单 分析(L) → 测量距离(D)... 命令，系统弹出图 7.1.1 所示的“测量距离”对话框。

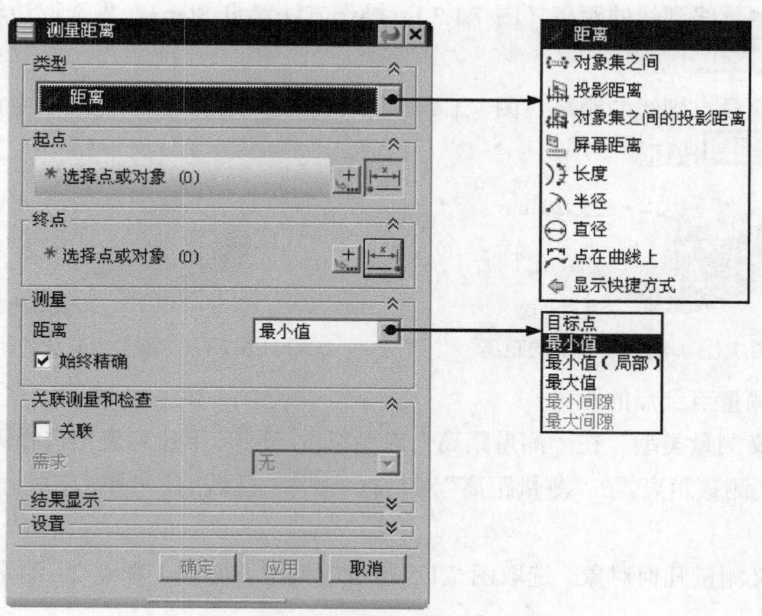


图 7.1.1 “测量距离”对话框

图 7.1.1 所示的“测量距离”对话框 类型 下拉列表中部分选项的说明如下：

☑ 距离 选项：可以测量点、线、面之间的任意距离。

☑ 投影距离 选项：可以测量空间上的点、线投影到同一个平面上，在该平面上它们之间的距离。

☑ 屏幕距离选项：可以测量图形区的任意位置的距离。

☑ 长度选项：可以测量任意线段的距离。

☑ 半径选项：可以测量任意圆的半径值。

☑ 点在曲线上选项：可以测量在曲线上两点之间的最短距离。

Step3. 测量面到面的距离。

（1）定义测量类型。在“测量距离”对话框的类型下拉列表中选择距离选项。

（2）定义测量距离。在“测量距离”对话框测量区域的距离下拉列表中选取最小值选项。

（3）定义测量对象。选取图 7.1.2a 所示的模型表面 1，再选取模型表面 2。测量结果如图 7.1.2b 所示。

（4）单击应用按钮，完成测量面到面的距离。

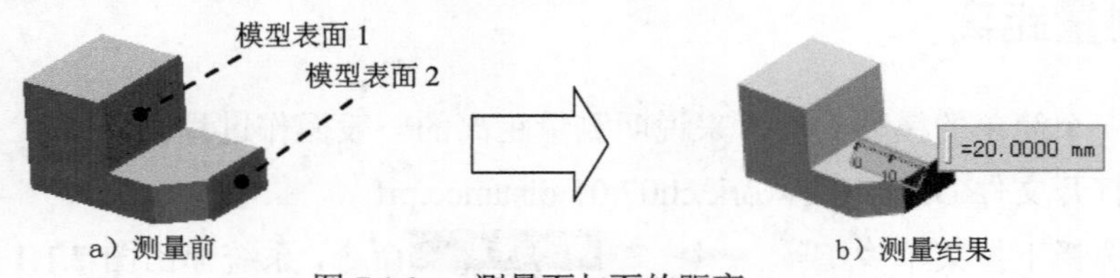


a）测量前　　b）测量结果

图 7.1.2　测量面与面的距离

Step4. 测量线到线的距离（图 7.1.3），操作方法参见 Step3，先选取边线 1，后选取边线 2，单击应用按钮。

Step5. 测量点到线的距离（图 7.1.4），操作方法参见 Step3，先选取中点 1，后选取边线，单击应用按钮。

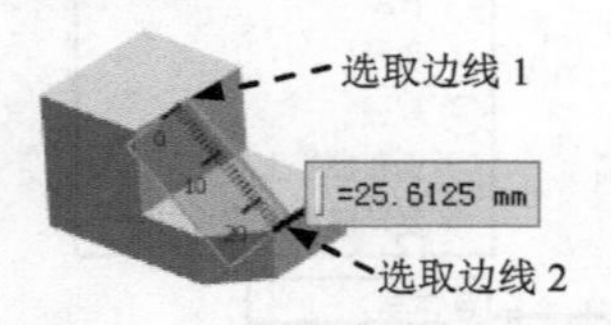


图 7.1.3　测量线到线的距离

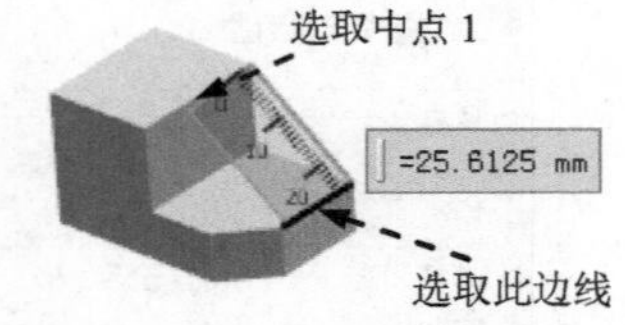


图 7.1.4　测量点到线的距离

Step6. 测量点到点的距离。

（1）定义测量类型。在“测量距离”对话框的类型下拉列表中选择距离选项。

（2）定义测量距离。在“测量距离”对话框测量区域的距离下拉列表中选取目标点选项。

（3）定义测量几何对象。选取图 7.1.5 所示的模型表面点 1 和点 2。测量结果如图 7.1.5 所示。

（4）单击应用按钮，完成测量点到点的距离。

Step7. 测量点与点的投影距离（投影参照为平面）。

（1）定义测量类型。在“测量距离”对话框的类型下拉列表中选择投影距离选项。

（2）定义测量距离。在“测量距离”对话框测量区域的距离下拉列表中选取最小值选项。

（3）定义投影表面。选取图 7.1.6 所示的模型表面 1。

（4）定义测量几何对象。先选取图 7.1.6 所示的模型点 1，然后选取模型点 2，测量结果如图 7.1.6 所示。

（5）单击 < 确定 > 按钮，完成测量点与点的投影距离。

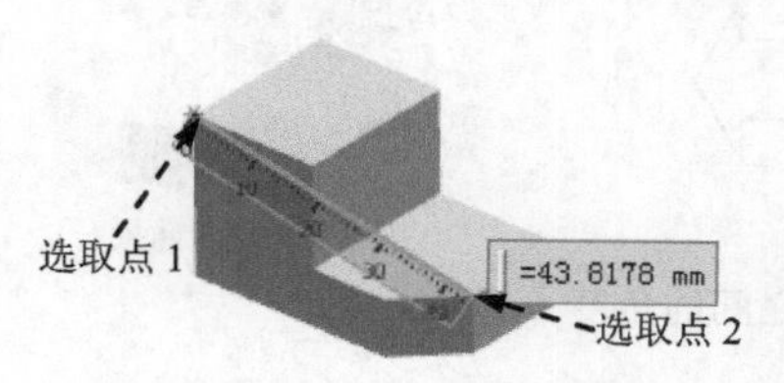


图 7.1.5 测量点到点的距离

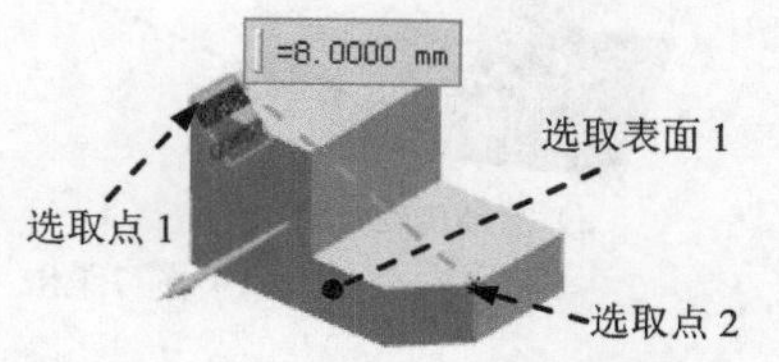


图 7.1.6 测量点与点的投影距离

## 7.1.2 测量角度

下面以一个简单的模型为例，来说明测量角度的一般操作过程。

Step1. 打开文件 D:\ug10.1\work\ch07.01\angle.prt。

Step2. 选择下拉菜单 分析(L) → 测量角度(A)... 命令，系统弹出图 7.1.7 所示的“测量角度”对话框。

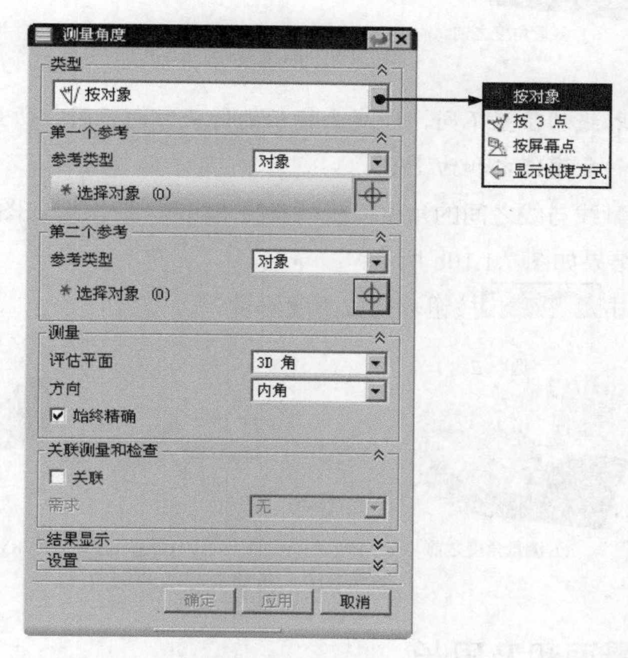


图 7.1.7 “测量角度”对话框

Step3. 测量面与面之间的角度。

（1）定义测量类型。在“测量角度”对话框的 类型 下拉列表中选择 按对象 选项。

（2）定义测量计算平面。选取 测量 区域 评估平面 下拉列表中的 3D 角 选项，选取 方向下拉列表中的内角选项。

（3）定义测量几何对象。选取图 7.1.8a 所示的模型表面 1，再选取如图 7.1.8a 所示的模型表面 2，测量结果如图 7.1.8b 所示。

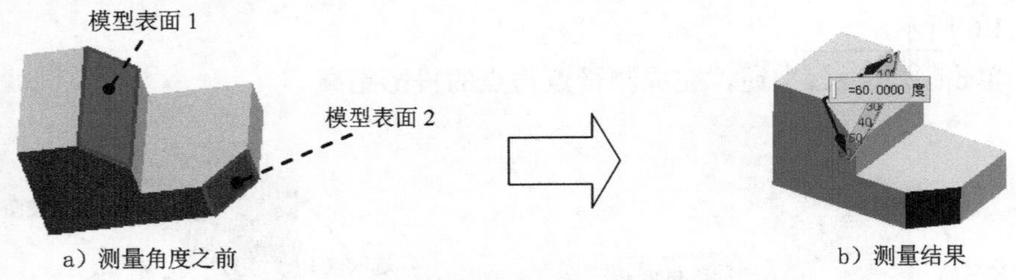


a）测量角度之前　　b）测量结果

图 7.1.8　测量面与面之间的角度

（4）单击应用按钮，完成面与面之间的角度测量。

Step4. 测量线与面之间的角度。步骤参见测量面与面之间的角度。依次选取图 7.1.9a 所示的边线 1 和表面 2，测量结果如图 7.1.9b 所示，单击应用按钮。

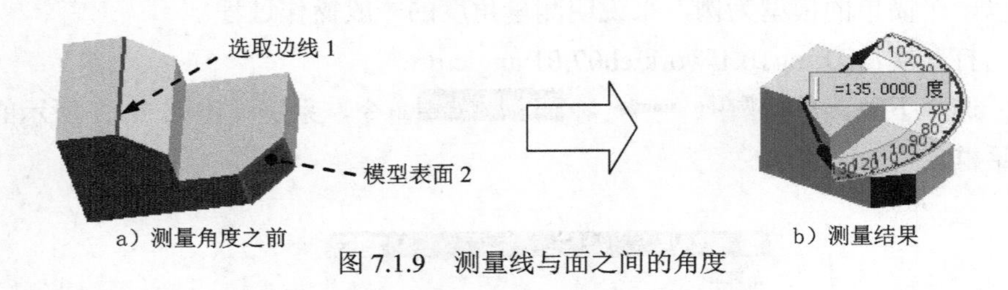


a）测量角度之前　　b）测量结果

图 7.1.9　测量线与面之间的角度

注意：选取线的位置不同，即线上标示的箭头方向不同，所显示的角度值也可能会不同，两个方向的角度值之和为 180°。

Step5. 测量线与线之间的角度。步骤参见 Step3。依次选取图 7.1.10a 所示的边线 1 和边线 2，测量结果如图 7.1.10b 所示。

Step6. 单击< 确定 >按钮，完成角度测量。

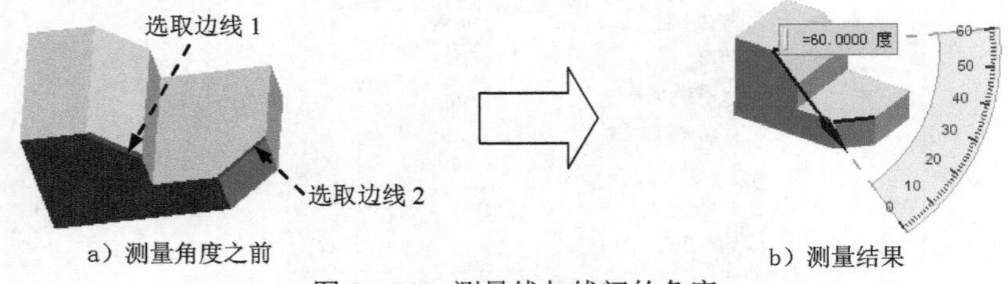


a）测量角度之前　　b）测量结果

图 7.1.10　测量线与线间的角度

## 7.1.3　测量面积及周长

下面以一个简单的模型为例，来说明测量面积及周长的一般操作过程。

Step1. 打开文件 D:\ug10.1\work\ch07.01\area.prt。

Step2. 选择下拉菜单分析(L) ➡ 测量面(F)...命令，系统弹出“测量面”对话框。

Step3. 在“选择条”工具条的下拉列表中选择 单个面 选项。

Step4. 测量模型表面面积。选取图 7.1.11 所示的模型表面 1，系统显示这个曲面的面积测量结果。

Step5. 测量曲面的周长。在图 7.1.11 所示的结果中选择 面积 下拉列表中的 周长 选项，测量周长的结果如图 7.1.12 所示。

Step6. 单击 确定 按钮，完成测量。

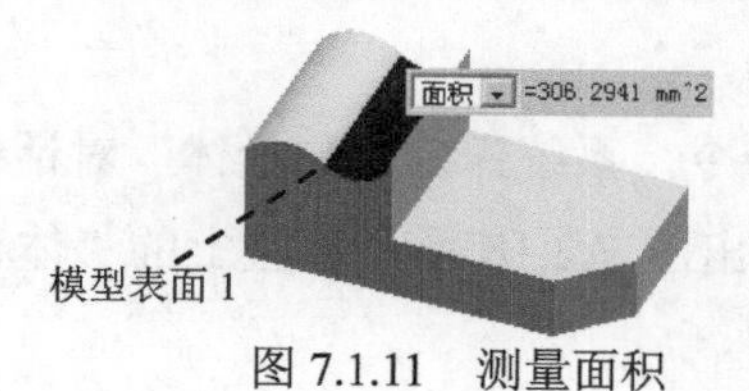


图 7.1.11　测量面积

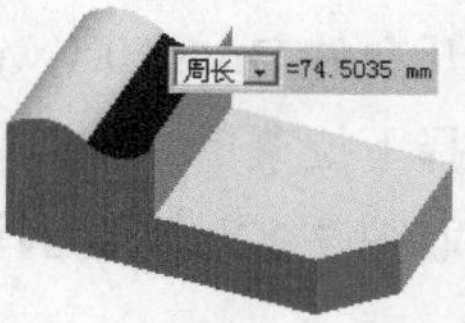

图 7.1.12　测量周长

## 7.1.4　测量最小半径

下面以一个简单的模型为例，来说明测量最小半径的一般操作过程。

Step1. 打开文件 D:\ug10.1\work\ch07.01\miniradius.prt。

Step2. 选择下拉菜单 分析(L) → 最小半径(R)... 命令，系统弹出图 7.1.13 所示的“最小半径”对话框，选中 ☑ 在最小半径处创建点 复选框。

Step3. 测量多个曲面的最小半径。

（1）连续选取图 7.1.14 所示的模型表面 1、模型表面 2 和模型表面 3。

（2）单击 确定 按钮，曲面的最小半径位置如图 7.1.15 所示，半径值如图 7.1.16 所示的“信息”窗口。

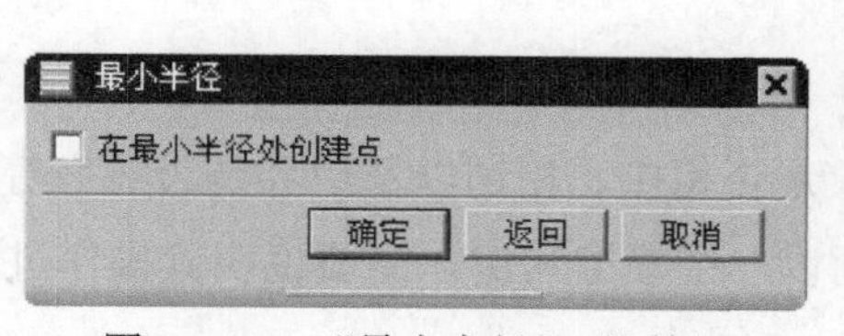


图 7.1.13　“最小半径”对话框

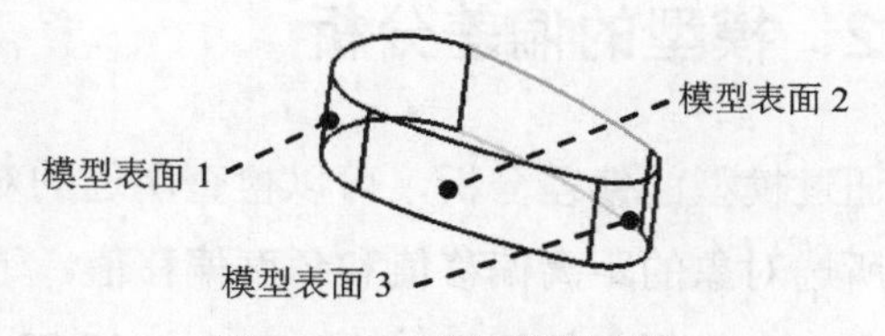


图 7.1.14　选取模型表面

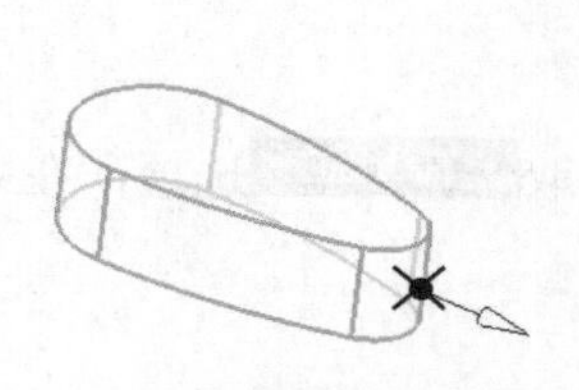

图 7.1.15　最小半径位置

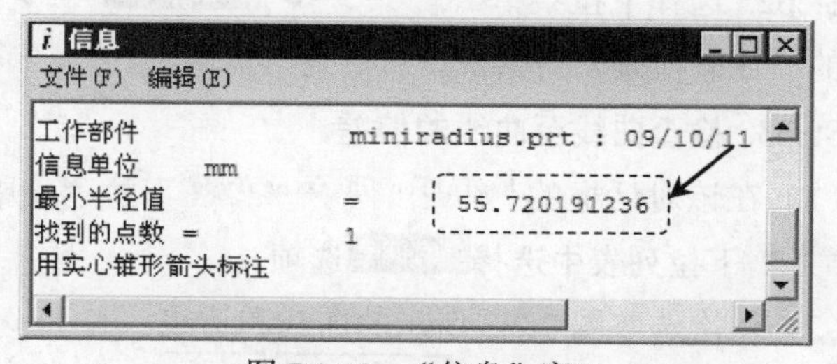


图 7.1.16　“信息”窗口

Step4. 单击 取消 按钮，完成最小半径的测量。

# 7.2 模型的基本分析

## 7.2.1 模型的质量属性分析

通过模型质量属性分析，可以获得模型的体积、表面积、质量、回转半径和重量等数据。下面以一个模型为例，简要说明模型质量属性分析的一般操作过程。

Step1. 打开文件 D:\ug10.1\work\ch07.02\mass.prt。

Step2. 选择下拉菜单 分析(L) → 测量体(B)... 命令，系统弹出“测量体”对话框。

Step3. 选取图 7.2.1a 所示的模型实体 1，系统弹出图 7.2.1b 所示模型上的“体积”下拉列表。

Step4. 选择“体积”下拉列表中的 表面积 选项，系统显示该模型的表面积。

Step5. 选择“体积”下拉列表中的 质量 选项，系统显示该模型的质量。

Step6. 选择“体积”下拉列表中的 回转半径 选项，系统显示该模型的回转半径。

Step7. 选择“体积”下拉列表中的 重量 选项，系统显示该模型的重量。

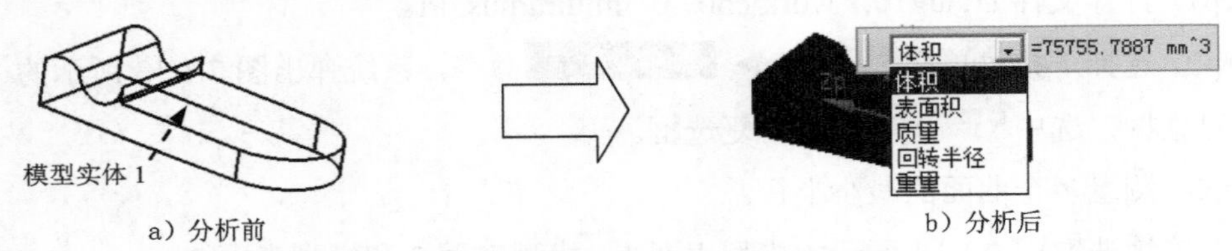


图 7.2.1 体积分析

Step8. 单击 确定 按钮，完成模型质量属性分析。

## 7.2.2 模型的偏差分析

通过模型的偏差分析，可以检查所选的对象是否相接、相切以及边界是否对齐等，并得到所选对象的距离偏移值和角度偏移值。下面以一个模型为例，简要说明其操作过程。

Step1. 打开文件 D:\ug10.1\work\ch07.02\deviation.prt。

Step2. 选择下拉菜单 分析(L) → 偏差(V) ▸ → 检查(C)... 命令，系统弹出图 7.2.2 所示的“偏差检查”对话框。

Step3. 检查曲线至曲线的偏差。

（1）在该对话框的 Deviation Checking Type 下拉列表中选取 曲线到曲线 选项，在 设置 区域的 偏差选项 下拉列表中选择 所有偏差 选项。

（2）依次选取图 7.2.3 所示的曲线和边线。

（3）在该对话框中单击 检查 按钮，系统弹出图 7.2.4 所示的“信息”窗口，在弹出的“信息”窗口中会列出指定的信息，包括分析点的个数、两个对象的最小距离误差、最大距离误差、平均距离误差、最小角度误差、最大角度误差、平均角度误差以及各检查点的数据。完成检查曲线至曲线的偏差。

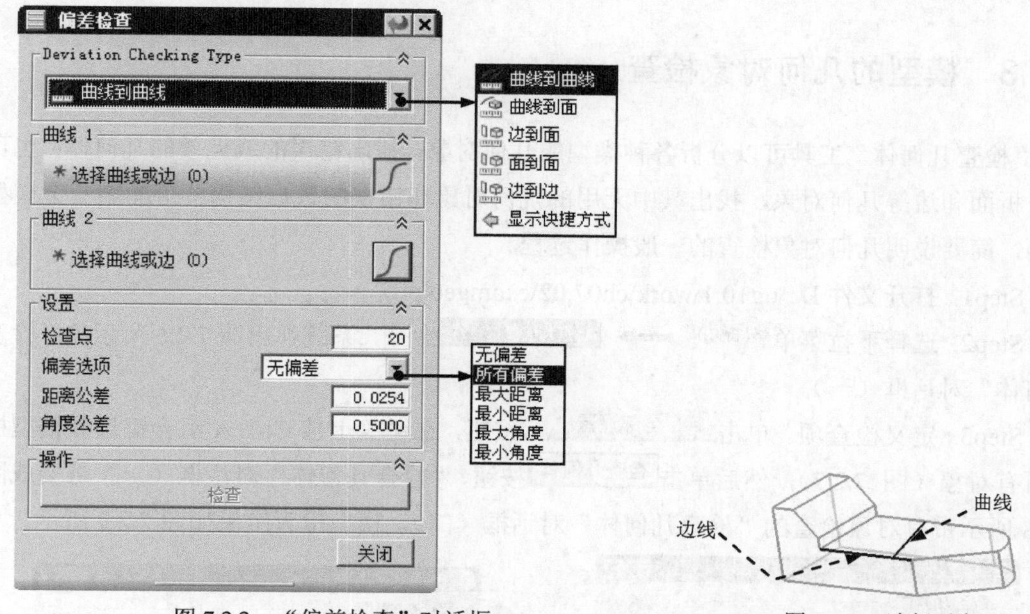


图 7.2.2 “偏差检查”对话框　　图 7.2.3 选择对象

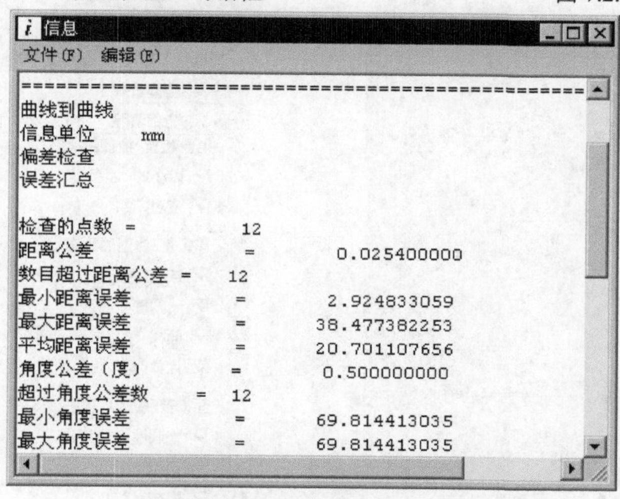


图 7.2.4 “信息”窗口

Step4. 检查曲线至面的偏差。根据经过点斜率的连续性，检查曲线是否真的位于模型表面上。在 类型 下拉列表中选取 曲线至面 选项，操作方法参见检查曲线至曲线的偏差。

**说明**：进行曲线至面的偏差检查时，选取图 7.2.5 所示的曲线 1 和曲面为检查对象。曲线至面的偏差检查只能选取非边缘的曲线，所以只能选择曲线 1。

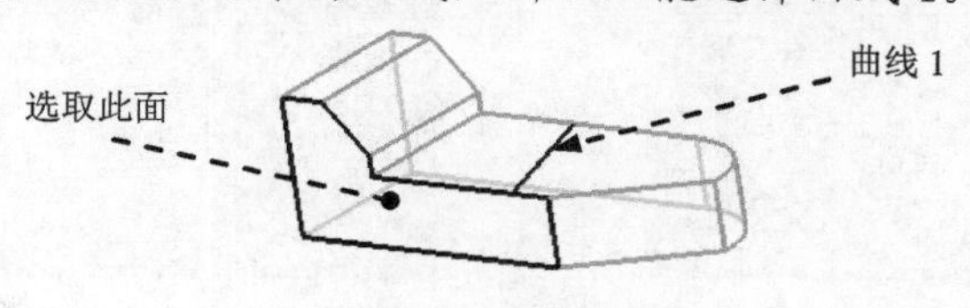


图 7.2.5 对象选择

Step5. 对于边到面偏差、面至面偏差、边至边偏差的检测，操作方法参见检查曲线至曲线的偏差。

### 7.2.3 模型的几何对象检查

“检查几何体”工具可以分析各种类型的几何对象，找出错误的或无效的几何体；也可以分析面和边等几何对象，找出其中无用的几何对象和错误的数据结构。下面以一个模型为例，简要说明几何对象检查的一般操作过程。

Step1. 打开文件 D:\ug10.1\work\ch07.02\examgeo.prt。

Step2. 选择下拉菜单 分析(L) ➡ 检查几何体(X)... 命令，系统弹出图 7.2.6 所示的“检查几何体”对话框（一）。

Step3. 定义检查项。单击 全部设置 按钮，在键盘上按 Ctrl+A 组合键选择模型中的所有对象（图 7.2.7），然后单击 检查几何体 按钮，“检查几何体”对话框（一）将变成图 7.2.8 所示带有对象检查的“检查几何体”对话框（二），模型检查结果如图 7.2.9 所示。

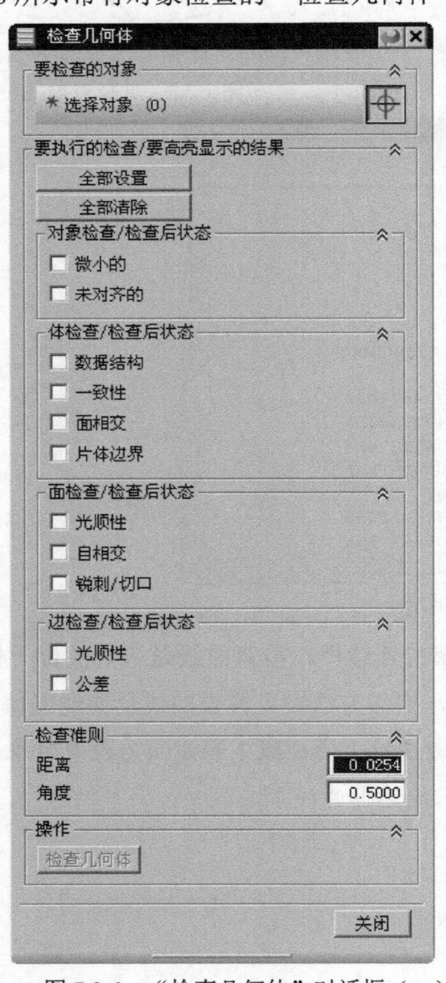


图 7.2.6 “检查几何体”对话框（一）

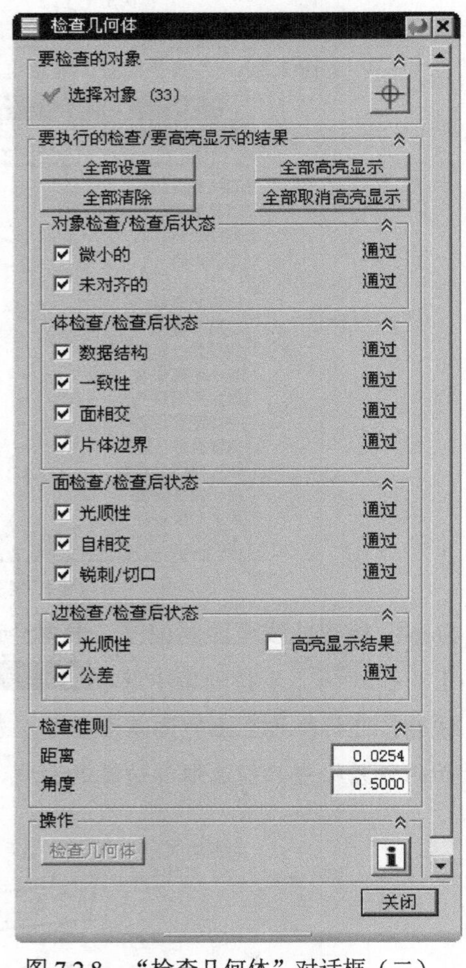


图 7.2.8 “检查几何体”对话框（二）

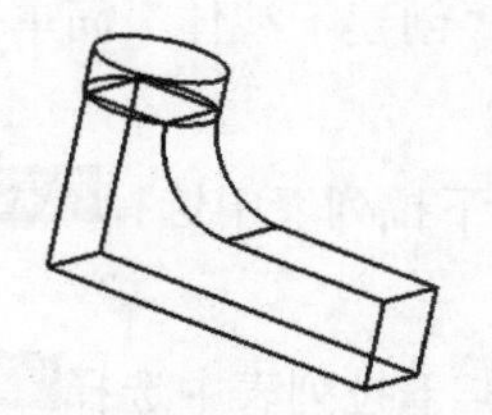
图 7.2.7　对象选择

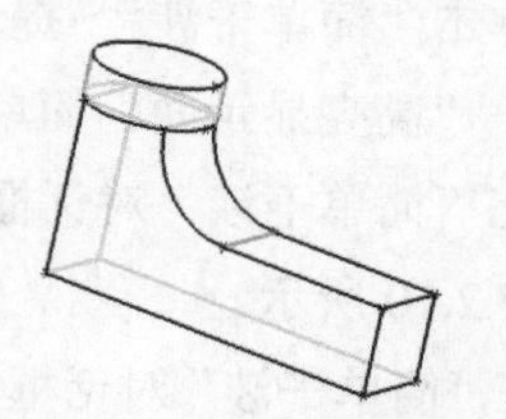
图 7.2.9　检查结果

Step4. 单击"信息"按钮![i]，可在"信息"对话框中检查结果。

## 7.2.4　装配干涉检查

在实际的产品设计中，当产品中的各个零部件组装完成后，设计人员往往比较关心产品中各个零部件间的干涉情况：有无干涉？哪些零件间有干涉？干涉量是多大？下面以一个简单的装配体模型为例，说明干涉分析的一般操作过程。

Step1. 打开文件 D:\ug10.1\work\ch07.02\interference.prt。

Step2. 在装配模块中选择下拉菜单 分析(L) → 简单干涉(I)... 命令，系统弹出图 7.2.10 所示的"简单干涉"对话框。

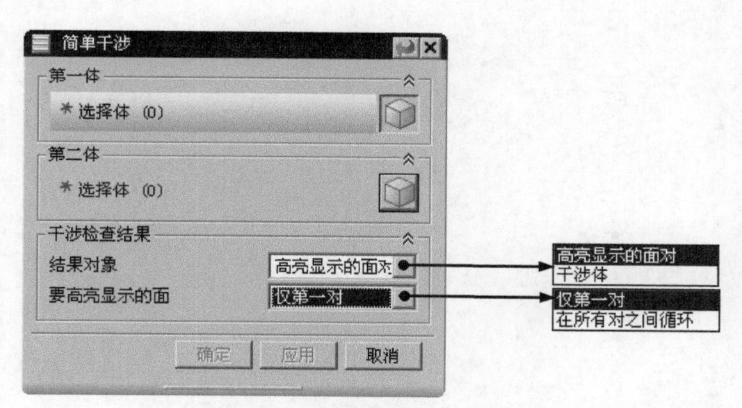

图 7.2.10　"简单干涉"对话框

Step3. "创建干涉体"简单干涉检查。

（1）在"简单干涉"对话框 干涉检查结果 区域的 结果对象 下拉列表中选择 干涉体 选项。

（2）依次选取图 7.2.11 所示的对象 1 和对象 2，单击"简单干涉"对话框中的 应用 按钮，系统弹出图 7.2.12 所示的"简单干涉"提示框。

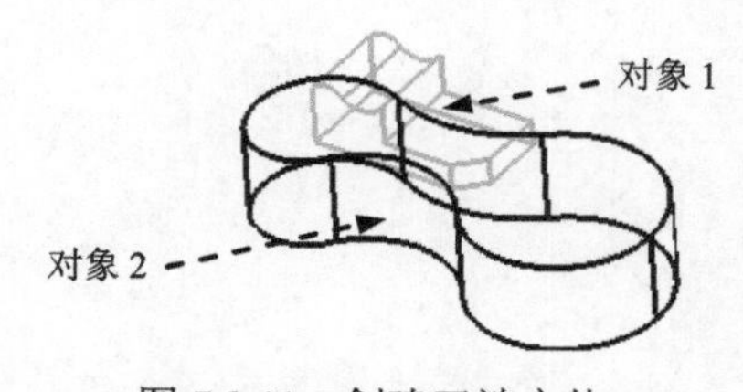

图 7.2.11　创建干涉实体

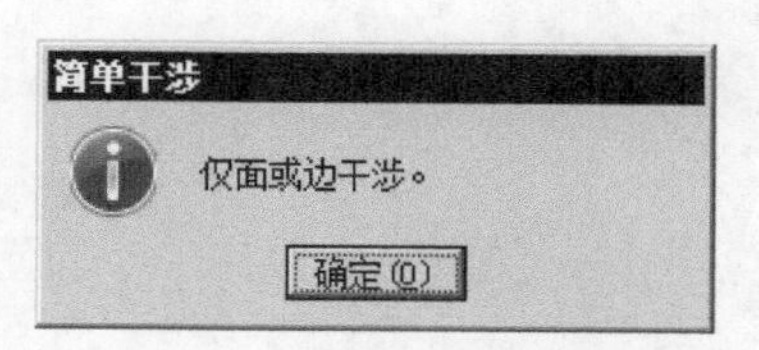

图 7.2.12　"简单干涉"提示框

（3）单击“简单干涉” 提示框的 确定(O) 按钮，完成“创建干涉体”简单干涉检查。

Step4. “高亮显示面”简单干涉检查。

（1）在“简单干涉”对话框 干涉检查结果 区域的 结果对象 下拉列表中选择 高亮显示的面对 选项，如图 7.2.10 所示。

（2）在“简单干涉”对话框 干涉检查结果 区域的 要高亮显示的面 下拉列表中选择 仅第一对 选项，依次选取图 7.2.13a 所示的对象 1 和对象 2。模型中将显示图 7.2.13b 所示的干涉平面。

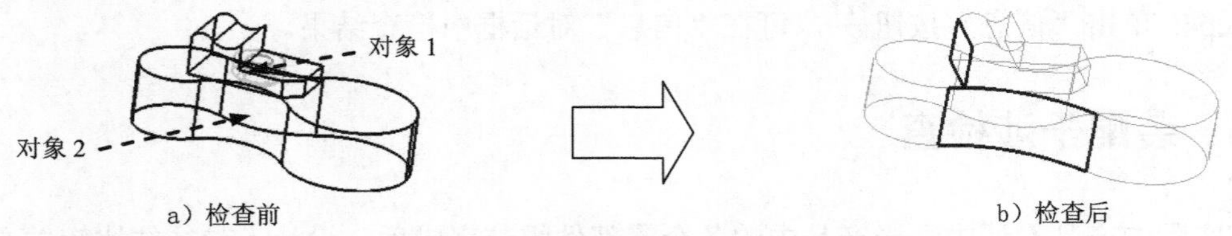


a）检查前　　b）检查后

图 7.2.13 “高亮显示面”干涉检查

（3）在“简单干涉”对话框 干涉检查结果 区域的 要高亮显示的面 下拉列表中选择 在所有对之间循环 选项，单击 显示下一对 按钮，模型中将依次显示所有干涉平面。

（4）单击“简单干涉”对话框中的 取消 按钮，完成“高亮显示面”简单干涉检查操作。

# 第8章 工程图设计

**本章提要**

在产品的研发、设计和制造等过程中，各类技术人员需要经常进行交流和沟通，工程图则是进行交流的工具。尽管随着科学技术的发展，3D设计技术有了很大的发展与进步，但是三维模型并不能将所有的设计信息表达清楚，有些信息（例如尺寸公差、几何公差和表面粗糙度等）仍然需要借助二维的工程图将其表达清楚。因此工程图是产品设计中较为重要的环节，也是对设计人员最基本的能力要求。本章内容包括：

- 工程图概述
- 工程图参数预设置
- 图样管理
- 视图的创建与编辑
- 标注与符号

## 8.1 工程图概述

使用UG NX 10.0的制图环境可以创建三维模型的工程图，且图样与模型相关联。因此，图样能够反映模型在设计阶段中的更改，可以使图样与装配模型或单个零部件保持同步。其主要特点如下：

- 用户界面直观、易用、简洁，可以快速方便地创建图样。
- “在图纸上”工作的画图板模式。此方法类似于制图人员在画图板上绘图。应用此方法可以极大地提高工作效率。
- 支持新的装配体系结构和并行工程。制图人员可以在设计人员对模型进行处理的同时绘制图样。
- 可以快速地将视图放置到图纸上，系统会自动正交对齐视图。
- 具有创建与自动隐藏线和剖面线完全关联的横剖面视图的功能。
- 具有从图形窗口编辑大多数制图对象（如尺寸、符号等）的功能。用户可以创建制图对象，并立即对其进行修改。
- 可进行图样视图的自动隐藏线渲染。
- 在制图过程中，系统的反馈信息可减少许多返工和编辑工作。
- 使用对图样进行更新的用户控件，能有效地提高工作效率。

## 8.1.1 工程图的组成

说明：UG NX 10.0 的表面粗糙度标注基于国标 GB/T131-1993。

在学习本节前，请依次打开 D:\ug10.1\work\ch08.01 中的 A4.prt 和 down_base_ok.prt 文件（图 8.1.1），UG NX 10.0 的工程图主要由以下三个部分组成：

- 视图：包括六个基本视图（主视图、俯视图、左视图、右视图、仰视图和后视图）、放大图、各种剖视图、断面图、辅助视图等。在制作工程图时，根据实际零件的特点，选择不同的视图组合，以便简单清楚地表达各个设计参数。
- 尺寸、公差、注释说明及表面粗糙度：包括形状尺寸、位置尺寸、形状公差、位置公差、注释说明、技术要求以及零件的表面粗糙度要求。
- 图框和标题栏等。

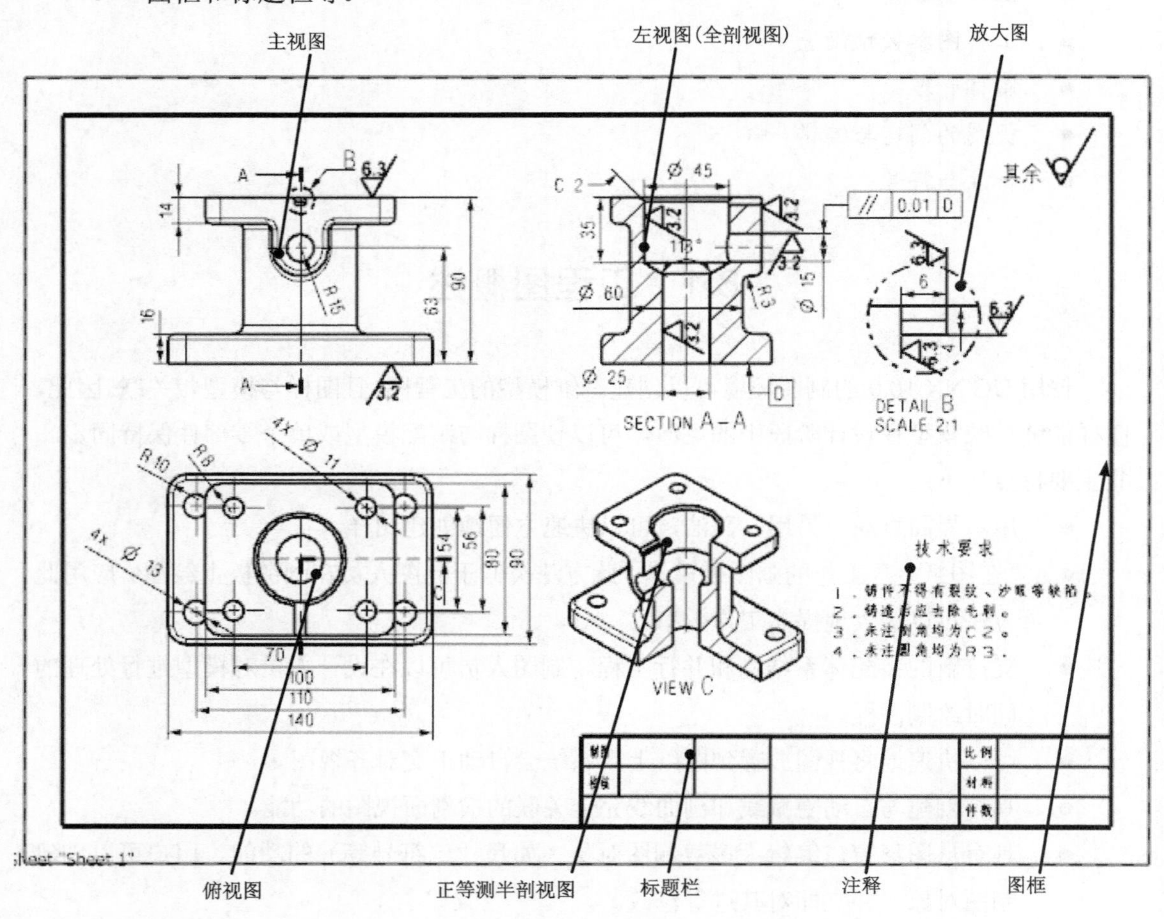


图 8.1.1 工程图的组成

## 8.1.2 工程图环境中的下拉菜单与工具条

新建一个文件后，有三种方法进入工程图环境，分别介绍如下：

**方法一：**选择图 8.1.2 所示的下拉菜单 启动 → 制图(D)... 命令。

**方法二：**在“应用模块”工具条中单击“制图”按钮，如图 8.1.2 所示。

**方法三：**利用 Ctrl+Shift+ D 组合键。

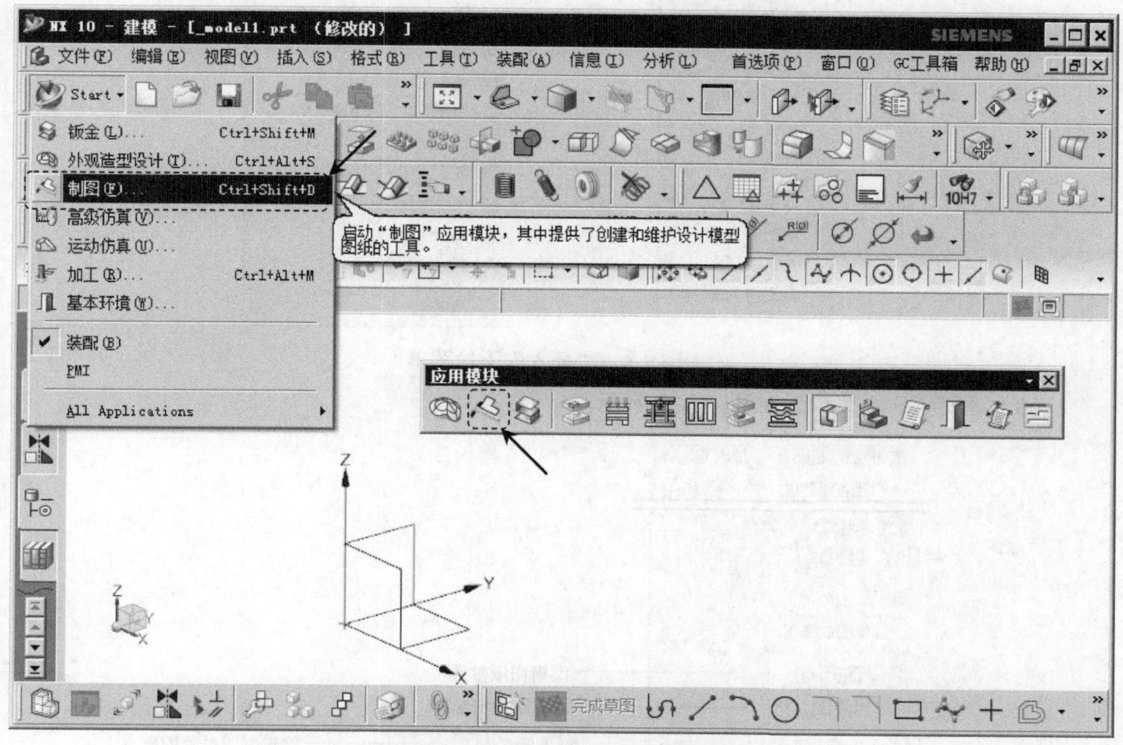


图 8.1.2　进入工程图环境的几种方法

进入工程图环境以后，下拉菜单将会发生一些变化，系统为用户提供了一个方便、快捷的操作界面。下面对工程图环境中较为常用的下拉菜单和工具条分别进行介绍。

## 1．下拉菜单

（1）首选项(P)下拉菜单。该菜单主要用于在创建工程图之前对制图环境进行设置，如图 8.1.3 所示。

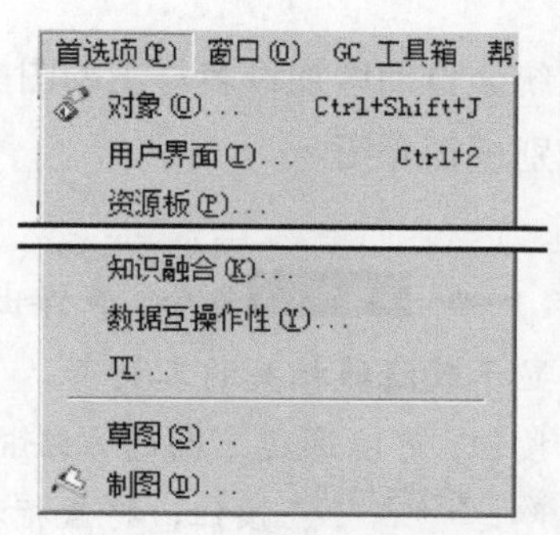


图 8.1.3　“首选项”下拉菜单

（2）插入(S)下拉菜单，如图 8.1.4 所示。

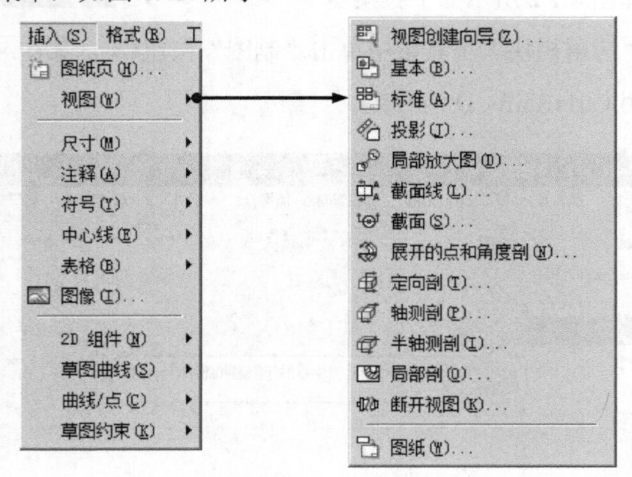


图 8.1.4 “插入”下拉菜单

（3）编辑(E)下拉菜单，如图 8.1.5 所示。

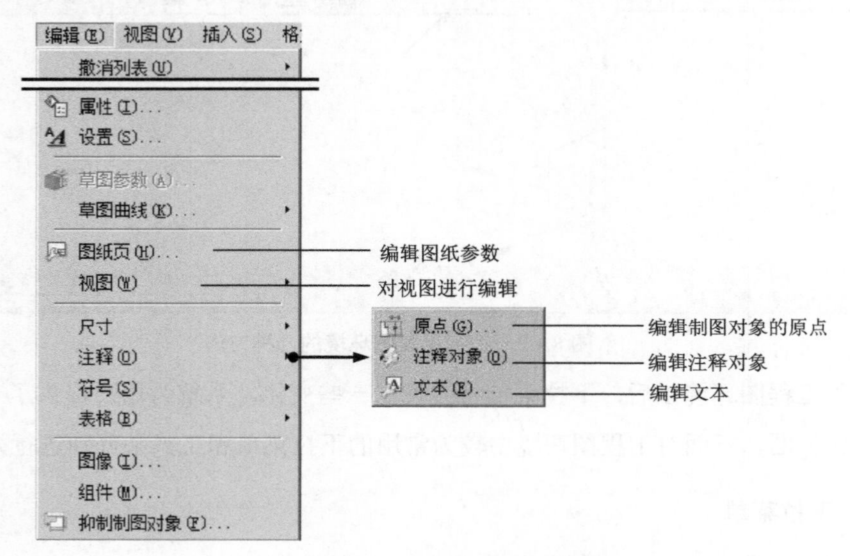


图 8.1.5 “编辑”下拉菜单

## 2．工具条

进入工程图环境以后，系统会自动增加许多与工程图操作有关的工具条。下面对工程图环境中较为常用的工具条分别进行介绍。

**说明：**

- 选择下拉菜单 工具(T) → 定制(Z)... 命令，在弹出的“定制”对话框的 工具条 选项卡中进行设置，可以显示或隐藏相关的工具条。
- 工具条中没有显示的按钮，可以通过下面的方法将它们显示出来：单击右下角的 按钮，在其下方弹出 添加或移除按钮 按钮，将鼠标放到该按钮上，在弹出的“添加选项”中包含了所有供用户选择的按钮。

（1）“图纸”工具条，如图 8.1.6 所示。

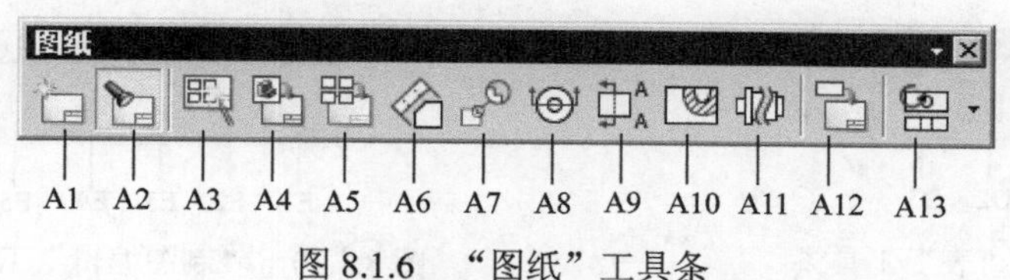


图 8.1.6 “图纸”工具条

**图 8.1.6 所示的“图纸”工具条中各按钮的说明如下：**

A1：新建图纸页。

A2：显示图纸页。

A3：视图创建向导。

A4：创建基本视图。

A5：创建标准视图。

A6：创建投影视图。

A7：创建局部放大图。

A8：创建剖视图。

A9：创建截面线。

A10：创建局部剖视图。

A11：创建断开视图。

A12：创建图纸视图。

A13：更新视图。

（2）“尺寸”工具条，如图 8.1.7 所示。

**图 8.1.7 所示的“尺寸”工具条中各按钮的说明如下：**

B1：创建快速尺寸。

B2：创建线性尺寸。

B3：创建径向尺寸。

B4：创建坐标参数。

（3）“注释”工具条，如图 8.1.8 所示。

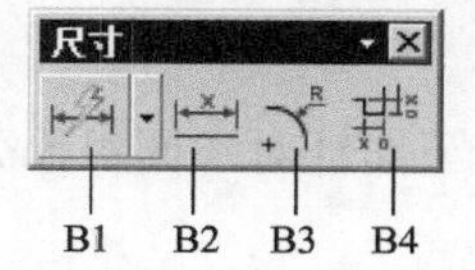


图 8.1.7 “尺寸”工具条

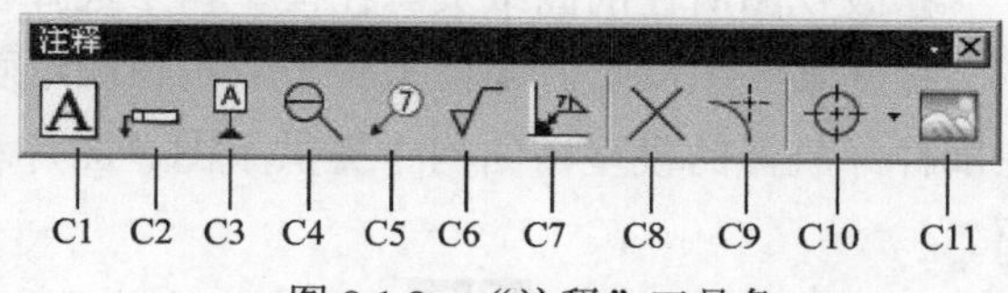


图 8.1.8 “注释”工具条

**图 8.1. 8 所示的“注释”工具条中各按钮的说明如下：**

C1：创建注释。

C2：创建特征控制框。

C3：创建基准。

C4：创建基准目标。

C5：符号标注。

C6：表面粗糙度符号。

C7：焊接符号。

C8：目标点符号。

C9：相交符号。

C10：中心标记。

C11：图像。

（4）“表”工具条，如图 8.1.9 所示。

**图 8.1.9 所示的“表”工具条中各按钮的说明如下：**

D1：表格注释。

D2：零件明细表。

D3：自动符号标注。

（5）“制图编辑”工具条，如图 8.1.10 所示。

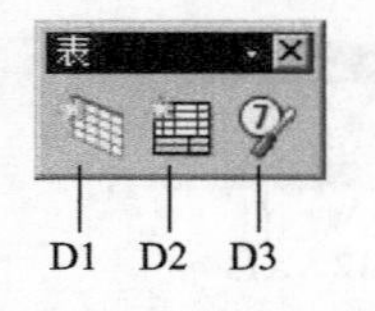


图 8.1.9　“表”工具条

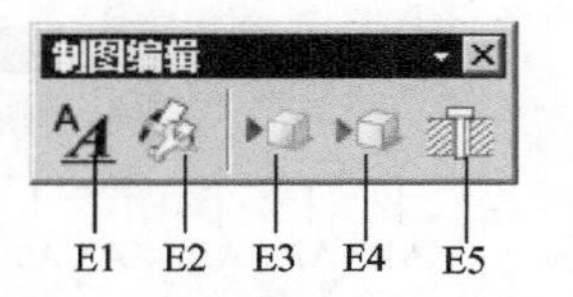


图 8.1.10　“制图编辑”工具条

**图 8.1.10 所示的“制图编辑”工具条中各按钮的说明如下：**

E1：编辑样式。　　E2：编辑注释。

E3：隐藏视图中的组件。　　E4：显示视图中的组件。

E5：视图中的剖切。

## 8.1.3　部件导航器

在学习本节前，请先打开文件 D:\ug10.1\work\ch08.01\down_base.prt。

在 UG NX 10.0 中，部件导航器（也可以称为图样导航器）如图 8.1.11 所示，可用于编辑、查询和删除图样（包括在当前部件中的成员视图），模型树包括零件的图纸页、成员视图、剖面线和表格。在工程图环境中，有以下几种方式可以编辑图样或者图样上的视图：

- 修改视图的显示样式。在模型树中双击某个视图，在系统弹出的“视图样式”对话框中进行编辑。
- 修改视图所在的图纸页。在模型树中选择视图，并拖至另一张图纸页。
- 打开某一图纸页。在模型树中双击该图纸页即可。

在部件导航器的模型树结构中提供了图、图片和视图节点，下面针对不同对象分别进行介绍。

（1）在部件导航器中的 图纸 节点上右击，系统弹出图 8.1.12 所示的快捷菜单（一）。

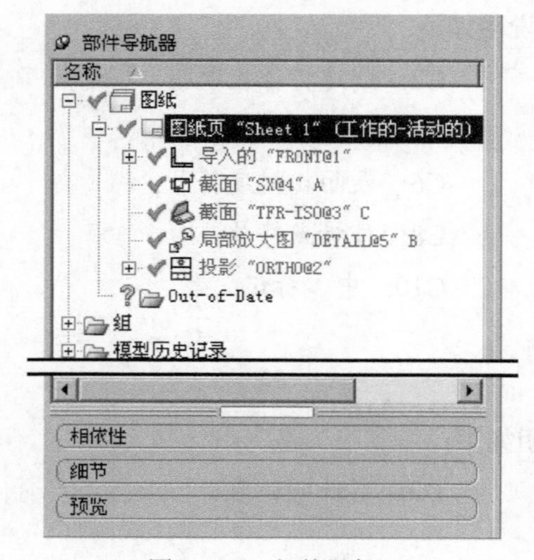


图 8.1.11　部件导航器

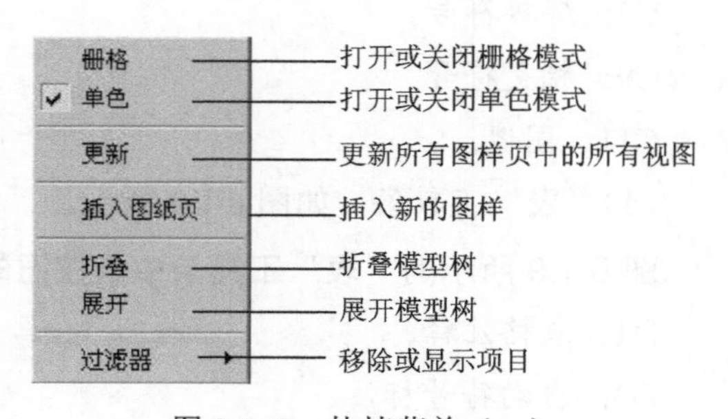


图 8.1.12　快捷菜单（一）

（2）在部件导航器中的图纸页节点上右击，系统弹出图8.1.13所示的快捷菜单（二）。

（3）在部件导航器中的导入的节点上右击，系统弹出图8.1.14所示的快捷菜单（三）。

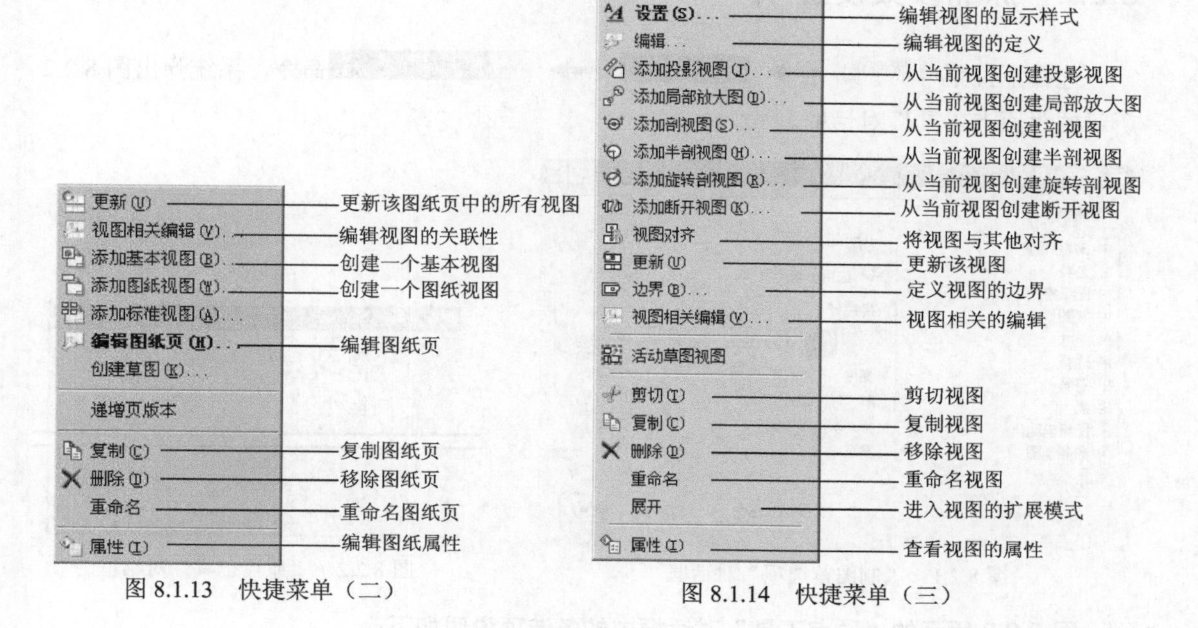


图8.1.13　快捷菜单（二）　　图8.1.14　快捷菜单（三）

# 8.2　工程图参数预设置

UG NX 10.0 默认安装后提供了多个国际通用的制图标准，其中系统默认的制图标准“GB（出厂设置）”中的很多选项不能满足企业的具体制图需要，所以在创建工程图之前，一般先要对工程图参数进行预设置。通过工程图参数的预设置可以控制箭头的大小、线条的粗细、隐藏线的显示与否、标注的字体和大小等。用户可以通过预设置工程图的参数来改变制图环境，使所创建的工程图符合我国国标。

## 8.2.1　工程图参数设置

选择下拉菜单 首选项(P) ➡ 制图(D)... 命令，系统弹出图8.2.1所示的“制图首选项”对话框，该对话框的功能如下：

- 设置视图和注释的版本。
- 设置成员视图的预览样式。
- 设置图纸页的页号及编号。
- 视图的更新、边界、显示抽取边缘的面及加载组件的设置。
- 保留注释的显示设置。

● 设置断开视图的断裂线。

## 8.2.2 原点参数设置

选择下拉菜单 编辑(E) → 注释(O) ▸ → 原点(G)... 命令，系统弹出图 8.2.2 所示的“原点工具”对话框。

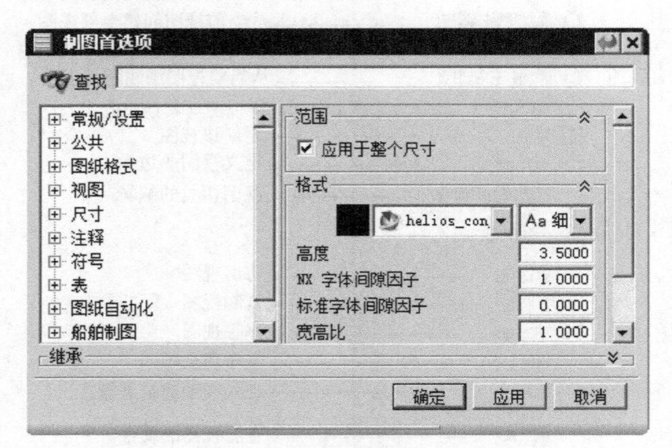


图 8.2.1 “制图首选项”对话框

图 8.2.2 “原点工具”对话框

**图 8.2.2 所示的“原点工具”对话框中的各选项说明如下：**

- (拖动)：通过光标来指示屏幕上的位置，从而定义制图对象的原点。如果选择“关联”选项，可以激活“点构造器”选项，以便用户将注释与某个参考点相关联。
- (相对于视图)：定义制图对象相对于图样成员视图的原点移动、复制或旋转视图时，注释也随着成员视图移动。只有独立的制图对象（如注释、符号等）可以与视图相关联。
- (水平文本对齐)：该选项用于设置在水平方向与现有的某个基本制图对象对齐。此选项允许用户将源注释与目标注释上的某个文本定位位置相关联。打开时，让尺寸与选择的文本水平对齐。
- (竖直文本对齐)：该选项用于设置在竖直方向与现有的某个基本制图对象对齐。此选项允许用户将源注释与目标注释上的某个文本定位位置相关联。打开时，会让尺寸与选择的文本竖直对齐。
- (对齐箭头)：该选项用来创建制图对象的箭头与现有制图对象的箭头对齐，来指定制图对象的原点。打开时，会让尺寸与选择的箭头对齐。
- (点构造器)：通过“原点位置”下拉菜单来启用所有的点位置选项，以使注释与某个参考点相关联。打开时，可以选择控制点、端点、交点和中心点作为尺寸和符号的放置位置。

- （偏置字符）：该选项可设置当前字符大小（高度）的倍数，使尺寸与对象偏移指定的字符数后对齐。

## 8.2.3 注释参数设置

选择下拉菜单首选项(P) ➡ 制图(D)...命令，系统弹出图8.2.1所示的“制图首选项”对话框，在该对话框中的“公共”、“尺寸”、“注释”和“表”节点下，可调整文字属性、尺寸属性及表格属性等注释参数。

## 8.2.4 截面线参数设置

选择下拉菜单首选项(P) ➡ 制图(D)...命令，系统弹出图8.2.1所示的“制图首选项”对话框，在该对话框中视图节点下选择截面线选项，如图8.2.3所示，通过设置“截面线”选项中的参数，既可以控制以后添加到图样中的剖切线显示，也可以修改现有的剖切线。

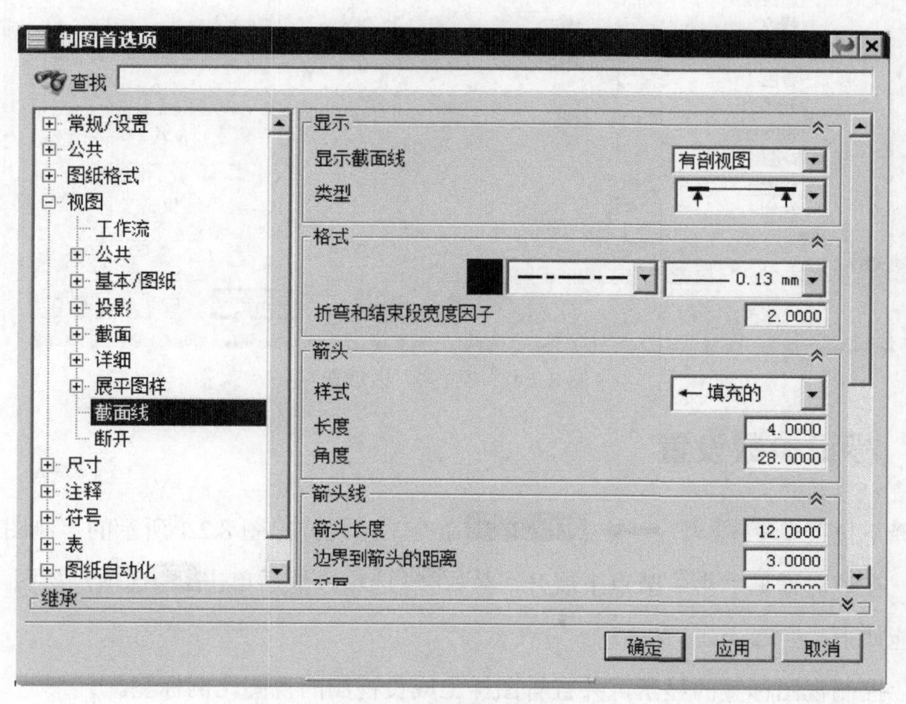


图 8.2.3 “截面线”选项

## 8.2.5 视图参数设置

选择下拉菜单首选项(P) ➡ 制图(D)...命令，系统弹出图8.2.1所示的“制图首选项”对话框，在该对话框视图节点下展开公共选项，如图8.2.4所示，通过对公共区域选项中参数的设置可以控制图样上的视图显示，包括可见线、隐藏线、虚拟交线和光顺边等。这些设置只对当前文件和设置以后添加的视图有效，而对于在设置之前添加的视图则可通过编辑视图样式修改。因此，在创建工程图之前，最好先进行预设置，这样可以减少很多编辑工作，提高工作效率。

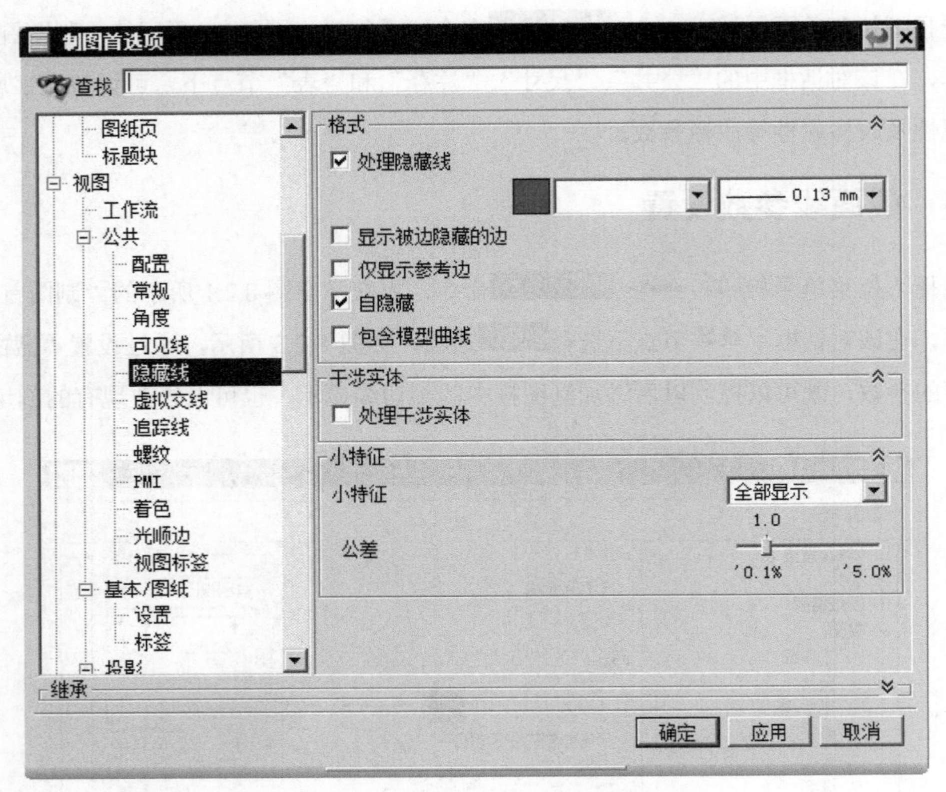


图 8.2.4 “公共”区域选项

## 8.2.6 标记参数设置

选择下拉菜单 首选项(P) → 制图(D)... 命令，系统弹出图 8.2.1 所示的“制图首选项”对话框，在该对话框 视图 节点下展开 基本/图纸 选项，然后单击 标签 选项，如图 8.2.5 所示。功能如下：

- 控制视图标签的显示，并查看图样上成员视图的视图比例标签。
- 控制视图标签的前缀名、字母、字母格式和字母比例因子的显示。
- 控制视图比例的文本位置、前缀名、前缀文本比例因子、数值格式和数值比例因子的显示。

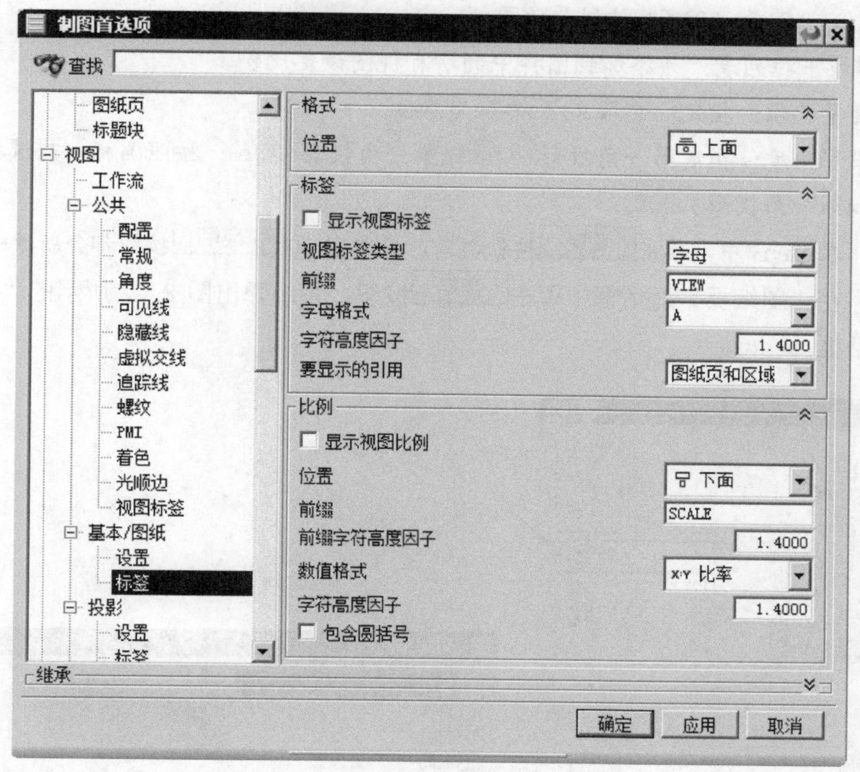


图 8.2.5 “标签”选项

# 8.3 图样管理

UG NX 10.0 工程图环境中的图样管理包括工程图样的创建、打开、删除和编辑。下面主要对新建和编辑工程图进行简要介绍。

## 8.3.1 新建工程图

Step1. 打开零件模型。打开文件 D:\ug10.1\work\ch08.03\down_base.prt。

Step2. 进入制图环境。选择下拉菜单 启动 → 制图(D)... 命令。

Step3. 新建工程图。选择下拉菜单 插入(S) → 图纸页(H)... 命令（或单击“图纸”工具条中的 按钮），系统弹出“图纸页”对话框，如图 8.3.1 所示。在对话框中选择图 8.3.1 所示的选项。

**图 8.3.1 所示“图纸页”对话框中的选项说明如下：**

- 图纸页名称 文本框：指定新图样的名称，可以在该文本框中输入图样名；图样名最多可以包含 30 个字符；默认的图样名是 SHT1。
- A4 - 210 x 297 下拉列表：用于选择图纸大小，系统提供了 A4、A3、A2、A1、

A0、A0+和A0++七种型号的图纸。

- 比例下拉列表：为添加到图样中的所有视图设定比例。
- 度量单位：指定◯ 英寸或⊙ 毫米为单位。
- 投影角度：指定第一角投影或第三角投影；按照国标，应选择⊙ 毫米和第一角投影。

**说明**：在Step3中，单击确定按钮之前，每单击一次应用按钮都会新建一张图样。

Step4. 在“图纸页”对话框中单击确定按钮，系统弹出图8.3.2所示的“视图创建向导”对话框。

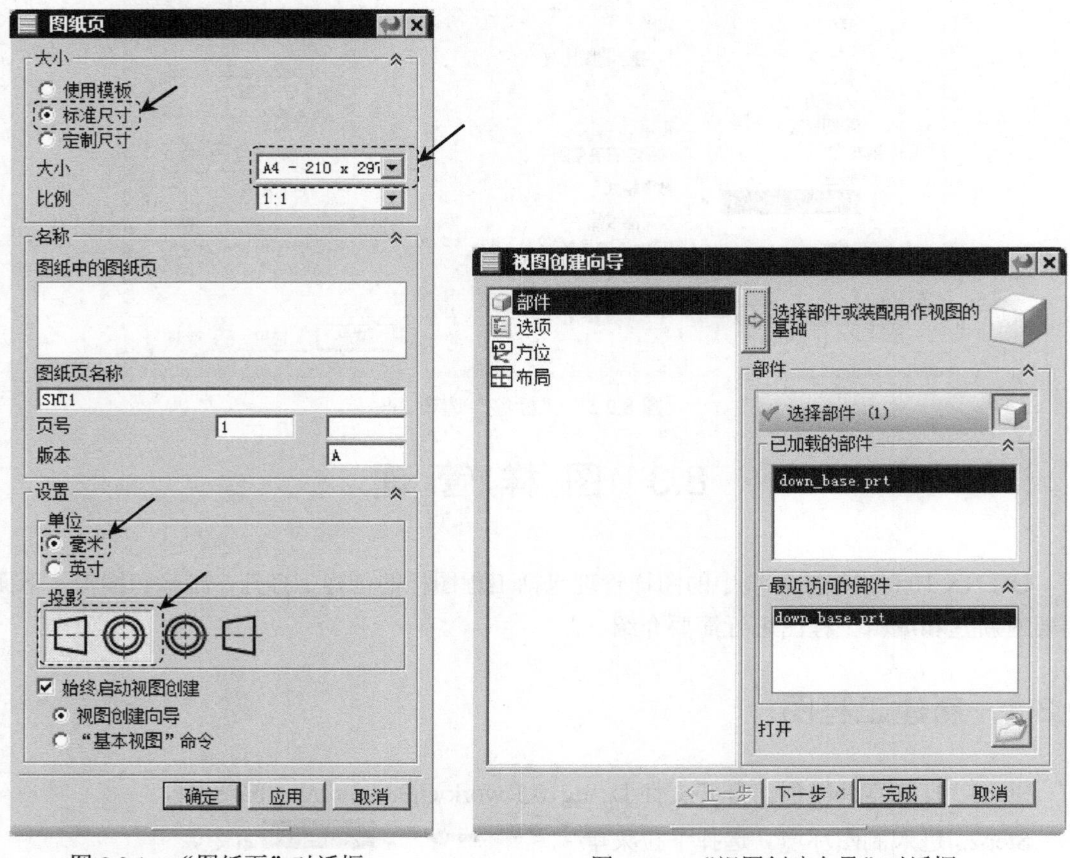


图8.3.1 “图纸页”对话框　　　　图8.3.2 “视图创建向导”对话框

Step5. 在“视图创建向导”对话框中单击完成按钮，完成图样的创建。

## 8.3.2 编辑已存图样

新建一张图样，在图8.3.3所示的部件导航器中选择图样并右击，在弹出的图8.3.4所示的快捷菜单中选择编辑图纸页(H)...命令，系统弹出“图纸页”对话框，利用该对话框可以编辑已存图样的参数。

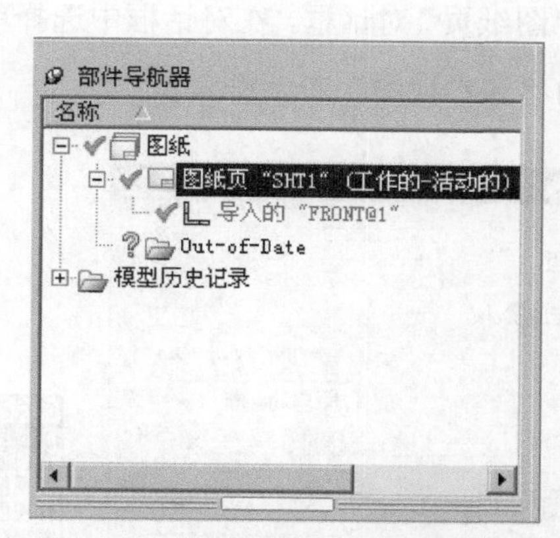


图 8.3.3 在部件导航器中选择图标

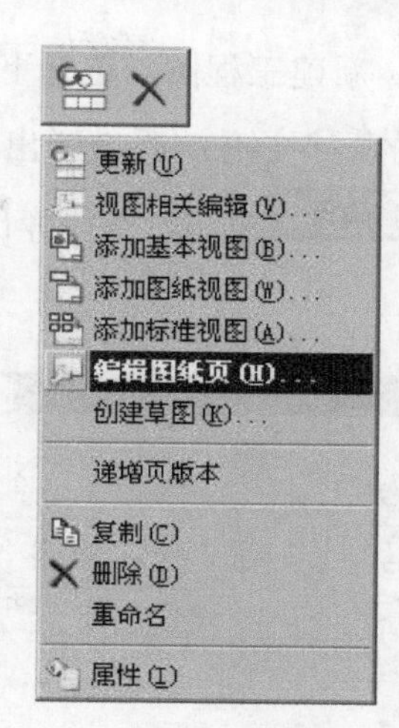


图 8.3.4 快捷菜单

## 8.4 视图的创建与编辑

视图是按照三维模型的投影关系生成的，主要用来表达部件模型的外部结构及形状。在 UG NX 10.0 中，视图分为基本视图、局部放大图、剖视图、半剖视图、旋转剖视图、其他剖视图和局部剖视图。下面分别以具体的范例来说明各种视图的创建方法。

### 8.4.1 基本视图

基本视图是基于 3D 几何模型的视图，它可以独立放置在图纸页中，也可以成为其他视图类型的父视图。下面创建图 8.4.1 所示的基本视图，操作过程如下：

Step1. 打开零件模型。打开文件 D:\ug10.1\work\ch08.04\base.prt，零件模型如图 8.4.2 所示。

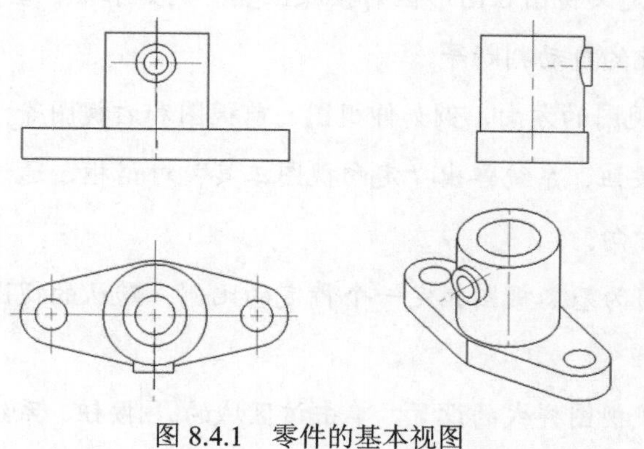

图 8.4.1 零件的基本视图

图 8.4.2 零件模型

Step2. 进入制图环境。选择下拉菜单 启动 → 制图(D)... 命令，进入制图环境。

Step3. 新建工程图。选择下拉菜单 插入(S) ➡ 图纸页(H)... 命令（或单击“图纸”工具条中的按钮），系统弹出图 8.4.3 所示的“图纸页”对话框，在对话框中选择单选项，然后单击 确定 按钮，系统弹出图 8.4.4 所示的“基本视图”对话框。

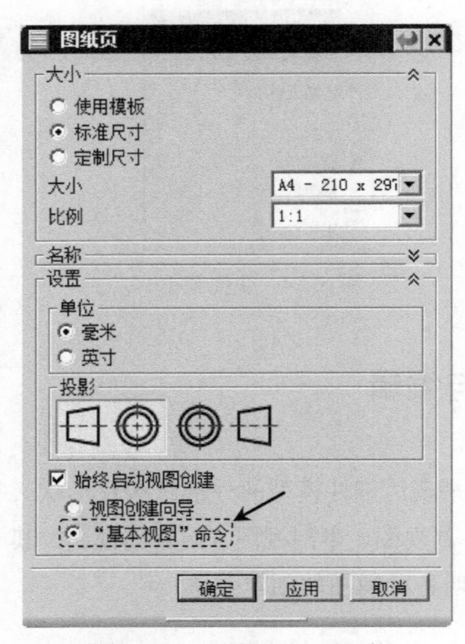


图 8.4.3 “图纸页”对话框

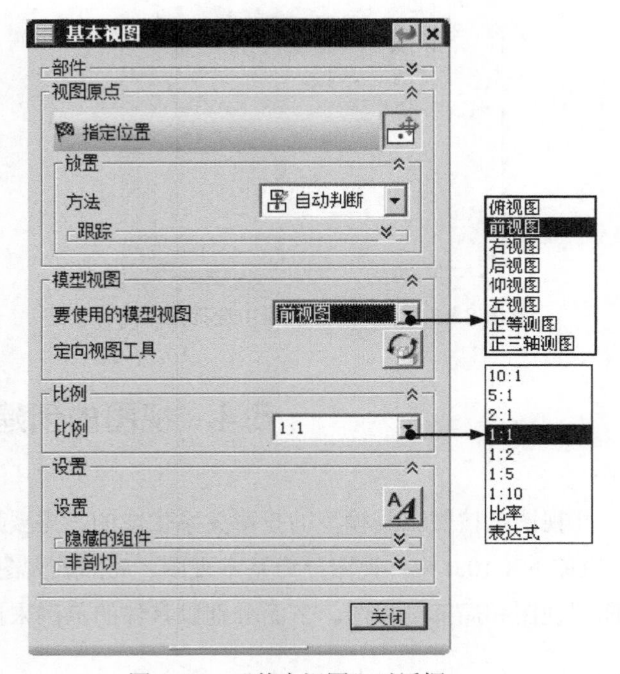


图 8.4.4 “基本视图”对话框

Step4. 定义基本视图参数。在“基本视图”对话框 模型视图 区域的 要使用的模型视图 下拉列表中选择 前视图 选项，在 比例 区域的 比例 下拉列表中选择 1:1 选项。

**图 8.4.4 所示的“基本视图”对话框中的选项说明如下：**

- 部件 区域：该区域用于加载部件、显示已加载部件和最近访问的部件。
- 视图原点 区域：该区域主要用于定义视图在图形区的摆放位置，例如水平、垂直、鼠标在图形区的点击位置或系统的自动判断等。
- 模型视图 区域：该区域用于定义视图的方向，例如仰视图、前视图和右视图等；单击该区域的“定向视图工具”按钮，系统弹出“定向视图工具”对话框，通过该对话框可以创建自定义的视图方向。
- 比例 区域：用于在添加视图之前为基本视图指定一个特定的比例。默认的视图比例值等于图样比例。
- 设置 区域：该区域主要用于完成视图样式的设置，单击该区域的按钮，系统弹出“视图样式”对话框。

Step5. 放置视图。在图形区中的合适位置（图 8.4.5）依次单击以放置主视图、俯视图和左视图，单击中键完成视图的放置。

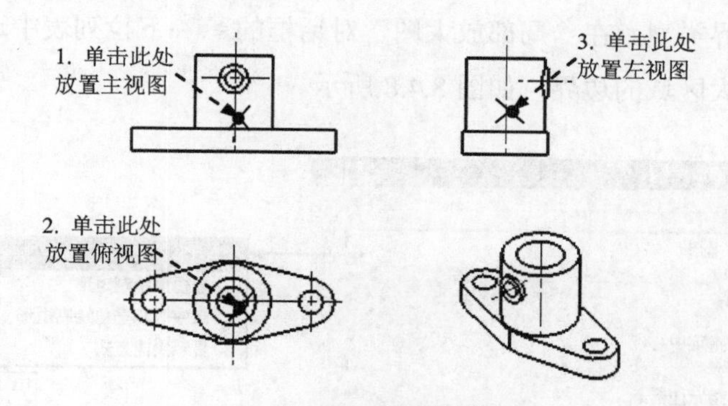


图 8.4.5 视图的放置

Step6. 创建正等测视图。

（1）选择命令。选择下拉菜单 插入(S) → 视图(W) → 基本(B)... 命令（或单击“图纸”工具条中的按钮），系统弹出“基本视图”对话框。

（2）选择视图类型。在“基本视图”对话框 模型视图 区域的 要使用的模型视图 下拉列表中选择 正等测图 选项。

（3）定义视图比例。在 比例 区域的 比例 下拉列表中选择 1:1 选项。

（4）放置视图。选择合适的放置位置并单击，单击中键完成视图的放置，结果如图 8.4.5 所示。

**说明：**如果视图位置不合适，可将鼠标移至视图出现边框时，拖动视图的边框来调整视图的位置。

## 8.4.2 局部放大图

局部放大图是将现有视图的某个部位单独放大并建立一个新的视图，以便显示零件结构和便于标注尺寸。下面创建图 8.4.6 所示的局部放大图，操作过程如下：

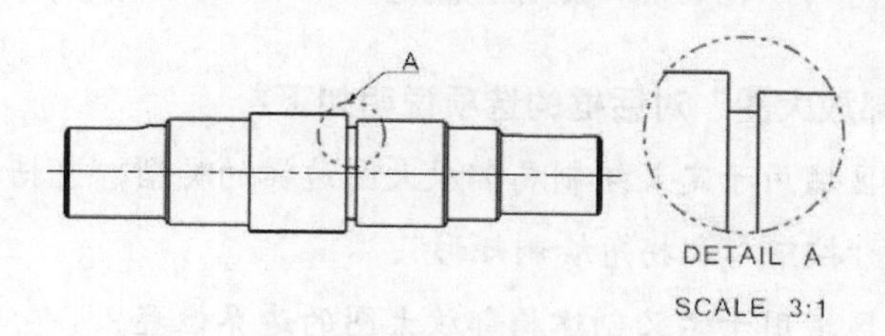


图 8.4.6 局部放大图

Step1. 打开文件 D:\ug10.1\work\ch08.04\magnify_view.prt。

**说明：**如果当前环境是建模环境，需要选择下拉菜单 启动 → 制图(D)... 命令，进入制图环境。

Step2. 选择命令。选择下拉菜单 插入(S) → 视图(W) → 局部放大图(D)... 命令（或单击“图纸”工具条中的按钮），系统弹出图 8.4.7 所示的“局部放大图”对话框。

Step3. 选择边界类型。在“局部放大图”对话框的类型下拉列表中选择圆形选项。

Step4. 绘制放大区域的边界，如图 8.4.8 所示。

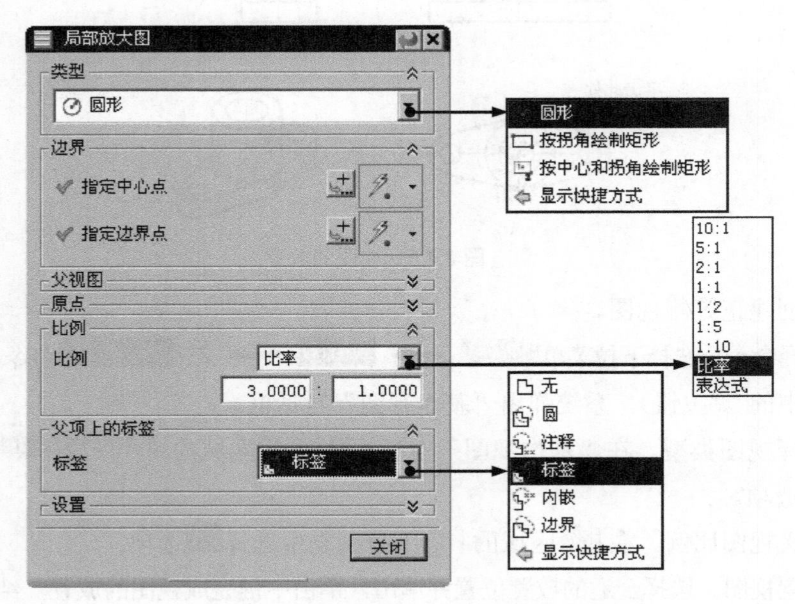


图 8.4.7 “局部放大图”对话框

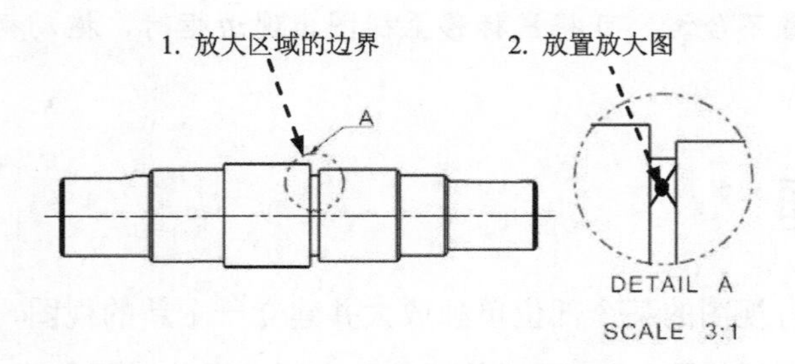


图 8.4.8 放大区域的边界

**图 8.4.7 所示“局部放大图”对话框的选项说明如下：**

- 类型区域：该区域用于定义绘制局部放大图边界的类型，包括“圆形”、“按拐角绘制矩形”和“按中心和拐角绘制矩形”。
- 边界区域：该区域用于定义创建局部放大图的边界位置。
- 父项上的标签区域：该区域用于定义父视图边界上的标签类型，包括“无”、“圆”、“注释”、“标签”、“内嵌”和“边界”。

Step5. 指定放大图比例。在“局部放大图”对话框比例区域的比例下拉列表中选择比率选项，输入 3:1。

Step6. 定义父视图上的标签。在对话框父项上的标签区域的标签下拉列表中选择标签选项。

Step7. 放置视图。选择合适的位置（图 8.4.8）并单击以放置放大图，然后单击 关闭 按钮。

Step8. 设置视图标签样式。双击父视图上放大区域的边界，系统弹出“设置”对话框，如图 8.4.9 所示。选择 详细 下的 标签 选项，然后设置图 8.4.9 所示的参数，完成设置后单击 确定 按钮。

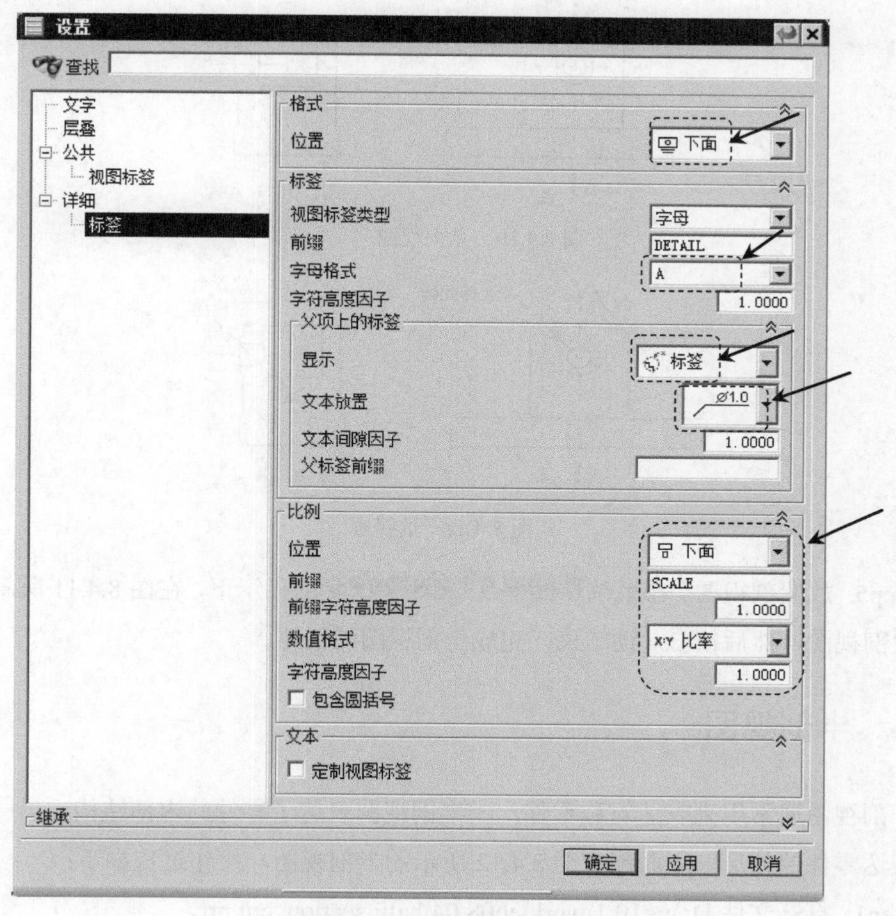


图 8.4.9 “设置”对话框

## 8.4.3 全剖视图

剖视图通常用来表达零件的内部结构和形状，在 UG NX 中可以使用简单/阶梯剖视图命令创建工程图中常见的全剖视图和阶梯剖视图。下面创建图 8.4.10 所示的全剖视图，操作过程如下：

Step1. 打开文件 D:\ug10.1\work\ch08.04\section_cut.prt。

Step2. 选择命令。选择下拉菜单 插入(S) → 视图(W) → 截面(S)... 命令（或单击

“图纸”工具条中的按钮)，系统弹出“剖视图”对话框。

Step3. 定义剖切类型。在截面线区域的方法下拉列表中选择简单剖/阶梯剖选项。

Step4. 选择剖切位置。确认“捕捉方式”工具条中的按钮被按下，选取图 8.4.11 所示的圆，系统自动捕捉圆心位置。

说明：系统自动选择距剖切位置最近的视图作为创建全剖视图的父视图。

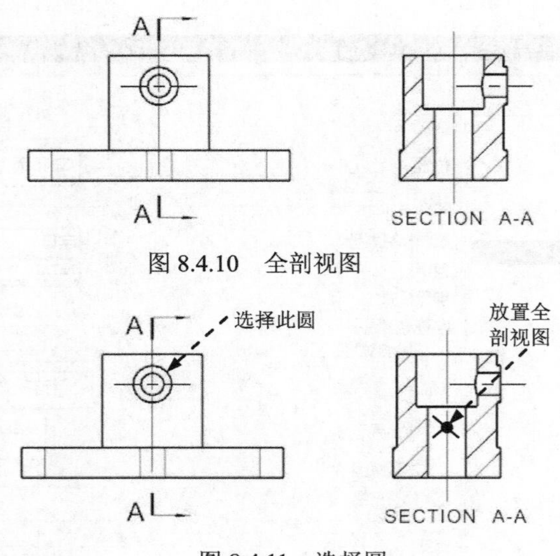


图 8.4.10　全剖视图

图 8.4.11　选择圆

Step5. 放置剖视图。在系统指示图纸页上剖视图的中心的提示下，在图 8.4.11 所示的位置单击放置剖视图，然后按 Esc 键结束，完成全剖视图的创建。

## 8.4.4　半剖视图

半剖视图通常用来表达对称零件，一半剖视图表达了零件的内部结构，另一半视图则可以表达零件的外形。下面创建图 8.4.12 所示的半剖视图，操作过程如下：

Step1. 打开文件 D:\ug10.1\work\ch08.04\half_section_cut.prt。

Step2. 选择命令。选择下拉菜单插入(S) → 视图(W) → 截面(S)...命令，系统弹出“剖视图”对话框。

Step3. 定义剖切类型。在截面线区域的方法下拉列表中选择半剖选项。

Step4. 选择剖切位置。确认“捕捉方式”工具条中的按钮被按下，依次选取图 8.4.12 所示的 1 指示的圆弧和 2 指示的圆弧，系统自动捕捉圆心位置。

Step5. 放置半剖视图。移动鼠标到位置 3 单击，完成视图的放置。

## 8.4.5 旋转剖视图

旋转剖视图是采用相交的剖切面来剖开零件，然后将被剖切面剖开的结构等旋转到同一个平面上进行投影的剖视图。下面创建图 8.4.13 所示的旋转剖视图，操作过程如下：

Step1. 打开文件 D:\ug10.1\work\ch08.04\revolved_section_cut.prt。

Step2. 选择命令。选择下拉菜单 插入(S) → 视图(W) → 截面(S)... 命令，系统弹出“剖视图”对话框。

Step3. 定义剖切类型。在 截面线 区域的 方法 下拉列表中选择 旋转 选项。

Step4. 选择剖切位置。单击“捕捉方式”工具条中的按钮，依次选取图 8.4.13 所示的 1 指示的圆弧和 2 所指示的圆弧，再取消选中“捕捉方式”工具条中的按钮，并单击按钮，然后选取图 8.4.13 所示的 3 指示的圆弧的象限点。

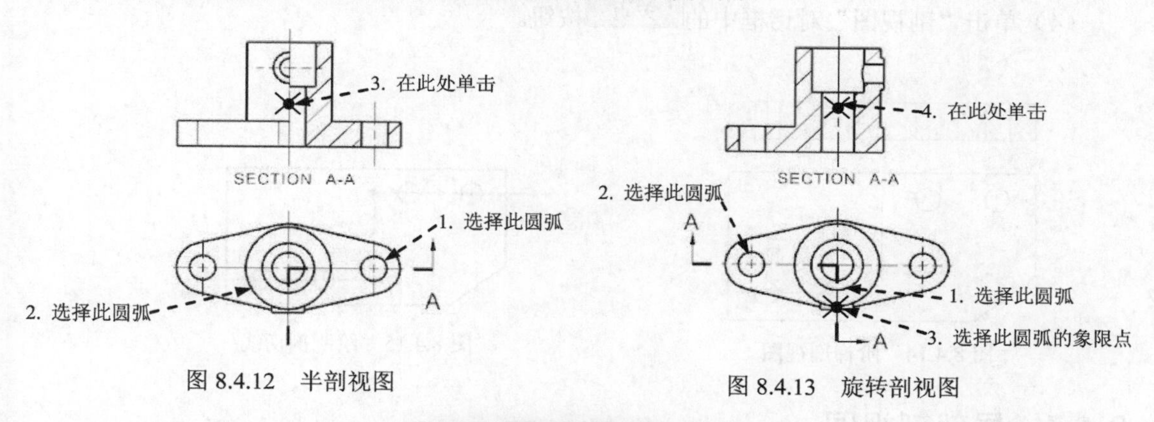


图 8.4.12 半剖视图

图 8.4.13 旋转剖视图

Step5. 放置剖视图。在系统 指示图纸页上剖视图的中心 的提示下，单击图 8.4.13 所示的位置 3，完成视图的放置。

Step6. 添加中心线。此例中孔的中心线不显示，要手动创建（具体操作步骤请参见 8.5.3 小节“中心线”的讲解）。

## 8.4.6 阶梯剖视图

阶梯剖视图也是一种全剖视图，只是阶梯剖的剖切平面一般是一组平行的平面，在工程图中，其剖切线为一条连续垂直的折线。下面创建图 8.4.14 所示的阶梯剖视图，操作过程如下：

Step1. 打开文件 D:\ug10.1\work\ch08.04\stepped_section_cut.prt。

Step2. 绘制剖面线。

（1）选择下拉菜单 插入(S) → 视图(W) → 截面线(L)... 命令，系统弹出“截面线”对话框并自动进入草图环境。

说明：如果当前图纸中不止一个视图，则需要先选择父视图才能进入草图环境。

（2）绘制图 8.4.15 所示的剖切线。

（3）退出草图环境，系统返回到“截面线”对话框，在该对话框的 方法 下拉列表中选择 简单剖/阶梯剖 选项，单击 确定 按钮完成剖切线的创建。

Step3. 创建阶梯剖视图。

（1）选择下拉菜单 插入(S) → 视图(W) → 截面(S)... 命令，系统弹出“剖视图”对话框。

（2）定义剖切类型。在 截面线 区域的 定义 下拉列表中选择 选择现有的 选项，然后选择以前绘制的剖切线。

（3）在原视图的上方单击放置阶梯剖视图。

（4）单击“剖视图”对话框中的 关闭 按钮。

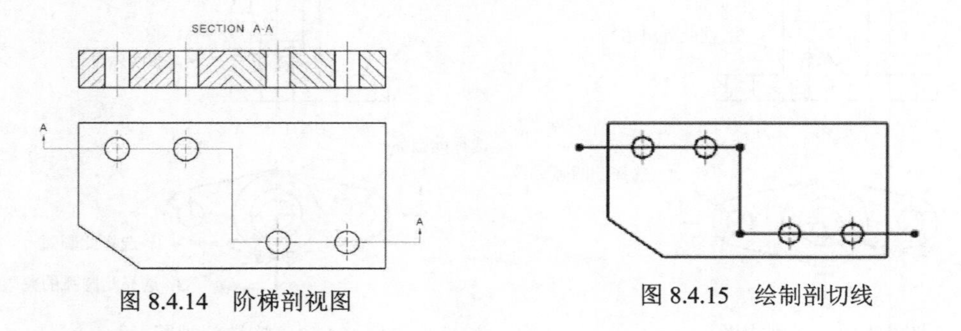


图 8.4.14 阶梯剖视图　　图 8.4.15 绘制剖切线

## 8.4.7 局部剖视图

局部剖视图是通过移除零件某个局部区域的材料来查看内部结构的剖视图，创建时需要提前绘制封闭或开放的曲线来定义要剖开的区域。下面创建图 8.4.16 所示的局部剖视图，操作过程如下：

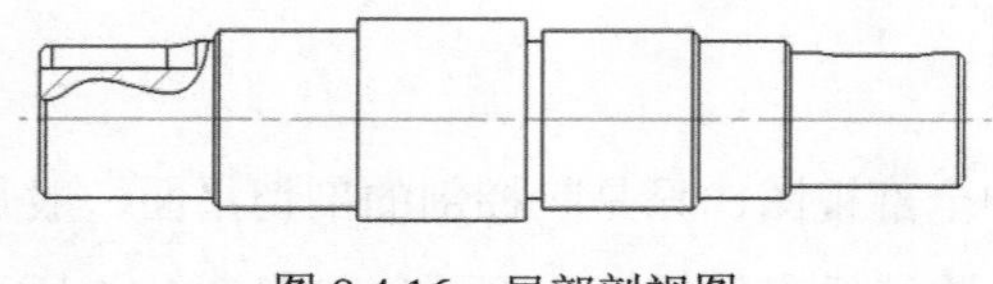

图 8.4.16 局部剖视图

Step1. 打开文件 D:\ug10.1\work\ch08.04\breakout_section.prt。

Step2. 绘制草图曲线。

（1）激活要创建局部剖的视图。在 部件导航器 中右击视图 投影 "ORTHO@7"，在系统弹出的快捷菜单中选择 活动草图视图 命令，此时将激活该视图为草图视图。

说明：如果此时该视图已被激活，则无需进行此步操作。

（2）单击屏幕下方“草图工具”工具条中的“艺术样条”按钮，系统弹出“艺术样条”对话框，选择通过点类型，在参数化区域中选中☑封闭复选框，绘制图 8.4.17 所示的样条曲线，单击对话框中的< 确定 >按钮。

（3）单击“草图工具”工具条中的完成草图按钮，完成草图绘制。

Step3. 选择下拉菜单插入(S) ➡ 视图(W) ➡ 局部剖(O)... 命令（或单击“图纸”工具条中的按钮），系统弹出“局部剖”对话框（一）如图 8.4.18 所示。

Step4. 创建局部剖视图。

（1）选择视图。在“局部剖”对话框中选中⊙创建单选项，在系统选择一个生成局部剖的视图的提示下，在对话框中单击选取ORTHO@7为要创建的对象（也可以直接在图纸中选取），此时对话框变成如图 8.4.19 所示的状态。

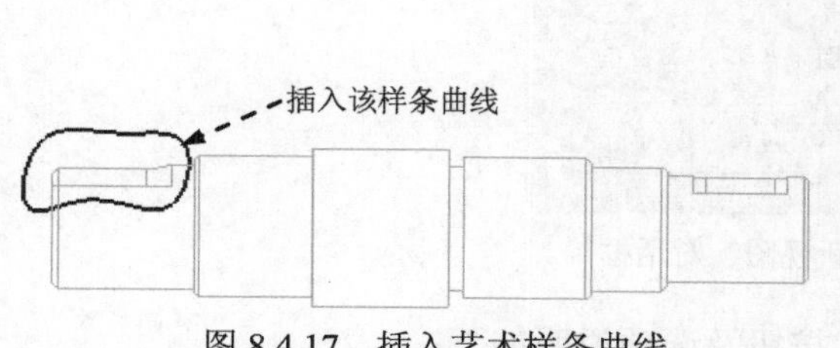


图 8.4.17 插入艺术样条曲线

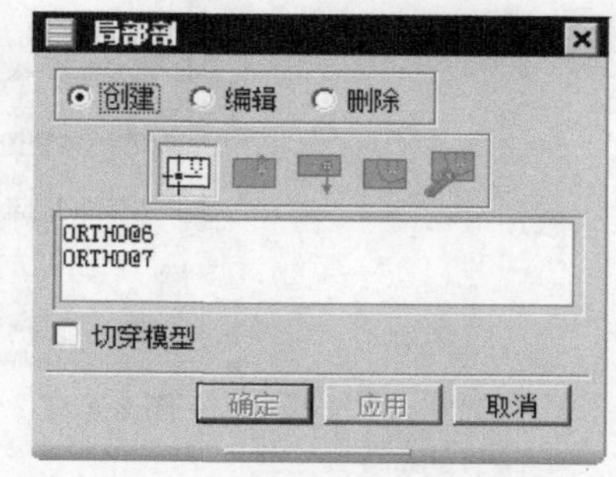


图 8.4.18 “局部剖”对话框（一）

（2）定义基点。在系统选择对象以自动判断点的提示下，单击“捕捉方式”工具条中的按钮，选取图 8.4.20 所示的基点。

（3）定义拉出的矢量方向。接受系统的默认方向。

（4）选择剖切范围。单击“局部剖”对话框中的“选择曲线”按钮，选择样条曲线作为剖切线，单击应用按钮，再单击取消按钮，完成局部剖视图的创建。

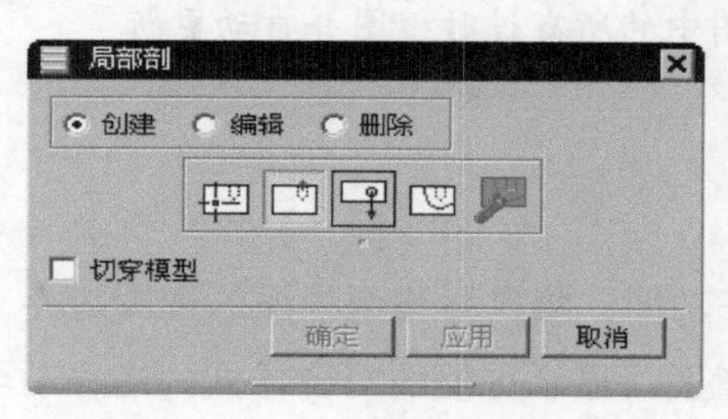


图 8.4.19 “局部剖”对话框（二）

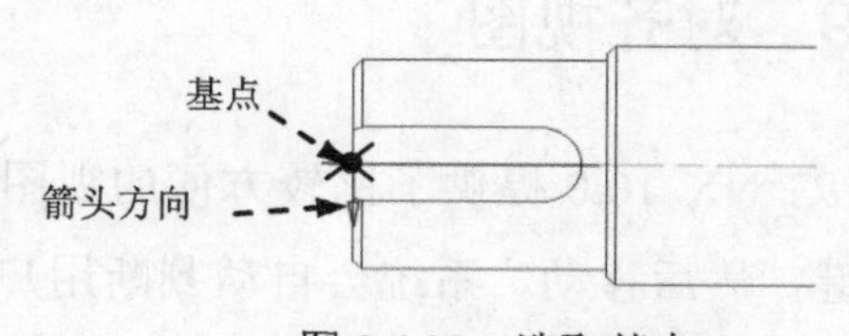


图 8.4.20 选取基点

## 8.4.8 显示与更新视图

### 1. 视图的显示

在“图纸”工具栏中单击按钮（该按钮默认不显示在工具条中，需要手动添加），系统会在模型的三维图形和二维工程图之间进行切换。

2. 视图的更新

选择下拉菜单 编辑(E) → 视图(W) → 更新(U)... 命令（或在“图纸”工具栏中单击按钮），可更新图形区中的视图。选择该命令后，系统弹出图 8.4.21 所示的“更新视图”对话框。

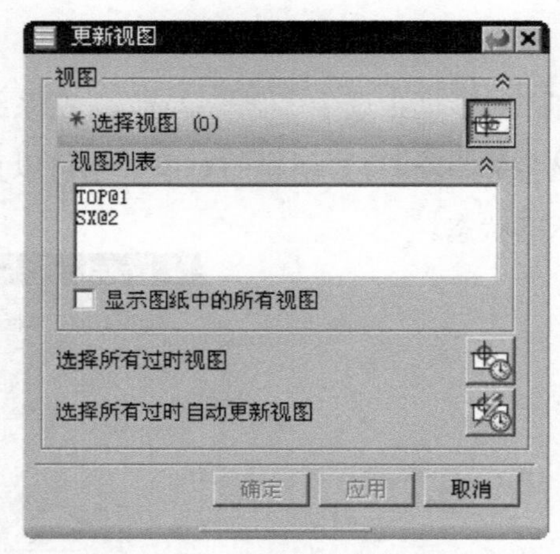


图 8.4.21 “更新视图”对话框

图 8.4.21 所示的“更新视图”对话框的按钮及选项说明如下：

- 显示图纸中的所有视图：列出当前存在于部件文件中所有图纸页面上的所有视图，当该复选框被选中时，部件文件中的所有视图都在该对话框中可见并可供选择。如果取消选中该复选框，则只能选择当前显示的图样上的视图。
- 选择所有过时视图：用于选择工程图中的过时视图。单击 应用 按钮之后，这些视图将进行更新。
- 选择所有过时自动更新视图：用于选择工程图中的所有过时视图并自动更新。

## 8.4.9 对齐视图

UG NX 10.0 提供了比较方便的视图对齐功能。将鼠标移至视图的视图边界上并按住左键，然后移动，系统会自动判断用户的意图，显示可能的对齐方式，当移动至适合的位置时，松开鼠标左键即可。如果这种方法不能满足要求，则用户还可以利用 对齐视图(A)... 命令来对齐视图。下面以图 8.4.22 所示的视图为例，来说明利用该命令对齐视图的一般过程。

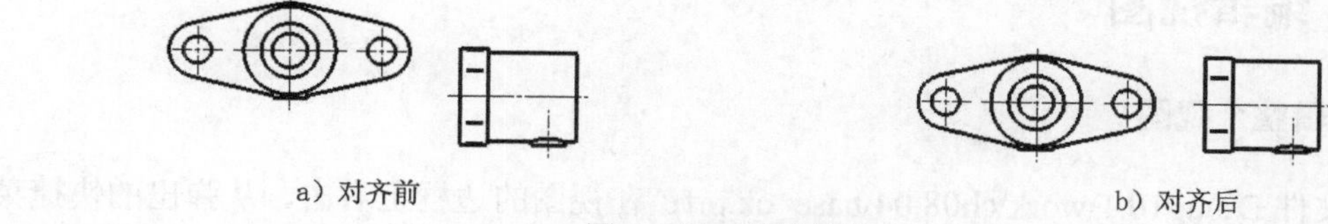


图 8.4.22　对齐视图

Step1. 打开文件 D:\ug10.1\work\ch08.04\level1.prt。

Step2. 选择命令。选择下拉菜单 编辑(E) → 视图(W) → 对齐(I)... 命令，系统弹出图 8.4.23 所示的“视图对齐”对话框。

Step3. 选择要对齐的视图。选择图 8.4.24 所示的视图为要对齐的视图。

Step4. 定义对齐方式。在“视图对齐”对话框的 方法 下拉列表中选择 水平 选项。

Step5. 选择对齐视图。选择主视图为对齐视图。

Step6. 单击对话框中的 取消 按钮，完成视图的对齐。

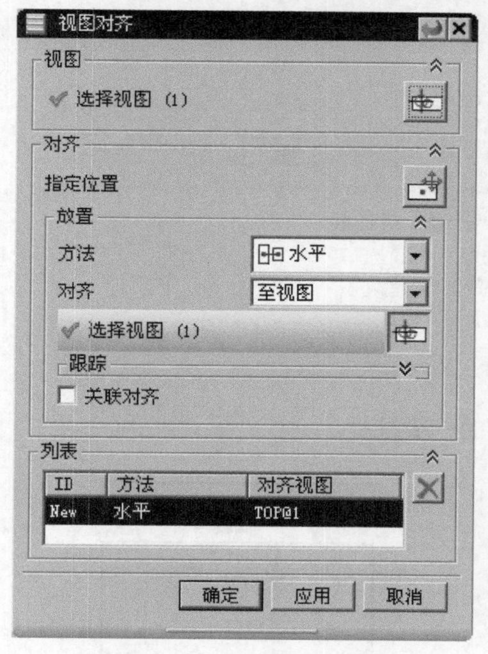


图 8.4.23　“视图对齐”对话框

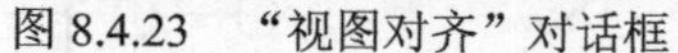

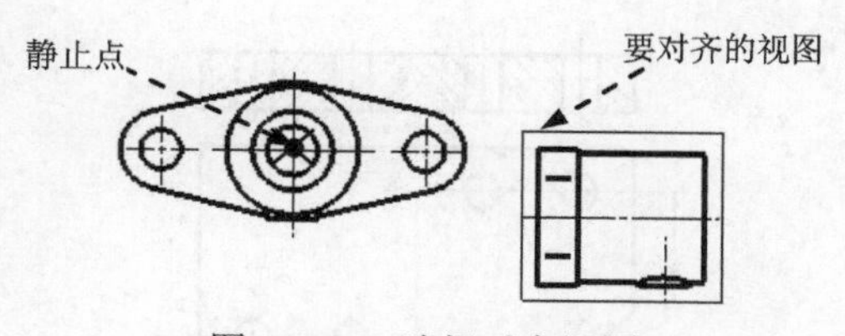


图 8.4.24　选择对齐视图

图 8.4.23 所示的“视图对齐”对话框中“方法”下拉列表的选项说明如下：

- 自动判断：自动判断两个视图可能的对齐方式。
- 水平：将选定的视图水平对齐。
- 竖直：将选定的视图垂直对齐。
- 垂直于直线：将选定视图与指定的参考线垂直对齐。
- 叠加：同时水平和垂直对齐视图，以便使它们重叠在一起。
- 铰链：将选定的视图对齐到任意选定的位置。

## 8.4.10 编辑视图

### 1．编辑整个视图

打开文件 D:\ug10.1\work\ch08.04\base_ok.prt；在视图的边框上右击，从弹出的快捷菜单中选择 设置(S)... 命令，系统弹出图 8.4.25 所示的“设置”对话框，使用该对话框可以改变视图的显示。

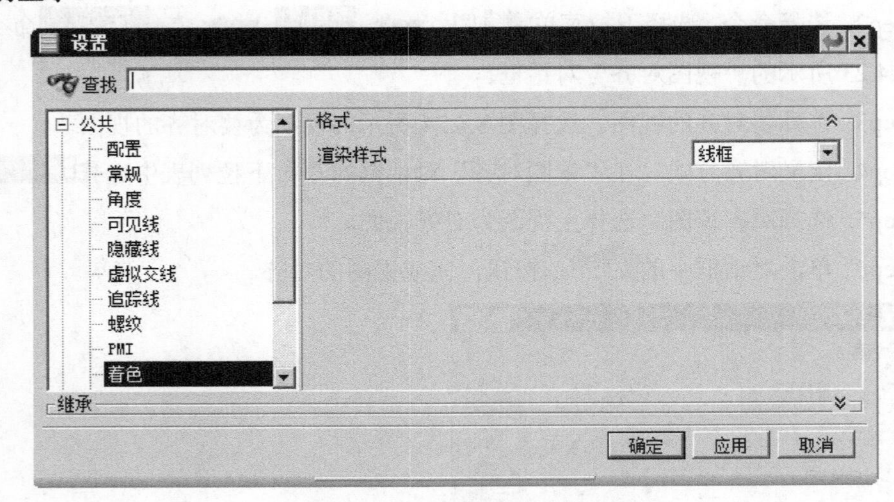


图 8.4.25 “设置”对话框

### 2．视图细节的编辑

#### Stage1．编辑剖切线

下面以图 8.4.26 为例，来说明编辑剖切线的一般过程。

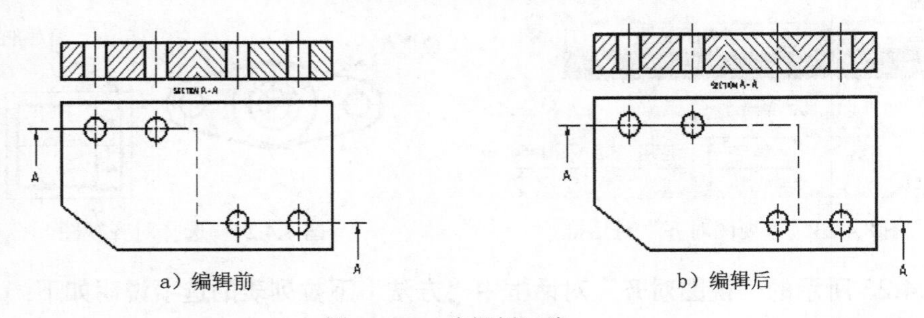


图 8.4.26 编辑剖切线

Step1．打开文件 D:\ug10.1\work\ch08.04\edit_section.prt。

Step2．选择命令。在视图中双击要编辑的剖切线（或者双击剖切箭头），系统弹出图 8.4.27 所示的“截面线”对话框。

Step3．选择剖视图。单击对话框中的 选择剖视图 按钮，选取图 8.4.26a 所示的剖视图，在对话框中选中 ⊙ 移动段 单选项。

Step4. 选择要移动的段（图 8.4.28 所示的一段剖切线）。

Step5. 选择放置位置，如图 8.4.28 所示。

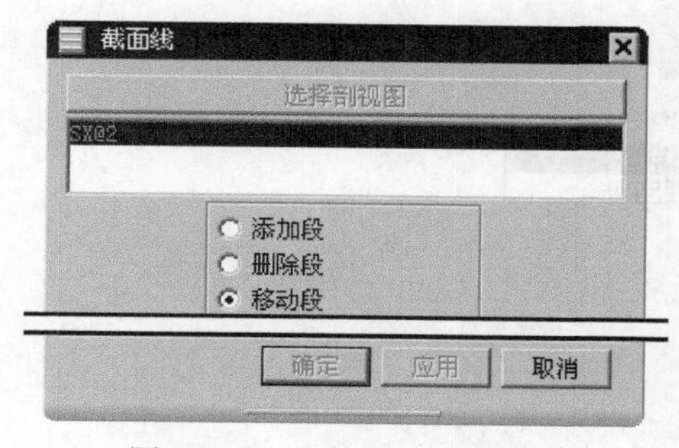


图 8.4.27 “截面线”对话框

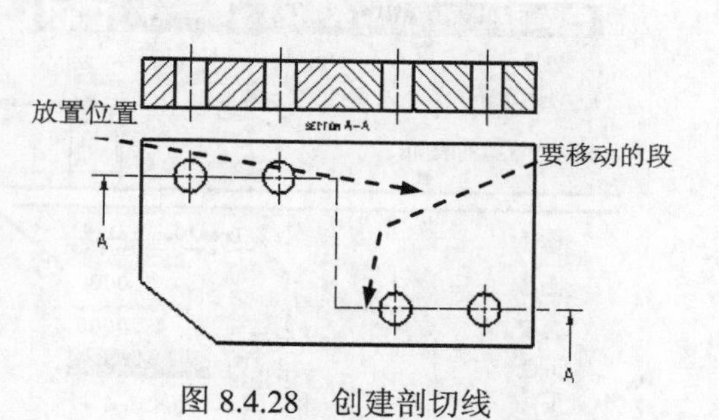


图 8.4.28 创建剖切线

说明：利用“截面线”对话框不仅可以增加、删除和移动剖切线，还可重新定义铰链线、剖切矢量和箭头矢量等。

Step6. 单击“剖切线”对话框中的 应用 按钮，再单击 取消 按钮，此时视图并未立即更新。

Step7. 更新视图。选择下拉菜单 编辑(E) → 视图(W) → 更新(U)... 命令，弹出“更新视图”对话框，单击“选择所有过时视图”按钮，选择全部视图，再单击 确定 按钮，完成剖切线的编辑。

### Stage2. 定义剖面线

在工程图环境中，用户可以选择现有剖面线或自定义的剖面线填充剖面。与产生剖视图的结果不同，填充剖面不会产生新的视图。下面以图 8.4.29 为例，来说明定义剖面线的一般操作过程。

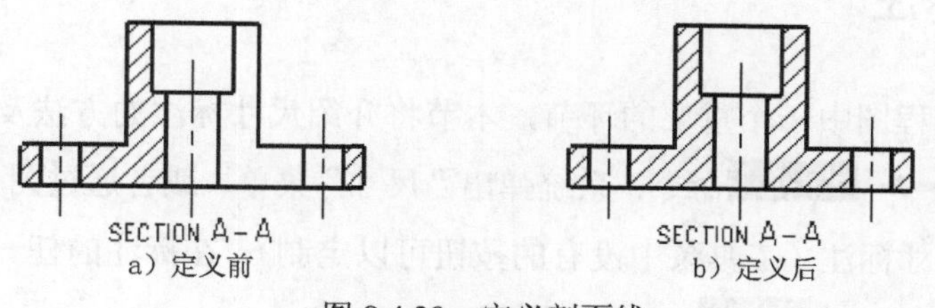


图 8.4.29 定义剖面线

Step1. 打开文件 D:\ug10.1\work\ch08.04\edit_section3.prt。

Step2. 选择命令。选择下拉菜单 插入(S) → 注释(A) → 剖面线(O)... 命令，弹出图 8.4.30 所示的“剖面线”对话框，在该对话框 边界 区域的 选择模式 下拉列表中选择 边界曲线 选项。

Step3. 定义剖面线边界。依次选择图 8.4.31 所示的边界为剖面线边界。

Step4. 设置剖面线。剖面线的设置如图 8.4.30 所示。

Step5. 单击 确定 按钮，完成剖面线的定义。

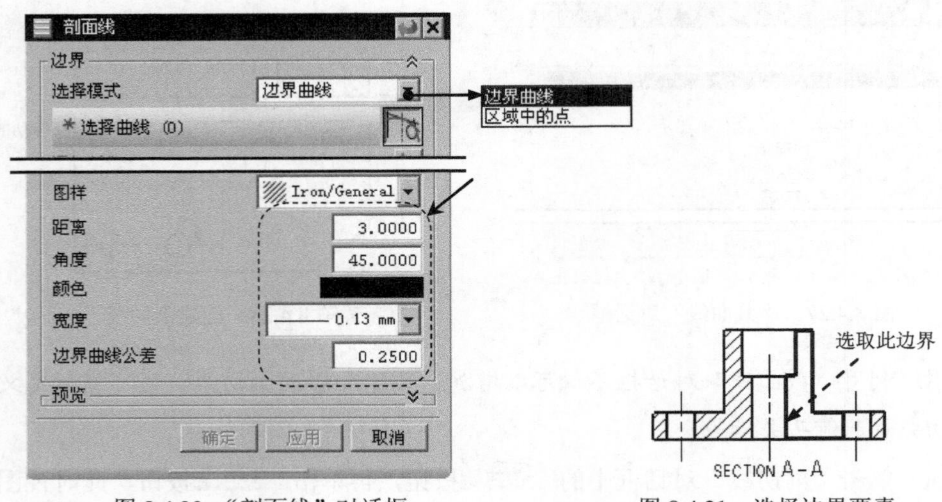


图 8.4.30 “剖面线”对话框　　　　图 8.4.31 选择边界要素

**图 8.4.30 所示的“剖面线”对话框的边界区域说明如下：**

- 边界曲线选项：若选择该选项，则在创建剖面线时是通过在图形上选取一个封闭的边界曲线来得到。
- 区域中的点选项：若选择该选项，则在创建剖面线时，只需要在一个封闭的边界曲线内部单击一下，系统就会自动选取此封闭边界作为创建剖面线边界。

# 8.5 标注与符号

## 8.5.1 尺寸标注

尺寸标注是工程图中一个重要的环节，本节将介绍尺寸标注的方法及注意事项。选择下拉菜单 插入(S) → 尺寸(M) 命令，系统弹出“尺寸”菜单，或者通过图 8.5.1 所示的“尺寸”工具条进行尺寸标注（工具条中没有的按钮可以定制）。在标注的任一尺寸上右击，在弹出的快捷菜单中选择 编辑... 命令，系统会弹出图 8.5.2 所示的“尺寸编辑”界面。

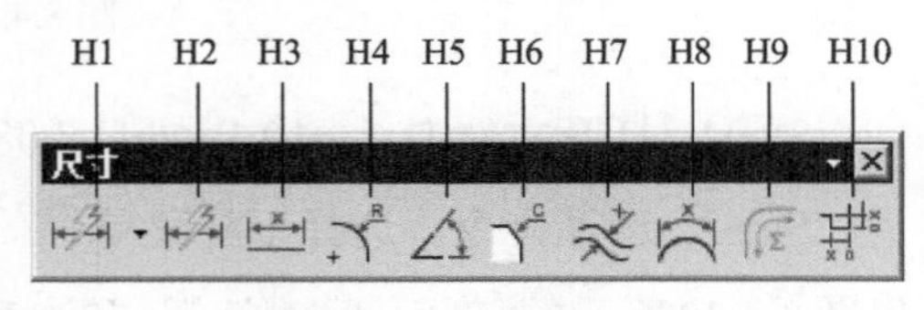


图 8.5.1 “尺寸”工具条

**图 8.5.1 所示的“尺寸”工具条的说明如下：**

H1：允许用户使用系统功能创建尺寸，以便根据用户选取的对象以及光标位置智能地判断尺寸类型，其下拉列表中包括了下面的所有标注方式。

H2：允许用户使用系统功能创建尺寸，以便根据用户选取的对象以及光标位置自动判断尺寸类型创建一个尺寸。

H3：在两个对象或点位置之间创建线性尺寸。

H4：创建圆形对象的半径或直径尺寸。

H5：在两条不平行的直线之间创建一个角度尺寸。

H6：在倒斜角曲线上创建倒斜角尺寸。

H7：创建一个厚度尺寸，测量两条曲线之间的距离。

H8：创建一个弧长尺寸来测量圆弧周长。

H9：创建周长约束以控制选定直线和圆弧的集体长度。

H10：创建一个坐标尺寸，测量从公共点沿一条坐标基线到某一位置的距离。

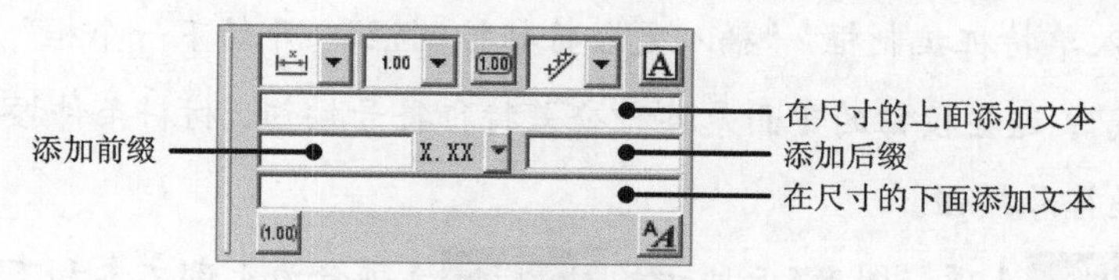


图 8.5.2 “尺寸编辑”界面

**图 8.5.2 所示的“尺寸编辑”界面的按钮及选项说明如下：**

- ：用于设置尺寸类型。
- ：用于设置尺寸精度。
- ：检测尺寸。
- ：用于设置尺寸文本位置。
- ：单击该按钮，系统弹出“附加文本”对话框，用于添加注释文本。
- ：用于设置尺寸精度。
- ：用于设置参考尺寸。
- ：单击该按钮，系统弹出“设置”对话框，用于设置尺寸显示和放置等参数。

## 8.5.2 注释编辑器

制图环境中的形位公差和文本注释都是通过注释编辑器来标注的，因此，在这里先介绍一下注释编辑器的用法。

选择下拉菜单 插入(S) → 注释(A) → 注释(N)... 命令（或单击“注释”工具条中的按钮），弹出图 8.5.3 所示的“注释”对话框（一）。

**图 8.5.3 所示的“注释”对话框（一）的部分选项说明如下：**

- 编辑文本 区域：该区域（“编辑文本”工具栏）用于编辑注释，其主要功能和 Word 等软件的功能相似。
- 格式化 区域：该区域包括“文本字体设置下拉列表 alien ”、“文本大小设置下拉列表 0.25 ”、“编辑文本按钮”和“多行文本输入区”。

- 符号 区域：该区域的 类别 下拉列表中主要包括“制图”、“形位公差”、“分数”、“定制符号”、“用户定义”和“关系”几个选项。

  ☑ 制图 选项：使用图 8.5.3 所示的 制图 选项可以将制图符号的控制字符输入到编辑窗口。

  ☑ 形位公差 选项：图 8.5.4 所示的 形位公差 选项可以将形位公差符号的控制字符输入到编辑窗口和检查形位公差符号的语法。形位公差窗格的上面有四个按钮，它们位于一排。这些按钮用于输入下列形位公差符号的控制字符：“插入单特征控制框”“插入复合特征控制框”“开始下一个框”和“插入框分隔线”。这些按钮的下面是各种公差特征符号按钮、材料条件按钮和其他形位公差符号按钮。

  ☑ 分数 选项：图 8.5.5 所示的 分数 选项分为上部文本和下部文本，通过更改分数类型，可以分别在上部文本和下部文本中插入不同的分数类型。

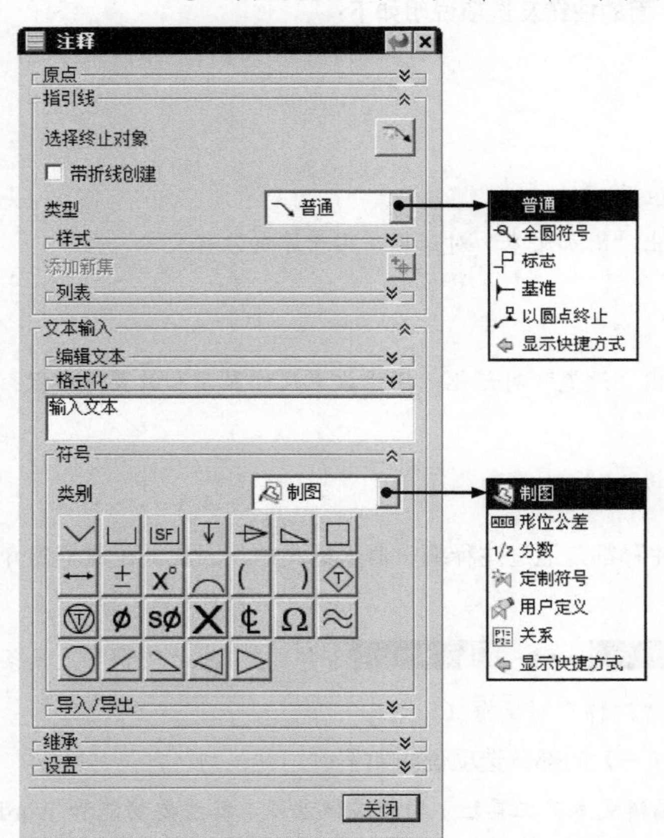


图 8.5.3 “注释”对话框（一）

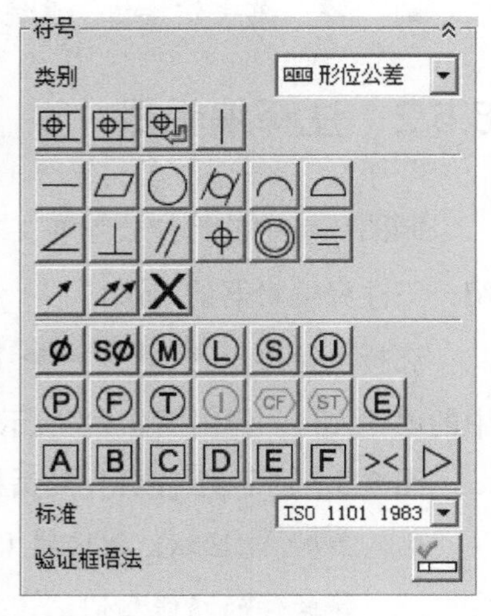


图 8.5.4 “注释”对话框（二）

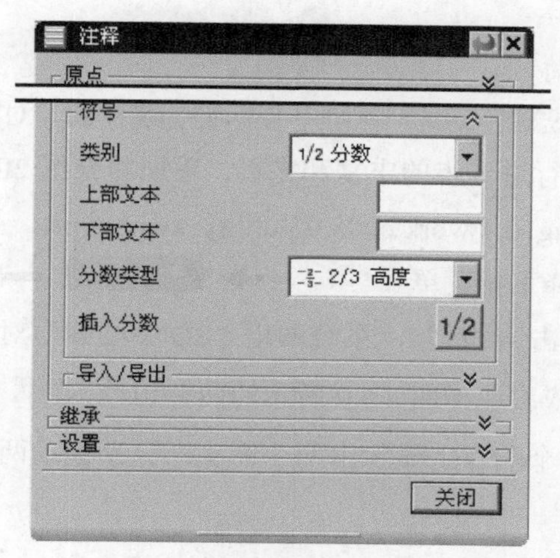

图 8.5.5　“注释”对话框（三）

☑ 定制符号选项：选择此选项后，可以在符号库中选取用户自定义的符号。

☑ 用户定义选项：图 8.5.6 所示为用户定义选项。该选项的符号库下拉列表中提供了“显示部件”“当前目录”和“实用工具目录”选项。单击“插入符号”按钮后，在文本窗口中显示相应的符号代码，符号文本将显示在预览区域中。

☑ 关系选项：图 8.5.7 所示的关系选项包括四种：插入控制字符，以在文本中显示表达式的值；插入控制字符，以显示对象的字符串属性值；插入控制字符，以在文本中显示部件属性值；插入控制字符，以显示图纸页的属性值。

图 8.5.6　“注释”对话框（四）

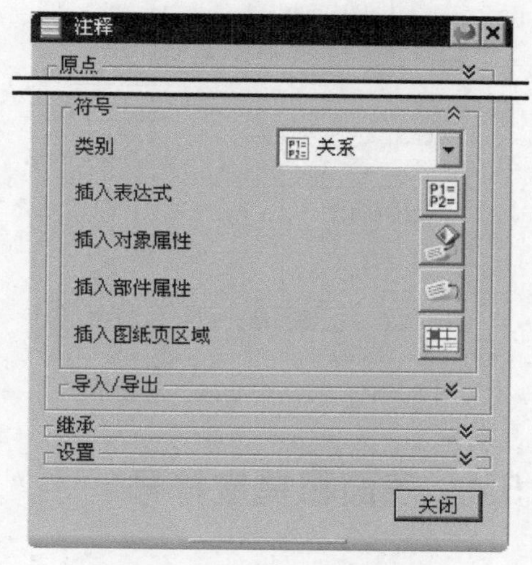

图 8.5.7　“注释”对话框（五）

## 8.5.3 中心线

UG NX 10.0 提供了很多中心线，例如中心标记、螺栓圆、对称、2D 中心线和 3D 中心线，从而可以对工程图进行进一步的丰富和完善。下面将介绍 2D 中心线的一般操作过程。

Step1. 打开文件 D:\ug10.1\work\ch08.05\utility_symbol.prt。

Step2. 选择命令。选择下拉菜单 插入(S) → 中心线(E) → 2D 中心线... 命令（或在“中心线”工具条中单击 按钮），系统弹出“2D 中心线”对话框，如图 8.5.8 所示。

Step3. 定义中心线。依次选择图 8.5.9 所示的两条边线，在 尺寸 区域中选中 ☑ 单独设置延伸 复选框，此时中心线的两个端点上显示出两个箭头，分别拖动两个箭头，结果如图 8.5.10 所示。

Step4. 单击“2D 中心线”对话框中的 < 确定 > 按钮，完成中心线的创建。

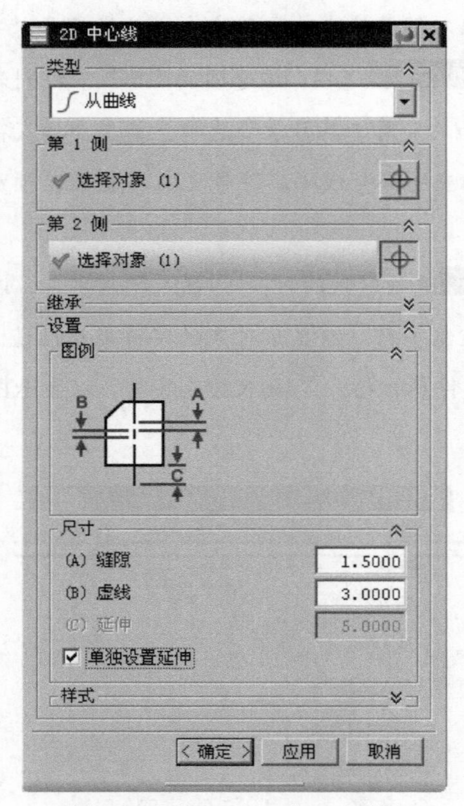


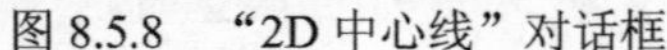

图 8.5.8 “2D 中心线”对话框

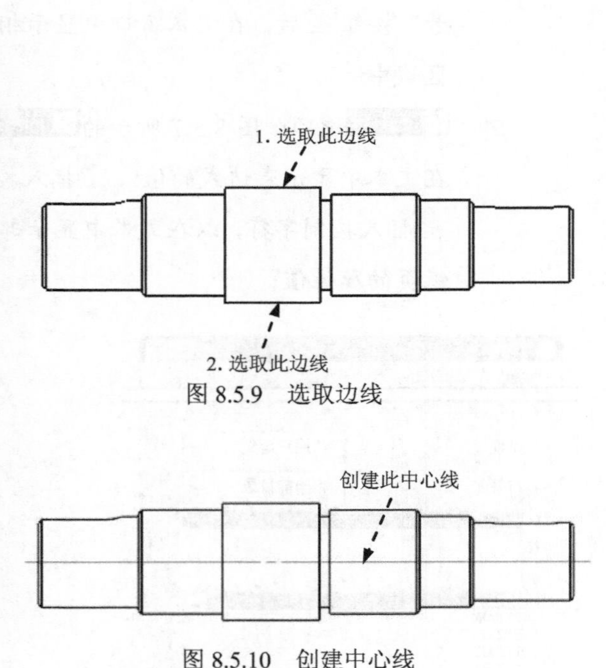


图 8.5.9 选取边线

图 8.5.10 创建中心线

## 8.5.4 表面粗糙度符号

注意：UG NX 10.0 中表面粗糙度符号及标注仍沿用 GB/T 131-1995，现行标注已更新为 GB/T 131-2009。下面将介绍标注表面粗糙度的一般操作过程。

Step1. 打开文件 D:\ug10.1\work\ch08.05\surface_finish_symbol.prt。

Step2. 选择命令。选择下拉菜单 插入(S) ➡ 注释(A) ➡ √ 表面粗糙度符号(S)... 命令，系统弹出图 8.5.11 所示的“表面粗糙度”对话框。

Step3. 设置图 8.5.11 所示的表面粗糙度参数，然后选取图 8.5.12 所示的边线放置符号。

Step4. 标注其他表面粗糙度符号。完成后的效果如图 8.5.13 所示。

**说明**：其他表面粗糙度的标注需要使用 设置 区域中的“角度”和“反转文本”功能，具体操作方法请读者参考随书学习资源中的视频讲解。

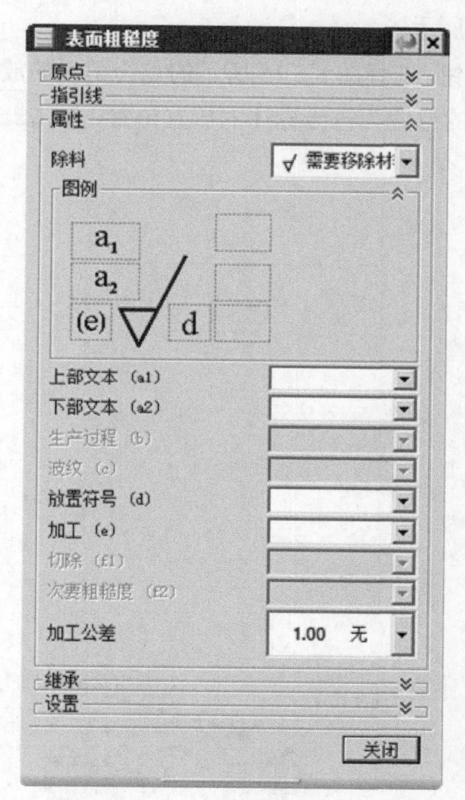


图 8.5.11 “表面粗糙度”对话框

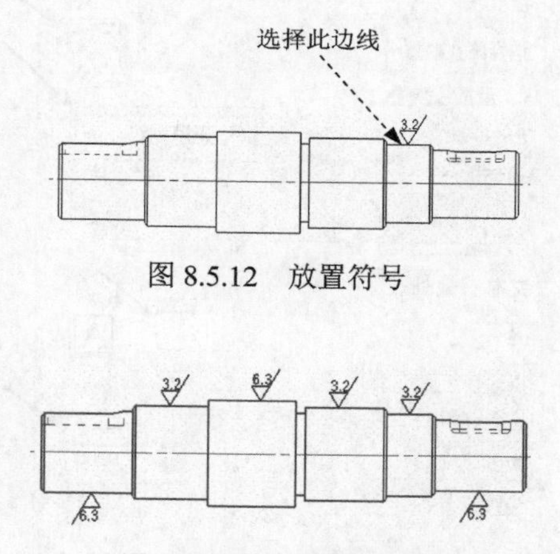


图 8.5.12 放置符号

图 8.5.13 表面粗糙度标注

**图 8.5.11 所示的“表面粗糙度”对话框中的选项说明如下：**

- 原点 区域：用于设置原点位置和表面粗糙度符号的对齐方式。
- 指引线 区域：用于创建带指引线的表面粗糙度符号，单击该区域中的 选择终止对象 按钮，可以选择指示位置。
- 属性 区域：用于设置表面粗糙度符号的类型和值属性。UG NX 10.0 提供了九种类型的表面粗糙度符号。要创建表面粗糙度，首先要选择相应的类型，选择的符号类型将显示在“图例”区域中。
- 设置 区域：用于设置表面粗糙度符号的文本样式、角度、圆括号及反转文本。

### 8.5.5 符号标注

符号标注是一种由规则图形和文本组成的符号，在创建工程图中也是必要的。下面介绍创建符号标注的一般操作过程。

Step1. 打开文件 D:\ug10.1\work\ch08.05\id symbol\id_symbol.prt。

Step2. 选择命令。选择下拉菜单 插入(S) → 注释(A) → 符号标注(B)... 命令，系统弹出“符号标注”对话框，如图 8.5.14 所示。

Step3. 设置符号标注的参数，如图 8.5.14 所示。

Step4. 指定指引线。单击对话框中的按钮，选择图 8.5.15 所示的点为引线的放置点。

Step5. 放置符号标注。选择图 8.5.15 所示的位置为符号标注的放置位置，单击 关闭 按钮。

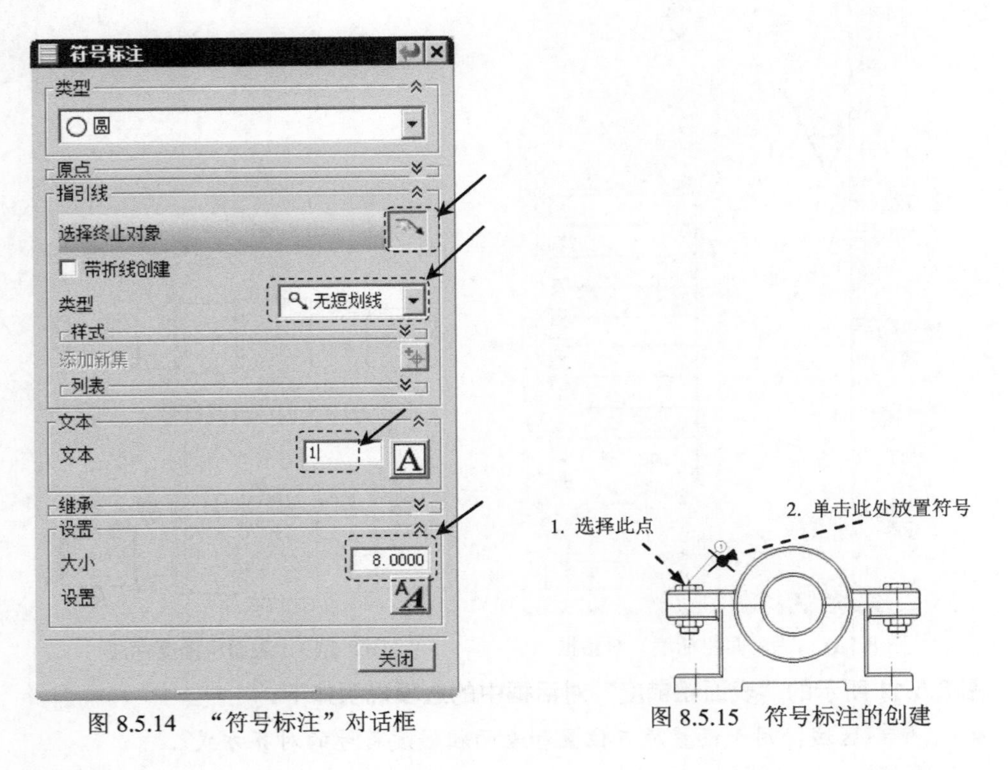


图 8.5.14 “符号标注”对话框

图 8.5.15 符号标注的创建

## 8.6 UG 工程图设计综合实际应用

通过前面的学习，读者应该对 UG NX 10.0 的工程图环境有了总体的了解，在本节中将介绍创建 down_base.prt 零件模型工程图的完整过程。学习完本节后，读者将会对创建 UG NX 10.0 工程图的具体过程有了更加详细的了解，完成后的工程图如图 8.6.1 所示。

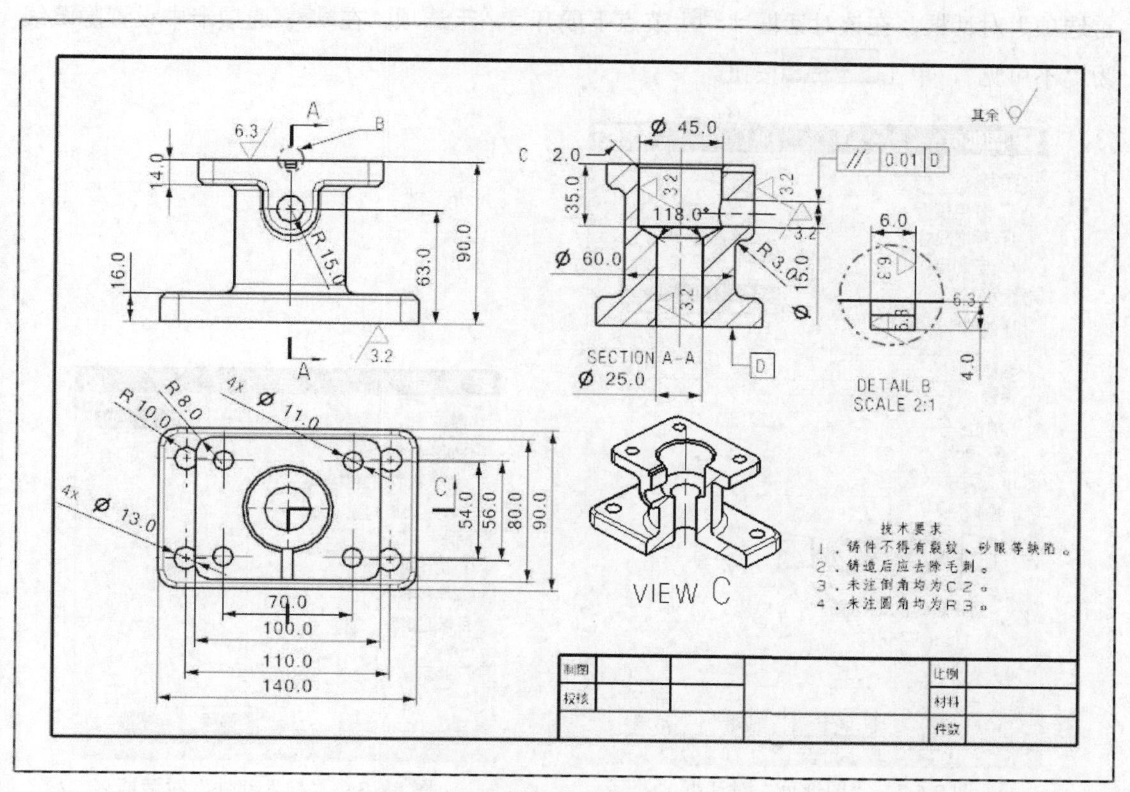


图 8.6.1 零件工程图

## Task1．创建视图前的准备

Step1．打开文件 D:\ug10.1\work\ch08.06\down_base.prt。

Step2．插入图纸页。选择下拉菜单 启动 → 制图(D)... 命令，进入制图环境；选择下拉菜单 插入(S) → 图纸页(H)... 命令（或单击“图纸”工具条中的按钮），系统弹出“图纸页”对话框，如图 8.6.2 所示。在对话框中选择图 8.6.2 中所示的选项，然后单击 确定 按钮。

Step3．调用图框文件。选择下拉菜单 文件(F) → 导入(M) → 部件(P)... 命令，系统弹出图 8.6.3 所示的“导入部件”对话框，单击 确定 按钮，系统弹出第 2 个“导入部件”对话框；在第 2 个“导入部件”对话框中选择 A4.prt 文件，单击 OK 按钮，系统弹出“点”对话框，单击 确定 按钮，再单击 取消 按钮，完成图框文件的调用。

**说明**：若导入的部件标题栏中的文字不显示，可通过右击文字，在弹出的快捷菜单中选择“编辑”命令，将其文字改为宋体即可。

## Task2．创建视图

Step1．设置视图显示。选择下拉菜单 首选项(P) → 制图(D)... 命令，系统弹出“制图首选项”对话框，在该对话框 视图 节点下展开 公共 选项，在隐藏线选项卡中设置隐藏线为“不可见”，单击确定按钮。

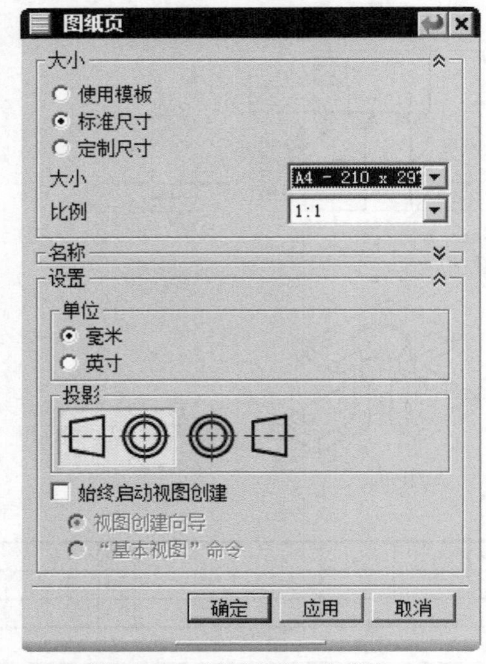


图 8.6.2 “图纸页”对话框

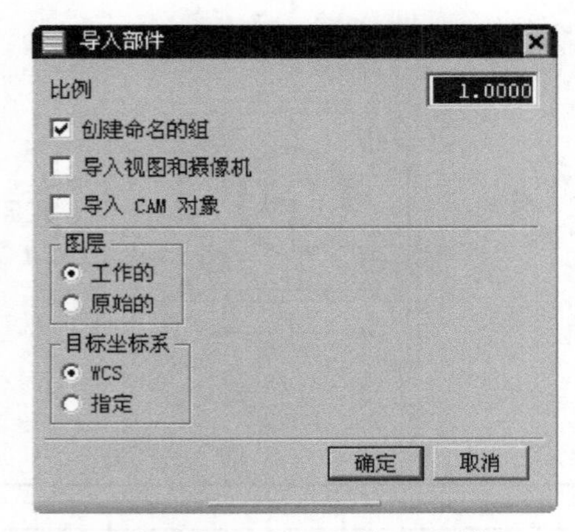


图 8.6.3 “导入部件”对话框

Step2. 添加基本视图。选择下拉菜单插入(S) ⟶ 视图(W) ⟶ 基本(B)...命令（或单击“图纸”工具条中的按钮），系统弹出“基本视图”对话框。在“基本视图”对话框模型视图区域的要使用的模型视图下拉列表中选择前视图选项，在比例区域的比例下拉列表中选择1:2选项，在图形区的合适位置单击以放置主视图；选择合适的位置单击以放置俯视图，单击中键完成；选择下拉菜单插入(S) ⟶ 视图(W) ⟶ 基本(B)...命令，系统弹出“基本视图”对话框。在“基本视图”对话框模型视图区域的要使用的模型视图下拉列表中选择正等测图选项，并选择比例为1:5，在图形区的合适位置单击以放置正等测视图，单击中键完成，结果如图 8.6.4 所示。

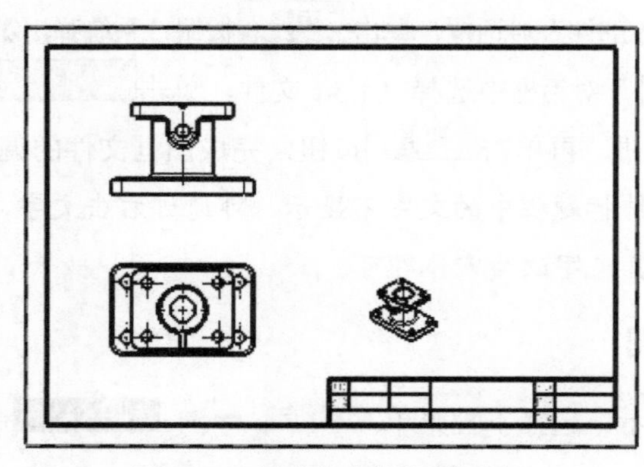

图 8.6.4 创建完成的基本视图

Step3．添加全剖左视图。选择下拉菜单插入(S) → 视图(W) → 截面(S)... 命令，系统弹出“剖视图”对话框；在截面线区域的定义下拉列表中选择动态选项，在方法下拉列表中选择简单剖/阶梯剖选项；确认“捕捉方式”工具条中的按钮被按下，选取图8.6.5所示的圆弧，在图8.6.6所示的位置单击放置剖视图；在“剖视图”话框中单击关闭按钮，完成全剖视图的创建。

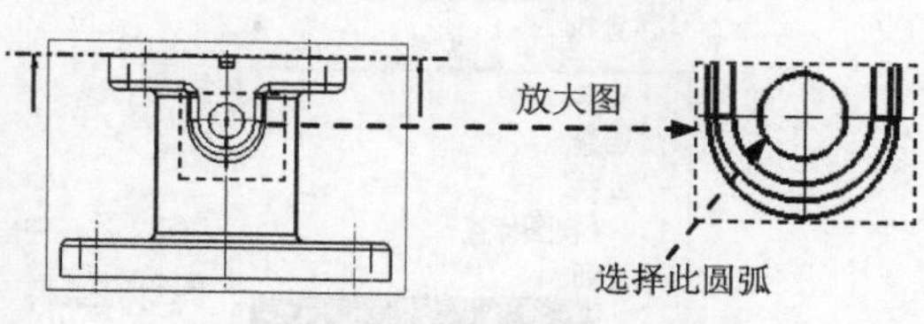

图 8.6.5 选取剖切位置

Step4．添加局部放大图。选择下拉菜单插入(S) → 视图(W) → 局部放大图(D)... 命令，系统弹出“局部放大图”对话框；在“局部放大图”对话框的类型下拉列表中选择圆形选项；绘制图8.6.7所示的放大视图的区域，绘制完成后，在图形区选择合适的位置单击放置放大图，在对话框中单击关闭按钮；双击放大图的边框，系统弹出“设置”对话框，在公共节点下选择常规选项，在比例下拉列表中选择2:1选项，单击确定按钮；双击放大图的标签（B），系统弹出“设置”对话框，该对话框中的参数设置如图8.6.8所示，结果如图8.6.9所示。

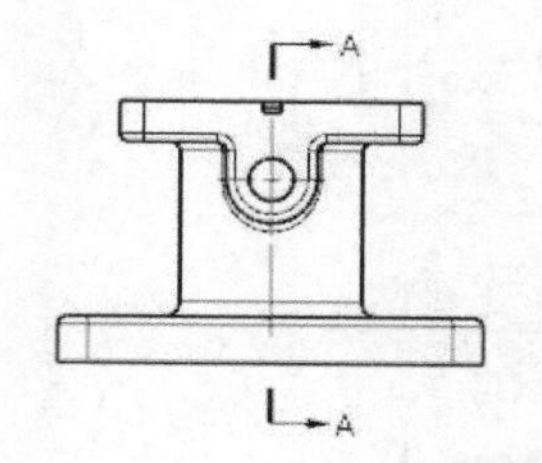

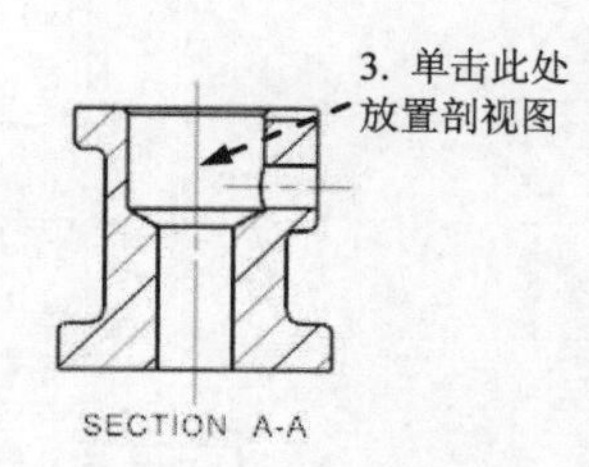


图 8.6.6 放置剖面视图

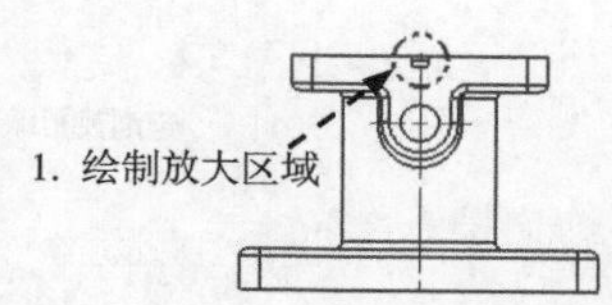

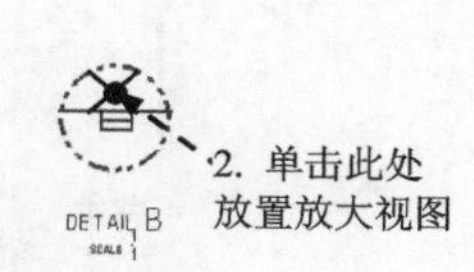


图 8.6.7 局部放大视图的放置步骤

Step5．添加半剖正等测视图。选择下拉菜单插入(S) → 视图(W) → 截面(S)... 命令，系统弹出“剖视图”对话框；在截面线区域的方法下拉列表中选择半剖选项；单击“捕捉方式”工具条中的按钮，依次选取图8.6.10所示的两条边线位剖切线参考；在“剖视图”对话框放置区域的方法下拉列表中选择竖直选项，保持鼠标处于剖切视图的上方，并在方向下拉列表中选择剖切现有的选项，然后选择正等测视图；在对话框中单击关闭按钮完成视图的创建，如图8.6.11所示。

## Task3. 标注尺寸

Step1. 标注图8.6.12所示的竖直尺寸。选择下拉菜单插入(S) → 尺寸(M) → 快速(P)... 命令，单击“捕捉方式”工具条中的按钮；依次选取图8.6.13所示的边线1和图8.6.14所示的边线2，单击图8.6.14所示的位置放置竖直尺寸。

Step2. 标注图8.6.15所示的水平尺寸。选择下拉菜单插入(S) → 尺寸(M) → 快速(P)... 命令；选取图8.6.16所示的边线1，然后选取图8.6.17所示的边线2，单击图8.6.17

所示的位置放置水平尺寸。

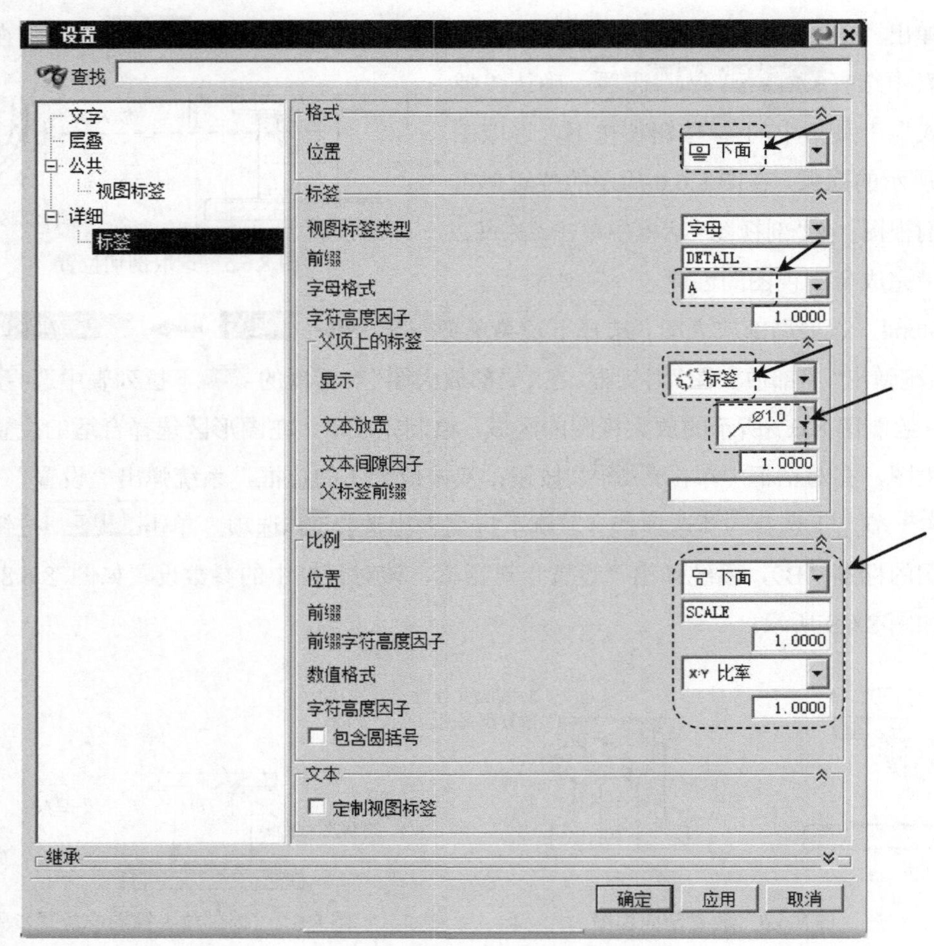


图 8.6.8 “设置”对话框

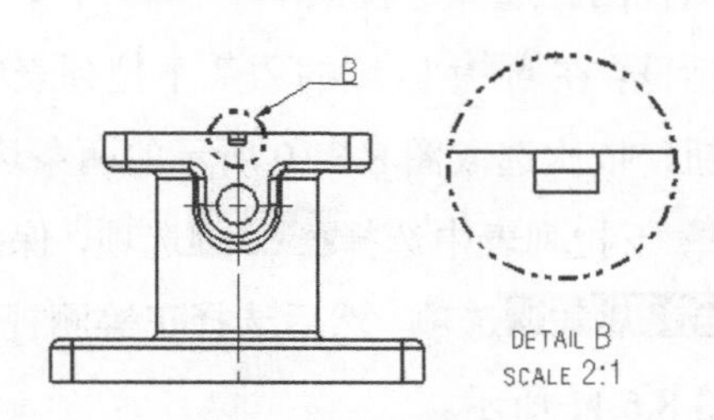


图 8.6.9 创建局部放大图

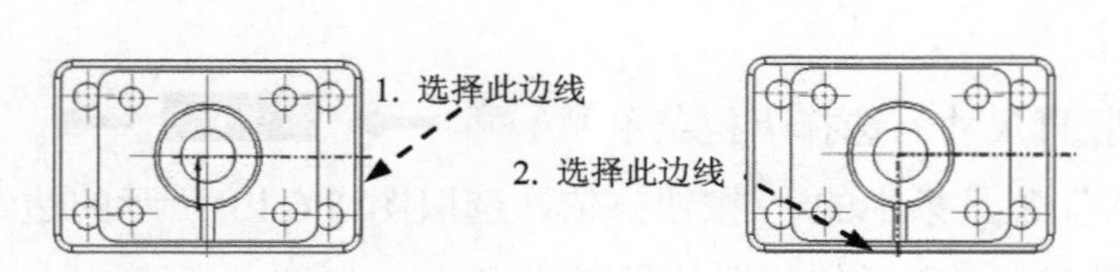


图 8.6.10 选取剖切位置

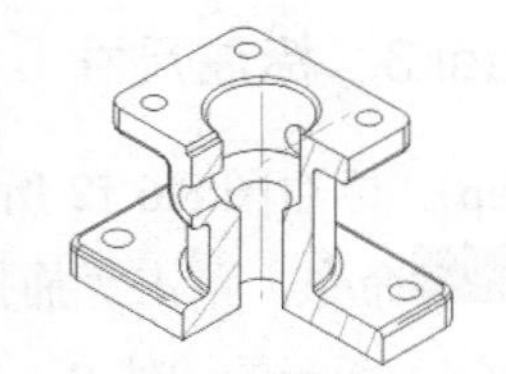

图 8.6.11 半剖正等测视图

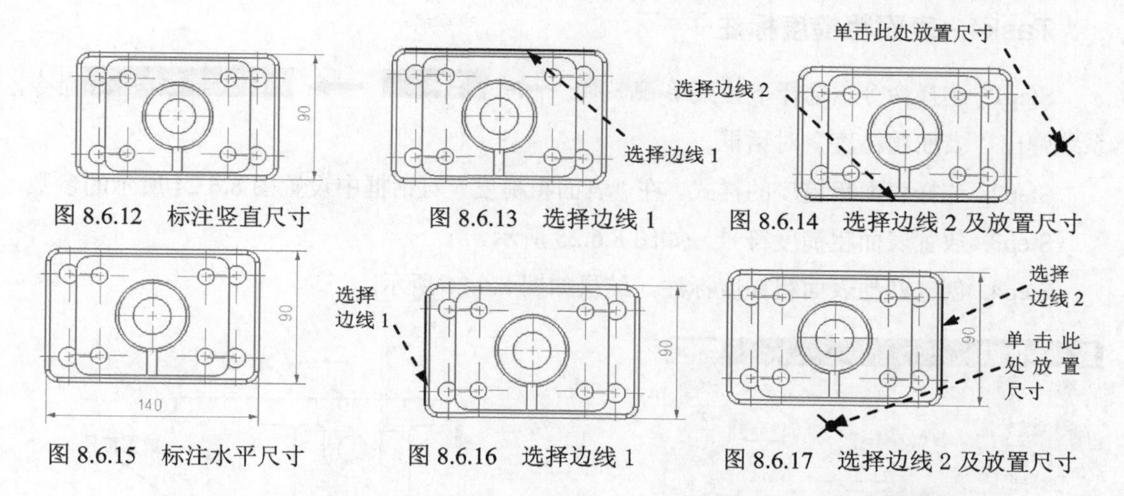


图 8.6.12 标注竖直尺寸　图 8.6.13 选择边线 1　图 8.6.14 选择边线 2 及放置尺寸

图 8.6.15 标注水平尺寸　图 8.6.16 选择边线 1　图 8.6.17 选择边线 2 及放置尺寸

Step3. 标注图 8.6.18 所示的半径尺寸。选择下拉菜单 插入(S) → 尺寸(M) → 径向(R)... 命令（或单击“尺寸”工具条中的按钮），选取图 8.6.19 所示的圆弧，单击图 8.6.19 所示的位置放置圆弧半径尺寸。

Step4. 标注图 8.6.20 所示的孔径尺寸。选择下拉菜单 插入(S) → 尺寸(M) → 线性(L)... 命令，在“线性尺寸”对话框 测量 区域的 方法 下拉列表中选择 圆柱形 选项，依次选取图 8.6.21 所示的边线 1 和图 8.6.22 所示的边线 2，单击图 8.6.22 所示的位置放置孔径尺寸。

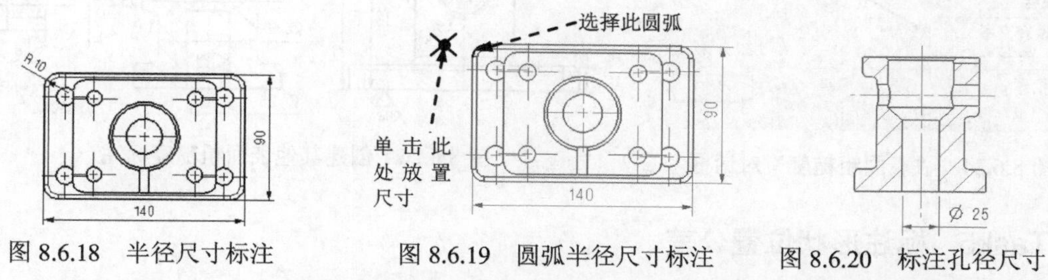


图 8.6.18 半径尺寸标注　图 8.6.19 圆弧半径尺寸标注　图 8.6.20 标注孔径尺寸

Step5. 参照 Step1～Step4 的方法标注其他尺寸，尺寸标注完成后的效果如图 8.6.23 所示。

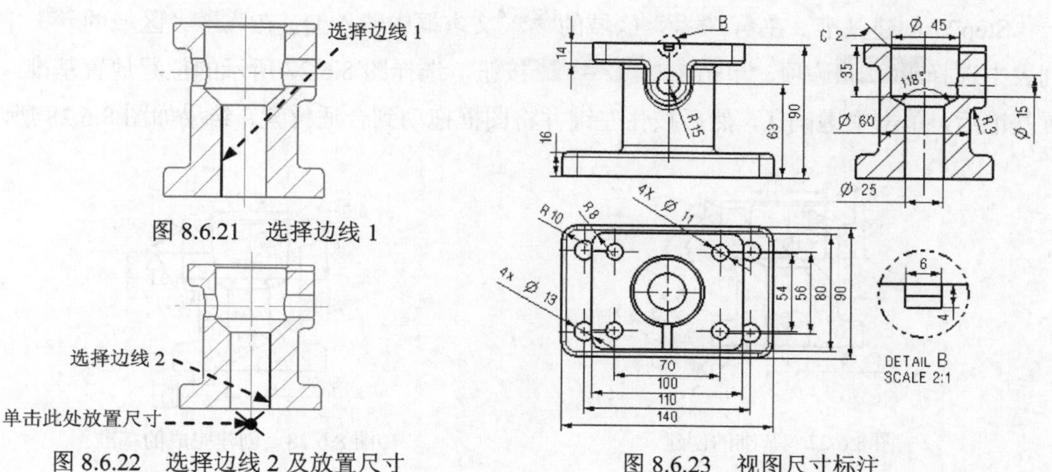


图 8.6.21 选择边线 1

图 8.6.22 选择边线 2 及放置尺寸　图 8.6.23 视图尺寸标注

## Task4. 表面粗糙度标注

Step1. 选择命令。选择下拉菜单 插入(S) → 注释(A) → 表面粗糙度符号(S)... 命令，系统弹出“表面粗糙度”对话框。

Step2. 选择表面粗糙度的样式。在“表面粗糙度”对话框中设置图 8.6.24 所示的参数。

Step3. 放置表面粗糙度符号，如图 8.6.25 所示。

Step4. 创建其他表面粗糙度标注，结果如图 8.6.26 所示。

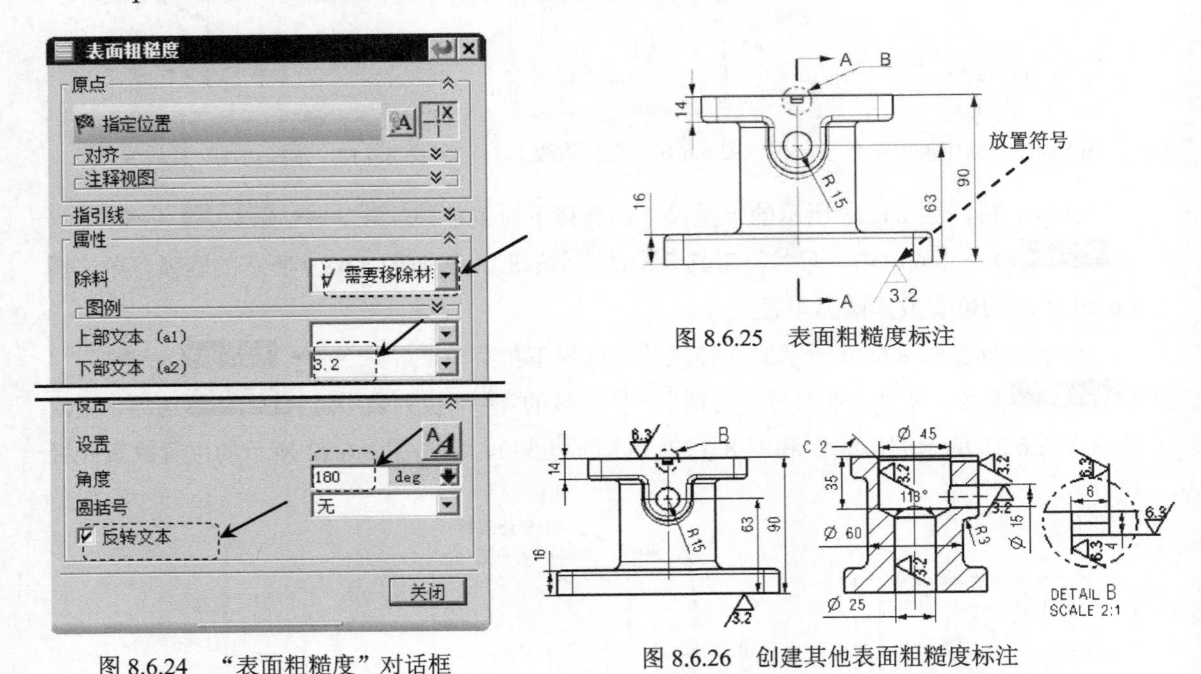


图 8.6.24 “表面粗糙度”对话框

图 8.6.25 表面粗糙度标注

图 8.6.26 创建其他表面粗糙度标注

## Task5. 标注形状位置公差

Step1. 选择命令。单击“注释”工具栏中的 按钮，系统弹出“基准特征符号”对话框。

Step2. 创建基准。在 基准标识符 区域的 字母 文本框中输入 D，在 指引线 区域的 类型 下拉列表中选择 普通 选项，单击 选择终止对象 按钮，选择图 8.6.27 所示的位置放置基准，放置基准后，单击中键确认，然后按住左键并将图框拖动到合适位置，结果如图 8.6.28 所示。

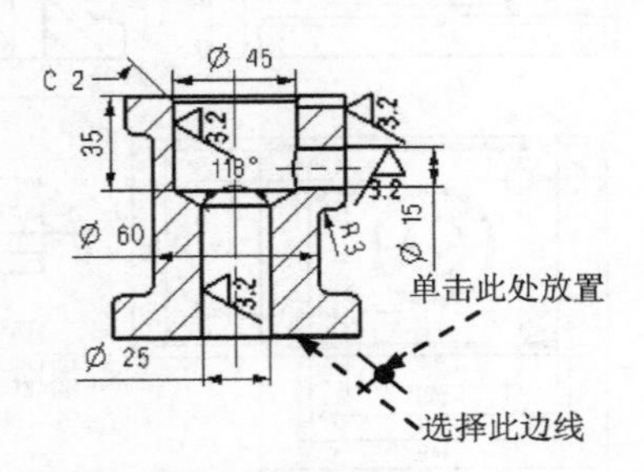


图 8.6.27 基准的创建

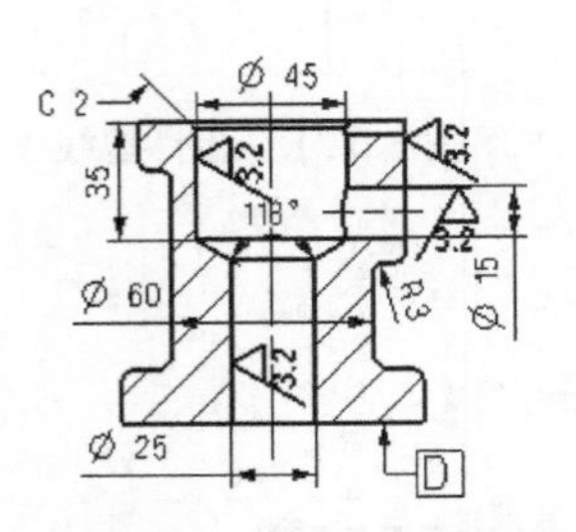

图 8.6.28 创建完成的基准

Step3. 编辑形位公差。单击“注释”工具条中的A按钮，系统弹出图 8.6.29 所示的“注释”对话框。在符号区域的类别下拉列表中选择形位公差选项，清空“文本”对话框中的内容，依次单击⌖和//按钮，输入公差值 0.01，然后单击|按钮，输入字母 D。

Step4. 放置形位公差。单击该对话框指引线区域的按钮，选取图 8.6.30 所示的位置为指引线的起始位置，放置形位公差后单击中键确认，结果如图 8.6.31 所示。

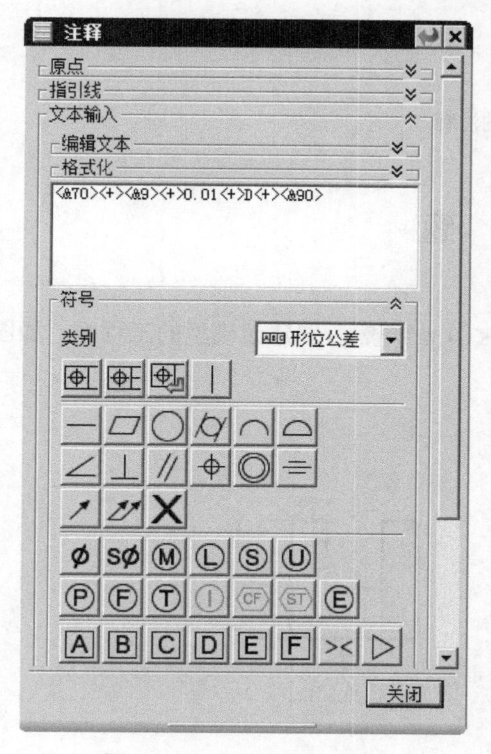


图 8.6.29 “注释”对话框

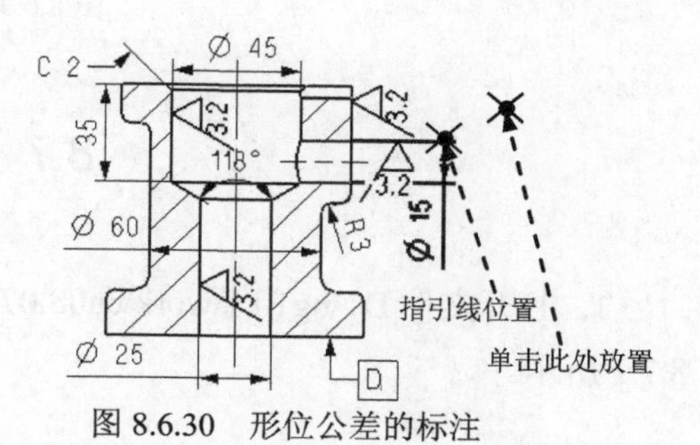


图 8.6.30 形位公差的标注

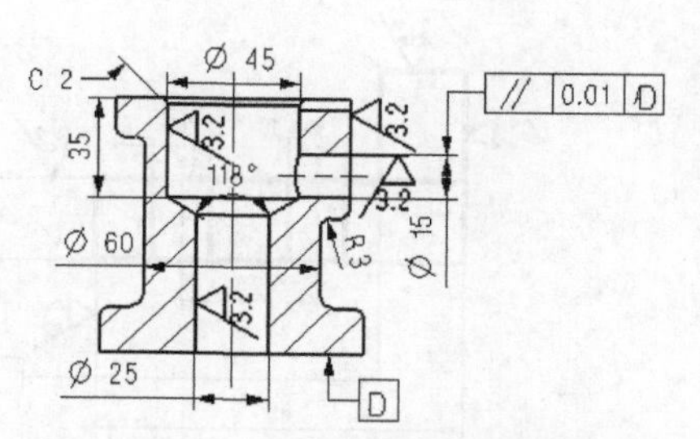


图 8.6.31 标注完成的形位公差

## Task6. 创建注释

Step1. 选择命令。单击“注释”工具条中的A按钮，系统弹出“注释”对话框。在符号区域的类别下拉列表中选择制图选项，在格式化区域的下拉列表中选择chinesef_fs选项。

Step2. 添加技术要求。清空“文本”对话框中的内容，然后输入图 8.6.32 所示的文字内容。选择合适的位置单击以放置注释，然后单击中键完成操作，结果如图 8.6.33 所示。

Step3. 参照前面的方法添加其他注释。

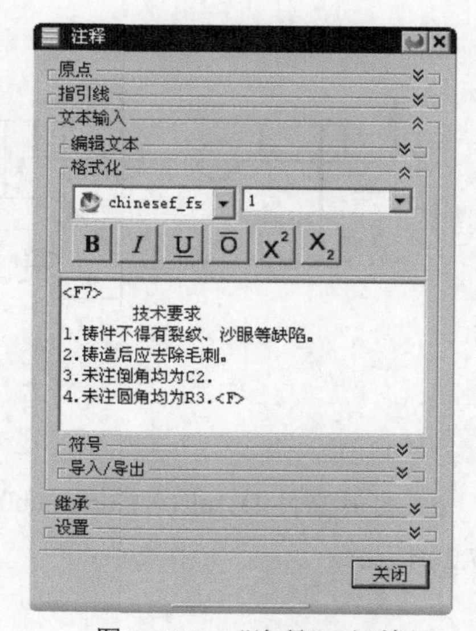


图 8.6.32 “注释”对话框

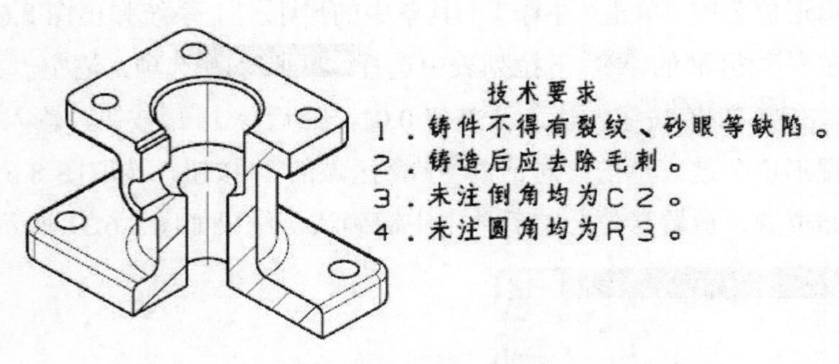


图 8.6.33　添加的注释

## 8.7　习　题

1．打开文件 D:\ug10.1\work\ch08.07\exercises 01.prt，然后创建该模型的工程图，如图 8.7.1 所示。

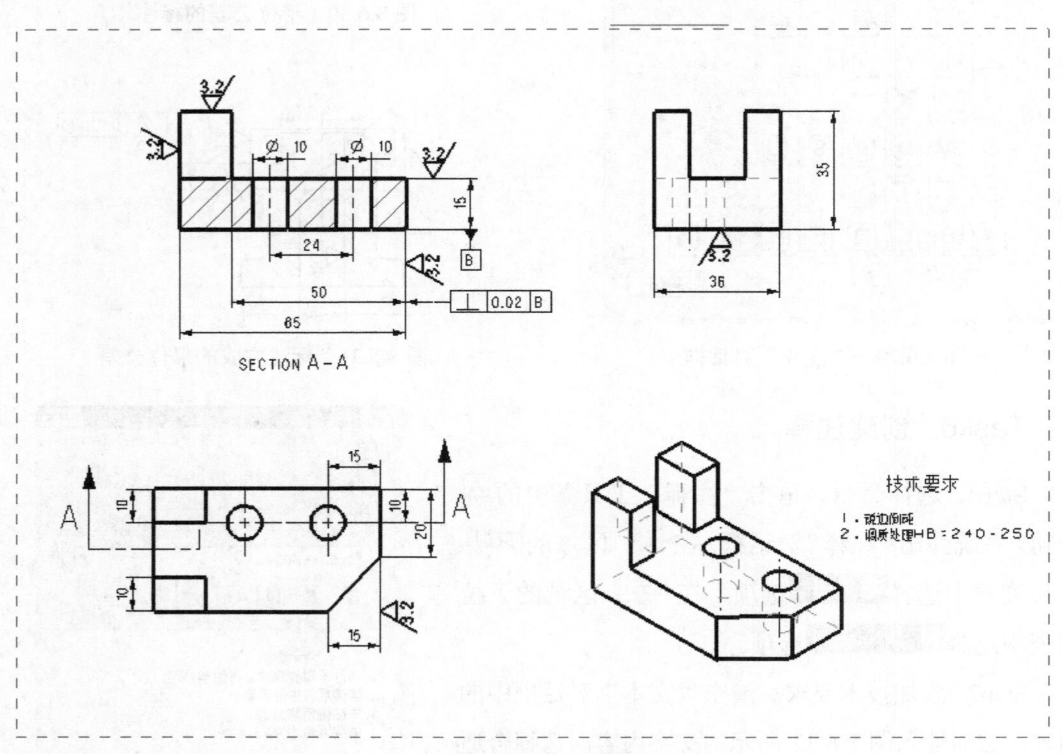


图 8.7.1　练习 1

2．打开文件 D:\ug10.1\work\ch08.07\exercises 02.prt，然后创建该模型的工程图，如图 8.7.2 所示。

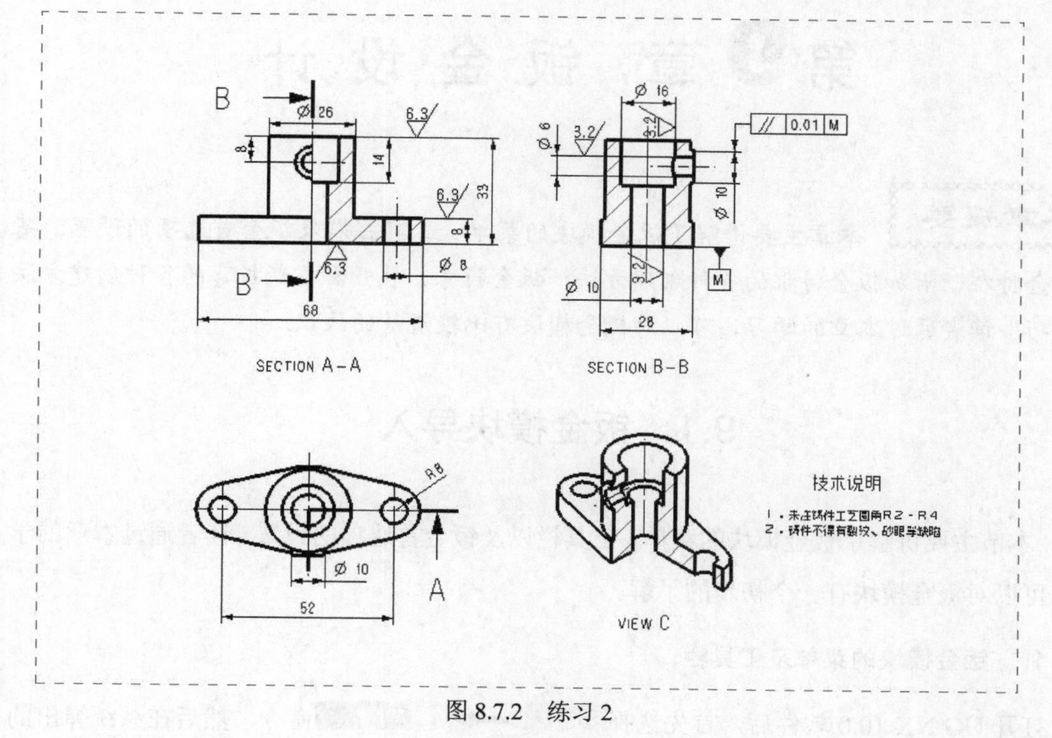
B
Ø 26
6.3
8
14
33
6.3
8
Ø 8
6.3
B
68
SECTION A-A
Ø 16
Ø 6
3.2
3.2
// 0.01 M
Ø 10
3.2
M
Ø 10
28
SECTION B-B
R8
Ø 10
52
A
VIEW C
技术说明
1．未注铸件工艺圆角R2－R4
2．铸件不得有裂纹、砂眼等缺陷

图 8.7.2　练习 2

# 第9章 钣金设计

**本章提要** 本章主要讲解了钣金模块的菜单、工具栏以及钣金首选项的设置；基本钣金特征、附加钣金特征的各种创建方法；钣金折弯、展开和重新折弯的各种创建方法和技巧。读者通过本章的学习，可以对钣金模块有比较清楚的认识。

## 9.1 钣金模块导入

本节主要讲解了钣金模块的菜单、工具栏以及钣金首选项的设置。读者通过本章的学习，可以对钣金模块有一个初步的了解。

### 1. 钣金模块的菜单及工具栏

打开 UG NX 10.0 软件后，首先选择文件(F) → 新建(N)...命令，然后在系统弹出的“新建”对话框中选择NX 钣金模板，进入钣金模块。选择下拉菜单插入(S)命令，系统则弹出钣金模块中的所有钣金命令（图 9.1.1）。

在工具条按钮区中单击鼠标右键，在系统弹出的快捷菜单中确认NX 钣金工具条被激活（NX 钣金前有✔激活状态），屏幕中则出现图 9.1.2 所示的“钣金”工具条。

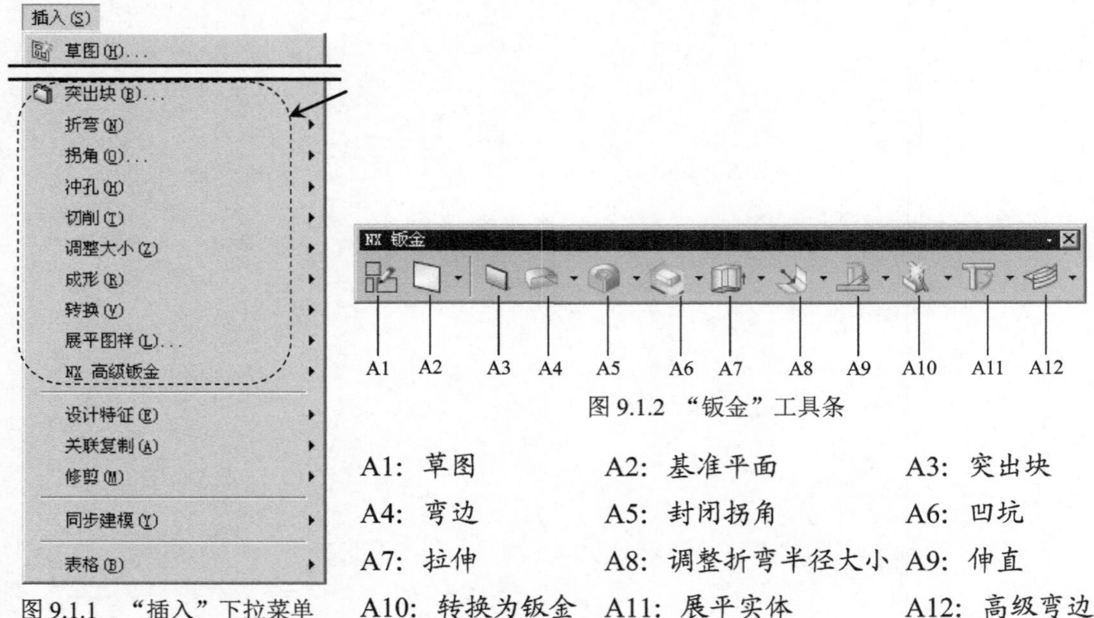


图 9.1.1 “插入”下拉菜单

图 9.1.2 “钣金”工具条

A1：草图　A2：基准平面　A3：突出块

A4：弯边　A5：封闭拐角　A6：凹坑

A7：拉伸　A8：调整折弯半径大小　A9：伸直

A10：转换为钣金　A11：展平实体　A12：高级弯边

## 2 钣金模块的首选项设置

为了提高钣金件的设计效率，以及使钣金件在设计完成后能顺利地加工及精确地展开，UG NX 10.0 提供了一些对钣金零件属性的设置，及其平面展开图处理的相关设置。通过对首选项的设置，极大提高了钣金零件的设计速度。这些参数设置包括材料厚度、折弯半径、让位槽深度、让位槽宽度和折弯许用半径公式的设置，下面详细讲解这些参数的作用。

进入钣金模块后，选择下拉菜单 首选项(P) → 钣金(H)... 命令，系统弹出“钣金首选项”对话框（一），如图 9.1.3 所示。

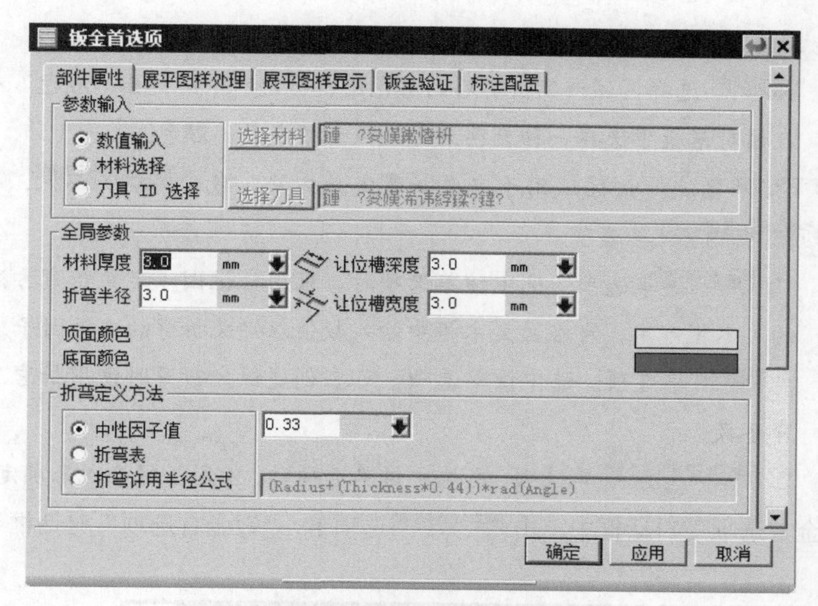


图 9.1.3 “钣金首选项”对话框（一）

图 9.1.3 所示的“钣金首选项”对话框（一）中 部件属性 选项卡各选项的说明如下：

- 参数输入 区域：该区域包含 ⊙ 数值输入、⊙ 材料选择 和 ⊙ 刀具 ID 选择 单选项，可用于确定钣金折弯的定义方式。
  - ☑ ⊙ 数值输入 单选项：当选中该单选项时，可直接以数值的方式在 折弯定义方法 区域中直接输入钣金折弯参数。
  - ☑ ⊙ 材料选择 单选项：选中该单选项时，可单击右侧的 选择材料 按钮，系统弹出“选择材料”对话框，可在该对话框中选择一材料来定义钣金折弯参数。
  - ☑ ⊙ 刀具 ID 选择 单选项：选中该单选项时，可单击右侧的 选择刀具 按钮，系统弹出“NX 钣金工具标准”对话框，可在该对话框中选择钣金标准工具，以定义钣金的折弯参数。
- 在 全局参数 区域中可以设置以下四个参数。
  - ☑ 材料厚度 文本框：在该文本框中可以输入数值以定义钣金零件的全局厚度。

☑ 折弯半径文本框：在该文本框中可以输入数值以定义钣金件折弯时默认的折弯半径值。

☑ 让位槽深度文本框：在该文本框中可以输入数值以定义钣金件默认的让位槽的深度值。

☑ 让位槽宽度文本框：在该文本框中可以输入数值以定义钣金件默认的让位槽的宽度值。

☑ 顶面颜色选择区域：单击其后的颜色选择区域，系统弹出“颜色”对话框，可在该对话框中选择一种颜色来定义钣金件顶面的颜色。

☑ 底面颜色选择区域：单击其后的颜色选择区域，系统弹出“颜色”对话框，可在该对话框中选择一种颜色来定义钣金件底面的颜色。

- 折弯定义方法区域：该区域用于定义折弯定义方法，包含 中性因子值、 折弯表和 折弯许用半径公式单选项。

☑ 中性因子值单选项：选中该单选项时，采用中性因子定义折弯方法，且其后的文本框可用，可在该文本框中输入数值以定义折弯的中性因子。

☑ 折弯表单选项：选中该单选项，可在创建钣金折弯时使用折弯表来定义折弯参数。

☑ 折弯许用半径公式单选项：当选中该单选项时，使用半径公式来确定折弯参数。

在“钣金首选项”对话框中单击展平图样处理选项卡，“钣金首选项”对话框（二）如图9.1.4所示。

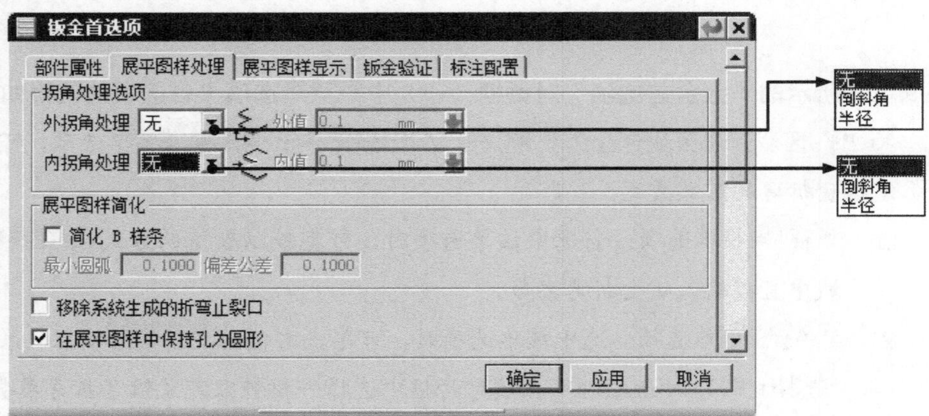


图 9.1.4 “钣金首选项”对话框（二）

**图 9.1.4 所示的“钣金首选项”对话框（二）展平图样处理选项卡中各选项的说明如下：**

- 拐角处理选项区域：可以设置在展开钣金后内、外拐角的处理方式。外拐角是去除材料，内拐角是创建材料。
- 外拐角处理下拉列表：该下拉列表中有无、倒斜角和半径三个选项，用于设置钣金展开后外拐角的处理方式。

☑ 无选项：选择该选项时，不对内、外拐角做任何处理。

☑ 倒斜角选项：选择该选项时，对外拐角创建一个倒角，倒角的大小在其后的文本框中进行设置。

☑ 半径选项：选择该选项时，对外拐角创建一个圆角，圆角的大小在后面的文本框中进行设置。

- 内拐角处理下拉列表：该下拉列表中有无、倒斜角和半径三个选项，用于设置钣金展开后内拐角的处理方式。
- 展平图样简化区域：该区域用于在对圆柱表面或折弯处有裁剪特征的钣金零件进行展开时，设置是否生成B样条，当选中☑ 简化 B 样条复选框后，可通过最小圆弧及偏差公差两个文本框对简化B样条的最大圆弧和偏差公差进行设置。
- ☑ 移除系统生成的折弯止裂口复选框：选中☑ 移除系统生成的折弯止裂口复选框后，钣金零件展开时将自动移除系统生成的缺口。
- ☑ 在展平图样中保持孔为圆形复选框：选择该复选框时，在平面展开图中保持折弯曲面上的孔为圆形。

在“钣金首选项”对话框中单击展平图样显示选项卡，“钣金首选项”对话框（三）如图9.1.5所示，可设置展平图样的各曲线的颜色以及默认选项的新标注属性。

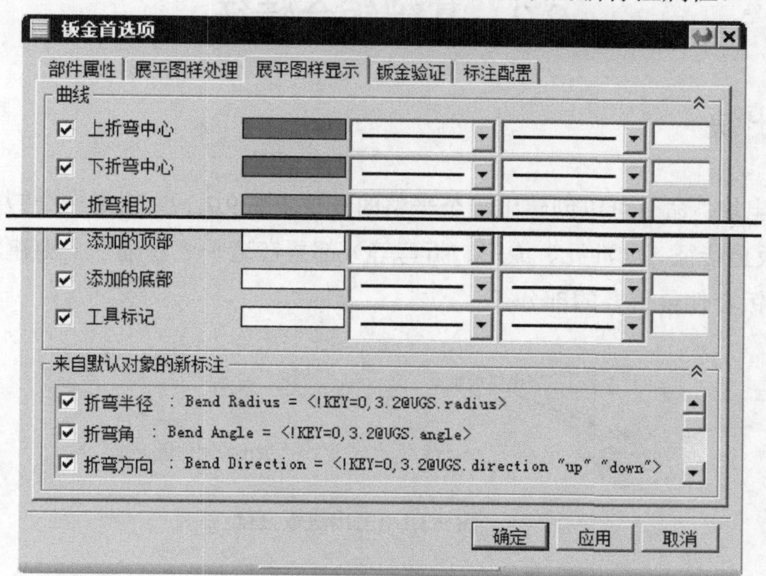


图9.1.5　“钣金首选项”对话框（三）

在“钣金首选项”对话框中单击钣金验证选项卡，此时“钣金首选项”对话框（四）如图9.1.6所示。在该选项卡中可设置钣金件验证的参数。

在“钣金首选项”对话框中单击标注配置选项卡，此时“钣金首选项”对话框（五）如

图 9.1.7 所示。在该选项卡中显示钣金中标注的一些类型。

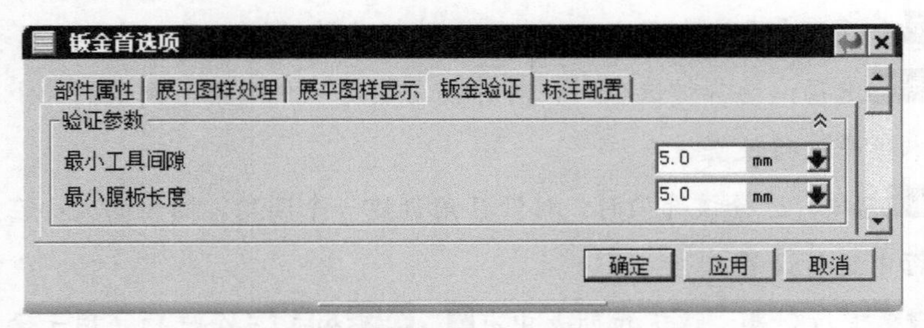


图 9.1.6 “钣金首选项”对话框（四）

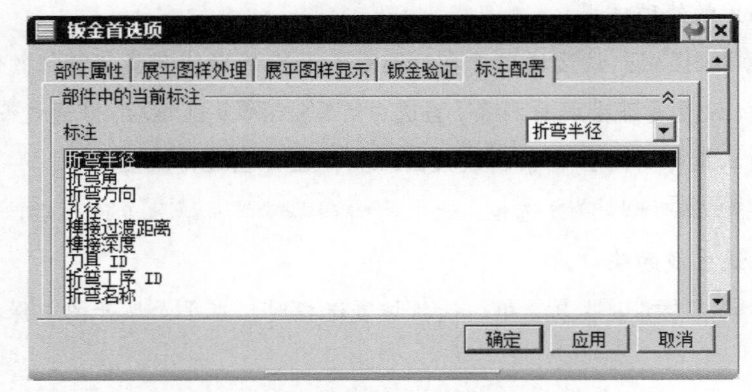


图 9.1.7 “钣金首选项”对话框（五）

# 9.2 基础钣金特征

## 9.2.1 突出块

使用“突出块”命令可以创建出一个平整的薄板（图 9.2.1），它是一个钣金零件的“基础”，其他的钣金特征（如冲孔、成形、折弯等）都要在这个“基础”上构建，因此这个平整的薄板就是钣金件最重要的部分。

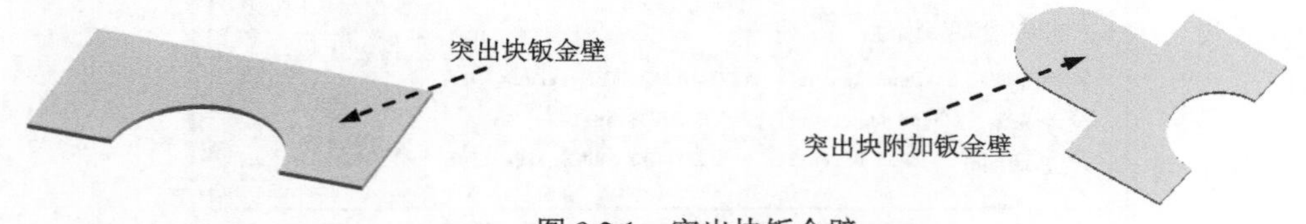


图 9.2.1 突出块钣金壁

### 1. 创建“平板”的两种类型

选择下拉菜单 插入(S) ➡ 突出块(B)... 命令后，系统弹出图 9.2.2a 所示的“突出块”对话框（一），创建完成后再次选择下拉菜单 插入(S) ➡ 突出块(B)... 命令时，系统弹出图 9.2.2b 所示的“突出块”对话框（二）。

a）“突出块”对话框（一）

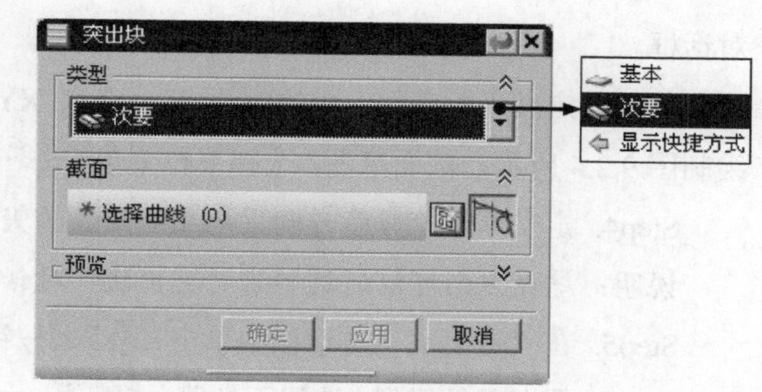

b）“突出块”对话框（二）

图 9.2.2 “突出块”对话框

**图 9.2.2 所示的“突出块”对话框的选项说明如下：**

- 类型区域：该区域的下拉列表中有基本和次要选项，用以定义钣金的厚度。
  - ☑ 基本选项：选择该选项时，用于创建基础突出块钣金壁。
  - ☑ 次要选项：选择该选项时，在已有钣金壁的表面创建突出块钣金壁，其壁厚与基础钣金壁相同。注意只有在部件中已存在基础钣金壁特征时，此选项才会出现。
- 截面区域：该区域用于定义突出块的截面曲线，截面曲线必须是封闭的曲线。
- 厚度区域：该区域用于定义突出块的厚度及厚度方向。
  - ☑ 厚度文本框：可在该区域中输入数值以定义突出块的厚度。
  - ☑ 反向按钮：单击按钮，可使钣金材料的厚度方向发生反转。

### 2. 创建平板的一般过程

基本突出块是创建一个平整的钣金基础特征，在创建钣金零件时，需要先绘制钣金壁的正面轮廓草图（必须为封闭的线条），然后给定钣金厚度值即可。次要突出块是在已有的钣金壁上创建平整的钣金薄壁材料，其壁厚无须用户定义，系统自动设定为与已存在钣金壁的厚度相同。

### Task1. 创建基本突出块

下面以图 9.2.3 所示的模型为例，来说明创建基础突出块钣金壁的一般操作过程。

Step1. 新建文件。

（1）选择下拉菜单文件(F) → 新建(N)...命令，系统弹出“新建”对话框。

（2）在模型选项卡模板区域下的列表中选择NX 钣金模板；在新文件名对话框的名称文本框中输入文件名称 tack；单击文件夹文本框后面的按钮，选择文件保存路径

D:\ug10.1\work\ch09.02.01。

Step2. 选择命令。选择下拉菜单 插入(S) → 突出块(B)... 命令，系统弹出“突出块”对话框。

Step3. 定义平板截面。单击按钮，选取 XY 平面为草图平面，单击 确定 按钮，绘制图 9.2.4 所示的截面草图，选择下拉菜单 任务(K) → 完成草图(K) 命令，退出草图环境。

Step4. 定义厚度。厚度方向采用系统默认的矢量方向，在文本框中输入厚度值 3.0。

**说明：厚度方向可以通过单击“突出块”对话框中的按钮来调整。**

Step5. 在“突出块”对话框中单击 < 确定 > 按钮，完成特征的创建。

Step6. 保存零件模型。选择下拉菜单 文件(F) → 保存(S) 命令，即可保存零件模型。

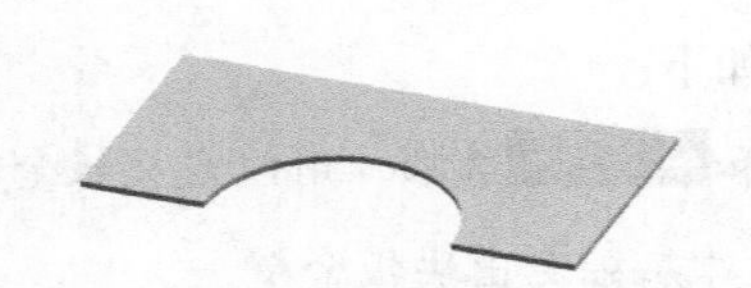

图 9.2.3 创建基础平板钣金壁

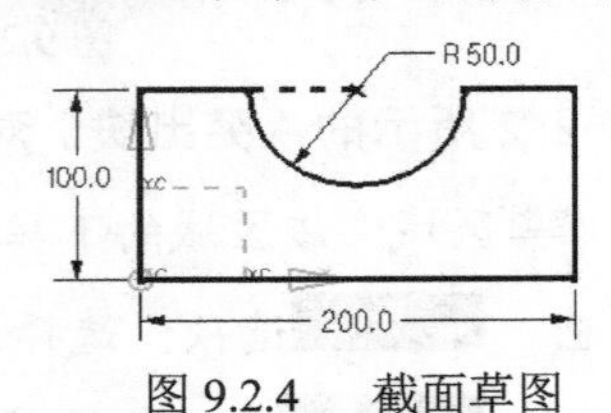


图 9.2.4 截面草图

## Task2. 创建次要突出块

下面继续以 Task1 的模型为例，来说明创建次要突出块的一般操作过程。

Step1. 选择命令。选择下拉菜单 插入(S) → 突出块(B)... 命令，系统弹出“突出块”对话框。

Step2. 定义平板类型。在“突出块”对话框 类型 区域的下拉列表中选择 次要 选项。

Step3. 定义平板截面。单击按钮，选取图 9.2.5 所示的模型表面为草图平面，单击 确定 按钮，绘制图 9.2.6 所示的截面草图。

Step4. 在“突出块”对话框中单击 < 确定 > 按钮，完成特征的创建。

Step5. 保存零件模型。选择下拉菜单 文件(F) → 保存(S) 命令，即可保存零件模型。

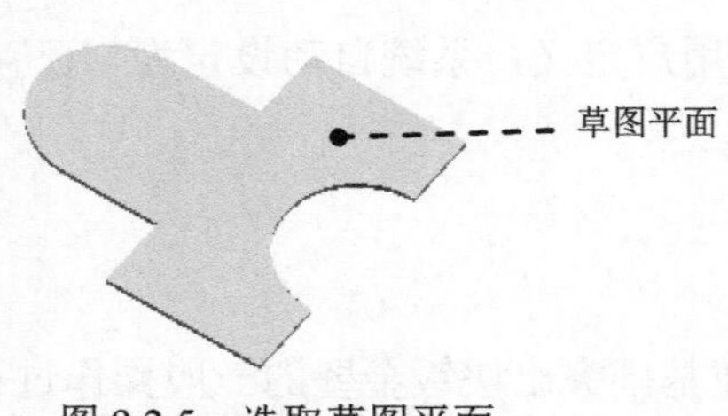


图 9.2.5 选取草图平面

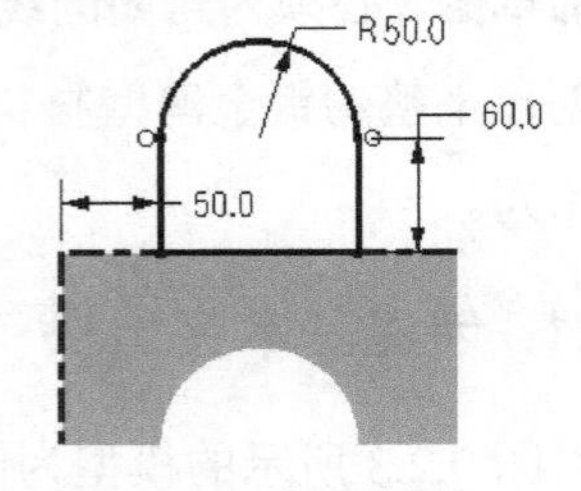


图 9.2.6 截面草图

## 9.2.2 弯 边

钣金弯边是在已存在的钣金壁的边缘上创建出简单的折弯，其厚度与原有钣金厚度相同。在创建弯边特征时，需先在已存在的钣金中选取某一条边线作为弯边钣金壁的附着边，其次需要定义弯边特征的截面、宽度、弯边属性、偏置、折弯参数和让位槽。

### 1. 弯边特征的一般操作过程

下面以图 9.2.7 所示的模型为例，说明创建弯边钣金壁的一般操作过程。

Step1. 打开文件 D:\ug10.1\work\ch09.02.02\practice01。

Step2. 选择命令。选择下拉菜单 插入(S) → 折弯(N) → 弯边(F)... 命令，系统弹出图 9.2.8 所示的“弯边”对话框。

Step3. 选取线性边。选取图 9.2.9 所示的模型边线为折弯的附着边。

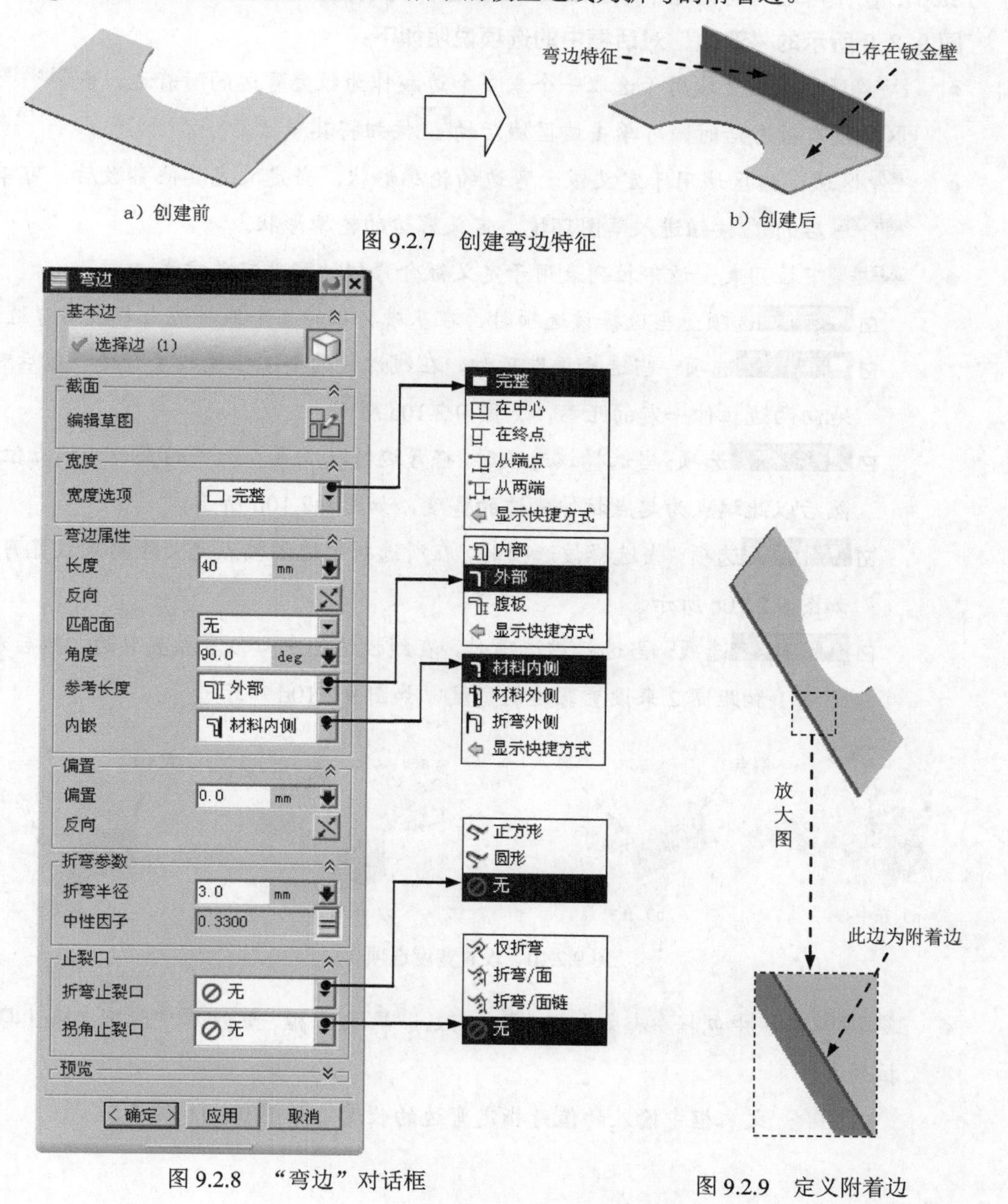


图 9.2.7　创建弯边特征

图 9.2.8　“弯边”对话框

图 9.2.9　定义附着边

Step4. 定义宽度。在宽度区域的宽度选项下拉列表中选择■ 完整选项。

Step5. 定义弯边属性。在弯边属性区域的长度文本框中输入数值 40；在角度文本框中输入数值 90；在参考长度下拉列表中选择 外部选项；在内嵌下拉列表中选择 材料内侧选项。

Step6. 定义弯边参数。在偏置区域的偏置文本框中输入数值 0；单击折弯半径文本框右侧的☰按钮，在弹出的菜单中选择使用本地值选项，然后在折弯半径文本框中输入数值 3；在止裂口区域的折弯止裂口下拉列表中选择⊘ 无选项，在拐角止裂口下拉列表中选择⊘ 无选项。

Step7. 在“弯边”对话框中单击< 确定 >按钮，完成特征的创建。

**图 9. 2. 8 所示的“弯边”对话框中的选项说明如下：**

- 基本边区域：该区域用于选取一个或多个边线作为钣金弯边的附着边，当* 选择边 (0)区域没有被激活时，可单击该区域后的按钮将其激活。
- 截面区域：该区域用于定义钣金弯边的轮廓形状。当定义完其他参数后，可单击编辑草图后的按钮进入草图环境，定义弯边的轮廓形状。
- 宽度选项下拉列表：该下拉列表用于定义钣金弯边的宽度定义方式。
  - ☑ ■ 完整选项：当选择该选项时，在基础特征的整个线性边上都应用弯边。
  - ☑ 在中心选项：当选择该选项时，在线性边的中心位置放置弯边，然后对称地向两边拉伸一定的距离，如图 9.2.10a 所示。
  - ☑ ■ 在终点选项：当选择该选项时，将弯边特征放置在选定的直边的端点位置，然后以此端点为起点拉伸弯边的宽度，如图 9.2.10b 所示。
  - ☑ ■ 从端点选项：当选择该选项时，在所选折弯边的端点定义距离来放置弯边，如图 9.2.10c 所示。
  - ☑ ■ 从两端选项：当选择该选项时，在线性边的中心位置放置弯边，然后利用距离 1 和距离 2 来设置弯边的宽度，如图 9.2.10d 所示。

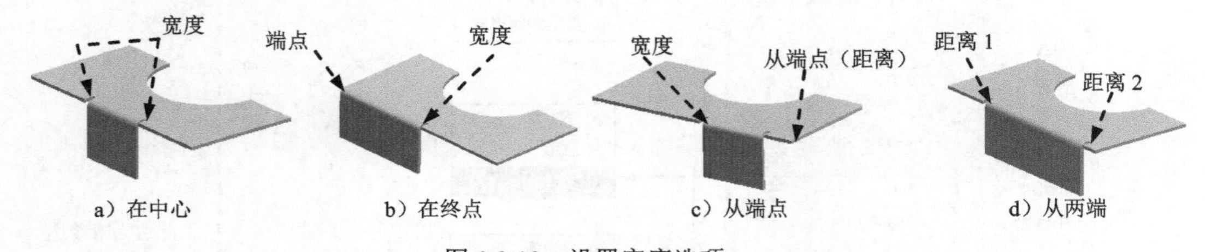


图 9.2.10 设置宽度选项

- 弯边属性区域中包括长度文本框、按钮、角度文本框、参考长度下拉列表和内嵌下拉列表。
  - ☑ 长度：文本框中输入的值是指定弯边的长度，如图 9.2.11 所示。

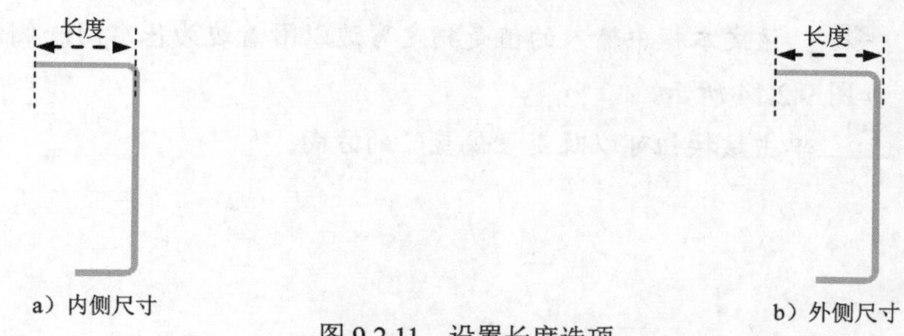


a）内侧尺寸　　b）外侧尺寸

图 9.2.11　设置长度选项

☑ ：单击“反向”按钮可以改变弯边长度的方向，如图 9.2.12 所示。

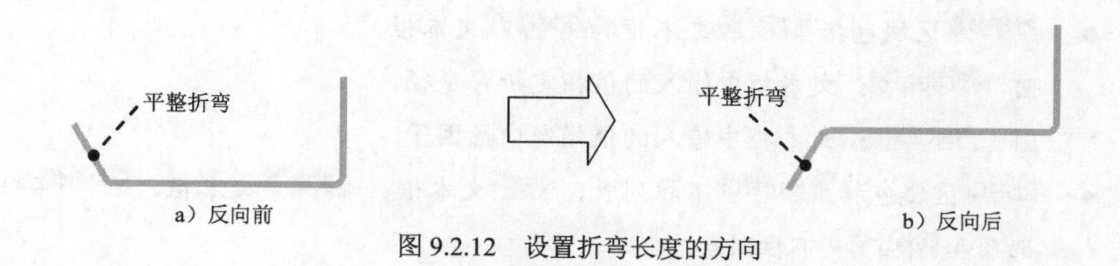


a）反向前　　b）反向后

图 9.2.12　设置折弯长度的方向

☑ 角度：文本框中输入的值是指定弯边的折弯角度，该值是与原钣金所成角度的补角，如图 9.2.13 所示。

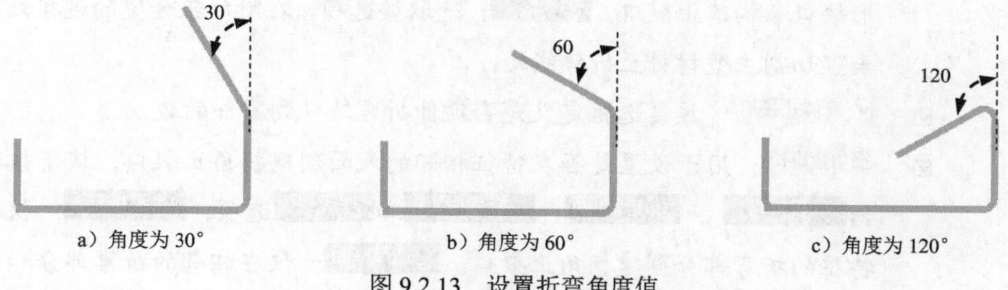


a）角度为 30°　　b）角度为 60°　　c）角度为 120°

图 9.2.13　设置折弯角度值

☑ 参考长度：下拉列表中包括 内部、 外部和 腹板选项。 内部：选取该选项，输入的弯边长度值是从弯边的内部开始计算长度。 外部：选取该选项，输入的弯边长度值是从弯边的外部开始计算长度。 腹板：选取该选项，输入的弯边长度值是从弯边圆角后开始计算长度。

☑ 内嵌：下拉列表中包括 材料内侧、 材料外侧和 折弯外侧选项。 材料内侧：选取该选项，弯边的外侧面与附着边平齐。 材料外侧：选取该选项，弯边的内侧面与附着边平齐。 折弯外侧：选取该选项，折弯特征直接创建在基础特征上，而不改变基础特征尺寸。

● 偏置区域包括偏置文本框和按钮。

☑ 偏置：该文本框中输入的值是指定弯边以附着边为基准向一侧偏置一定值，如图 9.2.14 所示。

☑ ：单击该按钮可以改变“偏置”的方向。

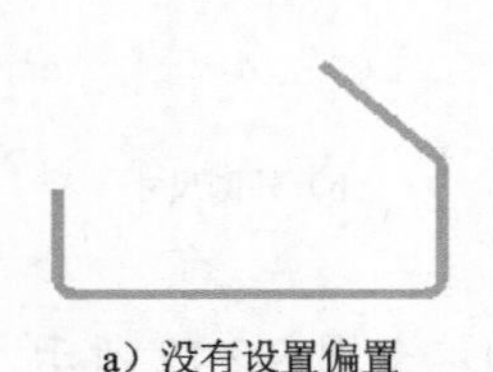

a）没有设置偏置

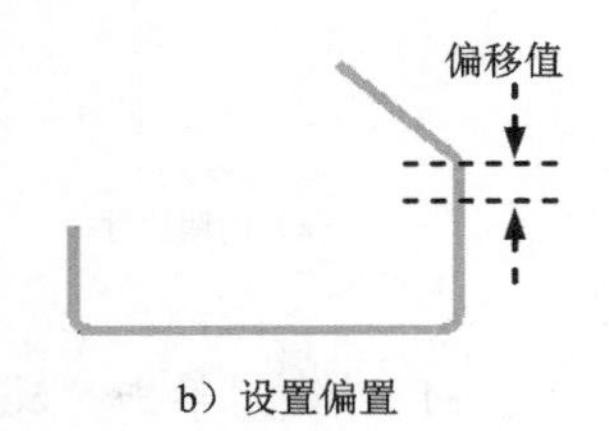


b）设置偏置

图 9.2.14 设置偏置值

- 折弯参数区域包括折弯半径文本框和中性因子文本框。

☑ 折弯半径：文本框中输入的值指定折弯半径。

☑ 中性因子：文本框中输入的值指定中性因子。

- 止裂口区域包括折弯止裂口下拉列表、深度文本框、宽度文本框、☑ 延伸止裂口复选项和拐角止裂口下拉列表。

☑ 折弯止裂口：下拉列表包括正方形、圆形和无三个选项。正方形：选取该选项，在附加钣金壁的连接处，将主壁材料切割成矩形缺口来构建止裂口。圆形：选取该选项，在附加钣金壁的连接处，将主壁材料切割成圆形缺口来构建止裂口。无：选取该选项，在附加钣金壁的连接处，通过垂直切割主壁材料至折弯线处。

☑ ☑ 延伸止裂口：该复选框定义是否延伸折弯缺口到零件的边。

☑ 拐角止裂口：用于设置是否在特征相邻的表面创建拐角止裂口。该下拉列表包括仅折弯、折弯/面、折弯/面链和无选项。仅折弯：仅在相邻特征的折弯部分创建拐角止裂口。折弯/面：仅在相邻的折弯部分和面（平板）部分创建拐角止裂口。折弯/面链：在整个折弯部分及与其相邻的面链上创建拐角止裂口。无：不创建止裂口。选择此选项后将会产生一个小缝隙，但是在展平钣金件时，这个缝隙会被移除。

2．创建止裂口

当弯边部分地与附着边相连，并且折弯角度不为 0 时，在连接处的两端创建止裂口。在钣金模块中提供的止裂口分为两种：正方形止裂口和圆弧形止裂口。

**方式一：正方形止裂口**

在附加钣金壁的连接处，将材料切割成正方形缺口来构建止裂口，如图 9.2.15 所示。

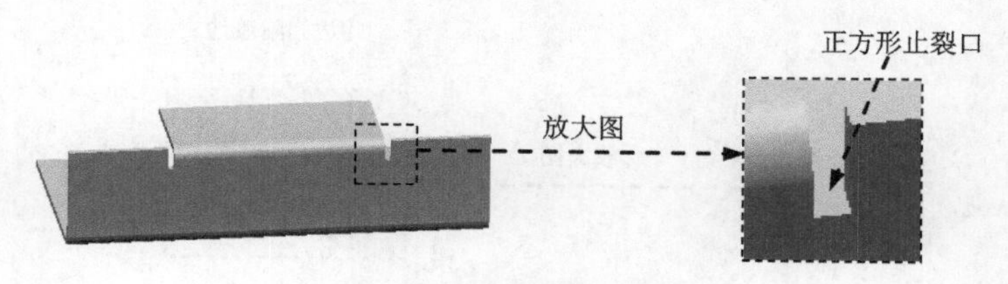

图 9.2.15　正方形止裂口

**方式二：圆弧形止裂口**

在附加钣金壁的连接处，将主壁材料切割成长圆弧形缺口来构建止裂口，如图 9.2.16 所示。

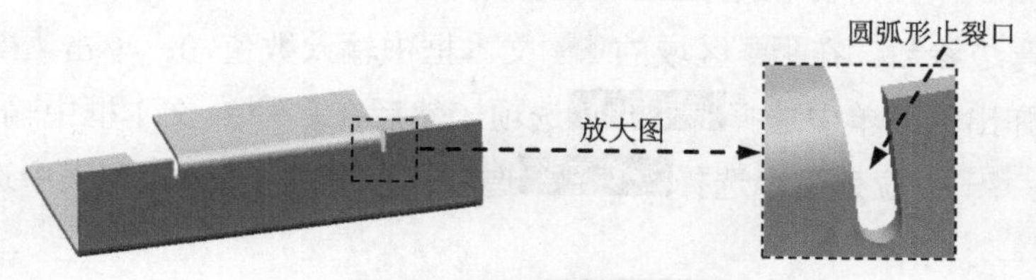

图 9.2.16　圆弧形止裂口

**方式三：无止裂口**

在附加钣金壁的连接处，通过垂直切割主壁材料至折弯线处，如图 9.2.17 所示。

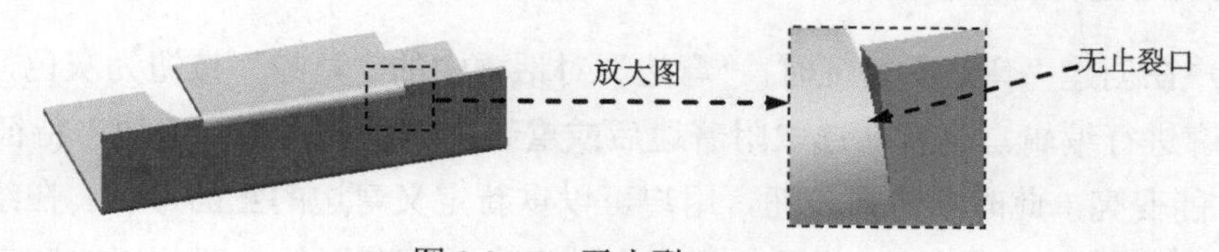

图 9.2.17　无止裂口

下面以图 9.2.18 所示的模型为例，介绍创建止裂口的一般过程。

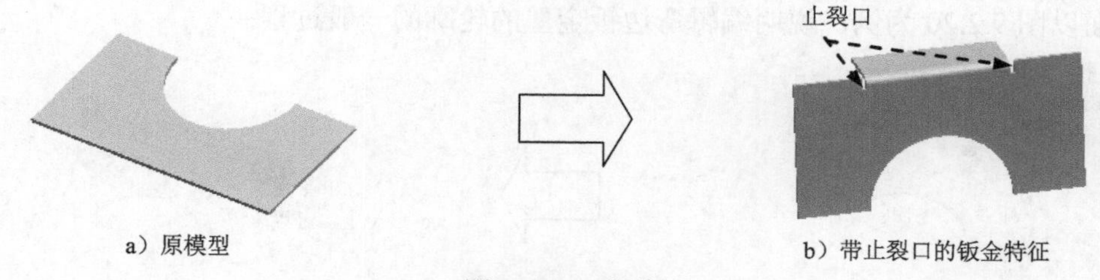

a）原模型　　b）带止裂口的钣金特征

图 9.2.18　止裂口

Step1. 打开文件 D:\ug10.1\work\ch09.02.02\practice02。

Step2. 选择命令。选择下拉菜单 插入(S) → 折弯(N) → 弯边(F)... 命令，系统弹出“弯边”对话框。

Step3. 选取线性边。选取图 9.2.19 所示的模型边线为折弯的附着边。

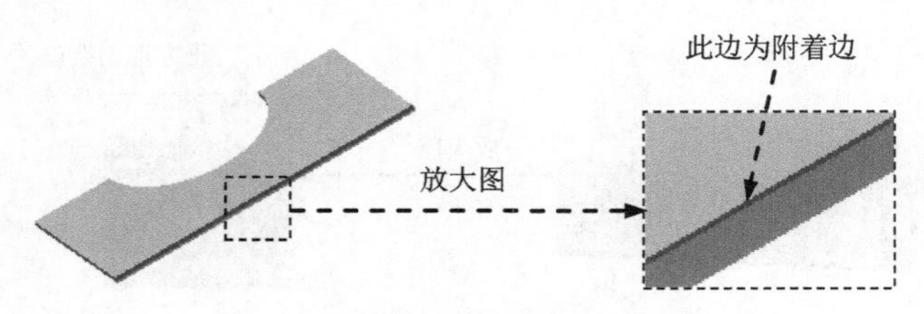


图 9.2.19　定义附着边

Step4. 定义宽度。在宽度区域的宽度选项下拉列表中选择在中心选项。宽度文本框被激活，在宽度文本框中输入宽度值 100。

Step5. 定义弯边属性。在弯边属性区域的长度文本框中输入数值 40；在角度文本框中输入数值 90；在参考长度下拉列表中选择外部选项；在内嵌下拉列表中选择材料内侧选项。

Step6. 定义弯边参数。在偏置区域的偏置文本框中输入数值 0；单击折弯半径文本框右侧的按钮，在弹出的菜单中选择使用本地值选项，然后在折弯半径文本框中输入数值 3；在止裂口区域的折弯止裂口下拉列表中选择正方形选项；在拐角止裂口下拉列表中选择仅折弯选项。

Step7. 在“弯边”对话框中单击< 确定 >按钮，完成特征的创建。

Step8. 保存钣金件模型。

### 3. 编辑弯边特征的轮廓

当用户在创建“弯边”特征时，“弯边”对话框中的“草绘”按钮为灰色，说明此时不能对其轮廓进行编辑。只有在选取附着边后或重新编辑已创建的“弯边”特征时，“草绘”按钮才能变亮，此时单击该按钮，用户可以重新定义弯边的正面形状。在绘制弯边正面形状截面草图时，系统会默认附着边的两个端点为截面草图的参照，用户还可选取任意线性边为截面草图的参照，草图的起点与终点都需位于附着边上（即与附着边重合），截面草图应为开放形式（即不需要在附着边上创建线条以封闭草图）。

下面以图 9.2.20 为例，说明编辑弯边钣金壁的轮廓的一般过程：

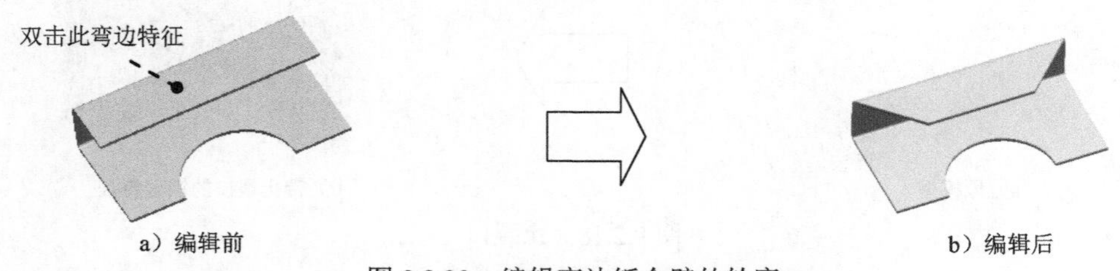


a）编辑前　　b）编辑后

图 9.2.20　编辑弯边钣金壁的轮廓

Step1. 打开文件 D:\ug10.1\work\ch09.02.02\amend。

Step2. 双击图 9.2.20a 所示的弯边特征，在系统弹出的“弯边”对话框中单击按钮，修改弯边截面草图，如图 9.2.21 所示；单击完成草图按钮，退出草图环境。

Step3. 在“弯边”对话框中单击< 确定 >按钮，完成图 9.2.20b 所示的特征创建。

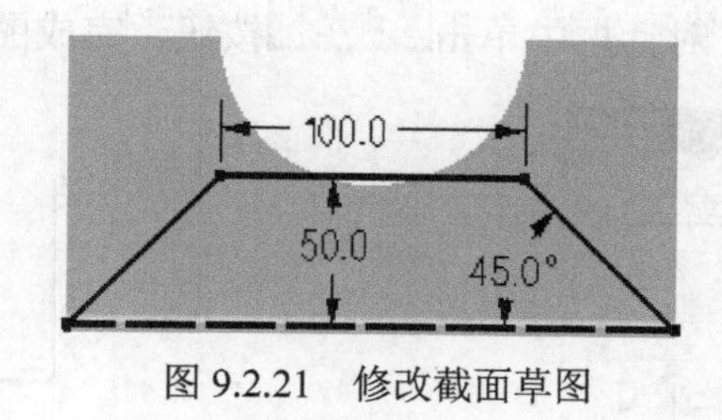

图 9.2.21　修改截面草图

## 9.2.3　轮廓弯边

钣金模块中的轮廓弯边特征是以扫掠的方式创建钣金壁。创建轮廓弯边特征需要先绘制钣金壁的侧面轮廓草图，然后给定钣金的宽度值（即扫掠轨迹的长度值），则系统将轮廓草图沿指定方向延伸至指定的深度，形成钣金壁。值得注意的是，轮廓弯边所使用的草图必须是不封闭的。

### 1. 创建基本轮廓弯边

基本轮廓弯边是创建一个轮廓弯边的钣金基础特征，在创建该钣金特征时，需要先绘制钣金壁的侧面轮廓草图（必须为开放的线条），然后给定钣金厚度值。下面来说明创建基部轮廓弯边的一般操作过程。

Step1. 新建文件。

（1）选择下拉菜单 文件(F) → 新建(N)... 命令，系统弹出“新建”对话框。

（2） 在 模型 选项卡 模板 区域下的列表中选择 NX 钣金 模板；在 新文件名 对话框 名称 文本框中输入文件名称 schema；单击 文件夹 文本框后面的按钮，选择文件保存路径 D:\ug10.1\work\ch09.02.03。

Step2. 选择命令。选择下拉菜单 插入(S) → 折弯(N) ▸ → 轮廓弯边(C)... 命令，系统弹出图 9.2.22 所示的“轮廓弯边”对话框。

Step3. 定义轮廓弯边截面。单击按钮，选取 XY 平面为草图平面，选中 设置 区域的 ☑ 创建中间基准 CSYS 复选框，单击 确定 按钮，绘制图 9.2.23 所示的截面草图；单击 完成草图 按钮，退出草图环境。

**说明**：在绘制轮廓弯边的截面草图时，如果没有将折弯位置绘制为圆弧，系统将在折弯位置自动创建圆弧以作为折弯的半径。

Step4. 定义厚度。厚度方向采用系统默认的矢量方向，单击 厚度 文本框右侧的按钮，在弹出的菜单中选择 使用本地值 选项，然后在 厚度 文本框中输入数值 3。

**说明**：轮廓弯边的厚度方向可以通过单击 厚度 文本框后面的按钮来调整。

Step5. 定义宽度类型。在 宽度选项 下拉列表中择 ▪ 有限 选项；在 宽度 文本框中输入距离值 60。

Step6. 在“轮廓弯边”对话框中单击 < 确定 > 按钮，完成图 9.2.24 所示的特征的创建。

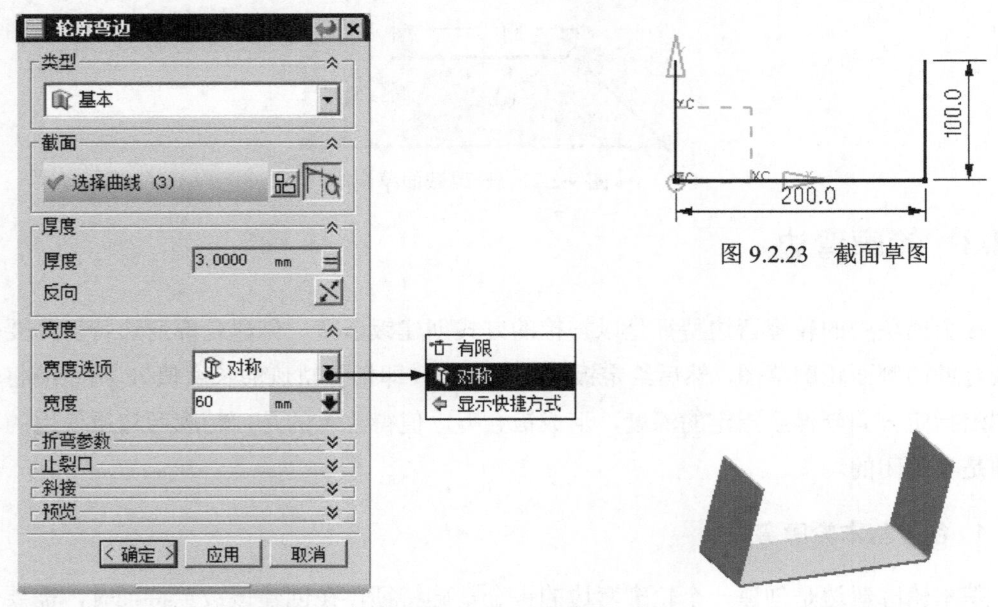


图 9.2.22 “轮廓弯边”对话框

图 9.2.23 截面草图

图 9.2.24 “轮廓弯边”特征

**图 9. 2. 22 所示的“轮廓弯边”对话框中部分选项说明如下：**

宽度选项：该下拉列表包括 有限 和 对称 两种选项；在创建次要轮廓弯边过程中， 到端点 和 链 选项才能被使用。

☑ 有限：选取该选项，可以创建“定值”深度类型的特征，此时特征将从草图平面开始，按照所输入的数值（即拉伸深度值）向特征创建的方向一侧进行拉伸，创建轮廓弯边。

☑ 对称：选取该选项，可以创建“对称”深度类型的特征，此时特征将在草图平面两侧进行拉伸创建轮廓弯边，输入的深度值被草图平面平均分割，草图平面两边的深度值相等。

### 2. 创建第二次轮廓弯边

第二次轮廓弯边是根据用户定义的侧面形状并沿着已存在的钣金体的边缘进行拉伸所形成的钣金特征，其壁厚与原有钣金壁相同。下面来说明创建第二次轮廓弯边的一般操作过程。

Step1. 选择下拉菜单 插入(S) → 折弯(N) → 轮廓弯边(C)... 命令，系统弹出“轮廓弯边”对话框。

Step2. 定义轮廓弯边截面。单击 按钮，系统弹出图 9.2.25 所示的“创建草图”对话框，选取图 9.2.26 所示的模型边线为路径，在 平面位置 区域的 位置 下拉列表中选择 弧长百分比 选项，然后在 弧长百分比 文本框中输入数值 30；单击 确定 按钮，绘制图 9.2.27 所示的截面草图。

Step3. 定义宽度。在宽度区域的 宽度选项 下拉列表中选择 有限 选项，在 宽度 文本框中输入距离值 100。

Step4. 定义让位槽。在 止裂口 区域的 折弯止裂口 下拉列表中选择 圆形 选项；在 拐角止裂口 下拉列表中选择 仅折弯 选项。

Step5. 在“轮廓弯边”对话框中单击 < 确定 > 按钮，完成图 9.2.28 所示的特征创建。

Step6. 保存零件模型。

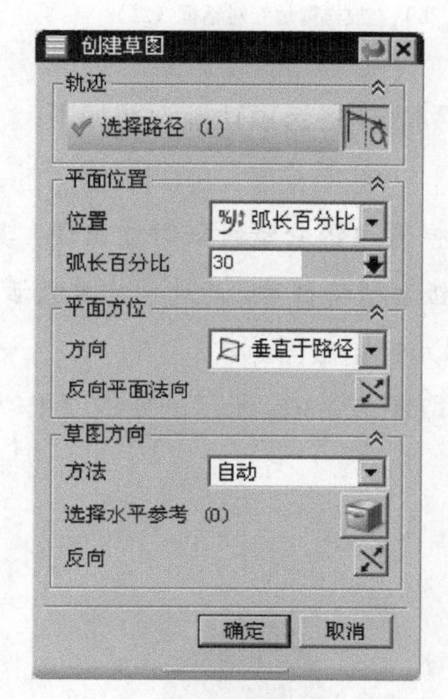


图 9.2.25 “创建草图”对话框

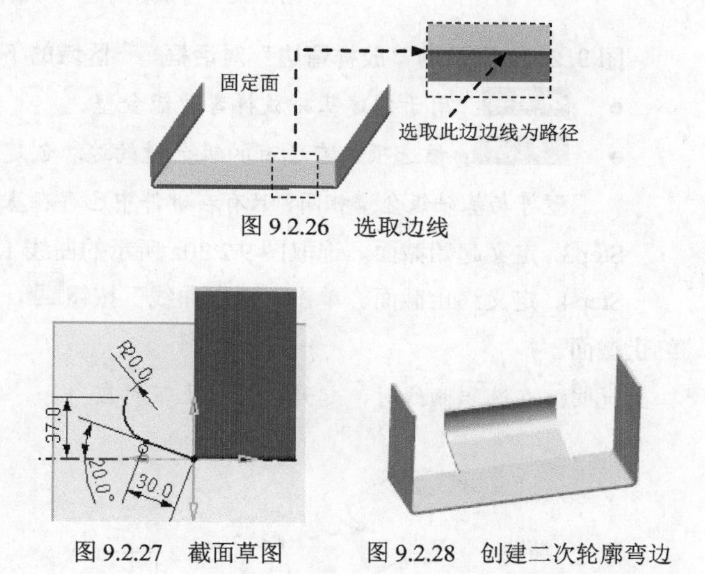


图 9.2.26 选取边线

图 9.2.27 截面草图

图 9.2.28 创建二次轮廓弯边

## 9.2.4 放样弯边

放样弯边是以两条开放的截面线串来形成钣金特征，它可以在两组不相似的形状和曲线之间做光滑过渡连接。

### 1. 创建基础放样弯边钣金壁

“基础放样弯边”特征是以两组开放的截面线串来创建一个放样弯边的钣金基础特征，然后给定钣金厚度值即可。下面以模型为例，来说明创建基础放样弯边钣金壁的一般操作过程。

Step1. 打开文件 D:\ug10.1\work\ch09.02.04\ blend。

Step2. 选择命令。选择下拉菜单 插入(S) → 折弯(N) → 放样弯边(L)... 命令，系统弹出“放样弯边”对话框，如图 9.2.29 所示。

a）“放样弯边”对话框（一）

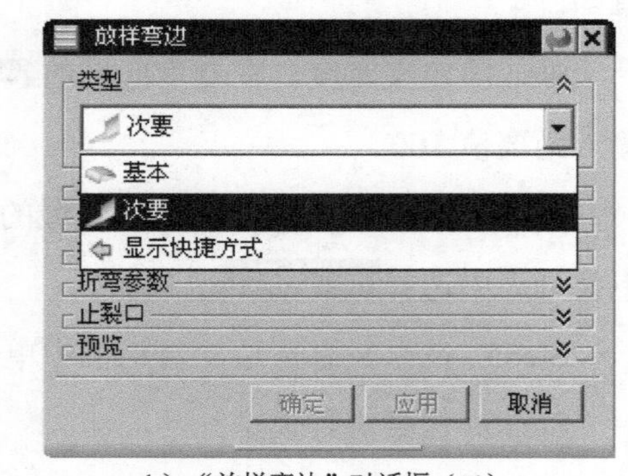


b）“放样弯边”对话框（二）

图 9.2.29 “放样弯边”对话框

**图 9. 2. 29 所示的“放样弯边”对话框类型区域的下拉列表中各选项功能说明如下：**

- 基本：用于创建基础放样弯边钣金壁。
- 次要：该选项是在已有的钣金壁的边缘创建放样弯边钣金壁特征时才出现，其壁厚与基础钣金壁相同，只有在部件中已存在基础钣金壁特征时，此选项才被激活。

Step3. 定义起始截面。选取图 9.2.30a 所示的曲线 1 作为起始截面。

Step4. 定义终止截面。单击“选取曲线”按钮，选取图 9.2.30a 所示的曲线 2 作为终止截面。

说明：在选取曲线时，起始位置要上下对应。

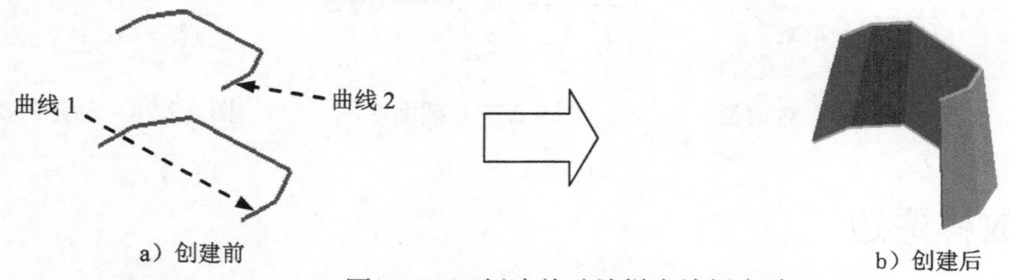


图 9.2.30 创建基础放样弯边钣金壁

Step5. 定义厚度。厚度方向采用系统默认的矢量方向，在厚度区域中单击厚度文本框右侧的按钮，在弹出的菜单中选择使用本地值选项，然后在厚度文本框中输入数值 3.0。

Step6. 定义折弯参数。在折弯参数区域中单击折弯半径文本框右侧的按钮，在弹出的菜单中选择使用本地值选项，然后在折弯半径文本框中输入数值 3，在止裂口区域的折弯止裂口下拉列表中选择无选项；在拐角止裂口下拉列表中选择无选项。

Step7. 在“放样弯边”对话框中单击< 确定 >按钮，完成图 9.2.30b 所示的特征创建。

### 2. 创建二次放样弯边

“二次放样弯边”是在已存在的钣金特征的边缘定义两组开放的截面线串来创建一个钣

金薄壁，其壁厚与基础钣金厚度相同。下面仍以上述的模型为例，来说明创建二次放样弯边钣金壁的一般操作过程。

Step1. 选择命令。选择下拉菜单 插入(S) → 折弯(N) → 放样弯边(L)... 命令，系统弹出“放样弯边”对话框。

Step2. 绘制截面。绘制草图起始截面，单击“绘制起始截面”按钮；选取图 9.2.31 所示的边线为路径，在平面位置区域的位置选项组中选择弧长百分比选项，然后在弧长百分比文本框中输入数值 10，单击确定按钮；绘制图 9.2.32 所示的曲线 1。单击“绘制终止截面”按钮；选取图 9.2.31 所示的边线为路径，在平面位置区域的位置选项组中选择弧长百分比选项，然后在弧长百分比文本框中输入数值 80，单击确定按钮；绘制图 9.2.33 所示的曲线 2。

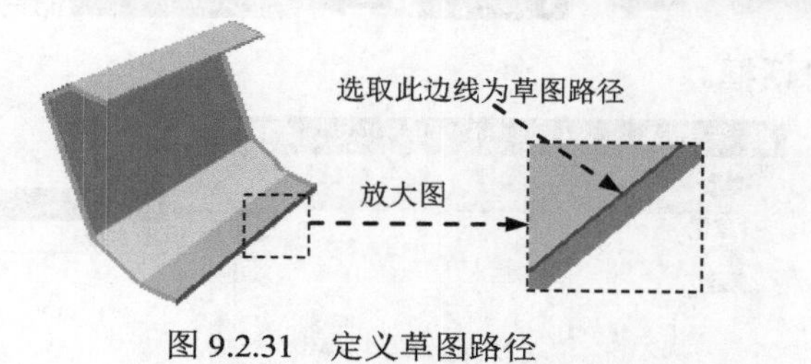


图 9.2.31 定义草图路径

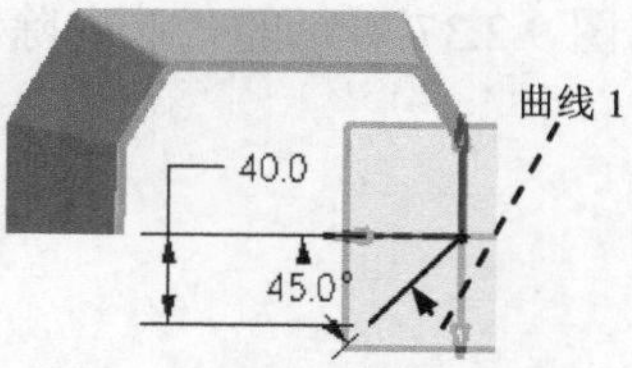

图 9.2.32 绘制曲线 1

Step3. 定义折弯参数。在折弯参数区域中单击折弯半径文本框右侧的按钮，在弹出的菜单中选择使用本地值选项，然后在折弯半径文本框中输入数值 3。在止裂口区域的折弯止裂口下拉列表中选择圆形选项；在拐角止裂口下拉列表中选择无选项。

Step4. 在“放样弯边”对话框中单击< 确定 >按钮，完成图 9.2.34 所示的特征创建。

Step5. 保存零件模型。

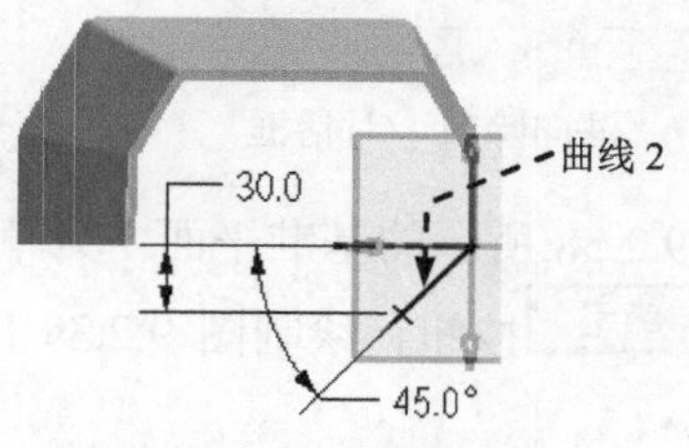


图 9.2.33 绘制曲线 2

图 9.2.34 创建二次放样弯边钣金壁

## 9.2.5 法向除料

法向除料是沿着钣金件表面的法向，以一组连续的曲线作为裁剪的轮廓线进行裁剪。法向除料与实体拉伸切除都是在钣金件上切除材料。当草图平面与钣金面平行时，二者没有区别；当草图平面与钣金面不平行时，二者有很大的不同。法向除料的孔是垂直于该模型的侧面去除材料，形成垂直孔，如图 9.2.35a 所示；实体拉伸切除的孔是垂直于草图平面去除材料，形成斜孔，如图 9.2.35b 所示。

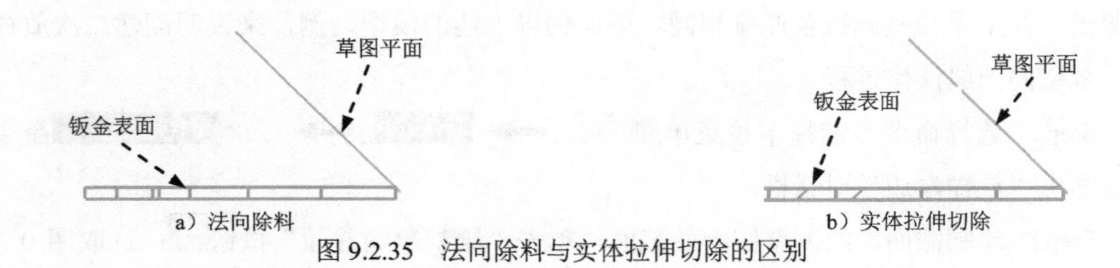


图 9.2.35　法向除料与实体拉伸切除的区别

### 1. 用封闭的轮廓线创建法向除料

下面以图 9.2.36 所示的模型为例，说明用封闭的轮廓线创建法向除料的一般过程：

Step1. 打开文件 D:\ug10.1\work\ch09.02.05\remove01。

Step2. 选择命令。选择下拉菜单 插入(S) → 切割(T) → 法向除料(N)... 命令，系统弹出图 9.2.37 所示的“法向除料”对话框。

图 9.2.36　法向除料

图 9.2.37“法向除料”对话框

Step3. 绘制除料截面草图。单击 按钮，选取图 9.2.38 所示的基准平面 1 为草图平面，取消选中 设置 区域的 □ 创建中间基准 CSYS 复选框，单击 确定 按钮，绘制图 9.2.39 所示的截面草图。

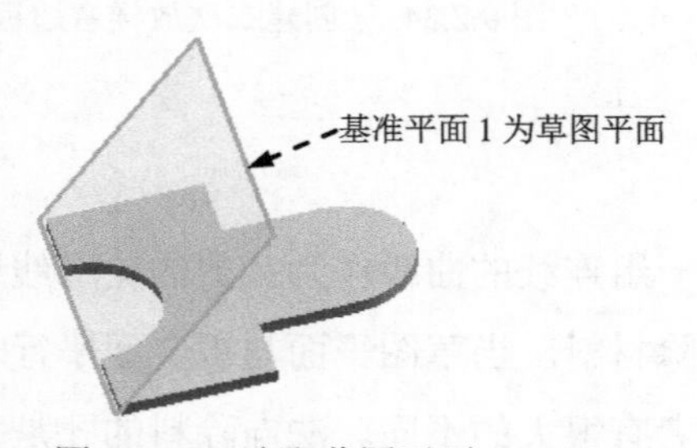


图 9.2.38　选取草图平面

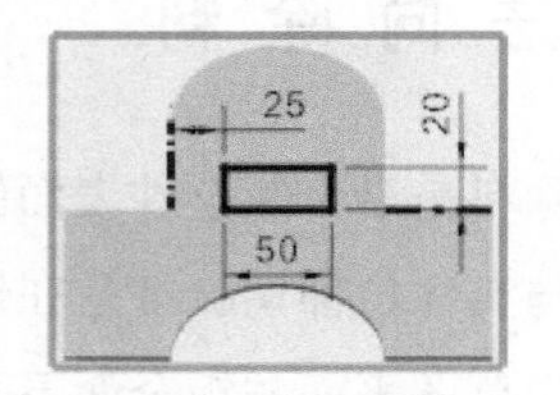


图 9.2.39　截面草图

Step4. 定义除料深度属性。在 切削方法 下拉列表中选择 厚度 选项，在 限制 下拉列表中选择 贯通 选项。

Step5. 在"法向除料"对话框中单击< 确定 >按钮，完成特征的创建。

**图 9.2.37 所示的"法向除料"对话框中部分选项的功能说明如下：**

- 除料属性区域包括切削方法下拉列表、限制下拉列表和按钮。
- 切削方法下拉列表包括厚度和中位面选项。
  - ☑ 厚度：选取该选项，在钣金件的表面沿厚度方向进行裁剪。
  - ☑ 中位面：选取该选项，在钣金件的中间面向两侧进行裁剪。
- 限制下拉列表包括值、介于、直至下一个和贯通选项。
  - ☑ 值：选取该选项，特征将从草图平面开始，按照所输入的数值（即深度值）向特征创建的方向一侧进行拉伸。
  - ☑ 介于：选取该选项，草图沿着草图面向两侧进行裁剪。
  - ☑ 直至下一个：选取该选项，去除材料深度从草图开始直到下一个曲面上。
  - ☑ 贯通：选取该选项，去除材料深度贯穿所有曲面。

**2 .用开放的轮廓线创建法向除料**

下面以图 9.2.40 所示的模型为例，说明用开放的轮廓线创建法向除料的一般过程。

Step1. 打开文件 D:\ug10.1\work\ch09.02.05\ remove02。

Step2. 选择命令。选择下拉菜单插入(S) → 切割(T) → 法向除料(N)...命令，系统弹出"法向除料"对话框。

Step3. 绘制除料截面草图。单击按钮，选取图 9.2.41 所示的钣金表平面为草图平面，取消选中设置区域的□ 创建中间基准 CSYS复选框，单击确定按钮，绘制图 9.2.42 所示的截面草图。

图 9.2.40　用开放的轮廓线创建法向除料

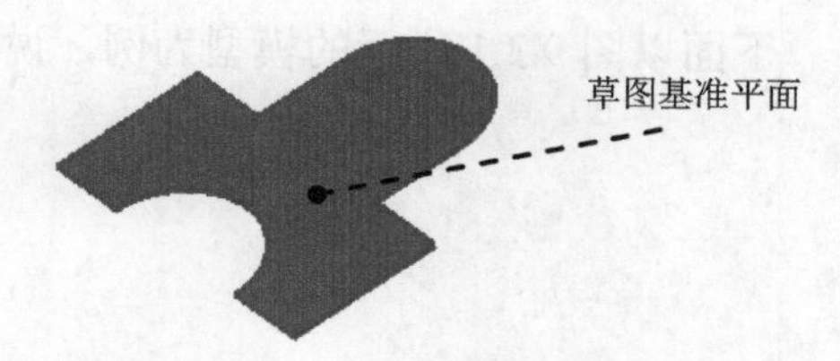


图 9.2.41　选取草图平面

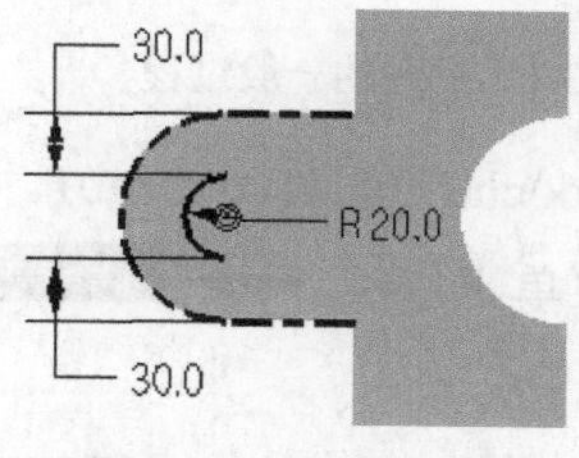


图 9.2.42　截面草图

Step4. 定义除料属性。在切削方法下拉列表中选择厚度选项，在限制下拉列表中选择贯通选项。

Step5. 定义除料的方向。定义图 9.2.43 所示的切削方向。

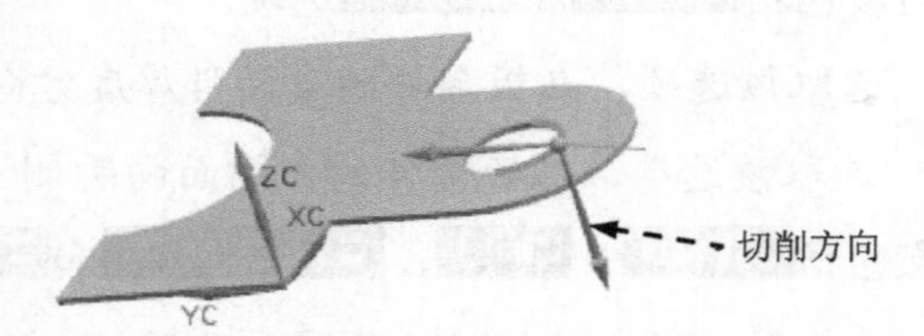


图 9.2.43 定义法向除料的切削方向

Step6. 在“法向除料”对话框中单击< 确定 >按钮，完成特征的创建。

# 9.3 钣金的折弯与展开

## 9.3.1 钣金折弯

钣金折弯是将钣金的平面区域沿指定的直线弯曲某个角度。

钣金折弯特征包括如下三个要素：

- 折弯角度：控制折弯的弯曲程度。
- 折弯半径：折弯处的内半径或外半径。
- 折弯应用曲线：确定折弯位置和折弯形状的几何线。

### 1. 钣金折弯的一般操作过程

下面以图 9.3.1 所示的模型为例，说明折弯的一般过程。

a）折弯前

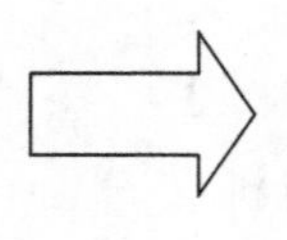

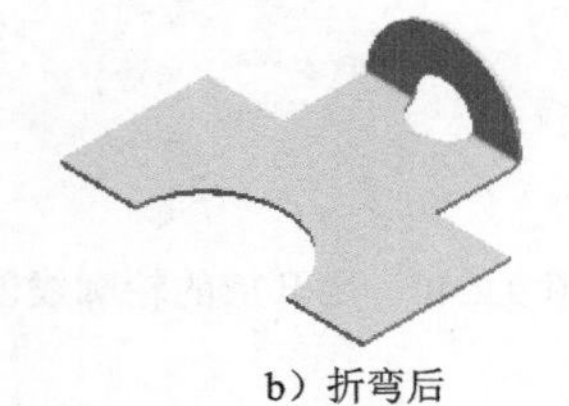

b）折弯后

图 9.3.1 折弯的一般过程

Step1. 打开文件 D:\ug10.1\work\ch09.03.01\ offsett01。

Step2. 选择命令。选择下拉菜单插入(S) → 折弯(N) → 折弯(B)...命令，系统弹出图 9.3.2 所示的“折弯”对话框。

Step3. 绘制折弯线。单击按钮，选取图 9.3.3 所示的模型表面为草图平面，取消选中设置区域的□ 创建中间基准 CSYS复选框，单击确定按钮，绘制图 9.3.4 所示的折弯线。

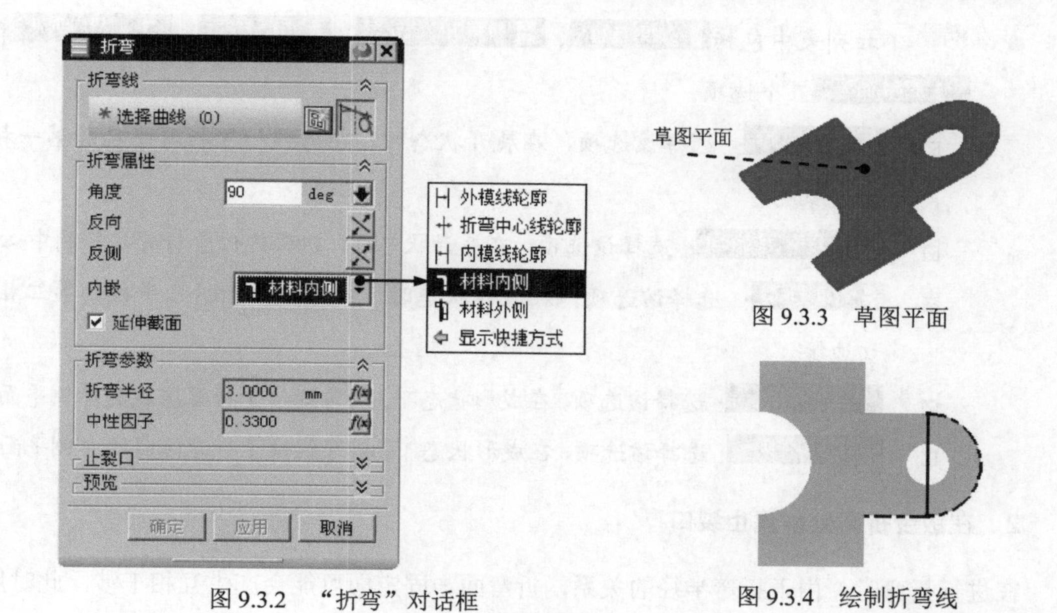


图 9.3.2　“折弯”对话框

图 9.3.3　草图平面

图 9.3.4　绘制折弯线

Step4. 定义折弯属性。在“折弯”对话框 折弯属性 区域的 角度 文本框中输入数值 90；在 内嵌 下拉列表中选择 折弯中心线轮廓 选项；选中 延伸截面 复选框，折弯方向如图 9.3.5 所示。

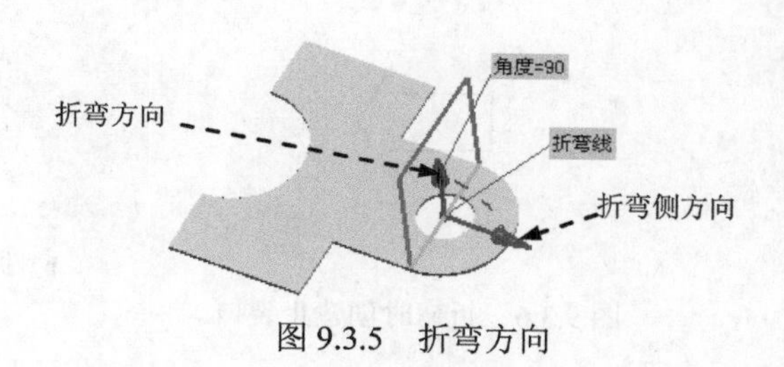


图 9.3.5　折弯方向

说明：在模型中双击图 9.3.5 所示的折弯方向箭头可以改变折弯方向。

Step5. 在“折弯”对话框中单击 < 确定 > 按钮，完成特征的创建。

图 9.3.2 所示的“折弯”对话框中部分区域功能说明如下：

- 折弯属性 区域包括 角度 文本框、“反向”按钮、“反侧”按钮、内嵌 下拉列表和 延伸截面 复选框。
  - ☑ 角度：在该文本框中输入数值设置折弯角度值。
  - ☑：“反向”按钮，单击该按钮，可以改变折弯的方向。
  - ☑：“反侧”按钮，单击该按钮，可以改变要折弯部分的方向。
  - ☑ 延伸截面：选中该复选框，将弯边轮廓延伸到零件边缘的相交处；取消选择则在创建弯边特征时不延伸。

● 内嵌下拉列表中包括外模线轮廓、折弯中心线轮廓、内模线轮廓、材料内侧和材料外侧五个选项。

☑ 外模线轮廓：选择该选项，在展开状态时，折弯线位于折弯半径的第一相切边缘。

☑ 折弯中心线轮廓：选择该选项，在展开状态时，折弯线位于折弯半径的中心。

☑ 内模线轮廓：选择该选项，在展开状态时，折弯线位于折弯半径的第二相切边缘。

☑ 材料内侧：选择该选项，在成形状态下，折弯线位于折弯区域的外侧平面。

☑ 材料外侧：选择该选项，在成形状态下，折弯线位于折弯区域的内侧平面。

## 2．在钣金折弯处创建止裂口

在进行折弯时，由于折弯半径的关系，折弯面与固定面可能会产生互相干涉，此时用户可创建止裂口来解决干涉问题。下面以图 9.3.6 为例，介绍在钣金折弯处加止裂口的操作方法。

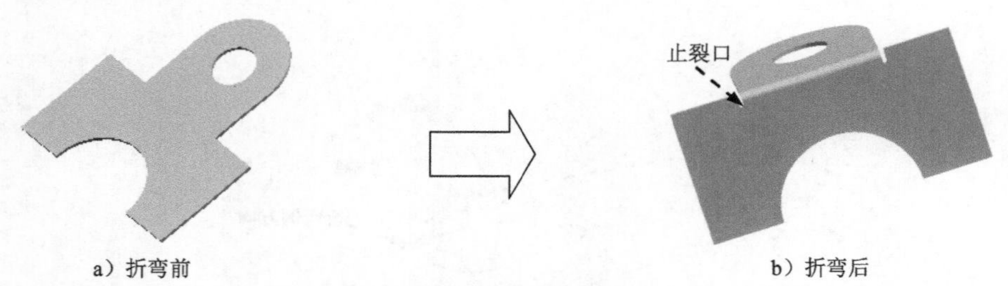


图 9.3.6　折弯时创建止裂口

Step1．打开文件 D:\ug10.1\work\ch09.03.01\offset02。

Step2．选择命令。选择下拉菜单插入(S) → 折弯(N) → 折弯(B)...命令，系统弹出“折弯”对话框。

Step3．绘制折弯线。单击按钮，选取图 9.3.7 所示的模型表面为草图平面，取消选中设置区域的□创建中间基准 CSYS复选框，单击确定按钮，绘制图 9.3.8 所示的折弯线。

Step4．定义折弯属性。在“折弯”对话框折弯属性区域的角度文本框中输入数值 90；在内嵌下拉列表中选择材料内侧选项；取消选中□延伸截面复选框，折弯方向如图 9.3.9 所示。

Step5．定义止裂口。在止裂口区域的折弯止裂口下拉列表中选择圆形选项；在拐角止裂口下拉列表中选择无选项。

Step6．在“折弯”对话框中单击< 确定 >按钮，完成特征的创建。

图 9.3.7 草图平面　　图 9.3.8 绘制折弯线　　图 9.3.9 折弯方向

## 9.3.2 二 次 折 弯

二次折弯特征是在钣金的平面上创建两个 90° 的折弯特征，并且在折弯特征上添加材料。二次折弯特征的折弯线位于放置平面上，并且必须是一条直线。

下面以图 9.3.10 所示的模型为例，说明二次折弯的一般过程。

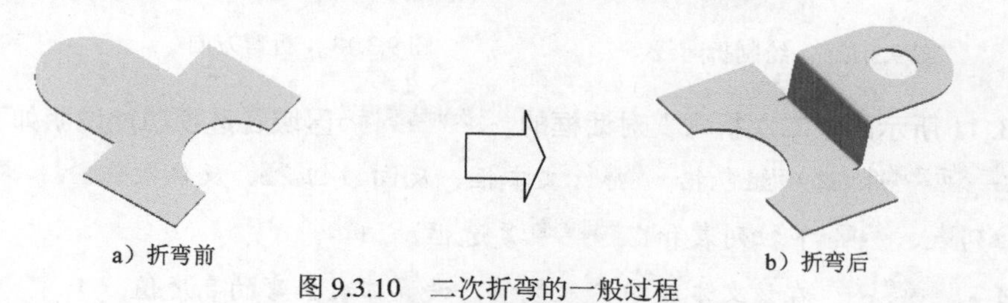


图 9.3.10 二次折弯的一般过程

Step1. 打开文件 D:\ug10.1\work\ch09.03.02\ offset。

Step2. 选择命令。选择下拉菜单 插入(S) → 折弯(N) ▸ → 二次折弯(O)... 命令，系统弹出图 9.3.11 所示的"二次折弯"对话框。

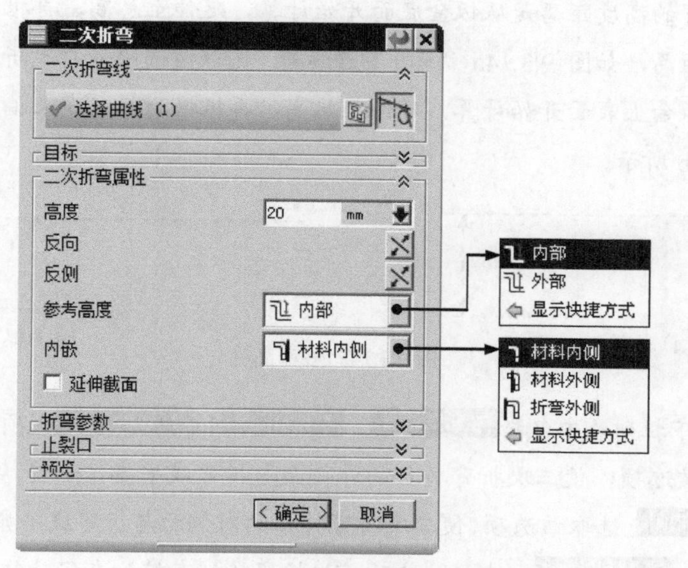


图 9.3.11 "二次折弯"对话框

Step3. 绘制折弯线。单击按钮，选取图 9.3.12 所示的模型表面为草图平面，取消选中设置区域的□ 创建中间基准 CSYS复选框，单击确定按钮，绘制图 9.3.12 所示的折弯线。

Step4. 定义二次折弯属性和折弯参数。在二次折弯属性区域的高度文本框中输入数值 50，在参考高度下拉列表中选择内部选项，在内嵌下拉列表中选择材料内侧选项，取消选中□ 延伸截面复选框，折弯方向如图 9.3.13 所示。

Step5. 定义止裂口。在止裂口区域的折弯止裂口下拉列表中选择圆形选项。

Step6. 在“二次折弯”对话框中单击< 确定 >按钮，完成特征的创建。

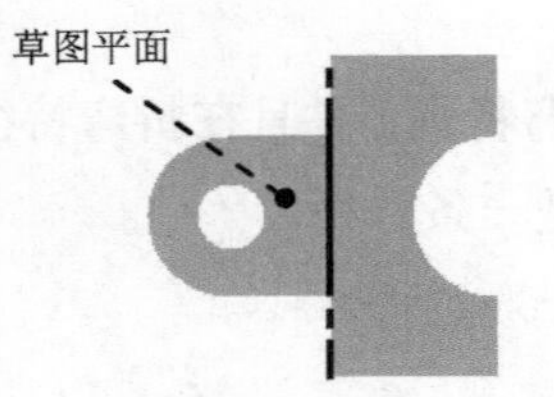

图 9.3.12　绘制折弯线

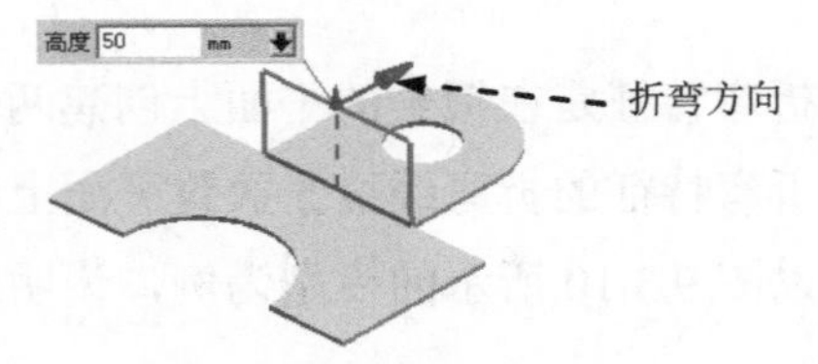

图 9.3.13　折弯方向

**图 9. 3. 11 所示的“二次折弯”对话框的二次折弯属性区域各选项功能说明如下：**

- 二次折弯属性选项组包括高度文本框、反向按钮、反侧按钮、参考高度下拉列表、内嵌下拉列表和☑ 延伸截面复选框。
  - ☑ 高度：在该文本框中输入数值，设置二次折弯的高度值。
  - ☑ ：“反向”按钮，单击该按钮，可以改变折弯的方向。
  - ☑ ：“反侧”按钮，单击该按钮，可以改变要折弯部分的方向。
  - ☑ 参考高度下拉列表中包括外部和内部选项。外部：选取该选项，二次折弯的高度距离是从钣金底面开始计算，延伸至总高，再根据材料厚度来偏置距离，如图 9.3.14a 所示。内部：选取该选项，二次折弯的高度距离是从钣金上表面开始计算，延伸至总高，再根据材料厚度来偏置距离，如图 9.3.14b 所示。

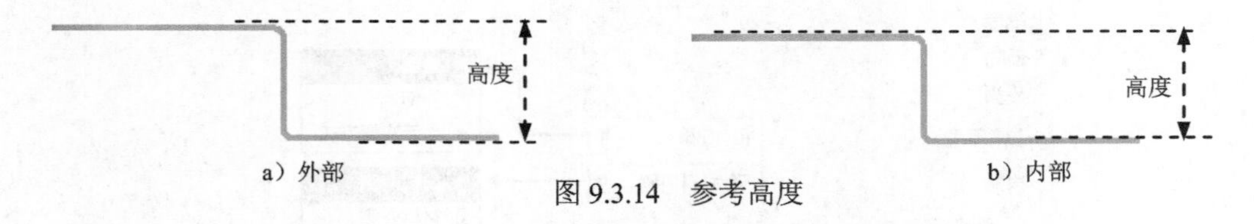

图 9.3.14　参考高度

  - ☑ 内嵌下拉列表中包括折弯外侧、材料内侧和材料外侧选项。折弯外侧：选取该选项，使二次折弯特征的外侧面与折弯线平齐，如图 9.3.15a 所示。材料内侧：选取该选项，使二次折弯特征的内侧面与折弯线平齐，如图 9.3.15b 所示。材料外侧：选取该选项，把折弯特征直接加在父特征面上，并且使二次折弯特征和父特征的平面相切，如图 9.3.15c 所示。

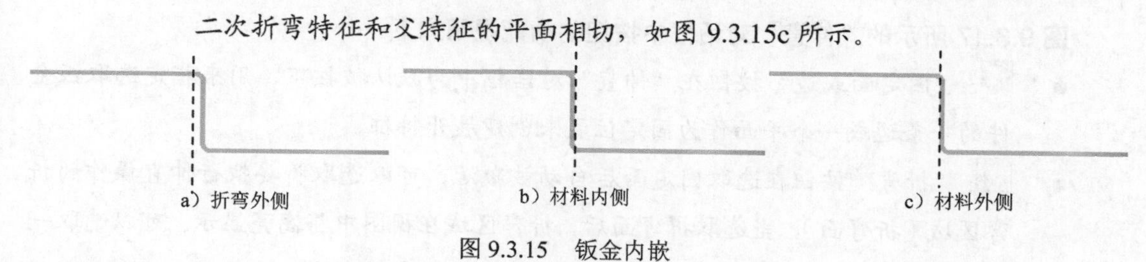


图 9.3.15 钣金内嵌

## 9.3.3 伸 直

在钣金设计中，如果需要在钣金件的折弯区域创建裁剪或孔等特征，首先用伸直命令可以取消折弯钣金件的折弯特征，然后就可以在展平的折弯区域创建裁剪或孔等特征。

下面以图 9.3.16 所示的模型为例，介绍创建伸直的一般过程。

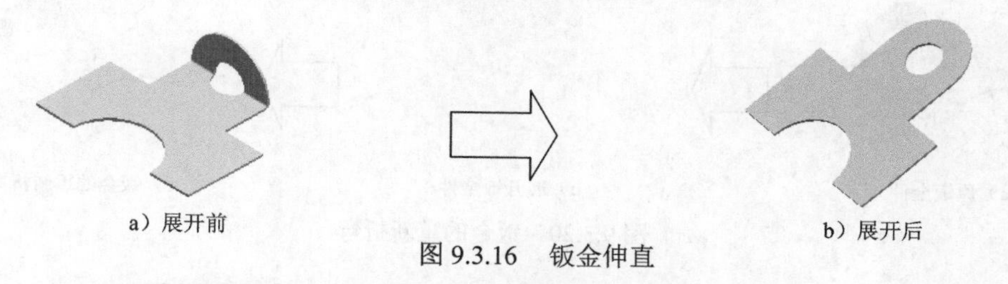


图 9.3.16 钣金伸直

Step1. 打开文件 D:\ug10.1\work\ch09.03.03\ cancel。

Step2. 选择命令。选择下拉菜单 插入(S) → 成形(R) → 伸直(U)... 命令，系统弹出图 9.3.17 所示的“伸直”对话框。

Step3. 选取固定面。选取图 9.3.18 所示的内表面为固定面。

Step4. 选取折弯特征。选取图 9.3.19 所示的折弯特征。

Step5. 在“伸直”对话框中单击 < 确定 > 按钮，完成特征的创建。

图 9.3.17 “伸直”对话框

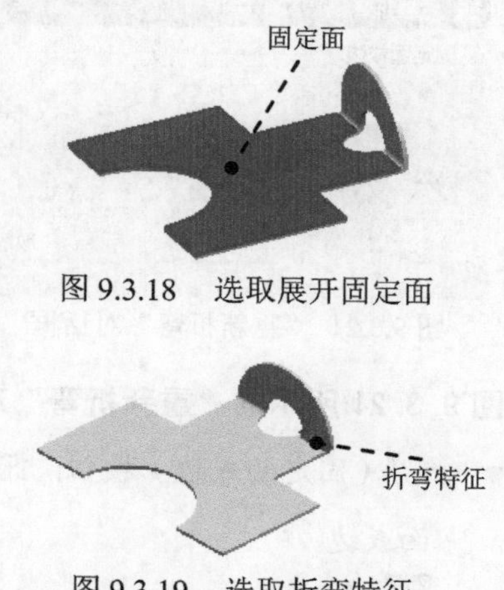


图 9.3.18 选取展开固定面

图 9.3.19 选取折弯特征

图 9.3.17 所示的“伸直”对话框中按钮的功能说明如下：

- ：“固定面或边”按钮在“伸直”对话框中为默认被按下，用来指定选取钣金件的一条边或一个平面作为固定位置来创建展开特征。
- ：“折弯”按钮在选取固定面后自动被激活，可以选取将要执行伸直操作的折弯区域（折弯面），当选取折弯面后，折弯区域在视图中将高亮显示。可以选取一个或多个折弯区域圆柱面（选择钣金件的内侧和外侧均可）。

## 9.3.4 重新折弯

可以将伸直后的钣金壁部分或全部重新折弯回来（图 9.3.20），这就是钣金的重新折弯。

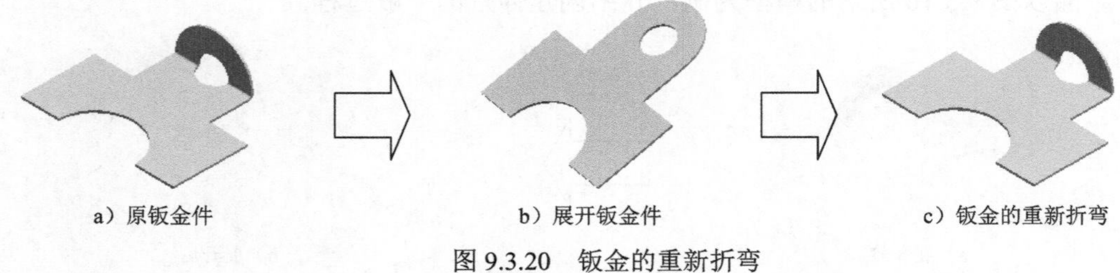


图 9.3.20 钣金的重新折弯

下面以图 9.3.20 所示的模型为例，说明创建“重新折弯”的一般过程。

Step1. 打开文件 D:\ug10.1\work\ch09.03.04\cancel。

Step2. 选择命令。选择下拉菜单 插入(S) → 成形(R) → 重新折弯(R)... 命令，系统弹出图 9.3.21 所示的“重新折弯”对话框。

Step3. 定义固定面。选取图 9.3.22 所示的面为固定面。

Step4. 选取折弯特征。选取图 9.3.22 所示的折弯特征。

Step5. 在“重新折弯”对话框中单击 < 确定 > 按钮，完成特征的创建。

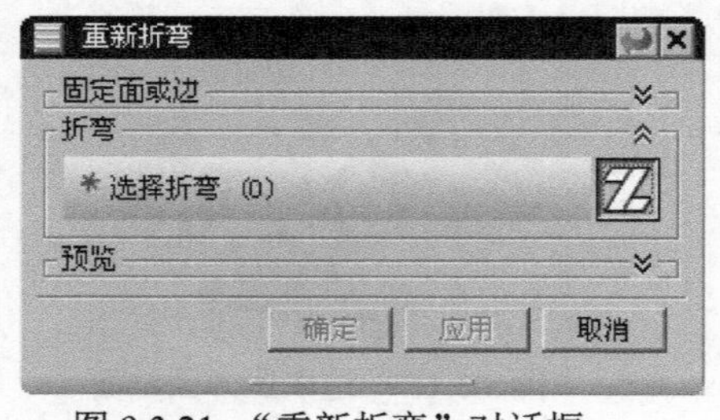


图 9.3.21 “重新折弯”对话框

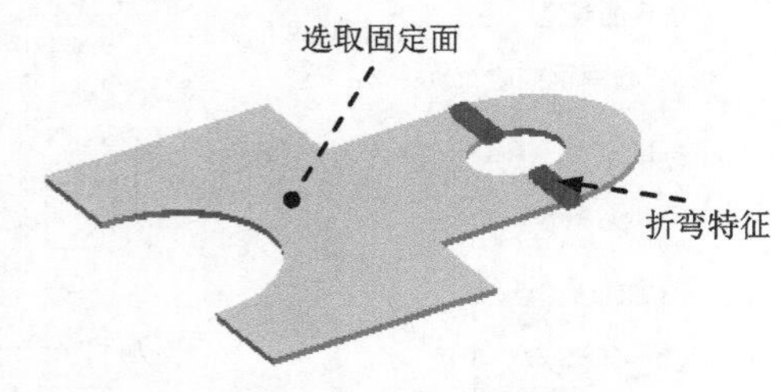


图 9.3.22 选取固定面

图 9. 3. 21 所示的“重新折弯”对话框中的按钮功能说明如下：

- （固定面或边）按钮：此按钮用来定义执行“重新折弯”操作时保持固定不动的面或边。
- ：“折弯”按钮在“重新折弯”对话框中为默认选项，用来选择“重新折弯”

操作的折弯面。可以选择一个或多个取消折弯特征，当选择“取消折弯”面后，所选择的取消折弯特征在视图中将高亮显示。

## 9.3.5 将实体零件转换到钣金件

实体零件通过创建“壳”特征后，可以创建出壁厚相等的实体零件，若想将此类零件转换成钣金件，则必须使用“转换为钣金”命令。例如，图 9.3.23 所示的实体零件通过抽壳方式转换为薄壁件后，其壁是完全封闭的，通过创建转换特征后，钣金件四周产生了裂缝，这样该钣金件便可顺利展开。

下面以图 9.3.24 所示的模型为例，说明转换为钣金的一般创建过程。

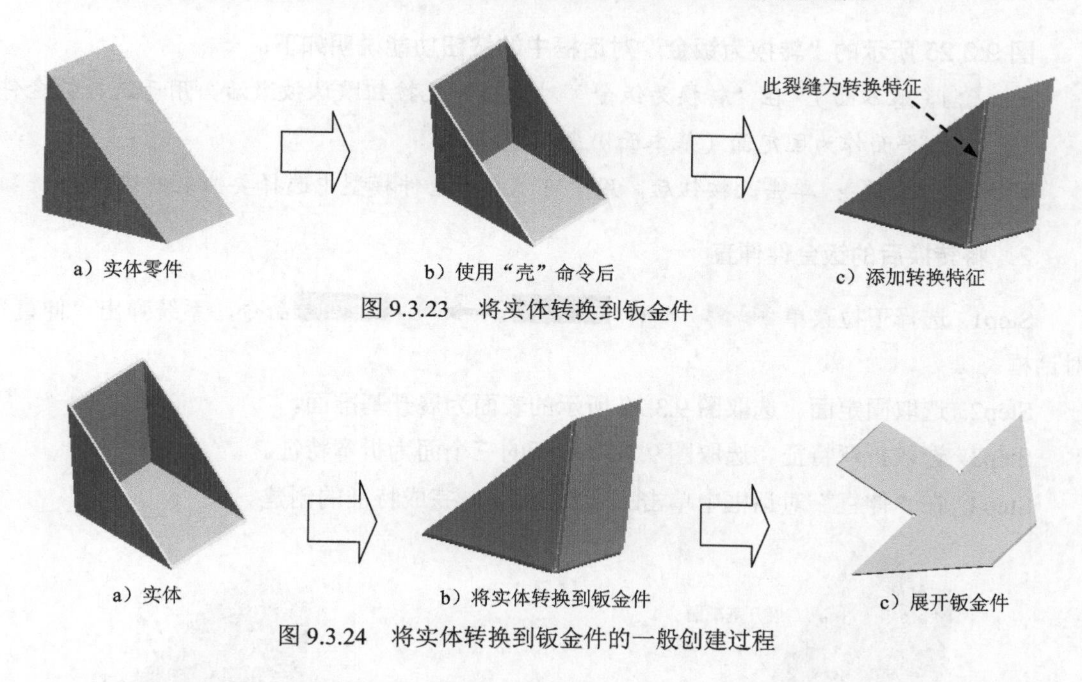


图 9.3.23 将实体转换到钣金件



图 9.3.24 将实体转换到钣金件的一般创建过程

### 1. 打开一个现有的零件模型，并将实体转换到钣金件

Step1. 打开文件 D:\ug10.1\work\ch09.03.05\ transition。

Step2. 选择命令。选择下拉菜单 插入(S) → 转换(V) → 转换为钣金(C)... 命令，系统弹出图 9.3.25 所示的“转换为钣金”对话框。

Step3. 选取基本面。确认“转换为钣金”对话框的“基本面”按钮被按下，在系统选择基本面的提示下，选取图 9.3.26 所示的模型表面为基本面。

Step4. 选取要撕裂的边。在要撕开的边区域中单击“撕边”按钮，选取图 9.3.27 所示的两条边线为要撕裂的边。

Step5. 在“转换为钣金”对话框中单击 确定 按钮，完成特征的创建。

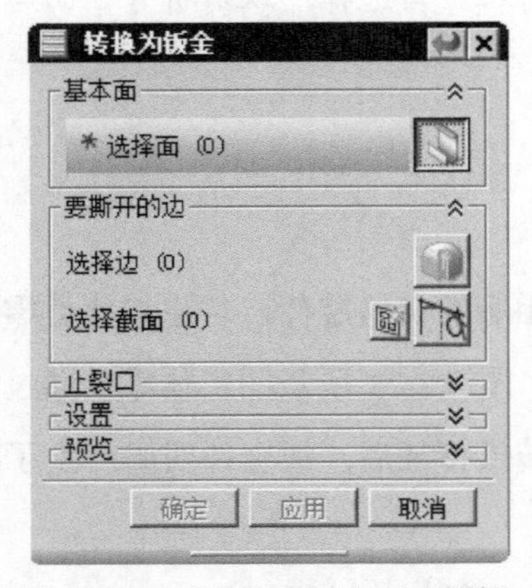


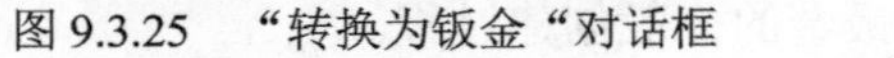

图 9.3.25 “转换为钣金“对话框

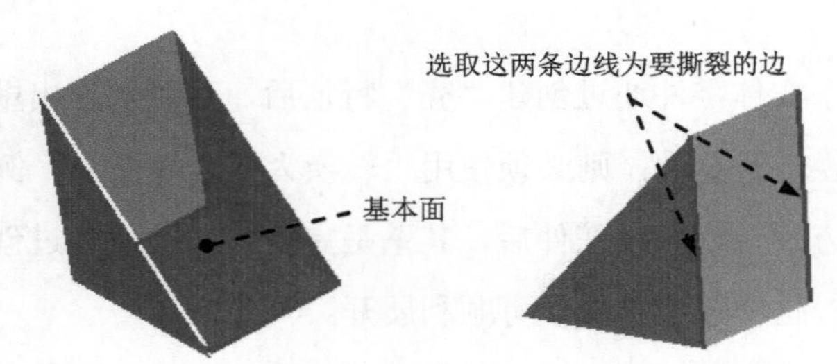


图 9.3.26 选取基本面　　图 9.3.27 选取要撕裂的边

**图 9.3.25 所示的“转换为钣金”对话框中的按钮功能说明如下：**

- （基本面）：在“转换为钣金”对话框中此按钮默认被激活，用于选择钣金件的表平面作为固定面（基本面）来创建特征。
- （撕边）：单击此按钮后，用户可以在钣金件模型中选择要撕裂的边缘。

**2．将转换后的钣金件伸直**

Step1．选择下拉菜单 插入(S) → 成形(R) → 伸直(U)... 命令，系统弹出“伸直”对话框。

Step2．选取固定面。选取图 9.3.28 所示的表面为展开基准面。

Step3．选取折弯特征。选取图 9.3.29 所示的三个面为折弯特征。

Step4．在“伸直”对话框中单击 < 确定 > 按钮，完成特征的创建。

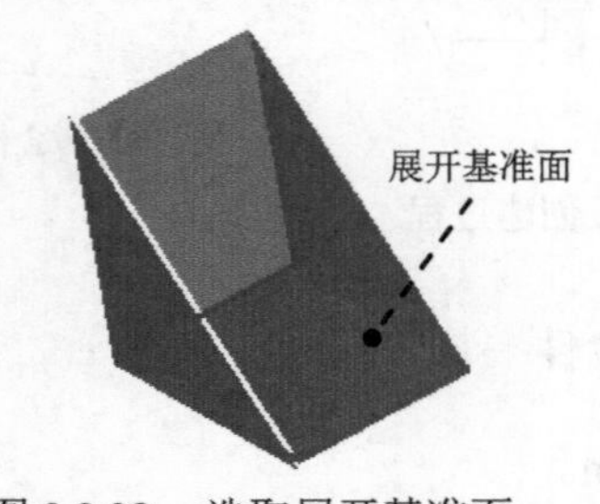


图 9.3.28 选取展开基准面

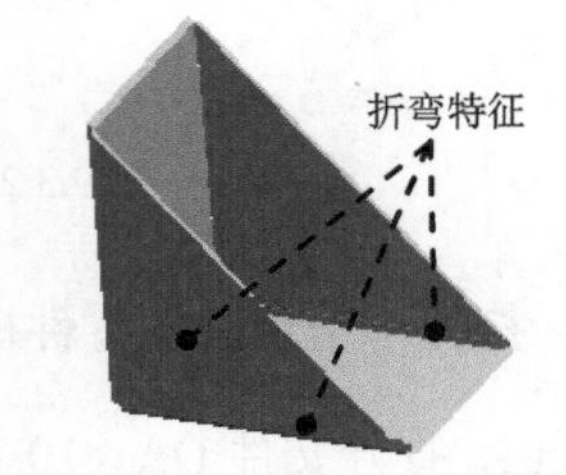


图 9.3.29 选取折弯特征

## 9.3.6 展平实体

在钣金零件的设计过程中，将成形的钣金零件展平为二维的平面薄板是非常重要的步骤，钣金件展开的作用如下：

- 钣金件展开后，可更容易地了解如何剪裁薄板以及其各部分的尺寸。
- 有些钣金特征（如减轻切口）需要在钣金件展开后创建。

- 钣金件展开对于钣金的下料和创建钣金的工程图十分有用。

采用“取消折弯实体”命令可以在同一钣金零件中创建平面展开图。取消折弯实体特征与成形特征相关联。当采用展平实体命令展开钣金零件时，将展平实体特征作为“引用集”在“部件导航器”中显示。如果钣金零件包含变形特征，这些特征将保持原有的状态，如果钣金模型更改，平面展开图也自动更新并包含了新的特征。

下面以图 9.3.30 所示的模型为例，说明“展平实体”的一般创建过程。

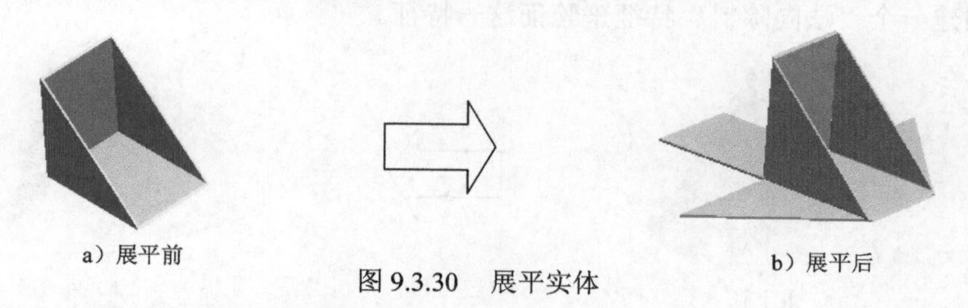


图 9.3.30　展平实体

### Task1. 展平实体特征的创建

Step1. 打开文件 D:\ug10.1\work\ch09.03.06\ evolve。

Step2. 选择下拉菜单 插入(S) → 展平图样(L)... → 展平实体(S)... 命令，或在“钣金特征”工具栏中单击“展平实体”按钮，系统弹出图 9.3.31 所示的“展平实体”对话框。

Step3. 定义固定面。此时“选择面”按钮处于激活状态，选取图 9.3.32 所示的模型表面为固定面。

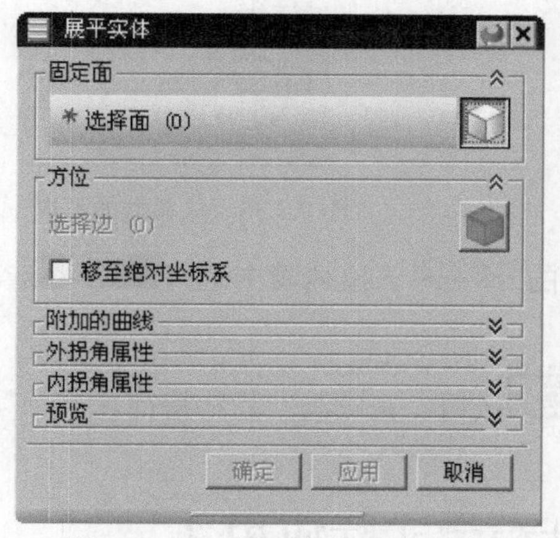


图 9.3.31　“展平实体”对话框

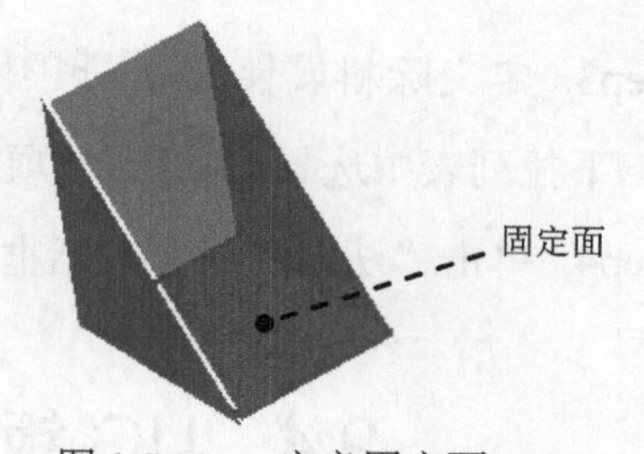


图 9.3.32　定义固定面

**图 9.3.31 所示的“展平实体”对话框中的部分按钮说明如下：**

- （选择面）：固定面区域的选择面默认激活，用于选择钣金零件的平表面作为平板实体的固定面，在选定固定面后，系统将以该平面为固定面将钣金零件展开。
- （选择边）：“方位”区域的选择边在选择固定面后被激活，选择实体边缘作为平板实体的参考轴(X 轴)的方向及原点，并在视图区中显示参考轴方向；在选定参考轴后，系统将以该参考轴和已选择的固定面为基准将钣金零件展开，形成平面薄板。

Step4. 定义参考边。取消选中 移至绝对坐标系 复选框，使用系统默认的展平方位参考。

Step5. 在“展平实体”对话框中单击 确定 按钮，完成展平特征的创建。

## Task2. 展平实体相关特征的验证

平板实体特征会随着钣金模型的更改发生相应的变化，下面通过图 9.3.33 所示在钣金模型上创建一个“法向除料”特征来验证这一特征。

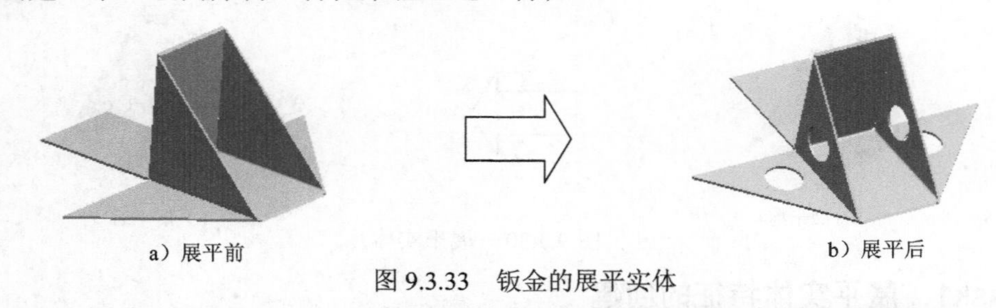

a）展平前　　b）展平后

图 9.3.33　钣金的展平实体

Step1. 选择命令。选择下拉菜单 插入(S) → 切削(T) → 法向除料(N)... 命令，系统弹出“法向除料”对话框。

Step2. 绘制除料截面草图。单击 按钮，选取图 9.3.34 所示的模型表面为草图平面，单击 确定 按钮，绘制图 9.3.35 所示的除料截面草图。

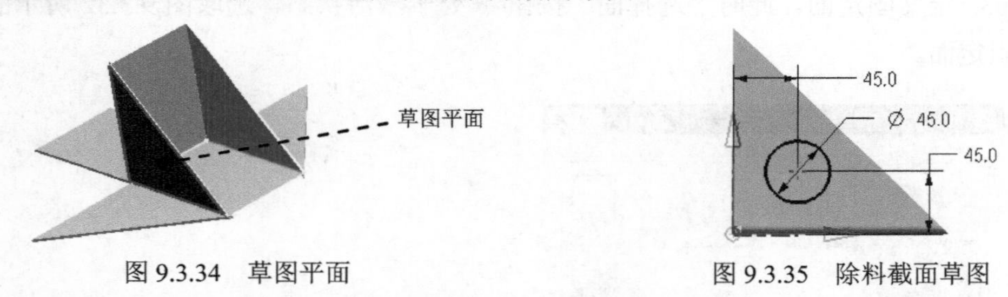


图 9.3.34　草图平面　　图 9.3.35　除料截面草图

Step3. 定义除料属性。在 除料属性 区域的 切削方法 下拉列表中选择 厚度 选项，在 限制 下拉列表中选择 贯通 选项。

Step4. 单击“法向除料”对话框中的 < 确定 > 按钮，完成法向除料特征。

# 9.4　UG 钣金设计综合实际应用 1
# ——钣金件

**应用概述**:

本应用详细讲解了图 9.4.1 所示的钣金件的设计过程，主要应用了弯边、折弯弯边、折弯、伸直和重新折弯等命令。需要读者注意的是使用“伸直”和“重新折弯”命令的操作过程及使用方法。钣金件模型及其对应的模型树如图 9.4.1 所示。

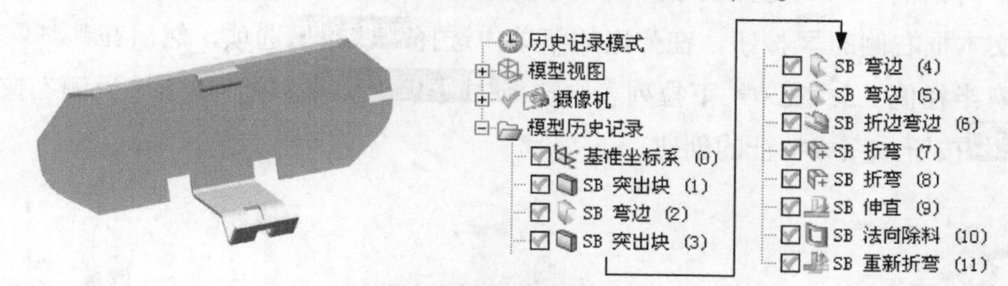


图 9.4.1 零件模型及其对应的模型树

Step1. 打开文件 D:\ug10.1\work\ch09.04\ flyco.prt。

Step2. 创建图 9.4.2 所示的折边弯边特征。选择下拉菜单 插入(S) → 折弯(N) → 折边弯边(H)... 命令，系统弹出“折边”对话框；在“折边”对话框 类型 区域的下拉列表中选择 开放的 选项；选取图 9.4.3 所示的边线为折边弯边的附着边；在“折边”对话框中单击 < 确定 > 按钮，完成特征的创建（注：具体参数和操作参见随书学习资源）。

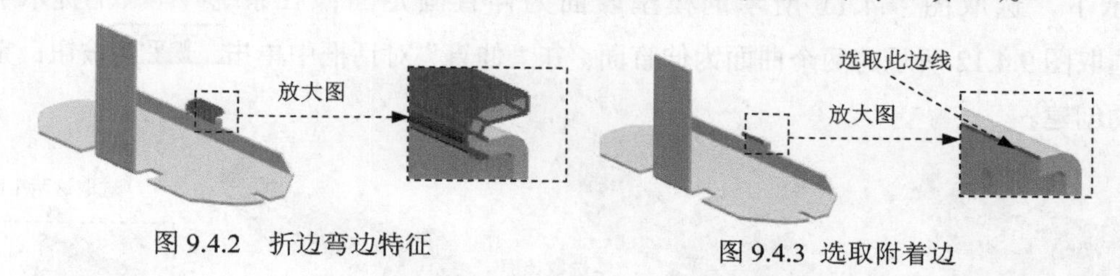


图 9.4.2 折边弯边特征

图 9.4.3 选取附着边

Step3. 创建图 9.4.4 所示的折弯特征 1。选择下拉菜单 插入(S) → 折弯(N) → 折弯(B)... 命令，系统弹出“折弯”对话框；单击 按钮，系统弹出“创建草图”对话框，选取图 9.4.5 所示的平面为草图平面；取消选中 设置 区域的 创建中间基准 CSYS 复选框，单击 确定 按钮；绘制图 9.4.6 所示的折弯线，完成后退出草图环境；在“折弯”对话框 折弯属性 区域下的 角度 文本框中输入折弯角度值 60；在 内嵌 下拉列表中选择 折弯中心线轮廓 选项；在 折弯参数 区域中单击 折弯半径 文本框右侧的 按钮，在弹出的菜单中选择 使用本地值 选项，然后在 折弯半径 文本框中输入折弯半径值 0.5；其他参数采用系统默认设置；单击“反侧”按钮 ，反转折弯侧；单击 < 确定 > 按钮，完成特征的创建。

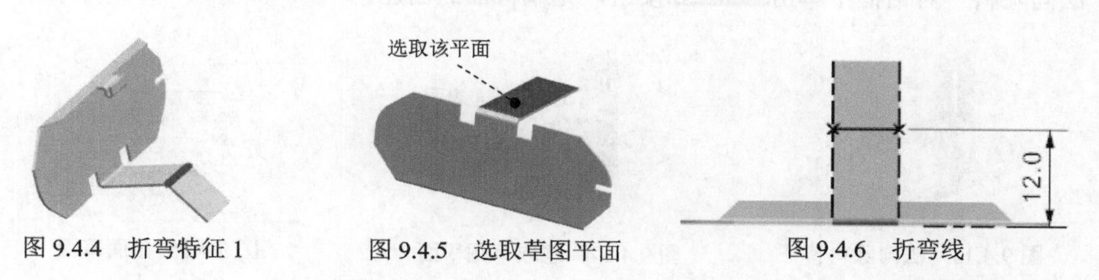


图 9.4.4 折弯特征 1　　图 9.4.5 选取草图平面　　图 9.4.6 折弯线

Step4. 创建图 9.4.7 所示的折弯特征 2。选择下拉菜单 插入(S) → 折弯(N) → 折弯(B)... 命令，系统弹出“折弯”对话框；单击 按钮，系统弹出“创建草图”对话框，选取图 9.4.8 所示的平面为草图平面，绘制图 9.4.9 所示的折弯线，完成后退出草图环境；

在“折弯”对话框折弯属性区域下的角度文本框中输入折弯角度值 100；在折弯参数区域中单击折弯半径文本框右侧的按钮，在弹出的菜单中选择使用本地值选项，然后在折弯半径文本框中输入折弯半径值 0.5；在内嵌下拉列表中选择折弯中心线轮廓选项，单击“反侧”按钮；单击< 确定 >按钮，完成特征的创建。

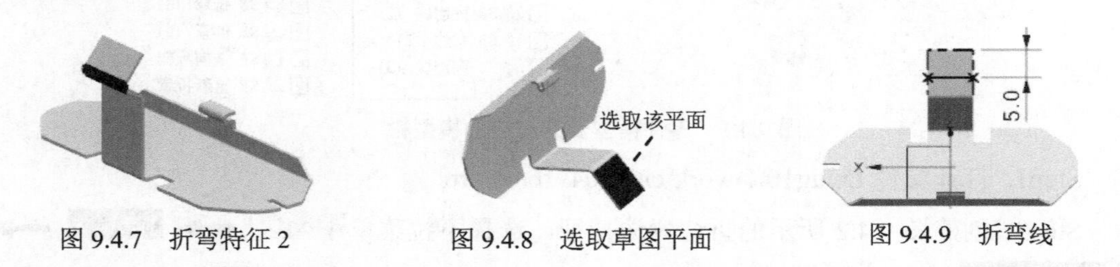


图 9.4.7 折弯特征 2　　图 9.4.8 选取草图平面　　图 9.4.9 折弯线

Step5. 创建图 9.4.10 所示的伸直特征。选择下拉菜单插入(S) → 成形(R) → 伸直(U)...命令，系统弹出“伸直”对话框；在系统选择非厚度平面或线性边以在部件伸直时保持固定的提示下，选取图 9.4.11 所示的模型表面为伸直固定面；在系统选择折弯的提示下，依次选取图 9.4.12 所示的两个曲面为伸直面；在“伸直”对话框中单击< 确定 >按钮，完成特征的创建。

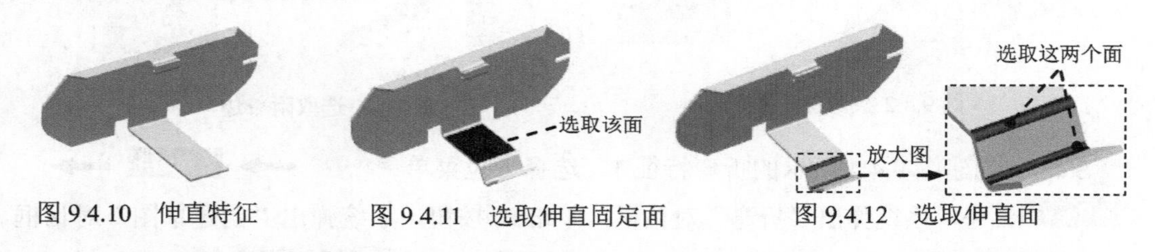


图 9.4.10 伸直特征　　图 9.4.11 选取伸直固定面　　图 9.4.12 选取伸直面

Step6. 创建图 9.4.13 所示的法向除料特征。选择下拉菜单插入(S) → 切削(T) → 法向除料(N)...命令，系统弹出“法向除料”对话框；在“法向除料”对话框类型区域的下拉列表中选择草图选项，单击按钮，系统弹出“创建草图”对话框；选取图 9.4.14 所示的模型表面为草图平面，单击确定按钮，绘制图 9.4.15 所示的截面草图并退出草图；在除料属性区域的切削方法下拉列表中选择厚度选项；在限制下拉列表中选择贯通选项；在“法向除料”对话框中单击< 确定 >按钮，完成特征的创建。

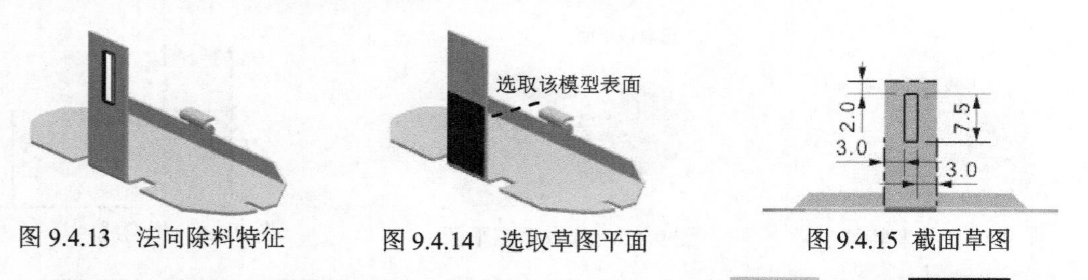


图 9.4.13 法向除料特征　　图 9.4.14 选取草图平面　　图 9.4.15 截面草图

Step7. 创建图 9.4.16 所示的重新折弯特征。选择下拉菜单插入(S) → 成形(R) → 重新折弯(R)...命令，系统弹出“重新折弯”对话框；在系统选择伸直面的提示下，选取图 9.4.17

所示的两个面为折弯面；在“重新折弯”对话框中单击<确定>按钮，完成特征的创建。

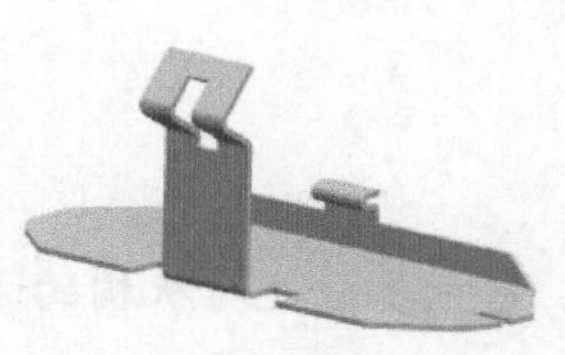

图 9.4.16 重新折弯特征

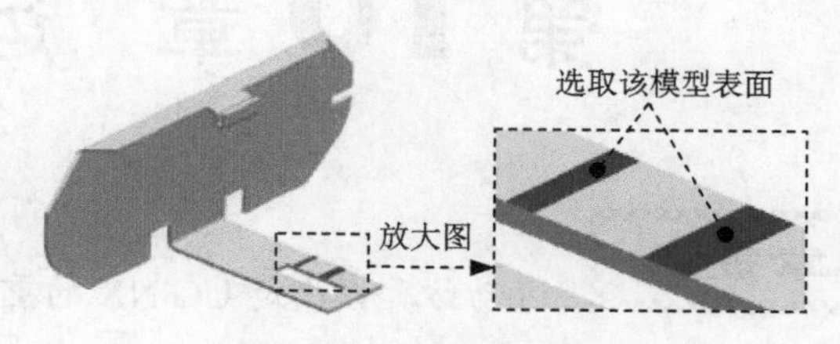


图 9.4.17 选取折弯面

Step8. 保存零件模型。选择下拉菜单 文件(F) → 另存为(A)... 命令，将零件命名为 flyco_ok，即可保存零件模型。

# 9.5 UG 钣金设计综合实际应用 2
## ——钣金支架

**应用概述：**

本应用详细讲解了图 9.5.1 所示钣金支架的初步设计过程，主要应用了弯边、法向除料等命令。需要读者注意的是使用“弯边”命令在创建弯边时的操作过程及使用方法。零件模型及相应的模型树如图 9.5.1 所示。

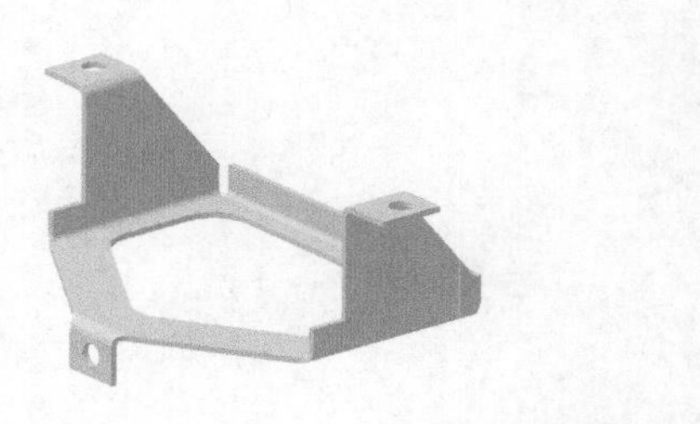

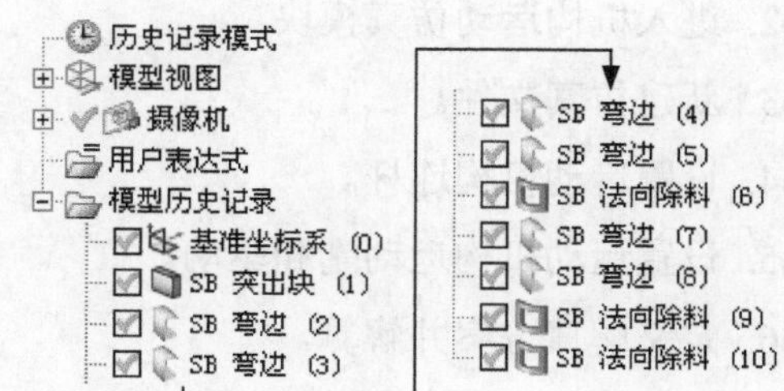


图 9.5.1 零件模型及模型树

本应用的详细操作过程请参见随书学习资源中 video\ch09.05\文件下的语音视频讲解文件。模型文件为 D:\ug10.1\work\ch09.05\sm_bracket.prt。

# 第10章 运动仿真

**本章提要** 运动仿真模块是 UG NX 的重要组成部分，它主要讲述对机构的运动仿真模拟和运动分析（分析机构中零件的速度、加速度和作用力等）；分析结果可以指导修改零件的结构设计。主要内容包括：

- 连杆和运动副
- 添加力学对象
- 运动分析

## 10.1 运动仿真概述

### 10.1.1 机构运动仿真流程

通过 UG NX 10.0 进行机构的运动仿真大致流程如下：

Step1. 运动仿真模型准备。

Step2. 进入机构运动仿真模块。

Step3. 新建仿真文件。

Step4. 设置运动机构连杆。

Step5. 设置运动机构运动副和驱动。

Step6. 定义解算方案并解算。

Step7. 开始仿真。

Step8. 获取运动分析结果。

### 10.1.2 进入运动仿真模块

Step1. 打开文件 D:\ug10.1\work\ch10.01\asm。

Step2. 选择 启动 → 运动仿真(O)... 命令，进入运动仿真模块；在运动导航窗口选择 motion_2 并右击，然后在弹出的快捷菜单中选择 设为工作状态 命令。

### 10.1.3 运动仿真模块中的菜单及按钮

在运动仿真模块中，与“机构”相关的操作命令主要位于 插入(S) 下拉菜单中，如图 10.1.1

所示。

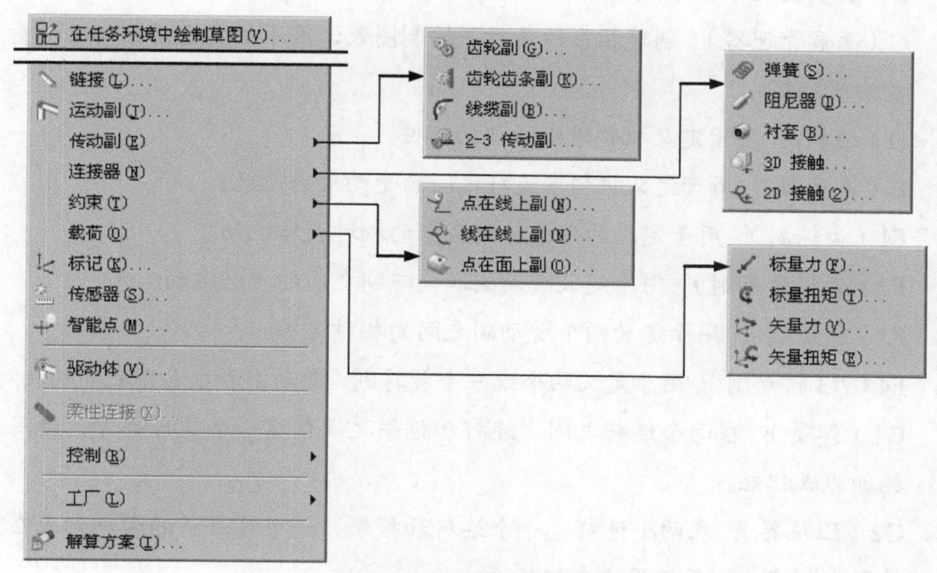


图 10.1.1 “插入”下拉菜单

在运动仿真模块中，工具栏列出下拉菜单中常用的工具栏，如图 10.1.2 所示。

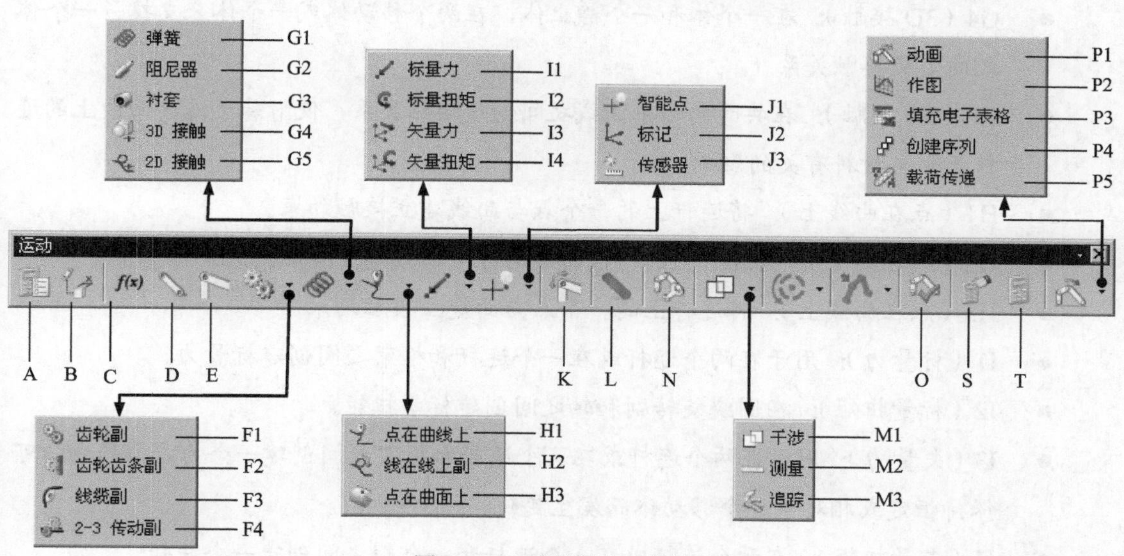


图 10.1.2 “常用”工具栏

**注意：**在“运动导航器”中右击 asm，然后在弹出的快捷菜单中选择 新建仿真 命令，系统会弹出“环境”对话框。在“环境”对话框中单击 确定 按钮，然后在系统弹出的“机构运动副向导”对话框中单击 确定 或 取消 按钮，此时运动仿真模块的所有命令才被激活。

图 10.1.2 所示“常用”工具栏中各按钮的说明如下：

- A（环境）：设置运动仿真的类型为运动学或动力学。

- B（主模型尺寸）：用于修改部件的特征或草图尺寸。
- C（函数管理器）：创建相应的函数并绘制图表，用于确定运动驱动的标量力、矢量力或扭矩。
- D（连杆）：用于定义机构中刚性体的部件。
- E（运动副）：用于定义机构中连杆之间的受约束的情况。
- F1（齿轮副）：用于定义两个旋转副之间的相对旋转运动。
- F2（齿轮齿条副）：用于定义滑动副和旋转副之间的相对运动。
- F3（线缆副）：用于定义两个滑动副之间的相对运功。
- F4（2-3 转动副）：用于定义两个或三个旋转副、滑动副和柱面副之间的相对运动。
- G1（弹簧）：在两个连杆之间、连杆和框架之间创建一个柔性部件，使用运动副施加力或扭矩。
- G2（阻尼器）：在两个连杆、一个连杆和框架、一个可平移的运动副或在一个旋转副上创建一个反作用力或扭矩。
- G3（衬套）：创建圆柱衬套，用于在两个连杆之间定义柔性关系。
- G4（3D 接触）：在一个体和一个静止体、在两个移动体或一个体来支撑另一个体之间定义接触关系。
- G5（2D 接触）：在共面的两条曲线之间创建接触关系，使附着于这些曲线上的连杆产生与材料有关的影响。
- H1（点在曲线上）：将连杆上的一个点与曲线建立接触约束。
- H2（线在线上）：将连杆上的一条曲线与另一曲线建立接触约束。
- H3（点在曲线上）：将连杆上的一个点与面建立接触约束。
- I1（标量力）：用于在两个连杆或在一个连杆和框架之间创建标量力。
- I2（标量扭矩）：在围绕旋转副和轴之间创建标量扭矩。
- I3（矢量力）：用于在两个连杆或在一个连杆和框架之间创建一个力，力的方向可保持恒定或相对于一个移动体而发生变化。
- I4（矢量扭矩）：在两个连杆或在一个连杆和一个框之间创建一个扭矩。
- J1（智能点）：用于创建与选定几何体关联的一个点。
- J2（标记）：用于创建一个标记，该标记必须位于需要分析的连杆上。
- J3（传感器）：创建传感器对象以监控运动对象相对仿真条件的位置。
- K（驱动）：为机构中的运动副创建一个独立的驱动。
- L（柔性连接）：定义该机构中的柔性连接。
- M1（干涉）：用于检测整个机构是否与选中的几何体之间在运动中存在碰撞。

- M2（测量）：用于检测计算运动中的每一步中两组几何体之间的最小距离或最小夹角。
- M3（追踪）：在运动的每一步创建选中几何体对象的副本。
- N（编辑运动对象）：用于编辑连杆、运动副、力、标记或运动约束。
- O（模型检查）：用于验证所有运动对象。
- P1（动画）：根据机构在指定时间内的仿真步数，执行基于时间的运动仿真。
- P2（作图）：为选定的运动副和标记创建指定可观察量的图表。
- P3(填充电子表格)：将仿真中每一步运动副的位移数据填充到一个电子表格文件。
- P4（创建序列）：为所有被定义为机构连杆的组件创建运动动画装配序列。
- P5（载荷传递）：计算反作用载荷以进行结构分析。
- S（解算方案）：创建一个新解算方案，其中定义了分析类型、解算方案类型以及特定于解算方案的载荷和运动驱动。
- T（求解）：创建求解运动和解算方案并生成结果集。

# 10.2 连杆和运动副

机构装配完成后，各个部件并不能将装配模块中的连接关系连接起来，还必须为每个部件赋予一定的运动学特性，即为机构指定连杆及运动副。在运动学中，连杆和运动副两者是相辅相成的，缺一不可。运动是基于连杆和运动副的，而运动副是创建在连杆上的副。

## 10.2.1 连杆

连杆是具有机构特征的刚体，它代表了实际中的杆件，所以连杆就有了相应的属性，例如质量、惯性、初始位移和速度等。连杆相互连接，构成运动机构，它在整个机构中主要是进行运动的传递等。

下面以一个实例讲解指定连杆的一般过程。

Step1. 打开文件 D:\ug10.1\work\ch10.02\assemble.prt。

Step2. 选择 启动 → 运动仿真(O)... 命令，进入运动仿真模块。

Step3. 新建仿真文件。

（1）在“运动导航器”中右击 assemble，在弹出的快捷菜单中选择 新建仿真 命令，系统弹出图 10.2.1 所示的“环境”对话框。

（2）在“环境”对话框中选中 ⊙动力学 单选项，单击 确定 按钮，在系统弹出的图 10.2.2

所示的“机构运动副向导”对话框中单击 取消 按钮。

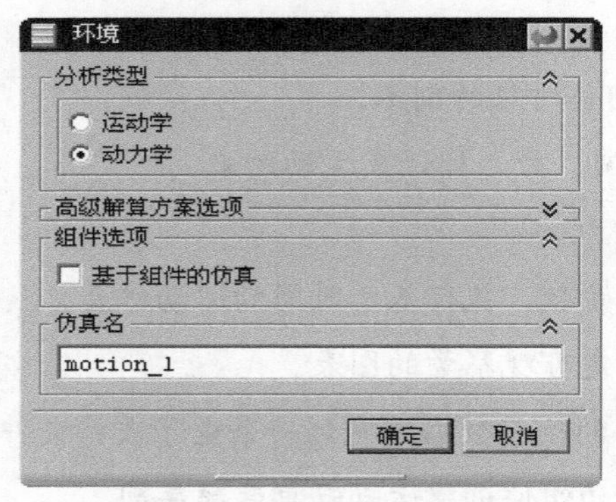


图 10.2.1 “环境”对话框

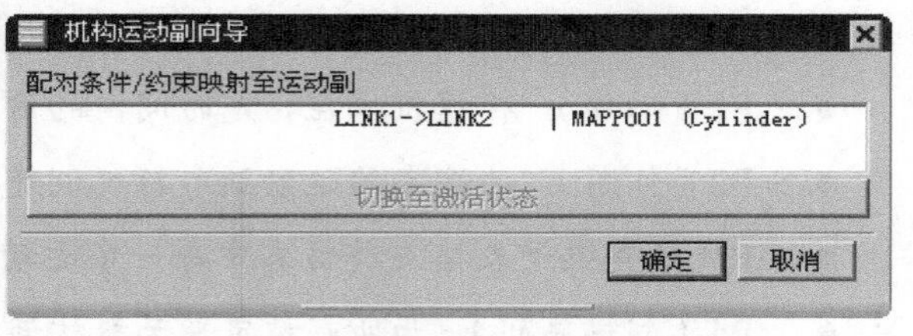


图 10.2.2 “机构运动副向导”对话框

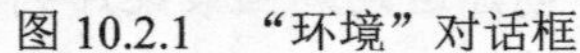

**图 10.2.1 所示的“环境”对话框的选项说明如下：**

- 运动学：选中该单选项，指在不考虑运动原因状态下，研究机构的位移、速度、加速度与时间的关系。
- 动力学：选中该单选项，指考虑运动的真正因素（力、摩擦力、组件的质量和惯性等）及其他影响运动的因素。

**图 10.2.2 所示的“机构运动副导向”对话框的选项说明如下：**

- 确定：单击该按钮，接受系统自动对机构进行分析而生成的机构运动副导向，且为系统中的每一个相邻零件创建一个运动副。这些运动副可以根据分析需要进行激活或不进行激活。
- 取消：单击该按钮，不接受系统自动生成的机构运动副。

Step4. 选择下拉菜单 插入(S) → 链接(L)... 命令，系统弹出图 10.2.3 所示的“连杆”对话框。

Step5. 在系统 选择几何对象以定义连杆 的提示下，选取图 10.2.4 所示的部件为连杆。

Step6. 在“连杆”对话框中单击 确定 按钮，完成连杆的指定。

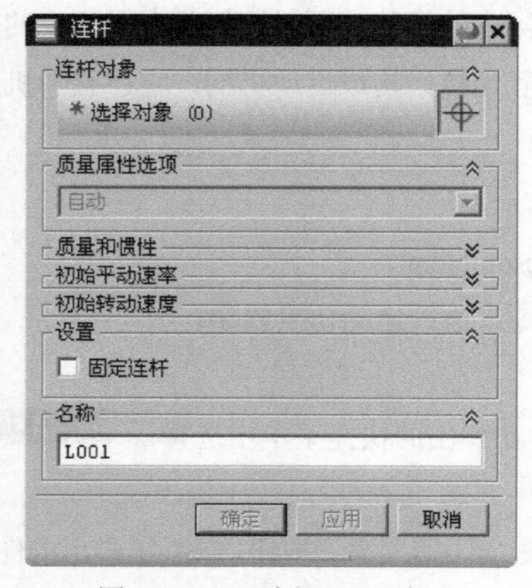


图 10.2.3 “连杆”对话框

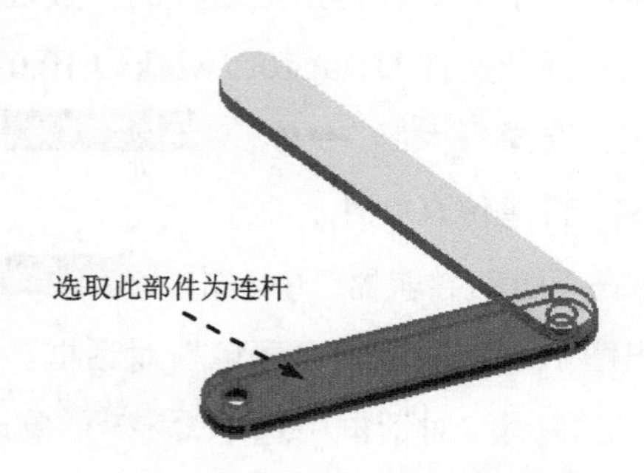


图 10.2.4 选取连杆对象

图 10.2.3 所示“连杆”对话框的选项说明如下：

- 连杆对象：该区域用于选取零部件作为连杆。
- 质量属性选项：用于设置连杆的质量属性。
  - ☑ 自动：选择该选项，系统将自动为连杆设置质量属性。
  - ☑ 用户定义：选择该选项后，将由用户设置连杆的质量属性。
- 质量：在质量属性选项区域中的下拉列表中选择用户定义选项后，质量和惯性区域中的选项即被激活，用于设置质量的相关属性。
- 惯性矩：用于设置连杆惯性矩的相关属性。
- 初始平动速率：用于设置连杆最初的移动速度。
- 初始转动速度：用于设置连杆最初的转动速度。
- 设置：用于设置连杆的基本属性。
  - ☑ □ 固定连杆：选中该复选框后，连杆将固定在当前位置不动。
- 名称：通过该文本框可以为连杆指定一个名称。

## 10.2.2 运动副

为了组成一个具有运动作用的机构，必须把两个相邻连杆以一种方式连接起来，这种连接必须是可动连接，不能是固定连接，这种使两个连杆接触而又保持某些相对运动的可动连接即称为运动副。运动副的类型有很多种，下面将着重介绍 UG 中常用的几种运动副类型。选择下拉菜单插入(S) → 运动副(J)...命令，系统弹出图 10.2.5 所示的“运动副”对话框（一）。单击“运动副”对话框（一）中的驱动选项卡，系统弹出图 10.2.6 所示的对话框（二）。

图 10.2.6 所示“运动副”对话框的驱动选项卡中各选项说明如下：

- 旋转区域的下拉列表：该下拉列表用于选取为运动副添加驱动的类型。
  - ☑ 恒定：设置运动副为等常运动（旋转或者是线性运动），需要的参数是位移，速度和加速度。
  - ☑ 简谐：选择该选项，运动副产生一个正弦运动，需要的参数是振幅、频率、相位和角位移。
  - ☑ 函数：选择该选项，将给运动副添加一个复杂的、符合数学规律的函数运动。
  - ☑ 铰接运动驱动：选择该选项，设置运动副以特定的步长和特定的步数的运动，需要的参数是步长和位移。
- 初始位移文本框：该文本框中输入数值定义初始位移。
- 初速度文本框：该文本框中输入数值定义运动副的初始速度。
- 加速度文本框：该文本框中输入数值定义运动副的加速度。

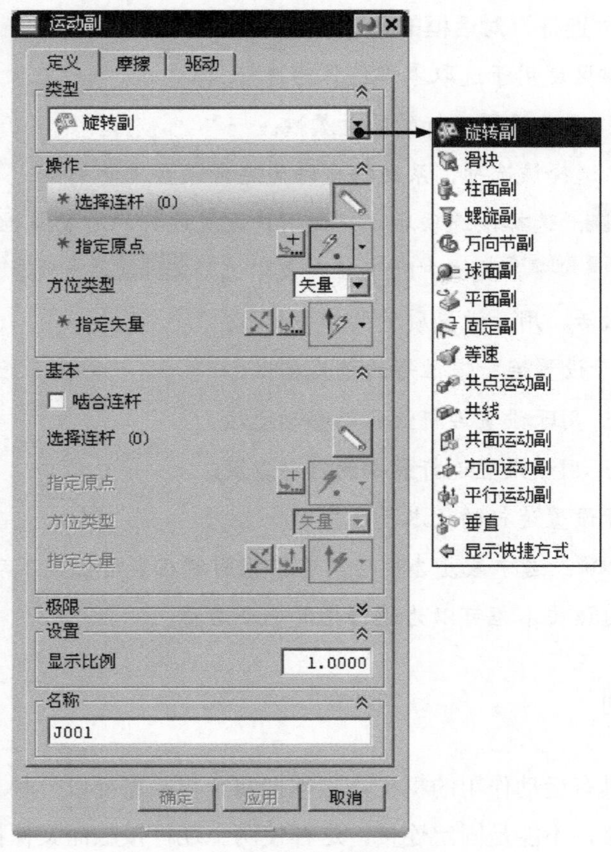


图 10.2.5 “运动副”对话框（一）

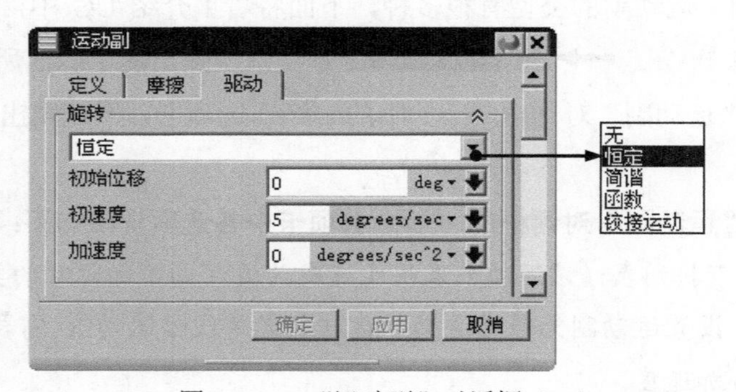


图 10.2.6 “运动副”对话框（二）

### 1．旋转副

通过旋转副可以实现两个相连杆件绕同一轴做相对的转动，如图 10.2.7 所示。旋转副又可分为两种形式：一种是两个连杆绕同一跟轴做相对的转动；另一种则是一个连杆绕固定的轴进行旋转。

### 2．滑动副

滑动副可以实现两个相连的部件互相接触并进行直线滑动，如图 10.2.8 所示。滑动副又可分为两种形式：一种是两个部件同时做相对的直线滑动；另一种则是一个部件在固定的机架表面进行直线滑动。

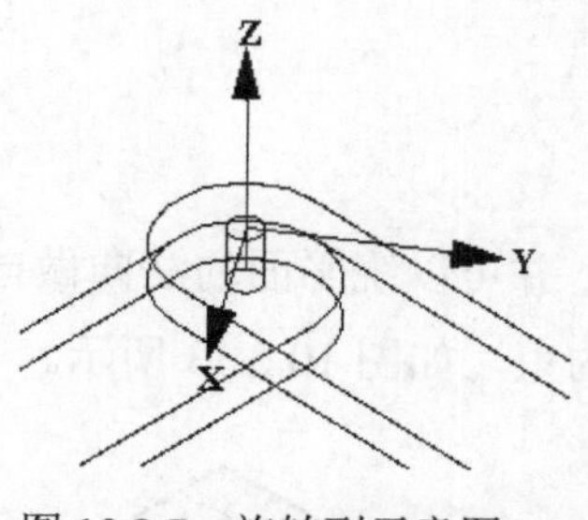


图 10.2.7 旋转副示意图

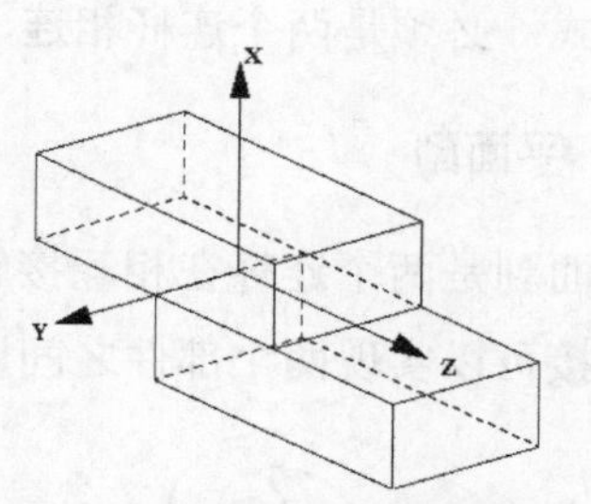


图 10.2.8 滑动副示意图

### 3. 柱面副

通过柱面副可以连接两个部件，使其中一个部件绕另一个部件进行相对的转动，并可以沿旋转轴进行直线运动，如图 10.2.9 所示。

### 4. 螺旋副

螺旋副可以实现一个部件绕另一个部件做相对的螺旋运动。螺旋副用于模拟螺母在螺杆上的运动，如图 10.2.10 所示。

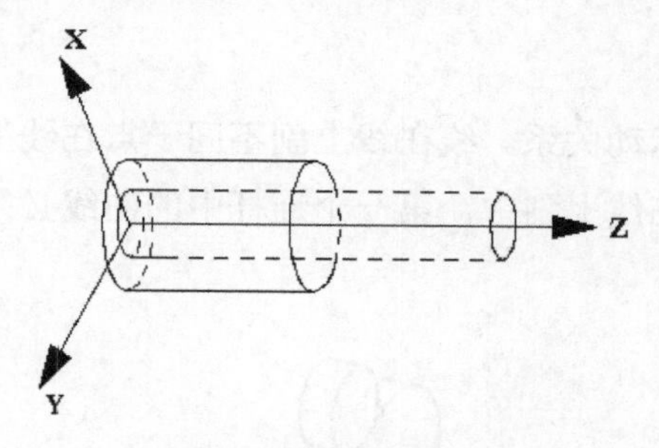


图 10.2.9 柱面副

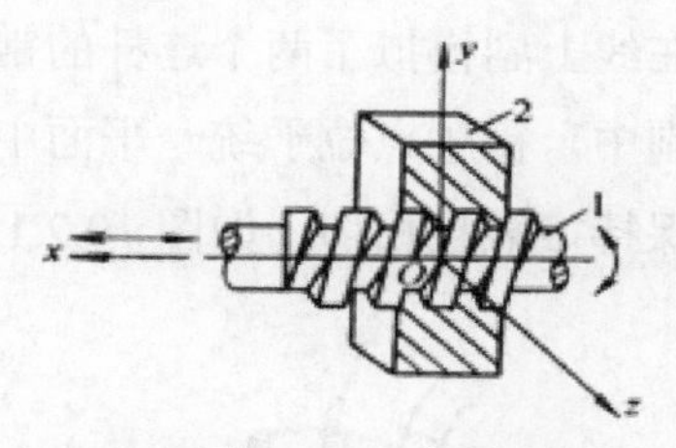


图 10.2.10 螺旋副

### 5. 万向节

万向节可以连接两个成一定角度的转动连杆，且它有两个转动自由度。它实现了两个部件之间绕互相垂直的两根轴做相对转动，如图 10.2.11 所示。

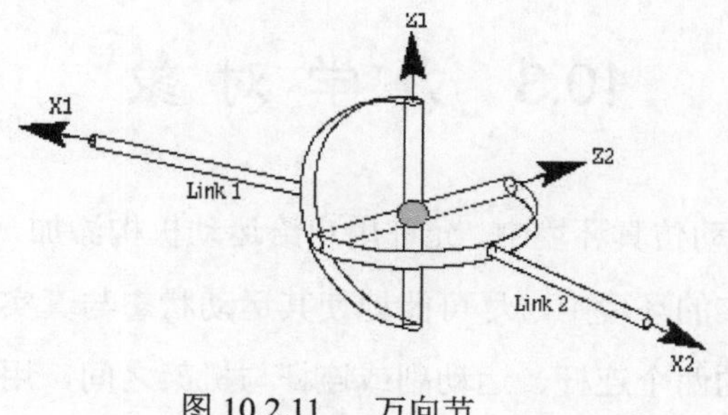


图 10.2.11 万向节

6．球面副

球铰连接实现了一个部件绕另一个部件（或机架）做相对 3 个自由度的运动，它只有一种形式：必须是两个连杆相连，如图 10.2.12 所示。

7．平面副

平面副是两个连杆在相互接触的平面上自由滑动，并可以绕平面的法向做自由转动。平面连接可以实现两个部件之间以平面相接触，互相约束，如图 10.2.13 所示。

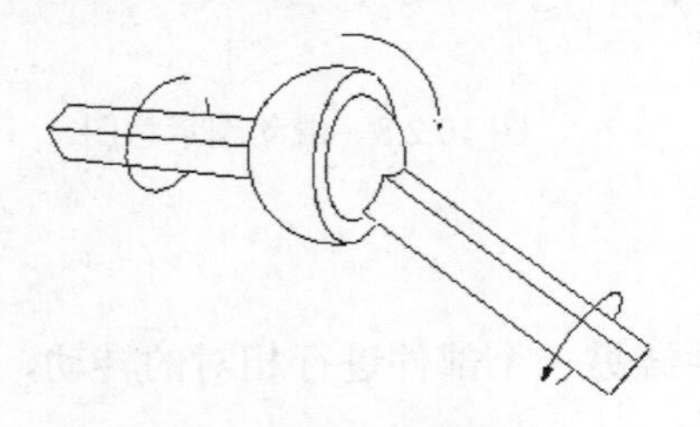

图 10.2.12　球面副

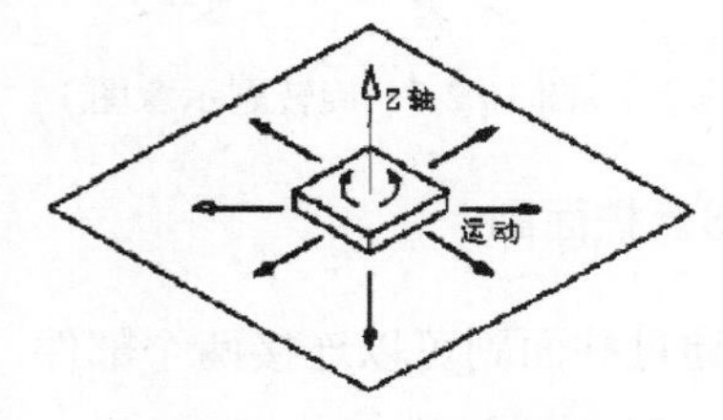


图 10.2.13　平面副

8．共点副

点在线上连接，实现一个部件始终与另一个部件或者是机架之间有点接触，实现相对运动的约束。点在线上副有 4 个运动自由度，如图 10.2.14 所示。

9．共线副

线在线上副模拟了两个连杆的常见凸轮运动关系。线在线上副不同于点在线上副。点在线上副中，接触点位于统一平面中；而线在线上副中，第一个连杆中的曲线必须和第二个连杆保持接触且相切，如图 10.2.15 所示。

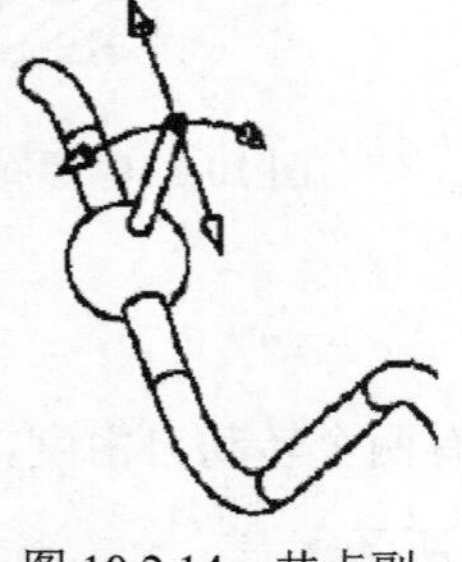

图 10.2.14　共点副

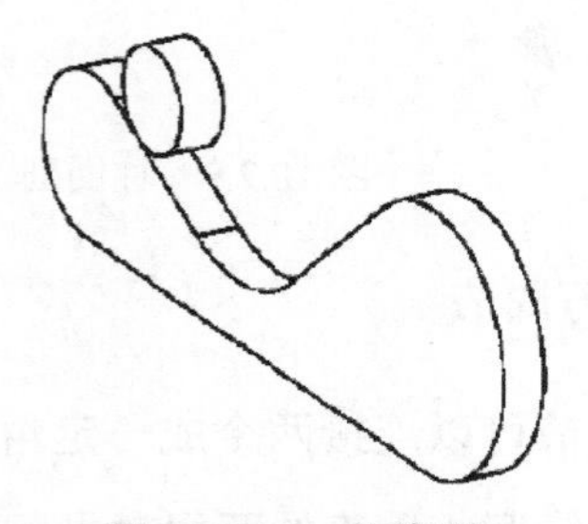

图 10.2.15　共线副

## 10.3　力学对象

在 UG NX 10.0 的运动仿真环境中，允许用户给运动机构添加一定的力或载荷，使整个运动仿真处在一个在真实的环境中，尽可能地使其运动状态与真实的情况相一致。力或载荷只能应用于运动机构的两个连杆、运动副或连杆与机架之间，用来模拟两个零件之间的弹性连接、弹簧或阻尼状态，以及传动力与原动力等零件之间的相互作用。

## 10.3.1 类型

### 1．弹簧

弹簧是一个弹性元件，就是在两个零件之间、连杆和框架之间或在平移的运动副内施加力或扭矩。

### 2．阻尼器

阻尼器是一个机构对象，它消耗能量，逐步降低运动的影响，对物体的运动施加反作用力。阻尼器经常用于控制弹簧反作用力的行为。

### 3．衬套

衬套是定义两个连杆之间的弹性关系的机构对象。它同时还可以起到力和力矩的效果。

### 4．3D 接触

3D 接触可以实现一个球与连杆或是机架上所选定的一个面之间发生碰撞的效果。

### 5．2D 接触

2D 接触结合了线线运动副类型的特点和碰撞载荷类型的特点。可以将 2D 接触作用在连杆上的两条平面曲线之间。

### 6．标量力

标量力可以使一个物体运动，也可以作为限制和延缓物体的反作用力。

### 7．标量力矩

标量力矩只能作用在转动副上。正的标量力矩是添加在转动副上绕轴顺时针旋转的力矩。

### 8．矢量力

矢量力是有一定大小、以某方向作用的力。矢量力的方向在某一坐标中始终保持不变，标量力的方向是可以改变的。

### 9．矢量力矩

矢量力矩是在连杆上设定了一定的方向和大小的力矩。

## 10.3.2 定义解算方案

定义解算方案可以定义解算方案类型、分析类型及特定于解算方案的载荷和运功驱动。选择下拉菜单 插入(S) → 解算方案(I)... 命令，系统就会弹出图 10.3.1 所示的“解算方案”对话框。

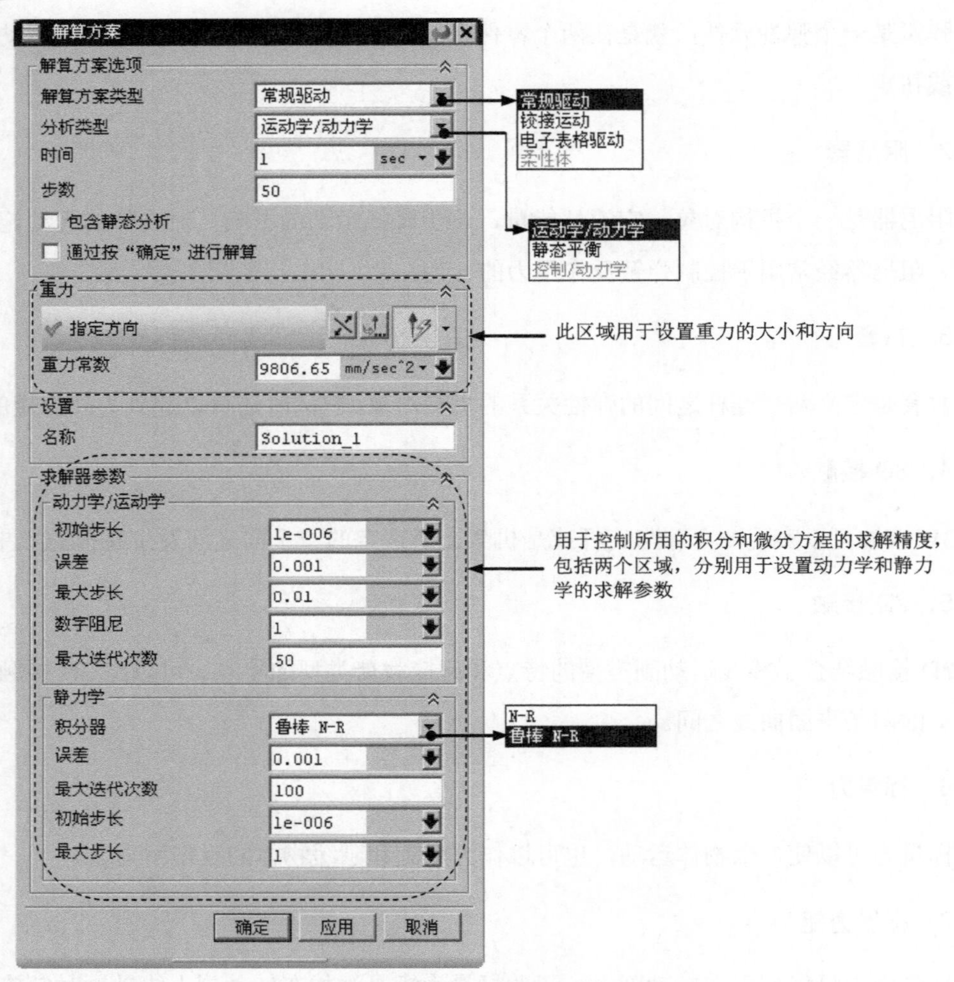


图 10.3.1 “解算方案”对话框

图 10.3.1 所示的“解算方案”对话框的说明如下：

- 解算方案类型：该下拉列表用于选取解算方案的类型。
  - ☑ 常规驱动：选择该选项，解算方案是基于时间的一种运动形式，在这种运动形式中，机构在指定的时间段内按指定的步数进行运动仿真。
  - ☑ 铰接运动：选择该选项，解算方案是基于位移的一种运动形式，在这种运动形式中，机构以指定的步数和步长进行运动。
  - ☑ 电子表格驱动：选择该选项，解算方案是用电子表格功能进行常规和关节运动驱动的仿真。

- 分析类型：该下拉列表用于选取解算方案的分析类型。
- 时间：该文本框用于设置所用时间段的长度。
- 步数：该文本框用于对上述时间段内分成的几个瞬态位置（各个步数）进行分析和显示。
- 误差：该文本框用于控制求解结果与微分方程之间的误差，最大求解误差越小，求解精度越高。
- 最大步长：该文本框用于设置运动仿真模型时，在该选项控制积分和微分方程的DX因子，最大步长越小，精度越高。
- 最大迭代次数：该文本框用于控制解算器在进行动力学或者静力学分析的最大迭代次数，如果解算器的迭代次数超过了最大迭代次数，而结果与微分方程之间的误差未到达要求，结算就结束。
- 积分器：该下拉列表用于指定求解静态方程方法，其中包括 N-R 和 鲁棒 N-R 两个选项。

# 10.4 模 型 准 备

## 10.4.1 主模型尺寸

主模型尺寸用于编辑机构的几何体。这里的几何体指用来创建原始零件的特征，如拉伸、槽、圆角、孔和凸台等的参数。选择下拉菜单 编辑(E) → 主模型尺寸(E)... 命令，系统弹出图10.4.1所示的“编辑尺寸”对话框。

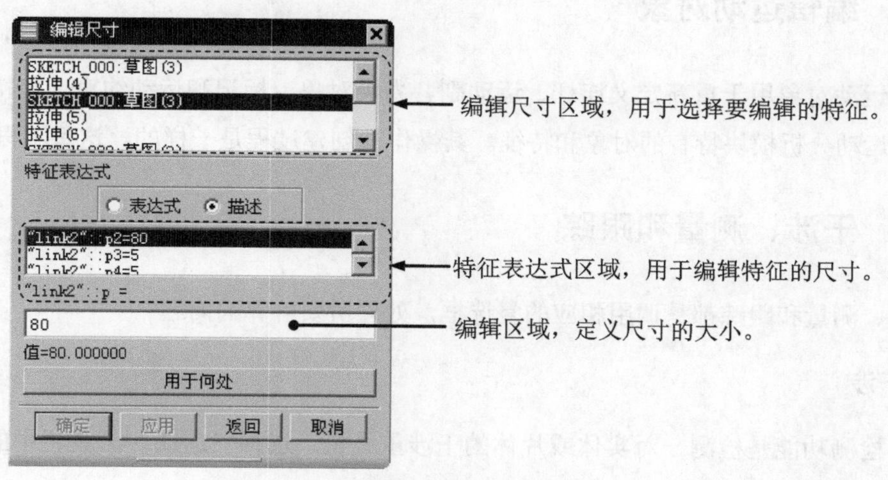


图 10.4.1 “编辑尺寸”对话框

图10.4.1所示“编辑尺寸”对话框的选项说明如下：

- 特征表达式：该区域中的表达式方式有 ⊙表达式 和 ○描述 两种。
  - ☑ ⊙表达式：选中该单选项，特征表达式区域出现表达式。
  - ☑ ○描述：选中该单选项，特征表达式区域出现描述表达式。
- 用于何处：单击该按钮，系统弹出“信息”窗口，在此窗口中可以查看到编辑的尺寸在模型中所属的位置（控制的模型几何或位置关系）。

### 10.4.2 标记与智能点

标记和智能点用于分析机构中某些点的运动状态。当要测量某一点的位移、速度、加速度、接触力、弹簧的位移、弯曲量和其他动力学因子时，都会用到标记和智能点。

1. 标记

标记不仅与连杆有关，而且有明确的方向定义。标记的方向特性在复杂的动力学分析中有特别的作用，例如需要分析某个点的线性速度、加速度，以及绕某个特定轴的角度和角加速度。

2. 智能点

智能点是没有方向的点，只作为空间的一个点来创建，它不附着在连杆上或与连杆有关。智能点在空间的作用是非常大的，如用智能点识别弹簧的附着点，当弹簧的自由端“附着在框架上”（接地），智能点能精确地定位接地点。

**注意：**在图表创建中，智能点不是可选对象，只有标记才能用于图表功能中。

### 10.4.3 编辑运动对象

编辑运动对象用于重新定义连杆、运动副、力类对象、标记和运动约束。该特征是可编辑UG运动分析模块特有的对象和特征。其操作与创建过程是一样的，这里不再赘述。

### 10.4.4 干涉、测量和跟踪

干涉、测量和跟踪都是调用相应的复选框，处理所要解算的问题。

1. 干涉

干涉检测功能是检测一对实体或片体的干涉重叠量。选择“运动”工具栏中的 命令，系统会弹出图10.4.2所示“干涉”对话框。

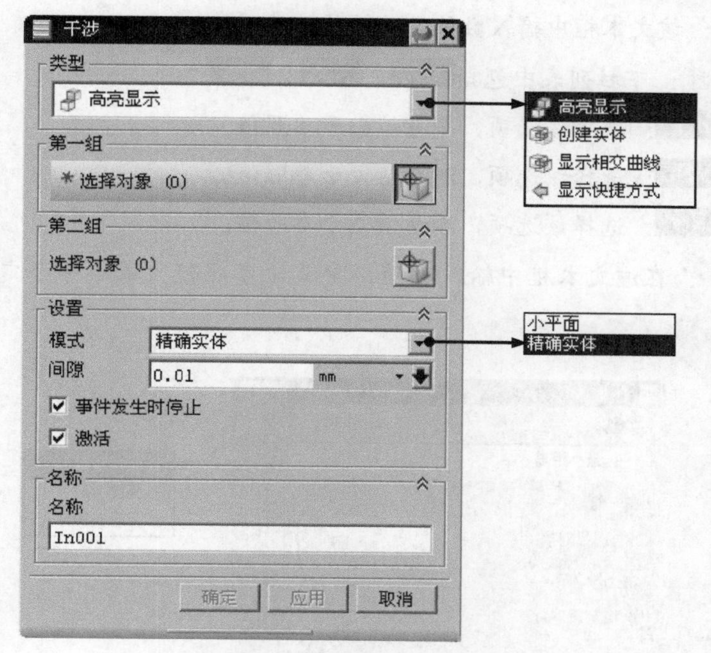


图 10.4.2 “干涉”对话框

图 10.4.2 所示的“干涉”对话框的选项说明如下：

- 类型下拉列表中包括高亮显示、创建实体和显示相交曲线选项。
  - ☑ 高亮显示：选择该选项，在分析时出现干涉，干涉物体会变亮显示。
  - ☑ 创建实体：选择该选项，在分析时出现干涉，系统会生成一个非参数化的相交实体用来描述干涉体积。
  - ☑ 显示相交曲线：选择该选项，在分析时出现干涉，系统会生成曲线来显示干涉部分。
- 模式：下拉列表中包括小平面和精确实体选项。
  - ☑ 小平面：选择该选项，是以小平面为干涉对象进行干涉分析。
  - ☑ 精确实体：选择该选项，是以精确的实体为干涉对象进行干涉分析。
- 间隙：该文本框中输入数值，定义分析时的安全参数。

2. 测量

测量检测功能用于测量一对几何体的最小距离和角度。选择“运动”工具栏中的 → 测量命令，系统会弹出图 10.4.3 所示“测量”对话框。

图 10.4.3 所示的“测量”对话框的选项说明如下：

- 类型下拉列表中包括最小距离和角度两种选项。
  - ☑ 最小距离：选择该选项，测量的是两连杆的最小距离值。
  - ☑ 角度：选择该选项，测量的是两连杆的角度值。

- 阈值：该文本框中输入数值定义阈值（参照值）。
- 测量条件：下拉列表中包括小于、大于和目标选项。
  ☑ 小于：选择该选项，测量值小于参照值。
  ☑ 大于：选择该选项，测量值大于参照值。
  ☑ 目标：选择该选项，测量值等于参照值。
- 公差：在该文本框中输入数值，定义比参照值大或小一个定值都能符合测量条件。

图 10.4.3 “测量”对话框

### 3. 追踪

追踪就是在运动的每一步创建选定几何体的副本。选择追踪对象后，追踪对象就会出现在列表窗口中。如果被追踪的对象有专有的名称，则该名称就会出现在列表窗口中对象的名称可指定，若该名称为指定名称，则系统会用默认名称。选择“运动”工具栏中的 → 追踪命令，系统会弹出图 10.4.4 所示“追踪”对话框。

图 10.4.4 所示的“追踪”对话框的选项说明如下：

- 参考框：指定被跟踪对象以一个坐标为中心运动。
- 目标层：指定被跟踪对象的放置层。
- ☑ 激活：选中该复选框，激活目标层。

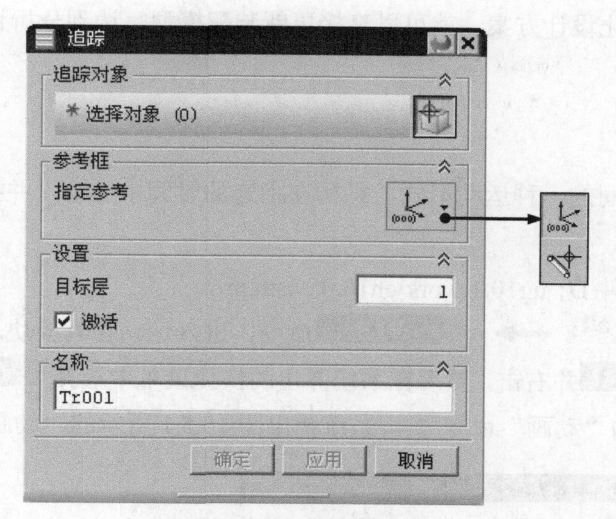


图 10.4.4 “追踪”对话框

### 10.4.5 函数编辑器

函数编辑器是创建运动函数的工具。当使用解算运动函数或高级数学功能时，函数编辑器是非常有用的。单击“运动”工具栏中的 $f(x)$ 命令，系统会弹出图 10.4.5 所示“XY 函数管理器”对话框。

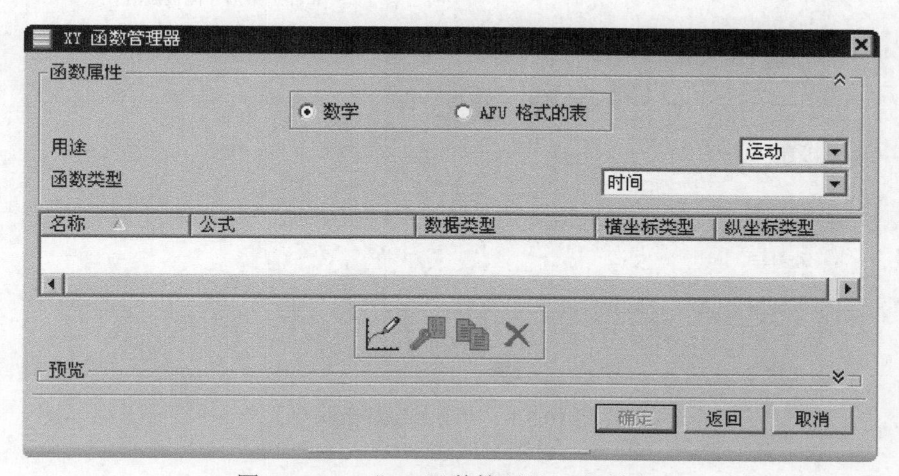


图 10.4.5 “XY 函数管理器”对话框

## 10.5 运动分析

运动分析用于建立运动机构模型并分析其运动规律。运动分析自动复制主模型的装配文件，并建立一系列不同的运动分析方案。每个分析方案都可以独立修改，而不影响装配模型。一旦完成优化设计方案，就可以直接更新装配模型，达到分析目的。

## 10.5.1 动画

动画是基于时间的一种运动形式。机构在指定的时间中运动，并指定该时间段中的步数进行运动分析。

Step1. 打开文件 D:\ug10.1\work\ch10.05\asm.prt。

Step2. 选择 启动 → 运动仿真(O)... 命令，进入运动仿真模块。在“运动导航器”窗口中选择 motion_2 并右击，然后在系统弹出的快捷菜单中选择 设为工作状态 命令。单击“运动”工具栏中的“动画”命令，系统弹出图 10.5.1 所示的“动画”对话框。

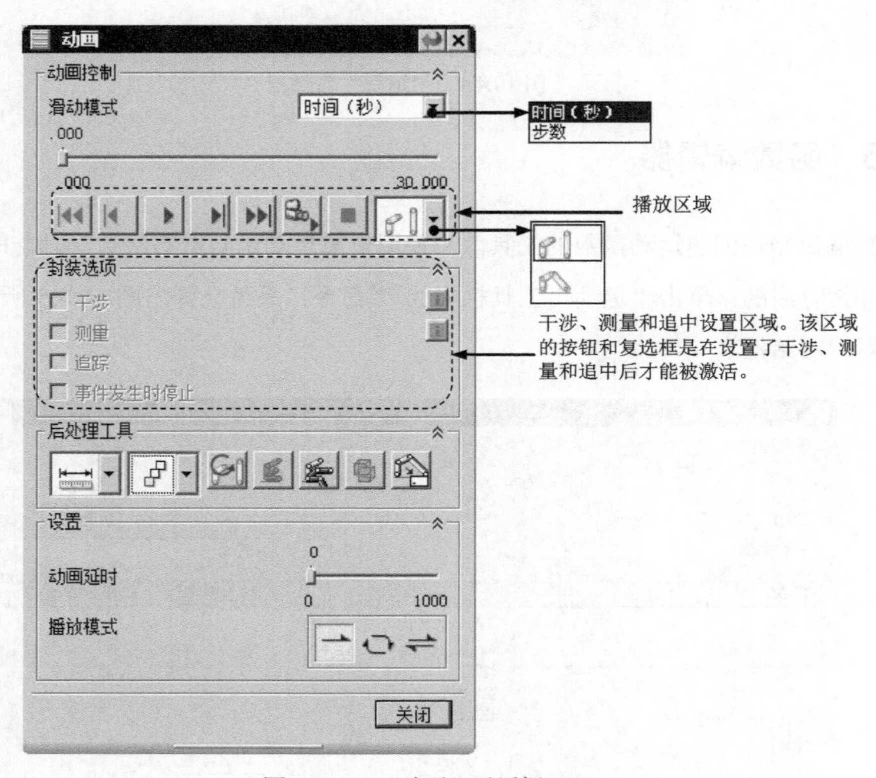


图 10.5.1 “动画”对话框

**图 10.5.1 所示“动画”对话框的选项说明如下：**

- 滑动模式：该下拉列表用于选择滑动模式，其中包括 时间（秒） 和 步数 两个选项。
  - ☑ 时间（秒）：指动画以设定的时间进行运动。
  - ☑ 步数：指动画以设定的步数进行运动。
- （设计位置）：单击此按钮，可以使运动模型回到运动仿真前置处理前的初始三维实体设计状态。
- （装配位置）：单击此按钮，可以使运动模型回到运动仿真前置处理后的 ADAMS

运动分析模型状态。

## 10.5.2 图表

图表是将生成的电子表格数据（位移、速度、加速度和力）以图表的形式表达仿真结果。图表是从运动分析中提取这些信息的唯一方法。

Step1. 打开文件 D:\ug10.1\work\ch10.05\asm.prt。

Step2. 在“运动导航器”窗口中选择 motion_2 并右击，然后在系统弹出的快捷菜单中选择 设为工作状态 命令。单击“运动”工具栏中的 → 作图 命令，系统弹出图 10.5.2 所示的“图表”对话框。

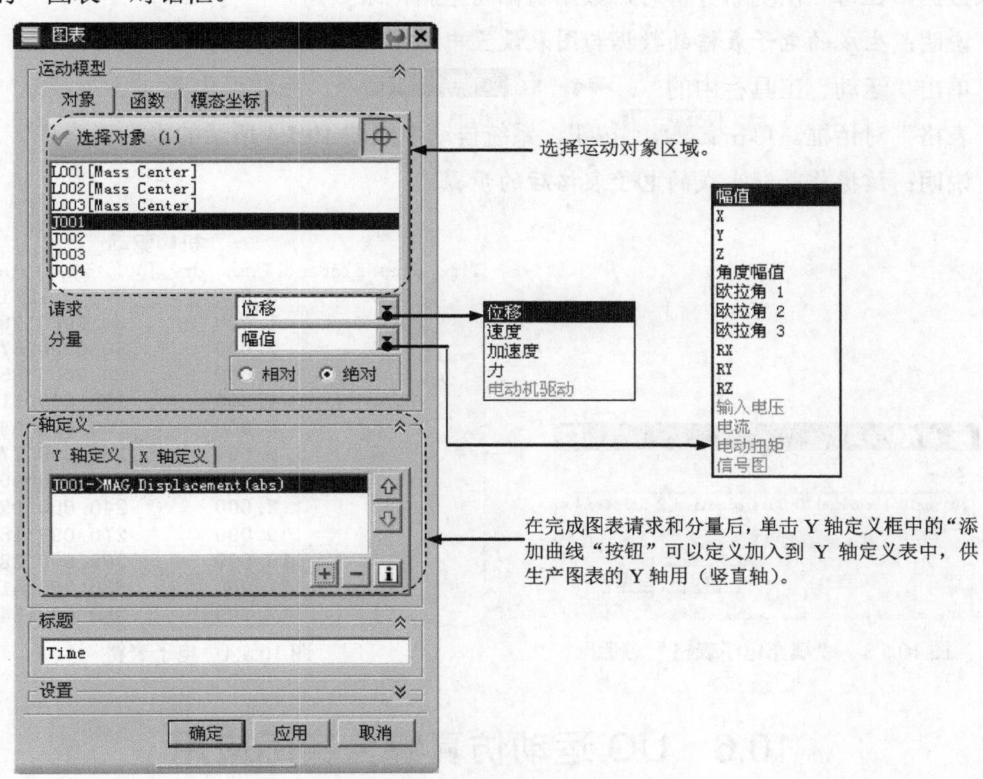


图 10.5.2 “图表”对话框

图 10.5.2 所示的“图表”对话框的选项说明如下：

- 请求：该下拉列表用于定义分析模型的数据类型，其中包括 位移、速度、加速度 和 力 选项。
- 分量：该下拉列表用来定义要分析的数据的值，也就是图表中竖直轴上的值，其中包括 幅值、X、Y、Z、角度幅值、欧拉角 1、欧拉角 2、欧拉角 3、RX、RY 和 RZ 选项。
- 相对：选中该单选项，图表显示的数值是按所选取的运动副或标记的坐标系测量获得的。

- 绝对：选中该单选项，图表显示的数值是按绝对坐标系测量获得的。

Step3. 选择要生成图表的对象并定义其参数。在“图表”对话框的运动对象区域选择J001运动副，在请求下拉列表中选中力选项，在分量下拉列表中选择力幅值选项，单击Y 轴定义区域中的+按钮。图表对话框中的参数设置完成，单击确定按钮。

## 10.5.3 填充电子表格

机构在运动时，系统内部将自动生成一组数据表。在运动分析过程中，该数据表连续记录数据，在每一次更新分析时，数据表都将重新记录数据。

**说明：生成的电子表格的数据与图表设置中的参数数据一致。**

单击“运动”工具栏中的 → 填充电子表格命令，系统弹出图 10.5.3 所示“填充电子表格”对话框。单击确定按钮，系统自动生成图 10.5.4 所示的电子表格。

**说明：该操作是继生成的电子表格后的步骤。**

图 10.5.3 “填充电子表格”对话框

| | | 机构驱动 |
|---|---|---|
| Time Step | Elapsed Time | drv J001, revolute |
| 0 | 0.000 | -1E-10 |
| 1 | 1.000 | 30.00001286 |
| 2 | 2.000 | 60.00002572 |
| 3 | 3.000 | 90.00003857 |
| 4 | 4.000 | 120.0000514 |
| 5 | 5.000 | 150.0000643 |
| 6 | 6.000 | 180.0000771 |
| 7 | 7.000 | 210.00009 |
| 8 | 8.000 | 240.0001029 |
| 9 | 9.000 | 270.0001157 |
| 10 | 10.000 | 300.0001286 |
| 11 | 11.000 | 330.0001414 |
| 12 | 12.000 | 360.0001543 |

图 10.5.4 电子表格

# 10.6 UG 运动仿真综合实际应用——四杆机构仿真

**应用概述**：

本应用介绍了图 10.6.1 所示的四杆机构的仿真设计过程。基本思路是先定义连杆，然后在机构中定义运动副并添加必要的驱动，最后定义解算方案并进行仿真。下面详细介绍其设计过程。

Step1. 打开文件 D:\ug10.1\work\ch10.06\ asm.prt。

Step2. 选择启动 → 运动仿真(O)...命令，进入运动仿真模块。

Step3. 新建仿真文件（注：具体参数和操作参见随书学习资源）。

Step4. 指定连杆。选择下拉菜单 插入(S) → 链接(L)... 命令，系统弹出“连杆”对话框，然后选取图 10.6.2 所示的组件 1 为连杆 1，采用系统默认的设置值，并在“连杆”对话框中单击 应用 按钮。选取图 10.6.2 所示的组件 2 为连杆 2，采用系统默认的设置，在“连杆”对话框中单击 应用 按钮。选取图 10.6.2 所示的组件 3 为连杆 3，并采用系统默认的设置值，然后在“连杆”对话框中单击 确定 按钮。

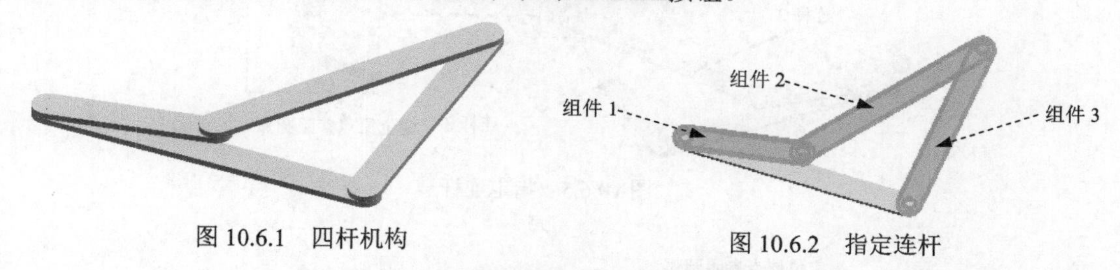


图 10.6.1 四杆机构　　图 10.6.2 指定连杆

Step5. 添加运动副。选择下拉菜单 插入(S) → 运动副(J)... 命令，系统弹出“运动副”对话框；在“运动副”对话框 定义 选项卡的 类型 下拉列表中选择 旋转副 选项；选取图 10.6.3 所示连杆 1；在“运动副”对话框的 指定原点 下拉列表中选取“圆弧中心” 选项，在模型中选取图 10.6.3 所示的圆弧为定位原点参照。在 指定矢量 下拉列表中选择 ZC 为矢量；在“运动副”对话框中单击 驱动 选项卡，在 旋转 下拉列表中选择 恒定 选项，并在其下的 初速度 文本框中输入值 30；单击 应用 按钮，完成第一个运动副的添加；在“运动副”对话框中，再选取图 10.6.4 所示的连杆 1；在“运动副”对话框中的 指定原点 下拉列表中选择“圆弧中心”命令 定位原点，在模型中选取图 10.6.4 所示的圆弧为定位原点参照；在 指定矢量 下拉列表中选择 ZC 选项为矢量；在“运动副”对话框 基本 区域中单击 按钮，选取图 10.6.4 所示连杆 2；单击 应用 按钮，完成第二个运动副的添加；在“运动副”对话框中选取图 10.6.5 所示的连杆 2；在“运动副”对话框中 指定原点 下拉列表中，选取“圆弧中心”命令 定位原点，在模型中选取图 10.6.5 所示的圆弧为定位原点参照；在 指定矢量 下拉列表中选择 ZC 为矢量；在“运动副”对话框 基本 区域中单击按钮 ，选取连杆 3；单击 应用 按钮，完成第三个运动副的添加；在“运动副”对话框中选取图 10.6.6 所示的连杆 3；在“运动副”对话框的 指定原点 下拉列表中选取“圆弧中心” 定位原点，在模型中选取图 10.6.6 所示的圆弧为定位原点参照；在 指定矢量 下拉列表中选择 ZC 选项为矢量；单击 确定 按钮，完成整个运动副的创建。

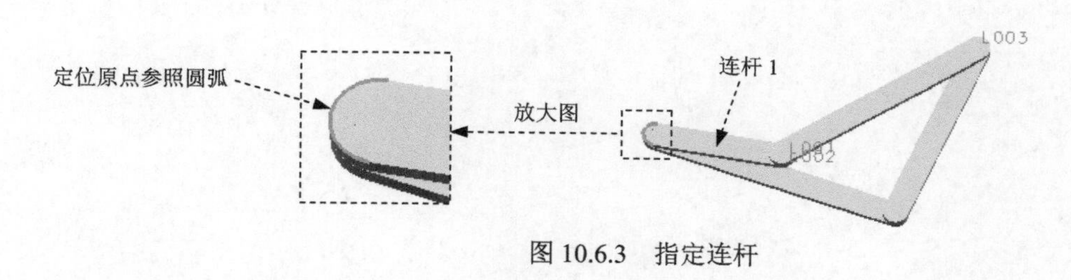


图 10.6.3 指定连杆

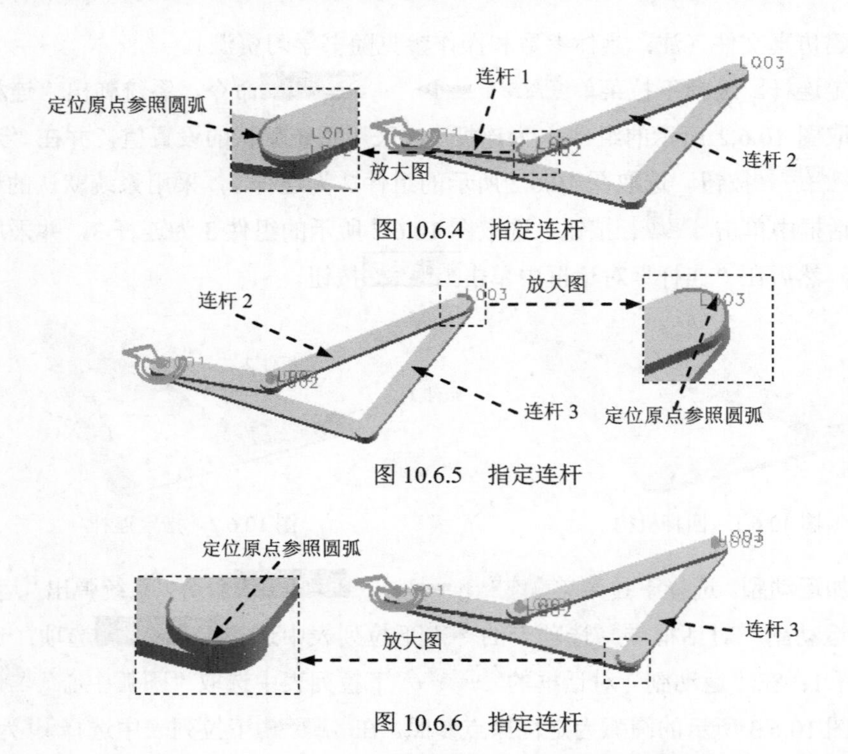


图 10.6.4　指定连杆



图 10.6.5　指定连杆



图 10.6.6　指定连杆

Step6. 添加运算器。选择下拉菜单 插入(S) → 解算方案(I)... 命令，系统弹出"运算方案"对话框；在"运算方案"对话框 解算方案选项 区域中的 时间 文本框中输入数值 30，在 步数 文本框中输入数值 30；单击 确定 按钮，完成运算器的添加。

Step7. 对运算器进行求解。选择下拉菜单 分析(L) → 运动(N) → 求解(S)... 命令，对运算器进行求解。

Step8. 播放动画。在"动画控制"工具栏中单击"播放"按钮，即可播放动画。

注意：只有在"动画控制"工具栏中单击"完成动画" 按钮之后，才可修改动画的相关属性。

Step9. 单击（完成动画）按钮，保存动画模型文件。

# 读者意见反馈卡

尊敬的读者：

感谢您购买机械工业出版社出版的图书！

我们一直致力于CAD、CAPP、PDM、CAM和CAE等相关技术的跟踪，希望能将更多优秀作者的宝贵经验与技巧介绍给您。当然，我们的工作离不开您的支持。如果您在看完本书之后，有什么好的意见和建议，或是有一些感兴趣的技术话题，都可以直接与我联系。

策划编辑：丁锋

---

注：本书的随书学习资源中含有该"读者意见反馈卡"的电子文档，您可将填写后的文件采用电子邮件的方式发给本书的策划编辑或主编。

E-mail: 展迪优 zhanygjames@163.com；丁锋 fengfener@qq.com。

**请认真填写本卡，并通过邮寄或 *E-mail* 传给我们，我们将奉送精美礼品或购书优惠卡。**

书名：《UG NX 10.0 快速入门教程》

1. 读者个人资料：

姓名：________性别：___年龄：___职业：_______职务：_______学历：_____
专业：_____单位名称：____________电话：________手机：_______
邮寄地址：__________________邮编：_________E-mail：________

2. 影响您购买本书的因素（可以选择多项）：

□内容　□作者　□价格
□朋友推荐　□出版社品牌　□书评广告
□工作单位（就读学校）指定　□内容提要、前言或目录　□封面封底
□购买了本书所属丛书中的其他图书　□其他________

3. 您对本书的总体感觉：

□很好　□一般　□不好

4. 您认为本书的语言文字水平：

□很好　□一般　□不好

5. 您认为本书的版式编排：

□很好　□一般　□不好

6. 您认为UG其他哪些方面的内容是您所迫切需要的？

________________________________________

7. 其他哪些CAD/CAM/CAE方面的图书是您所需要的？

________________________________________

8. 您认为我们的图书在叙述方式、内容选择等方面还有哪些需要改进？

________________________________________

如若邮寄，请填好本卡后寄至：

北京市百万庄大街22号机械工业出版社汽车分社　丁锋（收）

邮编：100037　　联系电话：（010）88379439　　传真：（010）68329090

**如需本书或其他图书，可与机械工业出版社网站联系邮购：**

http://www.golden-book.com　**咨询电话：**（010）88379639，88379641，88379643。